Die Elektrostahlöfen

Ihr Aufbau und gegenwärtiger Stand sowie Erfahrungen
und Betriebsergebnisse der elektrischen Stahlerzeugung

Praktisches Hand- und Nachschlagebuch
für den Stahlfachmann

Von

E. FR. RUSS

Oberingenieur

Mit 439 Abbildungen im Text und 64 Zahlentafeln

München und Berlin 1924
Druck und Verlag von R. Oldenbourg

Dankbarst meinem Verwandten

Herrn Geheimrat Carl Russ-Suchard

gewidmet

Vorwort.

Wenn ich meinem 1922 erschienenen Buche über die Elektrometallöfen mit dem nunmehr vorliegenden Buche eine geschlossene Darstellung der Elektro- stahlöfen folgen lasse, so geschieht dies unter den gleichen Gesichtspunkten, nämlich in der Erkenntnis, daß mit dem Ruf nach rationellster Wärmewirt- schaft und restloser Erfassung der Wasserkräfte auch die intensivste Ent- wicklung der elektrothermischen Industrie ein dringendes Gebot der Stunde geworden ist. Dieser Entwicklung stehen noch Vorurteile und Unkenntnis entgegen; letztere beseitigen und die Entwicklung fördern zu helfen, soll die Aufgabe auch meines neuen Buches sein. Es wendet sich unmittelbar an den Stahlgießer und will diesem möglichst erschöpfenden Aufschluß geben über die Bedeutung des elektrischen Stromes für das Schmelzen von Stahl.

Diesem Zweck entsprechend ist der Aufbau des Buches gewählt worden; elektrotechnische Fachkenntnisse werden nicht vorausgesetzt, theoretische Erörterungen nur soweit unumgänglich nötig gegeben, dagegen in weitgehend- stem Maße die Fragen und Bedürfnisse der Praxis berücksichtigt und das erörtert, was der praktische Stahlgießer wissen muß und zu wissen wünscht.

Es wurde deshalb der Beschreibung der elektrischen Heizungsarten zu- nächst ein Kapitel über die elektrotechnischen Grundbegriffe vorausgeschickt, um auf diese Weise auch dem in der Elektrotechnik Unbewanderten die Voraussetzungen für das Folgende zu schaffen. Aus den Grundbegriffen, die natürlich nur das für die vorliegende Materie Nötige bringen, ergeben sich mühelos die folgenden Abschnitte über die verschiedenen Heizungsarten. Die Widerstandsheizung, die Lichtbogenheizungen und die Induktionsheizung werden grundsätzlich und an Hand von praktischen Beispielen erklärt und ihre Vor- und Nachteile begründet. Ebenso die verschiedenen Vorschläge für gemischte Heizungen, die auf den „Idealofen" hinzielen, und — der Vollständig- keit halber — auch die vorläufig noch nicht für die Praxis verwendete Hoch- frequenzheizung.

Erst nach dieser allgemeinen Übersicht über die Materie, durch die dem Leser eine systematische Einordnung aller Einzelfragen ermöglicht wird, werden die einzelnen Ofensysteme, soweit sie für die Praxis in Frage kommen und praktisch erprobt sind, erschöpfend behandelt. Die Ofenarten werden dabei in Anlehnung an die systematische Beschreibung der Heizungsarten eingeteilt in die Gruppen: Strahlungsöfen, direkte Lichtbogenöfen, Lichtbogen-Widerstandsöfen und Induktionsöfen. Besonderer Wert wurde dabei darauf gelegt, dem Praktiker die von Fall zu Fall verschiedene Beantwortung der wichtigsten Frage zu erleichtern, nämlich der Frage, welcher Ofen jeweils der vorteilhafteste ist. Dies war nur möglich durch objektives Herausschälen der Vorzüge und Nachteile jedes Ofens. Um auch dabei eine systematische Übersicht in die Darstellung zu bringen, wurde jeder Ofen nach folgenden Gesichtspunkten betrachtet: Geschichtliches, Aufbau des Ofens, Stromart des Ofens, Beeinflussung des Leitungsnetzes, Anwendung, Zustellung, Elektroden, Erhitzung, Temperaturregelung, Baddurchmischung, Kippbarkeit, Herdübersicht, Größe des Ofens und Ausführungen. In weitgehendem Umfang wurden Schmelzberichte und Wirtschaftlichkeitsberechnungen aus der Praxis beigefügt. In einem Schlußkapitel sind noch die besonders wichtigen Bestandteile der Elektrostahlöfen im einzelnen behandelt, wie die Elektroden mit den dazugehörigen Einrichtungen, die Meßinstrumente, Schalter, Regulatoren, Ofenauskleidungen, Herstellung der Ofenfutter und Anheizverfahren bei Induktionsöfen.

Der Verfasser hofft, daß sich das Buch nützlich erweisen wird. Er übergibt es der Öffentlichkeit nicht, ohne dem Herrn Dr. Nonnenmacher für die Durchsicht und dem Verlag für seine Bemühungen um die äußere Ausstattung des Buches seinen besten Dank abzustatten.

Köln, November 1923.

E. Fr. Russ.

Inhaltsverzeichnis.

Einleitung.

Es ist bald 50 Jahre her, daß Werner v. Siemens, der Schöpfer der modernen Elektrotechnik, dem elektrischen Strom eine große Zukunft auf dem Gebiet der Elektrochemie und Elektrothermie verheißen hat. Lange hat es gedauert, bis sich diese Voraussage erfüllen wollte, und erst in den letzten Jahren hat die Entwicklung die Formen angenommen, die der geniale Techniker damals vorausfühlte. Seit durch den Ausbau der Großkraftwerke die Stromerzeugung immer mehr verbilligt wurde, hat der Elektroofen allmählich Eingang in die Aluminium-, Stickstoff- und Kalziumkarbidindustrie gefunden, und in der Eisenindustrie behauptet der Elektrostahlofen nunmehr seit etwa 15 Jahren seinen Platz.

Die Vorteile der elektrischen Betriebskraft.

Die verschiedensten Vorteile waren hierfür ausschlaggebend, insbesondere die Reinheit der Heizquelle, die Genauigkeit der Temperaturregelung, die Übersichtlichkeit des Herdes, die einwandfreie Durchführung des Schmelzvorganges, der geringe Abbrand wertvoller Zuschläge u. dgl. mehr. Der Elektroofen bietet auch noch weitere wirtschaftliche Vorteile, die leider nicht immer zahlenmäßig erfaßt werden können; vor allem ist seine Bedienung äußerst einfach, er ist stets betriebsbereit, kann für unbeschränkten Einsatz gebaut werden und arbeitet mit der denkbar größten Wärmeausnutzung. Die Inbetriebsetzung von Gaserzeugern, das Unterhalten von Herdfeuern, das Anwärmen der Tiegel und Öfen fällt beim Elektroofen weg. Mit dem zur Verfügung stehenden Strom kann sofort geschmolzen werden; dadurch wird der Ofen gut ausgenutzt und die Ofenleistung erhöht. Auch fallen Überschichten für Sonderarbeiten fort, die bei anderen Schmelzverfahren oft die Lohnkosten wesentlich erhöhen.

Alle diese nicht zu unterschätzenden privatwirtschaftlichen Vorteile haben denn auch, wie erwähnt, in den letzten Jahren die elektrothermische Industrie immer bedeutungsvoller und weitverzweigter werden lassen. Vor allen sind da zu nennen die Aluminium-, Karbid- und Stickstoffgewinnungsanlagen, die Anlagen zur Gewinnung von Ferrolegierungen und Elektroeisen, die Kupfer- und Messingumschmelzanlagen und nicht zuletzt die Elektrostahlöfen. Alle diese Anlagen haben das eine gemeinsam, daß sie bis auf den zur Reduktion erforderlichen Kohlenstoff unabhängig von Kohle sind. So bedeutungsvoll aber auch die heute schon kalorisch-elektrisch betriebenen Anlagen sind, und so ansehnlich sich ihre Leistungen darstellen, so stehen sie doch weit hinter dem Maß und Bedürfnis der ihnen zustehenden Anwendung zurück. In der Vorkriegszeit war das verständlich, da genügend Kohle vorhanden war. Schon während der Kriegsjahre aber, insbesondere als die Kohlenförderungen durch Arbeitermangel immer mehr zurückgingen, hätte die Entwicklung elektrothermischer Betriebe schon in erhöhtem Maße herangezogen werden müssen. Ganz besonderes aber müßte diese Forderung unter den heutigen schwierigen Wirtschaftsverhältnissen erfüllt werden.

Unsere heutige Zeit steht im Zeichen der Kohlennot und die Parolen „rationelle Wärmewirtschaft" einerseits und „Ausnutzung der Wasserkräfte" anderseits sind zu landläufigen Schlagworten geworden. Bei den Tendenzen wird die soeben aufgestellte Forderung einer intensiveren Entwicklung der elektrothermischen Industrie gerecht. Denn einerseits kann im elektrothermischen Betrieb unmittelbar an Kohlen, besonders an hochwertigen Kohlen gespart und dafür aus minderwertigen Brennstoffen erzeugter Strom als Betriebskraft benutzt werden. Man denke nur an unsere großen auf der Braunkohle stehenden Kraftwerke, die uns nicht nur hochwertigen Brennstoff, sondern auch große Unkosten für den Brennstofftransport ersparen. Auf der anderen Seite ist die wirtschaftliche Ausnutzung der Wasserkräfte, deren Ausbau systematisch vorwärts schreitet, geradezu von der elektrothermischen Industrie abhängig, denn für die Wasserkraftwerke gilt in erhöhtem Maße, was für die Großkraftzentralen in ihrer Gesamtheit gesagt werden kann, daß diese nämlich mit sehr ungleichmäßigen Tagesbelastungen arbeiten und zumal in den Nachtstunden noch bedeutende Energiemengen absetzen können, ehe sie voll ausgenutzt sind[1]). Viele elektrothermische Betriebe, wie Elektrograugußöfen, elektrische Öfen für bestimmte Ferrolegierungen, Stahl- und Metallöfen, ferner elektrische Wärme- oder Anheizöfen arbeiten mit Unterbrechungen, andere elektrische Schmelzöfen mit wechselnden Belastungen; solche Betriebe bieten deshalb für die Kraftzentralen einen vorzüglichen Belastungsausgleich. Eine Beeinflussung des Kraftwerkes oder des Leitungsnetzes erfolgt bei modernen Elektroöfen in solchen Grenzen, daß ihr Anschluß unmittelbar durch Transformator erfolgen kann, wodurch auch bedeutende Anlagekosten erspart werden. Das letzterwähnte Moment, die rationellere Ausnutzung unserer Elektrizitätswerke wird auch in vielen Fällen den naheliegenden Einwand entkräften, daß doch der Umweg über die Dynamomaschine überall dort nicht angebracht sei, wo Kohlenvorkommen in näherer Entfernung liegen.

Zweck des Buches.

Wenn man deshalb trotz der überraschenden Zunahme und Erweiterung der Großkraftwerke hin und wieder abweisenden Urteilen verschiedener Fachkreise begegnet, wenn man trotz der großen volkswirtschaftlichen Bedeutung der Elektrizität die Meinung vertreten findet, es könne beispielsweise der elektrische Schmelzofen dem Gießereibetrieb keinen Nutzen bringen, so ist das nur

---

[1]) R u ß: Die elektrischen Schmelzöfen und die Elektrizitätswirtschaft. „Mitteilungen der Elektrizitätswerke" 1922, Nr. 304.

ein Beweis dafür, daß noch keine genügende Kenntnis über die Vorteile dieses elektrischen Schmelzverfahrens in den fraglichen Kreisen herrscht. Diese Unkenntnis ist freilich entschuldbar; sieht sich doch der Fachmann vor eine noch verhältnismäßig neue Aufgabe gestellt, deren Entwicklung er in weiser Vorsicht vielleicht immer noch abwarten zu müssen glaubt. Die vorliegende Schrift möge daher dazu dienen, den Stahlgießer über die Bedeutung des elektrischen Stromes für das Schmelzen von Stahl aufzuklären.

Geschichtlicher Rückblick.

Die ersten Vorschläge für den Bau elektrischer Öfen finden wir in der Patentliteratur um das Jahr 1850. Aus dieser Zeit stammen auch die ersten Pläne, die elektrische Heizung für die Gewinnung von Eisen und Stahl zu benutzen. Trotzdem blieb der elektrische Ofen in der Eisen- und Stahlindustrie noch jahrzehntelang ohne praktische Bedeutung. Erst um das Jahr 1900 entstanden die ersten brauchbaren elektrischen Stahlöfen. Sie wurden erprobt in Gebirgstälern, wo billige, aus Wasserkräften gewonnene Elektrizität zur Verfügung stand. Da der Elektrostahlofen getrennt von der modernen Eisenindustrie entstand, so war es natürlich, daß er zunächst nur zum Umschmelzen kalten Einsatzes benutzt werden konnte. Man ahmte im elektrischen Ofen eine Arbeitsweise nach, wie sie vom Schmelzen im Tiegel her bekannt war. Es wurde ein möglichst reiner und hochwertiger Einsatz benutzt, der zu Werkzeugstählen umgeschmolzen wurde. Erst später ging man dazu über, den elektrischen Ofen auch zur Raffination weniger reinen Einsatzmaterials zu verwenden, das vorher im Elektroofen selbst eingeschmolzen worden war.

Über die geschichtliche Entwicklung der elektrischen Eisenbereitung und der elektrischen Öfen bringt Meyer[1] eine Zusammenstellung. Auch andere bedeutende Fachleute wie Borchers[2], Neumann[3] und Eichhoff[4] haben wesentlich zur Verbreitung der elektrischen Öfen beigetragen. Von diesen Herren sind wertvolle Arbeiter hierüber niedergeschrieben worden, auf die bei Beschreibung der Ofenarten noch besonders eingegangen wird.

In den Jahren 1905 und 1906 wurden in Deutschland die ersten elektrischen Öfen für die Stahlerzeugung in Betrieb genommen, und zwar in Stahlwerken,

---

[1] Meyer, O., Dr.: Geschichte des Elektroofens, Verlag J. Springer, Berlin, 1914.

[2] Borchers, W., Dr.: Entwicklnng, Bau und Betrieb elektrischer Öfen zur Gewinnung von Metallen, Karbiden und auderen wichtigen Produkten, Verlag von W. Knapp, Halle, 1897.

Borchers, W., Dr.: Die elektrischen Öfen, Verlag von W. Knapp, Halle, 1920.

Borchers, W., Dr.: Elektrometallurgie, Verlag von S. Hirzel, Leipzig, 1903.

[3] Neumann, B., Dr.: Elektrometalluigie des Eisens, Verlag von W. Knapp, Halle, 1907.

Neumann, B., Dr.: Technische Gewinnung von Eisen und Stahl im elektrischen Ofen in Askenasy: Technische Elektrochemie, Verlag von Vieweg & Sohn, Braunschweig, 1910.

[4] Stahl und Eisen 1907, Nr. 2 und 3.

die den Ofen zur Ergänzung ihrer bestehenden metallurgischen Einrichtungen benutzen wollten. Von da ab nahm die Elektrostahlindustrie eine erfreuliche und schnelle Entwicklung. Die während dieser Zeit gemachten Erfahrungen zeigten, daß es je nach der Art der bereits bestehenden Einrichtungen empfehlenswert ist, bald die ganze, bald einen größeren Teil, bald nur einen geringen Teil der metallurgischen Arbeit im Elektroofen durchzuführen.

Verwendungszwecke und Vorzüge des Elektrostahlofens.

Wir sehen hier selbstverständlich von der Roheisenerzeugung auf elektrischem Wege ab, da diese in der ganzen Welt nur für Länder mit großen Erzlagern und vor allem günstigen Wasserkräften in Frage kommt. Außerdem sind für diesen Zweck besondere Öfen in Anwendung, deren Betrachtung nicht in den Rahmen dieser Schrift fällt.

Im wesentlichen kommen für den Elektrostahlofen folgende Arbeitsvorgänge in Frage:

1. Das Einschmelzen von Schrott oder anderem kaltem Einsatz.
2. Die Oxydationsperiode, in der alle jene Verunreinigungen aus dem flüssigen Schmelzgut entfernt werden, die durch Oxydation beseitigt werden können.
3. Die Desoxydationsperiode, in der nach Beseitigung der im Eisen gelösten Oxyde die Entschwefelung vorgenommen wird.
4. Das Aufkohlen, Legieren und Fertigmachen des Stahles.

Aus diesen verschiedenen Arbeitsvorgängen können wir bereits schließen, daß sich der Elektroofen für verschiedene Zwecke und unterschiedliche Betriebe anwenden läßt. Er ist beispielsweise überall da am Platze, wo es sich darum handelt, eiligst Stahl in kurzer Zeit in eigener Werkstätte anzufertigen. Der Elektrostahlofen dient in solchen Fällen häufig als Einschmelzofen, wobei je nach Reinheit des gewünschten Einschmelzgutes auf die Einschmelzarbeit eine mehr oder weniger umfassende Veredelungsarbeit folgen kann.

Soll jedoch ein Elektrostahlofen dazu dienen, größere Mengen Stahl zu erzeugen, so empfiehlt es sich, die Einschmelzarbeit in einem Ofen vorzunehmen der bei billigen Brennstoffkosten wirtschaftlicher arbeitet als der Elektroofen. Dem letzteren bleibt dann nur die Nachreinigung und die Schlußbehandlung des Stahles überlassen. Auf diese Weise arbeiten Elektrostahlöfen häufig in großen Edelstahlwerken zur Ergänzung des Martinofens. Der Einsatz wird im Martinofen geschmolzen, weitgehend entkohlt und entphosphort, um dann im oxydierten Zustande dem Elektroofen zugeführt zu werden. Es ist einleuchtend, daß für diese Arbeitsweise ein kippbarer Martinofen von Vorteil ist, der den für den Elektroofen erforderlichen Stahl durch ein- oder mehrmaliges Abkippen zu liefern gestattet.

Man kann die Arbeit im Elektroofen noch weiter verringern, indem man ihn mit bereits fertigem Martinstahl beschickt. Im Elektroofen wird man dann nur ausgaren und abstehen lassen, damit der Martinstahl die Eigenschaften eines hochwertigen Edelstahles erhält.

In Kleinbessemereien hat der Elektroofen ebenfalls Aufnahme gefunden. Ja, es steht zu erwarten, daß er in Deutschland angesichts des herrschenden Roheisenmangels den Kleinkonverter häufig ersetzen wird. Die Kleinbirne erfordert bekanntlich als Einsatz ein hochwertiges Roheisen, während in dem Elektroofen gewöhnlicher Schrott eingesetzt werden kann. Bisher war es nicht möglich, auf den Konverter zu verzichten; man bringt ihn jedoch mit dem Elektroofen in der Weise in Verbindung, daß man das in der Birne verblasene Flußeisen im Elektroofen weiter behandelt und namentlich von Phosphor und Schwefel reinigt.

Das gleiche trifft auch bei der Zusammenarbeit des Elektrostahlofens mit einem Thomasstahlwerk zu. In diesem Fall wird im Elektroofen die Entphosphorung zu Ende geführt und nach dem Wechseln der Schlackenschicht der Desoxydationsvorgang eingeleitet, darauf entschwefelt, legiert und der Stahl fertig gemacht.

Für Stahlformgießereien hat das Elektrostahlverfahren hauptsächlich nach zwei Richtungen hin Bedeutung. Es ermöglicht einmal die Herstellung von Stahlformgußstücken bester Qualität bei geringen Selbstkosten; auch können bisher in Gesenken geschmiedete, komplizierte Formstücke aus Elektrostahl in Formen vergossen werden, ohne daß ihre physikalischen Eigenschaften dadurch beeinträchtigt werden. Das andere Anwendungsgebiet ist die Herstellung dünnwandiger Gußstücke. Hierbei haben in den letzten Jahrzehnten bereits der Kleinkonverter und der Martinofen gute Erfolge erzielt, indem sie einen sehr heißen, dünnflüssigen Stahl lieferten. Der elektrische Ofen vermag diesen jedoch viel leichter zu erschmelzen und ist daher für kleinen dünnwandigen Stahlformguß besonders geeignet.

Auch dem Tiegelofen ist wie Geilenkirchen[1]) mitteilt, in letzter Zeit der Elektroofen mit Erfolg zur Seite gestellt worden. Das Tiegelverfahren galt bekanntlich bisher als die vollkommenste Schmelzart. Bei diesem Verfahren kann mit den verschiedenartigsten Rohmaterialien gearbeitet werden, mit Stahl- und Schmiedeeiseneinsätzen, in festem oder flüssigem Zustand und unter Zusatz von Kohlenstoff. Wenn man durch sorgfältige Auswahl des Einsatzes auch die Wirkungen von schädlichen Nebenbestandteilen ausschließt, dann wirken beim Tiegelverfahren alle diejenigen Momente zusammen, die irgendwie die Güte des Stahles günstig beeinflussen können; gerade auf das Zusammenwirken all dieser günstigen Momente ist das hervorragende Erzeugnis zurückzuführen. Leider hat der Tiegelstahlprozeß nur einen Nachteil: er ist so kostspielig, daß sich seine Anwendung nur lohnt, wenn es sich um ganz besonders hohe Anforderungen handelt. Nun kann aber im Elektroofen eine dem Tiegelstahl gleichwertige Qualität erzeugt werden, und zwar mit geringeren Kosten. Alle die Vorzüge, die den Tiegel zu einem idealen Schmelzofen machen, stellen sich auch beim elektrischen Schmelzen ein. Selbstverständlich erfordert das Schmelzen im Elektroofen die größte Sorgfalt, wie sie ja auch beim Tiegelver-

---

[1]) Geilenkirchen, Dr. Th.: Über Stahlformguß, Gießerei-Zeitung 1913, Heft 12/15.

fahren und letzten Endes bei jedem Verfahren nötig ist. Auch der Elektroofen ist kein Uhrwerk, das man nur aufzuziehen braucht, um guten Stahl zu
bekommen. Der elektrische Strom ist ja beim Schmelzverfahren lediglich die
Wärmequelle; aber diese elektrische Wärme wirkt ohne irgendwelche schädlichen
Nebenerscheinungen auf den Stahl ein, und eben darin liegt der Vorzug des
elektrothermischen Prozesses.

Ganz besonders eignet sich das Elektrostahlverfahren zur Erzeugung von
Sonderstahlsorten, z. B. von solchen mit hohem Mangan- oder Siliziumgehalt.
Dabei geht von dem in irgendeiner Form zugesetzten Mangan oder Silizium
äußerst wenig verloren, der Abbrand ist also sehr gering, was wiederum einen
Vorteil gegenüber anderen Verfahren bedeutet. Auch können Legierungsstähle
in beliebiger Zusammensetzung und mit jedem wünschenswerten Gehalt an Chrom,
Nickel, Wolfram, Molybdän, Vanadium und anderen Metallen hergestellt wer-
den, und hierbei fällt die außerordentliche Geringfügigkeit des Abbrandes im
Hinblick auf die Hochwertigkeit der zugeschlagenen Metalle ganz besonders
ins Gewicht.

Bei der Herstellung von Schnelldrehstählen ist es wichtig, daß bei richtiger
Chargenführung der gewünschte Kohlenstoffgehalt, der für die Leistungsfähigkeit des Stahles von Bedeutung ist, genau eingehalten wird. Diese Möglichkeit bietet der Elektrostahlofen. Außerdem hat die Erfahrung gelehrt,
daß der Elektrostahl sich besser bearbeiten läßt als Tiegelstahl gleicher Zusammensetzung; das bedeutet wiederum eine Verringerung des Ausfalles beim
Schmieden.

Überhaupt ist die Qualitätsfrage bei einer Würdigung des Elektrostahlverfahrens ganz besonders zu betonen. Im Elektroofen kann nämlich der
Schmelzgang in bisher nicht gekanntem Maße beeinflußt werden. Bei allen
anderen metallurgischen Schmelzverfahren ist die Erhitzung des Schmelzgutes
vollkommen durch die Leistungsfähigkeit der Feuerung bestimmt; im elektrischen Ofen dagegen kann durch Änderung der Stromzufuhr die Hitze beim
Schmelzen willkürlich geregelt und auf diese Weise nicht nur die vorgeschriebene
chemische Zusammensetzung sondern auch der physikalische Aufbau der
Eisenkristalle, der für die Güte des Stahles von gleich großer Bedeutung ist, beeinflußt werden. Nach dieser Richtung ist das Elektroschmelzverfahren bereits
derart planmäßig ausgebildet worden, daß ein dem besten Tiegelstahl eben-
bürtiger Stahl erzeugt wird, selbst wenn man darauf verzichtet, das Schmelzgut
bis auf die letzten Spuren von allen schädlichen Nebenbestandteilen wie Phospho-
und Schwefel chemisch zu reinigen. Die Tatsache, daß der Elektroofen auch
hinsichtlich der erreichten Qualität einen Fortschritt gegenüber dem Tiegelofen
darstellt, ist auch von den Tiegelstahlwerken anerkannt und gewürdigt worden;
das Tiegelstahlverfahren wird immer mehr durch das Elektrostahlverfahren
verdrängt. Einen Beweis dafür möge die nachstehende Zusammenstellung
liefern, welche die Jahreserzeugung an Tiegelstahl einerseits und an Elektrostahl andererseits während der Jahre 1908 bis 1918 wiedergibt; die Zahlen bedeuten
Tonnen und beziehen sich auf die Erzeugung in Deutschland und Luxemburg.

Zusammenstellung 1.

Jahr	Tiegelstahl	Elektrostahl	Summe der Erzeugung	Anteil des Tiegelstahles %	Anteil des Elektrostahles %
1908	88 183	19 536	107 619	81,9	18,1
1909	84 069	17 734	101 842	82,6	17,4
1910	83 202	38 188	119 390	69,7	30,5
1911	78 760	60 654	139 414	56,5	43,5
1912	76 447	74 177	150 624	50,7	49,5
1913	99 393	88 888	188 274	52,8	47,2
1914	95 096	89 336	184 432	51,6	48,4
1915	100 587	131 579	232 157	43,5	56,7
1916	108 205	190 036	298 241	36,3	63,7
1917	129 784	219 700	349 484	37,2	62,8
1918	86 555	240 047	326 592	26,5	73,5

Daß der Elektrostahl alle hochwertigen physikalischen Eigenschaften in sich vereinigt und sich besonders durch seine chemische Reinheit auszeichnet, ist insbesondere darauf zurückzuführen, daß beim Elektrostahlverfahren eine vollkommene Entfernung aller den Stahl verunreinigenden Nebenbestandteile sozusagen restlos erreicht wird. Der Elektrostahl hat also einen verschwindend geringen Gehalt an denjenigen Elementen, die als für den Stahl schädlich bekannt sind, wozu in erster Linie Phosphor und Schwefel zählen. Auf die Entfernung des Phosphors und Schwefels möge bereits bei dieser Gelegenheit kurz eingegangen werden.

Die Entfernung des Phosphors erfolgt vor der des Schwefels, und zwar auf folgende Weise: Bereits mit dem Einsatzmaterial und während des Einschmelzens setzt man Hammerschlag oder Eisenerze zum Frischen des Bades und Kalk zur Bindung der Phosphorsäure und Schonung des Ofenfutters zu. Die Oxydation und Bindung der Phosphorsäure erfolgt nach

$$2 Fe_3O_4 + 2 P = P_2O_5 + 3 FeO + 3 Fe$$

und

$$P_2O_5 + 4 CaO = (CaO)_4P_2O_5.$$

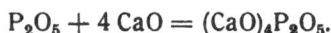

Nachdem man sich durch Probenehmen von dem Grade der Entphosphorung überzeugt hat, zieht man die Schlacke entweder ganz ab und desoxydiert sofort oder man ersetzt die erste Schlacke nach dem Abziehen durch eine zweite. Die letzten Reste der danach abgezogenen Schlacke versteift man durch Aufwerfen von Dolomit und Kalk, um ein völliges Abziehen zu ermöglichen. Die Reaktion geht um so rascher und sicherer vor sich, je kalkreicher und dickflüssiger die Schlacke ist, da hiermit das Bindungsvermögen für Säuren wächst. Eine einwandfreie Entphosphorung hängt wesentlich von einer sauberen, sorgfältigen Betriebsführung und der restlosen Abziehung der Phosphorschlacke ab, da sonst bei der Desoxydation die in der Schlacke verbliebene Phosphorsäure wieder zu Phosphor reduziert und in das Metallbad getrieben wird. Je weiter man beispielsweise im basischen Martinofen vorraffiniert, um so einfacher gestaltet sich danach die Arbeit im Elektroofen. Will man unter 0,02 bis 0,025% Phosphorgehalt erhalten, so muß man zum elektrischen Ofen greifen.

Zur Desoxydation des Bades setzt man nur reinste Retortenkohle, Ferrosilizium oder Ferromangan zu. Hiernach bringt man auf das Bad die Entschwefelungsschlacke, bestehend aus Kalk, Sand und Flußspath, der man nach dem Einschmelzen fein gemahlene reinste Kohle zusetzt. Die Entschwefelung verläuft jetzt nach der Formel:

$$FeS + CaO + C = Fe + CaS + CO.$$

Bei normalem Schwefelgehalt des Bades ist die Entschwefelung beendet, wenn die Schlacke an der Luft zu einem weißen Pulver zerfällt. Hauptbedingung bei der Entschwefelung ist die Freiheit der Schlacke von Eisenoxyden. Ein Zusatz von Ferromangan ist bei der Entschwefelung im elektrischen Ofen nicht erforderlich. Der elektrische Ofen bietet hiernach bei der Entschwefelung wesentliche Vorteile, da er einmal den teuren Manganzusatz entbehrlich macht und gleichzeitig den Stahl frei von Mangan hält, ein Vorteil, der bei gewissen Stählen durchaus nicht zu unterschätzen ist. —

Nachstehend noch einige Urteile über die Qualität des Elektrostahles:

Neumann[1]) äußert sich über den elektrisch geschmolzenen Stahl wie folgt: „Elektrostahl ist leichter zu vergießen als Stahl jedes anderen Herstellungsverfahrens, da er fast völlig frei von gelösten Gasen ist. Die im Elektroofen hergestellten Abgüsse fallen durchweg gleichmäßig dicht aus und infolge der hohen Temperaturen des flüssigen Stahles lassen sich selbst sperrige, äußerst dünnwandige Abgüsse von großen Abmessungen verhältnismäßig leicht herstellen. Kohlungs- und andere Zusätze werden erst nach beendigter Desoxydation gemacht, wodurch fast jeder Abbrand an den oft so kostspieligen Zuschlägen entfällt und es nach jeder Richtung hin möglich wird, Stahl von genauester chemischer Zusammensetzung zu erzielen. In wirtschaftlicher Beziehung hält das Elektroschmelzverfahren die Mitte zwischen dem Martin- und Tiegelbetriebe. Während sich im Tiegel Stahlsorten von der Güte des Elektrostahles bei den Grundpreisen unmittelbar vor dem Kriege nicht unter 200 bis 300 M. herstellen ließen, konnte Elektrostahl bei einem Schrottpreise von 55 M./t und einem Preise von 4,5 Pf. für die Kilowattstunde bei kaltem Einsatz gießfertig bis zu 114 bis 135 M. hergestellt werden."

Mathews[2]) faßt die besonderen Eigenschaften des im elektrischen Ofen hergestellten Stahles wie folgt zusammen: „Die chemische Zusammensetzung des Stahles hat man besser in der Hand als bei den anderen Verfahren, was besonders wichtig ist bei Zusatz leicht oxydierender Metalle wie Vanadium, Chrom usw.; man braucht weniger von diesen Metallen; Elektrostahl ist reiner, namentlich schwefelfreier als anderer Stahl. Hierdurch ist er leichter völlig zu oxydieren, so daß gesündere Blöcke erhalten werden. Er ist weniger empfindlich gegen

[1]) Neumann, Dr. B.: Handbuch der Eisen- und Stahlgießereien, Verlag von Geiger, II. Band, 1916, S. 642.
[2]) Stahl und Eisen 1918, S. 293.

Überhitzung bei der Bearbeitung. Elektrostahl enthält in der Regel weniger Schlackeneinschlüsse und Beimengungen von nicht metallurgischen Fremdkörpern; er ist in aller erster Linie Qualitätsstahl. Die leichte Verarbeitungsmöglichkeit von legierten Stahlabfällen ist ein besonderer Vorzug des Elektrostahlverfahrens." —

An welcher Stelle der Elektroofen zweckmäßig eingesetzt und für welches Ausgangsmaterial und Enderzeugnis er bestimmt wird, hängt natürlich ganz von den individuellen und lokalen Verhältnissen des Betriebes ab. Jedoch nicht nur diese Fragen sondern auch die Ofenart, die genaue Kenntnis des Ofens und seiner Arbeitsweise ist für das gute Gelingen eines Elektrostahles ausschlaggebend. Um sich über die Art der Betriebsführung ein Bild zu machen, sei ein beliebiger Fall dargestellt.

Denken wir uns einen mit Lichtbogenheizung ausgerüsteten Ofen, dessen Herd entweder mit Koks angewärmt wurde oder der von der vorhergehenden Schmelze noch warm ist. Der Ofen habe ein Fassungsvermögen von 5 t. Das Ausgangsmaterial sei Thomasflußeisen, und es soll ein Siliziumstahl erzeugt werden. In diesem Fall werden zuerst etwa 80 kg Erz und 40 kg Kalk in den Herd gegeben. Danach füllt man das flüssige Thomaseisen auf, wobei ein lebhaftes Kochen einsetzt. Nach etwa 10 Minuten schaltet man die Lichtbogenheizung ein, wenn möglich mit hoher Stromstärke. Nach weiteren 10 Minuten setzt man noch etwas Erz und 20 kg Kalk zu. Nach Verlauf der ersten Stunde kann man die erste Probe nehmen und die Stromstärke ermäßigen. Eine weitere Stunde danach nimmt man die zweite Probe, stellt die Lichtbogenheizung ab, verdichtet die Schlacke mit Kalk und zieht diese sorgfältig ab. Dann schaltet man den Strom wieder ein und bringt die Entschwefelungsschlacke (40 kg Kalk, 8 kg Flußspath, 8 kg Sand) auf und setzt danach reine Retortenkohle oder eine Schaufel hochprozentiges Ferrosilizium zum Desoxydieren zu. Etwas Aluminium und die für den gewünschten Gehalt des herzustellenden silizierten Stahles berechnete Menge Ferrosilizium ist zuzugeben. Die Raffinationsarbeit bei weichen Schmelzungen unterscheidet sich von der beschriebenen Arbeitsweise nur durch den geringeren Kohlenstoffgehalt.

Über Schmelzversuche mit dem Lichtbogenofen berichtete u. a. Eichhoff[1]) in einem Vortrag gelegentlich der Hauptversammlung des Vereins Deutscher Eisenhüttenleute am 9. Dezember 1906 etwa folgendes:

Es wird zuerst nachgewiesen, daß das elektrische Stahlschmelzen seine wirtschaftliche Berechtigung hat, zumal hinsichtlich der Qualität des Erzeugnisses. Hierbei finden die Fragen der Desoxydation und chemischen Reinheit des Elektrostahles Aufklärung. Zu der ersten Frage wird auf die Anwesenheit von gelösten Oxydationsverbindungen des Eisens geschlossen, die Ursache der Bildung von Blasen und Hohlräumen in Blöcken sind. Aus einigen praktischen Darlegungen wird dargetan, daß die Lösung von Eisenoxydul verhindert oder gelöstes Eisenoxydul zerstört werden muß. Bisher geschah dies durch Zusätze

---

[1]) E i c h h o f f, Prof.: Über die Fortschritte in der Elektrostahl-Darstellung. Stahl und Eisen 1907, Nr. 2 und 3.

10

von Silizium und Mangan, wodurch jedoch der Nachteil entstand, daß die Oxydationspunkte dieser Stoffe in sehr fein verteiltem Zustande, d. h. als eine Art Emulsion, in dem Flußeisen zurückblieben. Soll dies verhindert werden, so muß mit Stoffen oxydiert werden, deren Oxyde gasförmig sind, d. h. mit Kohlenstoff, oder es muß den anderen Stoffen, wie z. B. Manganoxydul, Zeit gegegeben werden, sich auszuscheiden.

Nun ist jedoch bekannt, daß jede basische Schlacke eines Eisenerzeugungsprozesses Eisenoxyde gelöst enthält, und daß diese Oxyde sich mit dem Eisen im Eisenoxydul zersetzen, welches sich immer wieder im Eisen löst, selbst wenn letzteres oxydfrei gemacht worden war. Eine weitgehende Desoxydation wird also nur zu erzielen sein, wenn es gelingt, die Schlacken ganz einwandfrei zu machen. Es wird nun die Frage sein, ob sich diese Bedingung im elektrischen Ofen erfüllen läßt. Auf Grund eingehender Versuche mit dem elektrischen Stahlschmelzverfahren beantwortet Eichhoff diese Frage mit „ja" und begründet das wie folgt:

„Das Bad wird mit einer oxydierenden Schlacke bedeckt und der Strom angestellt. Nach einer halben bis dreiviertel Stunde wird diese Schlacke vorsichtig abgezogen, das nackte Bad mit einer gewissen Menge Kohlenstoff bedeckt und dann eine neue, oxydfreie Schlacke aufgebracht. Diese Schlacke ist nach 20 Minuten geschmolzen und wird nun durch die Einwirkung des Lichtbogens auf die Schlacke, wodurch sich Kalziumkarbid bildet, vollständig desoxydiert. Hierdurch wird das Bad vollständig von dem Einfluß der Luft angeschlossen. Durch das Aufbringen der neutralen Schlacke wird das Bad soweit abgekühlt, daß der größte Teil des Eisenoxyduls durch den aufgebrachten Kohlenstaub reduziert wurde." Es ist nur noch die Frage, welche Reinheit des Flußeisens mit dem elektrischen Verfahren erzielt werden kann und ob ferner mit unreinem Rohmaterial die bisher erzielte Reinheit der Stahlsorten womöglich noch übertroffen werden kann. Auch diese Frage beantwortet Eichhoff mit „ja"! Die Reinigung erstreckt sich allerdings nur auf Phosphor, Schwefel, Mangan, Silizium usw., während Kupfer, Nickel, Arsen usw. auch beim elektrischen Schmelzofen nicht entfernt werden können. Aber durch die Entfernung des Schwefels und Phosphors „wird der schädliche Einfluß des Kupfers und Arsens beseitigt, denn nicht diese Metalle, sondern deren schlechte Schwefelverbindungen haben einen schlechten Einfluß auf den Stahl. Eine so weitgehende Reinigung bedingt eine starke Überoxydation, welche bisher nicht vorgenommen werden konnte und durfte, da man keine Mittel kannte, eine soweit getriebene Oxydation wieder zu beseitigen". Beim elektrischen Schmelzverfahren ist diese übrigens nur für die Entfernung des Phosphors nötige Überoxydation ohne weiteres möglich.

Die zusammenfassende Erklärung Eichhoffs lautet demnach: „Die große Hitze unter dem Lichtbogen ist meiner Ansicht nach der Grund, warum die weitgehende Reinigung und Desoxydation möglich ist. Die ursprüngliche Befürchtung, diese große Hitze könne dem Stahl schaden, hat sich nicht bewahrheitet. Das Bad ist immer in lebhafter Zirkulation begriffen, und die einzelnen Teile desselben werden nur für ganz kurze Zeit der hohen Temperatur ausgesetzt.

Die Durchschnittswärme des Bades braucht nicht höher gehalten zu werden als in sonstigen Öfen. Diese lebhafte Zirkulation bedingt nun in der Oxydationsperiode, daß sehr schnell alle Teile des Bades mit der reinigenden bzw. oxydierenden, durch die hohe Hitze in ihrer Aktivität besonders gesteigerten Schlacke in Berührung kommen und daß die Reinigung sehr schnell geht. Gleiche Vorgänge bewirken in der späteren Periode die schnelle Durchführung des Prozesses. Die hohe Temperatur scheint sodann besonders energisch auf eine gute Legierung des Stahles hinzuwirken, und es ist nicht ausgeschlossen, daß diese Legierungen im elektrischen Ofen inniger werden als bei den anderen Verfahren."

Wirtschaftliche Bedeutung.

Schon eingangs haben wir die volkswirtschaftliche Bedeutung des Elektrostahlverfahrens gestreift und dabei die brennenden Tagesfragen der Energiewirtschaft in den Vordergrund gestellt. Wir haben darauf hingewiesen, daß die Nutzbarmachung der Wasserkräfte immer größere Bedeutung gewinnt, immer mehr an Umfang zunimmt, und daß die elektrothermischen Betriebe einen wesentlichen Faktor für die erfolgreiche Durchführung dieser Energiewirtschaftspolitik bedeuten. Unter dem gleichen Gesichtspunkt erscheint das Elektrostahlverfahren auch in privatwirtschaftlicher Beziehung als besonders begünstigt. Steht es doch außer Frage, daß z. B. die süddeutschen Stahlwerke unmöglich so günstig in mit Brennstoff beheizten Öfen arbeiten können, wie die unmittelbar an den Kohlenfeldern liegenden Stahlgießereien. Die Transportkosten für den Brennstoff, die Notwendigkeit, die Kohlenwagen sofort zu entladen, oder auf der anderen Seite die unproduktiven Standgelder beeinflussen in der heutigen Zeit wesentlich die Betriebskosten. Beim Wasserkraftbetrieb unterliegen auch die Strompreise niemals den Schwankungen, die bei den heutigen Brennstoffkosten im Kohlenkraftwerk in Kauf genommen werden müssen; vielmehr kann man durch einen einfachen Stromtarif auf längere Zeit eine Gewähr für die Betriebsführung des Elektroofens erzielen. Damit kommen wir auf die Frage der Stromtarife im allgemeinen zu sprechen, die ja für den wirtschaftlichen Erfolg des elektrischen Schmelzverfahrens von wesentlicher Bedeutung sind.

Daß der elektrische Strom zum Schmelzen von Stahl, Eisen und Metallen viel zu teuer sei, wurde früher ziemlich allgemein und wird auch heute noch sehr vielfach behauptet. Trotzdem sind viele hundert elektrische Schmelzöfen in Stahl- und Metallwerken in Betrieb, was doch sicherlich ein Beweis für die wirtschaftliche Brauchbarkeit dieser Ofengattung ist. Die Binsenwahrheit, daß der aus der Kohle gewonnene Strom teurer sein muß als die Kohle selbst, kann natürlich nicht weggeleugnet werden. Durch eine solche oberflächliche Anschauung wird aber in keiner Weise der ganze Fragenkomplex berührt, der für die Entscheidung über die Wirtschaftlichkeit eines Ofens in Frage kommt. Um den mit Kohlengas beheizten Ofen mit dem nach Aufbau und Betrieb völlig verschiedenen Elektroofen wirtschaftlich zu vergleichen, ist vielmehr eine ganze Kette von Betriebsfaktoren in Rechnung zu ziehen. Dabei wird sich in vielen

Fällen herausstellen, daß selbst bei hohen Strompreisen das elektrische Schmelzen immer noch billiger ist als der Betrieb mit Koks- oder Gasöfen.

Dazu kommt noch als besonders günstiger Umstand, daß die stromverbrauchenden Elektrostahlwerke durch enge Fühlungnahme mit dem Kraftwerk Verträge bzw. Strompreise erzielen können, die sowohl dem Stromerzeuger als auch dem Stromverbraucher zum Vorteil gereichen[1]). Vor allen Dingen ist das Kraftwerk über die Größe des Stromverbrauches zu unterrichten. Gleichzeitig ist es darauf hinzuweisen, daß der Elektroofen als Puffer und Belastungsausgleicher angesehen werden muß; der Elektroofen hat die Eigenschaft, sich der Zentralenbelastung wenigstens in etwa zeitlich anpassen zu können. Man wird infolgedessen zweckmäßig für die Stunden geringer Zentralenbelastung einen geringen Strompreis zugrunde legen, für die Zeit der Spitzenbelastung dagegen einen hohen Strompreis. Bei Anwendung eines Doppeltarifes läßt sich die Stromverrechnung in einfacher Weise durchführen; es kann also ohne Schwierigkeiten ein im beiderseitigen Interesse, sowohl des Kraftwerkes als auch des Stromverbrauchers, liegendes und für beide Teile vorteilhaftes Abkommen getroffen werden. Welche Strompreise für den Anschluß von Elektroöfen normalerweise in Frage kommen, hängt natürlich vollkommen von den Betriebsverhältnissen des jeweiligen Elektrizitätswerkes ab. Wasserkraftstrom oder in Hüttenwerken aus dem freiwerdenden Gichtgas gewonnener Strom kann natürlich zu besonders billigen Preisen abgegeben werden. Auch die mit Großdampfturbinen arbeitenden Kraftwerke liefern den Strom im allgemeinen noch zu günstigen Bedingungen.

Die Rentabilität des Elektroofens ist natürlich außer von dem Strompreis noch von einer ganzen Reihe anderer wichtiger Faktoren abhängig, wie vor allem von den Löhnen, Brennstoff- und Rohmaterialpreisen, Zustellungskosten usw. Da die Preissätze für alle diese Unkosten heute dauernd im Fluß sind, ist es zurzeit geradezu unmöglich einwandfreie zahlenmäßige Belege für diese Fragen zu bringen. Zudem sind heute nicht allein die unmittelbaren Betriebsausgaben, sondern zahlreiche andere Fragen entscheidend, wie z. B. die schon erörterte Ausnutzung der Kraftwerke, die Transportfrage, die Frage der Roheisenbeschaffung usw. Es dürfte deshalb interessieren, einige Veröffentlichungen aus den Federn von Fachleuten zu streifen, die sich mit der Wirtschaftsfrage eingehend beschäftigt haben.

„Geilenkirchen[2]) befaßt sich vor allem mit der durch den Friedensvertrag verursachten Änderung der Verhältnisse, wie z. B. mit der Abtretung wichtiger Erzgebiete, Kohlennot, verkürzter Arbeitszeit, Verringerung der Arbeitsleistung, Zwangsausfuhr von Kohle und der damit bedingten größten Sparsamkeit in

---

[1]) Ru ß: Die elektrischen Schmelzöfen und die Elektrizitätswirtschaft. Mitteilungen des Elektrizitätswerkes Berlin 1922, Nr. 304.
[2]) Prof. Engelhardt veröffentlicht in der Elektrotechnischen Zeitschrift 20, S. 756, einen Auszug aus der Arbeit von Dr. Geilenkirchen, Die volkswirtschaftliche Bedeutung der Elektrostahlindustrie für Deutschland. Mitteilungen der Vereinigung der Elektrizitätswerke 1920, S. 69.

der Kohlenwirtschaft. Er steht auf dem Standpunkt, daß durch die geänderten Verhältnisse die deutsche Eisenindustrie nicht mehr mit der Ausfuhr von Handelseisen wird rechnen können, daß vielmehr die Einbuße an Ausfuhrmöglichkeiten zu einer weiteren Steigerung der Qualitätsstahlerzeugung führen muß. Auch für den inneren Bedarf müsse man sich auf erhöhte Qualität einstellen. Die notwendigen Erneuerungsarbeiten bei den Eisenbahnen, die unbedingt nötige Belebung des Schiffbaues und der Bautätigkeit für menschliche Wohnungen stelle derartige Anforderungen an Baueisen, daß man trachten müsse, durch Erhöhung der mechanischen Eigenschaften an Eisen zu sparen. Daß der Elektroofen solche Qualitäten zu liefern vermag steht außer Frage. Er kann alle Sorten erzeugen, welche über die Anforderungen hinausgehen, die man an gewöhnliches Handelseisen stellt. Dabei sind die wirtschaftlichen Gesichtspunkte teils privatwirtschaftlicher Art, also reine Selbstkostenfragen, teils sehr ernster volkswirtschaftlicher Natur. Als letztere sind besonders zu betonen die Unabhängigkeit vom Ausland in der Rohstoffbeschaffung und die rationellste Ausnutzung der inländischen Rohstoffe und Betriebsmittel. Der Elektroofen zieht weite Grenzen für die Verwendungsmöglichkeit minderwertigen Schrottes, und es wird noch eine Aufgabe der nächsten Zukunft sein, auch die Verwertung minderwertiger Erze im elektrischen Hochofen zu untersuchen."

Die Transportfrage, auf die wir schon vorstehend wiederholt hinwiesen, ist von Fall zu Fall besonders zu berücksichtigen. Beispielsweise ist es sicher empfehlenswert, Elektrostahlanlagen dort aufzustellen, wo großer Bedarf

Zusammenstellung 2.

	Kleinkonverter	Martinofen	Elektroofen
	t	t	t
Angenommene Erzeugung an fertigen Stahlformgußstücken	1000	1000	1000
Dazu erforderlich an Rohstahl	1500	1500	1500
Unter Berücksichtiguug des Abbrandes nötige Einsatzmengen	1800	1650	1575
Einsatz besteht aus Roheisen	800	300	75
Eigene Trichter	500	500	500
Schrott	500	850	1000
Einsatzmenge	1800	1650	1575
Mithin heranzuführen:			
Roheisen	800	300	75
Nicht verbrauchter Schrottentfall muß abgeführt werden	500	150	—
Heranzuführender Brennstoff	Koks 200	Kohle 600	—
Elektroden	—	—	25
Zuschläge	300	300	150
Feuerfeste Baustoffe	200	150	100
Gesamtsumme	2000	1500	350

an dem Erzeugnis vorliegt; so wird man Gußteile für landwirtschaftliche Maschinen in Gießereien in landwirtschaftlichen Gegenden herstellen und gleichzeitig das reichlich abfallende Abfalleisen an demselben Ort verarbeiten. Es werden dadurch zwei Transporte gespart. Bei der heutigen Transportnot, mit der wir wohl noch auf eine lange Reihe von Jahren rechnen müssen, ist die Standortfrage besonders wichtig, nicht nur in volkswirtschaftlicher, sondern auch in privatwirtschaftlicher Beziehung. Für den Transport des Betriebsstoffes ist es ja selbstverständlich, daß das Heranführen von Kohle die Eisenbahnen belastet, die Zuführung von elektrischem Strom dagegen nicht.

Der Verfasser[1]) bringt sodann eine Zahlentafel (Zusammenstellung 2) über die für den Schmelzbetrieb erforderlichen Roh- und Betriebsstoffe, und zwar vegleichsweise für den Kleinkonverter, Martinofen und Elektroofen, wobei von der Voraussetzung ausgegangen wird, daß für 1000 t fertige Gußstücke 1500 t Rohstahl erforderlich sind, und daß der Bedarf des Gebietes dem abfallenden Schrott gleich ist.

An Hand dieser Zahlentafel erbringt der Verfasser den Nachweis, daß z. B. (als Absatzgebiet Oberbayern mit München als Frachtgrundlage angenommen) für jede Tonne Bedarf an Stahlgußstücken beim Schmelzen im Elektroofen an Ort und Stelle 660 tkm Frachten gespart werden. Er errechnet daraus einen Vorsprung von M. 264 pro t."

Auch Kothny[2]) beschäftigt sich mit der Wirtschaftsfrage. Von ihm sind in einer Gegenüberstellung aus dem Jahre 1920 die Selbstkosten des flüssigen Materials je Tonne fertigen Stahlgusses zusammengestellt, und zwar einmal für den Elektroofen, und das andere Mal für den Martinofen. Die Zahlentafen 3 und 4 zeigen diese Selbstkosten für einen 5 t Martin- und Elektroofen und für einen 20 t Martin- und Elektroofen zur Vorkriegszeit und zur Zeit (im Jahre 1920). Aus den Tafeln geht folgendes hervor: in der Vorkriegszeit konnte der Elektroofen nur in der Kleingießerei den Martinofen erfolgreich ersetzen; heute dagegen ist er dank seines günstigen Ausbringens, seiner Güte und der Möglichkeit, ohne Roheisen arbeiten zu können, dem Martinofen auch in der Großgießerei überlegen.

Zukunftsaufgaben.

Endlich mögen auch noch die volkswirtschaftlich besonders wichtigen Anwendungsgebiete des Elektroofens kurz gestreift werden, um darzutun, welche außerordentlich wichtigen Zukunftsaufgaben dem Elektroofen zufallen.

Da ist zunächst die Herstellung von synthetischem Guß im Elektroofen zu erwähnen[3]). Veranlaßt durch den Mangel an Roheisen, der sich besonders in Deutschland als Folge des Versailler Vertrages geltend macht, hat man

---

[1]) Dr. Geilenkirchen a. a. O.
[2]) Kothny, Dr. Erdmann: Die Bedeutung des Elektroofens für die Gießerei, Gießerei-Ztg. 1920, Heft 15 und 16; ferner Stahl und Eisen 1920, S. 1144
[3]) Stahl und Eisen 1920, 1. April, S. 437/39; 1921, 30. Juni, S. 881/8; 1921, 29. Dezember, S. 1881/89.

5-t-Martinofen
Stahlgußausbringen = 55% je t Stahlguß;
1,8 t flüssiges Material = 2 t Einsatz.

Einsatz und Fabrikationsaufwand	Verbrauch je t Stahlguß kg	Frieden Preis je 100 kg	Frieden Aufwand je t Stahlguß M.	Heute Preis je 100 kg	Heute Aufwand je t Stahlguß M.
Einsatz u. Desoxydation					
Roheisen	440	7,5	33	170	748
Schrott	1000	6,5	65	120	1200
Späne	500	4	20	100	500
Ferromangan 80%	20	25	5	1000	200
Ferrosilizium 50%	10	26	4,16	450	72
Spiegeleisen	20	8,5	1,70	180	36
Aluminium	0,2	150	0,3	15000	30
			129,16		2786
Zuschläge					
Kalk	200	1,5	3	16	32
Koks	10	2	0,20	35	3,5
Erz	10	2,4	0,24	20	2
Dolomit od. Magnesit	50	6	3,00	120	60
			6,44		97,5
Fabr.-Aufwand					
Löhne und Gehälter	1800	0,6	10,80	10	180
Brennstoff	720	1,4	10	25	180
Erhaltungskosten	1800	0,4	7,20	8	144
Sonstiges	1800	0,5	9,00	10	180
			37,00		684
Gesamtkosten			172,60		3567,5

5-t-Elektroofen
Stahlgußausbringen = 60% je t Stahlguß;
1,66 t flüssiges Material = 1,8 t Einsatz.

Einsatz und Fabrikationsaufwand	Verbrauch je t Stahlguß kg	Frieden Preis je 100 kg	Frieden Aufwand je t Stahlguß M.	Heute Preis je 100 kg	Heute Aufwand je t Stahlguß M.
Eins. u. Desoxyd.					
Schrott	1320	6,5	85,80	120	1584
Späne	450	4	18,00	100	450
Ferromangan 80%	15	25	3,75	1000	150
Ferrosilizium 50%	15	26	3,90	450	67,5
Aluminium	0,2	150	0,30	15000	30,0
			111,75		2281,5
Zuschläge					
Kalk	100	1,5	1,50	16	16
Koks	20	2,0	0,40	35	7
Erz	10	2,4	0,24	20	2
Dolomit od. Magnesit	50	6,0	3,00	120	60
			5,14		85
Fabr.-Aufwand					
Löhne und Gehälter	1666	0,5	8,30	10	166,6
Strom kWh	1100	0,04	44,00	0,6	660,0
Elektroden	25	7,0	1,75	275	68,0
Erhaltungskosten	1666	0,4	6,64	8	132,8
Sonstiges	1666	0,5	8,30	10	166,6
			68,99		1194,0
Gesamtkosten bei Dampfkraft			185,88		3560,5
Ersparnis in der Gießerei			7,00		100,0
Aufwand f. Stahl b. Dampfkraft			178,88		3460,5
Ersparnis bei Wasserkraft		0,02	22,00	0,2	440
Aufwand f. Stahl b. Wasserkraft			156,88		3020,5

Einsatz u. Desoxydation: Fabrikationsaufwand
Einsatz u. Desoxydation: Fabrikationsaufwand
(Dampfkr.): Fabrikationsaufwand
(Dampfkr.): Fabrikationsaufwand (Wasserkr.)
Martinofen: Elektroofen (Dampfkr.): Elektroofen (Wasserkraft):

Frieden:
1:0,286
1:0,618:0,42   1:0,523:0,33
100:103,5:91   100:97:85

Heute:
1:0,246

Verhältnis der Kosten im Frieden zu heute

	bei Martinofen	bei Elektroofen
Einsatz und Desoxydation	1:21,6	1:20,45
Fabrikationsaufwand	1:18,5	1:17,8
	—	1:16
Gesamtkosten	1:20,6	1:19,3
„	—	1:19,25

(Dampfkraft / Wasserkraft)

Zusammenstellung 4. Selbstkosten für flüssiges Material für die Tonne Stahlguß (Großguß).

20-t-Martinofen

Stahlformgußausbringen = 65% je t Stahlguß;
1,54 t flüssiges Material = 1,7 t Einsatz.

Einsatz und Fabrikationsaufwand	Verbrauch je t Stahlguß kg	Frieden Preis je 100 kg	Frieden Aufwand je t Stahlguß M.	Heute Preis je 100 kg	Heute Aufwand je t Stahlguß M.
Einsatz u. Desoxydation					
Roheisen	376	7,5	28,20	170	639
Schrott	855	6,5	55,57	120	1026
Späne	427	4	17,08	100	427
Ferromangan 80%	17	25	4,25	1000	170
Ferrosilizium 50%	14	26	3,64	450	63
Spiegeleisen	17	8,5	1,44	180	31
Aluminium	0,2	150	0,30	15000	30
			110,48		2386
Zuschläge					
Kalk	150	1,5	2,20	16	24
Koks	10	2	0,20	35	3,5
Erz	10	2,4	0,24	20	2
Dolomit od. Magnesit	40	6	2,40	120	48
			5,04		77,5
Fabr.-Aufwand					
Löhne und Gehälter	1540	0,35	5,39	5,5	84,7
Brennstoff	427	1,4	5,98	25	106,5
Erhaltungskosten	1540	0,3	4,62	6	92,4
Sonstiges	1540	0,4	6,16	8	123,2
			22,15		406,8
Gesamtkosten			137,67		2870,3

20-t-Elektroofen

Stahlformgußausbringen = 65% je t Stahlguß.
1,54 t flüssiges Material = 1,63 t Einsatz.

Einsatz und Fabrikationsaufwand	Verbrauch je t Stahlguß kg	Frieden Preis je 100 kg	Frieden Aufwand je t Stahlguß M.	Heute Preis je 100 kg	Heute Aufwand je t Stahlguß M.
Einsatz u. Desoxyd.					
Schrott	1190	6,5	77,35	120	1428
Späne	407	4	16,28	100	407
Ferromangan 80%	13	25	3,25	1000	130
Ferrosilizium 50%	13	26	3,38	450	58,5
Aluminium	0,2	150	0,3	15000	30
			100,56		2053,5
Zuschläge					
Kalk	80	1,5	1,2	15	12,8
Koks	10	2	0,2	35	3,5
Erz	10	2,4	0,24	20	2
Dolomit od. Magnesit	30	6	1,8	120	36
			3,44		54,3
Fabr.-Aufwand					
Löhne und Gehälter	1500	0,3	4,50	5,0	75
Ströme kWh	830	0,04	32,4	0,6	498
Elektroden	20	7	1,4	275	55
Erhaltungskosten	1500	0,3	4,5	6	90
Sonstiges	1500	0,4	6	8	120
			48,8		838
Gesamtkosten bei Dampfkraft			152,8		2945,8
Ersparnis in der Gießerei			2,8		33
Aufwand f. Stahl b. Dampfkraft			150		2912,8
Ersparnis bei Wasserkraft		0,02	16	0,2	332
Aufwand f. Stahl b. Wasserkraft			134		2580,8

Verhältnis der Kosten im Frieden zu heute

bei Martinofen

Einsatz und Desoxydation	1:21,6	
Fabrikationsaufwand	1:18,85	
Gesamtkosten	1:20,9	

bei Elektroofen

1:20,45	
1:17,8 Dampfkraft	
1:13,4 Wasserkraft	
1:9,4 Dampfkraft	
1:19,3 Wasserkraft	

Einsatz u. Desoxydation: Fabrikationsaufwand
Einsatz u. Desoxydation: Fabrikationsaufwand
(Dampfkr.): Fabrikationsaufwand (Wasserkr.) 1:0,486:0,526 1:0,486:0,240
Martinofen: Elektroofen (Dampf.): Elektro-

Heute:
1:0,17

Frieden:
1:0,2

ein Ersatzverfahren für den Hochofenbetrieb gesucht, um durch Rückkohlung von weichen Eisenabfällen ein handelsübliches Roheisen mit entsprechendem Kohlenstoffgehalt zu erzielen. Heute werden bereits mit Erfolg elektrische Schmelzöfen betrieben, in denen aus Eisen- und Stahlabfällen vorzugsweise Stahldrehspänen, mit einem geeigneten Kohlungsmittel und sonstigen Zuschlägen ein Roheisen erschmolzen wird, das sich unter der Bezeichnung „synthetisches Roheisen" im Handel befindet.

Eine der nächsten Aufgaben des Elektroofens wird ferner die Erzeugung von Gußeisen mit erhöhter Festigkeit sein. Die bereits unternommenen Schmelzversuche haben ergeben, daß die Sondergüsse hervorragende Eigenschaften besitzen, deren Qualitätsziffern mit den bisherigen Schmelzverfahren nicht erreicht werden konnten. Die Bedeutung dieses Ergebnisses darf nicht verkannt werden; denn je weiter die deutsche Eisenindustrie die Güte ihrer Erzeugnisse über diejenige der Handelsware hinauszuheben versteht, desto eher wird sie sich aus ihrer augenblicklichen schweren Wirtschaftslage herausarbeiten.

Ein weiteres bedeutendes Verwendungsgebiet des Elektroofens wird in großen Stahlwerken die Schmelzung des zur Desoxydation dienenden Ferromangans sein. Ebenso, wie der allgemein übliche Gebrauch flüssigen Spiegeleisens bei der Herstellung höher gekohlter Stähle liegt auch die Desoxydation mit flüssigem Ferromangan im Hüttenbetriebe ohne weiteres nahe; bisher fehlte jedoch der dazu geeignete Schmelzofen. Nunmehr hat aber eine Anzahl im Betrieb befindlicher Anlagen bewiesen, das sich der Elektroofen hierzu ganz besonders gut eignet. Die Desoxydation mit flüssigem Ferromangan hat den Vorteil, daß der Stahl mit Mangan gleichmäßiger legiert wird; insbesondere fehlen darin harte Stellen, die von ungelöstem Ferromangan herrühren. Dabei wird durchschnittlich ein Drittel des Ferromangans gespart, das bei festem Zusatz aufgewendet werden muß, was bei dem jetzigen Manganmangel von nicht zu unterschätzender Bedeutung ist. Zum mindesten werden durch diese Ersparnis die Betriebskosten des Elektroofens aufgewogen und seine Anlagekosten in kürzester Zeit gedeckt.

Mit den vorstehenden Fällen ist das Anwendungsgebiet der elektrischen Schmelzöfen, zumal für die Stahlindustrie im weiteren Sinne noch längst nicht erschöpft. So werden die Elektroöfen auch für die Erzeugung von Ferrolegierungen erfolgreich benutzt. Das Stahlwerk ist zwar in der Regel nicht selbst Erzeuger, aber fast ausschließlich Verbraucher der Ferrolegierungen. Unter den Ferrolegierungen stehen hinsichtlich des Umfangs der Erzeugung Ferrosilizium und Ferromangan an der Spitze. Der Bedarf an Ferrosilizium wird allein in Deutschland auf rd. 20000 t jährlich geschätzt; zur Erzeugung dieser Menge ist die stattliche Zahl von rd. 240 Millionen Kilowattstunden erforderlich. Ferrosilizium wird im elektrischen Lichtbogenofen durch Einschmelzen und Reduzieren von Quarz, Eisenspänen und Koks gewonnen. Die Darstellung von Ferromangan, dessen Welterzeugung vor dem Kriege etwa 2,5 Millionen t Erz im Jahr betrug, erfolgt ebenfalls im elektrischen Lichtbogenofen; man mischt dabei in entsprechendem Verhältnis Manganerz, Kohle und Kalk, um die Legierungen mit geringstem Schlackenverlust zu erschmelzen.

Die Erzeugung von Ferrowolfram durch Reduktion aus Wolframerzen ist ebenfalls im Lichtbogenofen in einfachster Weise möglich. Auch die Herstellung von Ferromolybdän wird seit dem Kriege im elektrischen Ofen betrieben. Man geht dabei je nach den Rohstoffen in verschiedener Weise vor. So läßt sich beispielsweise die Reduktion des Molybdänglanzes mit Kohle und einem Kalküberschuß einheitlich durchführen. Man gewinnt leicht ein Erzeugnis mit 0,1 v. H. Schwefel. Der Kohlenstoffgehalt kann 1,3 bis 3 v. H. betragen; um diesen herunterzudrücken z. B. auf 0,05 v. H. behandelt man das Rohmetall mit einer oxydierenden Eisenschlacke oder wendet einen Lichtbogen an, dessen Elektroden mit dem Einsatz nicht in Berührung kommen; auf diese Weise wird verhütet, daß ein Kohlenstoffüberschuß in die Legierung kommt.

Auch die Gewinnung von Ferrochrom durch Reduktion von Chromeisenstein, die Gewinnung von Ferrovanadium durch Reduktion von Eisenvanadat oder Vanadinsäure, und schließlich die Herstellung von Ferronickel durch Zusammenschmelzen von Eisen und Nickel kann im elektrischen Ofen ohne weiteres erfolgen. Es dürfte zu weit führen, hierauf näher einzugehen, zumal diese besonderen Anwendungsgebiete ausführlicher zu besprechen über den Rahmen des vorliegenden Buches hinausgeht.

I. Die elektrotechnischen Grundbegriffe.

1. Der elektrische Strom.

Den Ausgleich verschieden großer elektrischer Spannungen bezeichnet man als elektrischen Strom. Findet der Ausgleich stets nur in einer Richtung statt, so nennt man den Strom Gleichstrom. Wechselt jedoch der Strom dauernd die Richtung, so haben wir es mit einem Wechselstrom zu tun. Es gibt einphasigen und mehrphasigen Wechselstrom. Dreiphasiger Wechselstrom wird auch als Drehstrom bezeichnet.

Um die Verhältnisse, unter denen ein elektrischer Strom entsteht, sich vorzustellen, vergleichen wir ihn vorteilhaft mit einem Wasserstrom. Der Druckunterschied, der die Bewegung des Wassers in einem Leitungsrohr hervorruft, entspricht der Spannung. Stellen wir uns vor, der Wasserstrom fließe von einem Berg in ein Tal und soll aus dem Tal wieder den Berg hinaufgeschafft werden, so ist für die Herstellung dieses Kreislaufes eine Pumpe einzuschalten. Übertragen wir diese Vorstellung auf den elektrischen Strom, so stellt die Pumpe den Elektrizitätserzeuger dar. Die Wassermenge, die in einem bestimmten Augenblick durch das Rohr hindurchfließt, ist in unserem Falle die Stromstärke. Wie der Fortleitung eines Wasserstromes, so wird auch der Fortleitung des elektrischen Stromes stets ein Widerstand entgegengesetzt.

Die Wirkungen des elektrischen Stromes sind mannigfaltig; man unterscheidet mechanische, physiologische, chemische, elektrodynamische, elektromagnetische, Induktions-, Wärme- und Lichtwirkungen. Nur einige dieser Wirkungen haben für uns Interesse. Hierfür seien einige Beispiele angegeben.

1. Beispiel: Bei einem Gleichstromlichtbogen werden von der positiven Kohlenelektrode glühende Kohlenteilchen zur negativen übergeführt, wodurch die bekannte Kraterbildung an der positiven Kohlenelektrode entsteht. Diese Erscheinung beruht auf mechanischen Wirkungen des elektrischen Stromes.

2. Beispiel: Führt man einen stromdurchflossenen Draht in mehreren Windungen um einen weichen Eisenstab herum, so wird der Stab magnetisch und zieht Eisen an; er verliert seinen Magnetismus wieder, sobald der Strom unterbrochen wird. Hierbei handelt es sich um elektromagnetische Erscheinungen.

3. Beispiel: Die Wärme- und Lichtwirkungen beruhen darauf, daß jeder Strom den durchflossenen Leiter erwärmt und ihn bei genügender Stärke zum

2*

Glühen und schließlich zum Schmelzen bringt. Diese Wirkungen finden bei allen elektrischen Schmelzöfen Anwendung.

4. Beispiel: Ein stromdurchflossener Leiter kann in einem benachbarten Leiter durch Induktion einen elektrischen Strom hervorrufen. Diese Induktionserscheinung wird vor allem bei Dynamomaschinen zur Erzeugung elektrischer Energie benutzt. Ebenso kommt sie bei Transformatoren und in unserem Falle bei Induktionsöfen unmittelbar in Frage.

Die Wirkungen eines elektrischen Stromes, soweit sie sich auf das vorliegende Sondergebiet beziehen, lassen sich demnach in die folgenden drei Sätze zusammenfassen:

1. Läßt man durch einen Leiter einen genügend starken Strom fließen, so wird er glühend, strahlt Wärme und Licht aus und kann schließlich schmelzen. Hierauf beruhen die Widerstandsöfen.

2. Leitet man durch zwei sich berührende Kohlenelektroden einen elektrischen Strom und entfernt dann die Kohlen langsam etwas voneinander, so entsteht ein Lichtbogen von so hoher Wärmekraft, daß er Eisen und Stahl schmelzen kann. Hierauf beruhen die Lichtbogenöfen.

3. Legt man einen geschlossenen Leiter um die Primärspule eines Transformators und leitet einen Wechselstrom durch diese primäre Spule, so wird in dem geschlossenen Leiter, der den Sekundärkreis darstellt, ein Strom induziert, der so groß sein kann, daß der Sekundärkreis selbst zum Schmelzen gebracht wird. Hierauf beruhen die Induktionsöfen.

Erwähnenswert ist noch eine elektrische Heizung, die jedoch vorläufig nur für kleine Ofeneinheiten, insbesondere in Laboratorien, Edelmetallschmelzereien u. dgl. Anwendung gefunden hat. Es handelt sich um den Hochfrequenzofen, der sich durch seine besonders große Einfachheit auszeichnet, soweit es sich um den metallurgischen Aufbau dieses Ofens handelt. Dagegen bietet der für die Erzeugung des Hochfrequenzstromes dienende Umformer Schwierigkeiten. Der wesentliche Unterschied dieses Ofens besteht also in der Anwendung von Strömen sehr hoher Frequenz; es werden solche von 10000 bis 12000 Perioden benötigt. Wenn Ströme so hoher Frequenz gebraucht werden, so ist eine besondere induktive Wirkung ohne Verkettung des magnetischen Stromkreises möglich. Mithin kann ein leitendes Material innerhalb der Wände eines einfachen, zylindrischen Herdes oder in einem Tiegel erhitzt werden. Es ist keine Widerstandssäule, bestehend aus einem vorgeschmolzenen leitenden Material nötig, wie beim Induktionsofen. Der Ofen kann vielmehr mit neuem Material beschickt, geschmolzen und entleert werden, so daß er wie ein Lichtbogenofen oder wie ein Flammen- oder Tiegelofen behandelt werden kann.

Schließlich sei noch darauf hingewiesen, daß die Magnetfelder bewegter Magnete oder stromdurchflossener Leiter, bzw. die bewegten Kraftlinien von Magnetfeldern in benachbarten Leitern sog. Foucault- oder Wirbelströme induzieren, die recht beträchtliche Wärmewirkungen auslösen können. Es ist bereits versucht worden, die auf diese Weise gewonnene Wärme auf elektrische Metallschmelzöfen anzuwenden.

2. Die elektrotechnischen Maßeinheiten.

Neben den Wirkungen ist es wesentlich, die gesetzmäßigen Beziehungen zwischen den für einen elektrischen Strom wesentlichen Größen darzustellen. Zum besseren Verständnis seien dieselben wieder mit dem Verhalten des Wassers erklärend in Vergleich gezogen,

1. Einheit der Spannung. Wie das Wassergefälle in Höhenmetern gemessen wird, so mißt man die elektrische Spannung in Volt. Der Druck des Wassers ist gleichbedeutend mit der elektromotorischen Kraft der Spannung.

2. Einheit der Stromstärke. Die elektrische Stromstärke läßt sich nicht unmittelbar wie ein Wasserstrom messen, sondern man vermag die Stromstärke nur nach der Wirkung des Stromes zu beurteilen. Die Menge des in einem bestimmten Augenblick am Beschauer vorbeifließenden Wassers ist jedoch gleichbedeutend mit der elektrischen Stromstärke; dem Litermaß beim Wasser würde also das Maß Ampere beim elektrischen Strom entsprechen.

3. Einheit des Widerstandes. In einem Rohr wird das Wasser infolge der Reibungswiderstände an den Rohrwandungen um so schwächer fließen, je kleiner der Rohrdurchmesser und je länger die Leitung ist. Soll ein elektrischer Strom durch einen Leiter fortgeleitet werden, so haben wir ähnliche Verhältnisse; es wird dem Strom ein um so größerer Widerstand entgegengesetzt, je kleiner der Leitungsquerschnitt und je länger die Leitung ist, und umgekehrt. Den elektrischen Widerstand mißt man mit der Maßeinheit Ohm.

3. Das Ohmsche Gesetz.

Es wurde oben erwähnt, daß die Stromstärke vom Widerstand abhängig ist und einem Strom beim Durchfließen eines Leiters ein verschieden großer Widerstand entgegengesetzt wird, je nachdem wie lang die Leitung und wie stark der Leitungsquerschnitt ist. Je größer dieser durch Länge und Querschnitt bestimmte Widerstand ist, desto kleiner wird die Stromstärke und umgekehrt. Außerdem hängt aber die Stromstärke auch noch von der Spannung ab; bleibt der Widerstand unverändert, so wird die Stromstärke um so größer, je größer die Spannung, und um so kleiner, je kleiner die zugeführte Spannung ist. Hiernach lassen sich folgende Sätze ableiten:

1. Der Widerstand ist dem Strome umgekehrt proportional,
2. der Strom und die Spannung sind einander direkt proportional.

Den Zusammenhang dieser zwei Grundsätze eines elektrischen Stromkreises drückt das Ohmsche Gesetz aus. Dieses lautet:

$$J = \frac{E}{R} \quad \ldots \ldots \ldots \ldots \quad (1)$$

Es bezeichnet J die Stromstärke in Ampere, E die Spannung in Volt, R den Widerstand in Ohm. Durch Umformung erhält man ferner:

$$E = J \cdot R \quad \ldots \ldots \ldots \ldots \quad (2)$$

und

$$R = \frac{E}{J} \quad \cdots \cdots \cdots \cdots \quad (3)$$

Dieses nach dem Physiker Ohm bezeichnete Gesetz ist nur bei Gleichstrom und induktionsfreiem Wechselstrom in der vorstehenden Form unbedingt richtig. Nachstehend folgen einige Beispiele, die auf die Wichtigkeit des Gesetzes hinweisen.

1. Beispiel: Ein Stromerzeuger habe eine elektromotorische Kraft von $E = 110$ Volt und einen inneren Widerstand von $R_i = 0,08$ Ohm. Der Stromerzeuger soll einen Elektroofen mit irgendeiner Heizung betreiben, die einen Widerstand von $R_0 = 0,02$ Ohm habe.

Frage: Für welche Stromstärke muß der Stromerzeuger und die Zuleitung bemessen sein?

Lösung: Der Gesamtwiderstand ist

$$R = R_i + R_0 = 0,08 + 0,02 = 0,10 \text{ Ohm.}$$

Mithin beträgt die erforderliche Stromstärke

$$J = \frac{E}{J}$$
$$J = \frac{110}{0,10} = 1100 \text{ Amp.}$$

2. Beispiel. Der Widerstand in den Kohlenelektroden eines Lichtbogenofens soll 0,032 Ohm und in den übrigen Leitungen bis zum Stromerzeuger 0,01 Ohm betragen. Die Stromstärke wird mit 2800 Amp. gemessen.

Frage: Wie groß ist die Klemmenspannung?

Lösung: Dieselbe beträgt nach Formel

$$E = J \cdot R$$
$$= 2800 \cdot (0,032 + 0,01) = 117,6 \text{ Volt.}$$

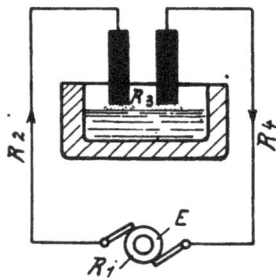

Abb. 1.
Die Widerstände, die dem Strom in den verschiedenen Leitungen entgegenstehen.

Besteht der Stromkreis aus mehreren Leitungen, so ist der Widerstand desselben die Summe der Widerstände der einzelnen Leitungen, also:

$$J = \frac{E}{\Sigma R} \quad \cdots \cdots \cdots \cdots \quad (4)$$

Wendet man auf den Stromkreis nach Abb. 1 das Ohmsche Gesetz an, und bezeichnet R_1 als den Widerstand der Stromquelle, R_2 den der Hinleitung, R_3 den der Lichtbögen und R_4 als den der Rückleitung, ferner die Spannung mit E, so ist die Stromstärke in demselben:

$$J = \frac{E}{R_1 + R_2 + R_3 + R_4} \quad \cdots \cdots \cdots \quad (5)$$

3. Beispiel. Nach Abb. 1 soll der Widerstand in den Elektroden 0,03 Ohm, der in der Hin- und Rückleitung je 0,005 Ohm, in der Stromquelle 0,01 Ohm und schließlich die elektromotorische Kraft 130 Volt betragen[1]).

Frage: Wie ermittelt man die Stromstärke und die Verteilung der Spannungen auf die einzelnen Teile des Stromkreises?

Lösung: In dem Stromkreis fließt ein Strom von

$$J = \frac{E}{\Sigma R} = \frac{130}{0,03 + 0,005 + 0,005 + 0,01}$$
$$= 2600 \text{ Ampere.}$$

Folglich ist der Spannungsverlust in der Stromquelle

$$J \cdot R = 2600 \cdot 0,01 = 26 \text{ Volt.}$$

Demnach steht eine Klemmenspannung zur Verfügung von

$$E_1 = E - (J \cdot R_1) = 130 - 26 = 104 \text{ Volt.}$$

Schließlich ergibt sich in der Hinleitung ein Spannungsverlust von

$$J \cdot R_2 = 2600 \cdot 0,005 = 13 \text{ Volt}$$

und in der Rückleitung derselbe Spannungsverlust von 13 Volt.

Es verbleibt alsdann eine Lichtbogenspannung von

$$E_1 - (J \cdot R_2) - (J \cdot R_4) = 104 - 13 - 13 = 78 \text{ Volt.}$$

4. Der elektrische Widerstand.

Während es bei der Fortleitung einer Wassermenge unter einem bestimmten Druck und unter sonst gleichen Verhältnissen der Rohrlänge und des Rohrquerschnittes gleichgültig ist, ob das Rohr aus Kupfer, Eisen, Blei oder einem andern Metall besteht, zeigt sich, daß beim Fortleiten eines elektrischen Stromes bei gleicher Spannung, gleicher Leitungslänge und gleichem Leitungsquerschnitt durch einen Leiter aus verschiedenem Material diesem verschiedene Widerstände entgegengesetzt werden. So ist ein Leiter aus Kupfer in der Lage, das Fünfeinhalbfache, ein Leiter aus Aluminium das Dreifache desjenigen Stromes fortzuleiten, den unter sonst gleichen Verhältnissen ein Leiter aus Eisen fortzuleiten vermag. Der elektrische Strom leitet sich also nicht durch jeden Stoff gleich gut fort. Man spricht daher von der verschiedenen Leitfähigkeit der Stoffe. Solche, die dem elektrischen Strom nur einen geringen Widerstand entgegensetzen, sind alle Metalle, die man deshalb auch als gute Leiter oder auch als Leiter 1. Klasse bezeichnet. Leiter 2. Klasse sind solche, die dem Strom einen größeren Widerstand leisten, ihn aber selbst bei niedrigen Spannungen noch fortleiten. Zu diesen zählen Kohle, Ruß, Graphit, Braunstein, Magnesit, Dolomit u. dgl. Dagegen sind Nichtleiter solche Stoffe, die den Strom über-

---

[1]) Es sei bemerkt, daß der Widerstand der Lichtbögen nicht in Rechnung gezogen worden ist.

haupt nicht leiten und daher als Isolatoren gelten, wie z. B. Hartgummi, Holz, Glas, Porzellan, Schiefer usw. Auf Grund von Versuchen kann man feststellen, daß der Widerstand eines elektrischen Leiters von folgenden vier Größen abhängig ist:

1. der Länge des Leiters,
2. der Größe des Leitungsquerschnittes,
3. der Temperatur des Leiters,
4. dem Material des Leiters.

Man hat für die Berechnung der letzten Größe den Begriff des spezifischen Widerstandes eingeführt und versteht darunter den Widerstand eines Körpers von 1 m Länge und 1 qmm Querschnitt, so daß wir sagen können: Der Widerstand R eines Leiters ist der Länge l in Metern sowie dem spezifischen Widerstand c direkt und dem Querschnitt des Leiters q in qmm umgekehrt proportional. Also ist:

$$R = c \frac{l}{q} \quad \ldots \ldots \ldots \ldots \quad (6)$$

Einen Vergleich der spezifischen Widerstände verschiedener Stoffe gibt die folgende Zusammenstellung 5.

Den reziproken Wert des Widerstandes R (Ohm) nennt man Leitfähigkeit, der mit y bezeichnet wird. Es ist somit:

$$y = \frac{1}{R} \quad \ldots \ldots \ldots \ldots \quad (7)$$

Der reziproke Wert des spezifischen Widerstandes c heißt die spezifische Leitfähigkeit x, also:

$$x = \frac{1}{c} \quad \ldots \ldots \ldots \ldots \quad (8)$$

Jedoch hat auch die Temperatur auf den Widerstand Einfluß und ist zu berücksichtigen, indem man die Zunahme oder Abnahme des Widerstandes für 1^0 Temperaturerhöhung für jeden Stoff bestimmt. Diese Größe wird Temperaturkoeffizient genannt. Die Widerstandszunahme ist nun proportional der Temperaturzunahme. Bedeutet α den Temperaturkoeffizienten, R den Widerstand vor der Temperaturerhöhung um t^0, so ergibt sich nach der Temperaturerhöhung ein Widerstand von:

$$R_t = R \cdot (1 + \alpha t) \quad \ldots \ldots \ldots \quad (9)$$

Der Widerstand metallischer Leiter nimmt mit der Temperatur zu, dagegen nimmt er bei nichtmetallischen Leitern (z. B. der Kohle, des Dolomits, Magnesits usw.) ab.

In der nachstehenden Zusammenstellung ist sowohl der spezifische Widerstand, als auch die spezifische Leitfähigkeit und schließlich der Temperaturkoeffizient für eine Anzahl bekannter Stoffe angegeben.

Zusammenstellung 5.

Stoff	Spezifischer Widerstand c	Spezifische Leitfähigkeit $x = \dfrac{1}{c}$	Temperatur-koeffizient
Aluminium	0,03—0,05	33—20	0,0039
Aluminiumbronze . . .	0,12	8,35	0,001
Antimon	0,5	2	0,0041
Blei	0,2	5	0,00387
Eisen	0,10—0,12	10—8,35	0,00045
Gaskohle	50	0,02	0,0005
Kohle	65—1000	0,015—0,0010	0,0003—0,0008
Kupfer	0,018	56	0,0038
Konstantan	0,49	2,04	0,00003
Magnesium	0,04	25	0,0039
Manganium	0,42	2,33	0,00002
Messing	0,07—0,09	14,3—11,1	0,0015
Neusilber	0,15—0,40	6,7—2,5	0,0002—0,00035
Nickel	0,15	6,7	0,0037
Nickelin	0,43	2,38	0,00028
Platin	0,14	6	0,0024
Quecksilber	0,95	1	0,0009
Silber	0,016—0,018	66—62	0,0034—0,0038
Stahl	0,1—0,25	10—4	0,0052
Zink	0,06	18	0,0039
Zinn	0,14	6	0,0039
Wismut	1,2	0,83	0,0037

4. Beispiel. Es soll ein runder Heizdraht aus Eisen bzw. Kupfer in einem Glühofen nach Abb. 2 eingebaut werden. Der mittlere Durchmesser der Heizspirale sei 2,10 m. Die Windungszahl betrage 5 und der Drahtdurchmesser 55 mm.

Frage: Welchen Widerstand hat der Eisen- bzw. Kupferdraht?

Lösung: Die Länge der Heizspirale ist

$$2100 \cdot \pi \cdot 5 = 33000 \text{ mm oder } 33 \text{ m}.$$

Der Querschnitt des Drahtes ist

$$q = d^2 \frac{\pi}{4} = 55^2 \frac{\pi}{4} = 2400 \text{ mm}^2.$$

Für Eisen ist c im Mittel $= 0,11$. Mithin besitzt die Spirale aus Eisen einen Widerstand von

$$R_{\text{Fe}} = \frac{c \cdot l}{q} = \frac{0,11 \cdot 33}{2400} = 0,00151 \text{ Ohm}.$$

Für Kupfer ist $c = 0,018$. Demnach hat die Spirale aus Kupfer nur einen Widerstand von:

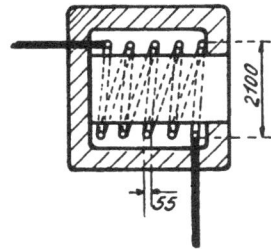

Abb. 2.
Ermittelung des Widerstandes einer Heizspirale aus Kupfer oder Eisen.

$$R_{Cu} = \frac{0,018 \cdot 33}{2400} = 0,000248 \text{ Ohm.}$$

5. Beispiel. Die Leitfähigkeit eines Drahtes von 10 Ohm Widerstand ist

$$y = \frac{1}{10}$$

dann ist die spezifische Leitfähigkeit beispielsweise des Kupfers

$$x = \frac{1}{c} = \frac{1}{0,018}$$
$$= 56.$$

6. Beispiel. Welchen Widerstand hat der Eisen- bzw. Kupferdraht aus der Aufgabe nach dem 4. Beispiel bei 850^0, wenn der errechnete Widerstand bei 15^0 angenommen wurde?

Lösung: Die Temperaturzunahme beträgt

$$850 - 15 = 835^0.$$

Der Widerstand ist bei 850^0 für Eisen

$$R_{Fe} = R (1 + \alpha t)$$
$$= 0,00151 \ (1 + 0,0045 \cdot 835)$$
$$= 0,00718 \text{ Ohm,}$$

für Kupfer

$$R_{Cu} = 0,000248 \ (1 + 0,0038 \cdot 835)$$
$$= 0,001035 \text{ Ohm.}$$

Die in der Zusammenstellung 5 angegebenen Temperaturkoeffizienten sind bisher nur für Temperaturen bis 100^0 ermittelt worden, und dienen in der Elektrotechnik lediglich zur Berechnung von Maschinen und Leitungen.

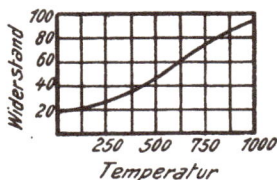

Abb. 3.

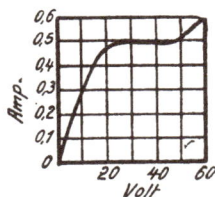

Abb. 4.

Diese Werte sind also nicht für den Metallurgen bestimmt und erheben demnach keinen Anspruch auf Richtigkeit, sobald es sich um hohe Temperaturen handelt. Benischke[1]) weist darauf hin, daß der Temperaturkoeffizient beispielsweise von reinem Eisen unter 100^0 bis 0,0052 beträgt, daß er aber dann zunimmt und bei etwa 850^0 den Wert von 0,018 erhält. Dann fällt er rasch auf 0,007. Die Abb. 3 zeigt die Abhängigkeit des Widerstandes von der Temperatur eines

---

[1]) Benischke Dr. G.: Die wissenschaftlichen Grundlagen der Elektrotechnik Verlag Julius Springer, Berlin. Ruß, Gießereizeitung, 1919, Nr. 22, Seite 343.

chemisch reinen Eisenstabes, der (in Wasserstoff) bis zur Weißglut durch einen Strom erhitzt wurde. Eigentümlich ist es, daß der Widerstand zwischen 500⁰ und 750⁰ ungefähr proportional der Temperatur zunimmt. Infolgedessen bleibt die Stromstärke in einem solchen Stab über einen gewissen Bereich konstant, trotz zunehmender Spannung. Diese Erscheinung zeigt Abb. 4; die Stromstärke ist zwischen 20 und 35 Volt nahezu konstant.

Erstrebenswert wäre die Ermittelung des Temperaturkoeffizienten für alle Metalle bis zur Schmelztemperatur, ferner für Leiter 2. Klasse, die als Zustellungsmaterial dienen. Es kommen, wie wir später sehen werden, Elektrostahlöfen zur Anwendung, bei denen das Herdfutter als Stromleiter benutzt wird. Für diese Ofenart müßte der Temperaturkoeffizient mit in Rechnung gezogen werden, zum Nachweis, ob und welchen Einfluß die heizbare Zustellung bei solchen Öfen auf den thermischen Wirkungsgrad hat.

5. Die Leitungsberechnungen.

Für die Übertragung eines Stromes ist, wie wir sahen, nicht allein das Leitungsmaterial maßgebend, sondern auch der Leitungsquerschnitt und die Leitungslänge. Je geringer der Querschnitt ist, um so größer ist der Widerstand, der dem Strom entgegengesetzt wird. Soll also eine große Strommenge übertragen werden, ohne daß sich die Leitung unzulässig erwärmt, so ist der Leitungsquerschnitt entsprechend groß genug zu wählen. Ebenso verhält es sich bei einem Strom, der einen langen Weg zurückzulegen hat. Es empfiehlt sich demnach, die Elektrostahlöfen stets in nächster Nähe des Speisepunktes (Stromerzeuger oder Transformator) aufzustellen.

Je höher die Betriebsspannung ist, um so geringer können die Leitungsquerschnitte gewählt werden und um so kleiner fallen die Kosten der Leitungen aus. Praktisch sind die Grenzen der Spannung einmal durch die Sicherheit des Ofenbetriebes (Lebensgefahr bei hohen Spannungen), das andere Mal durch die Art der elektrischen Heizung festgelegt; ausgenommen ist hiervon die Induktions- und Hochfrequenzheizung.

Die Querschnittsberechnung einer Leitung für Gleichstrom erfolgt nach der Gl.:

$$q = \frac{2 \cdot l \cdot J}{x \cdot e_v} \qquad \ldots \ldots \ldots \ldots \quad (10)$$

Hierin ist $2 l$ die Hin- und Rückleitung, x die spezifische Leitfähigkeit des Leitungsmaterials, e_v der zulässige Spannungsverlust in Volt und J die Stromstärke.

7. Beispiel. Es soll ein Gleichstrom von 3800 Ampere auf eine Entfernung von 40 m übertragen werden. Der zulässige Spannungsverlust e_v in der Leitung dürfe hierbei 5 Volt nicht übersteigen.

Frage: Welcher Querschnitt oder Durchmesser ist erforderlich, sofern die Leitung entweder aus Kupfer oder aus Eisen bestehen soll?

Lösung: Für Kupfer ergibt sich ein Querschnitt von

$$q_{Cu} = \frac{2 \cdot l \cdot J}{x \cdot e_v}$$

$$= \frac{2 \cdot 40 \cdot 3800}{56 \cdot 5} = 1085 \text{ mm}^2$$

oder ein Durchmesser von

$$d_{Cu} = \sqrt{\frac{1085 \cdot 4}{\pi}} = 37 \text{ mm}.$$

Bei Eisen beträgt der Querschnitt

$$q_{Fe} = \frac{80 \cdot 3800}{9 \cdot 5} = 8750 \text{ mm}^2$$

oder

$$d_{Fe} = \sqrt{\frac{6750 \cdot 4}{\pi}} = 93 \text{ mm}$$

im Durchmesser.

Aus dem Beispiel folgt, daß der Leitungsquerschnitt bei Eisen das etwa 6,25fache des entsprechenden Querschnittes bei Kupfer ist.

Bei Wechsel- bzw. Drehstrom[1]) ist die Rechnung nicht ganz so einfach, hierbei muß der Leistungsfaktor[2]) mit in Betracht gezogen und auf die Art der Schaltung (Stern- oder Dreieckschaltung) Rücksicht genommen werden. Für die Berechnung des Leitungsquerschnittes von einphasigem Wechselstrom und von Drehstrom mit induktiver Belastung gelten demnach folgende Formeln, wobei W die Leistung in Watt[3]) bedeutet, welche übertragen werden soll, l die einfache Leitungslänge in Metern, p der Energieverlust in Prozenten, E die Spannung zwischen zwei Leitungen in Volt, e die Phasenspannung, $\cos \varphi$ der Leistungsfaktor, welcher sich aus der Art der Belastung ergibt, ist.

Der Leitungsquerschnitt eines einphasigen Wechselstromes berechnet sich nach Gl.

$$q = \frac{200 \cdot l \cdot W}{x \cdot E^2 \cdot \cos^2 \varphi \cdot p} \quad \ldots \ldots \ldots \ldots \quad (11)$$

Da k für Kupfer gleich 56 ist, so folgt

$$q_{Cu} = \frac{3,6 \cdot l \cdot W}{E^2 \cdot \cos^2 \varphi \cdot p} \quad \ldots \ldots \ldots \ldots \quad (12)$$

Ferner ist der Querschnitt für jeden der drei Drähte einer Drehstromleitung entweder (wenn die Spannung zwischen zwei Leitungen bekannt ist):

$$q = \frac{100 \cdot l \cdot W}{x \cdot E^2 \cos^2 \varphi \cdot p} \quad \ldots \ldots \ldots \ldots \quad (13)$$

oder (wenn die Phasenspannung bekannt ist):

$$q = \frac{100 \cdot l \cdot W}{x \cdot 3 \, e^2 \cos^2 \varphi \cdot p} \quad \ldots \ldots \ldots \ldots \quad (14)$$

[1]) Siehe Abschnitt: Der Wechselstrom.
[2]) Der Leistungsfaktor $\cos \varphi$ stellt das Verhältnis der wirklichen Leistung (in Watt) zur scheinbaren Leistung (in Volt $\times$ Ampere = Voltampere oder VA) dar.
[3]) Siehe Abschnitt: Die elektrische Arbeit.

Für Kupfer lauten die Gl. entweder:

$$q_{Cu} = \frac{1,75 \cdot l \cdot W}{E^2 \cdot \cos^2 \varphi \cdot p} \quad \cdots \cdots \cdots \cdots (13a)$$

oder:

$$q_{Cu} = \frac{0,6 \cdot l \cdot W}{e^2 \cdot \cos^2 \varphi \cdot p} \quad \cdots \cdots \cdots \cdots (14a)$$

Ist die Leitung induktionsfrei, so ist $\cos \varphi = 1$ und kann aus den Gleichungen herausbleiben.

8. B e i s p i e l. Angenommen, ein Drehstrom-Elektrostahlofen benötige eine Energieaufnahme von 650 kW. Die Spannung E sei 100 Volt, die Länge einer Leitung zwischen der Erzeugungs- und Verbrauchsstelle betrage 12 m, der Leistungsfaktor sei $\cos \varphi = 0,8$ und der Energieverlust soll 5 % betragen.

Frage: Welchen Querschnitt muß jede der drei Leitungen erhalten, falls Kupfer gewählt wird?

Lösung: An der Erzeugungsstelle müssen:

$$\frac{100}{100 - 5} \cdot 650\,000 = 685\,000 \text{ Watt}$$

zur Verfügung stehen.

Dann ist der Kupferquerschnitt für Drehstrom nach Gl. 15a

$$q_{Cu} = \frac{1,75 \cdot 12 \cdot 685\,000}{10\,000 \cdot 0,64 \cdot 5} = 400 \text{ mm}^2.$$

Da jedoch für Drehstrom drei Leitungen erforderlich sind, ergibt sich für die Ofenzuleitung ein Gesamtquerschnitt von

$$3 \cdot 400 = 1200 \text{ mm}^2.$$

6. Die elektrische Arbeit.

Der elektrische Strom verrichtet beim Durchfließen eines Leiters Arbeit, und zwar in Form von Wärme. Da zur Erzeugung einer Wärmemenge eine genau entsprechende Menge mechanischer Arbeit erforderlich ist, so läßt die in einem Leiter entwickelte Wärme auch auf die Größe der elektrischen Arbeit schließen. Der englische Physiker Joule hat zuerst die elektrischen Größen hierzu ermittelt. Aus der entwickelten Wärme fand er, daß die elektrische Arbeit proportional dem Quadrate der Stromstärke, proportional dem Leitungswiderstand und proportional der Zeit ist. Wird die e l e k t r i s c h e A r b e i t mit A bezeichnet und die Zeit mit t, so ist:

$$A = J^2 \cdot R \cdot t.$$

Die Spannung, die den Strom J durch den Widerstand R treibt, beträgt nach dem Ohmschen Gesetz:

$$E = J \cdot R.$$

Folglich ist

$$R = \frac{E}{J}.$$

Setzt man diesen Wert für R in die Arbeitsgleichung ein, so wird

$$A = J^2 \cdot \frac{E}{J} \cdot t,$$

oder $\qquad A = J \cdot E \cdot t$ . . . . 15)

d. h. die Arbeit des elektrischen Stromes ist das Produkt aus Stromstärke mal Spannung mal Zeit, wobei $J \cdot t$ die Elektrizitätsmenge in der Zeit bedeutet. Drückt man den Strom in Ampere aus und die Zeit in Sekunden, so erhält man die Elektrizitätsmenge in Amperesekunden oder Coulomb. Statt dieser Einheit ist in der Praxis die Einheit 1 Ah gebräuchlich, also

1 Ah = 3600 Coulomb.

Die Einheit der Arbeit ist das Joule oder die Wattsekunde. Da auch diese für die Praxis zu klein ist, rechnet man mit der Einheit einer Wattstunde also

1 Wh = 3600 Joule,

wobei 1000 Wh 1 kWh ergeben.

Die Arbeit des elektrischen Stromes, die in einer Sekunde geleistet wird, bezeichnet man als den elektrischen Effekt oder die elektrische Leistung. Um die Leistung zu bestimmen, muß die Arbeit durch die Zeit in Sekunden, in der die Arbeit geleistet wird, dividiert werden. Führt man die Division mit t in Gleichung (17) aus, so ergibt sich:

$$N = \frac{A}{t} = \frac{J \cdot E \cdot t}{t}$$

folglich

$$N = J \cdot E \quad . . . . \text{16)}$$

Die elektrische Leistung ist also das Produkt aus Stromstärke mal Spannung. Diese Gleichung hat jedoch wiederum nur für Gleichstrom ihre Geltung. Erfolgt die Leistung mit Induktion, so ist

$$N = E \cdot J \cdot \cos \varphi \quad . . . . \text{17a)}$$

Für die Leistung bei Drehstrom[1]) ist ferner $\sqrt{3}$ einzuschließen, also

$$N = \sqrt{3} \cdot E \cdot J \cdot \cos \varphi \quad . . . . \text{17b)}$$

Wir kommen nun zum Ausgangspunkt dieses Abschnittes zurück und versuchen, die Beziehungen zwischen der elektrischen und mechanischen Arbeit, sowie den Zusammenhang zwischen ersterer und der Wärmearbeit zu ermitteln.

Unter einer Wärmeeinheit oder Kalorie (Gramm-Kalorie oder g-kal) versteht man diejenige Wärmemenge, die einem Gramm Wasser zugeführt werden muß, damit seine Temperatur um 1^0 C steigt. Ist T_1 die Anfangstemperatur, T_2 die Endtemperatur, G das Gewicht des zu erwärmenden Wassers, so ist die zugeführte Wärmemenge

---

[1]) Siehe Abschnitt: Der Wechselstrom.

$$Q = G \, (T_2 - T_1).$$

Beim Durchfließen eines elektrischen Stromes durch einen metallischen Leiter wird die zugeführte elektrische Arbeit vollkommen in Wärme umgesetzt. Diese Tatsache ist für die elektrischen Schmelzöfen von außerordentlicher Bedeutung. Die in einem Widerstand durch einen Strom erzeugte Wärmemenge wird nach dem Jouleschen Gesetz folgendermaßen berechnet:

$$Q = 0{,}24 \, J^2 \cdot R \cdot t \quad \dots \quad \dots \quad \dots \quad (18)$$

woraus weiter, da $E = J \cdot R$ ist,

$$Q = 0{,}24 \cdot E \cdot J \cdot t \quad \dots \quad \dots \quad \dots \quad (19)$$

oder

$$Q = 0{,}24 \, \frac{E^2}{R} \cdot t \text{ folgt.}$$

Eine Wärmemenge von 1000 Grammkalorien (Kilogramm-Kalorie oder kg-kal) ist gleichwertig einer mechanischen Arbeit von 427 mkg, also

$$1 \text{ kg-kal} = 427 \text{ mkg}.$$

Da   1 kg-kal = 4160 Joule

hat, so liefern beide Gleichungen den Zusammenhang zwischen der mechanischen und elektrischen Leistung. Es ist demnach

$$427 \text{ mkg} = 4160 \text{ Joule,}$$

folglich

$$1 \text{ mkg} = \frac{4160}{427} = 9{,}81 \text{ Joule}$$

oder

$$1 \text{ Joule} = \frac{1}{0{,}427 \cdot 9{,}81} = 0{,}24 \text{ (g-kal)}.$$

Bei einem Betrage von $E \cdot J \cdot t$ Joule wird die vom Strome entwickelte Wärme nach der Gleichung (21):

$$Q = 0{,}24 \cdot E \cdot J \cdot t \text{ (g-kal)}.$$

9. Beispiel. Ein Elektroofen soll mit einem Strom von 3000 Amp. bei 110 Volt betrieben werden. Der Leitungswiderstand betrage 0,003 Ohm.

Frage: Wie groß ist der Effektverbrauch, der Effektverlust, ferner die Wärmeentwicklung in der Minute in dem Ofen sowie in der Leitung?

Lösung: Der Effektverbrauch ist

$$3000 \cdot 110 = 330\,000 \text{ W oder } 330 \text{ kW.}$$

Der Effektverlust beträgt

$$3000^2 \cdot 0{,}003 = 27\,000 \text{ W oder } 27 \text{ kW.}$$

Die Wärmeentwicklung in 60 Sekunden im Ofen beträgt

$$Q = 0,24 \cdot E \cdot J \cdot t$$
$$= 0,24 \cdot 110 \cdot 3000 \cdot 60$$
$$= 4\,752\,000 \text{ g-kal oder } 4752 \text{ kg-kal.}$$

Die Wärmeentwicklung in der Leitung ist
$$Q = 0,24 \cdot J^2 \cdot R \cdot t$$
$$= 0,24 \cdot 3000^2 \cdot 0,003 \cdot 60$$
$$= 388\,800 \text{ g-kal oder } 388,8 \text{ kg-kal.}$$

10. Beispiel. Es soll der Widerstand und die in einer Stunde entwickelte Wärmemenge eines elektrischen Lichtbogens bestimmt werden, und ferner die Größe der Maschine zur Erzeugung der verlangten Lichtbogenleistung. Die Spannung zwischen den Kohlenelektroden sei 120 Volt und die Stromstärke 4000 Amp.

Lösung: Der Widerstand des Lichtbogens ist dann

$$R = \frac{E}{J} = \frac{120}{4000} = 0,03 \text{ Ohm.}$$

Der in dem Lichtbogen verbrauchte Effekt muß

$$N = E \cdot J$$
$$= 120 \cdot 4000 = 480\,000 \text{ W} = 480 \text{ kW,}$$

oder, da 1 PS = 736 W ist,

$$\frac{480\,000}{736} = \sim 652 \text{ PS}$$

sein.

Die stündliche Wärmenge ermittelt sich mit

$$Q = 0,24 \cdot E \cdot J \cdot t$$
$$= 0,24 \cdot 480\,000 \cdot 3600 = 414\,720\,000 \text{ g-kal}$$

oder $\qquad = \quad 414\,720 \text{ kg-kal.}$

Der kalorische Wirkungsgrad sei 0,8; demnach ist, um die errechnete stündliche Wärmenge als wirkliche Nutzleistung zu erhalten, entsprechend mehr aufzuwenden, als die errechneten 480 kW, nämlich

$$\frac{480}{0,8} = 600 \text{ kW.}$$

Nimmt man für den Stromerzeuger einen Wirkungsgrad von 0,9 an, so sind für einen Antrieb erforderlich

$$\frac{600}{0,9} = \sim 667 \text{ kW}$$

oder

$$\frac{667}{0,736} = \sim 905 \text{ PS.}$$

11. Beispiel. Es sollen in einem Elektroofen 500 kg Stahl geschmolzen werden. Die Anfangstemperatur sei 30^0, die Schmelztemperatur 1350^0, die Spannung betrage 120 Volt, die Stromstärke 2500 Amp., der kalorische Wirkungsgrad sei mit 0,7 angenommen.

Frage: Wie lange dauert es, bis die Schmelztemperatur erreicht wird?

Lösung: Die erforderliche Wärmemenge ist, wenn die spez. Wärme des Stahles 0,115 beträgt:

$$Q = 500 \cdot (1350 - 30) \cdot 0,115$$
$$= 75\,900 \text{ kg-kal.}$$

Unter Berücksichtigung des kalorischen Wirkungsgrades ist demnach die aufzuwendende Wärmemenge

$$Q = \frac{75\,900}{0,7} = \sim 108\,800 \text{ kg-kal.}$$

Hieraus folgt die Beziehung:

$$108\,800 = 0,00024 \cdot J \cdot E \cdot t,$$

so daß die Schmelztemperatur des Stahles in einer Zeit von

$$t = \frac{108\,800}{0,00024 \cdot 2500 \cdot 120} = \sim 1510 \text{ Sekunden}$$
$$= \sim 25 \text{ Min. 10 Sek.}$$

erreicht wird.

Würde die Stromstärke nur 1000 Amp. betragen, so ergibt sich eine um so längere Schmelzdauer, und zwar:

$$t = \frac{108\,800}{0,00024 \cdot 1000 \cdot 120} = \sim 3885 \text{ Sekunden}$$
$$= \sim 1 \text{ Stunde, 5 Minuten und 15 Sekunden.}$$

7. Die Stromverzweigung.

Es können einem elektrischen Schmelzofen mehrere Ströme zugeführt werden. Sobald der Strom von einer Erzeugungsstelle aus in verschiedenen Abzweigungen dem Ofen zugeführt wird, liegt eine solche Verzweigung vor. Nach dem Kirchhoffschen Gesetz ist in jedem Punkt einer Verzweigung die Summe der zufließenden Ströme (ΣJ_1) gleich der Summe der abfließenden Ströme (ΣJ_2). Es müßte sich ja sonst an dem Verzweigungspunkt Strom stauen oder Strom verlorengehen, was aber natürlich beides nicht möglich ist.

Also ist

$$\Sigma J_1 = \Sigma J_2 \quad . \quad . \quad . \quad . \quad . \quad . \quad . \quad (20)$$

oder

$$0 = \Sigma J_1 - \Sigma J_2.$$

Die Stromverzweigung bei einem Elektroofen wird in Abb. 5 an einem Beispiel gezeigt. Der von der Stromerzeugungsstelle kommende Strom J verzweigt sich in der Weise, daß ein Teil des Stromes (J_1) zu den Lichtbogenelektroden und ein Teil des Stromes (J_2) zu einem Widerstand führt, der in Spiralform in dem Boden des Herdfutters eingebaut ist. (Die Abb. 5 dient lediglich als Erläuterung und erhebt keinen Anspruch auf praktische Bedeutung.)

Es muß demnach sein:

$$J = J_1 + J_2 \qquad \dots \dots \dots \quad (21)$$

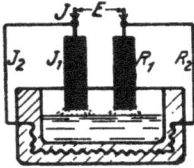

Abb. 5.
Beispiel einer Strom-
verzweigung.

Die beiden Zweigströme J_1 und J_2 fließen durch ihre zugehörigen Widerstände R_1 bzw. R_2. Da, wie wir früher bei der Besprechung des Ohmschen Gesetzes gesehen haben, die Stromstärke in einem Leiter abhängig ist von dessen Widerstand, so liegt der Gedanke nahe, daß auch das Verhältnis, in welchem sich der Strom J auf die Stromzweige R_1 und R_2 verteilt, davon abhängig ist, in welchem Verhältnis die Widerstände R_1 und R_2 zueinander stehen. Schon die natürliche Überlegung lehrt, daß über den Stromzweig mit geringerem Widerstand der größere Teilstrom fließen wird. Rechnerisch ergibt sich das Verhältnis folgendermaßen: nach dem Ohmschen Gesetz können wir die Spannung zwischen den Verzweigungspunkten (E) zweifach ausdrücken, nämlich

entweder

$$E = J_1 \cdot R_1$$

oder

$$E = J_2 \cdot R_2.$$

Da aber zwischen zwei Punkten natürlich nicht zwei verschiedene Spannungen herrschen können, so muß nach obigem

$$J_1 \cdot R_1 = J_2 \cdot R_2$$

sein.

Daraus erhält man durch entsprechende Umformung die Beziehung

$$J_1 : J_2 = R_2 : R_1 \qquad \dots \dots \dots \quad (22)$$

d. h. die Zweigströme sind umgekehrt proportional den Zweigwiderständen.

Wir unterscheiden nun folgende drei Schaltungen, die auch im Elektroofenbau zur Anwendung kommen können, und zwar:

1. Die Parallelschaltung,
2. die Reihen- oder Serienschaltung,
3. die gemischte Schaltung.

Die Parallelschaltung wird dort benutzt, wo hohe Stromstärken nötig sind oder wo der äußere Widerstand klein ist und schließlich wo keine hohe Spannung erforderlich ist. Die Parallelschaltung zweier Widerstände R_1 und R_2 (wie Abb. 5 zeigt) bedeutet somit eine Verringerung des gesamten Leitungswiderstandes, da dem Strom gleichzeitig zwei Wege für seine Fortleitung geboten sind. Die Parallelschaltung kommt insbesondere beim Verlegen der Stromzuleitungen für Elektroöfen zur Anwendung. Da diese Öfen im allgemeinen große Stromstärke erfordern, ist, wegen der meistens nicht ausreichenden Leitungsquerschnitte der Profile und zur besseren Abkühlung, eine parallele Verlegung der Stromschienen empfehlenswert.

Läßt man mehrere Widerstände, wie die Abb. 6 zeigt, aufeinander folgen, so handelt es sich um eine Reihenschaltung[1]). Es ist ohne weiteres klar, daß der gesamte Widerstand gleich der Summe der einzelnen Widerstände ist. Die Reihenschaltung wird jedoch hauptsächlich angewendet, wo hohe Spannungen erforderlich oder vorhanden sind. Die Abbildung 6 dient ebenfalls nur als Anschauungsbeispiel.

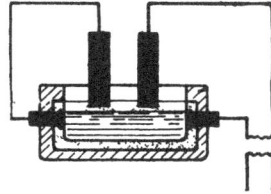

Abb. 6.
Reihenschaltung mit hintereinander in dem Stromkreis liegenden Lichtbogen- u. Bodenelektroden.

Bei der Schaltung nach Abb. 7 ist der Stromlauf folgender: Der von der Stromquelle oder dem Transformator T kommende Strom fließt durch die Leitung l_1 nach der Elektrode E_1, dann durch den Lichtbogen L_1 in das Bad B, durchfließt dieses, springt bei dem anderen Lichtbogen L_2 über, um von da zur Elektrode E_2 in die Leitung l_2 zu dem Stromerzeuger oder Transformator T zurückzufließen. Während bei der Schaltung nach Abb. 7 die Lichtbogen-

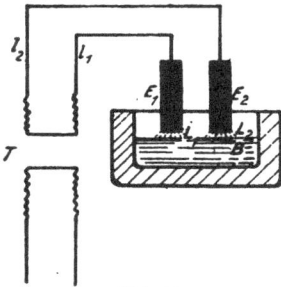

Abb. 7.
Schaltung, bei der die Elektroden hintereinander im Stromkreis liegen.

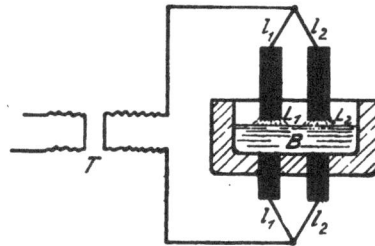

Abb. 8.
Parallelschaltung, bei der die Lichtbogen- und Bodenelektroden verschiedene Polarität haben.

elektroden eine entgegengesetzte Polarität besitzen, ist bei der Schaltung nach Abb. 8 der eine Pol oberhalb an die Lichtbogenelektroden und der andere unterhalb an die Bodenelektroden gelegt. Es findet also eine jeweilige Parallelschaltung der Elektrodenpaare statt. Man baut auf diese Weise Öfen, die mit

---

[1]) Die Abb. 6 zeigt einen Herd, der in der Umgebung des Schmelzbades mit einer guten, leitfähigen Zustellung ausgemauert ist. In dieser Zustellung sind Polstücke mit entgegengesetzter Polarität eingebaut. Die Polstücke sind in der Weise mit den Ofenleitungen verbunden, daß der Strom die leitfähige Zustellung durchfließen muß. Bei genügender Stärke des Stromes soll eine nutzbare Wärme im Herd erzielt werden, die dem Bade unmittelbar zugute kommt.

bedeutenden Stromstärken arbeiten können, da durch die Parallelschaltung der Elektroden der Widerstand sehr klein und die Stromübertragungsmöglichkeit entsprechend groß wird.

Die gemischte Schaltung setzt sich aus den beschriebenen Schaltungen zusammen.

8. Der Magnetismus.

Jeder gleichgerichtete elektrische Strom erzeugt Magnetismus. Wickelt man einen isolierten Draht in vielen Windungen um einen Eisenstab herum und schickt durch den Draht einen Strom, so wird der Stab magnetisch. Der Magnetismus währt nur solange, als der Strom die Spule durchfließt. Ein solcher temporärer Magnet wird Elektromagnet genannt. Die Wirkung eines solchen ist um so kräftiger, je größer die Zahl der Drahtwindungen ist, je näher sie an dem Eisenkern liegen und je größer die Stärke des die Spule durchfließenden Stromes ist. Die Anziehungskraft tritt am stärksten an den beiden Enden des Stabes auf. Jeder Magnet übt Fernwirkungen aus, die sich dadurch erklären lassen, daß von beiden Polen Kraftlinien in den Raum treten. Läßt man durch eine Schleife einen Strom fließen, wie die Abb. 9 und 10 zeigen, so ordnen

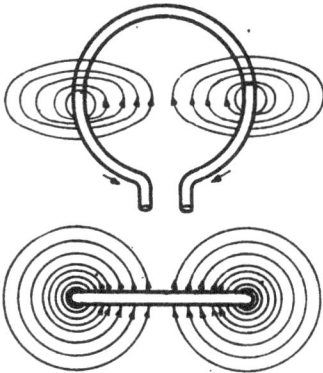

Abb. 9 und 10.
Kraftlinienverlauf.

sich die Kraftlinien um beide Leiter der Stromschleife in konzentrischen Kreisen. Die Abb. 9 zeigt ferner den Stromverlauf in der Schleife und zugleich, welche Richtung die Kraftlinien in dem Falle annehmen. Bei zwei gleichgerichteten Strömen laufen auch die Kraftlinien gleichgerichtet; gleichgerichtete Ströme ziehen sich an. Bei zwei entgegengesetzt laufenden Strömen sind auch die Kraftlinien entgegengesetzt gerichtet; diese stoßen sich also ab. Kreuzen sich zwei Ströme, so werden die Ströme sich parallel zu stellen suchen.

Denken wir uns einen Lichtbogenofen, dessen Elektroden senkrecht zum Bade stehen und dessen Lichtbögen das Bad berühren, so werden beim Durchgang eines Stromes durch die Elektroden zirkular um diese Kraftlinienfelder erzeugt. Diese bewirken Bewegungserscheinungen, die sich bei flüssigem Einsatz bemerkbar machen und von günstigem Einfluß sind. Sie bewirken nämlich eine gute Durchmischung des Bades, wodurch sich ein gleichmäßiges Enderzeugnis ergibt.

Auch bei Induktionsöfen treten die Kraftlinien in Erscheinung, indem sie das Bad durchschneiden und dieses in lebhafte Bewegung bringen.

Eine besondere Bewegungserscheinung wird durch den sog. Pincheffekt hervorgerufen. Dieser ist von Carl Hering in einem Vortrag im Mai 1909 vor der „American Elektrochemical Society" in Canada ausführlich behandelt worden. Der Pincheffekt kann nur in flüssigen Leitern auftreten. Der flüssige

Leiter hat unter Einwirkung elektromagnetischer Kräfte in der Richtung des Querschnittes das, Bestreben, sich zusammenzuschnüren. Die zusammenziehende Kraft wird um so bedeutender, je größer die Stromdichte ist, unter der man bekanntlich die Amperezahl für einen qmm versteht. Die Zusammenschnürung kann bei besonders großer Stromdichte auf den flüssigen Leiter derartig einwirken, daß an der Stelle, wo die elektromagnetischen Kräfte am stärksten auftreten, der Querschnitt des Leiters eine Unterbrechung erfährt. Da der Herd eines Induktionsofens aus einer an und für sich engen Schmelzrinne besteht, so muß auf die Herdausmauerung besondere Sorgfalt verwendet werden, damit vor allem Ungleichmäßigkeiten vermieden werden. Soll der Pincheffekt bei einer hohen Stromdichte wirkungslos bleiben, so muß der flüssige Leiter im Verhältnis zur Stromstärke von ausreichendem Querschnitt und letzterer unbedingt gleichmäßig sein. Immerhin ist es förderlich, daß bei einem Induktionsofen auch diese Bewegungserscheinung vorliegt, da sie den Vorteil einer guten Durchmischung des Bades und eines gleichmäßigen Stahles bietet.

9. Die Induktion.

Unter Induktion versteht man die Erscheinung, daß jeder elektrische Strom in dem Augenblick, wo sich sein Kraftlinienfeld verändert, in einem benachbarten parallelen Leiter ebenfalls einen Strom, den sog. Induktionsstrom, hervorruft; siehe Abb. 11. Der erstere wird der primäre und der letztere der sekundäre Strom genannt. Ein sekundärer und zwar ein entgegengesetztgerichteter Stromstoß entsteht z. B., sobald der primäre Strom eingeschaltet

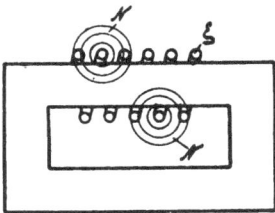

Abb. 11.
Induktionswirkung auf benachbarte parallele Leiter.

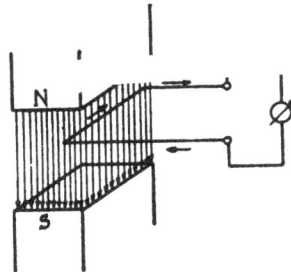

Abb. 12.
Die Messung eines Kraftlinienflusses.

wird. Wird der Primärstrom wieder unterbrochen, so entsteht im Augenblick der Unterbrechung im benachbarten Leiter abermals ein Induktionsstrom, welcher, aber jetzt dem primären Strom gleichgerichtet ist. Wenn der primäre Strom seine Stromrichtung rasch hintereinander wechselt, so entsteht infolge des dauernd wechselnden Kraftlinienfeldes im benachbarten parallelen Leiter ein dauernder sekundärer Wechselstrom. Hier auf beruhen u. a. die Transformatoren.

Eine andere Induktionswirkung ist folgende: Wird ein Leitungsdraht so in einem magnetischen Kraftlinienfeld bewegt, daß die Kraftlinien von ihm durchschnitten werden, so wird ebenfalls in dem Leiter eine elektromotorische Kraft erzeugt. Um den Beweis hierfür anzutreten, verbinde man die Erden eines Drahtes, der senkrecht durch einen Kraftlinienfluß hindurch bewegt wird, mit einem Galvanometer. Sobald der Leiter in das magnetische Feld eintritt, zeigt das Galvanometer einen Ausschlag in der einen, sobald er es wieder verläßt, einen Ausschlag in der anderen Richtung; siehe Abb. 12. Damit in dem Leiter eine elektromotorische Kraft erzeugt werden kann, darf sich der Leiter nicht parallel zu den Kraftlinien, sondern muß sich unter einem Winkel zu den Kraftlinien bewegen. An Stelle eines Leiters können auch mehrere Leiter zu einem Körper vereinigt werden, der sich im Magnetfeld bewegt, um eine Arbeit zu leisten oder einen elektrischen Strom zu erzeugen. Hierauf beruhen die Elektromotoren und Dynamomaschinen.

Wird ein Strom in einer Spule eingeschaltet oder plötzlich unterbrochen oder wird die Stromstärke in einer Spule geändert, so durchschneidet das entstehende bzw. verschwindende Kraftlinienfeld jedesmal auch die eigenen Spulenwindungen. Dadurch induziert es in der Spule selbst sog. Extraströme, die mit dem Quadrate der Windungszahl der Spule wachsen und außerdem um so größer sind, je stärker das magnetische Feld in der Spule ist. Diese Erscheinung nennt man Selbstinduktion. Die Selbstinduktion wird also in der eigenen Leitung durch Öffnen und Schließen des Stromes oder durch Stromschwankungen oder Stromwechsel (Wechselstrom!) hervorgerufen.

Den durch Selbstinduktion hervorgebrachten Widerstand nennt man (zum Unterschied von dem durch Material und Dimensionen des ·Leiters bedingten Ohmschen Widerstand) den induktiven Widerstand. Der Ohmsche und induktive Widerstand ergeben zusammen den wahren Widerstand.

Auch die Foucaultschen oder Wirbelströme zählen zu den Induktionsströmen. Diese entstehen in Metallmassen, und zwar dadurch, daß man sie in einem Magnetfeld bewegt oder indem man das magnetische Feld, in dem sie sich befinden, ändert.

10. Der Wechselstrom.

Zur Vermeidung von elektrolytischen Zersetzungen kommt für Elektrostahlöfen kein Gleichstrom, sondern nur Wechselstrom zur Anwendung. Wechselstrom fließt gleichsam pulsierend, abwechselnd in der einen und anderen Richtung, und nimmt fortwährend in seiner Stärke zu und ab. Sein Wesen kann man durch eine Welle darstellen wie Abb. 13 zeigt. Die Stromstärke steigt von Null anfangend bis zum Punkt a, um dann wieder bis Null abzufallen, ändert die Richtung und erreicht b, geht wieder auf Null zurück und so fort. Charakteristisch für Wechselströme ist die

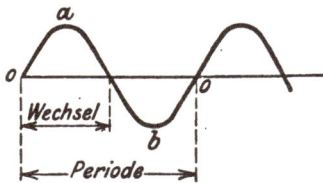

Abb. 14.
Kurve eines Wechselstromes.

Häufigkeit der Wechsel in der Sekunde. Zwei Wechsel bilden eine Periode. Ist t die Zeitdauer einer Periode in Sekunden, v die Periodenzahl in der Sekunde, so ist

$$t = \frac{1}{v} \quad \cdots \cdots \cdots \cdots \quad (23)$$

Wenn nun eine Wechselstrommaschine p Polpaare hat und n Umdrehungen in der Minute macht, so ist

$$v = \frac{n \cdot P}{60} \quad \cdots \cdots \cdots \cdots \quad (24)$$

Die Anzahl der Perioden in der Sekunde heißt Frequenz. In der Praxis sind 50 Perioden gleich 100 Wechsel in der Sekunde üblich. Bei Induktions-öfen geht man mit Rücksicht auf den ungünstigen Leistungsfaktor bis auf 5 Perioden herunter, indem man langsamlaufende Stromerzeuger wählt. Bei Lichtbogenöfen kann jede Periodenzahl angewandt werden.

Drehstrom wird aus drei Wellen zusammengesetzt, indem von dem Strom-erzeuger drei Wechselströme ausgehen, die um einen bestimmten Winkel gegeneinander verschoben sind.

Bei Wechselstrom bestehen die gleichen Beziehungen zwischen Stromstärke und Spannung wie bei Gleichstrom, solange der Stromkreis induktionsfrei ist. Liegt aber Induktion vor (z. B. in Spulen), so tritt eine Rückwirkung auf den Stromerzeuger ein, wodurch die sog. Phasenverschiebung veranlaßt wird. Diese kann man sich so vorstellen, daß die Stromstärke bei jedem Wechsel infolge des induktiven Widerstandes etwas verzögert wird, also ständig etwas hinter der Spannung herhinkt. Die Folge davon ist, daß nie die vollen Werte von Spannung und Stromstärke gleichzeitig auftreten.

Die elektrische Leistung des induktiv belasteten Wechselstromes kann also nicht wie bei Gleichstrom rechnerisch durch einfache Multiplikation der Stromstärke und Spannung gefunden werden. Die wirkliche Leistung, die der Zeiger eines Wechselstrom-Leistungsmessers in Watt angibt, ist tatsächlich kleiner, als die rechnerisch durch Multiplikation von Volt mal Ampere (VA = Voltampere) gefundene sog. scheinbare Leistung.

Um die wirkliche Leistung rechnerisch zu finden, muß die scheinbare Leistung erst mit dem Faktor der Phasenverschiebung multipliziert werden, also $N = E \cdot J \cdot \cos \varphi$.

Den $\cos \varphi$ oder Leistungsfaktor bestimmt man durch:

$$\cos \varphi = \frac{N \,(\text{Watt})}{E \cdot J \,(\text{Voltampere})} \quad \cdots \cdots \quad (25)$$

Der Leistungsfaktor bei Drehstrom ist:

$$\cos \varphi = \frac{N}{\sqrt{3} \cdot E \cdot J} \quad \cdots \cdots \cdots \quad (26)$$

13. Beispiel. Die Klemmenspannung eines Wechselstromerzeugers sei $E = 150$ Volt, die Stromstärke $J = 6500$ Amp., der Leistungsfaktor $\cos \varphi$ bei Vollast 0,8.

Frage: Wie groß ist die scheinbare und wirkliche Leistung?

Lösung: $N_s = 150 \cdot 6500 = 975\,000$ VA $= 975$ kVA,

$\qquad N_w = 975\,000 \cdot 0,8 = 780\,000$ W $= 780$ kW.

14. Beispiel. Ein Drehstromerzeuger wurde mit 400 PS angetrieben, liefere 120 Volt Spannung, wobei der Leistungsfaktor bei Vollast cos $\varphi = 0,9$ betrage, der Wirkungsgrad sei $\eta = 0,92$.

Frage: Mit welcher höchsten Stromstärke kann die Maschine belastet werden?

Lösung: Der Nutzeffekt ist

$$N = \sqrt{3} \cdot E \cdot J \cdot \cos \varphi \cdot \eta,$$

demnach ist

$$J = \frac{N}{\sqrt{3} \cdot E \cdot \cos \varphi \cdot \eta}$$

$$= \frac{400 \cdot 736}{\sqrt{3} \cdot 120 \cdot 0,9 \cdot 0,92} = 1715 \text{ Amp.}$$

Es wird in den Beispielen aufgefallen sein, daß der Leistungsfaktor mit dem Zusatz „bei Vollast" angegeben wurde. Man denke sich, daß sich der Wechselstrom wie eine Kraft nach dem Parallelogramm der Kräfte in zwei Komponenten, den wattlosen und den Wattstrom, zerlegen läßt. Der wattlose Strom entspricht dem induktiven, der Wattstrom dem Ohmschen Widerstand. Der Wattstrom fällt zeitlich mit der Spannung zusammen; die Leistung ergibt sich

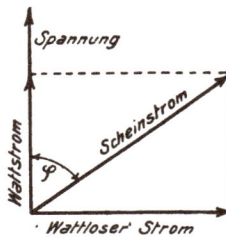

Abb. 14.
Das Stromdiagramm.

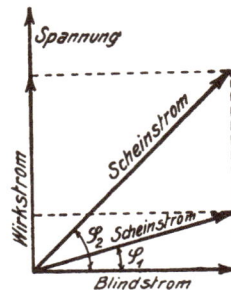

Abb. 15.

aus dem Produkt Wattstrom mal Spannung; siehe Abb. 14. Der wattlose Strom, der zur Aufrechterhaltung des magnetischen Feldes des Stromerzeugers dient, ist um 90° verschoben. Nach Abb. 14 ist das Produkt aus Scheinstrom mal dem Cosinus des Phasenverschiebungswinkels gleich dem Wattstrom.

Je nachdem der wattlose Strom in seiner Phase der Spannung um 90° vorauseilt oder um diesen Winkel hinter ihr zurückbleibt (Abb. 15), wird das Feld des Stromerzeugers durch Ankerrückwirkung verstärkt oder geschwächt. Der wattlose Strom belastet die Ankerdrähte und vermindert die Nutzleistung des Stromerzeugers. Oder anders betrachtet: Bei geringerer Belastung sinkt der Leistungsfaktor, da der durch die magnetische Trägheit bedingte wattlose

Strom fast konstant bleibt, während der Wattstrom kleiner wird, wie Abb. 15 zeigt.

Ein schlechter Leistungsfaktor ist aber für Elektrizitätswerke unangenehm, da diese ihre Maschinen, Transformatoren und Leitungen für den Scheinstrom bzw. für die Scheinleistung bemessen müssen, während nur die Wattleistung vergütet wird. So sehen sich die Zentralen oft vor die Notwendigkeit gestellt, wegen eines zu schlechten Leistungsfaktors in ihrem Netz entweder die Maschinenanlage zu erweitern oder auf ihre Stromabnehmer einzuwirken, daß man den Zentralen eine Kompensation schafft, indem man ihnen auch die wattlose Leistung bezahlt.

Zur Verbesserung des Leistungsfaktors dienen Phasenkompensatoren, die dem Netz voreilenden Strom entnehmen und damit die Wirkung des nacheilenden wattlosen Stromes aufheben können. —

Der zwei- bzw. dreiphasige Wechselstrom erfordert unverkettet vier bzw. sechs Leitungen und verkettet drei Leitungen. Der verkettete Dreiphasenstrom

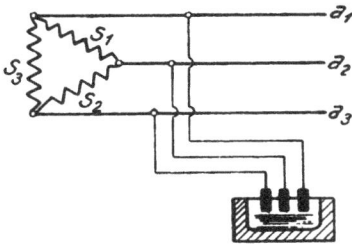

Abb. 16.
Dreieckschaltung.

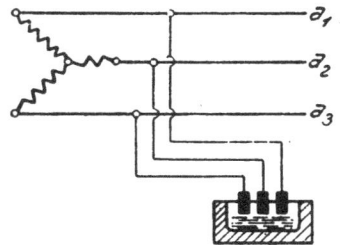

Abb. 17.
Sternschaltung.

ist unter dem Namen Drehstrom hauptsächlich in Anwendung. Bei Dreihstrom unterscheidet man die Dreieck- und Sternschaltung.

Bei der Dreieckschaltung (Abb. 16) herrscht zwischen den Leitungen $a_1 a_2$, $a_2 a_3$ und $a_3 a_1$, welche mit den Knotenpunkten der Spulen $s_1 s_2 s_3$ verbunden sind, die gleiche Spannung. Diese Spannung nennt man die Netzspannung E.

Bei der Sternschaltung (Abb. 17) herrscht zwischen den gleichnamigen Leitungen die gleiche Spannung. Es ist also:

$$E = a_1 a_2 = a_2 a_3 = a_3 a_1.$$

Verbindet man den sog. Nullpunkt der Sternschaltung durch eine vierte Leitung o (Abb. 18), die Null- oder Ausgleichleitung genannt wird, so sind die Spannungen zwischen oa_1, oa_2 und oa_3 wieder gleichwertig. Diese Sternspannung e ist gleich

$$\frac{E}{\sqrt{3}}$$

also gleich der Netzspannung, geteilt durch 1,732. Bei dieser Anordnung kann beispielsweise ein Lichtbogenofen ohne Zwischenschaltung eines besonderen Transformators betrieben werden, wenn die Netzspannung auch 220 Volt

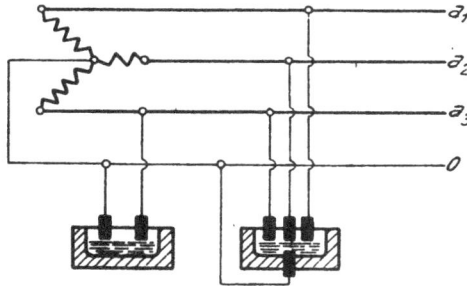

Abb. 18.
Sternschaltung mit Nulleitung.

sein sollte. Es wird dann eine Elektrode an eine Phase, die andere an den Null-leiter gelegt. Folglich beträgt die verfügbare Spannung nur

$$e = \frac{220}{1,73} = 127 \text{ Volt,}$$

die für Lichtbogenbeheizung brauchbar ist.

11. Die Umwandler.

Für elektrische Schmelzöfen ist die Stromart, Spannung und Periodenzahl bestimmend. Ein Lichtbogenofen kann nicht an jede beliebige Spannung angeschlossen werden; die brauchbare Spannung liegt zwischen 65 und 150 Volt; neuerdings ist auch 220 Volt benutzt worden. Sodann kann man einen Induktionsofen nicht mit jeder beliebigen Frequenz betreiben; es kommt nur eine Periodenzahl von 5 bis höchstens 50 in Frage. Die in der Elektrotechnik üblichen Spannungen sind 110, 220, 380, 500, 3000, 6000, 10000 Volt usw. Die gebräuchlichste Periodenzahl ist 50. Es kann der Fall auch so liegen, daß nur Gleichstrom zur Verfügung steht, während doch, wie schon erwähnt, die Elektrostahlöfen nur mit Wechselstrom betrieben werden können.

Um nun die erforderliche Stromart, Spannung und Frequenz für den Elektroofen zu erhalten, bedient man sich der sog. Umwandler. Man unterscheidet drehende und ruhende Umwandler. Erstere werden Umformer, letztere Transformatoren genannt.

a) Die Umformer.

Um Gleichstrom in Wechselstrom und ferner, um Wechselstrom von hoher Periodenzahl in Wechselstrom niedriger Periodenzahl zu verwandeln, benutzt man die Umformer. Man unterscheidet: Motorgeneratoren, Einanker- und Kaskadenumformer.

Bei Motorgeneratoren findet die Umformung auf rein mechanischem Wege statt, bei Kaskadenumformern wird ein Teil der Energie auf mechanischem, ein Teil auf elektrischem Wege umgeformt, während bei Einankerumformern der Umweg über die mechanische Umformung gänzlich vermieden wird. Diese Verschiedenheit in der Wirkungsweise der Umformer ist für ihre praktische Verwertung bedeutungsvoll. Bei Motorgeneratoren, die sowohl Gleichstrom als auch Wechsel- oder Drehstrom liefern können, handelt es sich demnach um zwei Maschinen, die durch eine Kupplung miteinander verbunden sind, wovon die eine die treibende Maschine (Motor) und die andere die angetriebene Maschine (Stromerzeuger) ist. Da bei Motorgeneratoren die zu erzeugende Wechselstromspannung unabhängig ist von der benutzten Gleichstromspannung, so sind diese Umformer dort am Platze, wo erhebliche Spannungsschwankungen im Netz vorkommen können und wo eine weitgehende Spannungsregulierung Bedingung ist. Einankerumformer lassen dagegen keine großen Spannungsveränderungen zu, zeichnen sich aber vor den beiden anderen Maschinenarten durch einen erheblich besseren Wirkungsgrad aus. Zudem ist der Einankerumformer, da er nur eine Maschine darstellt, in der Anschaffung billiger und gebraucht für den rotierenden Teil geringeren Platz, dagegen ist für die Unterbringung eines Transformators (bei Hochspannung) noch ein besonderer Raum erforderlich. Auch die bisher zugunsten des Kaskadenumformers angeführte leichtere Anlaßmöglichkeit fällt gegenüber dem Einankerumformer nicht mehr ins Gewicht, da der Einankerumformer auch direkt von der Wechselstromseite angelassen werden kann.

Zur Umformung von Wechselstrom einer Periodenzahl in Wechselstrom einer anderen Periodenzahl werden Periodenumformer verwendet. Diese bestehen aus einer Synchronmaschine und einer Asynchronmaschine oder aus zwei Synchronmaschinen, deren Polzahlen im Verhältnis zu den Periodenzahlen stehen.

Die ersten Drehstrom-Einphasenumformer für den Betrieb zweier Induktionsöfen sind die für den Eicher Hütten-Verein in Dommeldingen erstellten. Für den Betrieb der beiden Wechselstromöfen wurden zwei Umformeraggregate aufgestellt, deren jedes sich aus folgenden auf gemeinsamer Grundplatte montierten Maschinen zusammensetzt:

1. ein synchroner Drehstrommotor 715 PS, 5000 Volt, 50 Perioden;
2. ein Einphasen-Wechselstromgenerator 825/950 kVA, 3000/3500 Volt, 25 Perioden;
3. ein asynchroner Drehstrom-Anwurfmotor für intermittierenden Betrieb 140 PS, 500 Volt, 50 Perioden und 485 Touren;
4. eine Erregermaschine 110 Volt, 218 Ampere.

Die Maschinen ergeben im synchronen Lauf 375 Umdrehungen in der Minute. Der Synchronmotor und Generator sind demnach 16- bzw. 8polig. Abb. 19 zeigt das Gesamtschaltungsschema der von der Firma Siemens & Halske, A.-G. Berlin, ausgeführten Anlage.

Kunze[1]) beschreibt einen Motorgenerator, der ebenfalls für einen Lichtbogenofen Anwendung gefunden hat. Der Gleichstrommotor dieses Maschinen-

---

[1]) Zeitschrift des Vereins deutscher Ingenieure, 1914, Seite 256.

satzes hat eine Nutzleistung von 700 kW bei 500 Volt und 1500 Umdrehungen
i. d. Min., der mit einer Drehstrom-Turbodynamo von 937 kVA, 3000 Volt

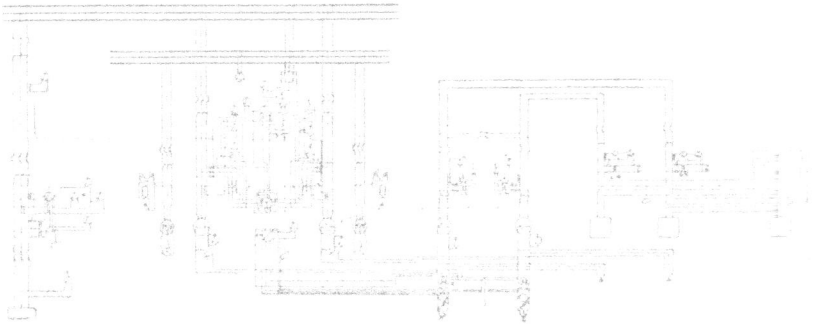

Abb. 19.
Gesamtschaltplan der Elektrostahlanlage des Eicher Hütten-Vereins.

und 50 Perioden auf gemeinsamer Grundplatte gekuppelt ist und auf der anderen Seite ein freies, vorläufig eingekapseltes Wellenende für den späteren

Abb. 20.
Turbo-Umformer für Elektrostahlofenbetrieb der Bergmann-Elektrizitäts-Werke, A.-G.

Anbau einer Turbine hat. Der Maschinensatz, der in Abb. 20 dargestellt ist,
wurde von den Bergmann-Elektrizitätswerken A.-G., Berlin, gebaut. Den Schaltplan dieser Elektrostahlanlage zeigt Abb. 21.

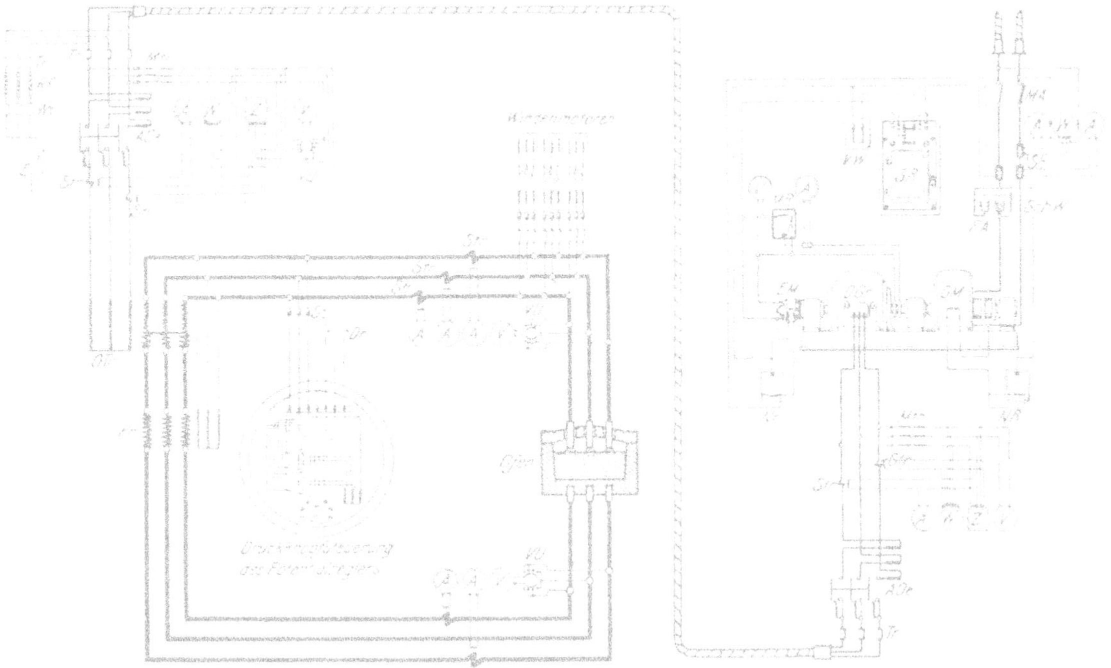

Abb. 21.

Schaltungsplan der Elektrostahlofenanlagen der Sosnowicer Röhrenwalzwerke.

46

b) Die Transformatoren.

Um ein- oder mehrphasigen Wechselstrom von hochgespanntem in niedrig gespannten Strom und umgekehrt umzuwandeln, benutzt man Transformatoren. Da erscheint es wichtig, die bedeutsame Frage vorerst zu beantworten: Warum kommen denn überhaupt hochgespannte Ströme zur Anwendung?

Dieses geschieht aus folgenden Gründen: Die Fortleitung elektrischer Energie auf größere Entfernungen erfordert die Errichtung besonderer Leitungsanlagen, deren Kosten unter sonst gleichen Verhältnissen um so höher sind, je größer der erforderliche Kupferquerschnitt ist. Der Kupferquerschnitt hängt ab von der Stromstärke; dagegen ist er von der Spannung unabhängig. Da aber der Effekt stets derselbe ist, wenn nur das Produkt aus Stromstärke und Spannung gleich bleibt, so ist es einerlei, ob 50 Ampere und 100 Volt oder 5 Amp. bei 1000 Volt durch die Leitung hindurchgehen; die elektrische Energie bleibt stets 5000 Watt. Für den Querschnitt der Leitungen ist dieses jedoch nicht gleichgültig; denn während man zur Beförderung eines Stromes von 50 Amp. einen Kupferquerschnitt von 25 mm² benötigt, genügt für einen Strom von 5 Amp. nur ein Kupferquerschnitt von 1,5 mm². Dieses entspricht einer 16,6 mal geringeren Kupfermenge, was bei dem an und für sich hohen Kupferpreise bedeutend in die Wagschale fällt. Die Anwendung hoher Spannungen ist demnach aus wirtschaftlichen Gründen erforderlich. Um nun den erzeugten Strom auf eine höhere Spannung bzw. an der Verbrauchsstelle wieder auf eine geringe Spannung umzuwandeln, bedient man sich der Transformatoren.

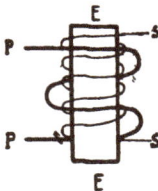
Abb. 22.
Transformator.

Diese haben im Gegensatz zu Umformern keine drehenden Teile. Sie sind ruhende Einrichtungen, die keiner Wartung bedürfen. Ihr Prinzip ist folgendes: Ein Wechselstrom-Transformator besteht aus zwei übereinandergeschobenen Drahtspulen, deren eine aus wenigen Windungen dicker Drähte und deren zweite aus vielen dünnen Windungen hergestellt ist; siehe Abb. 22. Nach dem Gesetz der Induktion induziert ein in der primären Wicklung P fließender Wechselstrom in der sekundären Wicklung S ebenfalls einen Wechselstrom. Die Spannung des sekundären Stromes hängt von der Zahl der Windungen beider Spulen und von der Intensität des primären Stromes ab. Das Übersetzungsverhältnis wird durch den Quotienten der Windungszahlen der beiden Wicklungen bestimmt. Will man beispielsweise einen Primärstrom von 2000 Volt auf 100 Volt transformieren, so muß die Primärwicklung zwanzigmal mehr Windungen haben als die sekundäre. Der Querschnitt der Windungsdrähte richtet sich nach der Stromstärke.

Um die induzierende Wirkung dieser Einrichtung zu erhöhen, schiebt man in die Spulen einen weichen Eisenkern E ein, welcher magnetisch wird und das magnetische Feld der Spule verstärkt. Da aber bei der in Abb. 22 gezeichneten Anordnung die bei den zwei Polen austretenden Kraftlinien eine große Luftstrecke durchsetzen müssen, die ihnen einen bedeutenden Widerstand bietet, so macht man den Eisenkern besser zu einem in sich geschlossenen Körper, wie Abb. 23 zeigt. Die Kraftlinien finden hier einen geschlossenen Weg im Eisen, wodurch sich der Wirkungsgrad des Transformators wesentlich erhöht. Um endlich das Auftreten von Wirbelströmen im Eisenkern, welche ebenfalls den Wirkungsgrad herabdrücken, zu vermeiden, wird der Eisenkern aus vielen voneinander isolierten dünnen Blechen zusammengesetzt.

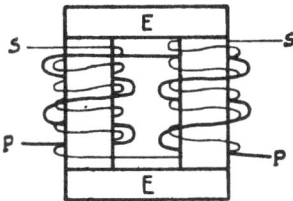

Abb. 23.
Einphasen-Transformator.

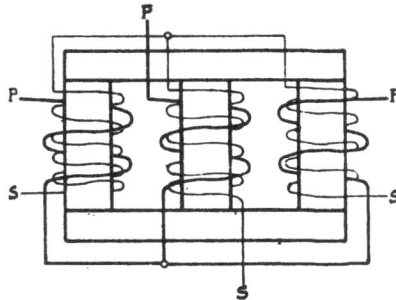

Abb. 24.
Drehstrom-Transformator.

Der Drehstrom-Transformator ist nach dem gleichen Prinzip gebaut wie der vorbeschriebene Wechselstrom-Transformator. Nur besteht derselbe aus drei nebeneinander angeordneten, miteinander auf beiden Seiten magnetisch verbundenen Kernen, deren jeder eine primäre und eine sekundäre Wicklung trägt (s. Abb. 24).

Da bei Lichtbogenöfen bedeutende Stromstöße auftreten, die von dem Transformator aufgenommen werden, so ist es notwendig, diesen besonders auszubilden. Die Aufnahmefähigkeit der Stromstöße wird durch ausreichende Kühlung und durch eine besondere mechanische Befestigung der Spulen, d. h. also durch eine kurzschlußsichere Bauart erreicht. Zwecks ausreichender Kühlung erfolgt der Einbau des Transformators in einen Kessel, der mit Öl gefüllt ist. Die Benützung eines Ausdehnungsgefäßes über dem Kessel ist für die Ölkühlung ratsam.

Drehstrom-Transformatoren werden mit Dreieck- oder Sternschaltung und in letzterem Falle auch mit Nulleiter versehen. In Fällen ungleicher Belastung empfiehlt sich die gemischte Schaltung, da alsdann Rückwirkungen auf die Primärwicklung gemildert werden. Statt eines Drehstromtransformators lassen sich auch drei Einphasentransformatoren benutzen, die dann untereinander ebenfalls in Dreieck oder Stern zu schalten sind. Einzeltransformatoren sind jedoch teurer und kommen nur wegen ihrer größeren Betriebssicherheit für besonders große Leistungen in Frage.

Wünschenswert ist es, Lichtbogenöfen mit mehreren Spannungen arbeiten zu lassen, und zwar vorteilhaft mit 75/85/95/105/125/150 Volt. Bei verschiedenen Spannungen unterteilt man die Wicklungen und versieht sie mit Anzapfungen, die vorteilhaft in die Hochvoltseite eingebaut werden.

Abb. 25.
Ein im Bau befindlicher Einphasen-Öltransformator von 6250 kVA
Leistung der Siemens-Schuckert-Werke.

Nachstehend seien einige Abbildungen von Transformatoren gezeigt, die für Elektroöfen besonders gebaut worden sind. Zuerst zeigt die Abb. 25 das interessante Bild eines im Bau befindlichen Einphasenstrom-Öltransformators von 6250 kVA Leistung und einer Frequenz von 16,6, der von der Siemens-Schuckert-Werken hergestellt wurde.

In Abb. 26 ist ein von der Firma Brown, Boveri & Co. erbauter Drehstrom-Ofentransformator für 15300 kVA Dauerleistung dargestellt, bei dem die Ausführung der Niederspannungswicklung besonders bemerkenswert ist[1]. Diese ist für 52000 Amp. bemessen. Zur Vermeidung zusätzlicher Verluste

---

[1]) Elektrotechnische Zeitschrift 1919, Seite 570.

Abb. 26.
Ofentransformator von 15300 kVA Leistung der Firma Brown, Boveri & Co.

Abb. 27.
Ofentransformator für 8000 A Sekundärstrom der Bergmann-
Elektrizitäts-Werke, A.-G.

Abb. 28.
Ofentransformator von 1500 kVA Leistung der Bergmann-Elektrizitäts-Werke, A.-G.

durch Streufelder sind die Ableitungsschienen untermischt und zudem in zwei Ebenen angeordnet. Hierdurch wird erreicht, daß die Kurzschlußspannung und damit der induktive Spannungsabfall auch für solche Sondertransformatoren auf dem durch andere Konstruktionen nicht erreichbaren Wert von wenigen Prozenten gehalten werden können. Die Wicklung ist mit einer Wicklungsabstützung mit Federn versehen. Außer der hier durch erreichten mechanischen Festigkeit gegen dynamische Kurzschlußwirkungen ist gleichzeitig damit die Möglichkeit gegeben, Primär- und Sekundärwicklung als

Abb. 29.
Ofentransformator von 6000 kVA Leistung der Allgemeinen Elektrizitäts-Gesellschaft.

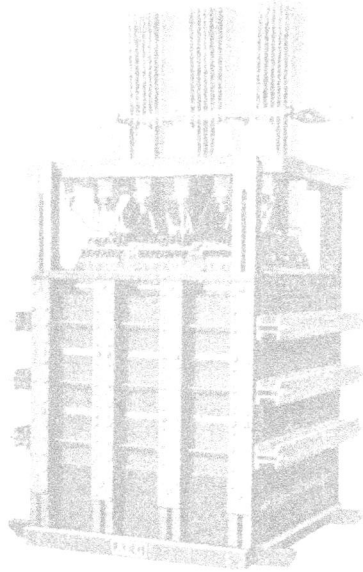

Abb. 30.
Innenansicht des 6000 kVA-Transformators.

Ganzes abheben zu können. Dieser Kerntransformator ist mit außenliegender Wasserkühlung ausgebildet. Das Übersetzungsverhältnis beträgt 20 000/170 Volt und 442/52500 Amp. bei 50 Perioden.

Die Abb. 27 stellt einen Ofentransformator der Bergmann-Elektrizitätswerke A.-G. dar, dessen Sekundärwicklung für 8000 Amp. bemessen ist. Ein von der gleichen Firma erbauter Drehstrom-Ofentransformator von 1500 kVA Leistung, mit einem Übersetzungsverhältnis von 3000/118—170 Volt ist in Abb. 28 zu sehen. Schließlich sei noch ein 6000 kVA-Ofentransformator der Allgemeinen Elektrizitäts-Gesellschaft in Abb. 29 und 30 gezeigt, der durch seine besonders starke Versteifung des Magnetgestelles auffällt. Dieser Transformator dient zum Betrieb eines Fiatofens von 15 t Fassung.

c) Die Drosselspule.

Entfernt man bei dem Transformator die Sekundärwicklung, so erhält man eine Drosselspule. Ihre Eigentümlichkeit besteht darin, daß sie bei einem Ohmschen Widerstand eine große Spannung abdrosseln kann. An Hand der Abb. 31 sollen folgende Betrachtungen hierüber nähere Aufklärung geben. Man denke sich in dem Wechselstromkreis einen Elektroofen O und eine Drosselspule D eingeschaltet. Sobald der Eisenkern K in die Spule D eintaucht, wird der Strom schwächer, und die Lichtbögen werden ebenfalls schlechter brennen. Diese Wirkung wird um so stärker sein, je größer die Anzahl der Windungen in der Spule ist und je mehr Eisen für den Kern aufgewendet wird. Die Drosselspule verursacht nämlich sowohl einen Ohmschen Spannungsverlust als auch eine

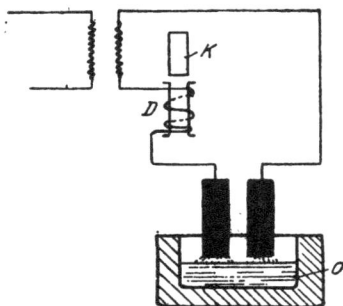

Abb. 31.
Drosselspulenanordnung.

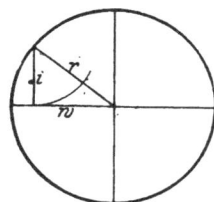

Abb. 32.
Stromdiagramm.

auf Selbstinduktion beruhende elektromotorische Gegenkraft. Ersterer ist sehr klein, die letztere aber sehr groß. Der pulsierende Strom erzeugt in der Drosselspule ein wechselndes magnetisches Feld und hat bei der rasch aufeinander erfolgenden Ummagnetisierung einen großen scheinbaren Widerstand zu überwinden, der bedeutend größer ist als der Ohmsche Widerstand. Drosselspulen finden daher bei solchen Elektroöfen Anwendung, die auf das Leitungsnetz oder unmittelbar auf den Stromerzeuger heftige Stromstöße hervorrufen können, also in erster Linie bei Lichtbogenöfen[1]).

Die Abdrosselung der Spannung geht auf Kosten des Leistungsfaktors. Das Verhältnis der bei einem Stromstoß maximal auftretenden Stromstärke zur Normalstromstärke, abhängig von dem cos φ, bestimmt man aus dem Diagramm in Abb. 32. Aus einem bestimmten induktiven Widerstand i, entsprechend einem bestimmten cos φ und einem bestimmten Ohmschen Widerstand R, ergibt sich der resultierende Widerstand r; dieser Widerstand r ist ausschlaggebend für die Größe des Normalstromes. Tritt ein Stromstoß ein, so bleibt der Ohmsche Widerstand R unverändert, der induktive Widerstand

---

[1]) Siehe auch: Ruß, Der unmittelbare Anschluß von Elektrostahlöfen an öffentliche Elektrizitätswerke, Elektrotechnische Zeitschrift 1920, Seite 45 bis 48.

aber wächst; der Strom kann sich also nur ändern im Verhältnis des resultierenden Widerstands r zu dem induktiven Widerstand i.

Die Drosselspule hat den Vorteil, daß sie je nach Bedarf, zu- und abgeschaltet werden kann. Man vermag also zu Anfang des Schmelzvorganges die Drosselspule vorzuschalten und nur so lange eingeschaltet zu lassen, als dieses erwünscht
ist Unterteilt man nun noch die Drosselspule und führt die Anzapfungen zu
einem Umschalter, so ist man in der Lage, je nach Wunsch eine geringere oder
größere Abdrosselung zu erzielen. Mit Rücksicht auf die geringeren Anlagekosten baut man die Drosselspulen möglichst in die Hochvoltseite ein.

Der Nachteil der Drosselspule ist die Verschlechterung des Leistungsfaktors.
Im allgemeinen sind aber die Elektrizitätswerke mit kurzzeitig verschlechtertem
Leistungsfaktor einverstanden. Es hat sich jedoch bei einer großen Anzahl
im Betrieb befindlicher Elektrostahlöfen gezeigt, daß die Elektrizitätswerke
auch ohne Drosselspulen auskommen können. Legt man das ganze System,
d. h. Transformator, Schienen, Ofen, einigermaßen vorteilhaft an, so erreicht
man eine ausreichende Drosselung, deren cos φ einen Wert von 0,8 und weniger
annimmt. Bereits bei einem cos φ von 0,85 beträgt der Kurzschlußstrom nur
noch ungefähr das Doppelte vom Normalstrom. Bei einem cos φ von 0,8 wird
das Verhältnis noch günstiger und beträgt alsdann der Kurzschlußstrom ungefähr noch das 1,8fache des Normalstromes. Diese Stromstöße lassen viele
Elektrizitätswerke normalerweise zu, da der Leistungsfaktor noch verhältnismäßig günstig ist. Soll der Stromstoß weiter herabgedrosselt werden, so ist
dieses weiterhin auf Kosten des cos φ möglich. So beträgt z. B. bei einem maxi-
malen Stromstoß vom 1,5fachen des Normalstromes der cos φ schätzungsweise
nur noch 0,7. Würde man mit der Abdrosselung immer weiter hinuntergehen,
so bekäme man schließlich die erforderliche Energie nicht mehr in den Ofen
hinein.

II. Die elektrischen Heizungsarten.

1. Allgemeines.

Die kalorisch-elektrische Energie bietet dem Hüttenmann ein wertvolles Heizmittel, da es an Reinheit jede andere Heizkraft übertrifft. Verunreinigungen, wie sie bei Martinöfen durch die Feuergase oder bei der Bessemerbirne durch den Stickstoff und den Sauerstoff der hindurchgeblasenen Luft entstehen, sind bei der elektrischen Heizung ausgeschlossen.

Auch ist die Betriebsführung an und für sich beim elektrischen Ofen schon wesentlich sauberer, als bei allen anderen Schmelzverfahren, zumal das Heranschaffen, Aufspeichern und Aufgeben der schmutz- und staubbildenden Heizstoffe hierbei fortfällt. Demnach verzichtet auch der Elektroofen auf die Anschaffung und Unterhaltung der mit hohen Kosten verbundenen Gaserzeugeranlagen, Kohlenbunker, Transportanlagen u. dgl.

Ferner ist der Elektroofen stets betriebsbereit. Er braucht für seine Inbetriebnahme keine großen Vorbereitungen. Der Herd wird mit einem Holz- oder Koksfeuer angewärmt, danach wird nur ein Schalter eingelegt, wonach die elektrische Heizung sofort in Tätigkeit tritt.

Ein weiterer Vorteil des Elektroofens ist, daß ihm beliebig schwache oder starke Ströme zugeführt werden können. Folglich läßt sich in einem solchen Ofen jede gewünschte, zeitlich bestimmte Wärmemenge auf das Schmelzgut übertragen.

Ein anderer Vorzug dieser neuen Ofenart ist, daß in ihr ohne Schwierigkeiten Temperaturen bis 2500° erreicht werden, während sich in den bisher in der Eisenindustrie betriebenen Öfen, unter Voraussetzung bester Brennstoffe und tadelloser Wartung, nur Temperaturen von 1700 bis 1900° einwandfrei erreichen lassen. Die genaue Temperaturregelung, wie man sie nur vom Elektroofen her kennt, hat für die Stahlbereitung eine ganz besondere Bedeutung erlangt.

Die Wärmewirkung eines elektrischen Schmelzofens kann so erfolgen, daß sie an jede gewünschte Stelle versetzt werden kann, und zwar sowohl an der Badoberfläche, ferner im Bade selbst oder am Badumfange und schließlich auf dem Boden des Bades.

Sofern man nun noch bedenkt, daß die Umwandlung der elektrischen Energie in Wärme lediglich eine thermodynamische, reibungslose Erhitzung von 100% Nutzeffekt ist, die bei der Wärmeausnutzung lediglich nur Verluste durch Strahlung und Leitung herbeiführt, so ist noch das wirtschaftliche Moment derartiger Ofenanlagen zu berücksichtigen.

Die Umwandlung der elektrischen Energie in Joulesche Wärme hat infolge ihrer mannigfaltigen Anwendungsmöglichkeit zu verschiedenen Heizungsarten geführt. Diese lassen sich in drei Hauptgruppen einteilen. Die erste Gruppe arbeitet mit Kohlenelektroden, wobei die Wärmewirkung hauptsächlich durch die Temperatur des elektrischen Lichtbogens erfolgt. Es sind dies die Lichtbogenöfen. Bei der zweiten Gruppe dient das Transformatorprinzip, wobei das in der Schmelzrinne befindliche Metall als geschlossener Sekundärstromkreis benutzt wird, um eine Widerstandsheizung zu erhalten. Es handelt sich hierbei um die Induktionsöfen. Zu der dritten Gruppe, die jedoch in der Stahlbereitung keine praktische Anwendung gefunden hat, zählt das reine Widerstandsprinzip. Hiermit sind die Widerstandsöfen gemeint. Es soll trotzdem auf die letzte Gruppe eingegangen werden, und zwar schon im folgenden Abschnitt, da durch sie die Erklärung der beiden ersten Gruppen erleichtern wird, und mit der einen oder anderen Gruppe vereinigt ist oder damit in Zusammenhang gebracht werden kann.

2. Die elektrische Widerstandsheizung.

Die Widerstandsheizung kann man kurz wie folgt zusammenfassen:

„Wird ein Leiter von einem kräftigen Strom durchflossen, so muß er sich gemäß des Jouleschen Gesetzes erhitzen. Die Erhitzung kann man so weit treiben, daß der Leiter zum Leuchten und schließlich zum Schmelzen gebracht wird. Je größer der Widerstand des Leiters ist, um so größer ist die Wärmewirkung."

Wir haben das verkörperte praktische Beispiel täglich in der Glühlampe vor uns, soweit es sich wenigstens um das Erleuchten des in der Lampe eingeschlossenen Leiters handelt. Die Glühlampe besteht bekanntlich aus einem Metallfaden, der in einem luftleeren Raum eingeschlossen ist. Unter der Einwirkung des elektrischen Stromes wird der Faden, der einen hohen Widerstand hat, bis zur Weißglut erhitzt. Da dem Faden im luftleeren Raum kein Sauerstoff aus der atmosphärischen Luft zugeführt wird, ist seine Verbrennung verhindert und folglich wird eine vorzeitige Zerstörung der Glühlampe vermieden.

Es wächst nun beim Durchfließen eines elektrischen Stromes durch einen Leiter die in einem Leiter erzeugte Wärmemenge Q mit dem Quadrate der Stromstärke J und mit dem Widerstand des Leiters R. Es ist also:

$$Q = J^2 \cdot R.$$

Wird eine geringe Wärmemenge in dem Leiter gewünscht, wie z. B. bei elektrischen Leitungen, die zur Stromübertragung dienen, so wählt man Material von kleinem Widerstand, denn bei gleicher Stromstärke ist die Erwärmung eines Leiters um so geringer, je kleiner sein Widerstand ist. So ist beispielsweise die Erwärmung von Kupferleitungen kleiner als die bei Eisenleitungen. Soll jedoch eine hohe Erwärmung in einem Leiter hervorgerufen werden, wie bei der Glühlampe, oder wie in unserem Falle beim Schmelzen von Stahl und Eisen, so ist bei gleicher Stromstärke die Erwärmung des Leiters um so größer, je größer der Widerstand des Leitungsmaterials ist.

In der Zusammenstellung 5 auf S. 25 ergab der spezifische Widerstand für Kupfer 0,018 und für Eisen 0,10—0,12. Demnach muß der Widerstand, den das Eisen dem elektrischen Strom entgegensetzt, etwa achtmal größer als der des Kupfers sein. Bei gleicher Stromstärke ist also die Erwärmung des Eisens um das Achtfache besser als des Kupfers. Hieraus können wir schließen, daß sich in einem Eisenbad unter der Einwirkung eines genügend starken elektrischen Stromes Temperaturen erzeugen lassen, die das Bad zum Schmelzen bringen.

Der spezifische Widerstand des zu schmelzenden Eisens ist jedoch nicht allein maßgebend für die Temperaturzunahme. Je länger nämlich die Eisenleitung und je geringer der Eisenquerschnitt ist, um so leichter und schneller steigt die Temperatur. Wir erkennen dies wiederum am besten an der Glühlampe; je länger und je dünner ihr Faden ist, um so heller brennt die Lampe.

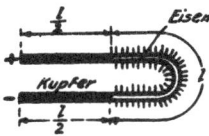

Abb. 33.
Prinzip der direkten Widerstandsheizung.

Denken wir uns einen anderen Fall, wonach in Abb. 33 ein Eisendraht in der Mitte umgebogen und an seinen Enden mit zwei Kupferdrähten verbunden ist. Letztere seien an eine Stromquelle angeschlossen. Es muß dann beim Durchfließen eines kräftigen Stromes, bei gleicher Länge und gleichem Querschnitt des Kupfer- und Eisendrahtes der Strom verschiedene Widerstände überwinden. Folglich ergeben sich auch für beide Teile verschiedene Wärmezustände, und es ist die entwickelte Wärmemenge in dem Kupferleiter:

und die im Eisen:

$$Q_{Cu} = J^2 \cdot R_{Cu}$$

$$Q_{Fe} = J^2 \cdot R_{Fe}.$$

Also muß bei gleichem Leitungsquerschnitt und gleicher Leitungslänge der Eisendraht infolge seines höheren spezifischen Widerstandes schneller schmelzen als der Kupferdraht.

Bei der Widerstandsheizung ist theoretisch die Höhe der Spannung an bestimmte Grenzen nicht gebunden. Je höher die Spannung gewählt wird, um so geringer fällt der für die Ofenanlage erforderliche Leitungsquerschnitt aus, wodurch die Anlagekosten ebenfalls geringer werden. Die Spannung darf jedoch praktisch nicht zu hoch gewählt werden, da sonst die Isolation Schwierigkeiten bietet. Auch ist es bei einem Elektroofen wichtig, das Bedienungspersonal vor gefährlichen Spannungen zu schützen. Also sind der Widerstandsheizung immerhin bei der Wahl der Spannung nach oben bestimmte Grenzen gesetzt.

15. Beispiel. Nehmen wir an, ein Stahlbad soll durch eine Widerstands-
he zung zum Schmelzen gebracht werden und habe einen Widerstand von 0,05
Ohm, die Spannung sei 100 Volt, dann beträgt die Stromstärke

$$J = \frac{E}{R} = \frac{100}{0,05} = 2000 \text{ Amp.}$$

Der Versuch habe aber ergeben, daß das Bad bei dieser Stromstärke nur
warm wird. Da der Widerstand konstant ist, muß die Stromstärke geändert,
also höher gewählt werden. Man erreicht dies durch Spannungserhöhung.
Wird die Spannung auf 200 Volt erhöht, so erhält man die doppelte Stromstärke,
nämlich

$$J = \frac{200}{0,05} = 4000 \text{ Amp.}$$

Die Wärmemenge wächst aber mit dem Quadrat der Stromstärke; sie
nimmt also nach der Formel $Q = J^2 \cdot R$ zu von

$$Q = 2000^2 \cdot 0,05 = 200\,000 \text{ kal}$$

auf

$$Q = 4000^2 \cdot 0,05 = 800\,000 \text{ kal.}$$

Angenommen, die eingeleitete Wärmemenge des vorigen Beispieles reiche
auch bei 200 Volt nicht aus, dann muß man, um die Stromstärke vergrößern
zu können, den Widerstand verringern. Beträgt derselbe anstatt 0,05 Ohm
beispielsweise dann nur noch 0,02 Ohm, so ergibt sich jetzt eine Stromstärke
von

$$J = \frac{100}{0,02} = 10\,000 \text{ Amp.}$$

und demnach eine Wärmemenge von

$$Q = 10000^2 \cdot 0,02 = 2\,000\,000 \text{ kal.}$$

Eine andere Frage ist aber die Größe des Badquerschnittes. Für den Fall,
die Badlänge betrage 10 m und der spezifische Widerstand des Stahles sei
nach der Zusammenstellung 5 etwa $c = 0,2$, dann muß für 0,05 Ohm Widerstand
der Badquerschnitt betragen

$$q = \frac{0,2 \cdot 10}{0,05} = 40 \text{ mm}^2$$

und für 0,02 Ohm

$$q = \frac{0,2 \cdot 10}{0,02} = 100 \text{ mm}^2.$$

Aus diesen Zahlen können wir bereits die Lehre ziehen, daß die Widerstandsheizung eine praktische Unmöglichkeit ist, da eine so lange Schmelzrinne von
einem so außerordentlich geringen Querschnitt für die Erzeugung von Qualitätsstahl hinfällig erscheinen muß. In der Tat sind die vielfach unternommenen
Versuche, die lediglich auf der Widerstandsheizung beruhten, ergebnislos geblieben. Die Gründe dieser Mißerfolge sind aber nicht allein auf hüttenmänni-
schem, sondern auch auf elektrotechnischem Gebiete zu suchen, wie dieses
die folgenden Ausführungen noch bestätigen sollen.

Wenn auch Kupfer eine achtmal bessere Leitfähigkeit besitzt als Eisen, so muß der Querschnitt der Kupferleitung, der für die Stromzuführung zu einem Widerstandsofen dient, wesentlich größer gewählt werden als der Querschnitt des Eisenbades. Denn bei letzterem soll ja der Schmelzpunkt erreicht werden, während die Kupferleitungen nur als Stromüberträger dienen und somit, sagen wir mal, nur handwarme Temperatur annehmen dürfen. Für die Kupferleitungen ist demnach ein unverhältnismäßig größerer Querschnitt, als der des Eisens beträgt, erforderlich. Wie groß dieser Kupferquerschnitt zu wählen ist, zeigt folgendes Beispiel.

16. Beispiel: Ein Widerstandsofen benötige eine Schmelzrinne, deren Badlänge 30 m und deren Badquerschnitt 70,5 · 70,5 mm also rd. 5000 mm² betrage. Zur Verfügung stehe eine Energiemenge von 250 kW, die Spannung sei 110 Volt.

Frage: Wie groß ist der Widerstand des Bades? Welche Stromstärke tritt auf? Wie groß muß der Querschnitt der Kupferleitungen gewählt werden?

Lösung: Da der Widerstand metallischer Leiter mit der Temperatur zunimmt, so läßt sich der Wert des spezifischen Widerstandes c für Eisen nicht gleich 0,10 bis 0,25 annehmen, sondern es muß mit einem Erfahrungswert gerechnet werden, der angenommen $c = 1,5$ beträgt, so daß sich ein Widerstand von:

$$R = 1,5 \, \frac{30}{5000} = 0,009 \text{ Ohm}$$

ergibt.

Die in das Bad eingeleitete Stromstärke ist dann:

$$J = \frac{E}{R} = \frac{110}{0,009}$$
$$= 12\,220 \text{ Amp.}$$

Nehmen wir an, die Spannung würde wegen der allzu großen Stromstärke auf 50 Volt heruntertransformiert werden müssen, so beträgt die Stromstärke immer noch:

$$J = \frac{50}{0,009} = 5550 \text{ Amp.}$$

Rechnet man für die Kupferleitung mit einer zulässigen Stromdichte von 1,5 Amp./mm², so ist dieselbe

$$\frac{5550}{1,5} = 3700 \text{ mm}^2$$

stark zu wählen. Da eine Stromzuleitung und -ableitung in Frage kommt, so ergibt sich ein Gesamtquerschnitt von

$$2 \cdot 3700 = 7400 \text{ mm}^2.$$

Sollte nun der Widerstandsofen 10 m von dem Stromerzeuger entfernt sein, dann ist für die Zuleitung ein Kupfergewicht von

$$7,400 \cdot 10 \cdot 8,9 = 658,6 \text{ kg}$$

erforderlich.

Da in dem Widerstandsofen nur

$$0,05 \cdot 30 \cdot 7,8 = 1170 \text{ kg}$$

Eisen bzw. Stahl geschmolzen werden können, so verursacht das hohe Kupfergewicht unverhältnismäßige Anschaffungskosten.

Damit sind aber die elektrotechnischen Schwierigkeiten noch nicht erschöpft. Die Verbindungen der Kupferleitungen mit dem Eisenbade müssen, zur Vermeidung von Energieverlusten, metallisch rein bleiben bzw. einen innigen Kontakt ergeben. Dieses hat sich jedoch bisher für praktisch unmöglich herausgestellt. Denn infolge der hohen Schmelztemperatur des Eisens sowie der Temperaturunterschiede an der Stromübergangsstelle ist dies ausgeschlossen.

Auch noch einige andere hüttentechnische Schwierigkeiten lassen sich bei der reinen Widerstandsheizung nicht beseitigen. Es wurde schon auf die nachteilige Länge der Schmelzrinne hingewiesen, die im Verein mit dem geringen Querschnitt eine unzulässig große Abkühlung verursacht. Die thermischen Verluste sind hierbei zu bedeutend und gehen letzten Endes auf Kosten des Stromverbrauches. Das Arbeiten mit Schlacke, was gerade bei einem Elektrostahlofen als großer Vorteil angesprochen wird, ist ebenfalls wegen der zu engen Badform ausgeschlossen. An einer guten Durchmischung der Schmelze fehlt es gänzlich, so daß sich ein gleichmäßiges Enderzeugnis niemals erreichen läßt.

Allerdings weist die Widerstandsheizung auch einige beachtenswerte Vorteile auf, die bei den noch folgenden Heizungsarten wenigstens teilweise mit ausgenützt werden konnten. Wir hatten schon oben gesehen, daß die in einem Eisenbad erzeugte elektrische Wärmemenge mit dem Quadrate der Stromstärke wächst. Der Widerstand eines Eisenbades von bestimmtem Querschnitt und bestimmter Länge ist konstant. Ändert man die Stromstärke durch Spannungsänderung, so läßt sich auch eine Temperaturveränderung in engen Grenzen bei gleichmäßiger Wärmeverteilung herbeiführen. Besonders beachtenswert ist der weitere Vorteil, daß bei der Widerstandsheizung irgendwelche schädlichen Einflüsse fehlen, wie man sie von gasbeheizten Öfen her kennt. Selbst die Einwirkung von Kohlenstoff (wie bei der Lichtbogenheizung) fällt bei dieser Heizung fort.

Immerhin sollen noch einige Ausführungen gebracht werden, und da zeigt denn die einfachste Form eines Widerstandsofens Abb. 34. Wir sehen da mit a und b zwei Platten bezeichnet, die mit der Stromquelle verbunden sind. Zwischen diesen

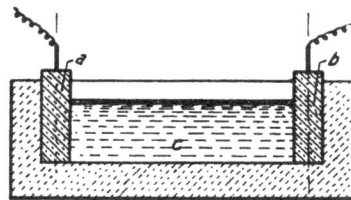

Abb. 34.
Aufbau des Widerstandsofens.

Platten liegt das Schmelzgut c, das vom Strom durchflossen und infolge der Jouleschen Wärmeentwicklung zum Schmelzen gebracht wird.

Die Rombacher Hüttenwerke haben mit Widerstandsöfen eingehende Versuche unternommen. In Abb. 35 ist ein Rombacher Rinnen-Widerstandsofen für Drehstrom dargestellt. Der Herd besitzt zwei Rinnen b, in denen das Schmelzgut Aufnahme findet, ferner wurde ein Abstichloch c vorgesehen, und an den Rinnenenden befinden sich die Stromanschlüsse t_1 und t_2. Diese werden an zwei Phasen eines Transformators T angeschlossen. Die dritte Phase des Transformators ist eine Drosselspule i zu einer Elektrode g geführt, um auch noch eine Lichtbogenwirkung zu erzielen. Die Drosselspule dient zur Schonung des Transformators, indem sie die im Lichtbogen auftretenden Stromstöße abdrosselt. Bei diesem Ofen[1]) sollen die Verluste an Strom und Wärme durch den rinnenartigen Herd gemildert werden, indem das Schmelzgut von den drei Phasen eines Drehstromes erhitzt wird. Unter Ausnützung des Drehstromes soll dem Ofen aus allen drei Phasen mehr Energie zugeführt werden. Auf Grund des Satzes für Drehstrom, daß die Leistung das Produkt aus Spannung, Stromstärke, Leistungsfaktor und $\sqrt{3}$ ist, also

$$N = E \cdot J \cdot \cos \varphi \cdot \sqrt{3},$$

läßt sich nachweisen, daß man zur Erzielung gleicher Leistung und bei gleicher Phasenspannung mit einer $\sqrt{3} = 1{,}73$ mal geringeren Stromstärke auskommt. Demnach geht das Bestreben dahin, die in dem Bade auftretenden Energieverluste durch Selbstinduktion zu verringern. Die Erfolge mit diesem und ähnlichen Öfen blieben schon wegen der bereits geschilderten Gründe aus.

Nachdem die mühevollen Versuche, Stahl im Rombacher Ofen zu schmelzen, gescheitert waren, begab sich das erwähnte Hüttenwerk auf ein anderes Anwendungsgebiet und benutzte den Ofen zum Umschmelzen von Ferromangan und ähnlichen Legierungen[2]). Hierbei ging man jedoch gleich zu einer bequemen und übersichtlichen Badform über und benutzte zur Stromübertragung zwischen Leitungen und Bad eine feste und eine bewegliche Elektrode. Vor allen Dingen war hierbei die richtige Erkenntnis vertreten, daß, wenn man Ferromangan in einem gewöhnlichen Lichtbogen schmilzt, erhebliche Verluste durch Verbrennung und Verdampfung des Mangans entstehen. Diese Verluste sind um so größer, je höher die Lichtbogenspannung gewählt wird. Bei gewöhnlichen Lichtbogenöfen beträgt der Spannungsabfall im allgemeinen 75 Volt und mehr. Läßt man aber die Elektrode in das Ferromanganbad eintauchen, und stellt einen Spannungsabfall von nur 16 bis 18 Volt her, so erhält man eine ausreichende Erwärmung, ohne zu große Manganverluste befürchten zu müssen.

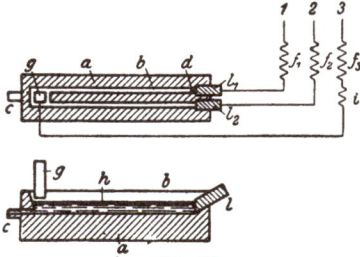

Abb. 35.
Doppelrinnen-Widerstandsofen.

---

1) D. R. P. Nr. 216944.
2) D. R. P. Nr. 285956.

Ein solcher Ofen ist aber dann kein Lichtbogenofen mehr, sondern gehört zur Gruppe der Widerstandsöfen.

Die Abb. 36 zeigt einen derartigen Ofen, der mit dem gewöhnlichen Lichtbogenofen Ähnlichkeit hat. Der Herd wurde eiförmig ausgebildet. Der Stromübergang erfolgt zwischen der Elektrode b und dem an dem einen Ende der Rinne befindlichen Klotz c aus Kohle, Graphit o. dgl. An diesen Klotz schließt sich ein mit Wasser gekühlter Metallkörper e an, der mit biegsamen Kupferbändern d für die Stromableitung versehen ist. Die Stromzuleitung wird in ähnlicher Weise an die Elektrode b herangeführt. Der abgebildete Ofen wird mit einphasigem Wechselstrom betrieben, kann aber auch mit jeder anderen Stromart benutzt werden. Es ist alsdann nur darauf zu achten, daß man die eben zulässige Spannung zwischen jeder Elektrode und dem Bad einhält. Bei Drehstrom mit drei Elektroden be-

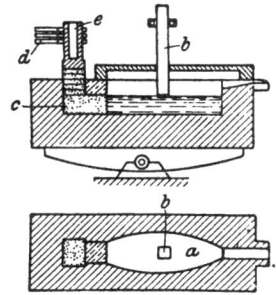

Abb. 36.
Widerstandsofen in Verbindung
mit Lichtbogenheizung.

trägt die Spannung bei einem Spannungsabfall von etwa 20 Volt

$$20 \cdot \sqrt{3} = 20 \cdot 1,73 = 34,8 \text{ Volt.}$$

Bei einer Spannung von 30 Volt und Annäherung der Elektroden bis in das

Abb. 37.
Rombacherofen.

Bad soll eine zum Umschmelzen und Flüssighalten von Ferromangan und der sich bildenden Schlacke genügende Wärmezufuhr erreicht werden.

Ein seit 1912 bei den Rombacher Hüttenwerken im Betrieb befindlicher Ofen zum Umschmelzen von Ferromangan ist in Abb. 37 dargestellt. Statt des eines Klotzes ist bei diesem Ofen eine zweite Elektrode als Stromzuführung vorgesehen.

Ähnlich wie die Rombacher Hüttenwerke hat Ingenieur Gin viele Versuche mit der reinen Widerstandsheizung angestellt und rastlos an der Vervollkommnung seines Ofens gearbeitet. Aber auch ihm blieb das Glück versagt; der Ginofen ist trotz der verschiedensten Ausführungen nicht über den Versuch hinausgekommen. Immerhin ist es von Interesse, den Werdegang der Ginschen Versuche kennenzulernen. Schon im Jahre 1897 baute Gin einen reinen Widerstandsofen[1]). Er nahm sich hierbei die Glühlampe als Vorbild. Bei diesem Ofen ruht die Sohle des Ofens auf einem Wagen und ist mit einer gewundenen Rinne ausgebildet, in der das Schmelzgut Aufnahme findet (s. Abb. 38). Zweck der Rinnenform war, eine große Rinnenlänge und einen hohen Widerstand im Metallbade, bei geringem Raumbedarf zu erhalten. Die Stromzuleitungen sind von außen an den Wagen zu Stahlblöcken b geführt, die den Strom durch das Metallbad leiten. Der Querschnitt der Polstücke b ist reichlich bemessen, auch werden sie gekühlt, damit keine zu hohen Temperaturen entstehen und die Stahlblöcke wegschmelzen können. Die Stahlblöcke sind ausgebohrt und gestatten einen Wasserumlauf zum Kühlen. Der Eintritt und Austritt des Wassers erfolgt durch die Asbestschläuche f_1 und f_2. Als Deckel dient ein feststehendes Ofengehäuse. Gegenüber den Stromzuführungen befinden sich die Abstichöffnungen.

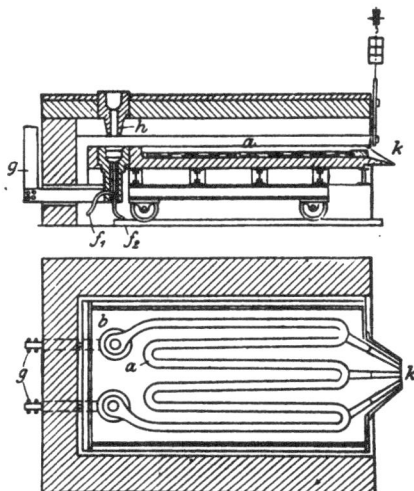

Abb. 38.
Ginofen.

Die Bedienung des Ginofens war folgende: Die Ofensohle, welche aus einer feuerbeständigen, nicht leitenden Masse bestand, wurde mit ihrem Wagen in ein Ofengewölbe geschoben. Die Polstücke erhielten einen festen Kontakt mit den Stromzuführungen. Stand der Wagen in dem Gehäuse, so wurde der Stromkreis geschlossen und flüssiges Roheisen durch die Trichter h eingegossen. Man konnte dem Roheisen Zuschläge von Eisenabfällen oder Erzen zugeben. Die Oxydation der Verunreinigungen des Roheisens und ebenso des Sauerstoffs erfolgte ohne unmittelbare Mitwirkung des Sauerstoffes der atmosphärischen Luft. Auf diese Weise sollte die Auflösung des Oxyduls in dem Metall vermieden

[1]) D. R. P. Nr. 148253.

und die Menge der Desoxydationsmittel vermindert werden, die am Schluß der Hitze einzuführen sind. Das Abziehen der Schlacke erfolgte durch Hochziehen einer Falltür, die den Herd zugängig macht. Die Schlacke wird darauf mittels eines eisernen Hakens abgeräumt.

Über die in Plettenberg und in Oberhasli in der Schweiz angestellten Versuche von Gin hat die Öffentlichkeit nichts erfahren. Jedoch gingen Gins Bemühungen weiter; er änderte seinen Ofen in einen vierteiligen Herd um und brachte darunter eine Anzahl Kanäle an[1]. Das flüssige Material sollte abwechselnd durch den Herd und die Kanäle fließen, um in dem ersteren zu raffinieren und in den Kanälen zu erhitzen. Jedoch auch dieser Widerstandsofen war nicht brauchbar. Der Ausgangspunkt dieser zweiten Idee von Gin war also, eine lange Schmelzrinne zu finden und zugleich Verengungen und Erweiterungen im Badquerschnitt zu erhalten. Er wollte damit Badströmungen erzielen, um eine gute Durchmischung des Bades möglich zu machen. Ferner waren die Verengungen gewählt worden, um an diesen Stellen größere Erhitzungen zu bekommen. Auf diesen weiteren Gedanken hin baute Gin einen Widerstandsofen[2]), der ebenfalls praktisch unverwendbar war.

Wie beim Rombacher Ofen, so kam auch beim Ginofen später die Lichtbogenheizung zur Anwendung. Gin wählte schließlich einen dreiteiligen Ofen, zum Zwecke eines ununterbrochenen Schmelzbetriebes. Es sollte in dem ersten Herd geschmolzen, gereinigt und oxydiert, in dem zweiten entoxydiert und gekohlt und schließlich in dem dritten Herd fertig raffiniert werden. Die Herde standen wiederum durch Kanäle in Verbindung, während die Stromzuführung nunmehr durch Elektroden erfolgte. So einfach der Gedanke der Unterteilung eines Schmelzofens auch liegt, so stelle man sich doch die Schwierigkeiten des Aufbaues und der Betriebsführung eines solchen zusammengesetzten Ofens vor. Auch dieser Ofen konnte nicht durchdringen. —

Bei den bisher beschriebenen Widerstandsöfen diente immer das Schmelzgut selbst als Stromleiter, um von dem Strom unmittelbar erhitzt zu werden. Diese Art der Erhitzung ist jedoch nicht unbedingt nötig. Es bietet sich noch eine andere Möglichkeit, nämlich die, daß ein Widerstandsmaterial benutzt wird, das vom Strom erhitzt wird, und seine Wärme an das zu schmelzende Eisen abgibt. Ja, selbst ein Graphittiegel läßt sich so in den Stromkreis schalten, um Metall zu schmelzen. Hierauf beruht das bekannte Ofenprinzip von Helberger. Bei diesem Ofen handelt es sich, wie Abb. 39 zeigt, um einen Tiegel, der anstatt der senkrechten Kontaktplatten (a und b in Abb. 34) mit horizontalen Kontaktringen d und e derartig in den Stromkreis eingeschaltet ist,

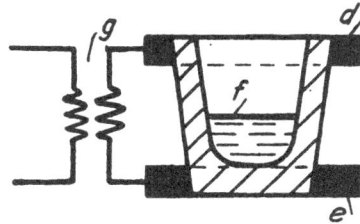

Abb. 39.
Aufbau des Helbergerofens.

---

[1]) D. R. P. Nr. 175815.
[2]) D. R. P. Nr. 189202.

daß der Strom den Tiegel in senkrechter Richtung durchfließt. Für den Ofen werden die den Strom leitenden Kohle- oder Graphittiegel verwendet, in die das Schmelzgut f eingebracht wird. Die Kontaktringe d und e umfassen den Tiegel von außen, so daß sie von dem flüssigen Metall nicht zerstört werden können. Die praktische Ausführung des Helbergerofens zeigen Abb. 40 u. 41. Um die Energie und mithin die Temperatur zu ändern, wird der Ofen mit einem entsprechenden Transformator g ausgerüstet, der gleichzeitig den Anschluß an jede Spannung gestattet. Zur Einstellung der Temperatur ist der Helbergerofen mit einem Regulierschalter versehen. Die normalen Öfen haben einen Schalter mit fünf, die Laboratoriumsöfen mit zehn Kontakten. Außerdem kann an dem Ofer eine Umschaltvorrichtung für die Sekundärschienen des Transformators angebracht werden, so daß sich im ganzen maximal 2 · 10 Regulierstufen erreicher lassen. Zur Kontrolle der Stromzuführung ist jeder Ofen mit einem Strommesser versehen. Die Öfen werden betriebsfertig geliefert. Als Schmelzgefäße können normale, im Handel befindliche Graphittontiegel oder Kohletiegel benutzt werden. Für Temperaturen über 1400° kommen zweckmäßig nur Kohletiegel in Betracht, da die Graphittontiegel beim Übersteigen dieser Temperatur weich werden. Die Tiegel sind vor dem Gebrauch an der Innenoberfläche zu präparieren. Diese Präparation hat den Zweck, den Stromdurchgang durch das Schmelzgut, sowie eine Verunreinigung der Schmelze durch das Tiegelmaterial zu verhüten. Während bei Graphittontiegeln eine Entgraphitierung der Innenoberfläche genügt, sind die Kohletiegel der Schmelze entsprechend auszukleiden, wozu Magnesia-Zinkoxyd, Aluminiumoxyd, Kalk, Schamottemasse u. dgl. Verwendung finden, die entweder an der inneren Wand aufgetragen oder besser als fertige Gefäße in die Kohletiegel eingesetzt werden.

Die Transformator-Versuchsschmelzöfen haben keine komplizierten Konstruktionsteile und sind aus diesem Grunde haltbar und betriebssicher. Die einzigen der Abnutzung unterworfenen Teile sind die Kontakte, die aus diesem Grunde leicht auswechselbar sind, so daß ihr Ersatz ohne wesentlichen Zeitverlust vorgenommen werden kann. Eine Abnutzung des Transformators, des Hauptteiles der Schmelzanlage, ist nicht vorhanden. Der Transformator hat einen hohen Wirkungsgrad, und bei der Regulierung entstehen keine Stromverluste, wie bei der Regulierung durch Widerstände.

Die Aufstellung des Helbergerofens kann an jedem beliebigen Ort geschehen und ist nicht an das Vorhandensein eines Kamines gebunden. Das Schmelzen geschieht direkt vor Augen des den Ofen Bedienenden, ohne daß er von der Hitze belästigt wird. Die Bedienung ist einfach, da lediglich mit einem Umschalter die gewünschte Temperatur hergestellt wird. Die Übersichtlichkeit und leichte Regulierung ermöglichen das Schmelzen von Edelmetallen ohne jedes Manko, was für die Wirtschaftlichkeit der Ofenanlagen von Wichtigkeit ist.

Die normalen Öfen können nur mit Einphasen-Wechselstrom betrieben werden. Bei einer vorhandenen Gleichstromanlage ist daher die Aufstellung eines entsprechenden Umformers erforderlich. Mit Rücksicht auf die große Überlastbarkeit der Transformatoren ist die Leistung des Umformers reichlicher

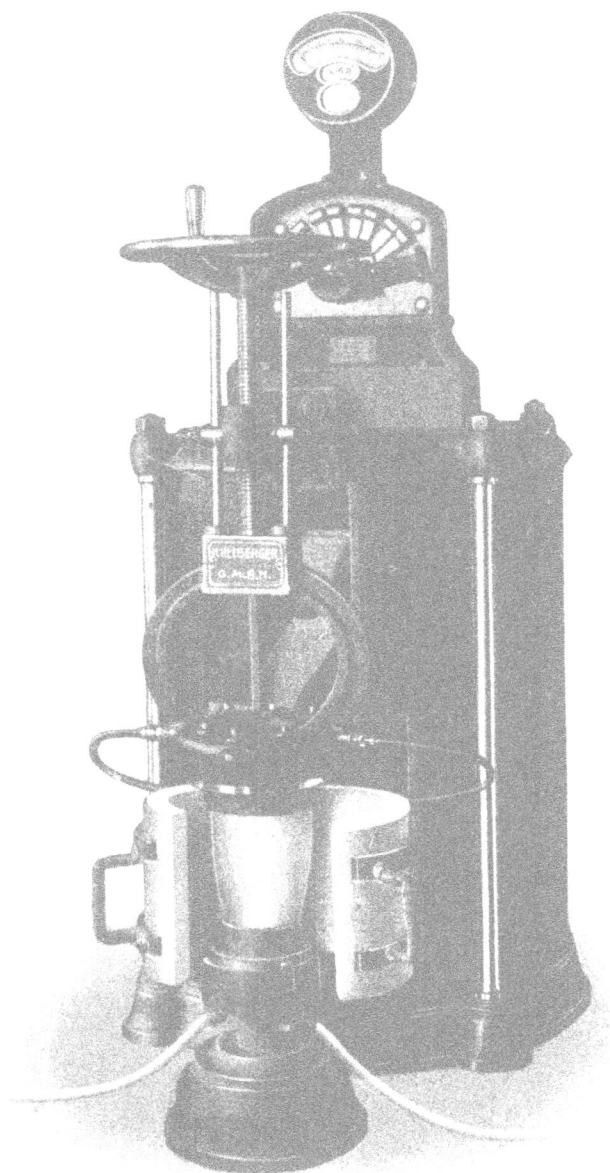

Abb. 40.
Helbergerofen.

Ruß, Elektrostahlöfen.

Abb. 41.
Helbergerofen.

zu nehmen. Der Energiebedarf richtet sich nach den Eigenschaften der zu schmelzenden Metalle. Außer der thermischen spielt noch die physikalische Beschaffenheit des Materials, sowie die Größe des Ofens eine Rolle. Angestellte Versuche haben ergeben, daß unter normalen Verhältnissen im Dauerbetrieb nötig sind:

zum Schmelzen von		Messing	100 kg etwa	50,0	kWh
,,	,,	,, Kupfer	100 kg ,,	60,0	,,
,,	,,	,, weichem Schmiedeeisen. .	100 kg ,,	150,0	,,
,,	,,	,, reinem Nickel (Würfel). .	100 kg ,,	160,0	,,
,,	,,	,, Aluminium	100 kg ,,	80,0	,,
,,	,,	,, Silber	1 kg ,,	0,4	,,
,,	,,	,, Gold	1 kg ,,	0,5	,,

Die Öfen werden normalerweise bis zu einer Leistung von 20 kg in feststehender und kippbarer Ausführung geliefert. Die feststehenden Öfen haben eine direkte Heizung (das Heizelement wird vom Tiegel selbst gebildet), die kippbaren Öfen haben eine indirekte Heizung (der Schmelztiegel im Heizzylinder besteht aus Kohle). Da sich das Amperemeter und der Regulierschalter am Ofen befinden, ist bei der Montage nur ein zweipoliger Schalter mit Sicherungen vorzusehen. Die Querschnitte der Leitungen sind reichlich zu bemessen, da sie kurzzeitige Überlastung bis zu 100% aushalten müssen.

In der Elektrotechnischen Zeitschrift berichtet Weiß über Versuche mit dem Helbergerofen folgendes: „Temperaturmessungen, welche ich mit einem Pyrometer „Fery" an zwei verschieden großen Öfen vornahm, ergaben zunächst, daß die im Innern des Tiegels herrschende Temperatur um etwa 200 bis 300⁰ höher ist als auf der Außenseite. Darauf ergibt sich eine wesentlich bessere Ausnutzung der zugeführten Hitze; auch werden die Tiegel mehr geschont, als das bei Anwendung von Koks oder Gas der Fall ist. Die verwendeten Tiegel haben daher eine viel größere Lebensdauer und halten etwa die drei- bis fünffache Zahl vor Schmelzen aus.

Der Temperaturanstieg findet außerordentlich rasch statt. Es gelang z. B., einen gewöhnlichen Graphittiegel von 8 cm Höhe innerhalb 11 Minuten auf 1495⁰ zu erhitzen bei Aufwendung von anfangs 40 und schließlich 100 Amp., bei 110 Volt; ein großer Kohletiegel von 18 cm Höhe, 2,5 cm Wandstärke und 12 cm lichte Weite wurde 33 Minuten lang erhitzt, wobei anfangs die Primärstromstärke 50 und schließlich 275 Amp., bei 92 Volt betrug. Die Temperatur dieses Tiegels stieg:

in	3 Minuten	auf	1350⁰	in	16 Minuten	auf	2080⁰	
,,	5 ,,	,,	1750⁰	,,	24 ,,	,,	2190⁰	
,,	9 ,,	,,	1840⁰	,,	27 ,,	,,	2260⁰	
,,	12 ,,	,,	2020⁰	,,	35 ,,	,,	2380⁰.	

Das Schmelzen von Silber, Kupfer oder Gold bereitet natürlich nicht die geringste Schwierigkeit; 1 Kilo Kupfer konnte in 4 Minuten vollkommen schmelzen, wobei zu bemerken ist, daß der benützte Schmelztiegel in kaltem

Zustand in den Ofen eingesetzt worden war. Stahl- und Schmiedeeisen sowie Nickel konnte ebenfalls in kürzester Zeit in vollkommenen Fluß gebracht und vergossen werden. Bemerkenswert ist, daß das Schmelzen der Metalle fast ohne jeden Abbrand vorgenommen werden kann, da Überhitzungen infolge der bequemen Regulierbarkeit des Ofens und des leichten Beobachtens des Schmelzprozesses vollkommen auszuschalten sind."

Der Helbergerofen wird von der Firma Hugo Helberger, München, hergestellt, auch ist die Allgemeine Elektrizitäts-Gesellschaft, Berlin, Lizenznehmerin dieses Ofens. —

Schon im Jahre 1909 baute die Friedr. Krupp A.-G. Essen, für Forschungszwecke einen kippbaren Kryptolofen, der im Laufe der Jahre immer mehr den Bedürfnissen der hüttentechnischen Versuchsanstalten angepaßt wurde und so zu einem brauchbaren, aus der Praxis herausgeborenen Schmelzofen entwickelt worden ist. Sein Wirkungsgrad ist ein guter, weil für hinreichenden Wärmeabschluß gesorgt ist. Wärmegrade bis 1800⁰ C werden noch erreicht. Der Kryptolofen wird, wie auch der Helbergerofen, den Laboratorien und dem Kleingewerbe, den Emaillierwerken und Glasbläsereien, hauptsächlich aber den Schmelzereien der Edelmetallindustrie gute Dienste leisten. Soll möglichst jede Beeinflussung des Schmelzgutes durch Kohlenstoff und seine gasförmigen Verbindungen vermieden werden, so ist der Kruppsche kippbare Vakuumofen am Platze. Bei ihm beträgt die Kohlenstoffaufnahme im Schmelzgut unter 0,05%. Der Ofen besitzt einen luftdichten Mantel, in dem auch die Gießform Platz findet, so daß durch einfaches Kippen unter Luftleere und ohne jeden Zeitverlust gegossen werden kann. Sonst ist dieser Ofen grundsätzlich genau so gebaut wie der nachstehend beschriebene. Ofen. Es braucht wohl kaum betont zu werden, daß der kippbare Vakuumofen den Versuchsanstalten der Eisen- und Stahlwerke ganz besondere Vorteile bringt.

Der von der Fried. Krupp Aktiengesellschaft gebaute Kryptolofen besteht, wie Abb. 42 zeigt, in der Hauptsache aus einem gußeisernen Topf, der in zwei feststehenden Stützen wagerecht drehbar ist. Die Abmessungen des Topfes entsprechen dem Verwendungszweck des Ofens im Kleingewerbe und den geringen auf diesem Gebiet zu verarbeitenden Mengen. Die Kippvorrichtung ermöglicht es, das flüssige Schmelzgut durch Neigen des Topfes um seine wagerechte Achse ohne Überhitzung, wie sie bei feststehenden Öfen nötig ist, in die Form zu gießen, die kurz vor dem Guß an dem Schmelztiegel aufgehängt wird.

Der Aufbau des Kruppschen Kryptolofens ist folgender: Die Wände des Gehäuses sind mit Silbersand und feuerfesten Mänteln verkleidet. Zwischen dieser Auskleidung (die bei starker Inanspruchnahme etwa ein Jahr aushält) und einem Papierzylinder wird Kryptol aufgeschüttet. Kryptol, vorwiegend zerkleinerte Bogenlampenkohle, ist als Heizwiderstand gewählt, weil mit ihm Wärmegrade bis 2000⁰ C erreicht werden können. Den Schmelztiegel stampft man aus trockenem Magnesit ohne Bindemittel zwischen einem Blechzylinder und dem letzterwähnten Papierzylinder. Gemäß der Abb. 42 sind demnach für den Einbau des Ofens erforderlich:

A. der gebrannte Schamotte-Formstein,

B die untere Elektrode,

C die obere Elektrode,

D das gebrannte Schamotte-Rohr,

E das gebrannte Magnesit-Tiegelaufsatzrohr,

F sintergebrannter, loser, körniger Magnesit, der trocken verwendet werden muß,

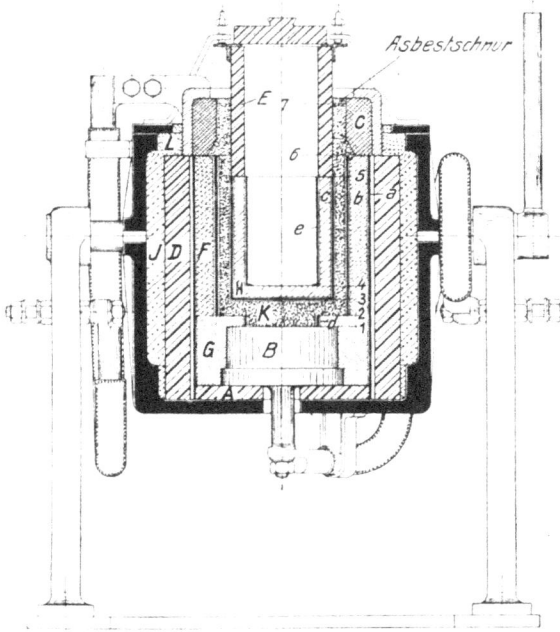

Abb. 42.
Kryptolofen der Firma Fried. Krupp, A.-G.

G staubfeiner Magnesit, der anzufeuchten ist,

H Magnesit gemischt im Verhältnis 1:1, trocken zu verwenden,

J Silbersand,

K Kryptol,

L. Zement.

Ferner dienen als Hilfsmittel:

a, b, c, d die Papiermäntel (aus 1 mm starkem Papier), welche als Formwände dienen und im Ofen verbleiben.

e der Blechmantel, welcher zum Formen des Tiegels benutzt wird und ebenfalls im Ofen verbleibt.

Die Magnesitteile werden im Ofen selbst geformt und gebrannt. Beim erstmaligen Brennen derselben verkohlen die Papiermäntel, und der Blechmantel schmilzt wieder, worauf dessen Schmelzmasse gekippt wird. Um gleichmäßige Querschnitte zu erhalten, müssen die Papiermäntel gut zentriert werden. Sämtliches Material, wie Sand, Magnesit und Kryptol, ist gleichmäßig steigerd und plan anzufüllen, vor allen Dingen gut aufzustampfen. Auch ist darauf zu achten, daß die Materialien streng getrennt bleiben und durch Verschütten keine Verunreinigung derselben stattfindet.

Die in der Zeichnung angeführten und mit Ziffern 1—7 versehenen Marken geben die serienweise Auffüllung der Materialien, sowie das systematische Einbringen der Hilfsmittel an. Bis zur Marke 1 stülpt man den Papiermantel a über die Schamotteplatte A und zentriert denselben zum Schamotterohr D. In den entstandenen Hohlraum zwischen Papiermantel a und Elektroden B füllt man Magnesit G bis zur Marke 1. Auf der Elektrode B zentriert man den Papierring d, füllt weiter mit Magnesit G und mit Kryptol K bis zur Marke 2. Man setzt dann den Papiermantel b ein und zentriert diesen zum Papiermantel a. Hierauf füllt man mit Kryptol K weiter auf eine Höhe von 25 mm über Marke 2 = Marke 3 mit Magnesit F zwischen den beiden Papiermänteln a und b bis zur Marke 3. Nun beginnt man mit dem Formen des Tiegels. Hierzu ist die Papierform c (mit Boden) einzusetzen und zum Papiermantel b zu zentrieren. Man bedeckt den Boden der Form mit Magnesit H bis zur Höhe von 20 mm = Marke 4; gleichzeitig füllt man die übrigen Hohlräume mit Kryptol K und Magnesit F bis zur Marke 4. Jetzt wird der Blechmantel e eingebracht und zur Papierform c zentriert. In den Hohlraum zwischen Blechmantel e und Papierform c wird weiter Magnesit H gestampft. Gleichzeitig füllt man die übrigen Hohlräume mit Kryptol K und Magnesit F bis zur Marke 5. Das Tiegelaufsatzrohr E wird alsdann auf den gestampften Magnesittiegel aufgesetzt. Es empfiehlt sich, vor dem Aufsetzen des Tiegelaufsatzrohres E zur Erreichung einer guten Auflage die durch Marke 5 bezeichnete obere Fläche des Magnesittiegels feucht abzustreichen. Damit beim Brennen die Stoßstelle zwischen dem Magnesittiegel H und dem Aufsatzrohr E gut verfrittet wird, ist das Aufsatzrohr beim Einsetzen mit dem Tiegel gut zu reiben. Dann ist Kryptol K und Magnesit F nachzufüllen bis zur Marke 6. Schließlich ist die obere Elektrode c aufzulegen und anzuschließen. Man füllt bis zur Höhe der Elektrode Kryptol K nach. Der Hohlraum um die Elektrode herum ist mit angemachtem Zement L auszufüllen. Der Deckelring ist aufzuschrauben und der noch übrige Hohlraum ebenfalls mit Zement zu füllen.

Bei der Inbetriebsetzung des Ofens ist darauf zu achten, daß die Anwärmeperiode nicht zu kurz gehalten wird. Man belaste den Ofen anfangs nur gering, steigere allmählich die Belastung, so daß er erst nach etwa 1½ Stunden auf Schmelztemperatur kommt; siehe Temperaturkurve in Abb. 43. Während der Anwärmeperiode ist der Tiegel gut verschlossen zu halten, weil nur dann ein rißfreies Brennen des Tiegels möglich ist. Man erkennt an den aus dem Tiegel aufsteigenden Dämpfen, daß der Blechmantel schmilzt. Vor dem Abkippen des geschmolzenen Blechmantels ist das Herausfallen des Kryptols durch Einpressen von Asbestschnur zu verhüten. Nach dem Abkippen des geschmolzenen

Blechmantels prüft man den Boden des Tiegels auf Rißfreiheit. Etwaige Risse schließt man durch Eingabe von etwas staubfreiem, trockenem Magnesit, den man leicht überstampft. Im Anschluß hieran ist das Kryptol mit einem starken Draht nachzustampfen und nachzufüllen. Nachdem dieses geschehen, legt man ein Stück Holz auf das Tiegelaufsatzrohr E und führt mit einem Hammer einige leichte Schläge, um eine gute Verbindung zwischen dem Aufsatzrohr und Tiegel zu erzielen.

Beim Tiegelofen werden nun die beiden Schrauben zum Festklemmen des Aufsatzrohres nachgezogen, und es kann nun mit dem Beschicken des Ofens

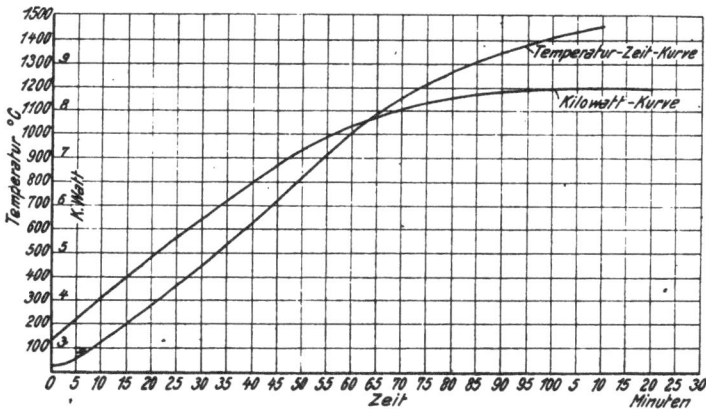

· Abb. 43.
Temperaturkurve zum Kryptolofen der Firma Fried. Krupp, A.-G.

begonnen werden. Beim Vakuumofen ist hingegen die Gießform in das dafür befindliche Lager oberhalb des Ringes zu legen; dann wird das Schmelzgut eingebracht und der Deckel aufgesetzt, welcher mittels der angebrachten Schraubenzwingen befestigt wird. Mit dem Evakuieren beginnt man zweckmäßig vor dem Einschalten des Stromes. Der Ofen wird nun eingeschaltet. Damit der an der Kryptolschicht anliegende Magnesitmantel nicht allzuheiß wird und dadurch an der Stromleitung teilnimmt, ist die Belastung nur in Ausnahmefällen über 8 kW bei dem Ofen für 400 cm³ und 16 kW bei dem Ofen für 1650 cm³ Schmelzgut zu steigern.

Mit einem einzigen Tiegel kann man 6 und mehr Schmelzungen ausführen. Ein einmal erkalteter Tiegel muß in vielen Fällen frisch aufgestampft werden, weil er Risse bekommt und dadurch unbrauchbar wird. Vor der Erneuerung des Tiegels ist die Elektrode B von anhaftenden Fremdteilchen zu säubern. Hierauf hat man auch bei der Elektrode C zu achten. Die übrigen Magnesitteile verbleiben im Ofen und halten, wenn sie stets sorgfältig mit feingesiebtem und mit Sirup angefeuchtetem Magnesit geflickt werden, ungefähr 100 Schmelzungen aus.

Es ist ratsam, bei einem neu eingebauten Ofen ziemlich hohe Temperaturen zu benutzen, damit der innere Magnesitmantel F in allen Teilen gut durchbrennt. Ein Nachstampfen des Kryptols erfolgt am besten nach jedem Gusse. Die Notwendigkeit zum Nachstampfen zeigt sich durch ein Wachsen der Spannung. Nach mehreren aufeinanderfolgenden Schmelzungen wächst die Stromstärke infolge der Leitungsteilnahme des Magnesits. Die Stromstärke sollte jedoch nicht über 8 kW bei dem Ofen für 400 cm³ und 16 kW bei dem Ofen für 1650 cm³ Schmelzgut steigen. Anormal hohe Stromstärken stellen sich auch ein, wenn der Tiegel nicht dicht hält und Metalle durchläßt. Durch Neigen des Ofens in Abstichstellung und durch Verschmieren der vermutlichen Durchschlagsstellen läßt sich der Tiegel oft für weitere Schmelzungen benutzen.

Der Ofen wird in zwei Größen gebaut, und zwar kommen hierfür die folgenden wichtigsten Zahlen in Frage.

Fassung cm³	Fassung in kg	Stromanschluß in kW	Spannung in Volt	Durchschnittsspannung in Volt
400	2— 3	8	20,3—123	40—60
1650	6—10	16	20,3—123	40—60

Für 1 kg Stahl verbraucht man bis zur Schmelze 2—3 kWh. Infolge der hohen Schmelztemperatur bei Stahl ist ein Tiegel in seiner Lebensdauer sehr begrenzt. Bei 8stündiger Arbeitszeit können mit einem Ofen 6—7 Stahlschmelzungen ausgeführt werden. Während des Betriebes kann das Schmelzgut nachgefüllt, beobachtet und durch Zuschläge ergänzt werden. Bei der Bedienung des Ofens muß man die Kryptolkörner mit einem Draht zum Nachrutschen veranlassen, da sie sich durch die Erhitzung umlagern und Anlaß zur Lichtbogenbildung geben könnten. Von Zeit zu Zeit muß die Spannung geregelt werden, weil sich der Widerstand des Kryptols mit dem Wärmegrade ändert. Die folgende Zusammenstellung 6 gibt über den Stromverbrauch, die Schmelzdauer in der Anheiz- und Schmelzperiode für Stahl sowie andere Werkstoffe Aufschluß.

Zusammenstellung 6.

Werkstoff	Schmelzpunkt	Ofengröße	Anheizen		Zeit in Minuten	Einschmelzen	
			Stromverbrauch in kWh bei			Stromverbrauch in kWh für 1 kg	Zeit in Minuten
			aufgestampftem Tiegel	fertigem Tiegel			
Stahl	1400⁰	2 kg-Ofen	71,5	—	110	2,65 (bis 3,3)	40 — 50 für 2 kg
		10 kg-Ofen	26,2	—	150	2,5 (bis 3)	100 — 120 für 8 kg
Messing . . .	1015⁰	2 kg-Ofen	—	4,5	50	0,7	15 für 2 kg
		10 kg-Ofen	—	21	120	1	40 für 8 kg
Glas	1200⁰	2 kg-Ofen	—	4,5	50	1,2 (bis 1,75)	10 — 15 für 1 kg
Letternmetall	240⁰	2 kg-Ofen	—	1	30	0,075	3 für 2 kg

Eingeklammerte Werte beziehen sich auf den ersten Guß.

Abb. 44.
Ansicht des Kryptolofens der Firma Friedr. Krupp, A.-G.

Der Ofen wird zweckmäßig über einen Transformator vom Wechselstromnetz oder einer Phase eines Drehstromnetzes gespeist. Die Firma Krupp liefert einen in 18 Stufen einstellbaren Einphasen-Wechselstrom-Lufttransformator mit den sekundären Spannungen von 20,3 bis 123 Volt. Erscheint ein feineres Einstellen der Spannung zwischen den einzelnen Stufen erforderlich, so wird ein regulierbarer Vorschaltwiderstand mitgeliefert. Die Primärseite des Transformators wird der vorhandenen Spannung angepaßt. Steht für den Anschluß nur ein Gleichstromnetz zur Verfügung, so ist für die unerlässige Spannungsregelung eine Dynamomaschine erforderlich, die nicht nur für die vorkommende Höchstspannung, sondern auch für die Höchststromstärke gebaut sein muß. Die Leistung des Antriebmotors braucht jedoch nur für die abgegebene Leistung von 8 oder 16 kW bemessen zu sein. Statt dieser Dynamo einen Vorschaltwiderstand zur Spannungsregelung zu verwenden, ist wegen der vorkommenden großen Stromstärken und des äußerst hohen Energieverlustes nicht zu empfehlen. In der Abb. 44 wird noch die Ansicht eines Kryptolofens gezeigt. —

Ein ähnlicher Ofen ist der amerikanische Hoskinsofen, bei dem anstatt Kryptol Kohlenplatten verwendet werden. Die Anordnung des Ofens zeigen die beiden Abb. 45 und 46. Der Heizraum ist von rechteckiger Form. In dem Raum findet ein Tiegel Aufnahme, in welchem sich das zu schmelzende Metall befindet. Die Wände des Heizraumes bestehen in der Hauptsache aus den vorher erwähnten Kohlenplatten d. Diese Widerstandsplatten sind aus schmalen Streifen zusammengesetzt und auf zwei sich gegenüberliegenden Seiten des Herdes in Reihen dicht aneinander gepackt. Die Enden dieser Reihen sind mit einer schweren Graphitplatte b_1 verbunden welche den Strom von einer Seite des Ofens zur anderen führt. Vorne ist vor jeder der Kohlenplattenreihen ein besonderer Graphitblock b_2 eingebaut worden.

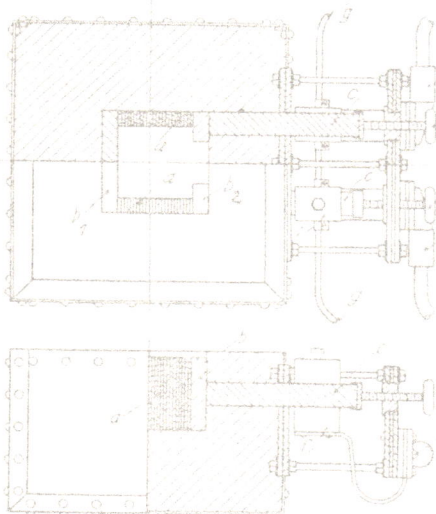

Abb. 45 und 46.
Hoskinsofen.

Jeder dieser Blöcke steht mit einer Graphitelektrode c in Verbindung, welche als Träger des Stromes dient. Diese Elektroden können gleichzeitig die aneinandergereihten dünnen Kohlenplatten durch eine Druckschraube d zusammenpressen oder lockern, je nachdem was für ein Widerstand bzw. welche Temperatur im Herd gefordert wird. Die Elektroden ragen durch die Ofenummantelung heraus, wo sie in wassergekühlten Klemmen *e* eingeschlossen und mit den Sammelschienen verbunden sind.

Die Böden und Wände des Schmelzraumes sind aus Magnesit hergestellt, außerdem ist eine Schicht aus Isoliersteinen vorgesehen und das Ganze von einem Kesselblechmantel umgeben. Die größeren Öfen sind mit einem kleinen

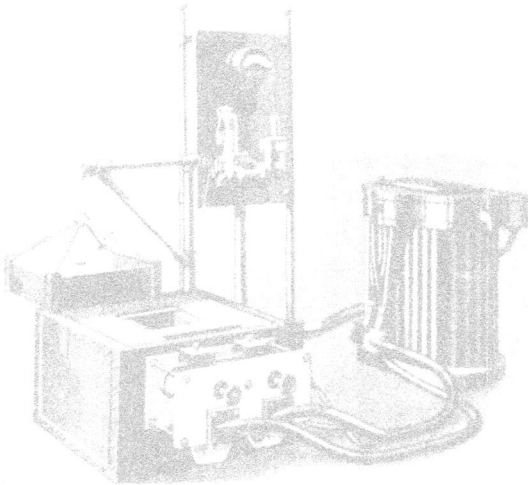

Abb. 47.
Ansicht des Hoskinsofens.

schwingenden Kran zur Handhabung des Deckels vorgesehen. Das Heben erfolgt durch Hand mittels eines Hebels. Die Abb. 47 zeigt einen so ausgerüsteten Ofen, sowie die übrige Einrichtung. —

Noch eine andere Ausführung eines Widerstandsofens für Metalle ist in Abb. 48 dargestellt. In einem Herd *a* wird über dem Bade *b* am Umfange der Herdwand eine Rinne angeordnet, die mit einem Heizmaterial *c* aus Kohle, Graphit oder einem anderen stromleitenden Stoff gefüllt ist. Von den Seiten ragen Elektroden *e* in das Heizmaterial, um als Stromträger zu dienen. Sobald nun ein Strom durch die Elektroden in das Heizmaterial eingeleitet wird, erhitzt sich dieses.

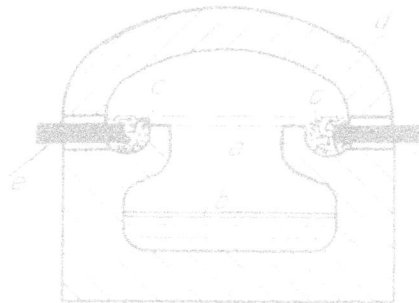

Abb. 48.
Aufbau eines Widerstandsofens.

Die Wärme teilt sich dem Schmelzraum mit und dient dazu, das darin befindliche Metall zu schmelzen. Um eine gute Wärmeübertragung zu erhalten, empfiehlt es sich, das Gewölbe *d* so auszubilden, daß die Hitze reflektorartig auf das Schmelzgut *b* übertragen wird. Nach dieser Art sind bereits Widerstandsöfen (Bailyofen, General-Electric-Ofen) mit Erfolg gebaut worden.

Der Bailyofen wurde im Oktober 1917 in den Vereinigten Staaten ins Leben gerufen. Die Abb. 49 läßt die innere Einrichtung des Ofens erkennen. Im oberen Teile des Ofens ruht auf dem Mauerwerk eine runde Rinne aus Karborund, die im Schnitt U-förmig ist. In dieser Rinne befindet sich das zur Wärmeerzeugung dienende Widerstandsmaterial, bestehend aus Kohle oder Graphit in staubiger oder stückiger Form. Dieses Widerstandsmaterial erhitzt sich, sobald ein genügend starker Strom hindurchgeleitet wird und strahlt dann seine Wärme gegen das Gewölbe, um von da reflektorartig auf das zu schmelzend Metall übertragen zu werden. Der Strom wird durch zwei Graphitelektroden dem Widerstandsmaterial zugeführt. Das Metall befindet sich in einem Herd, wie wir ihn von anderen Öfen her bereits kennen. Die Elektroden ragen von außen unterhalb des Gewölbes in den Herd und berühren mit den inneren Enden das Widerstandsmaterial.

Abb. 49.
Bailyofen.

Im übrigen bietet der Aufbau des Ofens nicht viel Neues; The Foundry berichtet 1919 auf S. 845/50 etwa folgendes[1]): Der zwischen zwei Ständern gelagerte, durch Handrad kippbare Ofen hat die Form eines stehenden Zylinders. Das Ofengewölbe ist durch drei außerhalb des Ofens angebrachte Schraubenspindeln abhebbar, die durch Handrad mit Gelenkkettenantrieb gleichzeitig gedreht werden. Die Stromzufuhr erfolgt durch Kupferbänder zu zwei gegenüberliegenden Graphitelektroden. Die Graphitelektroden reichen in einen unmittelbar unter dem abnehmbaren Gewölbe angeordneten, kreisringförmigen Behälter aus Karborundum, der mit Kohlenstücken gefüllt ist, so daß der Strom zur Hälfte einen rechtsseitigen, zur anderen Hälfte einen linksseitigen Halbkreis durchläuft. Die Wärmeentwicklung erfolgt durch den Widerstand, den die Kohlenstücke dem elektrischen Strom bieten; die Hitze des Widerstandsmaterials wird gegen das Gewölbe und von diesem auf das im Herdraum befindliche Metallbad gestrahlt. Da das Widerstandsmaterial infolge Oxydation allmählich sich verflüchtigt, nimmt dessen Widerstand immer mehr zu bei gleichzeitiger Verminderung des Stromdurchganges und der Wärmeentwicklung; infolgedessen muß die Stromzufuhr stets entsprechend geregelt werden.

Der Ofen wird mit einem niedervoltigen Strom betrieben. Da das Widerstandsmaterial hinsichtlich Beschaffenheit, Anordnung und Querschnitt ver-

---

[1]) Stahl und Eisen 1920, S. 720.

schieden sein kann, so ist es möglich, verschiedene Spannungen zu verwenden. Diese sind für die verschiedenen gewünschten Temperaturen im Herd an und für sich erforderlich. Immerhin sind mit Rücksicht auf die Gefährdung des Ofenpersonals gewisse Grenzen gesetzt. Als Betriebsspannung wird etwa 100 bis 150 Volt bei beliebiger Periodenzahl gewählt. Zum Zweck einer geeigneten Spannungsregelung dienen Transformatoren mit Anzapfungen oder auch Potentialregler.

Da der Bailyofen keinerlei Stromschwankungen hervorrufen kann, so ist sein Betrieb ohne störenden Einfluß auf das Leitungsnetz. Auch ist der Ofen fast frei von Induktion, so daß sein Leistungsfaktor ein sehr günstiger ist und etwa 80 bis 90% sein wird.

Dagegen bietet die Beschaffung eines gleichmäßigen Widerstandsmaterials Schwierigkeiten. Auch die Verbrennung dieses Materials während des Betriebes erfordert große Aufmerksamkeit des Bedienungspersonals. Denn der veränderliche Widerstand des Materials hat stets eine Veränderung der Herdtemperatur zur Folge, so daß neben einer guten Regelung eine hinreichende Erfahrung dazu gehört, den Ofen sachgemäß zu bedienen.

Der an sich räumlich große Herd ist allseitig eingeschlossen und zum Beschicken nur von oben zugänglich. Da das Gewölbe jedoch während des Schmelzvorganges wegen der damit verbundenen Wärmeverluste nicht hochgehoben werden kann, so ist an der Ofenwanne ein Schauloch angeordnet. Dasselbe läßt sich gleichzeitig zum Einsetzen von Zuschlägen benutzen.

Infolge der geringen Stromaufnahme kann die Schmelzung nur sehr langsam vor sich gehen. Folglich entsteht eine verhältnismäßig lange Schmelzdauer. Alsdann ist es von Nachteil, daß die im Ofen aufgespeicherte Wärme leicht größer wird, als dies das Metall erfordert. Insbesondere dauert die Hitze im Herd auch nach Ausschalten des Stromes noch einige Zeit an. Demnach muß, sobald die gewünschte Temperatur erreicht und die Schmelze fertig ist, schleunigst abgestochen werden, da sonst Überhitzungen des Metalls leicht eintreten können.

Die richtige Beschaffenheit des Widerstandsmaterials, sowie eine gute Verbindung zwischen diesem und den Graphitelektroden ist für den einwandfreien Gang des Ofens von großer Wichtigkeit. Da die Kohle mit der Zeit verbrennt, so muß sie nach etwa 2 bis 3 Wochen erneuert werden; dabei ist es wesentlich, daß immer dasselbe Kohlenmaterial genommen wird, das für den Ofen bestimmt ist. Feuchtigkeitsgehalt, Korngröße, Volumen und Querschnitt sind bei der Neuauffüllung des Widerstandsmaterials von Einfluß. Die Karborundumrinne, sowie der Herd und das Gewölbe sind selbstverständlich auch dem Verschleiß unterworfen und müssen ebenfalls nach einiger Zeit erneuert werden.

Der Bailyofen wird von der Alliance Electric Furnace Co. in Alliance O. gebaut. —

Der General Electric-Ofen ist ebenfalls amerikanischen Ursprungs und wird dort mit Erfolg betrieben. Der Verfasser hat schon früher über diesen Ofen nähere Mitteilungen gemacht[1]). Abb. 50 zeigt in schematischer Darstellung die innere Einrichtung des Ofens. Wie das Bild bereits erkennen läßt, unterscheidet sich der Ofen von dem Bailyofen nur wenig. Am Umfange des Herdes sind drei D-förmige Muffeln *a* angeordnet, die je eine senkrecht stehende, aus dem Herd führende Elektrode *b* tragen, siehe auch Abb. 51 und 52. Letztere sind mit dem Anschluß verbunden, dessen Leitungen dem Herd den Strom zuführen. Die Muffeln sind mit feinkörnigem Gra-

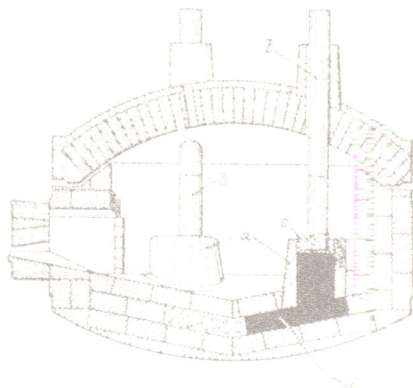

phit *c* gefüllt. Die Elektroden ragen in diese Masse hinein, so daß bei Stromdurchgang die Lichtbogen eingehüllt (gemuffelt) sind. Der Stromkreis wird durch Verbindung der drei Muffeln mittels der unter der Zustellung angeordneten Heizelemente gebildet. Diese Heizelemente bestehen aus dreieckigen Kanälen, die ebenfalls mit Graphit ausgefüllt sind. In der Mitte, wo sich die drei Heizelemente treffen, ist ein Gemisch

Abb. 50.

Abb. 51 und 52.

General Electricofen.

aus Graphit und Teer in die Zustellung eingestampft, um eine gute und sichere elektrische Leitfähigkeit zu bekommen. Der Strom fließt von den senkrechten Elektroden lichtbogenbildend in die mit Graphit gefüllten Muffeln. Hierdurch wird die Masse erhitzt und strahlt ihre Wärme gegen das Gewölbe und von da auf das Schmelzgut. Gleichzeitig findet ein Stromübergang zu den Heizelementen statt, so daß noch eine Erhitzung des Metalles von unten aus erfolgt.

Der größere Ofen ruht in einem kippbaren Rahmengestell. Die Ofenwanne besteht aus einem kräftigen Stahlpanzer, der feuerfest ausgekleidet ist. Der

---

[1] Stahl und Eisen 1921, S. 1542; ferner Iron Age 1921, 14. April, S. 985/86.

Ofenoberbau, und zwar der Deckel, die Elektroden und Halter, sind mit der Ofenwanne an der Vorderseite des Ofens kippbar verbunden. Auf diese Weise kann der Ofen beschickt, nachgesehen und die Zustellung ausgebessert werden, ohne die Stellung der Elektroden verändern zu müssen.

Trotzdem die Lichtbögen der senkrechten Elektroden klein und noch dazu eingehüllt sind, so nützen sich die Elektroden doch ab. Mithin sind dieselben regelbar aufgehängt, was noch dazu den Vorteil hat, daß neben der Energiezufuhr auch mit der Lichtbogenlänge die Herdtemperatur geregelt werden kann.

Die Muffeln in der Nähe des Schmelzgutes ergeben eine etwas schwierige Zustellung, die große Aufmerksamkeit verlangt. Auch kann es vorkommen, daß von dem Widerstandsmaterial einiges ins Bad gelangt, sobald beim Regeln der Elektroden nicht aufgepaßt wird. Diese Möglichkeit besteht beim Bailyofen nicht so leicht. Dagegen ist der Herd beim General-Electricofen geräumiger und übersichtlicher und die Wärmeverteilung eine bessere, zumal mit Rücksicht auf die weniger große Beanspruchung der Zustellung.

Solange die Lichtbögen nicht gezogen werden, sondern, wie die Betriebsweise des Ofens vorschreibt, eingemuffelt bleiben, solange sind auch keine erheblichen Stromstöße möglich, die das Leitungsnetz beeinflussen könnten. In Fällen aber, wo die reine Widerstandsheizung nicht ausreicht oder zu langsam ist wie beispielsweise zu Anfang des Schmelzvorganges, dürfte die Lichtbogenheizung in größerem Maße herangezogen werden. Alsdann treten Stromschwankungen auf im Verhältnis der Veränderung der Lichtbogenabstände, ähnlich wie bei Lichtbogenöfen.

Der beschriebene Ofen wird von der General Electric Co. in Schenectady B. Y. geliefert. —

Der amerikanische Ingenieur Dr. Hering war schon vor Jahren damit beschäftigt, einen Ofen zu bauen, der die wärmetechnischen Vorteile des Induktionsofens besitzt, ohne aber dessen elektrotechnische Nachteile, insbesondere den des geringen Leistungsfaktors, aufzuweisen. Gleichzeitig wollte er den rinnenförmigen Herd, wie er vom Induktionsofen her bekannt ist, vermeiden, und somit kam er auf einen Widerstandsofen, mit dem trotz reiflichen Überlegens und trotz der vielen Versuche, die mit ihm gemacht wurden, nicht die gewünschten Erfolge erzielt werden konnten. Es wird immerhin nicht schaden, den Heringofen zu betrachten und seine Entwicklung und die Arbeiten zusammenzufassen bis dahin, wo der Ofen wieder aufgegeben werden mußte. Vielleicht gelingt es einmal später, einen brauchbaren Ofen aus ihm zu machen. Man hat doch auch bei anderen Öfen Fehler entdecken müssen, die nicht gleich, sondern erst im Laufe der Zeit beseitigt werden konnten.

Herings Gedankengang war, einen kleinen Ofen zu bauen, der mit hoher Belastung, und zwar mit besonders großer Stromdichte arbeiten sollte. Er ging von der Überlegung aus, daß eine Bleisicherung, die bei einem Kurzschluß durchschmilzt, einen vorzüglichen Wirkungsgrad haben muß[1]). Der Schmelz-

[1]) Met. and Chem. Eng., New York, Bd. 11, S. 183; ferner Elektrotechnische Zeitschrift 1915, S. 474.

vorgang erfolgt hierbei bekanntlich so rasch, daß nennenswerte Metallver uste überhaupt nicht erst eintreten können. Um diesen Gedanken auf einen Elektro- ofen übertragen zu können, muß man die Strombelastung des Ofens mögl chst groß, dagegen den Einsatz recht niedrig wählen.

Hering wählte die in Abb. 53 gezeigte Herdform. In dem Boden des Herdes waren einige enge Rinnen R eingelassen, die mit Graphithülsen H ausgekleidet waren. Beim Flüssigwerden des Bades füllten sich diese Rinnen mit Metall. Damit das flüssige Metall nicht austreten konnte, wurden von unten Graphit- platten B eingesetzt, die eine leitende Verbindung mit dem flüssigen Metall

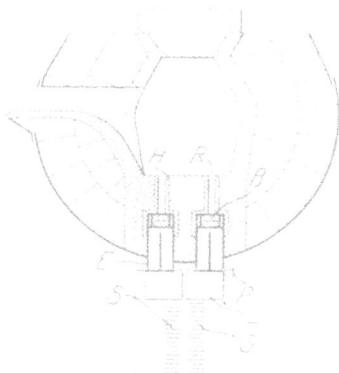

Abb. 53.
Heringofen.

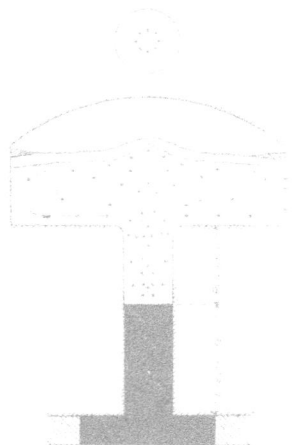

Abb. 54.
Strömungserscheinungen in einer
Rinne beim Heringofen.

hatten. Die Graphitstopfen B waren wiederum in Metallhülsen E eingelassen und wurden durch Wasser gekühlt. Der ganze Körper stellte schließlich eine Elektrode dar, die mit dem Bade einen metallischen Kontakt ergab. Die Elek- troden wurden voneinander und vom Ofenmantel gut isoliert und mit ent- gegengesetzter Polarität an eine Stromquelle angeschlossen. Die Verbindung der entgegengesetzten Elektrodenenden erfolgte durch die Metallsäule des Bades. Nach dem Grundsatz des Widerstandsgesetzes mußte das Metall in den engen Rinnen bei ausreichender Stromstärke erhitzt werden. Gleichzeitig ergaben sich infolge des Pincheffektes kräftige Strömungserscheinungen des Metalles. In der Abb. 54 ist eine Rinne herausgegriffen, deren Pfeile den Verlauf der Bewegungskräfte in der Rinne und in dem darüber befindlichen Herde zeigen. Zur Vermeidung von Stromverlusten in den Zuleitungen ordnete Hering einen Transformator unmittelbar unter dem Ofen an.

Trotz vieler Versuche machten sich gewisse Schwierigkeiten geltend, die sich auch im Laufe der Zeit noch nicht haben beseitigen lassen. Die größten Schwierigkeiten waren folgende:

1. Für die Kontakte zwischen der Stromzuführung und dem flüssigen Metall innerhalb der Rinnen konnte bisher keine brauchbare Lösung gefunden werden. Die Kontakte wurden trotz reichlicher Wasserkühlung bald unbrauchbar. Die Elektroden führten infolgedessen zu häufigen Auswechselungen und demnach zu häufigen Betriebsstillständen. Auch mußte für die gute Wasserkühlung eine bedeutende Energiemenge aufgewendet werden, wodurch die Wirtschaftlichkeit des Ofens ungünstig beeinflußt wurde.

2. Die Elektroden mußten in die feuerfeste Zustellung eingebaut werden, womit ein öfteres Zerspringen der Graphithülsen verbunden war. Durch die verschiedenen Ausdehnungskoeffizienten zwischen den Elektroden und der feuerfesten Auskleidung trat das besonders in Erscheinung. Es führte auch zu Rißbildungen des Herdes. Alsdann konnte das flüssige Metall ungehindert in diese Risse einfließen. Die Folge davon war, daß sich Kurzschlüsse im Ofen ergeben mußten.

3. Wegen der Kürze des festen Teiles der Elektrode und der sich daraus ergebenden Nähe des flüssigen Metalles zum Wasser mußte ein Warnungselement eingebaut werden. Dieses erforderte eine genaue Beobachtung und trug wiederum zu hohen Wärmeverlusten bei.

Wie in so vielen Fällen, so haben auch hier die anfänglichen Versuche zu erfreulichen Resultaten geführt; als dann aber später die praktische Anwendung des Ofens in Frage kam, zeigten sich die Mängel, die schon oben mitgeteilt wurden. Die Hoffnungen von Hering und Clamer haben sich leider nicht erfüllt; der Heringofen ist in seiner bisherigen Form unbrauchbar und weder für Metall- noch Stahlgießereien nicht zu verwenden. Vielleicht gelingt es einmal, seine Fehler zu beseitigen, zumal der Ofen wichtige Vorzüge hat. Die wesentlichen Vorteile des Heringsofens sind, daß sein Herd frei von oxydischen Einflüssen ist, also neutrale Atmosphäre und dabei eine normale Herdform besitzt, daß er keine Elektroden benötigt und den unmittelbaren Anschluß an jedes Leitungsnetz zuläßt, ohne eine ungünstige Phasenverschiebung des Leitungsnetzes hervorzurufen. Auch ist der Aufbau des Herdes einfach, so daß seine Herstellungskosten niedrig sein müßten.

3. Die elektrische Lichtbogenheizung.

a) Der Lichtbogen.

Die Lichtbogenheizung läßt sich in folgendem kurzen Satz zusammenfassen:

„Leitet man durch zwei sich berührende Kohlenelektroden einen elektrischen Strom und entfernt dann die Kohlenspitzen langsam voneinander, so entsteht ein Lichtbogen von einer so großen Heizkraft, daß er zum Schmelzen von Stahl und Eisen verwendet werden kann."

Im Jahre 1821 beobachtete der englische Physiker Davy eine höchst merkwürdige und glänzende Erscheinung, die von der Jouleschen Wärmeentwicklung abhängig ist. Als er nämlich die Enden zweier Drähte mit je einem Kohlenstab verband und die anderen beiden Enden zu einer starken galvanischen Batterie führte, so daß ein kräftiger elektrischer Strom durch sie hindurchging, dann die beiden Kohlenspitzen einen Augenblick berührte und sie danach etwas voneinander entfernte, so daß eigentlich der Strom unterbrochen sein mußte, so entstand zwischen den Kohlen ein hellglänzendes, mit zischenden Geräuschen verbundenes Licht. Es kamen die Enden der Kohlen in helle Weißglut, und ebenso glühte die Luft bläulich zwischen ihnen, und der Strom war nicht unterbrochen, sondern dauerte an. Diese Erscheinung nennt man den elektrischen Lichtbogen, die damit verbundene Wärmeentwicklung die elektrische Lichtbogenheizung und das Licht selbst das Bogenlicht. Die Erscheinung erklärt sich daraus, daß die Kohlen, solange sie sich berühren, durch den Strom erwärmt und beim Entfernen voneinander zur Verdampfung gebracht werden. Infolge des Verbrennungsvorganges werden Kohlenpartikelchen frei, die sich den Kohlenenden mitteilen. Auf diese Weise wird durch die trennende Luftschicht der Stromübergang vermittelt. Neben diesem Verbrennungsvorgang spielt noch ein rein chemischer Vorgang eine Rolle, der für den Stahlschmelzprozeß von Wichtigkeit ist. Durch den Abbrand der Kohlenelektroden bilden sich nämlich glühende Gase, wie Kohlensäure, Kohlenoxyd, und außerdem Stickstoffverbindungen durch die vorhandene Luft. Diese sind bei der Stahlerzeugung von Einfluß. So macht sich beispielsweise die Bildung von Kohlenstoffdampf bei dem Reduktionsprozeß (bei der Entschwefelung) fördernd, dagegen bei dem Oxydationsvorgang (bei der Entphosphorung) verzögernd bemerkbar.

Der Vorgang, durch den der elektrische Lichtbogen zustande kommt, ist ziemlich kompliziert. Doch können wir bei diesem interesssanten Thema nicht länger verweilen und müssen uns auf die Erörterung der Wärmewirkungen des Lichtbogens beschränken.

Die Leiter, zwischen denen der elektrische Lichtbogen gebildet wird, nennt man Elektroden. Je leichter zerteilungsfähig die Substanz der Elektroden ist, um so leichter bildet sich der Lichtbogen. Im allgemeinen kommen Kohlenelektroden zur Anwendung, und zwar deshalb, weil erstens die weißglühenden Enden der Kohlenelektroden eine große Wärmekraft hervorrufen, zweitens weil Kohle das widerstandsfähigste Leitungsmaterial ist, das erst bei einer sehr hohen Temperatur, und zwar bei etwa 3500° verdampft, und drittens weil Kohlesubstanzen eine leichte Zerteilungsfähigkeit haben, die von wärmewirkendem Einfluß ist.

Um jedoch den Widerstand des elektrischen Lichtbogens überwinden zu können, ist eine ausreichende Spannung erforderlich. Übersteigt die Entfernung der lichtbogenbildenden Elektroden eine bestimmte Größe, so vermag selbst eine hohe Spannung den Strom über den zu lang gewordenen Lichtbogen nicht mehr hinüberzulassen; der Lichtbogen reißt ab, und der Strom wird unterbrochen. Die Lichtbogenspannung ist nach dem Ohmschen Gesetz:

$$E = J \cdot R_1.$$

Hierbei ist R_1 der veränderliche Widerstand des Lichtbogens. Mathematisch läßt sich demnach die dynamische Existenzbedingung (Stabilitätsgrenze) des elektrischen Lichtbogens dahin ausdrücken, daß der Lichtbogen erlöscht, wenn

$$\frac{dE}{dJ} < R_a,$$

d. h. wenn $\frac{dE}{dJ}$ negativ und kleiner ist als der äußere Widerstand R_a des Stromkreises. Infolgedessen ist die Lichtbogenlänge mit der verfügbaren Spannung in Übereinstimmung mit der Stromstärke zu bringen.

Als Betriebsspannung für den Lichtbogen wählte man anfänglich eine solche von nicht mehr als 60 bis 75 Volt. Später ist man mit der Spannung immer höher gegangen und betreibt heute Elektroöfen mit einer Spannung von 150 Volt und mehr. Neuerdings sind sogar Öfen mit 220 Volt Spannung in Betrieb gesetzt worden.

Die Wahl der Spannung ist abhängig von der Ofenart, dem Einsatz, der Ofenführung, dem Enderzeugnis und schließlich von der Größe der Stromerzeugeranlage. Empfehlenswert ist es, bei einem Lichtbogenofen mehrere Spannungen anzuwenden. Immerhin bleibt zu beachten, daß mit dem Steigen der Lichtbogenspannung die Länge des Lichtbogens zunimmt, wobei der Lichtbogen an Stetigkeit abnimmt.

Die Heizwirkung des Lichtbogens hängt vornehmlich von der Stromstärke ab. Sie ist bei Elektroöfen unter verschiedenen Winkeln der Elektroden zur Horizontalen gemessen verschieden, erreicht bei senkrecht stehenden Elektroden ihr Maximum, also die größte Wirtschaftlichkeit.

Infolge der Lichtbogenwirkung brennen die Kohlenenden ab; die Kohle verbindet sich in der Hitze mit dem Sauerstoff der Luft zu Kohlenoxyd und Kohlensäure; von dem einen Kohlenende wird außerdem noch eine Menge von Kohlenpartikelchen gegen das andere Kohlenende oder gegen das Schmelzgut geschleudert, wodurch ebenfalls eine Verkürzung der Elektrodenspitzen eintritt. Das Nachschieben der Elektroden kann von Hand oder unter Einwirkung des Stromes mittels mechanischer Vorrichtungen geschehen. Diese Regeleinrichtungen spielen bei Lichtbogenöfen eine große Rolle und kommen in einem späteren Abschnitt zur Besprechung.

Auf ein eigentümliches Verhalten des Lichtbogens sei besonders hingewiesen. Wenn dieser nämlich von Kraftlinien eines magnetischen Feldes getroffen wird, so erfährt er eine mehr oder weniger große Ablenkung, je nachdem, wie stark das Magnetfeld ist. Diese Ablenkung kann eine Konzentration der Wärmequelle auf einen sehr kleinen Raum bewirken und für den Schmelzvorgang eines Elektroofens förderlich sein.

Schließlich soll noch ein Verfahren zur Stabilisierung[1]) des Lichtbogens bei Elektroöfen Erwähnung finden. Um einen mit Wechselstrom erzeugten elektrischen Lichtbogen zu stabilisieren, schaltet man eine Selbstinduktionsspule in Reihe ein. Die Stabilisierung des Lichtbogens besteht darin, daß die Selbstinduktionsspule ohne eisernen Kern verwendet wird. Die gut zu isolierende

Wicklung muß wegen der großen Stromstärken mit einer Ölkühlung versehen werden. Man wird im Betriebe feststellen, daß Spulen ohne Eisen bei gleicher Impedanz eine größere Stabilisierung der Lichtbogen herbeiführen als Spulen mit eisernem Kern. Den Grund dafür kann man sich wie folgt erklären:

Der Magnetisierungszyklus bei einer Spule mit Eisen ist in Abb. 55 dargestellt. Die Stromstärke J ist auf der Abszissenachse aufgetragen und der magnetische Kraftfluß Φ des eisernen Kernes auf der Ordinate. In jedem Augenblick wird die von der Selbstinduktion herrührende elektromotorische Kraft, welche die Hauptursache der Stabilität des Flammenbogens ist, der Geschwindigkeit, mit der sich der Kraftfluß ändert, proportional sein. Nun ist augenscheinlich diese Geschwindigkeit durchschnittlich am geringsten (besonders wenn das Eisen eine merkbare Koerzitivkraft besitzt) gerade während der Phase, wo sich die Stromstärke bis Null vermindert, d. h. während der für die Stabilität des Flammenbogens ungünstigen Zeit (also auf den Kurven A—O und A^1—O^1).

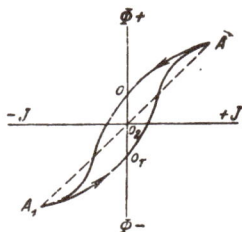

Abb. 55.
Magnetisierungszyklus bei
einer Spule mit Eisen.

Wird dagegen eine Selbstinduktionsspule ohne Eisen verwendet, dann wird innerhalb der für die Stromstärke oben angegebenen Grenzen die Kraftflußänderung durch die punktierte gerade Linie A—O^z—A^1 dargestellt, woraus hervorgeht, daß während des ganzen Zeitraums, welcher der Verminderung der Stromstärke entspricht (d. h. während des der Stabilität des Flammenbogens nachteiligen Zeitraums), die Geschwindigkeit, mit der sich der Kraftfluß ändert, und folglich auch die elektromotorische Kraft der Selbstinduktion durchschnittlich größer ist als im vorhergehenden Falle. Die Stabilität des Flammenbogens wird also durch die Verwendung einer Spule ohne Eisen wesentlich vergrößert.

b) Die indirekte Lichtbogenheizung.

Die indirekte Lichtbogenheizung ist eine solche, bei der die Lichtbogen in einer bestimmten Entfernung von dem Schmelzgut gebildet werden und mit diesem nicht in Berührung kommen. Die Elektroden werden also über dem Schmelzgut angeordnet, so daß der Lichtbogen unabhängig vom Eisenbad brennt und eine strahlende Wärme auf dieses ausübt, d. h. die Erhitzung erfolgt indirekt. Öfen dieser Art werden auch Strahlungsöfen genannt, da die Lichtbogen ihre Wärme frei im Schmelzraum ausstrahlen.

So zeigt Abb. 56 das Wesen eines solchen Ofens, und zwar mit senkrechten Elektroden. Die Lichtbogenbildung erfolgt hierbei in der Weise, daß die Elektroden kurzzeitig in das stromleitende Bad eintauchen und alsdann gehoben werden, wobei der Lichtbogen entsteht. Bei dieser Anordnung ist eine verhältnismäßig große elektromotorische Kraft aufzuwenden, da der Lichtbogenweg lang ist und einen hohen Widerstand hat. Praktisch bietet die senkrechte

---

[1]) D. R. P. Nr. 262 874.

Elektrodenstellung Schwierigkeiten; der Lichtbogen reißt leicht ab, zumal wenn die Elektroden am Umfange unregelmäßig abbrennen. Diese Unregelmäßigkeiten sind beispielsweise in den Abb. 57 und 58 dargestellt. Während der Lichtbogen nach Abb. 57 einen kurzen Weg hat, müßte der Lichtbogen nach Abb. 58 einen wesentlich größeren Weg zurücklegen, was praktisch ausge-

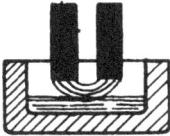

Abb. 56.
Indirekte Licht-
bogenheizung mit
senkrechten
Elektroden.

Abb. 57 und 58.
Ungleichmäßiger
Elektrodenabbrand.

schlossen ist. Damit ferner der Lichtbogen bei senkrechten Elektroden nicht auf der ganzen Elektrodenlänge überspringen kann, müßte man die Elektroden durch Isolieren schützen. Mit einer ausreichenden Elektrodenentfernung würde der Erfolg illusorisch, da der Elektrodenabstand durch die Lichtbogenstrecke begrenzt ist.

Die indirekte Lichtbogenheizung mit senkrechten Elektroden, wie Abb. 56 zeigt, ist bisher nicht praktisch zur Anwendung gekommen. Die Anordnung hat aber gegenüber einer solchen mit schrägen oder wagerechten Elektroden den Vorteil, daß die Wärmeausstrahlung ausschließlich nach unten, also auf das Bad erfolgt. Zugleich bilden die Elektroden Reflektoren und schützen sich sowie den Deckel und Herd des Ofens vor zu argen Hitzestrahlen. —

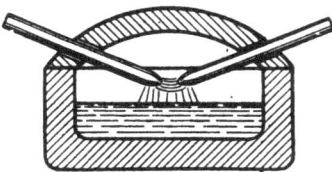

Abb. 59.
Stassanoofen.

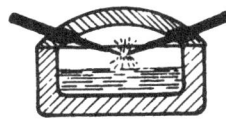

Abb. 60.
Starker Abbrand der
Elektroden beim
Stassanoofen.

Die erste praktische Ausführung einer indirekten Lichtbogenheizung stammt von Stassano. Der Aufbau desselben ist aus Abb. 59 zu ersehen. Die beiden Kohlenelektroden ragen schief durch die Seitenwände in den Schmelzraum und werden an ihren äußeren Enden an einphasigen Wechselstrom angeschlossen. Der Lichtbogen wird durch Berühren der beiden Elektroden und durch langsames Auseinanderziehen gebildet.

Wie verhält sich nun die schräge Elektrodenanordnung gegenüber der senkrechten? Durch die in einem Herd zum Schmelzen von Stahl herrschenden hohen Temperaturen werden die Elektroden in schräger Stellung am Umfange stark angegriffen. Folglich muß eine schnelle Verbrennung bzw. unliebsame Querschnittsverminderung der Elektroden eintreten (s. Abb. 60). Diesen Übelstand kann man etwas einschränken, indem man Elektroden aus kleinem Querschnitt wählt. Da aber die Elektroden lediglich Stromträger sind und sich ihr Durchmesser nach der Stromstärke richten muß, so bleiben nur zwei Möglichkeiten: entweder die Elektrodenanzahl zu verdoppeln, zu verdreifachen usw., oder den Ofen nur bis zu einer bestimmten Größe auszuführen. Wenn man die Elektrodenzahl erhöht, wird das Bad unübersichtlich. Man beschränkt sich daher darauf, nur kleine Öfen für indirekte Heizung zu bauen.

Da eine Berührung des Lichtbogens bzw. der Elektrodenenden mit dem Bade nicht erfolgt, so können keine induktiven Wirkungen, wie sie bei der direkten Lichtbogenheizung möglich sind, auf das Bad eintreten. Diese Wirkungen haben aber den großen Vorteil einer guten Durcharbeitung des Schmelzgutes. Stassano hat daher, um den gleichen Zweck wenigstens auf mechanischem Wege zu erreichen, seinen Ofen drehbar ausgebildet.

Die indirekte Lichtbogenheizung arbeitet von allen Lichtbogenheizungen am ruhigsten, da die Elektroden mit dem Bad keine Berührung haben. Der einmal gebildete Lichtbogen bleibt nahezu konstant; nur mit Rücksicht auf den Elektrodenabbrand ist ein Nachschieben der Elektroden erforderlich[1]. Die Heizung eignet sich besonders für das Einschmelzen von kaltem Einsatz. Die ausstrahlende Wärme führt ein Zusammensintern des sperrigen Materials herbei, ohne befürchten zu müssen, daß die Elektroden dem Einsatz zu nahe kommen und unliebsame Stromstöße verursachen.

Es wurde schon erwähnt, daß durch die schräge Anordnung der Elektroden das Gewölbe und die Zustellung infolge der hohen Strahlungswärme stark beansprucht wird. Dies kann man sich am besten an dem schematischen Wärmeverteilungsdiagramm in Abb. 61 klar machen. Um ein genaues Bild von der Wärmeverteilung im ganzen Schmelzraum zu erlangen, müßte man die Wärmekraft unter verschiedenen Winkeln photometrisch oder auf irgend eine andere Weise bestimmen und die erhaltenen Werte als Zahlen in ein Vektordiagramm eintragen. Da erhält man zunächst eine geschlossene Kurve. Diese läßt erkennen, daß die Wärmeausstrahlung des Lichtbogens bei schräger Elektrodenanordnung nach oben und unten fast gleich ist. Da die Wärmemission nach dem gezeichneten Diagramm rund um die Elektroden herum stattfindet, so ist der gesamte Wärmestrom des Lichtbogens in dem Herdraum überall gleichmäßig verteilt, was sich leider bildlich nicht darstellen läßt.

Aus Abb. 61 ist ferner zu entnehmen, daß die Lage des Lichtbogens eine nahezu allseitige und gleichmäßige Reflexion im Herdraum gestattet. Den Wärmestrahlen wird also sowohl durch das Gewölbe, als durch die Herdwände und das Bad eine glatte Fläche geboten, so daß sie reflektiert werden und in

---

[1]) Es findet in Wirklichkeit nicht immer ein Nachschieben, sondern auch ein Auseinanderziehen der Elektroden statt, da mit der Temperaturzunahme des Schmelzvorganges der Widerstand des Lichtbogens abnimmt.

der dargestellten Weise verlaufen. Während etwa drei Viertel der Wärmestrahlen sich im Herdraum verteilen, kommt nur ein Viertel derselben dem Bade
unmittelbar zugute. Hieraus folgt, daß diese Elektrodenstellung vom wärmetechnischen Standpunkt nicht nur unwirtschaftlich ist, sondern auch besonders
hohe Ansprüche an die Herdauskleidung und das Gewölbe stellt. Mithin darf
schon aus Gründen der Festigkeit diese Ofenart nicht zu groß gebaut werden,
da die Ausmauerung unbedingt zu Schwierigkeiten des Gewölbes führen würde.

Eine andere indirekte Lichtbogenheizung, die sich aus den beiden bisher
beschriebenen Elektrodenanordnungen zusammensetzt, ist die von Rennerfelt. In Abb. 62 ist dieselbe im Prinzip dargestellt. Bei ihr sind zwei horizontale
und eine vertikale Elektrode verwendet. Während die horizontalen Elektroden
den Angriffen der heißen Ofenflammen ausgesetzt sind, hat die im Querschnitt
stärkere senkrechte Elektrode den Vorteil einer Reflexionswirkung, wodurch

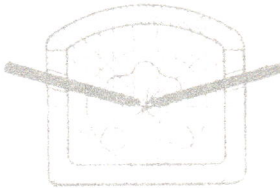

Abb. 61.
Wärmediagramm bei der indirekten
Lichtbogenheizung.

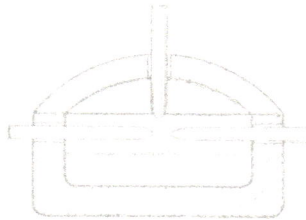

Abb. 62.
Rennerfeltofen.

ein großer Teil der Wärmeausstrahlung auf das Bad vereinigt wird und keine
so große Beanspruchung des Herdes und Gewölbes auftritt. Der Anschluß
der drei Elektroden erfolgt an Drehstrom, unter Anwendung der Scottschen
Schaltung.

Bei der indirekten Heizung arbeitet man vorzugsweise zu Anfang eines
Schmelzvorganges mit hoher Spannung. Man bezweckt damit, die niedere
Leitfähigkeit der Ofenzustellung, infolge der kühlenden Wirkung des kalten
Einsatzes, auszunutzen. So kann beispielsweise die Anfangsspannung ungefähr
120 Volt betragen. Die Anwendung dieser höheren Spannung soll den Betrieb
dadurch erleichtern, daß durch den kalt eingebrachten Einsatz die Lichtbögen
regelmäßig brennen. Dadurch wird der Schmelzvorgang beschleunigt und der
thermische Wirkungsgrad des Ofens erhöht. Sobald die Temperatur im Ofen
zunimmt, vermindert man die Spannung auf etwa 100 Volt. Eine weitere
Verminderung der Spannung auf 80 Volt ist in der Regel vorgesehen, um die
Schmelzung mit einem Minimum an Energie zu Ende zu führen.

c) Die direkte Lichtbogenheizung.

Während bei der eben beschriebenen Heizung der Lichtbogen mit dem
Schmelzgut nicht in Berührung kommt, erfolgt bei der direkten Lichtbogen-

heizung gerade das Gegenteil. Die bekannteste direkte Lichtbogenheizung ist die von Héroult. Abb. 63 zeigt die schematische Darstellung dieses Ofens. Der Stromverlauf ist hierbei folgender: Der Strom durchfließt die eine Elektrode, geht unter Lichtbogenbildung durch die Schlacke in das Schmelzgut und verläßt das Bad durch den anderen Lichtbogen, um durch die zweite Elektrode zurückzufließen.

Der eigentliche Vorteil dieser Heizung besteht in der Vereinigung starker Lichtbogenwärme, die unmittelbar auf das Bad übertragen wird. Eine allseitige Strahlungswärme, wie bei der indirekten Heizung, soll hier vermieden werden, damit die Zustellung möglichst geschont wird. Ein weiterer Vorteil besteht in der intensiven Beheizung der Schlackendecke, die durch die direkte

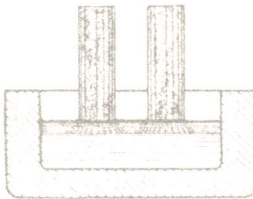

Abb. 63.
Héroultofen.

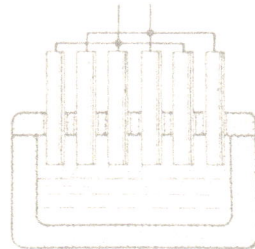

Abb. 64.
Direkte Lichtbogenheizung
mit über der ganzen Badoberfläche verteilte Elektroden.

Bestreichung der Lichtbögen entsteht. Danach ist es möglich, die für den Hüttenmann durchaus unentbehrliche heiße und reaktionsfähige, also dünnflüssige Schlacke zu erhalten. Auch ist es vorteilhaft, daß jede Elektrode einen besonderen Lichtbogen bildet; die beiden oder mehr Lichtbögen, je nach der Stromart, erzielen zusammen höhere Wärmewirkungen als nur ein einziger Lichtbogen.

Um diesen letzten Gedanken weiter auszubauen, läßt sich die direkte Lichtbogenheizung in der Weise erweitern, indem man eine Anzahl Elektroden über die ganze Badoberfläche verteilt, um eine gleichmäßige Erwärmung zu erreichen (s. Abb. 64). Diese Ofenausführung ist jedoch praktisch unmöglich, da sie zu große Deckelschwierigkeiten bieten würde.

Interessant und zugleich wertvoll ist es, daß bei der direkten Lichtbogenheizung durch Berührung der Lichtbögen mit der Schmelze motorische Kräfte ausgelöst werden, die lebhafte Drehbewegungen herbeiführen. Diese Drehbewegungen durchmischen die Schmelze ohne mechanische Hilfsmittel, wodurch ein dichter, gleichmäßiger Stahl erreicht wird. Bei Drehstrom verlegt man vorzugsweise den Nullpunkt ins Bad, um einen guten Belastungsausgleich zu erzielen.

Wie verhält sich nun die direkte Lichtbogenheizung gegenüber der indirekten? Wir können uns das wiederum an der schematischen Darstellung eines Wärmeverteilungsdiagrammes klar machen, wie Abb. 65 zeigt. Hier erhalten wir ein ganz anderes Bild wie in Abb. 61. Vor allen Dingen lassen die geschlossenen Kurven erkennen, daß die senkrechten Elektroden nur sehr wenig Wärme nach oben abgeben; wohl wird der überwiegende Teil nach unten geführt. Da die Strahlen der Fläche die Wärmekraft bei dem betreffenden Winkel angeben, so erkennt man, daß das Maximum der Wärmeausstrahlung unter einem Winkel zwischen 40 und 50⁰ nach unten stattfindet.

Da hier ebenfalls die Wärmeemission nach dem gezeichneten Diagramm rund um die Elektroden herum stattfindet, so ist der Wärmestrom der Lichtbögen wie ein Rotationskörper mit den gezeichneten Flächen als Querschnitt aufzufassen. Dieser schließt aber, entgegen der indirekten Heizung nach Abb. 61, die Badoberfläche und das Schmelzgut fast ganz ein. Folglich muß eine Erhitzung erfolgen, die bedeutend größer ist als bei der indirekten Lichtbogenheizung. Auch verhalten sich die senkrechten Elektroden wie Reflektoren, die die Hitze auf das Schmelzgut vereinigen und nur eine beschränkte Wärmeausstrahlung nach oben zulassen. Folglich muß das Gewölbe geschont werden. Allerdings werden auch die senkrechten Elektroden infolge der hohen Ofentemperaturen stark angegriffen, wodurch eine Querschnittsverminderung eintritt, wie Abb. 65 zeigt. Jedoch ist diese wesentlich kleiner als bei schräg liegenden oder horizontal angeordneten Elektroden.

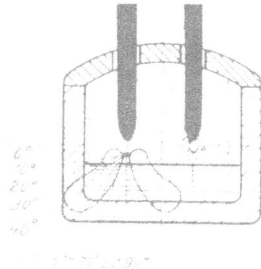

Abb. 65.
Wärmediagramm bei der direkten Lichtbogenheizung.

Die Spannung der direkten Lichtbogenheizung bewegt sich in den Grenzen zwischen 75 und 150 Volt. Vorzugsweise wählt man mehrere Spannungen, um jede gewünschte Wärmeregelung zu erhalten.

d) Die Lichtbogen-Widerstandsheizung.

Die Lichtbogenwiderstandsheizung lehnt sich der direkten Lichtbogenheizung an. Auch bei dieser kommen die Lichtbögen mit dem Schmelzgut in Berührung. Dadurch nun, daß der an den Lichtbögen überspringende Strom in das Bad eintritt und dieses durchfließt, und an der anderen Elektrode lichtbogenbildend aus dem Bad wieder austritt, übt der hindurchgeleitete Strom noch eine Wärmewirkung im Innern des Bades selbst aus. Die Wärmewirkung wird also durch eine Widerstandsheizung herbeigeführt, die mit der Lichtbogenheizung in Verbindung gebracht worden ist. Hieraus kann man schließen, daß die bereits erwähnte Heizung von Héroult streng genommen schon eine Lichtbogen-Widerstandsheizung ist. Übrigens war es ja Héroult, der bei seiner Heizung ein Eindringen des Stromes in das Bad wünschte, um neben der Lichtbogenheizung auch eine Widerstandsheizung zu erhalten. Er ging noch einen Schritt weiter und verhinderte die sich unangenehm bemerkbar machende

Einwirkung des Kohlenstoffes der Elektroden auf das Stahlbad durch Aufbringen einer Schlackendecke. Dies gelang ihm in der Weise, daß er die Elektroden in die Schlackenschicht eintauchen[1]) ließ; unter dem Einfluß der Lichtbögen bildete sich aus dem Kohlenstoff und der Schlacke Kalizium bzw. Siliziumkarbid. Diese heiße Schlacke wiederum trug dazu bei, daß die Karbide an das Stahlbad herantreten und durch den darin enthaltenen Sauerstoff wieder zersetzt werden konnten, während der frei werdende Kohlenstoff in naszierendem Zustande an das Eisen herantrat und mit ihm Eisenkarbid bildete. Da das Bad eine viel größere Leitfähigkeit besitzt als die Schlacke, so ist es klar, daß der Strom in der Hauptsache durch das Bad hindurchgeht, um darin eine wenn auch weniger praktisch bedeutende Joulesche Wärme zu entwickeln.

Girod wollte mit seiner Lichtbogen-Widerstandsheizung einen noch größeren Effekt erzielen. Während Héroult den Strom nur durch die oberen Badzonen fließen läßt, veranlaßte Girod, daß der Strom das ganze Bad durchdringt, und glaubt damit die Wirkung der Widerstandsheizung zu erhöhen (s. Abb. 66). Hiernach durchfließt der Strom zunächst eine senkrechte über dem Bad stehende Kohlenelektrode, geht unter Lichtbogenbildung in die Schlacke, von da durch das Bad hindurch, um dieses am Boden durch eine Bodenelektrode aus Stahlguß zu verlassen. Während also der Stromweg durch das Bad bei der Héroultheizung in wagerechter Richtung verläuft, verläuft er bei der Girodheizung in senkrechter Richtung.

In beiden Fällen ist die Wärmewirkung der Widerstandsheizung gering. Würde Girod den Herd zylindrisch von besonders kleinem Durchmesser ausbilden, wie Abb. 67 zeigt, dann ließe sich die Wärmewirkung etwas erhöhen. Ein solcher Herd bietet aber größere Abkühlung, so daß die elektrothermische Wärme auf der einen Seite wohl gewonnen wird, aber auf der anderen Seite wieder verloren geht. Dazu kommt eine unzureichende Badübersicht und eine zu kleine Badoberfläche.

Nathusius bedient sich einer Lichtbogen-Widerstandsheizung für den unmittelbaren Anschluß an Drehstrom. Er benutzt drei Lichtbogen- und drei Bodenelektroden (s. Abb. 68). Die Bodenpole sind mit einem Zustellungsmaterial, und zwar einem Leiter zweiter Klasse, überstampft, der die Stromübertragung übernimmt.

Die Lichtbogen-Widerstandsheizung von Chaplet zeigt Abb. 69. Der Strom fließt bei dieser Anordnung in senkrechter Richtung durch einen mit Eisenstäben verbundenen Kanal.

Keller verwendet bei seiner Lichtbogen-Widerstandsheizung als Bodenpol einen aus eisernen Rundstäben geformten Rost. Zwischen diesem wird die Zustellungsmasse eingestampft.

Noch viele Lichtbogen-Widerstandsheizungen gibt es, die mit den bereits aufgeführten große Ähnlichkeit haben. Es würde zu weit führen, auf diese

---

[1]) Praktisch ließ sich jedoch Héroults Gedanke nicht verwirklichen; die Elektroden stehen normalerweise über der Schlackendecke.

näher einzugehen. Es sollen jedoch nachstehend noch einige allgemeine Mitteilungen über die Lichtbogen-Widerstandsheizung folgen.

Die in dem Herd eingebauten Bodenelektroden können im Betrieb, mit Rücksicht auf die hohen Temperaturen, leicht Schwierigkeiten, bieten. Es muß demnach für eine genügende Kühlung Sorge getragen werden. Immerhin sind eine Reihe Fälle bekannt. wonach die Bodenelektroden von dem flüssigen

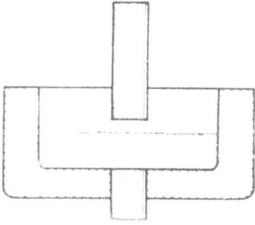

Abb. 66.
Girodofen.

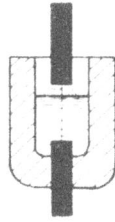

Abb. 67.
Lichtbogenofen, bei besserer
Ausnützung der Widerstands-
heizung.

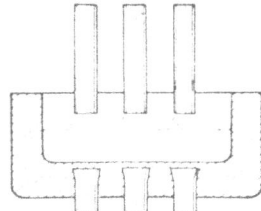

Abb. 68.
Nathusiusofen.

Stahlbad vernichtet wurden, so daß der Einsatz auslaufen mußte. Der Verfasser schlägt deshalb Bodenelektroden vor, die von der Herdzustellung selbst gebildet werden, wie Abb. 70 zeigt. Das stromleitende Herdfutter a ist am Boden mit Stutzen b versehen, die aus demselben Material bestehen wie die Herdzustellung. An den Stutzen befinden sich Metallkappen c, die den Stromanschluß

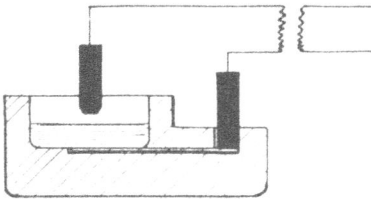

Abb. 69.
Chapletofen.

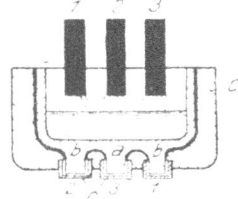

Abb. 70.
Lichtbogen-Widerstandsofen
nach Vorschlag des Verfassers.

nach außen vermitteln. Das Herdfutter überträgt den Strom zu den Bodenelektroden und dem Bade. Der Herd ist, um Stromverluste zu vermeiden, von einem nichtleitenden Material d umschlossen.

Es können auch wechselweise Metallstäbe[1]) in das Herdfutter eingebaut werden. Die wechselweise Anordnung der Stäbe geschieht, um Selbstentzündung zu vermeiden. In Abb. 71 zeigt 1 die obere Elektrode, 2 den Herd, 3 die Heizwiderstände, 4 und 5 die Stromzuleitungen. Bei gehobener Elektrode verbindet eine Brücke 6 den Endpunkt der Widerstände 3 mit dem Stab oder der Leitung 4.

---

1) Engl. Pat. Nr. 22 777.

Auf diese Weise wird der Herd gleichmäßig zunehmend erhitzt. Nachdem die Temperatur eine genügende Höhe erreicht hat, wird die Elektrode herunter-

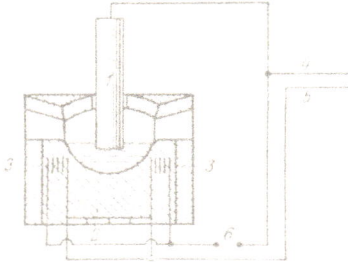

Abb. 71.
Lichtbogen-Widerstandsheizung mit im Herd eingebaute Metallstäbe.

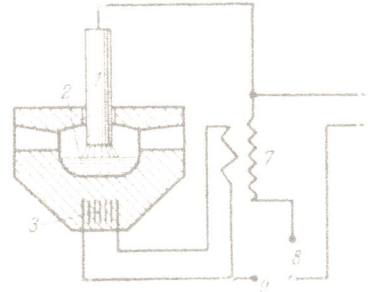

Abb. 72.
Lichtbogen-Widerstandsofen, bei dem die Widerstandsheizung noch durch einer besonderen Transformator verstärkt wird

gelassen und die Verbindung bei *6* unterbrochen. Da die Bodenheizung nur einen niedrig gespannten Strom erfordert, so ist es zweckmäßig, einen Transformator *7* nach Abb. 72 mittels Brücke *8* einzubauen. Bei hochgehobener Brücke bei *9* tritt das Anheizen des Ofens ein.

Die Schaltung[1]) nach Abb. 73 für Drehstrom ist ebenfalls interessant. Es handelt sich hierbei um eine Lichtbogenheizung in Verbindung mit einer Widerstandsheizung mit anschließenden Induktionswirkungen.

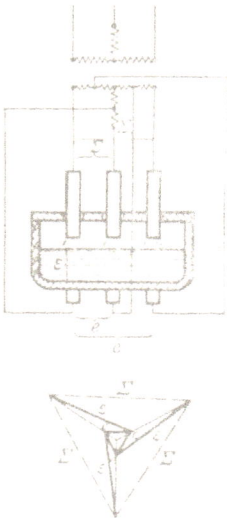

Abb. 73 und 74.
Drehstrom-Lichtbogen-Widerstandsofen, nach einer besonderen Schaltung, zwecks Vermeidung von Strom-stößen.

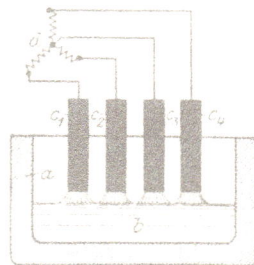

Abb. 75.
Lichtbogen-Widerstandsofen, bei dem die vierte Elektrode an dem Nullpunkt liegt, zwecks Stromausgleich der drei Phasen.

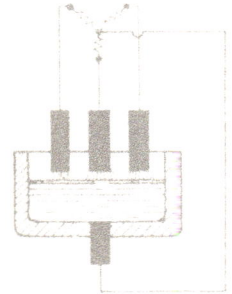

Abb. 76.
Lichtbogen-Widerstands-ofen, bei dem die Boden-elektrode an dem Null-punkt liegt, nach Vor-schlag des Verfassers.

Bei der vorliegenden Ausführung wird die Wärmemenge durch die oberen und unteren Elektroden dem Schmelzgut zugeführt und zugleich ein starkes

---

[1]) D. R. P. Nr. 294081.

magnetisches Drehfeld innerhalb des Herdes hervorgerufen. Das Spannungsdiagramm ist unterhalb der Ofenanordnung in Abb. 74 zu sehen.

Eine Darstellung[1]), die dazu beitragen soll, Stromstöße bei Drehstrom-Lichtbogenöfen zu vermeiden, zeigt Abb. 75. Die ungleiche Phasenbelastung soll durch die Anordnung der vier Elektroden vermieden werden. Drei Elektroden stehen mit den drei Phasen des Drehstromnetzes durch Verkettung in Sternschaltung in Verbindung. Mit dem von dem Nullpunkt der Sternschaltung ausgehenden Nulleiter, der bei gleichmäßiger Belastung der drei Phasen keinen Strom führt, ist die vierte Elektrode verbunden. Ändert sich der Lichtbogenwiderstand in einer der drei Phasen, so tritt eine Ungleichförmigkeit ein, und es wird der sich daraus ergebende, unausgeglichene Stromüberschuß von der Nulleiterelektrode aufgenommen.

Der Verfasser empfiehlt hingegen, die vierte Elektrode nicht durch den Deckel zu führen, sondern den Ausgleichstrom an eine Bodenelektrode zu legen, ähnlich wie Abb. 76 zeigt. Durch diese Anordnung wird die vierte, unerwünschte Deckelöffnung gespart, wohingegen die Bodenelektrode die Stromstöße leicht aufnehmen kann, zumal von einem Wärmeeffekt der an den Nulleiter angeschlossenen Elektrode keine Rede sein kann.

4. Die Induktionsheizung.

a) Allgemeines.

Die Induktionsheizung stellt ihrem Wesen nach eine Widerstandsheizung dar. Sie unterscheidet sich jedoch von dieser durch das Fehlen von Zuführungsleitungen, Anschlußstellen oder Kontakten. Im übrigen läßt sich die Induktionsheizung in elektrotechnischer Darstellung wie folgt erklären:

„Legt man einen geschlossenen Draht um die Primärspule eines Transformators und leitet einen Wechselstrom durch die primäre Spule, so wird in dem Draht, der die Sekundärspule darstellt, ein Strom induziert, der so groß sein kann, daß der Drahtring zum Glühen und schließlich zum Schmelzen gebracht wird."

Im vorhergehenden Abschnitt wurde schon darauf hingewiesen, daß die Elektrotechnik neben der Stromübertragung durch Leitungen noch eine solche ohne jeden metallischen oder anderen Leiter hat, die lediglich auf Induktion beruht. Das Prinzip dieser Heizung können wir uns ebenfalls an einem praktischen Fall erklären. Das bekannte Beispiel einer solchen Stromübertragung haben wir am Transformator. Dieser hat allerdings nicht die Aufgabe, thermischen Zwecken zu dienen, sondern die Aufgabe der Umformung auf höhere oder niedrigere Spannung.

Die Transformatoren sind bekanntlich mit zwei elektrisch zunächst vollständig voneinander getrennten Wicklungen versehen, von denen gewöhnlich

---

[1]) D. R. P. Nr. 273260.

die eine für die Aufnahme des Hochspannungsstromes, z. B. aus einer Überland-
oder Werkzentrale, und die andere für die Abgabe des Niederspannungsstromes,
wie er z. B. für Beleuchtungszwecke gebraucht wird, bestimmt ist. Führt man
nun der Hochspannungswicklung eines solchen Transformators einen elektrischen Strom zu, so erzeugt dieser Primärstrom durch Induktion einen Sekundärstrom in der zweiten, also der Sekundär- oder Niederspannungswicklung, die
ohne jede elektrisch leitende Verbindung mit der Primär- oder Hochspannungswicklung ist. Wir besitzen also in den ruhenden Transformatoren Einrichtungen,
in denen durch Induktion Hochspannungsströme von geringer Stromstärke
in Niederspannungsströme von entsprechend größerer Stromstärke umgewandelt
werden können; und zwar wird nach den Gesetzen der Elektrotechnik die Stromstärke der Niederspannungsseite des Transformators um so größer, je kleiner die
Windungszahl der Niederspannungswicklung im Vergleich zu derjenigen der
Hochspannungswicklung ist. Wir werden danach in der Niederspannungs-

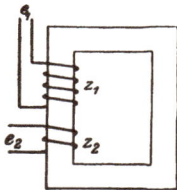

Abb. 77.
Transformator „leer“.

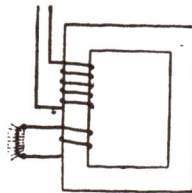

Abb. 78.
Transformator
„belastet“.

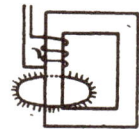

Abb. 79.
Transformator
mit einem ge-
schlossenen
Eisenring.

wicklung eines Transformators die höchste Stromstärke bekommen, wenn sie
nur aus einer einzigen Windung besteht. Diese Tatsache findet ihre Nutzan-
wendung bei der Induktionsheizung, wie sie für Elektrostahlöfen in Frage
kommt.

Denken wir uns nun nach Abb. 77 die primäre Spule Z_1 eines Transformators
mit einer Stromquelle verbunden und die sekundäre Spule offen, dann läuft
der Transformator „leer“. Die Primärwicklung stellt eine Drosselspule dar,
in der eine elektromotorische Kraft der Selbstinduktion induziert wird. Der
erzeugte Kraftlinienfluß schneidet nicht allein durch die primäre Wicklung,
sondern auch durch die Sekundärwicklung, so daß also auch in dieser eine
elektromotorische Kraft erzeugt wird.

Gehen wir in unseren Betrachtungen weiter und schließen den sekundären
Stromkreis durch ein Stück Eisendraht kurz, ähnlich wie in Abb. 78, so wird
dieser Draht von spezifisch hohem Widerstand infolge der elektromotorischen
Kraft der Selbstinduktion zum Glühen und schließlich zum Schmelzen gebracht.
Denken wir uns statt mehrerer Sekundärwindungen nur einen einzigen eisernen
Drahtring um den Transformatorschenkel gelegt, wie Abb. 79 zeigt, dann ist
der darin auftretende Induktionsstrom noch größer und veranlaßt, daß der
Eisenring um so schneller zum Glühen und Schmelzen gebracht wird.

Dieser Vorgang findet nun beim sog. Induktionsofen Anwendung. In Abb. 80 ist das Bild eines derartigen Ofens dargestellt. Wir sehen da die Hochspannungswicklung in mehreren Windungen um einen eisernen Transformatorkern liegen, während die Sekundärwicklung in Form eines in sich geschlossenen Ringes die Primärwicklung konzentrisch umgibt. Die Sekundärwicklung als solche ist fortgefallen und besteht nunmehr aus einer einzigen Rinne aus feuerfestem Stoff; stellt also einen ringförmigen Herd dar, in dem das Schmelzgut Aufnahme findet.

Wird in die Primärwicklung ein elektrischer Wechselstrom hineingeschickt, so erzeugt dieser in dem Sekundärstromkreis, bestehend aus dem metallischen Schmelzgut, einen Induktionsstrom, ohne Leitungen für die Stromübertragung nötig zu haben. Der Induktionsstrom ist um so stärker, je höher die Spannung wird und je größer die Windungszahl der Primärwicklung ist. Da die Sekundärströme das Schmelzgut unmittelbar, also von innen heraus

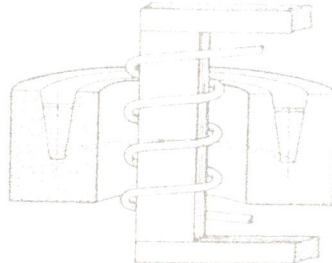

Abb. 80.
Aufbau des Induktionsofens.

erhitzen, so muß der thermische Wirkungsgrad ein hoher sein. Wir besitzen also in dem Induktionsofen, der beliebig starke Heizströme bei geringen Wärmeverlusten erzeugen kann, einen in thermischer Hinsicht idealen Ofen· Durch Veränderung des Sekundärstromes ist die Erzeugung jeder beliebigen Temperatur im Schmelzgut möglich. Auch in elektrotechnischer Hinsicht ist die Induktionsheizung der gewöhnlichen Widerstandsheizung weit überlegen, zumal die Schwierigkeiten der Stromzuleitungen, wie sie bei den Widerstandsöfen bestehen, in Fortfall kommen.

Dagegen erfüllt die Induktionsheizung im metallurgischen Sinne nicht alle Wünsche. Insbesondere trägt die enge Schmelzrinne bei Ausführung der Schmelzarbeiten zu Unbequemlichkeiten bei. Dann erfordert die schmale Schmelzrinne mit Zunahme des Fassungsraumes besonders große Raumverhältnisse. Gleichzeitig bringt die räumlich große Schmelzrinne eine starke Abkühlung des Bades hervor und erheischt folglich einen entsprechenden Mehraufwand an elektrischer Energie.

Im Gegensatz zu den Transformatoren, liegt bei der Induktionsheizung die primäre Wicklung nicht dicht an dem sekundären Stromkreis. Das ist praktisch deshalb nicht möglich, da die Primärwicklung vor den hohen Temperaturen des Stahlbades geschützt sein muß. Folglich muß bei dieser Anordnung der Spannungsverlust durch die Selbstinduktion überwunden werden. Man erreicht das dadurch, daß man den nutzbaren Kraftlinienfluß durch einen großen Eisenquerschnitt groß macht. Der Aufbau des Induktionsofens erfordert besonders große Sorgfalt. Insbesondere bedingt die Primärwicklung, die in der Nähe des Schmelzgutes angeordnet ist, Schutz gegen Spritzeisen. Für eine ausreichende Kühlung der Primärwicklung ist Sorge zu tragen. Auch muß die Hochspannung führende Primärwicklung gegen Berührung besonders isoliert und geschützt sein, damit das Ofenpersonal nicht gefährdet wird. Die Kühlvorrichtung ist so anzuordnen, daß die kalte Luft nur die Primärwicklung, nicht aber das Schmelzgut beeinflußt, damit dieses nicht unnötig abgekühlt wird. Eine geeignete Kühleinrichtung, bestehend aus einem Windgebläse, ist in Abb. 81 dargestellt[1]). Man kann auch die Primärwicklung in Form von Röhren ausbilden, durch die kalte Luft hindurchgeblasen wird. Eine gute Abkühlung der Primärwicklung vermeidet Verluste durch übermäßige Widerstandserhöhung und steigert auf diese Weise die Leistungsfähigkeit der Induktionsheizung.

Die Induktionsheizung kann im allgemeinen wegen der erforderlichen niedrigen Periodenzahl an bestehende Stromnetze nicht unmittelbar angeschlossen werden. Mithin sind hierfür besondere drehbare Umformer nötig. Diese verteuern allerdings die Anlage- und Unterhaltungskosten. Die Kosten

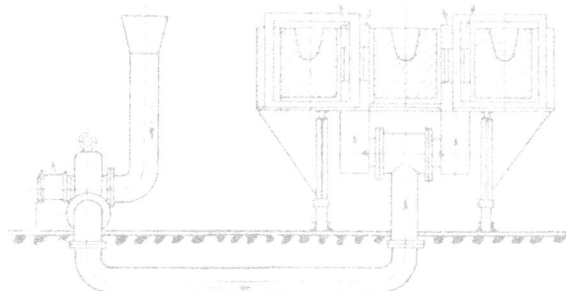

Abb. 81.
Kühleinrichtung für Induktionsofen.

für die Maschinenanlage sind besonders hoch, da die geringe Periodenzahl langsamlaufende Umformer benötigt, die erheblich teurer sind als schnellaufende Maschinen. Bei Induktionsöfen mit kleinem Fassungsraum wird der Anschluß an normale Leitungsnetze ohne Einschaltung von Umformern meistens zugelassen.

Die Induktionsheizung muß stets einen geschlossenen Sekundärstromkreis haben, da sonst im Herd überhaupt kein Strom fließen kann. Es ist also erforderlich, daß entweder flüssiger Stahl in den Herd gegeben wird, oder daß ein Rest der vorherigen Schmelze im Herd zurückbleibt. Die Induktionsheizung ist also zum Schmelzen von festem Einsatz nicht geeignet. Auch lassen sich keine stark wechselnden Legierungen mit dieser Heizung erzeugen, da sonst durch die vorhergehenden Schmelzungen eine Verunreinigung der nächsten, infolge des zurückbleibenden Sumpfes, herbeigeführt würde.

Zum besseren Verständnis der Eigenschaften der Induktionsheizung wollen wir uns mit den diesbezüglichen elektrotechnischen Grundbegriffen noch kurz beschäftigen.

---

[1] D. R. P. Nr. 311 698.

Wenn ein elektrischer Strom in einem Leiter entsteht (oder verstärkt wird), so entstehen bzw. verstärken sich magnetische Kraftlinien um diesen Leiter. Wird der Strom unterbrochen (oder verschwächt), so verschwindet bzw. verschwächt sich dieses Magnetfeld. So oft diese Kraftlinien einen benachbarten Leiter schneiden, wird in diesem eine elektrische Spannung erzeugt. Dies ist im Transformator der Fall; in der Primärspule findet im Tempo der Frequenz des Wechselstromes ein Schwächerwerden und Zunehmen des Stromes und demzufolge der Zahl der Kraftlinien statt. Um die Kraftlinien zu sammeln und ihnen einen bestimmten Weg zu geben, benutzt man Eisenkörper. Luft ist ein schlechter magnetischer Körper, dagegen Eisen ein guter. Die in der Sekundä-spule hervorgerufene Spannung ist proportional der Kraftlinienzahl in der Ze teinheit. Angenommen, wir haben 1000 Kraftlinien, die 10 Windungen in der Sekunde schneiden, so wird in diesen eine bestimmte Spannung erzeugt. Verdoppeln wir die Kraftlinien oder lassen wir den Vorgang doppelt so rasch vor sich gehen, so wird die doppelte Spannung hervorgerufen (induziert) werden.

Bezeichnen wir die primäre Windungszahl mit Z_1 und die sekundäre mit Z_2, die Primärspannung mit e_1 und die Sekundärspannung mit e_2, so erhalten wir die Bezeichnung:

$$e_2 : e_1 = Z_2 : Z_1.$$

Demnach ist die Spannung im Transformator proportional den Windungszahlen. Angenommen, die Primärspannung sei 220 Volt und die Primärspule habe 22 Windungen, dann ist die Spannung in jeder Windung 10 Volt. Wenn die Sekundärspule (in unserem Falle die Schmelzrinne des Induktionsofens) eine Windung hat, so fließt durch das flüssige Bad ein Strom mit der Spannung von $1 \cdot 10 = 10$ Volt. Wird die Windungszahl der Primärspule oder die Primärspannung erhöht, so wird auch die Sekundärspannung größer.

Da ein Transformator einen sehr hohen Wirkungsgrad besitzt, und zwar im allgemeinen über 95%, so kann der Einfachheit halber angenommen werden, daß der Energieverbrauch (Primärleistung) gleich der Sekundärleistung ist. Bezeichnet N_1 die Primär- und N_2 die Sekundärleistung, i_1 den Primär- und i_2 den Sekundärstrom, e_1 die Primär- und e_2 die Sekundärspannung, dann ist:

$$N_1 = e_1 \cdot i_1$$

und

$$N_2 = e_2 \cdot i_2,$$

also $e_1 \cdot i_1 = e_2 \cdot i_2$ (da $N_1 = N_2$ angenommen wurde) und wir erhalten daraus die Beziehung:

$$i_1 : i_2 = e_2 : e_1.$$

Somit sind die Stromstärken umgekehrt proportional den Spannungen und, wie aus dem Vorhergehenden folgt, umgekehrt proportional den Windungszahlen. —

Die Induktionsheizung hat noch einige bemerkenswerte Eigenschaften aufzuweisen, insbesondere die eines niedrigen Leistungsfaktors und die des

Pincheffektes. Da diese beiden Erscheinungen von betriebstechnischer Bedeutung sind, so wollen wir uns auch mit diesen noch näher beschäftigen.

Der niedrige Leistungsfaktor ist allerdings keine angenehme Eigenschaft der Induktionsheizungen. Dieser kommt daher, daß man bei einem Induktionsofen die Primär- und Sekundärspule nicht so nahe aneinander legen kann, wie dies bei gewöhnlichen Transformatoren der Fall ist. Diese räumlich große Anordnung ist in erster Linie dadurch verursacht; daß die Schmelzrinne wegen der auftretenden hohen Temperaturen des zu erhitzenden Metalles aus einer dicken, feuerfesten Umkleidung hergestellt werden muß. Diese dient aber nicht nur zur Wärmeisolation, sondern auch zum Schutz der Primärspule. Damit ergibt sich ohne weiteres der Abstand zwischen der Primär- und Sekundärspule. Infolge dieses Abstandes können eine beträchtliche Anzahl erzeugter Kraftlinien ihre volle Wirkung nicht ausüben. Es bleiben also viele Kraftlinien unausgenutzt, wodurch der scheinbare Widerstand vergrößert wird; die Folge ist ein niedriger Leistungsfaktor. Veranlaßt wird diese Erscheinung sowohl durch den scheinbaren und Ohmschen Widerstand, als durch die Frequenz. Der scheinbare Widerstand hängt nämlich nicht nur von Form und Lage der Sekundärspule, sondern noch von der Periodenzahl ab. Steigt letztere, so steigt auch der scheinbare Widerstand. Den Leistungsfaktor erhöht man daher durch einen möglichst niedrigen scheinbaren Widerstand und einen möglichst hohen Ohmschen Widerstand. Bei den in Deutschland gebauten Induktionsöfen ist die Schmelzrinne flach und horizontal angeordnet. Zu Anfang des Schmelzvorganges wird bei diesen Induktionsöfen ein hoher Ohmscher Widerstand erreicht, da nur ein kleiner Teil der Schmelze den Sekundärkreis einschließt. Sobald aber der Schmelzfortgang vorschreitet, nimmt der Badquerschnitt zu und der Ohmsche Widerstand ab.

Damit sich die Aufstellung besonderer Periodenumformer nicht nötig macht, ist es ratsam, Induktionsöfen für Stahlgießereien nicht zu groß zu bauen. In dem Fall kann die Frequenz 50 gewählt werden.

Der elektrische Generator eines Induktionsofens muß beispielsweise bei 20 Perioden und einem Leistungsfaktor von 0,6 bis 0,7 im Verhältnis von

$$\frac{1}{0,6-0,7}$$

d. h. 1,54 mal größer sein wie ein Vergleichsgenerator eines Lichtbogenofens. Außerdem wird er wegen der geringen Periodenzahl erheblich teurer, da er sehr langsam laufen muß. Ein Vergleichsgenerator eines Lichtbogenofens von z. B. 750 kVA, 750 Umdrehungen in der Minute, 50 Perioden ist für 50% des Preises zu haben, den ein Generator für einen Induktionsofen gleicher Kapazität kosten würde.

Es ist nun interessant, hierüber einige Angaben wiederzugeben, die Prof. Engelhardt als Vertreter der verschiedenen und bekanntesten Induktionsöfen macht. Er führt unter anderem folgendes[1] aus:

---

[1] Vortrag: Der elektrische Ofen im Hüttenwesen, gehalten im September 1919 in Essen.

, Alle Lichtbogenöfen können heute unter Verwendung normaler, ruhender Transformatoren, in denen die Netzspannung in die Ofenspannung umgewandelt wird, an bestehende Stromnetze von normaler Periodenzahl, also 50 Perioden, angeschlossen werden. In dieser Richtung verursachen die Induktionsöfen gewisse Unbequemlichkeiten. Bei dieser Ofengruppe spielt das Verhältnis zwischen dem Ohmschen Widerstand des Schmelzgutes, auf Grund dessen die indirekte Widerstandsheizung erfolgt, und dem scheinbaren Widerstand eine wichtige Rolle. Der scheinbare Widerstand hängt nun aber nicht nur von der

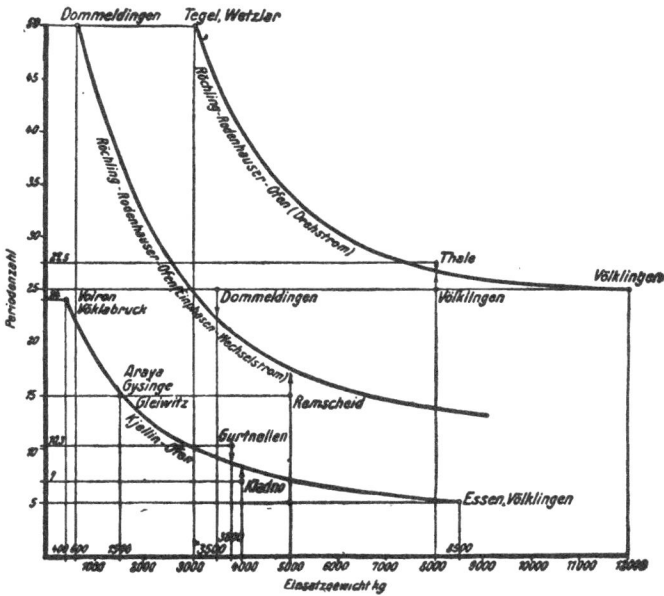

Abb. 82.
Verhältnis zwischen Einsatz und Periodenzahl bei Induktionsöfen

Form und Lage der sekundären Wicklungen, also der Schmelzrinne ab, sondern auch von der Geschwindigkeit, mit welcher die Stromwellen einander in der Zeiteinheit folgen, also von der Periodenzahl. Mit steigender Periodenzahl steigt auch der scheinbare Widerstand. Um die Heizwirkung bei Induktionsöfen möglichst verlustfrei zu gestalten, müssen wir trachten, einen möglichst hohen Ohmschen und einen möglichst niederen scheinbaren Widerstand zu erzielen. Bei den zuerst gebauten Induktionsöfen mit einer einzigen kreisförmigen Rinne von überall gleichem und langem Querschnitt muß man schon wegen der Streuung den Schmelzraum möglichst nahe an die Primärspule bringen. Da aber auch der Einsatz eine gegebene Größe ist und der Durchmesser, wie erwähnt, auch festlegt, so ist der Querschnitt des Schmelzraumes und damit auch der Ohmsche Widerstand des Bades ohne weiteres bestimmt. Es bleibt

7*

100

daher für eine Erniedrigung des scheinbaren Widerstandes nur der eine Ausweg übrig, mit der Periodenzahl herunterzugehen. Es hängt natürlich weitgehendst von der jeweilig vorliegenden ab, wie weit man eine Verschlechterung des Verhältnisses zwischen wirklichem und scheinbarem Widerstand, also des cos φ zuläßt. Immerhin hat die Praxis gewisse zulässige Durchschnittswerte ergeben, die man aus den Schaulinien in Abb. 82 nach Ergebnissen wirklich gebauter Anlagen entnehmen kann.

Man ersieht daraus, daß man bei den einrinnigen Öfen nach Kjellin schon bei kleinen Einsätzen von etwa 0,5 t auf rd. 25 Perioden herunterging, bei 4 t-Öfen schon auf 7 bis 10 Perioden, bei 8,5 t-Öfen auf 5 Perioden. Dies erforderte natürlich in den weitaus meisten Fällen die Aufstellung eigener Generatoren. Wesentlich günstiger wurden die Verhältnisse durch die Einführung der Induktionsöfen nach Röchling-Rodenhauser mit zentralem Arbeitsherd. Bei dieser Ofenart kann man den Querschnitt der Heizrinne trotz des steigenden Einsatzes im Ofen verhältnismäßig klein halten und dadurch den Ohmschen Widerstand erhöhen. Man kann aus der zweiten Schaulinie entnehmen, daß man bei dieser Bauart bei kleinen Ofeneinheiten schon auf 50 Perioden und bei den 5 t-Öfen erst auf 15 Perioden, bei den älteren Ausführungen für einphasigen Wechselstrom gelangte. Bei den neuesten Ausführungen, welche in der Regel für direkten Anschluß an Drehstrom unter Verwendung der Scottschen Schaltung gebaut werden, ist man zu noch günstigeren Resultaten gekommen, wie man aus der dritten Schaulinie entnehmen kann. Die Gesellschaft für Elektrostahlanlagen baut heute Öfen bis zu etwa 4 t Einsatz noch für 50 Perioden und geht auch bei größeren Einheiten von z. B. 8 bis 12 t Einsatz nicht unter 25 Perioden."

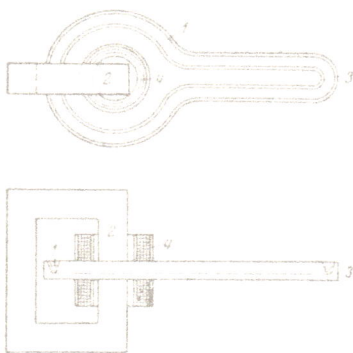

Abb. 83 und 84.
Grönwall-Induktionsofen.

Aus vorstehenden Ausführungen folgt, daß der unmittelbare Anschluß von kleinen Induktionsöfen allenfalls noch an große Werkszentralen möglich ist. Für direkten Anschluß an private oder öffentliche Elektrizitätswerke eignen sie sich wegen des ungünstigen cos φ nicht. Ihre Beeinflussung auf das Leitungsnetz ist zu groß, wenn man bedenkt, daß der cos φ je nach Ofengröße beispielsweise nur 0,3 beträgt. Es sind allerdings wiederholt Versuche gemacht worden, den Leistungsfaktor zu verbessern, was jedoch gesetzmäßig niemals gelingen wird.

So versucht Grönwall[1]) den Übelstand der großen Phasenverschiebung durch eine besondere Anordnung der Ofenrinne zu vermeiden (s. Abb. 83 und 34). Die Schmelzrinne 1 setzt sich aus einem den Eisenkern des Transformators 2 fast umschließenden Kanal und aus einer ösenförmigen Rinnenausbuchtung 3

---

[1]) D. R. P. Nr. 210 984.

zusammen, die an ihrem Ende zusammenläuft. Die primäre Wicklung ist in *4*
um den Kern des Transformators angeordnet. Die lange Schmelzrinne hat einen
verhältnismäßig hohen Widerstand, wodurch der Leistungsfaktor verbessert
wird. Aber abgesehen davon, daß diese Verbesserung nicht ausreicht, die Phasenverschiebung wesentlich zu verringern, bringt die Anordnung so große Wärmeverluste mit sich, daß ihre Anwendung unmöglich ist.

Hiorth[1]) hat sich ein ähnliches Verfahren schützen lassen, das jedoch
darin besteht, den Schmelzraum spiralförmig um den inneren Eisenkern des
Transformators anzuordnen.

Grönwall[2]) schlägt als weiterer Verbesserungsvorschlag Eisenkerne vor,
die anstatt aus den üblichen, übereinander gelegten Blechpaketen (Abb. 85)
so zusammengesetzt sind, daß die Ebenen der Bleche parallel zu derjenigen
äußeren Begrenzungsfläche des Eisenkernes verlaufen, die von dem betreffen-

Abb. 85.
Transformatorbleche übereinander-
gelegt (alte Anordnung).

Abb. 86.
Anordnung der Transformatorbleche
nach Grönwall.

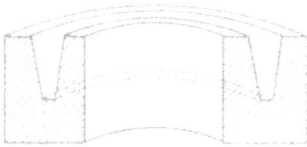

Abb. 87.
Rinne eines Induktionsofens.

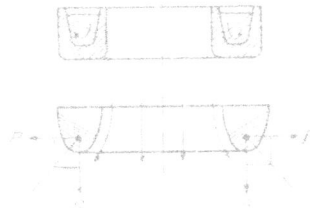

Abb. 88 und 89.
Bewegungserscheinung bei Induktionsöfen.

den Stapel gebildet wird (s. Abb. 86). Die Streuungskraftlinien passieren
leichter längs der Flächen der Bleche als quer durch diese.

Alle diese Vorschläge lassen jedoch einen ausreichenden Erfolg vermissen.

Die Induktionsheizung bietet auch einige metallurgische Schwierigkeiten.
Hierzu zählt vor allem die Unübersichtlichkeit des Schmelzraumes. Denn prin-
zipiell muß die in Abb. 87 dargestellte rinnenförmige Badform beibehalten
werden. Diese erschwert das Schlackenziehen, das gleichmäßige Verteilen der
Zuschläge und das Nehmen der Proben. Auch ist die Abkühlung des Bades im
Verhältnis zum Einsatz zu groß; diese kann daher nur durch entsprechenden
Mehraufwand an elektrischer Energie ausgeglichen werden. —

Dagegen sei auf eine interessante Bewegungserscheinung hingewiesen,
die besonders von metallurgischem Interesse ist. Infolge magnetischer Ein-
wirkungen stellt sich das flüssige Bad eigentümlicherweise nicht horizontal,
sondern nach Abb. 88 und 89 schräg ein. Diese Schrägstellung des Bades be-

---

[1]) D. R. P. Nr. 204 485.   [2]) D. R. P. Nr. 184 390.

weist, daß innerhalb desselben Kräfte hervorgerufen werden. Es finden in der Tat magnetisch-motorische Bewegungen in der Pfeilrichtung statt, die den Vorteil einer innigen Durchmischung des Bades haben, ohne irgendwelche mechanischen Hilfsmittel. Diese Bewegung ist aber nur solange vorteilhaft, solange der Ofen nicht zu groß ist. Übersteigt der Fassungsraum des Induktionsofens ein bestimmtes Maß, so wirken die Bewegungskräfte derartig heftig auf die feuerfeste Herdauskleidung, daß diese, infolge ungenügender mechanischer Festigkeit, leicht zerstört werden kann. Auch ist es möglich, daß durch die elektrisch indifferente Schlacke an den tieferen Stellen die höher liegenden Stellen des Bades von Schlacke entblößt werden können und alsdann der oxydierenden Einwirkung der Luft ausgesetzt sind.

Grunwald[1]) versucht die Schiefstellung des Bades durch eine Hilfswicklung D nach Abb. 90 zu vermeiden, die an die Primärwicklung C angeschlossen ist. Ferner sieht er eine zweite Hilfswicklung F vor, die mit der ersten in der Weise verbunden ist, daß die beim Betriebe des Ofens in ihnen induzierten elektromotorischen Kräfte einander entgegenwirken. —

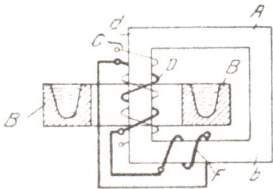

Abb. 90.
Vermeiduug der Schiefstellung
des Bades nach einer Schaltung
von Grunwald.

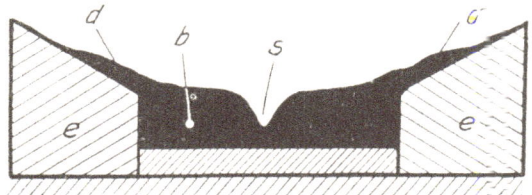

Abb. 91.
Erscheinung des Pincheffektes.

Die Induktionsheizung bietet uns noch eine weitere interessante Erscheinung, und zwar den schon früher erwähnten Pincheffekt, wonach in flüssigen Leitern bei hoher Strombelastung eine Einschnürung erfolgen kann. Diese tritt bei Induktionsöfen besonders an jenen Stellen in der Schmelzrinne auf, wo durch vorstehende Teile der Ofenauskleidung eine Querschnittsverminderung des Stahlbades vorliegt. Die Einschnürung kann bei zunehmender Stromdichte zu Stromunterbrechungen führen.

Diese Wahrnehmung wurde zuerst von Hering gemacht. Die Theorie und Formel zur Berechnung ist von Northrup ausgearbeitet worden. Gleichzeitig wurde von Hering im Jahre 1909 der Pincheffekt näher untersucht. Er benutzte eine offene, gerade Schmelzrinne, in der geschmolzenes Metall Aufnahme fand (s. Abb. 91). An den beiden Außenseiten dieser Rinne wurden zwei Elektroden angeordnet, die mit dem Metallbade b in leitender Verbindung standen. Sobald nun ein genügend starker Strom durch die Elektrodenplatten oder einen anderen stromleitenden, feuerfesten Stoff e und das Metall b geleitet wurde, trat in der Mitte eine Zusammenziehung des flüssigen Metalles ein, die eine Senkung

---

[1]) D. R. P. Nr. 227 395.

hervorrief, ähnlich wie Abb. 91 zeigt. Gleichzeitig floß das Metall empor und ergoß sich über die Elektroden bei *d*. Hering dachte zuerst, daß ein Leck im Boden des Troges dem Metall gestattet habe, auszulaufen. Eine Prüfung aber ergab das Vorhandensein physikalischer Erscheinungen. Diese bezeichnete Hering als „Pincheffekt". Seine Beobachtungen teilte er Northrup mit, der hierfür eine mathematische Erklärung fand. Dann wandte sich Hering auf Grund der Kenntnis von der Größe dieser Kraft einer Ofenkonstruktion zu, um diese Kraft nutzbar zu machen; die Konstruktion hat bis heute keine praktische Bedeutung erlangt.

b) Die angewandte Induktionsheizung.

Daß die Induktionsheizung trotz ihrer verschiedenen Nachteile zur praktischen Anwendung gekommen ist, liegt in erster Linie daran, daß sie einige wichtige Vorzüge für sich in Anspruch nehmen kann, insbesondere den, daß sie die reinste aller elektrischen und somit aller Heizungen überhaupt ist. Eine Verunreinigung des Schmelzgutes ist bei dieser Heizung ausgeschlossen. Sie übertrifft darin auch die Lichtbogenheizung, bei der das Auftreten kohlenstoffhaltiger Dämpfe infolge der Lichtbogenbildung nicht zu vermeiden ist. Sie findet daher vorwiegend dort Anwendung, wo die Herstellung von hochwertigem Edelstahl aus gewöhnlichem Einsatzmaterial gefordert wird. Wirtschaftlicher arbeitet die Induktionsheizung mit vorgeschmolzenem Material.

Ferner gestattet die Induktionsheizung eine genaue Temperaturregelung und vermag sich den Ansprüchen des Schmelzvorganges so überaus genau anzupassen, daß es unmöglich ist, ein anderes Heizverfahren mit ihr in Vergleich zu bringen. Die Regelung ist leicht, genau und zuverlässig, da die Stärke der Widerstandserhitzung bei gegebenem Badquerschnitt nur von der Betriebsspannung abhängig ist. Diese erhält man in jeder gewünschten Abstufung. Wir haben also in den Induktionsöfen ein Heizverfahren, das beliebig starke Heizströme und beliebig hohe Temperaturen in Abstufungen oder im Dauerzustand erzeugen kann. —

Die Induktionsheizung wurde zuerst von dem schwedischen Ingenieur Kjellin zur Herstellung von Elektrostahl benutzt. Die Abb. 92 und 93 zeigen die

Abb. 92 und 93.
Kjellinofen.

Abb. 94 und 95.
Frickofen.

schematische Darstellung des Kjellinofens. Hiernach ist die Primärwicklung in vielen Windungen um den eisernen Schenkel des Transformatorkernes angeordnet. Die Sekundärwicklung wird durch das Schmelzgut gebildet, das in einem feuerfesten ringförmigen Herd liegt und die Primärwicklung konzentrisch umschließt.

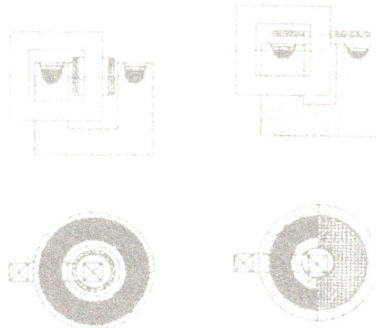

Die übrigen Induktionsheizungen unterscheiden sich nur unwesentlich voneinander. Dem Kjellinofen ähnlich ist der Frickofen. Bei diesem ist, wie aus
den Abb. 94 und 95 hervorgeht, die Primärwicklung nicht zylindrisch zwischen
Transformatorschenkel und Schmelzrinne, sondern scheibenförmig ausgebildet
und über der Schmelzrinne angeordnet. Frick hat später die Idee seines Ofens
erweitert, indem er die Primärwicklung unterteilte und scheibenartig ober-
und unterhalb des Schmelzgutes anbrachte.

Der Kjellin- und Frickofen läßt den vom Hüttenmann für alle Raffinationsarbeiten geforderten übersichtlichen Arbeitsherd vermissen. Als Raffinationsofen wurde der Induktionsofen erst von Röchling und Rodenhauser ausgebaut

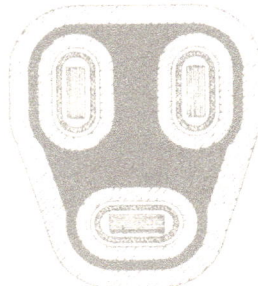

| Abb. 96 und 97. | Abb. 98. | Abb. 99. |
| Röchling-Rodenhauserofen. | Röchling-Rodenhauserofen für Drehstrom. | Ajax-Wyattofen. |

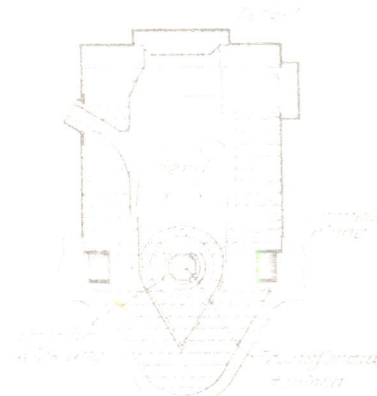

(s. Abb. 96 und 97). Bei diesem Ofen ist ein zentraler, geräumiger Arbeitsherd von
im wesentlichen rechteckiger Form vorhanden. Diesem Arbeitsherd schließen
sich seitlich die zwei Schmelzrinnen an, derartig, daß das Schmelzgut in jeder
Rinne zusammen. mit demjenigen im Herd einen Induktionskreis bildet. In
ähnlicher Weise wurde der Dreirinnenofen von Röchling und Rodenhauser
für Drehstrom ausgebildet (Abb. 98).

Im Gegensatz zu den bisher beschriebenen Induktionsheizungen mit
flacher horizontaler Schmelzrinne, wurde in den Vereinigten Staaten ein Induktionsofen entwickelt, der eine enge, vertikale Schmelzrinne besitzt, die in einen
erweiterten Herd ausläuft. Es ist dieses der Ajax-Wyattofen, der in Abb. 99
schematisch dargestellt ist, und der zumal in der Metallindustrie große Ver-brei-
tung gefunden hat. Der Schmelzvorgang nimmt seinen Ausgang von den
beiden engen Rinnen aus. Übertemperaturen läßt der Aufbau des Ofens nicht
zu, da in den Rinnen, neben dem Jouleschen Wärmeeffekt, motorische Kräfte
wirken, die das erhitzte Metall in lebhafte Bewegung bringen und aus den Rinnen
heraustreiben. Das heiße Metall tritt hierbei in den oberen Herd und ver-

anlaßt, daß das darin befindliche kältere Metall in die Rinnen gelangen kann, um sich dort ebenfalls zu erhitzen. Auf diese Weise entsteht ein natürlicher Kreislauf, ohne daß irgendwelche andere Hilfsmittel notwendig sind.

5. Die gemischten Heizungen.

Aus den bisherigen Darstellungen können wir schließen, daß sowohl die Induktionsheizung als auch die Lichtbogenheizung ihre besonderen Vorzüge hat. Es entstanden im Wettbewerb der verschiedenen Ofenarten um ihre Einführung, Verbreitung und Anerkennung in der Eisenindustrie mancherlei Schwierigkeiten für den Käufer, da jeder Vertreter nur seiner Ofenart die größten Vorteile zusprach, ohne den fremden Arten Gerechtigkeit widerfahren zu lassen, und ohne die Schwächen seines eigenen Ofens einzugestehen. Immerhin hatte der scharfe Wettbewerb den Vorteil, daß er den Konstrukteur zwang, seinen Ofen so auszubilden, daß er den Anforderungen des hüttenmännischen Betriebes voll und ganz entsprach. Es wurden Vervollkommnungen und Vereinfachungen erreicht, es wurde die Betriebssicherheit erhöht und ferner danach gestrebt, die Herstellungskosten des Elektrostahles zu verbilligen. Es ist auch für die Folge wünschenswert, in der Weise weiterzuarbeiten, um schließlich dem Hüttenmann einen Elektrostahlofen zu bieten, der alle Vorzüge vereinigt und alle Nachteile ausschließt. Hierbei kann es sich nur um die Vereinigung mehrerer Heizungsarten handeln. Es müßten also in einem „Idealofen" alle erforderlichen metallurgischen Arbeiten wirtschaftlich verrichtet werden können und gleichzeitig müßte der Ofen alle elektrotechnischen Voraussetzungen erfüllen.

Die Induktionsheizung genießt wohl metallurgische, aber keine elektrotechnischen Vorzüge. Bei der Lichtbogenheizung ist es fast umgekehrt. Würde man die Induktionsheizung mit der Lichtbogenheizung in Verbindung bringen, so kann vielleicht zur Beseitigung der Mängel beider Ofenarten wesentlich beigetragen werden. Darum soll es Aufgabe dieses Abschnittes sein, Vorschläge zu bringen, die dahin zielen, durch Verbindung verschiedener Heizungen den gewünschten Zweck zu erreichen.

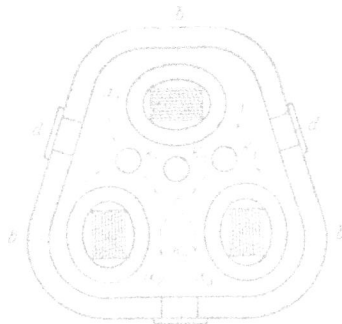

Abb. 100.
Drehstrom-Induktionsofen mit Lichtbogenheizung nach Röchling und Rodenhauser.

So rüsteten Röchling und Rodenhauser ihren Drehstrom-Induktionsofen mit einer Lichtbogenheizung aus[1]), jedoch lediglich nur zu dem Zweck, eine gleichmäßige und weitgehende Verflüssigung der Schlacke zu erhalten, damit die verbrauchte Schlacke an einer bestimmten Stelle des Bades abgezogen und an einer anderen Stelle durch neue ersetzt werden kann. Die Abb. 100 stellt den

---

[1]) D. R. P. Nr. 232882.

Ofen dar. Die drei Magnetschenkel a_1, a_2, a_3 des Transformators sind in Drei-eckform in dem Schmelzbade angeordnet und teilen dieses in drei rinnenförmige Teile b und einen mittleren wannenförmigen Herd c. Sie tragen die Primär-wicklungen und ferner die Sekundärwicklungen, mit welch letzteren die Kohlen-elektroden K_1, K_2 und K_3 in Reihe geschaltet sind. Wird in der Schmelze ein Strom induziert, so entsteht ein den betreffenden Querschnitt der Schmelze

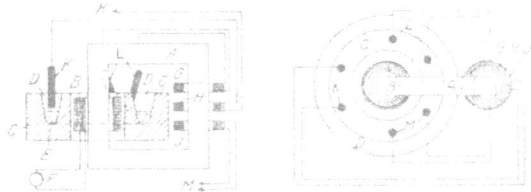

Abb. 101 und 102.
Induktionsofen mit Lichtbogenheizung nach Mulacek.

ringförmig umgebendes Magnetfeld. Da die Schmelze von sehr starken Strömen durchflossen wird, ist dieses Magnetfeld verhältnismäßig stark. Fließt nun von der Elektrode K_1 zu der Schmelze c ein Strom, so muß er auch die auf der Schmelze c schwimmende Schlacke durchdringen. Dieser die Schlacke durch-fließende Strom und das diese durchsetzende Magnetfeld erzeugen nun eine

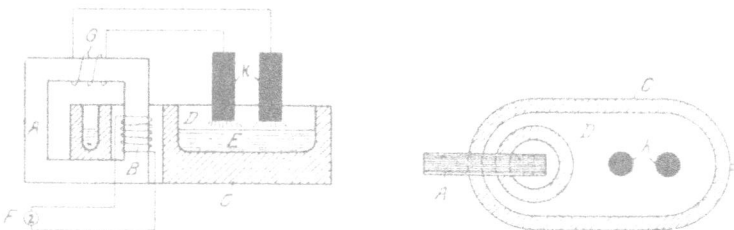

Abb. 103 und 104.
Lichtbogenofen mit Induktionsheizung nach Ruß.

Kraft, welche die Schmelze entsprechend den Pfeilen nach der Mitte des Ofens und von dort gegen die Öffnung e zu treibt.

Mulacek[1]) bringt einen Induktionsofen mit Lichtbogenheizung in Vorschlag nach den Abb. 101 und 102. Hierbei handelt es sich um einen Ofen mit gewöhn-licher, kreisrunder Schmelzrinne, ähnlich dem Einrinnenofen von Kjellin. Nach dem Bilde stellt A das Magnetjoch, B die Primärspule, C die Ofen-zustellung, D die Schmelzrinne und F die Stromquelle für den Primärstrom dar. Außerdem sind drei Sekundärspulen G, H und I um das Magnetjoch angeordnet, in denen je ein Sekundärstrom induziert wird. Entsprechend

---

[1]) D. R. P. Nr. 238760.

diesen drei Sekundärspulen sind drei Elektrodenpaare K, L und M vorhanden, die mit den Spulen verbunden sind.

Die Anordnung von Mulacek hat jedoch Nachteile. Die Schmelzrinne wird von den benachbarten Lichtbögen angegriffen, ferner verteilt sich die Lichtbogenwärme ungleichmäßig und schließlich bietet die Deckelkonstruktion Schwierigkeiten.

Der Verfasser[1]) hat einen Lichtbogenofen mit Induktionsheizung entworfen, bei dem der Versuch gemacht wird, die Nachteile des Induktionsofens von Mulacek zu beseitigen. Die Abb. 103 und 104 zeigen diesen kombinierten Ofen. Die Induktionsheizung setzt sich zusammen aus dem Eisenjoch A, der den inneren Kernumschließenden Primärspule B und aus dem Schmelzgut E, das in dem Herd C Aufnahme findet. Das Bad ist nach der einen Seite erweitert, um eine Lichtbogenheizung bequem anbringen zu können. Die Elektroden K sind mit einer auf demselben Magnetjoch untergebrachten Wicklung G verbunden.

Röchling-Rodenhauser[2]) bringen eine Induktions- und Widerstandsheizung in Vorschlag, die zum Zweck haben soll, die magnetischen Streuungen des Transformators gegenüber solchen Induktionsöfen, wo nur ein durch das Schmelzgut gebildeter Sekundärstromkreis vorhanden ist, zu verringern. In den Abb. 105 und 106 ist der Ofen dargestellt. E zeigt den Transformatorkern, p die primäre Wicklung, s_1, s_2 und s_3 sind die sekundären Wicklungen. Die Wicklung s_1 ist scheibenförmig, s_2 zylindermantelförmig und s_3 ist kühlschlangenartig ausgebildet. Die den Transformatorkern E ringförmig umschließende Schmelzrinne weist seitlich eine herdartige Erweiterung A auf. In den Herdwänden sind Elektroden F und G eingebettet. Diese können aus Metall, Kohle oder einem Material 2. Klasse bestehen. In dem Herd wird durch die Primärwicklung p ein Strom induziert, der die Induktionsheizung darstellt. Ferner kann in Übereinstimmung mit dem Induktionsstrom zwischen den beiden Elektroden F und G ein Strom fließen, der eine zweite Heizung, und zwar eine Widerstandsheizung ergibt. Die Polelektroden F und G stehen alsdann mit der einen oder anderen Sekundärwicklung s_1, s_2 oder s_3 in Verbindung.

Ein ähnlicher Induktionsofen mit Widerstandsheizung, der Röchling und Rodenhauser[3]) ebenfalls geschützt ist, ist in den Abb. 107 und 108 zu sehen. Hierbei ist die bekannte Herdform der Erbauer beibehalten worden. In dem Herd-

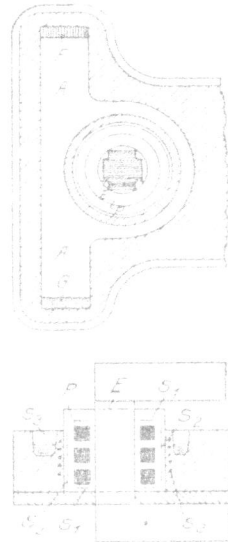

Abb. 105 und 106.
Induktions- und Widerstandsofen nach Röchling und Rodenhauser.

---

[1]) D. R. P. Nr. 358 424; 338 435; 338 059.
[2]) Schweiz. Pat. Nr. 37780/70.
[3]) D. R. P. Nr. 199 354.

futter liegen sich jedoch zwei Polelektroden E gegenüber, die in der Auskleidung eingebettet sind und mit besonderen Sekundärwicklungen in Verbindung stehen. Durch die Polplatten wird ein starker Strom geleitet, der eine Widerstandsheizung in dem zwischenliegenden Schmelzgut hervorruft. Da der in den Schmelzrinnen von kleinem Querschnitt befindliche Stahl sehr viel heißer wird als der

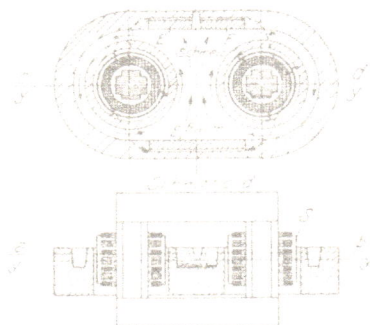

Abb. 107 und 108.
Induktionsofen mit eingebauten Polplatten.

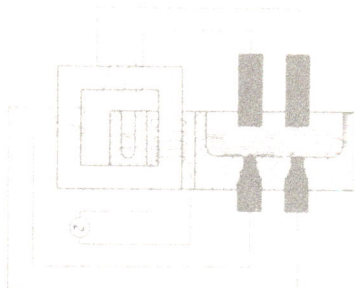

Abb. 109.
Elektroofen, der alle drei Heizungsarten umfaßt nach Ruß.

Stahl im eigentlichen Schmelzraum, wo für den Durchgang des Stromes ein viel größerer Querschnitt vorhanden ist, so ist beabsichtigt, daß die Widerstandsheizung zu einer gleichmäßigen Erhitzung des gesamten Schmelzgutes beiträgt.

Einen Lichtbogenofen des Verfassers mit Induktions- und Widerstandsheizung zeigt noch Abb. 109. Bei diesem Ofen kommen alle drei Heizungsarten zur Anwendung. Jede dieser Heizungen kann einzeln oder zusammengeschaltet bzw. betrieben werden.

6. Die Hochfrequenzheizung.

Sofern die Hochfrequenzheizung[1] auch für den praktischen Elektrostahlofenbetrieb keine Anwendung finden wird (wenigstens in den nächsten Jahren noch nicht), so ist es doch wichtig, diese einfache Heizungsart kennenzulernen, zumal sie in Laboratorien für Stahluntersuchungen schon jetzt wertvolle Dienste leistet. Der erste Hochfrequenzofen wurde im Jahre 1916 von dem amerikanischen Ingenieur Edwin F. Northrup entwickelt. Der Ofen selbst ist seinem Aufbau nach von größter Einfachheit. Dagegen bietet der für die Erzeugung des Hochfrequenzstromes dienende Umformer Schwierigkeiten. Immerhin stellt der Ajax-Northrupofen eine neue Art eines Schmelzofens dar. Sein wesentlicher Unterschied gegenüber anderen Öfen besteht in der Anwendung von Strömen sehr

---

[1] Ruß: Fortschritte auf dem Gebiete der Hochfrequenz-Induktionsheizung, Elektrotechnische Zeitschrift 1923, 24. Mai, S. 481/484.

hoher Frequenz; es werden solche von 10000 bis 12000 Perioden benötigt. Wenn Ströme von so hoher Frequenz gebraucht werden, so ist eine besondere induktive Wirkung ohne Verkettung des magnetischen Stromkreises möglich. Somit kann ein leitendes Material innerhalb der Wände eines einfachen, zylindrischen Herdes oder in einem Tiegel erhitzt werden. Es ist keine Widerstandssäule, bestehend aus einem vorgeschmolzenen leitenden Material, nötig wie beim Induktionsofen. Der Ofen kann vielmehr mit neuem Material beschickt, geschmolzen und entleert werden, so daß er sich wie ein Lichtbogenofen oder wie ein Flämmen- oder Tiegelofen behandeln läßt. Allerdings bietet die Konstruktion des Stromerzeugers einige Schwierigkeiten. Der Ofen ist bisher als am brauchbarsten befunden worden, wenn er nur mit 20 kW je Phase oder bei Drehstrom mit 60 kW belastet wird. Diese Beschränkung ist, wie schon erwähnt, auf die Stromquelle zurückzuführen, die einen Hochfrequenzstrom zu erzeugen hat, bei dem für die pulsierende Entladung eine Gruppe von Kondensatoren benutzt werden muß. Durch richtige Anpassung der Kapazität und der Selbstinduktion des Schwingungskreises kann die gewünschte Frequenz erreicht werden. Die Abb. 110 zeigt die Anordnung und Schaltung des Ajax-North-rupofens, der an ein Leitungsnetz von 60 Perioden angeschlossen ist. Ein Transformator transformiert die Normalspannung von 220 Volt auf 8000 Volt. Eine Anzahl Kondensatoren C laden sich auf diese Spannung auf, um sich hierauf über die Funkenstrecke g, deren Kontaktspitzen über einem Quecksilberbad Hg stehen, zu entladen, wodurch die Schwingungen hervorgerufen werden. Der Hochfrequenzstrom durchfließt eine Induktionsspule F, die von dem Schmelztiegel umschlossen wird. In letzterem findet das zu schmelzende Metall Aufnahme. Die Funkenstrecke g und der Tiegel ist mit der Erde G verbunden.

Der Ofen ist einfach und die Schmelztemperatur durch die Wicklung der Sekun-

Abb. 110.
Hochfrequenzofen.

därseite und die Induktionswicklung am Tiegel leicht zu regeln. Dagegen genügt die Stromquelle für den Hochfrequenzstrom bisher nur für einen sehr kleinen Ofen. Sollte es gelingen, einen brauchbaren rotierenden Stromerzeuger, der Ströme von reiner Sinusform erzeugt, in jeder Größe herzustellen, so ist der Größe des Hochfrequenzofens innerhalb der wirtschaftlichen Forderungen kaum eine Grenze gesetzt. Eine geeignete Hochfrequenzmaschine fehlt jedoch bis heute für den vorliegenden Zweck. Mithin kann der Northrupofen vorläufig nur als Versuchsofen gelten, der jedoch in Laboratorien schon heute gute Dienste leistet.

III. Die Elektrostahlöfen.

1. Allgemeines.

Wir haben im vorhergehenden die elektrischen Heizungen, wie sie für die nun folgenden Elektroöfen in Frage kommen, kennengelernt. Da die Forderungen, die an einen idealen Ofen gestellt werden, verschiedene sind und von den wirtschaftlichen, betriebstechnischen, elektrotechnischen und andern Verhältnissen abhängen, so müssen die Vor- und Nachteile der nun folgenden Öfen herausgeschält und gegeneinander abgestimmt werden. Das Ergebnis hängt dann schließlich von jedem einzelnen Betriebsfall ab, und es ist Sache des Metallfachmannes, sich für die eine oder andere Ofenart zu entscheiden. Immerhin wird vielleicht von dem Leser die Frage gestellt werden, welcher Elektroofen als der beste zu empfehlen ist. Auf diese Frage kann man nur die Antwort geben, daß jeder der nachstehend beschriebenen Öfen verwendbar ist. Die Wahl des Ofens hängt von verschiedenem, und zwar in erster Linie davon ab, was in demselben hergestellt werden soll, wie das Einsatzmaterial beschaffen ist und ob dasselbe in flüssigem Zustand oder in fester Form zur Verfügung steht. Ferner sind die Arbeits- und Betriebsverhältnisse bei der Wahl eines Elektroofens zu berücksichtigen. Auch spielt der Strompreis, sowie die verfügbare Stromart eine große Rolle und insbesondere, ob eine eigene Kraftzentrale vorhanden ist und unter welchen Verhältnissen sie arbeitet, oder ob der Anschluß an ein fremdes Kraftwerk erfolgen soll und unter welchen Bedingungen dieses arbeitet und den Strom abgibt. All das ist für die Wahl eines Elektroofens ausschlaggebend. Im allgemeinen kann man dort, wo ein Arbeiten mit festem Einsatz vorzusehen ist und nur ein geringer Bedarf an Stahl vorliegt, den indirekten Lichtbogenofen wählen. Dort aber, wo mit festem als auch mit flüssigem Einsatz und mit einem größeren täglichen Bedarf an Stahl zu rechnen ist, dürfte der direkte Lichtbogenofen oder der Lichtbogen-Widerstandsofen am Platze sein. Sobald aber ausschließlich mit flüssigem Einsatz gearbeitet werden kann und sofern besonders hochwertige Qualitätsstahlsorten verlangt werden, ist der Induktionsofen vorzuziehen, vorausgesetzt, daß die elektrotechnischen Verhältnisse dies zulassen.

Über die Verbreitung des Elektrostahlofens ist mitzuteilen, daß bis zum Kriegsausbruch 1914 Deutschland unbestritten die Führung in der Herstellung von Elektrostahl und die meisten Elektrostahlöfen hatte. Auch während des Krieges sind noch eine ganze Anzahl neuer Elektrostahlanlagen bei uns gebaut worden. Später ist Deutschland aus seiner führenden Stellung herausgefallen.

Das Elektrostahlverfahren hat heute in Schweden und namentlich in England und Amerika einen beispiellosen Aufschwung genommen, den wir wohl vorläufig nicht wieder einholen können. In den Vereinigten Staaten und Kanada waren 1914 etwa 30 elektrische Stahlöfen vorhanden, während Ende 1920 in diesen Ländern 374 solcher Öfen zur Aufstellung gekommen waren, die etwa 3 Millionen Tonnen Elektrostahl erzeugen. In England wird gegenwärtig etwa 40mal so viel Elektrostahl wie vor dem Kriege hergestellt, wodurch es möglich geworden ist, die große Einfuhr aus Schweden zu vermeiden.

Eine Aufstellung[1]) nach amerikanischen Angaben zeigt den Einfluß des Krieges auf die Verbreitung der Elektrostahlöfen.

Zahlentafel 7. Verbreitung der Elektrostahlöfen.

	März 1910	1. Juli 1913	1. Januar 1915	1. Januar 1916	1. Januar 1917	1. Januar 1918	1. Januar 1919
Deutschland und Luxemburg . . .	30	34	46	53	53	91	98
Österreich-Ungarn	10	10	18	18	18	31	—
Schweiz	2	3	2	4	4	4	—
Italien	12	20	22	22	29	40	48
Frankreich	23	13	17	21	29	50	52
England	7	16	16	46	88	131	138
Belgien	3	3	3	3	3	—	—
Rußland	2	4	9	11	16	21	—
Schweden	5	6	18	23	40	50	—
Norwegen	—	3	2	6	9	12	—
Spanien	—	1	1	2	2	2	—
Japan	—	1	1	1	2	4	11
Südafrika	3	4	1	1	1	2	—
Australien	—	—	1	1	1	1	2
Chile	—	—	—	1	—	2	3
Dänemark	—	—	—	—	1	2	—
Vereinigte Staaten	10	19	41	73	136	233	287
Kanada	3	3	2	8	19	36	43
Andere Länder . .	—	—	12	9	21	21	—
Welt	114	140	213	303	472	733	.815

Nach dieser Zusammenstellung wird die Anzahl der Elektrostahlöfen der Welt im Jahre 1919 auf 815 Stück geschätzt. Die Zahl der Öfen in allen Ländern ist jedoch weiter gestiegen und soll bis zum 1. Januar 1920 über 1025 betragen haben. Natürlich liegt die Ursache dieser Erscheinung in den gewesenen Kriegs-verhältnissen begründet. Die Anforderung, hochwertigen Qualitätsstahl zu erzeugen, war überall in den oben aufgeführten Ländern auf ein Mehrfaches gestiegen. Die allgemein vorgenommene Befriedigung dieses vergrößerten Bedarfes durch den verhältnismäßig teuren Bau von Elektrostahlanlagen

---

[1]) Iron Age 1918, 3. Januar, S. 113; ferner Stahl und Eisen 1921, Seite 83.

darf wohl als Beweis betrachtet werden, daß die überwältigende Mehrheit der in Frage kommenden Fachkreise von der Überlegenheit dieses noch verhältnismäßig neuen Schmelzverfahrens gegenüber den bisherigen Verfahren überzeugt ist.

Die Zahl der Ofenarten hat im Laufe der Zeit ebenfalls zugenommen. Hierfür sind häufig Betriebserfahren und geschäftliche Interessen ausschlaggebend gewesen. Zu den wichtigsten Ofenarten zählen folgende:

1. Lichtbogenöfen: Héroult, Snyder, Rennerfelt, Greaves-Etchells, Grönwall-Dixon, Nathusius, Ludlum, Stassano, Bonn (früher Mönkemöller), Industrial, Vom Baur, Chaplet, Keller, Webb.

2. Induktionsöfen: Kjellin, Frick, Hiorth, Röchling-Rodenhauer, General-Electric Co.

Der Lichtbogenofen hat bisher die weitaus größere Verbreitung gefunden. Nur in Deutschland erlangte der Induktionsofen mehr Bedeutung als anderwärts. Von den über 100 Öfen, die heute in Deutschland stehen, entfallen etwa 30 auf Induktionsöfen. Dagegen sind in den Vereinigten Staaten, England, Frankreich usw. etwa 95 bis 99% Lichtbogenöfen vorhanden[1]).

Berücksichtigen wir die für die Anschaffung eines Elektroofens erforderlichen wirtschaftlichen, betriebstechnischen, elektrotechnischen und finanziellen Verhältnisse, so sind die folgenden Gesichtspunkte für die Beschaffung eines Elektroofens ausschlaggebend: Stromart, Spannung, Periodenzahl Belastungsschwankungen des Netzes, einseitige Netzbelastung, Stromverbrauch, Strompreis, Höchstrabatt bei maximalem Jahresverbrauch, Phasenverschiebung, Benutzung von Drosselspulen, Transformatorenverluste, Elektroden, Elektrodenverbrauch, Kühlwasserverbrauch, Beschaffenheit des Kühlwassers, Kauf der feuerfesten Steine und Zustellungsmasse, ihre Transportkosten, Lohnverhältnisse, Beschaffenheit des Einsatzmaterials, Roheisen und Zuschläge, Verwendungszweck des Ofens bzw. Frage über die Gewinnung welcher Stahlqualitäten, ob mehrere Stahlsorten hergestellt werden sollen und welche, ferner was für schmelzeinrichtungen vorhanden sind, ob der Elektroofen mit flüssigem Einsatz beschickt werden kann, Transportverhältnisse für das Einsatzmaterial, Gebäude, Fundamente für den Elektroofen, Unterbringung der elektrischen Einrichtungen, Ofenbühne, Kranenanlagen, Wage, Hilfskran für die Materialzufuhr, Stromleitung, Wasserzu- und -ableitung und schließlich Bedienungspersonal.

Die grundsätzlich oben angeführten Punkte, soweit sie auf den Elektroofen unmittelbar Bezug haben, finden im Zusammenhang mit der Beschreibung der verschiedenen Ofenarten ihre Beantwortung. Jeder der nachstehend beschriebenen Öfen wird demnach, soweit hierzu die Möglichkeit vorhanden ist oder dies für erforderlich erscheint, nach folgenden Gesichtspunkten behandelt werden:

---

[1]) Stahl und Eisen 1921, Seite 83.

Bevor wir uns den nunmehr folgenden, in der Stahlindustrie eingeführten Elektroofenkonstruktionen zuwenden, erscheint es zunächst erforderlich, einige Hinweise zu vorgenannten Punkten zu geben.

1. Geschichtliches. Es ist zweifellos von allgemeinem Interesse, festzustellen, welche Gründe den Erbauer zu seinem Elektroofen geführt haben, und unter welchen Voraussetzungen der Ofen entstanden ist. Wenn man bedenkt, daß vor 20 Jahren kaum an eine praktische Verwertung des elektrischen Stromes für die Stahlerzeugung gedacht wurde, so ist das Wagnis und die Pionierarbeit, die zumal von den nennenswerten Ofenerbauern unternommen wurde, nicht hoch genug einzuschätzen. Es würde jedoch über den Rahmen des vorliegenden Buches hinausgehen, die Geschichte der elektrischen Eisenbereitung selbst zu schildern. Diese Aufgabe hat bereits Prof. Meyer[1]) gelöst, und zwar an Hand vorzüglicher Unterlagen.

2. Aufbau des Ofens. Die hier beschriebenen Öfen sind praktisch erprobte Konstruktionen, wovon sich jede durch ihren besonderen Aufbau auszeichnet. Hierbei ist eine hinreichende Anpassung an die metallurgischen und elektrotechnischen Anforderungen, soweit sie sich mit dem Aufbau des betreffenden Ofens überhaupt in Einklang bringen lassen, Rücksicht genommen worden. In wärmetechnischer Hinsicht spielt für den Aufbau des Ofens vor allem der thermische Wirkungsgrad eine Rolle. Dieser wird vor allem durch gute Wärmeisolation, richtige Herd- und Gewölbeabmessungen, Wärmeaufnahme und -verteilung usw. erreicht. Von Nachteil ist jede Kühlung, ob mittels Wasser oder Luft. Leider können hierauf einige Ofenkonstruktionen nicht verzichten, da sonst bestimmte Einzelteile des Ofens Schaden nehmen würden. Eine Wasser- oder Luftkühlung bedeutet Stromverluste, ganz abgesehen davon, daß das Schmelzgut in der Nähe der gekühlten Stellen eine unerwünschte Zähflüssigkeit annimmt und gar Gefahren beim Versagen der Kühlung in sich

---

[1]) Meyer O. Dr.: Geschichte des Elektroofens, Verlag von Julius Springer, Berlin, 1914.

birgt. Ebenso ist ein möglichst hoher elektrischer Wirkungsgrad anzustreben, damit keine unnötigen Stromverluste entstehen, die die Betriebsunkosten nur ungünstig beeinflussen.

In metallurgischer Hinsicht muß von einem Elektroofen eine vielseitige Verwendbarkeit und damit größte Anpassungsfähigkeit an vorhandene Stahlwerksanlagen verlangt werden. Es muß möglich sein, verschiedene Stahlsorten unter gleich günstigen Verhältnissen vorteilhaft zu schmelzen, wobei jeder gerade vorhandene Schrott als Einsatzmaterial zu dienen hat. Darin liegt der besondere Vorteil beim Elektroofen! Hieraus ergibt sich wiederum, daß alle für den Aufbau des Ofens erforderlichen Einrichtungen berücksichtigt werden müssen, damit beispielsweise der Reinigungsvorgang leicht und sicher durchgeführt werden kann. Über die übrigen Forderungen, die hierbei in Betracht kommen, z. B. genaue Temperaturregelung, hinreichende Durchmischung des Bades, leichte Übersichtlichkeit des Schmelzraumes, bequeme Beschickung, einfaches Abschlacken und Abstechen des Ofens, unterrichten uns noch die nächstfolgenden Punkte.

3. Stromart des Ofens. Während bei Einführung der Elektrostahlöfen auf die vorhandene Stromart keine Rücksicht weiter genommen wurde, ist man heute dazu übergegangen, sich den Stromverhältnissen, insbesondere den Ansprüchen der Netzbelastung anzupassen.

Für die ersten in Deutschland gebauten Elektrostahlöfen, die einen verhältnismäßig kleinen Fassungsraum von etwa 1 bis 2 t hatten, wurden besondere Drehstrom-Einphasenwechselstrom-Umformer gebaut. Man hielt den direkten Anschluß an bestehende Drehstromnetze, infolge der beim Eintreten eines Kurzschlusses auftretenden Kurzschlußströme, für bedenklich, zumal keinerlei Erfahrungen vorlagen, wie groß der Kurzschlußstrom in diesem Falle sein würde. Die bis dahin verwendeten Generatoren waren für besonders großen Spannungsabfall und geringen Kurzschlußstrom gebaut, so daß die Stromstärke nur bis zum 1,5 fachen des Normalstromes ansteigen konnte. Die Aufstellung besonderer Maschinenumformer erforderte aber hohe Anlagekapitalien, was für die Entwicklung der Elektrostahlanlagen nicht gerade günstig war. Auch entstanden durch besondere Maschinenräume, in Verbindung mit dem Ofenhaus, unerwünschte Gebäudekosten, Platzeinschränkungen usw., die, neben den laufenden überflüssigen Betriebsausgaben für das Maschinenpersonal, unerwünscht waren.

Anders verhält es sich heute, wobei allerdings die günstige Entwicklung der Großkraftwerke wesentlich beigetragen hat. Die Elektrizitätswirtschaft erkennt nunmehr die Vorteile an, die ihr durch den Anschluß von Elektrostahlöfen geboten wird; der Anschluß dieser günstigen Stromverbraucher wird demnach heute fast überall unmittelbar an bestehende Leitungsnetze zugelassen.

Da Gleichstrom für den Betrieb von Elektrostahlöfen aus bereits früher angeführten Gründen in Wegfall kommt, bleibt also nur der Wechselstrom übrig. In Deutschland ist sowohl in der Schwerindustrie als auch bei Großkraftwerken der Drehstrom vorherrschend geworden. Die Folge davon ist, daß Elektrostahlöfen dieser Stromart im Laufe der Zeit immer mehr angepaßt wurden. So werden heute fast durchweg Drehstrom-Lichtbogenöfen an ruhende Transformatoren angeschlossen, die mit dem Hochspannungsnetz unmittelbar in Verbindung stehen.

Da Transformatoren, zumal bei voller Ausnutzung, einen hohen Wirkungsgrad besitzen, im Gegensatz zu Maschinenumformern, so dürfen die Umformerverluste als bedeutungslos betrachtet werden. Da ruhende Transformatoren keine Wartung erfordern, kommen für sie die Bedienungskosten in Wegfall. Die Anschaffungskosten eines Transformators sind im Vergleich zu einem drehenden Umformer wesentlich geringer. Spannungen von 3000, 5000, 10000, 20000 und 30000 Volt können bedenkenlos direkt auf die Betriebsspannung des Elektroofens umtransformiert werden. Die Periodenzahl ist bei Lichtbogenöfen ebenfalls ohne Einfluß, so daß die in Deutschland gebräuchliche Frequenz von 50 angewandt werden kann.

Etwas anderes ist es bei den Induktionsöfen. Wie wir bereits in einem früheren Abschnitt[1]) gesehen haben, ist der Induktionsofen von dem Leistungsfaktor abhängig, der bekanntlich mit steigender Periodenzahl sinkt. Bei unmittelbarem Anschluß des Ofens an ein Leitungsnetz darf sein Fassungsvermögen nur so groß gewählt werden, daß sich der Leistungsfaktor noch in annehmbaren Grenzen hält. Auch ist Voraussetzung, daß der Induktionsofen sich für Drehstrom eignet und eine gleichmäßige Belastung der drei Phasen möglich macht. Dieses ist aber bei allen Induktionsöfen, mit Rücksicht auf ihren Aufbau, nicht durchführbar, so daß für diese Öfen doch drehende Umformer notwendig werden. Diese sind auch dann erforderlich, sobald der Induktionsofen einen größeren Fassungsraum annimmt, da sonst eine unzulässige Phasenverschiebung im Leitungsnetz auftritt. Maschinenumformer für niedrige Periodenzahl sind jedoch Langsamläufer, die besonders hohe Anlagekosten ergeben.

4. Beeinflussung des Leitungsnetzes. Unter 3. wurden schon die bei Lichtbogenöfen auftretenden unliebsamen Stromstöße hervorgehoben. Je nach Größe und Empfindlichkeit eines Kraftwerks ist eine mehr oder weniger große Einschränkung plötzlicher Belastungsänderungen notwendig. Der einzige Weg, diese Stromstöße bei direktem Anschluß an ein Drehstromnetz abzuschwächen, bildet die Abdrosselung der Spannung. Diese läßt sich erreichen entweder dadurch, daß man dem Ofentransformator eine große Streuung gibt, oder in der Weise, daß man die Abdrosselung in die Leitungsschienen verlegt, und endlich dadurch, daß dem Transformator Drosselspulen vorgeschaltet werden, während der Transformator normal gebaut wird[2]).

Die billigste und einfachste Lösung ist der zweite Vorschlag, da man hierdurch annähernd dasselbe erreichen kann, als wenn man den Transformator mit großer Streuung versieht. Es brauchen nur die Zuführungsschienen zu den

---

[1]) Siehe Seite 98 u. f.
[2]) Ruß, Der unmittelbare Anschluß von Elektrostahlöfen, Elektrotechnische Zeitschrift, Berlin 1920, S. 45/48.

Lichtbogenelektroden ungünstig, d. h. in weiten Abständen voneinander verlegt werden. Eine noch bessere Wirkung erzielt man, wenn man die Schienen mit Draht oder Eisenbändern umwickelt. Diese Umwicklung führt einen induktiven Spannungsabfall herbei, der allenfalls groß genug ist, daß auftretende Stromstöße sich auf das Leitungsnetz nicht weiter ausdehnen. Der Nachteil der Bewicklung ist jedoch der, daß die Drosselung stets in dem Stromkreis vorhanden ist, auch dann, wenn die Lichtbögen bei vorgeschrittenem Schmelzprozeß ruhig brennen.

Der erste Vorschlag, wonach der Ofentransformator mit großer Streuung gebaut werden soll, bedingt einen verhältnismäßig großen und teuren Transformator und hat nur dieselbe Wirkung wie der zweite Vorschlag. Da jedoch schon mit Rücksicht auf die besonderen Anforderungen Spezial-Transformatoren zur Anwendung kommen, ist es vorteilhaft, diese mit größerer Streuung zu bauen.

Bei Einführung der Drehstromöfen wurde der dritte Vorschlag, also die Vorschaltung von Drosselspulen, bevorzugt. Die Kosten eines normalen Transformators mit Drosselspule sind nicht viel höher als die Kosten eines Spezialtransformators mit besonders großer Streuung. Dafür hat man jedoch bei gesondert angeordneten Drosselspulen den Vorteil, diese je nach Bedarf zu- oder abzuschalten. Man vermag also zu Anfang des Schmelzvorganges die Drosselspulen vorzuschalten und so lange eingeschaltet zu lassen, als sie gebraucht werden. Unterteilt man die Drosselspulen und führt die Anzapfungen zu Umschaltorganen, so vermag man je nach Wunsch eine geringere oder eine größere Abdrosselung zu erreichen.

Es gibt noch eine andere Möglichkeit, die Belastungsschwankungen eines Lichtbogenofens einzuschränken, dieses sind die selbsttätigen Elektrodenregelungen. Diese tragen in hohem Maße dazu bei, im Entstehen begriffene größere Stromstöße zu vermeiden oder so abzudämpfen, daß sie auf das Leitungsnetz nicht wesentlich einwirken. Ferner dienen sie dazu, die Belastung selbsttätig konstant zu halten und bei Unregelmäßigkeiten die Normalstromstärke wieder herzustellen.

Induktionsöfen haben eine gleichmäßige Stromentnahme und können keine plötzlichen und ungewollten Belastungsänderungen hervorrufen. Dagegen ist ihr unmittelbarer Anschluß infolge des schlechten Leistungsfaktors aus schon bereits oben geschilderten Gründen erschwert.

So wünschenswert es ist, jeden Elektroofen wirtschaftlich für alle Verwendungszwecke mit dem gleichen Erfolg zu verwenden, so wenig ist diese Forderung infolge der Verschiedenartigkeit der Öfen denkbar. Ein Lichtbogenofen ist bei kleinem Bedarf oder bei stark wechselnden Stahlsorten besser geeignet als ein Induktionsofen. Letzterer kann wiederum mit einem Vorschmelzofen in Zusammenhang gebracht werden, während ein Lichtbogenofen auch mit kaltem Einsatz auskommt. Wird Stahl von besserer Qualität gefordert, der mit dem Tiegelstahl vergleichbar ist, so dürfte ein Induktionsofen vorzuziehen sein, dessen Betrieb aber Tag und Nacht möglich sein muß, damit das aus dem Sekundärstromkreis bestehende Schmelzgut flüssig bleibt.

6. Zustellung. Da sich in einem elektrischen Ofen wesentlich höhere Temperaturen erzeugen lassen, als dieses mit den bisher üblichen hüttenmännischen Einrichtungen möglich war, so werden an das zu verwendende Auskleidungsmaterial erhöhte Anforderungen gestellt, worauf Rücksicht genommen werden muß. Neben der Widerstandsfähigkeit gegen die hohen Ofentemperaturen und Temperaturwechsel, wird noch ein ausreichender Widerstand gegen chemische Einflüsse gefordert. Am besten wählt man Baustoffe mit großer Dichte, in Verbindung mit einer hinreichenden mechanischen Festigkeit. Alsdann besteht die Gewähr, daß die Zustellung keine Risse bildet, nicht wächst oder schwindet. Als Ofenbaustoffe dienen für das Gewölbe Schamottesteine, Dinassteine und Silikasteine, für die Herdauskleidung Dolomit und Magnesit. Nachdem der Herd vorher mit geeigneten haltbaren Isoliersteinen ausgelegt ist, mischt man gekleinerten Dolomit oder Magnesit mit heißem Teer und stampft das Gemisch fest auf, möglichst mit Preßluftstampfern.

7. Elektroden. Hierüber wird in einem späteren Abschnitt[1]) noch eingehend berichtet, so daß sich an dieser Stelle weitere Mitteilungen überflüssig machen.

8. Erhitzung. Schon an verschiedenen Stellen wurde hervorgehoben, daß die mittels Elektrizität gewonnene Wärme von denkbar größter Reinheit ist. Beim Elektroofen ist ganz besonders der Vorteil der vollkommenen Einflußlosigkeit der Heizkraft auf die chemische Zusammensetzung des Stahles und der Schlacke, im Gegensatz zu den bisherigen Schmelzeinrichtungen, zu bewerten. Es ist demnach möglich, in einem Elektroofen jeden beliebigen Stahl herzustellen, wobei die Treffsicherheit der Stahlbeschaffenheit bei richtiger Ofenführung verbürgt wird.

9. Temperaturregelung. In Zusammenhang mit Punkt 8 steht die Temperaturregelung. Für den Hüttenmann liegt berechtigter Anlaß vor, von einem Schmelzofen genaue Einhaltung gewünschter Temperaturen zu fordern. Der elektrische Ofen besitzt diese Eigenschaften in hohem Maße und hat sich deshalb sehr beliebt gemacht, da er mit großer Sicherheit Über- und Unterhitzungen vermeidet. Durch Verminderung der Energiezufuhr mittels Strom und Spannung (beim indirekten Lichtbogenofen sogar noch durch die Verstellung der Elektrodenentfernung zwischen Lichtbogen und Bad) kann jede gewünschte Temperatur erreicht und eingehalten werden.

10. Durchmischung des Bades. Als besonders wertvoll muß man die bei fast allen Elektrostahlöfen in dem Schmelzgut auftretenden, lebhaften Bewegungen ansprechen, die den flüssigen Stahl während des Erhitzens innig durchmischen. Lediglich durch magnetisch-motorische Kräfte, also ohne Zuhilfenahme irgendwelcher mechanischer Hilfsmittel, erfolgt diese wichtige Erscheinung, und zwar bei allen Induktionsöfen und solchen Lichtbogenöfen, deren Elektroden mit dem Schmelzgut Berührung haben.

11. Kippbarkeit. An diese an sich selbstverständliche Einrichtung ist man heute so gewöhnt, daß hierüber weiter keine Worte aufzuwenden sind.

---

[1]) Die Elektroden, siehe Seite 358.

12. Übersichtlichkeit des Herdes. Auch diese Forderung betrachtet man bei modernen Schmelzeinrichtungen als unbedingt notwendig. Man muß in der Lage sein, den Herd auch während des Betriebes zu übersehen, um alle metallurgischen Arbeiten ausführen zu können. Zu diesem Zweck werden Schaulöcher oder passend angebrachte Türen, durch die der Ofen gleichzeitig beschickt wird, vorgesehen.

13. Größe des Ofens. Da nicht jede Elektroofenart in beliebigen Größen gebaut werden kann, sondern von der Haltbarkeit des Gewölbes und des Herdfutters, den Elektrodenabmessungen, dem Leistungsfaktor und anderer Voraussetzungen abhängig ist, so wird bei den zur Besprechung kommenden Öfen hierauf besonders hingewiesen.

14. Ausführungen. Unter diesem Punkt werden über die in dem nunmehr folgenden Abschnitt beschriebenen Elektrostahlöfen Betriebserfahrungen und, soweit dieses möglich ist, Betriebszahlen mitgeteilt.

2. Die Strahlungsöfen.

Der Stassanoofen.

1. Geschichtliches. Der italienische Kapitän Ernesto Stassano zählt zu den ersten, der sich mit der praktischen Gewinnung von Eisen und Stahl auf elektrischem Wege beschäftigte. Es war anfangs sein Bestreben, Eisenerz in einem hochofenähnlichen Lichtbogenofen zu verhütten und in Verbindung mit dieser Reduktionsarbeit im gleichen Ofen Stahl herzustellen. Gleichzeitig hatte er die Absicht, die reichen Wasserkräfte, die in Italien zur Verfügung stehen, auszunutzen, da Kohle größtenteils vom Auslande bezogen werden mußte. Nicht zuletzt sind auch die bedeutenden Erzvorkommen für die Pläne Stassanos ausschlaggebend gewesen.

Stassano nahm das erste italienische Patent[1]) im Jahr 1898, um dasselbe auch in anderen Ländern anzumelden; das deutsche Patent[2]) wurde im gleichen Jahre erteilt. Es wird als „Verfahren zur fabrikmäßigen Gewinnung von flüssigem, schmiedbarem Eisen beliebigen Kohlenstoffgehaltes und von flüssigen Eisenlegierungen auf elektrischem Wege" bezeichnet. Die Herstellung des Stahles sollte „durch die direkte Reduktion der Eisenerze in einem geeigneten Ofen vermittelst Holzkohle in Verbindung mit der strahlenden Wärme des elektrischen Flammenbogens unter gleichzeitiger Überführung von unerwünschten Verunreinigungen in die Schlacke infolge geeigneter Bemessung verschiedener Zuschläge erfolgen". Der Ofen, den Stassano für dieses Verfahren vorschlug, ist in Abb. 111 und 112 wiedergegeben. Dieser Elektroofen zeigt noch die alte Form eines Eisenhochofens. A stellt den Schacht, anschließend daran die Rast, C den Schmelzraum, c die Elektroden und f die Abstichöffnung dar. Der Ofen trägt oben die Glocke T und besitzt ferner Kanäle t, durch die die

1) Ital. Patent Nr. 47 476.
2) D. R. P. Nr. 141 512.

Gichtgase abziehen. Stassano legte besonderen Wert darauf, daß Außenluft nicht in das Ofeninnere eintreten konnte. Mit einem solchen Ofen führte Stassano in der Officine dei Cerchi in Rom seine ersten Versuche aus. Dabei ergab sich

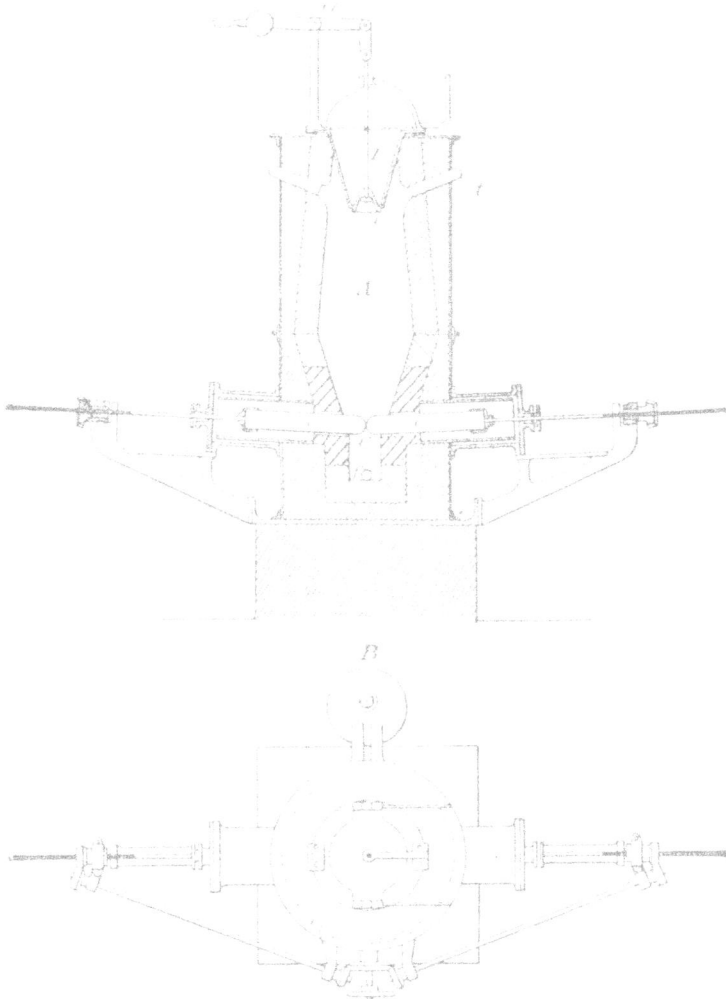

Abb. 111 und 112.
Stassano-Elektrohochofen.

eine Schmelzleistung von 30 kg Metall bei 50 Volt und 1800 Amp. Obwohl jeder, der einige Erfahrungen auf diesem Gebiete besaß, von der Erfolglosigkéit der ersten Versuche überzeugt sein mußte, bildete sich eine Gesellschaft unter dem Namen „Societá Elettro-Siderúrgica Camuna". Diese errichtete in Darfo

120

im Camonica-Tale (Lombardei) unweit des Lago d'Iseo eine größere Anlage
mit einem Stassanoofen von 500 PS Leistung bei 170 Volt Wechselstrom und
2000 Amp. Nachdem Stassano erkannt hatte, daß die schwer schmelzbare
Schlacke als Schicht von bedeutender Stärke sich im Schmelzraum überall
ansetzte und viel Wärme wegnahm, ging er zu Veränderungen seines Ofen
über. Auf Einzelheiten können wir verzichten. Stassano gab den Schachtofen vollständig auf und wählte die Form eines Herdofens, in welchem über
dem Schmelzgut einige Elektrodenpaare angeordnet wurden. Abb. 113 und 114
zeigen diesen Ofen, bei dem mehrere Lichtbögen über der Badoberfläche

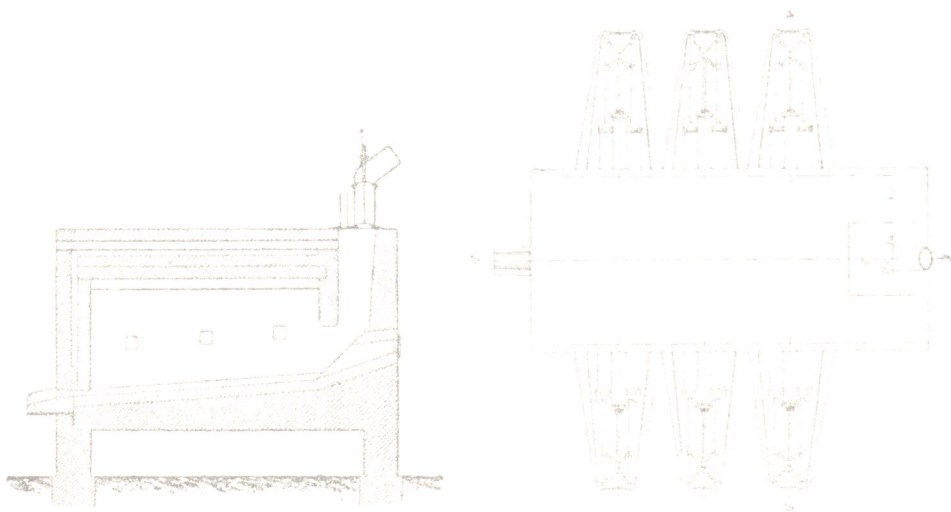

Abb. 113 und 114.
Stassano-Elektroherdofen.

wirksam sind[1]). Aber auch diesem herdförmigen Ofen war kein Erfolg beschieden
und nachdem die Versuche eine riesige Menge Geld verschlungen hatten, li-
quidierte die Gesellschaft.

Stassanos Bemühungen gingen jedoch weiter, er ersetzte schließlich den
Herdofen durch einen kreisförmigen Ofen, der sich an das Vorbild des Parno-
schen Drehofens (Puddelofen) anlehnt. Dieser Ofen wurde in verschiedenen
Ländern patentiert, so auch in Deutschland[2]). Abgesehen von einigen konstruktiven Neuerungen hat sich dieser Ofen auf dem Markte behaupten können;
ein solcher Ofen wurde mehrere Monate in der Kgl. Kanonengießerei in Turin
betrieben. Es soll daher der Aufbau und die Konstruktion dieses Ofens nachstehend beschrieben werden.

[1]) B. Neumann führt in seinem Buch: Elektrometallurgie des Eisens, Verlag
von W. Knapp, Halle 1907, die sehr interessanten Versuchsergebnisse auf.
[2]) D. R. P. Nr. 144156.

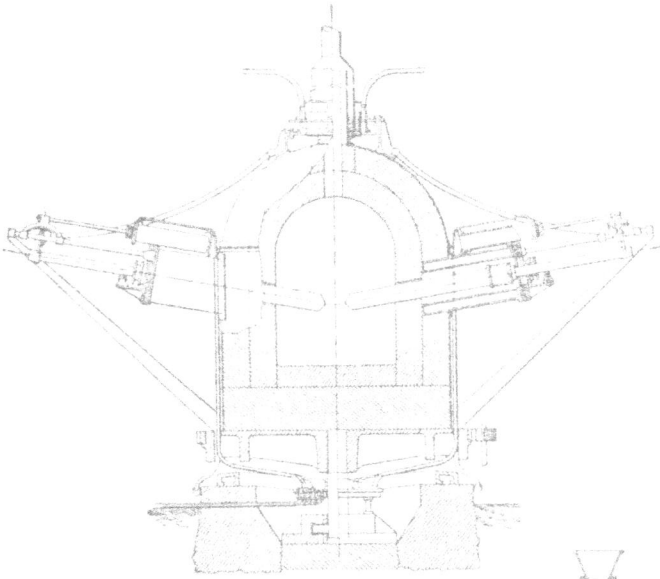

Abb. 115 bis 117.
Stassanoofen, ältere Bauart.

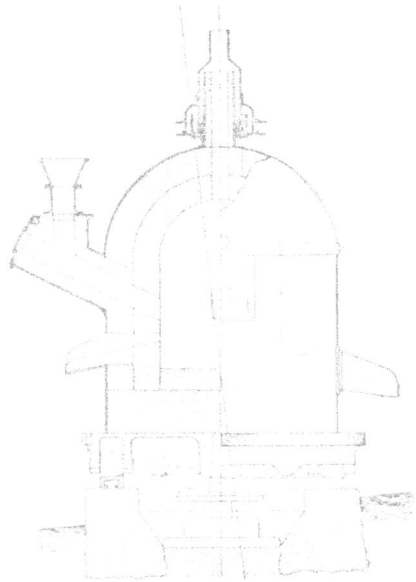

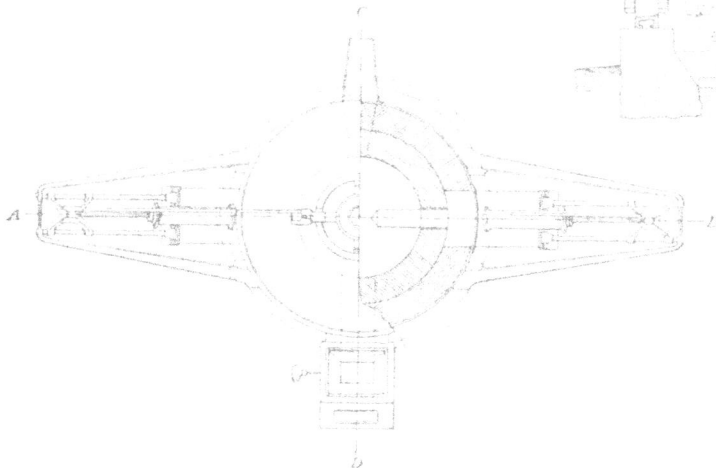

2. Aufbau des Ofens. Das Wesen des Strahlungsofens von Stassano in seiner heutigen Anwendung wurde bereits in Abb. 59 gezeigt. Es springt der Lichtbogen bei diesem Ofen zwischen den Elektroden über; er kommt also bei normalem Betriebe mit dem Schmelzgut nicht in Berührung, sondern wirkt lediglich durch Strahlungswärme auf das Bad. Damit ist der Aufbau des Stassanoofens noch nicht erschöpft. Wie die Abb. 115 bis 117 dartun, hat Stassano diesen Ofen drehbar ausgestattet zum Zweck einer mechanischen Durchmischung des Bades, wofür er in seiner Patentschrift[1]) folgenden Anspruch geltend macht:

„Drehbarer elektrischer Ofen zum Reduzieren von Mineralien und Raffinieren von Metallen, dadurch gekennzeichnet, daß die Drehachse des Ofens und der zu demselben in unveränderlicher Lage befindlichen Bestandteile (Elektroden und Zubehör, Wasserkühleinrichtungen, Druckwasserzylinder) in einer schrägen, von der Senkrechten etwas abweichenden Richtung steht, wodurch die auf dem senkrecht zur Drehachse angeordneten Ofenboden liegende Beschickung ununterbrochen von höher liegenden Stellen des Bodens nach den tiefer liegenden gleitet und so selbsttätig in mehrfachen Richtungen durchgearbeitet wird."

Der Ofen dient für den Anschluß an einphasigen Wechselstrom und ist mit zwei wassergekühlten Elektroden ausgerüstet. Der Herd besteht aus einem feuerfesten Mauerwerk, das in einem trommelförmigen Eisenblechmantel eingeschlossen ist. Oben bildet der Schmelzraum eine Kugelkalotte, in der ein Abzugskanal für die Gase vorgesehen ist. Seitlich ist eine Beschickungstüre; ferner sind zwei Abstichlöcher vorhanden. Der Ofen ruht auf einer Platte, deren Drehachse in einem Spurlager läuft. Die neuere Konstruktion weicht hiervon erheblich ab, so daß es überflüssig ist, auf die alte Bauart weiter einzugehen.

Der Stassanoofen in seinem heutigen Aufbau ist aus Abb. 118 ersichtlich. Die oben beschriebene Schwingvorrichtung hat Nachteile, die darin bestehen, daß die bewegten Teile das gesamte Gewicht des Ofens und des Schmelzgutes

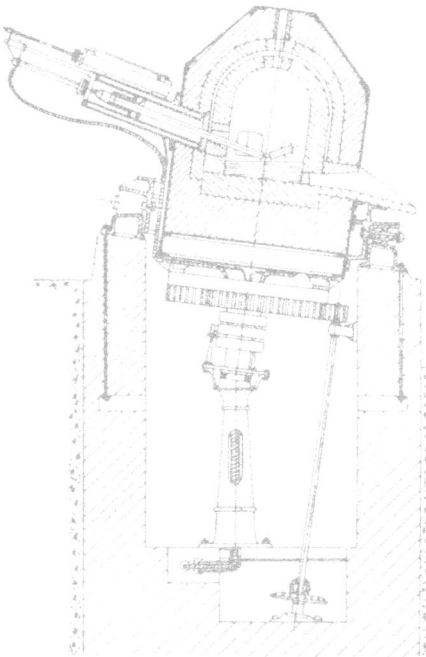

Abb. 118.
Stassanoofen neuer Bauart.

[1]) D. R. P. Nr. 144 156.

aufzunehmen haben. Hierdurch entstehen große Reibungen und rasche Abnutzung der Teile. Stassano bringt nach einer späteren Patentschrift[1]) ein
Kardangelenk in Vorschlag, welches in einem feststehenden Gestell aufgehängt
wird, während seine geometrische Achse durch ein sich drehendes Organ in
Drehung versetzt wird. Der Aufbau des Ofens ist hierbei folgender:

An zwei einander diametral gegenüberliegenden Punkten des Ofenmantels
sind zwei Zapfen befestigt, die in Lagern gelagert sind. Die Lager sind wiederum
an einem Ring befestigt, der den Ofenmantel umfaßt. In einem Winkel von
90^0 sind an dem Ring ebenfalls zwei Zapfen angebracht, die in Stützlagern
ruhen. Der Ofen ist also derart aufgehängt, daß seine senkrechte Achse jede
Neigung in bezug auf die Senkrechte einnehmen kann. Bringt man unter dem
Boden des Ofens noch einen Zapfen an, dessen Ende in einen Ausschnitt greift,
so kann man eine Drehbewegung herbeiführen, die bewirkt, daß die Achse
des Ofens einen Kegel mit kreisförmiger Grundfläche beschreibt. Auf diese
Weise wird ebenfalls ein gutes Umrühren der flüssigen Masse erreicht.

Alle Drehbewegungen beim Stassanoofen bieten für die Stromzuführung
der Elektroden einige Schwierigkeiten. Der Strom wird von außen durch kräftige Schleifringe herangeführt, die mit dem festen Teil des Ofens verbunden
sind. Alsdann wird der Strom durch Bürsten, die mit dem beweglichen Teil
in Verbindung stehen, von den Schleifringen abgenommen. Nur ganz vorzüg-
liche, dauernd zu wartende Kontakte ergeben die Gewähr einer guten Stromübertragung.

Die Elektrodenführung ist beim Stassanoofen besonders gut durchgebildet
worden. Das läßt sich insofern leicht erreichen, als beim Stassanoofen Elektroden mit verhältnismäßig kleinen Querschnitten in Frage kommen. Die Elektroden werden durch doppelwandige Zylinder in den Herd geführt. In dem
von beiden Wänden gebildeten Zwischenraum kreist Wasser, um die Temperatur an den Durchführungen niedrig zu halten. Stassano verwendet auch
eine hydraulische Antriebsvorrichtung[2]) für die Regulierung der Elektroden.
Bei dieser wird das Kühlwasser als Druckmittel benutzt. Hierbei sitzt die Elektrode an ihrem hinteren Ende in einer metallenen Muffe. An letztere ist eine
Antriebsstange angeschlossen, die von einem Doppelzylinder umgeben ist.
In dem Raum, der durch den Doppelzylinder gebildet wird, befindet sich ein
ringförmiger Kolben, der durch geeignete Gestänge mit der Antriebsstange
in Verbindung steht. In dem Ringraum ist ein ununterbrochener Wasserlauf
vorgesehen, der derart geregelt wird, daß er zum Antrieb der Elektroden dienen
kann; es kann also nach der einen oder anderen Richtung eine Bewegung des
Kolbens bewirkt werden. Die Elektrodenregelung beim Stassanoofen erfolgt
demnach von Hand, unter Anwendung von jedem verfügbaren Druckwasser.
Irgendwelche automatische Regeleinrichtungen fallen hierbei fort.

3. Stromart. Der Stassanoofen eignet sich sowohl für einphasigen Wechselstrom und auch für Drehstrom jeder beliebigen Periodenzahl. In dem einen Falle

---

[1]) D. R. P. Nr. 252173.
[2]) D. R. P. Nr 247465.

werden zwei, in dem anderen Falle drei Elektroden benutzt. Seine übliche Lichtbogenspannung beträgt 100 bis 135 Volt. Falls eine höhere Spannung vorliegt, erhält man die Betriebsspannung in bekannter Weise durch Transformatoren. Das Bild eines Drehstromofens, der mit drei Elektroden, die gleichmäßig um 120⁰ zueinander versetzt am Umfange des Ofens angeordnet sind und in der Mitte den zur Heizung des Bades dienenden Lichtbogen bilder, ist in Abb. 119 dargestellt. Der Ofen ist nach der Schaltung über einen Drehstromtransformator an ein Drehstromnetz höherer Spannung angeschlossen.

4. Einfluß auf das Netz. Die Elektroden berühren das Schmelzgut nicht. Sie befinden sich vielmehr in einem bestimmten, gleichmäßigen Abstand von dem Bade. Somit können Stromstöße in anormaler Höhe und von längerer Dauer bei richtiger Ofenführung nicht auftreten. Im allgemeinen

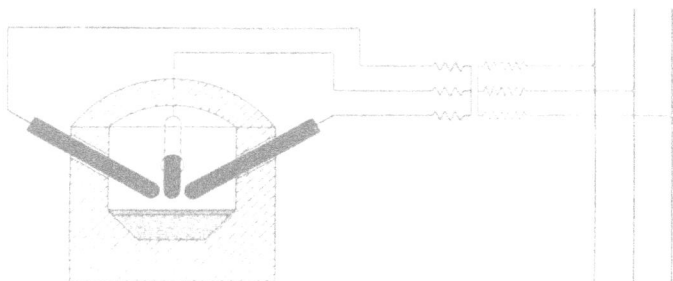

Abb. 119.
Schaltung des Drehstrom-Stassanoofens.

bleibt der einmal gebildete Lichtbogen konstant; nur mit Rücksicht auf den Abbrand der Elektroden ist ein Nachschieben bzw. infolge Verringerung des Widerstandes des Lichtbogens durch Temperaturzunahme ein Auseinanderziehen der Elektroden erforderlich. Der Stassanoofen zählt daher zu den ruhigen Lichtbogenöfen, die das Netz wenig beeinflussen.

5. Anwendung. Der Ofen eignet sich besonders zum Einschmelzen von festem Einsatz und für geringen Bedarf an Elektrostahl und ist besonders dort am Platze, wo es sich um empfindliche Leitungsnetze handelt.

6. Zustellung. Die Zustellung des Herdes und des Gewölbes unterliegt beim Stassanoofen einer besonders großen Beanspruchung. Diese wird durch die direkte Strahlungswärme der Lichtbogenheizung hervorgerufen; die Strahlungswärme verteilt sich ungeschützt im ganzen Herdraum gleich stark. (Die direkte Lichtbogenheizung dagegen vereinigt ihre Wärmestrahlen auf das Schmelzgut und schont somit die Herdwandungen und das Gewölbe). Auch die drehbare Anordnung des Stassanoofens erfordert eine gute mechanische Festigkeit der Zustellung und des Deckels. Die bisherigen feuerfesten Stoffe entsprechen beim Stassanoofen nicht den gestellten Anforderungen. Darum wählt man den Ofen nicht zu groß, damit die Auskleidung noch genügend Festigkeit bietet.

Die Innenwandungen des Herdes sind aus Chromeisenerz- oder Magnesit-steinen auf eingestampfte Magnesit- oder Tonmassen doppelwandig aufge-mauert und gegen die Seiten das Gewölbe des äußeren Blechmantels stark hinterstampft. Neuerdings werden die Seitenwände und der Boden auch aus Dolomit mit heißem Teer vermischt zu einer festen Schicht aufgestampft. Die Kugelkalotte wird vorzugsweise aus Magnesitsteinen hergestellt.

7. Elektroden. Um einen zu starken Abbrand der Elektroden infolge der Schrägstellung zu vermeiden, kommen beim Stassanoofen vorzugsweise Graphit-elektroden zur Anwendung. Diese haben eine größere Leitfähigkeit wie amorphe Kohlenelektroden, weshalb ihr Querschnitt erheblich kleiner gewählt werden kann. Es ist angängig, eine Graphitelektrode von z. B. 100 mm Querschnitt bis zu 30 Amp./cm² zu belasten, ohne daß eine zu große Überhitzung in der Elektrode oder in dem umgebenden Mauerwerk zu befürchten ist. Es empfiehlt sich jedoch, Graphitelektroden von 100 mm Durchm. nicht über 25 Amp./cm² und solche von 200 mm Durchm. nicht über 15 Amp./cm² zu belasten. Aber nicht allein die Leitfähigkeit, auch die mechanische Festigkeit ist bei schrägen Elektroden zu beachten, zumal beim Stassanoofen, da die Elektroden weit in den Herd hineinragen und infolge der Drehbewegung des Ofens unerwünschten Erschütterungen ausgesetzt sind.

Der Elektrodendurchmesser beim Stassanoofen von 1 t Inhalt beträgt etwa 50 bis 65 mm, beim 2 t-Ofen 80 bis 100 mm. Bei Verwendung von Kohlen-elektroden müssen dagegen Durchmesser von 200 bzw. 300 mm gewählt werden. Daß beim Stassanoofen so starke Elektroden nicht besonders geeignet sind, ergibt sich aus der Bauart des Ofens.

8. Erhitzung. Da der Lichtbogen beim Stassanoofen im Mittelpunkt des Herdes liegt, verursacht die Strahlungswärme eine gleichmäßige Erhitzung der inneren Ofenwandungen und der ganzen Badoberfläche. Diese Erscheinung ist wärmetechnisch günstig; lokale Überhitzungen des Schmelzgutes sind nicht denkbar; wohl aber ist bei unrichtiger Zustellung oder Behandlung des Ofens in den unteren Badzonen eine Unterhitzung möglich, da das Heizen der Schmelze lediglich von oben, nicht aber von unten erfolgt. Für eine gute Wärmeisolation ist demnach besonders Sorge zu tragen.

9. Temperaturregelung. Die Temperaturregelung muß bei Strahlungs-öfen als besser bezeichnet werden, als bei Öfen mit direkter Lichtbogenheizung. Das läßt sich damit begründen, daß bei Strahlungsöfen zwischen Bad und Licht-bogen ein gewisser Abstand besteht, und daß dieser Abstand, neben der Energie-zufuhr verändert werden kann. Bei direkter Lichtbogenheizung wirkt hingegen der Lichtbogen unmittelbar auf das Bad und kann seine Intensität nur durch Änderung der Energiemenge (Spannung oder Strom) geregelt werden.

Bei dieser Gelegenheit sei auf eine interessante Erscheinung des Lichtbogens hingewiesen, die bei Strahlungsöfen auftritt. Geht der Ofen kalt in Betrieb, so nimmt man ein unruhiges Brennen des Lichtbogens wahr; auch ist der Licht-bogen kurz, etwa 10 cm. Sobald aber der Herd warm wird, wird der Lichtbogen stärker, gleichzeitig steigt die Länge des Lichtbogens und erreicht bis zu 3 cm. Hieraus folgt, daß der Widerstand des Lichtbogens mit der Temperaturzunahme abnimmt. Allerdings hat auch die Verdampfung der Kohlenspitzen hierauf einen Einfluß. Wird die Beschickungstüre plötzlich geöffnet, so brennt der Lichtbogen augenblicklich unruhig; er kann dann sogar sofort abreißen. Bei der Betriebsführung des Ofens ist hierauf Rücksicht zu nehmen.

Bemerkenswert ist noch die eigentümliche durchhängende Form des Lichtbogens. Es kommt daher häufig vor, daß der Lichtbogen die Badoberfläche berührt.

Reißt der Lichtbogen während des Schmelzbetriebes ab, so erfolgt eigentümlicherweise keine vollkommene Stromunterbrechung. Die Temperatur im Herd stellt vielmehr eine stromleitende Verbindung her und gestattet ein Überleiten des Stromes bis zu einem Drittel der gesamten Energiemenge. Dieses ist jedoch nur dann möglich, wenn der Herd gut erhitzt ist, da die Zustellung die Stromübertragung vermittelt.

10. Durchmischung des Bades. Die Durchrührung des Schmelzgutes erfolgt nur durch eine mechanische Bewegung des Ofens, die schon oben beschrieben wurde. Diese drehbare Einrichtung bietet zweifellos eine Gewähr für die vollkommene Durchmischung und demzufolge für die Gleichmäßigkeit des Schmelzgutes. Ob diese Konstruktion jedoch betriebssicher genug ist, muß bezweifelt werden. Es braucht nur darauf hingewiesen werden, daß sich neben der Stromübertragung, auch für die Wasserzu- und -abführung der Elektrodenregelung und Elektrodenkühlung konstruktive Schwierigkeiten ergeben. Die mechanische Drehbewegung ist bisher nur beim Stassanoofen angewendet worden.

11. Kippbare Anwendung. Das Kippen nach einer Richtung, wie bei anderen Elektroöfen, kommt beim Stassanoofen nicht in Anwendung. Das Kippen wird vielmehr durch die drehende Bewegung ersetzt. Soll das flüssige Gut im Herd entnommen werden, so muß die Ausgußschnauze in die tiefste Ofenstellung gedreht werden. Alsdann ist auf dem Trommelumfang unten ein Abstichloch vorgesehen, in welchem sich ein Lehmstopfen befindet, der herausgestoßen wird.

12. Übersichtlichkeit des Herdes. Die Form des Herdes bietet eine gute Übersicht und zeitliche unbegrenzte Beobachtung des Schmelzvorganges. Allerdings ist bei festem Einsatz auf die leicht zerbrechlichen Elektroden zu achten; diese sind beim Beschicken herauszufahren. Die metallurgischen Arbeiten erfordern große Aufmerksamkeit.

13. Größe des Ofens. Mit Rücksicht auf die hohe Beanspruchung der Zustellung, die lediglich, wie schon erwähnt, durch die starke Strahlungswärme entsteht, ist der Stassanoofen in seiner Größe begrenzt. Vorteilhaft baut man ihn nur bis 2000 kg Fassung. Die folgende Zusammenstellung gibt Aufschluß sowohl über die normalen Größen der in Betrieb befindlichen Stassanoöfen, als auch über den Anschlußwert, Einsatz und Ausbringen.

Zusammenstellung 8.

Fassungs-vermögen in kg	Stromart	Anschlußwert in kW	Einsatz	Ausbringen
800	Drehstrom	150	kalt	Stahl für Geschosse
1000	,,	200	flüssig	Spezialstahl
1000	,,	200	Schmiedeschrott	Werkzeugstahl
1200	,,	250	kalt.Schrott,Roheisen	Stahlformguß
1500	,,	300	kalt	Automaterial
1600	,,	300	kalt	Stahl für Artilleriegeschosse

14. **Ausführungen.** Über die Erfahrungen, die Stassano mit dem kleinen Hochofen (Leistung etwa 1000 Amp. bei 80 Volt) in Darfo gemacht hat, berichtet Prof. B. Neumann[1]). Nach den Betriebsangaben wird ein Gemisch von ungefähr 60 bis 70 kg Eisenerz—Kalk—Holzkohle, mit Pech zu Briketts verarbeitet, in den Schachtofen eingesetzt. Damit die Reduktion des Erzes vollständig vor sich gehen kann, ist über dem Lichtbogen eine sog. „Nase" im Mauerwerk vorgesehen, so daß die Beschickung nicht mit einem Male in den Bereich des freibrennenden Lichtbogens kommt. In dem Ofen wurde zuerst Roheisen

Abb. 120.
Stassanoofen älterer Bauart aus dem Königl. Artilleriearsenal
in Turin (Italien).

erzeugt, das anschließend daran verfeinert wurde, so daß etwa 26 bis 30 kg Schmiedeeisen gewonnen werden konnte.

Wir wenden uns, da die Roheisenerzeugung im elektrischen Ofen heute ein Sondergebiet geworden ist und demnach nicht mehr in den Rahmen dieses

---

[1]) N e u m a n n, B. Dr.: Elektrometallurgie des Eisens, Verlag von Wilhelm Knapp, Halle, 1907.

Buches fällt, dem Stassanoofen für die Stahlbereitung zu, wobei Roheisen und Schrott als festes Einsatzmaterial dient.

Die Abb. 120 zeigt uns zuerst einen drehbaren Stassanoofen aus dem königlichen Artilleriearsenal in Turin. Es ist einer der ältesten Strahlungsöfen, dessen Herd kreisförmig ausgebildet und mit kuppelförmiger Abdeckung und einem Gasabzug versehen ist. Über die Ergebnisse dieses Ofens sind kurz nach seiner Inbetriebsetzung einige Zahlen bekannt geworden[1]), welche nachstehend wiedergegeben werden sollen. Der Ofen dient hauptsächlich zum Reinigen von Roheisen und Schrott. Die Leistungsaufnahme zwischen zwei Elektroden beträgt 140 kW. Der Ofen hat drei Elektroden, die mit Drehstrom von 80 bis 90 Volt betrieben werden. Der Einsatz besteht aus 200 kg Roheisen, dem Erz und Kalk zugeschlagen werden, 200 bis 300 kg Eisen- und Stahlschrott, etwas Ferrosilizium und Ferromangan. Es wird gewöhnlich Stahl für Artilleriegeschosse hergestellt mit 0,3 bis 0,4% C, 1,2 bis 1,5% Mn, 0,03 bis 0,04% P. Das Geschoßmaterial hat eine Bruchfestigkeit von 90 bis 95 kg/mm², 12 bis 14% Dehnung. Der Abbrand soll gering sein, der Elektrodenverbrauch bleibt unter 15 kg für die Tonne Stahl. Der Stromverbrauch wird für die Tonne Stahl mit 1100 bis 1300 kWh angegeben. In 24 Stunden werden 2,4 t oder 1,4 kg für die kWh ausgebracht.

Stassano hat anschließend daran einen größeren Ofen gebaut, der für eine Leistung von 1000 PS bestimmt war und eine tägliche Erzeugung von 4 bis 5 t liefern sollte. Der Strom von 4900 Amp. und 150 Volt wird auf vier Elektroden verteilt, so daß auf jeden Lichtbogen 2450 Amp. kommen. Die Elektroden sind rund und haben einen Durchmesser von 150 mm, eine Länge von 1,30 bis 1,50 m und wiegen 60 kg. Ihr Verbrauch wird mit etwa 10 bis 15 kg/t Stahl angegeben. Wie bei dem einen, so ist auch bei diesem Ofen der Herd aus Magnesitsteinen ausgemauert[2]).

In der Stahlgießerei der Firma Leopold Gasser, St. Pölten bei Wien, befinden sich vier Stassanoöfen, in denen sowohl Stahlguß als auch Temperguß und im Bedarfsfalle sogar Grauguß erzeugt wird. Diese Elektrostahlanlage ist deshalb bemerkenswert, weil der in Abb. 121 dargestellte, drehbare Ofen in einen kippbaren umgebaut worden ist. Der drehbare Stassanoofen hat öfter zu Störungen Veranlassung gegeben, so daß man ihn in einen einfachen kippbaren Ofen, der übrigens im nächsten Abschnitt als Mönkemöllerofen näher beschrieben wird, geändert hat. Die Abb. 122 zeigt diesen Ofen in gekippter Stellung.

Bei der Stahlgießerei Leopold Gasser handelt es sich um mehrere Stassanoöfen, die umgearbeitet worden sind. Die Herde werden mit Magnesitsteinen ausgemauert oder mit Dolomit gestampft. Die Deckel sind aus Magnesitsteinen oder aus Dinassteinen hergestellt. Die Lebensdauer eines Ofenfutters beträgt bei Stahlguß und durchgehendem Betriebe etwa 3 Wochen, bei Temperguß

---

[1]) Iron and Coal Trades Review, 1906, B. IV. B. Neumann, Elektrometallurgie des Eisens, Verlag Wilh. Knapp, Halle, 1907, S. 173.
[2]) Neumann, B. Dr.: Elektrometallurgie des Eisens, Verlag von Wilhelm Knapp, Halle, 1907.

Abb. 121.
Stassanoofen vor dem Umbau in einen kippbaren Ofen, aus dem Stahlwerk
Leopold Gasser, St. Pölten bei Wien.

Abb. 122.
Stassanoofen in einen kippbaren Ofen umgebaut.

3 bis 4 Wochen. In der ersten Hälfte der Ofenreise werden bei Stahlguß 5 bis 6 Schmelzungen von je 1,3 t in 24 Stunden abgestochen. In der zweiten Hälfte der Kampagne sinkt die Zahl der Schmelzungen, da sich die Schmelzdauer bei ausgebranntem Ofenfutter verlängert. Der Elektrodenverbrauch beträgt 7,5 bis 10 kg je Tonne Einsatz. Der erzeugte Stahl ist qualitativ hochwertig und dient der Stahlformguß hauptsächlich für hochbeanspruchte Maschinenteile, Automobilteile, Lastwagenräder, Waggonachslager usw. Der hergestellte Temperguß ist phosphor- und schwefelarm und erfordert infolge des geringen Kohlenstoffgehaltes eine wesentlich geringere Temperzeit als das aus dem Kupolofen gewonnene Material. Die Stahlgießerei Leopold Gasser hat sich infolge des Koksmangels schon im Jahre 1919 entschlossen, zwei Elektroöfen ausschließlich zur Erzeugung von Temperguß aufzustellen, womit ganz zufriedenstellende Resultate erreicht worden sind. Sämtliche Elektroöfen dieser Firma sind in zwei Lagerzapfen kippbar ausgeführt. Der Ofenbetrieb, die Schaltanlage und der metallurgische Vorgang arbeitet gut. Die gesamte Anlage ist an das Drehstromnetz der Stadt angeschlossen; die Öfen arbeiten mit einer Stromstärke von 1500 bis 1800 Amp. bei 110 Volt Spannung.

Über einen 1000 kg-Stassanoofen, der bei den früheren Lizenzgebern des Ofens (Bonner Maschinenfabrik bzw. Rheinische Elektrostahlwerke in Bonn) arbeitet, berichtet Rodenhauser[1]) folgendes:

„Der in Bonn arbeitende Ofen ist bei 1000 kg Einsatz oder 250 PS für Drehstrom gebaut. Die zum Betrieb erforderliche Spannung beträgt 110 Volt. Der Strom wird dem Netz einer Überlandzentrale entnommen, und zwar mit einer Spannung von 5200 Volt. Diese Spannung, deren direkte Verwendung im Stassanoofen natürlich ausgeschlossen ist, wird in einem abseits des Ofens aufgestellten Transformator umgeformt auf die oben genannte Betriebsspannung von 110 Volt. Während der Charge nimmt der Ofen Ströme von 1000 bis 1100 Ampere auf, und diese Stromstärke wird während der ganzen Charge möglichst genau eingehalten. Wir erhalten danach unter Berücksichtigung des an Stassanoöfen sehr günstigen $\cos \varphi = 0,9$ bis $0,95$ die Energieaufnahme für einen 1 t-Drehstromofen zu $1,73 \cdot 1100 \cdot 110 \cdot 0,95 = 198,86$ kW oder rd. 200 kW.

Zur Überwachung der elektrischen Verhältnisse ist ein Mann erforderlich, der die Amperemeter, von denen je eines in jeder Phase liegt, beobachtet und die Elektroden mittels der drei hydraulischen Steuerzylinder auf die richtigen Entfernungen einstellt. Es sei noch bemerkt, daß der Antrieb der Drehvorrichtung des Stassanoofens in Bonn unter Benutzung eines 5 PS-Motors erfolgt, welcher mittels Riemenübertragung (Los- und Festscheibe) auf das Stirnradvorgelege einwirkt.

Als Elektrodendurchmesser ergeben sich für den 250 PS-Ofen in Bonn, welcher, wie wir sahen, 1100 Amp. aufnimmt, bei 80 mm Elektrodendurchmesser entsprechend 5024 mm² Querschnitt Stromdichten von

$$\frac{1100 \cdot 100}{5024} = 22 \text{ Ampere pro Quadratzentimeter.}"$$

¹) Rodenhauser, Elektrische Öfen in der Eisenindustrie, Verlag von Oskar Leiner, Leipzig.

Der Bonnerofen.

1. Geschichtliches. Eine eigentliche Vorgeschichte wie der Stassano-ofen hat der Bonnerofen nicht aufzuweisen. Die Bonner Maschinenfabrik und die Eisengießerei Fa. Mönkemöller & Cie., heute die Rheinischen Elektrostahlwerke G. m. b. H. in Bonn, richteten die ersten Stassanoofen im eigenen Werk ein und haben die Vorzüge und Schwächen dieses Ofens kennen gelernt. Die mehrjährigen Erfahrungen gaben ihnen Gelegenheit, die Mängel des Stassanoofens zu beseitigen. Unter Beibehaltung der von Stassano angewandten und schon oben geschilderten Elektrodenanordnung wurden an dem Ofen Änderungen

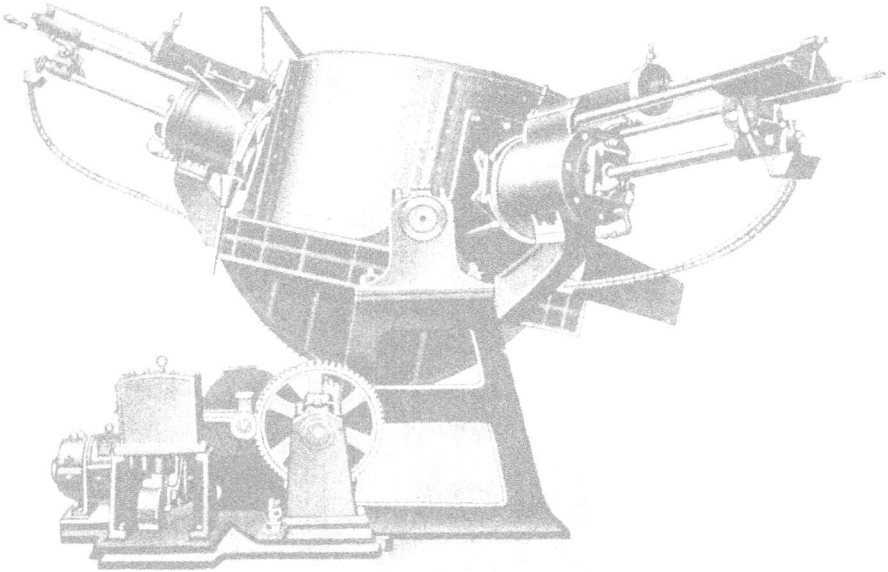

Abb. 123.
Bonnerofen in zwei Ständern kippbar gelagert.

bzw. Vereinfachungen vorgenommen. Insbesondere wurde auf die drehbare Anordnung verzichtet, da dieselbe unüberbrückbare Schwierigkeiten bot. Das Werk rüstete den Ofen kippbar aus, wie das von allen modernen Elektrostahlöfen verlangt wird. Damit nahm der Ofen eine andere Gestalt an, weshalb er anfänglich mit dem Namen „Mönkemöllerofen" und später „Bonnerofen" bezeichnet wird. Der Ofen in seiner heutigen Gestalt ist zumal den hüttenmännischen Anforderungen besser gewachsen, wie der Stassanoofen.

2. Aufbau des Ofens. Der Bonnerofen entspricht immerhin seiner Bauart nach dem Stassanoofen; er ist ein Strahlungsofen, wie schon in Abb. 59

gezeigt wurde. Auch beim Bonnerofen wird der Lichtbogen zwischen den Elektroden gebildet, kommt also mit dem Schmelzgut nicht in Berührung. Die Heizung wirkt auch hier durch Wärmestrahlung auf das Bad. Im praktischen Betriebe kann der Lichtbogen so lang werden, daß er auf das Bad überspringt. Diese Eigentümlichkeit der Anziehung des Lichtbogens nach dem Bade wurde

Abb. 124.
Bonnerofen auf zwei Walzbahnen gelagert.

schon vom Stassanoofen mitgeteilt und kann man bei allen Strahlungsöfen beobachten und als Vorteil ansprechen.

Der grundsätzliche Unterschied zwischen dem Bonner- und Stassanofen besteht in der schwingenden und drehbaren Anordnung des Herdes. Nach den Erfahrungen der Rheinischen Elektrostahlwerke soll mechanisch eine Durchmischung des Bades nicht erforderlich sein. Der Bonnerofen steht demnach

während des Schmelzvorganges still und wird nur beim Abziehen der Schlackendecke oder beim Entleeren des Ofens nach der einen oder anderen Seite gekippt.
Das Kippen der eisernen mit feuerfestem Mauerwerk ausgekleideten Wanne
erfolgt entweder (Abb. 123), mit Zapfen und Zapfenlagern oder (Abb. 124)
mit einer Rollenbahn auf Rollen. Das Kippwerk der letzten Anordnung
besteht aus einem Kippwagen aus Stahlguß oder Schmiedeeisen, dem Rollen-
kranz und den Walzbahnen; ferner aus dem Kippwerksantrieb, aus einer Welle,
die in zwei Lagern liegt, den Zahnradritzeln und einem Zahnradpaar aus Stahlguß, dem Schneckengetriebe samt einer elastischen Kupplung und einer Differentialbandbremse, dem schmiedeeisernen Lagerrahmen für diesen Antrieb
und schließlich aus dem erforderlichen Kippwerkmotor. Bei kleineren Öfen
sind nach der ersten Anordnung kräftige Lagerböcke mit Lagern vorgesehen,
die den Ofen in Lagerzapfen von ausreichendem Durchmesser tragen. Der
Antrieb der Kippwerkseinrichtung erfolgt bei den größeren Öfen elektrisch,
bei den kleineren Öfen bisweilen von Hand. Zur Bedienung und Überwachung
der metallurgischen Arbeit ist der Ofen mit einer Arbeitstür versehen. Der Abstich des fertigen Gutes erfolgt durch eine Schnauze, während der Ofen gekippt wird.

Den wesentlichsten und wichtigsten Teil des Ofens bildet auch hier wieder
die Elektrodenanordnung. Die Abb. 125 und 126 lassen die Lagerung der Elektroden des Ofens für Drehstrom erkennen. Die Elektroden sind in Form eines
Sternes angeordnet, dessen Arme um je 120⁰ gegeneinander versetzt sind.
Sie treten in mäßig von der wagrechten nach unten abweichenden Lage durch
die Seitenwand in das Ofeninnere ein und liegen dabei in der Mitte eines von
einem doppelwandigen Kühl- und Schutzmantel umgebenen zylindrischen
Hohlraumes, der Elektrodenkammer. In dem Kühlmantel kreist Wasser, so
daß die Temperatur in der Elektrodenkammer so niedrig wie möglich gehalten
wird. Die Elektrodenkammer wird vom Herd in geeigneter Weise durch feuerfesten Stoff, der die Elektroden an ihrer Eintrittstelle in den Herd eng umgibt,
abgeschlossen und ebenso am Kopfende gegen den Zutritt von Frischluft geschützt. Hierdurch verringern sich die Wärmeverluste, und die das Schmelzgut schädlich beeinflussende Zugluft wird im Herd vermieden. Durch die Elek-
trodenkammern wird ein Elektrodenabbrand außerhalb des Herdes beseitigt.

Jede Elektrode wird auf Grund der Angaben eines Strommessers in einfachster Weise durch die Kolbenstange eines Steuerzylinders mit Druckwasser
betätigt. Sowohl das Kühlwasser als auch das Druckwasser kann aus bestehenden, z. B. aus städtischen Wasserleitungen, entnommen werden, da ein höherer
Druck als 5 Atmosphären nicht erforderlich ist. Die Elektroden sind sowohl
in der Längsrichtung als auch in senkrechter und seitlicher Richtung verstellbar,
so daß unter allen Umständen die als Heizquelle dienenden Lichtbögen in die
günstigste Lage zum Schmelzgut gebracht werden können.

Die genaue Einstellung der Lichtbögen erfolgt durch eine besondere pa-
tentierte Regeleinrichtung der Elektroden[1]. Diese ist dadurch gekennzeichnet,

---

[1] D. R. P. Nr. 262193.

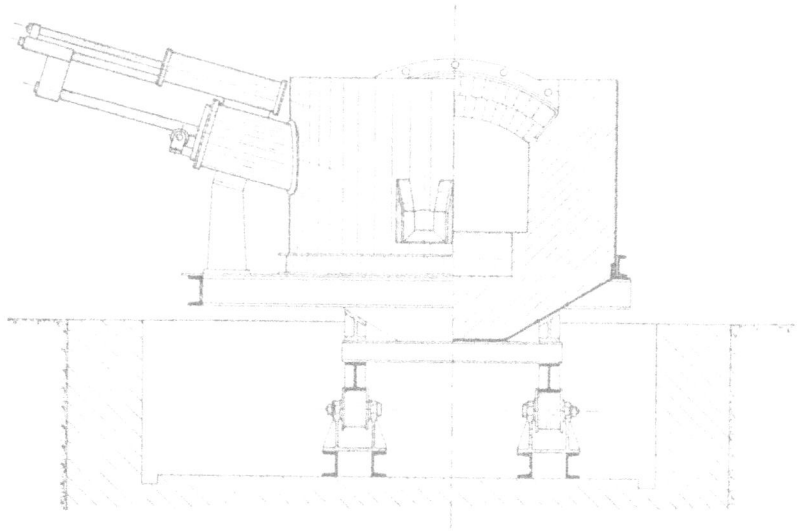

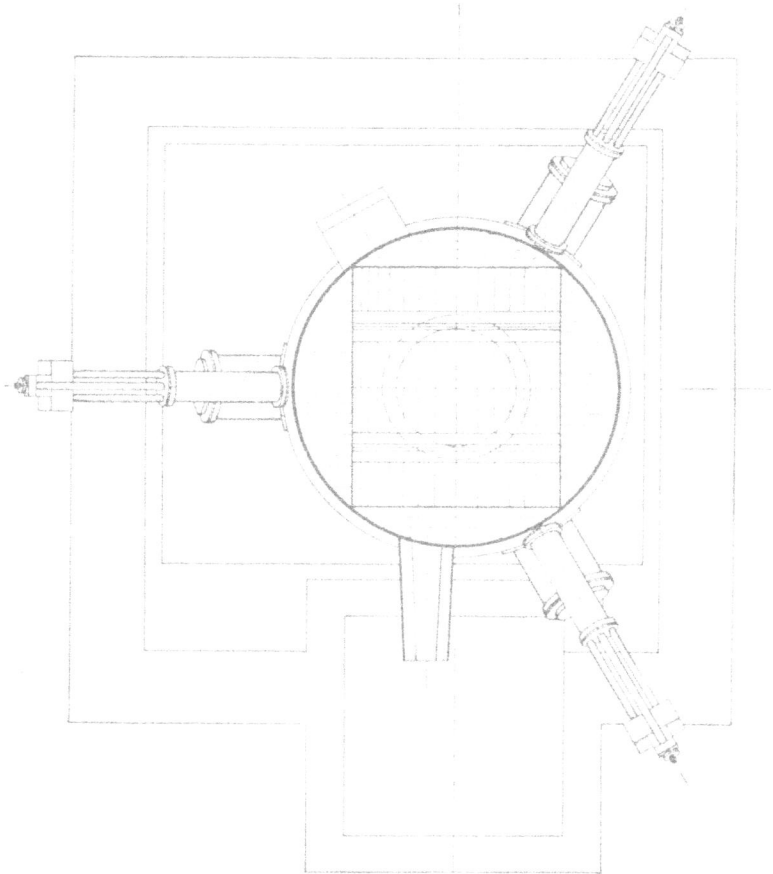

Abb. 125 und 126.
Ausbau des Bonnerofens.

daß der das äußere Ende der Elektrode bzw. deren Vorschubstange tragende Elektrodenschuh, an einem mittels eines Handhebels in wagerechter Richtung vorschiebbaren Kreuzkopf senkrecht einstellbar eingelenkt ist. Das zwischen Kreuzkopf und Elektrodenschuh vorgesehene Gelenk wird als Exzenter ausgebildet, der mittels eines feststellbaren Hebels gedreht werden kann. Die Elektrode wird in einer Fassung befestigt. Die Fassung sitzt wiederum vorn an dem dem Ofen zugerichteten Ende der Vorschubstange. Letztere wird von einem hydraulischen Zylinder durch eine Kolbenstange und einen Kolbenstangenkopf bewegt. Die Einstellung der Elektroden wird dadurch erreicht, daß die Vorschubstangen auf Rollen geführt sind, die sich in einem angebauten Rahmen befinden. Der Rahmen ist mit Zapfen versehen und in dem Gestell für die Elektrodenführung drehbar angebracht. Die Elektrode kann infolgedessen mit der Vorschubstange nach allen Richtungen geschwenkt werden. Durch einen Hebelgriff werden die Elektroden in die gewünschte Lage eingestellt.

3. Stromart. Der Bonnerofen wird hauptsächlich für Drehstrom mit drei Elektroden gebaut, die gleichmäßig um 120° am Umfange des Ofenmantels angeordnet sind. Selbstverständlich läßt sich der Bonnerofen auch für jede andere Wechselstromart ausbilden. Die Periodenzahl kann beliebig sein, doch empfiehlt es sich nicht, weniger als 25 Perioden zu wählen. Je nach der Ofengröße arbeitet der Ofen mit Spannungen von 105 bis 135 Volt; er kann mit Hilfe eines ruhenden Transformators an jede Hochspannung angeschlossen werden.

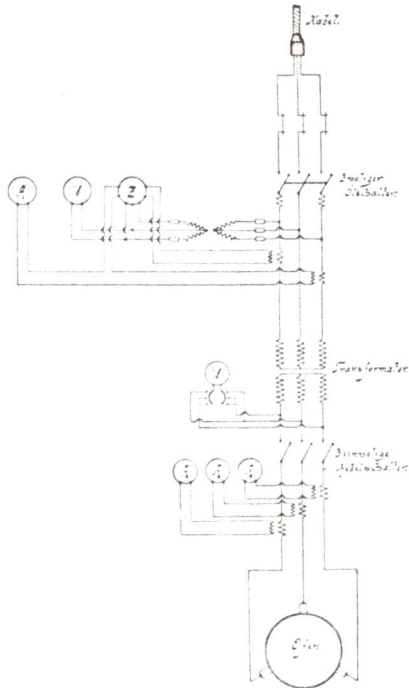

Abb. 127.
Schaltung des Drehstrom-Bonnerofens.

Die Abb. 127 zeigt ein allgemeines Schaltbild für den Anschluß eines Bonnerofens an ein Drehstromnetz. Aus dem Bilde ist zu ersehen, daß die Enden des Hochspannungskabels aus dem Kabelendverschluß zu drei Trennschaltern, dem Hochspannungsölschalter mit Schutzspulen und weiter an die Primärwicklungen des Transformators geführt sind. Zwischen einer Phase ist ein Stromwandler eingebaut, um auf der Hochspannungsseite den Stromverbrauch messen und die Stromstärke an dem Amperemeter ablesen zu können. Ferner wurde ein Spannungswandler an die drei Phasen gelegt, zur Feststellung der Hochvoltspannung am Voltmeter. Der Spannungswandler und ein zweiter Stromwandler dienen zur Inbetriebsetzung des Stromzählers. Von der Sekundärwicklung des Transformators führen die drei Niedervoltleitungen zu dem dreipoligen Hebelschalter und wiederum über Stromwandler zu den Elektroden des Ofens. Auf der Niederspannungsseite wird die Lichtbogen-Stromstärke in allen drei Phasen mit drei Strommessern, und die Spannung durch ein Voltmesser in Verbindung mit einem Umschalter, gemessen.

4. Einfluß auf das Netz. Dem unmittelbaren Anschluß des Ofens sowohl an öffentliche Elektrizitätswerke oder andere steht nichts im Wege, da der Ofen ohne erhebliche bzw. mit weniger häufigen Stromstößen arbeitet. Sein Leistungsfaktor ist etwa cos $\varphi = 0,8$ bis 0,9, muß also als günstig bezeichnet werden.

5. Anwendung. Der Bonnerofen eignet sich zur Herstellung von Stahlformguß, Temperguß und hochwertigem Stahl. Er ist überall da am Platze, wo es sich um kleine Mengen Stahl handelt und ein Konverter oder Martinofen zu groß ist, z. B. in Schiffswerften, Eisenbahnwerkstätten, Maschinenfabriken usw. Gewöhnlich benutzt man den Ofen zur Verarbeitung von Schrott. Dabei können im Gegensatz zum Martinofenbetrieb im elektrischen Ofen mit Vorteil auch dünne Blechabfälle, Drehspäne und ähnliches neben gröberem Alteisen, Gußtrichtern und anderem mehr verarbeitet werden, ohne daß auch bei weitgehender Verarbeitung von feinstückigem Schrott ein hoher Abbrand, wie er z. B. im Martinofen eintreten würde, zu befürchten ist.

Vor der Inbetriebnahme des Ofens wird der Herd mit Koksfeuer und danach mit der Lichtbogenheizung angewärmt. Nach kurzer Zeit ist der Ofen betriebsbereit. Die Elektroden werden nunmehr zurückgezogen, die zu verarbeitende Beschickung wird durch die Tür in den Ofen eingesetzt, bis etwa die Hälfte des Einsatzgewichtes im Herd untergebracht ist. Dann wird die Beschickungstür wieder geschlossen, die Elektroden werden einander durch Betätigung der Steuerhebel bis zur Lichtbogenbildung genähert, was durch Angabe der Strommesser erkenntlich ist, und der Schmelzbetrieb ist im Gang. Während seiner Dauer sind die Strommesser genau zu beobachten und ihren Angaben entsprechend die Elektroden einzustellen. Ist der erste Teil der Beschickung niedergeschmolzen, so kann ohne Unterbrechung der Lichtbogenheizung der Rest des Beschikkungsgutes in den Ofen eingesetzt werden.

Nach dem Einschmelzen folgt je nach Reinheit des Einsatzes eine mehr oder weniger lange Raffinationsarbeit. Wählt man Schrott etwa in der Zusammensetzung gewöhnlichen Martineisens, so kann man gewöhnlich auf eine längere Oxydations- oder Frischperiode verzichten. Es muß dann nur etwas Kalk eingesetzt werden, damit gewissermaßen das flüssige Schmelzgut abgespült wird, indem man die sich bildende Schlacke bald wieder mit Hilfe geeigneter Eisen vom Schmelzgut abzieht. Unter einer neuen hochkalkhaltigen Schlackendecke erfolgt dann die Desoxydation und Entschwefelung des Schmelzgutes, Arbeiten, die unter der kräftigen Heizung des Lichtbogens mühelos und spielend vor sich gehen. Es bleibt jetzt nur noch übrig, dem Schmelzgut die Zusätze an Kohle, Mangan, Silizium oder anderen Legierungsmitteln beizufügen, um die gewünschte Zusammensetzung des Stahles zu erhalten. Durch Schöpfproben, die sich mit einem Schöpflöffel bequem aus dem Herd entnehmen lassen, wird der Stahl auf seine Vergießbarkeit, durch anschließende Schmiede-, Härte- und Bruchproben auf seine diesbezüglichen Eigenschaften geprüft.

Ist die Schmelze fertiggestellt, so wird sie durch Kippen des Ofens gewöhnlich in eine Gießpfanne abgestochen. Dabei läßt sich im Bonnerofen immer eine solche Temperatur erreichen, daß das Vergießen des Stahles anstandslos und restlos möglich ist, selbst wenn z. B. das Vergießen einer Schmelzung von 3 t auf viele kleine Formen erfolgen sollte, was bis zu einer halben Stunde dauern könnte.

6. Zustellung. Wie aus Abb. 125 ersichtlich ist, wird die Ofenwanne mit feuerfesten Steinen und Stampfmassen derartig ausgekleidet, daß ein zylindrischer Herd frei bleibt, in dem das Schmelzgut untergebracht wird. Dabei können für die mit dem Schmelzgut in Berührung kommenden Teile der Ofenzustellung je nach Art des herzustellenden Stahles sowohl Steine oder Stampfmassen mit basischen als auch solche mit sauren Eigenschaften benutzt werden. Dementsprechend würde im ersten Fall z. B. eine Magnesit-Teermischung oder die billigere Dolomit-Teermischung zu benutzen sein, während sich für die saure Zustellung des Ofens eine Quarz-Ton-Teer-Mischung empfehlen dürfte.

Über dem Herde des Ofens liegt ein feuerfest ausgekleidetes Gewölbe, das leicht auswechselbar ist, so daß es nach Aufarbeitung in kurzer Zeit ohne große Betriebsunterbrechung durch ein neues ersetzt werden kann.

7. Elektroden. Für den Ofen werden gern Elektroden verwendet, die aus künstlichem, auf elektrischem Wege hergestelltem Graphit bestehen. Diese Elektroden, die auch Stassano für seinen Ofen benutzte, haben eine besonders große Leitfähigkeit, weshalb ihr Querschnitt erheblich kleiner gewählt werden kann, als der von gewöhnlichen Kohlenelektroden. So werden für einen 1-t-Ofen Elektroden von 80 mm Durchmesser gewählt. Es ist möglich, diese Elektroden vorübergehend mit einer höheren Leistung zu belasten. Hierbei ergeben sich Stromdichten von 15 bis 25 Amp./cm². Auch ist es von Bedeutung, daß graphitierte Elektroden infolge ihrer Homogenität auf der Oberfläche sauber abgedreht sind. Infolgedessen läßt sich eine sichere Abdichtung im Schmelzraum gegen die äußere Luft erzielen, wodurch Abkühlungsverluste und unerwünschte Oxydationen vermieden werden. Graphierte Elektroden sind aber, wenn auch sparsamer im Verbrauch, in Deutschland wesentlich teurer wie amorphe Kohlenelektroden. Darum arbeiten die Öfen in Bonn nur mit Kohlenelektroden, die infolgedessen größeren Querschnitt haben.

8. Erhitzung.

9. Temperaturregelung. Über die beiden Punkte 8 und 9, also Erhitzung und Temperaturregelung ist an dieser Stelle nichts Neues zu berichten, da bei dem Bonnerofen die gleichen Verhältnisse vorliegen wie beim Stassanoofen. Es sei daher auf die Punkte des Stassanoofens verwiesen.

10. Durchmischung des Bades. Nach den Erfahrungen der Erbauer des Bonnerofens soll die schwingende und drehende Anordnung des Herdes

wie beim Stassanoofen nicht erforderlich sein. Da aber der Lichtbogen über dem Schmelzgut gebildet wird und normalerweise mit diesem nicht in Berührung kommt, kann eine Durchmischung des flüssigen Materials bei einem feststehenden Strahlungsofen nicht eintreten. Es steht daher außer Zweifel, daß ein derartiger Ofen niemals die metallurgische Arbeit so vollkommen durchzuführen vermag, wie ein Elektroofen, der entweder auf mechanische oder elektrische Weise ein Durchrühren des Schmelzgutes gestattet. Nachdem also auf eine elektrische Durchmischung (wie bei den direkten Lichtbogenöfen, bei denen der Lichtbogen das Bad berührt) verzichtet werden muß, bleibt also nur eine mechanische Durchmischung übrig. Diese bietet jedoch, wie die Bauart des Stassanoofens gezeigt hat, so große konstruktive Schwierigkeiten, daß die Erbauer des Bonnerofens lieber auf den Vorteil der schwingenden und drehenden Anordnung des Herdes verzichten.

11. Kippbare Anwendung. Der Ofen ist dagegen zum Kippen eingerichtet. Hierauf wurde bereits bei der. Beschreibung des Ofens hingewiesen.

12. Übersichtlichkeit des Herdes. Hier gilt, was bereits über den Stassanoofen mitgeteilt worden ist, so daß auf Punkt 12 dieses Ofens verwiesen werden kann.

Größe des Ofens. Der Bonnerofen wird von 0,3 bis 3 t Einsatz gebaut. Mit Rücksicht auf die hohe Beanspruchung des Zustellungsmaterials und der Elektrodenabmessungen, wählt man auch diesen Ofen nicht größer. Die folgende Zusammenstellung 9 gibt ein Bild über Kraftaufnahme, Spannung, Transformatorleistung, Leistungsfaktor.

Zusammenstellung 9.

| Ofengröße | Durchschnittliche Kraftaufnahme | Spannung | Transformatorleistung | | Leistungsfaktor |
kg	kW	Volt	kW	kVA	cos φ
300	135	105 — 110 — 115	200	225	0,9
1000	200	110 — 115 — 120	300	335	0,9
1500	270	115 — 120 — 125	400	445	0,9
2000	320	120 — 125 — 130	500	555	0,9
3000	450	125 — 130 — 135	600	665	0,9

14. Ausführungen. Bisher wurden etwa 10 Bonneröfen geliefert bzw. zum Teil aus Stassanoöfen in Bonneröfen umgebaut. Vier Öfen haben ein Fassungsvermögen von je 1000 kg, arbeiten mit festem Einsatz, wovon drei Öfen zur Herstellung von Stahlformguß dienen, während der vierte Ofen für die Edelstahlerzeugung herangezogen wird.

Die bei den Rheinischen Elektrostahlwerken, G. m. b. H., Bonn, zur Aufstellung gekommenen Öfen haben je 3000 kg Inhalt und werden ebenfalls mit festem Einsatz beschickt, um Stahlformguß zu liefern. In Abb. 128 wird die Ansicht von zwei Bonneröfen gezeigt, die nebeneinander an der Querwand einer der Gießhallen aufgestellt sind. Die Öfen sind, wie das Schaltungsbild in Abb. 129 zeigt, an ein gemeinsames Hochspannungskabel angeschlossen. Dagegen wird

Abb. 129.
Schaltung von zwei Bonneröfen.

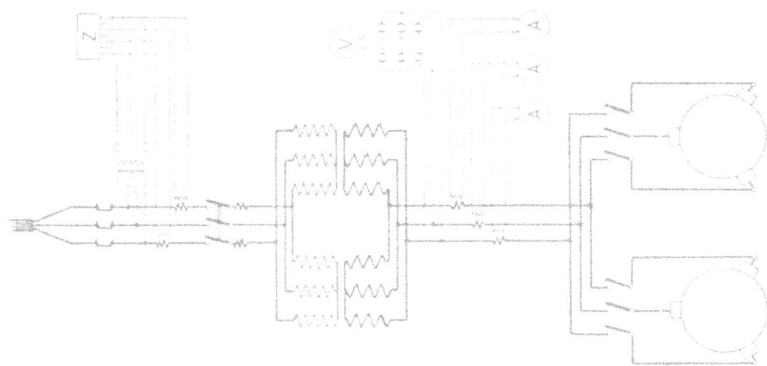

Abb. 128.
Ansicht von zwei Bonneröfen aus den Rheinischen Elektrostahlwerken, Bonn.

jeder Ofen von einem besonderen Transformator gespeist. Diese Anordnung ermöglicht, daß, falls einer der beiden Transformatoren schadhaft werden sollte, der Ofenbetrieb auch mit einem Transformator aufrecht erhalten werden kann. Sobald beide Öfen im Betrieb sind, soll durch den gemeinsamen Anschluß ein ruhiger Gang gewährleistet sein; auftretende Stromstöße in einem der beiden Öfen werden von dem anderen Ofen aufgenommen.

Bevor diese 3 t-Öfen in Bonn zur Aufstellung kamen, arbeitete dort u. a. ein 1000 kg-Stassanofen, der in einen Bonnerofen umgearbeitet worden war. Über diesen Ofen macht Osann[1]) folgende Mitteilungen: ,,Als Einsatz verwendet

Abb. 130.
1000 kg-Bonnerofen.

man guten weichen Schrott (Stanzabfälle, Profileisenabschnitte) mit 0,2 bis 0,5 C, 0,3 bis 0,5 Mn, 0,67 bis 0,09 S, 0,08 bis 0,12 P, 0,05 bis 0,15 Si; setzt etwa 20% Drehspäne zu und noch etwa 30% Eingüsse, Trichter, Abfälle. Der Einsatz schmilzt in etwa $3/4$ Stunden und braucht dann noch etwa 1 Stunde zum Frischen, zur Entphosphorung und Entschwefelung. Für Flußeisenguß arbeitet man auf ein Fertigerzeugnis von 0,08 bis 0,18 C, 0,04 Mn, 0,08 bis 0,10 Si, höchstens 0,06 P und 0,03 S hin; für Fräserstahl wird kurz vor dem Abstich der Kohlenstoffgehalt durch Zusatz von bestem schwedischen Roheisen auf etwa 0,7 C heraufgebracht. Die Einsatzmenge des Bonnerofens beträgt 1000 kg. Gleich beim Einsatz wird etwas Hammerschlag und Kalk zugegeben, um eine Frisch- und Entphosphorungsschlacke zu erzeugen, gegen Ende der Einschmelzperiode wird diese abgezogen und eine zweite, zuletzt nur noch eine Kalkschlacke aufgebracht. In Bonn wird Drehstrom von 5200 Volt auf 110 Volt

---

[1]) Stahl und Eisen 1908, Nr. 19, S. 657.

umgeformt und diese Spannung dem Ofen zugeführt; die Stromstärke beträgt 1000 bis 1100 Ampere. Stündlich werden also $\sqrt{3} \times 1100 \times 110 = 209330$ VA oder bei einem $\cos \varphi = 0,95$ und während der Zeit der Schmelzdauer von 4½ Stunden, somit 895 Kilowatt verbraucht. Im allgemeinen soll der Stromverbrauch zwischen 800 bis 1000 kWh/t flüssigen Stahles schwanken. Die Bonner Werke liefern normal den Elektrostahlguß in zwei Härten, in einer weichen schmiedbaren Qualität von 40 bis 50 kg Festigkeit bei 25% Dehnung, und in einer härteren Qualität von etwa 55 bis 65 kg Festigkeit bei 15% Dehnung."

Ein Bonnerofen für die Herstellung von Stahlformguß ist in Abb. 130 zu sehen. Dieser Ofen faßt 1000 kg und arbeitet in einem Stahlwerk in Österreich. Der Kraftbedarf dieses Ofens beträgt etwa 900 kWh/t für Schmelzen und Raffinieren. Die Leistung soll ungefähr 4 bis 5 Schmelzen in 24 Stunden sein.

Der Bonnerofen wird von der Gesellschaft für Elektrostahlanlagen m. b. H., Siemensstadt, vertrieben, und erfolgt die Ausführung des mechanischen Teiles, also des Ofens selbst, durch die Bonner Maschinenfabrik, Bonn, während die Lieferung der elektrischen Ausrüstung in Händen der Firma Siemens & Halske, A.-G. Berlin, liegt.

Der Rennerfeltofen.

1. Geschichtliches. Im Jahre 1912 erbaute der schwedische Ingenieur Ivar Rennerfelt auf den Werken der Bultfabriks Aktiebolaget in Hallstahammar (Schweden) einen patentamtlich geschützten Lichtbogen-Strahlungsofen[1]), der in seiner Bauart von den bis dahin bekannten elektrischen Schmelzöfen abwich. Die Versuche führten zu günstigen Ergebnissen, so daß im Jahre 1913 eine neuzeitliche Stahlgießerei in Hallstahammar mit vier Rennerfeltöfen für die Erzeugung von Werkzeugstahl und Stahlformguß errichtet wurde. Zu derselben Zeit wurde von leitenden schwedischen Hüttenleuten eine Gesellschaft gegründet, die sich die Förderung dieses neuen Schmelzofens als Ziel setzte. Nach einer Einführungszeit von etwa zwei Jahren hatte der Ofen Erfolg. Innerhalb von 10 Jahren sind etwa 135 Rennerfeltöfen in fast allen Ländern in Betrieb gekommen. In Deutschland hat sich hingegen der Ofen bisher nicht einführen können, wahrscheinlich deshalb nicht, weil in Deutschland bereits Strahlungsöfen gebaut werden, die unter gleichen oder ähnlichen Voraussetzungen arbeiten, wie der Rennerfeltofen.

2. Aufbau des Ofens. Die rasche Einführung des Ofens ist zweifellos der einfachen Bauart zuzuschreiben, die man schon anfänglich bei ihm verfolgt hat. Ursprünglich hatte der Ofen die Form eines auf Rollenlagern ruhenden Zylinders, der um die Zylinderachse gekippt wird. Einen solchen in Hallstahammar für 300 kg Fassung aufgestellten Ofen zeigt die Abb. 131. Der Ofen wurde also in Form eines geschlossenen Tiegels gebaut, der sich in Schlitten bewegt oder rund um eine horizontale Achse kippbar ist. Die Form des äußeren

---

[1]) D. R. P. Nr. 268317.

Abb. 131.
300 kg-Rennerfeltofen, älterer Bauart.

Stahlmantels, der das feuerfeste Material umschließt, hat seit dem ersten Erscheinen des Ofens einige Änderungen erfahren.

Der Aufbau des Rennerfeltofens wurde bereits in Abb. 62 gezeigt. Es kommen danach drei Elektroden zur Anwendung, wovon sich zwei Elektroden horizontal gegenüber stehen und durch die Seitenwände in den Herdraum geführt sind, während die dritte Elektrode senkrecht in den Schmelzraum hineinragt. Alle drei Elektrodenspitzen treffen sich im Mittelpunkt des Herdes und bilden einen gemeinsamen Lichtbogen, der sich gleichmäßig in der Schmelzkammer verteilt. Neuerdings sind die Seitenelektroden verstellbar, so daß der Lichtbogen mehr oder weniger auf das Bad geneigt werden kann. Die senkrechte Elektrode bewirkt, daß der Lichtbogen abwärts gegen die Beschickung gerichtet wird.

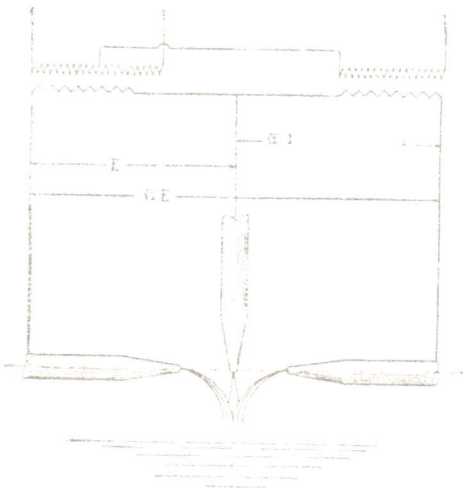

Abb. 132.
Elektrodendiagramm des Rennerfeltofen.

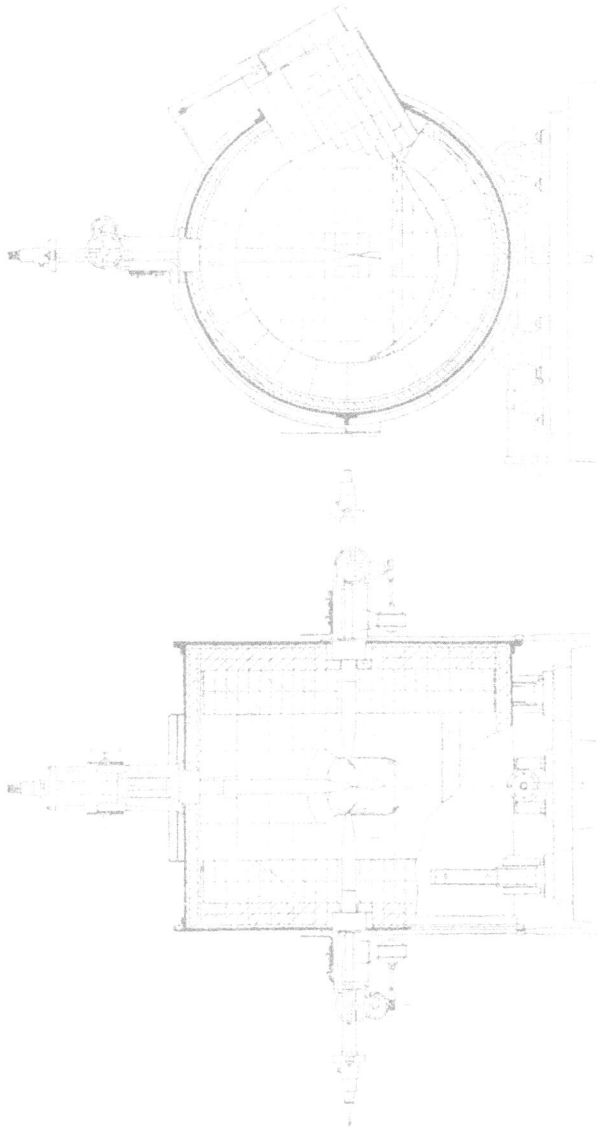

Abb. 133 und 134.
Seiten- und Querschnitt durch den älteren Rennerfeltofen.

Die elektrische Stromverteilung auf die drei Elektroden entspricht der Schaltung nach Abb. 132. Der Anschluß der Elektroden erfolgt in der Regel an ein Hochspannungsnetz unter Zwischenschaltung eines Transformators, der zur Transformation des Dreiphasenstromes von hoher Spannung in dreidrähtigen Zweiphasenstrom von niedriger Spannung dient. Die Stromstärke in der senkrechten Mittelelektrode ist hierbei gleich $\sqrt{2}$ mal der Stromstärke in einer der beiden Seitenelektroden, und die Spannung zwischen den beiden Seitenelektroden ist gleich $\sqrt{2}$ mal der Spannung zwischen der vertikalen Elektrode und einer Seitenelektrode.

Abb. 135.
Ansicht eines Rennerfeltofens, neuester Bauart.

Über den konstruktiven Aufbau des Rennerfeltofens (ältere Bauart) geben die Abb. 133 und 134 Aufschluß. Die feuerfeste Zustellung wird von einem kräftigen, durch Winkel- und U-Eisen versteiften Blechmantel eingefaßt. Die hinteren und vorderen Bleche sind abnehmbar und mit den Seitenblechen verschraubt, um Reparaturen am Mauerwerk und an der Türöffnung zu erleichtern. Die Abb. 135 zeigt die neuere Bauart des Ofens.

Die Seitenelektroden sind neuerdings mit Vorrichtungen versehen, die es dem Ofenführer ermöglichen, nicht allein die Länge des Lichtbogens zu regeln, sondern auch die Lage des Lichtbogens in bezug auf das Bad. Durch Änderung der Bogenlänge kann man die Betriebskraft des Ofens in weiten Grenzen regeln. Bei mittleren und kleineren Öfen werden die Elektroden gewöhnlich von Hand mi:tels Zahnstangen und Zahnrädern verstellt, bei großen Öfen auch durch Elektromotoren oder hydraulisch. Der Lichtbogen wird verlängert, wenn man die Betriebskraft vermindern will und umgekehrt. Um die Höhenlage des Lichtbogens über dem Bad zu regeln, sind die Elektroden so geführt, daß deren Halter um eine horizontale Achse gewippt werden können. Die Halter sind auch um eine senkrechte Achse drehbar, um eine genaue Einstellung der Elektrodenspitzen in genau gleicher Ebene zu gewährleisten. Vermittels eines Handrades,

Abb. 136.
Neue Elektrodenverstellvorrichtung am Rennerfeltofen.

das auf eine entsprechende Schraubenspindel wirkt und den Halter verstellt, läßt sich die Höhenlage der Elektrodenspitzen einstellen. In Abb. 136 wird diese Elektrodenverstellvorrichtung gezeigt.

Um zu verhindern, daß die Elektroden außerhalb des Ofens rotwarm werden, da sie sonst zu schnell verbrennen würden, umgibt man sie an der Austrittsstelle aus dem Ofen mit stulpenförmigen, von Wasser durchflossenen Kühlkästen. Die Kühlkästen werden meistens aus Kupfer hergestellt, doch lassen sich auch sorgfältig ausgeführte Stahlkästen verwenden, die für einen möglichst hohen Wert des cos φ und geringsten Energieverlust zu berechnen sind. Die Kühlkästen sind gegen den Ofenmantel durch Asbestpolster gut isoliert. Zu- und Ablaufrohre von reichlichem Querschnitt gestatten einen lebhaften Umlauf des Kühlwassers. Im übrigen gleiten die Elektroden in den Kühlkästen. Eine kräftige, zweiteilige Klemme führt den Strom zu und trägt das äußere Ende der Elektrode mittels am Kühlkasten befestigter Führungen.

Wie bereits die in Abb. 136 dargestellte Einstellvorrichtung zum Wippen der Elektroden gezeigt hat, erfolgt auch das Verschieben der Elektroden mittels Zahnstangen. Zwei Zahnräder, die an den Elektrodenführungsstangen gelagert sind und ihren Antrieb durch ein Handrad unter Vermittlung einer Gelenkkette erhalten, verschieben die Elektrode in der einen oder anderen Richtung. Das Getriebe ist gegen den Ofenmantel und gegen das Handrad, sowie Kette usw. elektrisch isoliert. Diese Anordnung ermöglicht das Einstellen der Seitenelektroden in jeden gewünschten Winkel.

Das Wippen der Seitenelektroden hat mancherlei Vorteile, so z. B. beim Schmelzen einer umfangreichen Beschickung, die aus Drehspänen oder schwammigem Material besteht. Durch Wippen der Elektrodenspitzen nach oben wird es möglich, fast den gesamten Einsatz auf einmal in den Ofen zu geben. Sobald der Einsatz in sich zusammensinkt, kann man die Lichtbögen entsprechend tiefer stellen, wobei man stets die kleinste zulässige Entfernung zwischen Bad und Wärmequelle innehält. Allerdings ist darauf Rücksicht zu nehmen, daß der Lichtbogen der Zustellung nicht nahe kommt, da diese sonst infolge der hohen Temperaturen frühzeitig zerstört würde.

Es ist auch möglich, die Elektrodenspitzen mit dem Schmelzgut in Berührung zu bringen, nachdem der Einsatz niedergeschmolzen ist. Zu diesem Zweck wird die Mittelelektrode dicht über das Bad gesenkt, so daß der Strom durch das Bad geht, ohne daß die Spannung wesentlich sinkt. Die Seitenelektroden müssen dann so eingestellt werden, daß die Lichtbögen von den Spitzen senkrecht nach unten in das Bad eintreten.

3. Stromart. Zum Betrieb des Ofens kann sowohl Wechsel- wie Drehstrom beliebiger Periodenzahl dienen. Bei Einphasenstrom wird der Strom gleichmäßig auf die zwei Seitenelektroden verteilt und mit der einen Phase verbunden. Die Stromstärke der Mittelelektrode, die an der anderen Phase liegt, ist dann doppelt so hoch wie die Stromstärke in einer der beiden Seitenelektroden. Bei Drehstrom kommt die Scottsche Schaltung[1] in Anwendung, wobei die drei Elektroden entsprechend der Schaltung nach Abb. 132 angeordnet sind.

---

[1]) Die Scottsche Schaltung dient zur Umwandlung von Dreiphasenstrom in Zweiphasenstrom und umgekehrt. Die Umwandlung geschieht mit Hilfe zweier Einphasentransformatoren T_1 und T_2 (Abb. 137). Die primären Spulen dieser Transformatoren werden von je einem der beiden Stromkreise eines Zweiphasensystems gespeist; während die Sekundärspulen derart miteinander verbunden sind, daß die eine Spule CD in der Mitte der anderen Spule AB angeschlossen ist. Die drei freibleibenden Enden der Sekundärspulen A, B, D bilden alsdann ein Dreiphasensystem. Da die Primärströme in den beiden Transformatoren T_1 und T_2 unter sich um 90⁰ verschoben sind, sind es gleichfalls die Sekundärströme. Die Spannungen in der Fernleitung sind daher resultierende aus zwei senkrechten Komponenten (vergl. Abb. 138). Sollen die effektiven Spannungen in der Fernleitung unter sich gleich, d. h. soll ABD ein gleichseitiges Dreieck sein, so ist Bedingung, daß

$$AC = BD \text{ und } DC = \tfrac{1}{2}\sqrt{3} \cdot AB = 0,866 \cdot AB \text{ ist.}$$

Das Umsetzungsverhältnis des Transformators T_2 darf also nur das 0,866-fache vom Übersetzungsverhältnis des Transformators T_1 betragen.

Abb. 139 zeigt den Anschluß eines Drehstromofens an ein Hochspannungsnetz unter Zwischenschaltung eines Transformators, der zur Transformierung
des Dreiphasenstromes von hoher Spannung in dreidrähtigen Zweiphasenstrom von niedriger Spannung dient. Die Spannung des Ofens ist auf 120 Volt
im Lichtbogen normalisiert;
jedoch hängt sie von der Ofengröße, von dem zu schmelzen-
der Material und von der gewünschten Herdtemperatur ab.
Empfehlenswert ist es, verschiedene Spannungen zu benutzen, wie Abb. 139 zeigt.

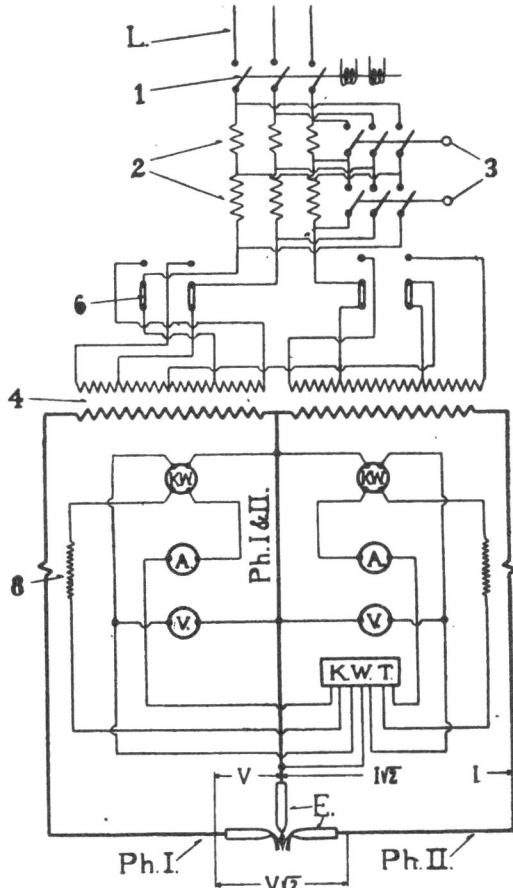

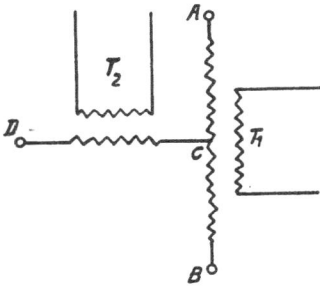

Abb. 137.

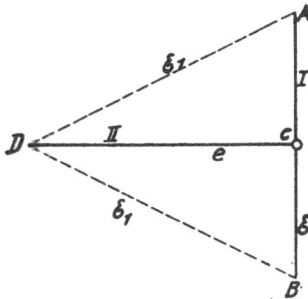

Abb. 138.

Abb. 139.
Schaltung des Rennerfeltofens an ein Hochspannungsnetz.

Die Primärwicklung des Transformators ist hier in mehrere Abteilungen von
verschieden großer Windungszahl eingeteilt, die mit einer entsprechenden
Schalteinrichtung ein- oder ausgeschaltet werden können. Die Leistung des
Transformators sinkt in diesem Falle in ungefähr demselben Verhältnis wie die
Spannung. Es kann auch die Sekundärwicklung unterteilt werden, was jedoch
wegen der starken Ströme mit Rücksicht auf die Leitungen und Schaltapparate
nicht zu empfehlen ist. Die Leistung sinkt auch in diesem Falle mit der Spannung.

10*

Mittels eines besonderen Hilfstransformators in Verbindung mit einem gewöhnlichen Haupttransformator läßt sich dagegen eine Änderung der Spannung ohne Änderung der Leistung erzielen. Eine solche Einrichtung zeigt Abb. 140. Der Haupttransformator wird für eine Sekundärspannung von 100 Volt eingerichtet. An die Nebenwicklung wird ein Hilfstransformator mit zwei Wicklungen angeschlossen, von denen eine in Serie mit dem Haupttransformator geschaltet ist. Mit einer entsprechenden Schalteinrichtung kann die andere Wicklung parallel zu dem Haupttransformator geschaltet werden, und zwar so, daß der Strom in einem anderen oder entgegengesetzten Sinne durch den Hilfstransformator fließt, wobei der Hilfstransformator entweder eine gewisse Spannung hinzufügt oder abzieht, im allgemeinen 25 Volt. Wenn die Durchschnittsspannung von 100 Volt benutzt werden soll, wird der Hilfstransformator ganz abgeschaltet. Wie oben erwähnt, ergibt diese Einrichtung eine gleichbleibende Leistung bei veränderlicher Spannung.

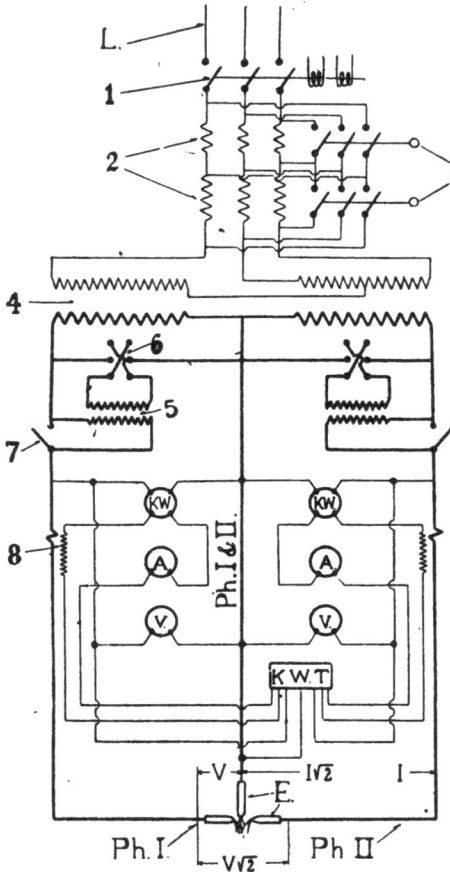

Abb. 140.
Schaltung mit Hilfstransformator.

Falls Motordynamos zur unmittelbaren Erzeugung des Betriebsstromes angewendet werden, wird die Regelung der Spannung in der üblichen Weise durch Änderung der Feldstärke erzielt. Der Generator wird vorteilhaft gleich für die Ofenspannung gewickelt. Die Leistung verringert sich entsprechend der Spannungsänderung.

4. Einfluß auf das Netz. Da auch der Rennerfeltofen ein Strahlungsofen ist, dessen Elektrodenenden normalerweise mit der Beschickung nicht in Berührung kommen, so gilt für ihn dasselbe, was über den Stassano- und Bennerofen bereits mitgeteilt wurde. Der Ofen zeichnet sich selbst bei kaltem Ersatz durch seinen verhältnismäßig ruhigen Gang aus und wird daher oft ohne Drosselspulen angeschlossen. Nur bei kleinen Kraftnetzen von niedriger Leistung, die gleichzeitig Strom für Lichtzwecke liefern, empfiehlt sich eine künstliche Erhöhung der Selbstinduktion durch Anwendung von Drosselspulen.

Abb. 141 und 142 zeigen einige Stromkurven eines 600 kg-Ofens, der im Martinwerk der Firma Stridsberg & Biörck in Trollhätan steht. Die oberen Kurven (Abb. 141) geben den Gesamtverbrauch des Ofens und eines dazu parallel geschalteten Walzwerkes wieder, während die unteren Kurven (Abb. 142)

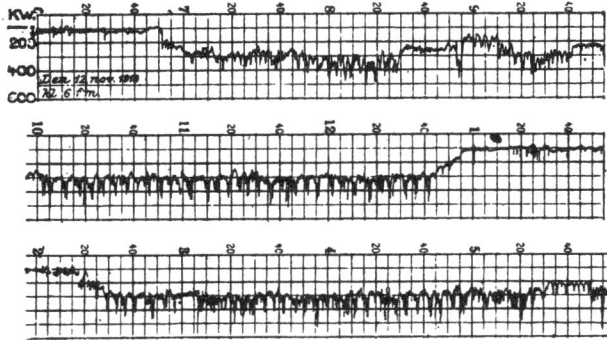

Abb. 141.
Belastungskurven verschiedener Arbeitsvorgänge in Verbindung
mit einem 600 kg Rennerfeltofen.

den Stromverbrauch zeigen, wenn das Walzwerk nicht mitläuft. Aus den Aufzeichnungen geht hervor, wie stetig die Kurve ist, wenn der Ofen allein arbeitet, und wie unregelmäßig sie wird, wenn der vom Walzwerk verbrauchte

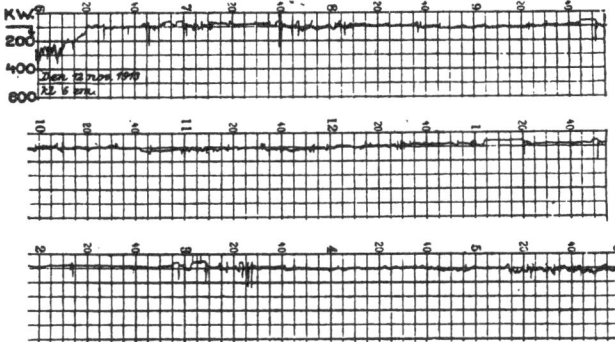

Abb. 142.
Belastungskurven, wonach nur der 600 kg Rennerfeltofen
eingeschaltet ist.

Strom mit aufgezeichnet wird. Der Ofen erhält seinen Strom von einem benachbarten großen staatlichen Elektrizitätswerk und arbeitet mit 25 Perioden. Je eine kleine Drosselspule ist auf der Primär- und auf der Sekundärseite vorgesehen. Die Drosselspulen werden jedoch nur wenig angewandt, hauptsächlich am Anfang einer Schmelze.

Wie bei jedem Elektroofen, so findet auch beim Rennerfeltofen eine mehr oder weniger große Phasenverschiebung statt. Es empfiehlt sich jedoch, die Phasenverschiebung nach Möglichkeit zu beschränken und einen möglichst hohen cos φ anzustreben; dies um so mehr, je größer der Ofen ist. Genaue Messungen haben ergeben, daß der Rennerfeltofen eine geringe Phasenverschiebung hat, daß nämlich der cos φ im Durchschnitt 0,80 bis 0,90 beträgt. Allgemein kann festgestellt werden, daß jeder Elektroofen stets eine geringe Phasenverschiebung aufweisen soll, und ist es unter bestimmten Umständen vorteilhaft, den Wert des cos φ bis auf ungefähr 70 bis 75% zu verringern. Dies ist besonders im Anfang einer Schmelze bei kaltem Einsatz wünschenswert, da eine gewisse Phasenverschiebung auf die Stetigkeit des Lichtbogens günstig wirkt. Der Rennerfeltofen wird daher vorteilhaft mit Drosselspulen zur Veränderung der Phasenverschiebung versehen. Die Drosselspulen sind unterteilt, um die Drosselwirkung regeln zu können. Gegen Ende des Schmelzvorganges verringert man gern die Drosselung bzw. schaltet sie aus, weil dann der Ofen am besten ohne Drosselung arbeitet.

5. Anwendung. Der Ofen dient hauptsächlich zur Herstellung von Stahlformguß aus kalt eingesetztem Schrott. Er wird auch für die Erzeugung von hochwertigem Werkzeugstahl herangezogen. In einem Sonderfall wird ein basischer Ofen zum Schmelzen von weißem Roheisen benutzt. Eine eigens dafür durchgebildete Bauart wird zum Schmelzen von Nickel, Kupfer und Rotguß, von Lagermetallen und sogar von Silber verwendet. Auch dient der Ofen zum Einschmelzen und Warmhalten von Ferromangan. Das Hauptanwendungsgebiet des Rennerfeltofens bleibt jedoch auf die Erzeugung von Stahlformguß beschränkt. Da beispielsweise ein 300 kg-Ofen nur 80 kW Stromaufnahme hat, ein 600 kg-Ofen etwa 125 kW usw., so ist er zum Anschluß an kleine oder empfindliche Kraftwerke besonders geeignet.

6. Zustellung. Der Rennerfeltofen läßt sich sowohl basisch wie auch sauer zustellen; es hängt das von dem Einsatz und dem durchzuführenden metallurgischen Verfahren ab. Eine basische Ausmauerung ist anzuwenden, wenn die Schmelze insbesondere von Schwefel und Phosphor befreit werden soll. Minderwertige Ausgangsmaterialien können auf diese Weise in hochwertigen Stahlformguß oder Werkzeugstahl übergeführt werden. Ein basischer Ofen hat im allgemeinen nur einen basischen Boden, wobei das Dolomit- oder Magnesitmaterial des Herdes sich nur wenig über die normale Schlackenlinie erstreckt.

Für gewisse Zwecke ist eine saure Zustellung des ganzen Ofens am geeignetsten, wie verschiedene Anlagen beweisen, die sowohl Stahlformguß, wie hochwertige Werkzeugstähle auf saurem Boden erzeugen.

Die oberen Seitenwände und das Gewölbe werden im allgemeinen auch bei basischer Zustellung aus besten Silikasteinen ausgeführt. Die Temperatur des Ofens ist bei Anwendung dieses sauren Materials auf ungefähr 1700⁰ C begrenzt, da der Schmelzpunkt von reinem Quarz ungefähr bei 1750⁰ C liegt. Um auch höhere Ofentemperaturen zu ermöglichen, wird der ganze Ofen, also sowohl die Wände, wie auch das Gewölbe mit Magnesitsteinen zugestellt. Die Ofentemperatur kann hierbei auf ungefähr 2000⁰ C gesteigert werden.

Seit einiger Zeit wird das Gewölbe auch mit Erfolg mit Karborundumsteinen zugestellt. Dieses Material läßt sich mit Vorteil zur Verstärkung derjenigen Teile der Seitenwände verwenden, die besonders der konzentrierten Hitze ausgesetzt sind, z. B. rund um die Eintrittlöcher der Elektroden und an anderen Öffnungen, die starken Temperaturschwankungen unterworfen sind. Ein Karborundumgewölbe muß an der Außenseite mit Schamottesteinen und Asbest isoliert werden, da sowohl die Leitfähigkeit, wie auch der Preis des Karborundums zu hoch ist, um ausschließlich dieses Material zu verwenden. Besonders bei unterbrochenem Betriebe einer Anlage, d. h. bei bloßem Tagesbetrieb, führt eine Karborundumzustellung zu günstigen Ergebnissen, wenn sie richtig ausgeführt wird. Praktische Erfahrungen an Rennerfeltöfen, die mit Karborundum zugestellt wur-den, haben ergeben, daß an solchem Gewölbe selbst nach monatelangem Betriebe und be halbtägigem Gang und starker Überhitzung des Mauerwerks kaum irgendwelche Abnutzung eintritt. Die hohen Anlagekosten des Karborundum-Mauerwerks werden (nach Ansicht von Rennerfelt) sowohl durch längere Lebensdauer und weniger Reparaturstillstände als auch durch erhöhte Leistungsfähigkeit mehr als ausgeglichen.

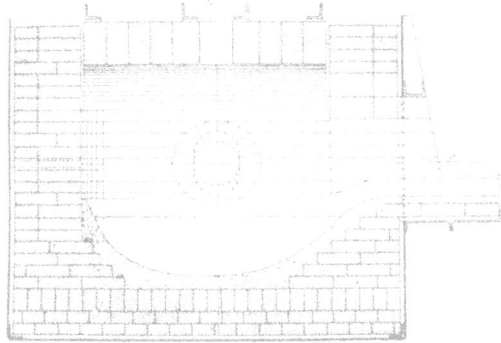

Abb. 143.
Längsschnitt durch einen Rennerfeltofen.

Um die Ausführung von Reparaturen zu erleichtern, ist das Gewölbe abnehmbar. Es ist von einem aus Winkeleisen zusammengenieteten Gerippe eingefaßt und ruht auf den Seitenwänden. In der Mitte des Gewölbes ist der Halter für die senkrechte Elektrode befestigt. Das Gewölbe der großen Öfen (der Multipelbauart) ist in mehrere Abschnitte unterteilt für je eine Mittelelektrode. Jedes Gewölbeteil kann zu Reparaturzwecken unabhängig von dem anderen abgenommen werden.

Die Abb. 143 zeigt einen Längsschnitt einer normalen Ausmauerung. Die Öffnungen für die Elektroden werden durch Wölbsteine begrenzt, die genau geformt sind, um jedes die Haltbarkeit beeinträchtigende Behauen der Steine zu vermeiden. Die Türöffnung wird durch einen doppelten Bogen von Keilsteinen begrenzt, wodurch die Lebensdauer auch dieses Teiles der Zustellung erhöht wird. Der Herd kann aus einer geeigneten Masse zugestellt werden, z. B. aus Chromerz oder Magnesitmasse, die mit Teer vermischt und mit Hilfe warmer Eisen sorgfältig eingestampft wird. Das Steinmauerwerk der

Wände kann unmittelbar auf dem eingestampften Futter ruhen, wobei entweder Magnesit- oder Silikasteine, je nach den Umständen, verwendet werden.

Die erste Bedingung für eine befriedigende Lebensdauer der Zustellung ist, daß nur bestes Material zur Anwendung kommt und durchaus erfahrene und geübte Arbeiter die Zustellungsarbeiten ausführen. Die Lebensdauer hängt ferner davon ab, mit welcher Sorgfalt die Schmelzer arbeiten, ob die Ofentemperatur gut überwacht und unter der zulässigen Höchstgrenze gehalten wird. Elektroöfen sind in dieser Beziehung empfindlicher wie Martinöfen, weil die Ofentemperatur höher und schneller über das zulässige Maß steigen kann.

Im übrigen gilt für den Rennerfeltofen dasselbe, was über die vorher beschriebenen Strahlungsöfen erklärt wurde: Infolge der hohen Strahlungswärme, die sich zum großen Teil ungeschützt im ganzen Herdraum verteilt, ist die Beanspruchung der Zustellung und des Gewölbes wesentlich größer wie bei Öfen mit direkter Lichtbogenheizung.

7. Elektroden. Rennerfelt verwendet ausschließlich Graphitelektroden, um kleine Elektrodenquerschnitte zu erhalten. Nach seinen Angaben ist es angängig, eine Graphitelektrode bis zu 70 Amp./cm² (bei nur kleinem Elektrodenquerschnitt) zu belasten, ohne daß eine Überhitzung in der Elektrode oder im umgebenden Mauerwerk entstehen kann. Dies ist an einem Rennerfeltofen für 75 kW festgestellt worden, der mit 3 Elektroden von je 32 mm Durchmesser ausgerüstet war. Die Mittelelektrode dieses Ofens wurde ohne Nachteil mit 570 Amp., d. h. 71 Amp./cm² belastet, trotz der in der Elektrode vorhandenen Schraubenverbindung. Bei Öfen, wo Elektroden mit größerem Querschnitt gewählt werden müssen, ist eine niedrigere spezifische Belastung derselben erforderlich, denn die Homogenität und die übrigen physikalischen Eigenschaften werden bei steigenden Elektrodenabmessungen ungünstiger. Eine Elektrode von 100 mm Durchmesser soll daher nicht mehr als 20 bis 25 Amp./cm² aufnehmen, d. h. insgesamt etwa 2400 Amp.

Infolge des immerhin kleinen Elektrodenquerschnittes ist der Elektrodenverbrauch gering. Trotzdem würde sich in Deutschland unter den augenblicklichen Verhältnissen (im Jahre 1923) die Graphitelektrode gegenüber der amorphen Kohlenelektrode, die einen größeren Verbrauch hat, teurer stellen. Ein Rennerfeltofen für Qualitätsstahl von 600 bis 1000 kg hat einem stündlichen Verbrauch an Graphitelektroden von etwa 0,3 bis 0,5 kg. Bei Verwendung von Kohlenelektroden von 100 bis 125 mm Durchmesser würde der Verbrauch 0,75 bis 1,00 kg betragen.

Da der Strom in der Mittelelektrode gleich $\sqrt{2}$ mal dem Strom in jeder der Seitenelektroden ist, so ist der Querschnitt der Mittelelektrode ebenfalls $\sqrt{2}$ mal so groß wie der Querschnitt einer Seitenelektrode. Der Durchmesser der Mittelelektrode soll daher etwa 20% größer sein.

8. Erhitzung. Beim Schließen des Stromkreises durch Verbinden der Seitenelektroden mit der Mittelelektrode werden starke Lichtbögen erzeugt,

die eine pfeilartig nach unten gerichtete Flamme ergeben, durch welche die erzeugte Wärme auf das Bad übertragen wird. Dieses Verhalten der Lichtbogenflamme wird durch elektrodynamische Kräfte, die auf die Ströme in den drei Elektroden zurückzuführen sind, bewirkt. Der Strom in den Seitenelektroden erzeugt magnetische Felder, die sich gegenseitig neutralisieren, während das starke magnetische Feld des resultierenden Stromes in der Mittelelektrode nicht durch ein gleiches Feld von unten ausgeglichen wird, so daß die leicht abzulenkenden Lichtbögen nach unten gerichtet werden.

Der Brennpunkt der starken Lichtbögen verteilt die Wärme gleichmäßig über die ganze Badfläche durch unmittelbare Strahlung und mittelbar durch Rückstrahlung der Wände und des Gewölbes. Die Wärme wird daher leicht durch das Bad aufgenommen, so daß die Verluste auf ein Mindestmaß beschränkt sind.

9. Temperaturregelung. Die Intensität der Lichtbogenstrahlung ist beim Rennerfeltofen leicht zu regeln, und zwar sowohl dadurch, daß man die Lichtbögen hoch oder tief über dem Bade einstellt, als auch durch Verringerung oder Erhöhung der Energiezufuhr, indem man die Spannung oder die Länge der Lichtbögen verändert.

10. Durchmischung des Bades. Eine Durchmischung der Schmelze ist weder mechanisch noch elektrisch möglich. In dem einen Falle ist auf eine Drehvorrichtung verzichtet worden und im anderen Falle haben die Elektrodenspitzen mit dem Bade keine Berührung, um innerhalb desselben motorische Drehbewegungen hervorzurufen. Da eine Durcharbeitung des Schmelzgutes nicht erfolgen kann, so muß dieser Umstand, dem man bei anderen Elektroöfen Bedeutung beimißt, auf das Erzeugnis einen Einfluß haben.

11. Kippbare Anwendung. Der Ofen ist um eine horizontale Achse kippbar, die etwas unter dem Schwerpunkt liegt. Kleinere und mittlere Öfen werden durch Rollenlager mittels Zapfen getragen, die an den Seitenplatten des Ofens angeschraubt sind. Ein Stahlzahnrad, das in ein Betriebssegment unterhalb des Ofenbodens eingreift, überträgt das Drehmoment vom Handrad. Größere Öfen werden unter dem Boden mit zwei kräftigen „Wiegen" versehen, von welchen jede auf einer zweckentsprechenden Stahlplatte ruht, die auf das Betonfundament aufgeschraubt ist. Die Kippeinrichtung wirkt mittels Schraubenspindel auf einen am Ofenboden angebrachten Zapfen und wird durch einen Motor angetrieben. Auch kann das Kippen so erfolgen, daß mittels eines hydraulischen Zylinders das eine Ofenende gehoben wird.

Übersichtlichkeit des Herdes. Der Ofen hat einen übersichtlichen Herd. Die Badoberfläche ist entweder rund oder rechteckig und durch die Beschickungstüre, die gleichzeitig für den Abstich dient, zu beobachten. Die frei brennenden Lichtbögen gestatten eine leichte Überwachung des Schmelzvorganges.

13. Größe des Ofens. Soweit der Ofen zur Herstellung von Elektrostahl in Frage kommt, ist er in folgenden Größen gebaut und für die folgenden Anschlußwerte bemessen worden:

Zusammenstellung 10.

Fassungsvermögen des Ofens in kg	Stromanschluß in kW
100	50
300	80
600	125
900	175
1250	200 bis 250
2500	350
3000	350 bis 600
4000	600
6000	1200

Aus dieser Zusammenstellung folgt, daß der Rennerfeltofen nur bei kleinem Fassungsraum einen verhältnismäßig geringen Anschlußwert erfordert. Die Öfen über 3 t Inhalt verlangen dagegen eine unverhältnismäßig größere Energie-

Abb. 144.
Rennerfeltofen in Multipelausführung.

menge. Das liegt daran, daß Rennerfelt seine größeren Öfen mit mehreren Elektrodensätzen ausrüstet (s. Abb. 144) und dadurch eine größere Schmelzleistung erzielt. Einer dieser Multipel-Einheitsöfen hat 3 t Fassung und ist in der Stahlgießerei der Ljusna-Woxna A. B. in Schweden aufgestellt. Der Ofen ist aus zwei 1½ t-Öfen zusammengestellt, und zwar durch Zusammenschrauben der beiden Stahlmäntel, unter Wegfall der hinteren Stirnplatten. Ein 6 t-Ofen derselben

Bauart läßt sich herstellen, indem man zwei 3 t-Öfen zusammenbaut, ein 8 t-Ofen durch Zusammenbau von zwei 4 t-Öfen usw. Auf diese Weise kann man durch

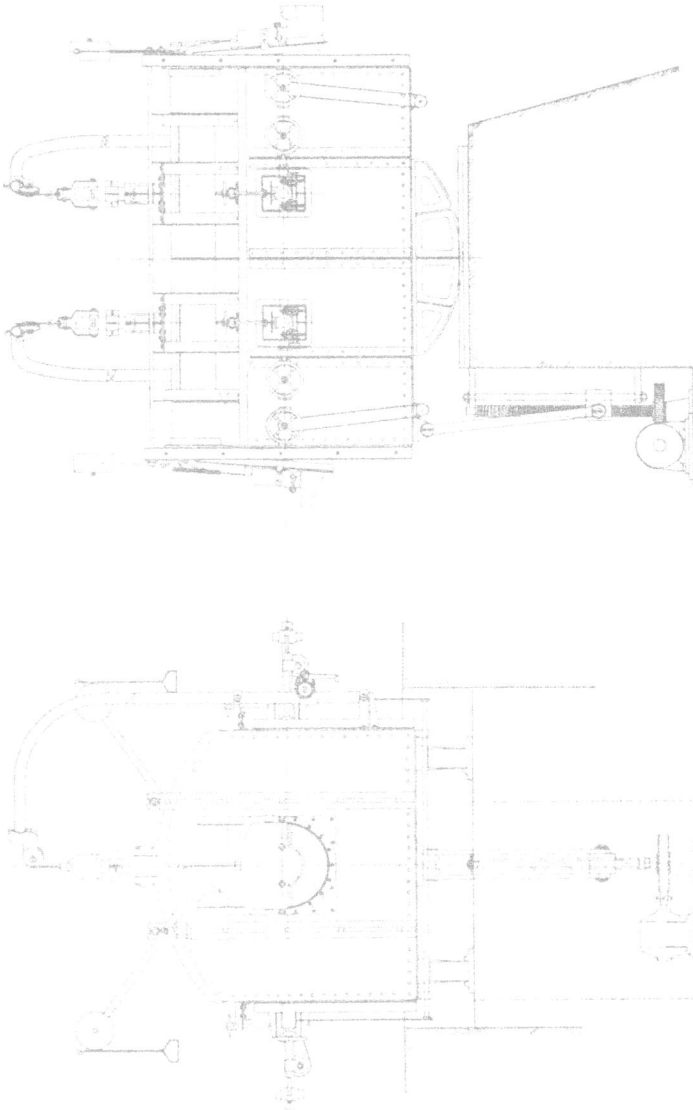

Abb. 145 und 146.

Bauart des Rennerfeltofens in Multipelausführung.

Anordnung einer genügenden Anzahl Elektrodensätze mit entsprechend stärkeren Bemessungen auf einfache Weise einen Ofen von bedeutender Leistung erhalten. Abb. 145 und 146 zeigen die Bauart eines 4 t-Multipel-Einheitsofens auf den Stridsberg & Biörck-Stahlwerken in Trollhättan (Schweden). Durch die Anwendung mehrerer Elektrodeneinheiten erklärt es sich auch, daß beim Rennerfeltofen der Anschlußwert im Verhältnis der Elektrodensätze zunimmt.

14. Ausführungen. In Abb. 147 wird ein 1250 kg-Ofen gezeig , der seit Jahren in dem Stahlwerk Gimo-Österby bruk arbeitet, und zur Erzeugung von Kugellager- und Werkzeugstahl dient. Der Transformator leistet 300 kVA

Abb. 147.
1250 kg Rennerfeltofen.

bei 50 Perioden und 500 Volt Primärspannung. Der sekundäre Zweiphasenstern hat eine Spannung von 70/80/90 Volt. Die Elektroden werden von Hand geregelt. Drosselspulen werden nicht gebraucht. Die Graphitelektroden haben an den Seiten 75 mm Durchmesser und im Gewölbe einen Durchmesser von 100 mm. Der Ofen schmilzt Werkzeugstahl aus Roheisen und Schrott mit einem Kraftaufwand von 760 kWh/t im Mittel. Der Elektrodenverbrauch beträgt 0,7 kg i. d. Stunde. Rennerfelt hat dem Verfasser Betriebszahlen von dieser Anlage, die sich über eine Anzahl fortlaufender Schmelzungen erstrecken, zur Verfügung gestellt. Dieselben sind in der nachstehenden Tafel 11 zusammengestellt:

Zusammenstellung 11.

Ofen Nr. IIIa von $1^1/_4$ t Fassungsraum und 300 kVA Transformatorleistung, Elektrodendurchmesser 3″ und 4″. Bericht vom Mai 1917.

Datum	Beschickung			Zeit des Abstichs	Schmelzdauer	kWh-Verbrauch	kWh-Verbrauch pro t	durchschnittl. kW-Verbrauch	% C	Elektroden-erneuerung	
	Nummer	Gewicht	Anfang							Seiten	Mitte
7	$285^1)$	802,2	7^{30}	12^{00}	5^{00}	1008	1260	202	1,04		
7	286	1020	12^{30}	3^{30}	3^{00}	773	756	258	1,09		
7	287	1102	4^{00}	8^{30}	4^{30}	862	770	192	1,5	2	$1^2)$
7	288	,,	8^{35}	11^{45}	3^{10}	801	728	258	1,11		
7	289	1204,2	12^{15}	3^{45}	3^{30}	875	727	250	1,03		
8	290	,,	4^{15}	8^{00}	3^{45}	720	597	193	1,06		
8	291	,,	8^{30}	11^{50}	3^{20}	806	670	242	0,92		
8	292	,,	12^{20}	4^{00}	3^{40}	819	680	224	1,23		
8	293	,,	4^{35}	8^{00}	3^{25}	779	646	228	1,13		
8	294	,,	8^{30}	12^{00}	3^{30}	829	690	236	1,11		
9	295	.,	12^{30}	4^{00}	3^{30}	798	663	228	1,20		
9	296	,,	4^{35}	8^{30}	3^{55}	829	688	212	1,16		
9	297	,,	9^{00}	1^{00}	4^{00}	855	710	214	0,97		
9	298	,,	1^{35}	6^{10}	4^{35}	1040?	865	230	1,19	1	1
9	299	,,	6^{40}	10^{15}	3^{35}	810	673	230	1,04		
10	300	,,	12^{30}	4^{40}	4^{10}	818	680	196	1,02		1
10	301	,,	5^{10}	8^{50}	3^{40}	797	663	218	1,20		11
10	302	,,	9^{20}	1^{00}	3^{40}	746	620	204	1,18		
10	303′	,,	1^{30}	6^{45}	5^{15}	1062	883	202	1,02		
10	304	,,	7^{15}	11^{10}	3^{55}	780	648	198	1,02		
10	305	,,	11^{45}	3^{30}	3^{45}	773	642	206	1,20		
11	306	,,	4^{00}	7^{45}	3^{45}	794	660	212	1,18	1	
11	307	,,	8^{30}	12^{15}	3^{45}	834	692	222	1,16		
11	308	,,	12^{45}	4^{20}	3^{35}	774	643	217	1,09		
11	309	,,	4^{45}	8^{30}	3^{45}	765	636	204	1,16	2	
11	310	,,	9^{00}	1^{45}	4^{45}	932	775	196	1,15		
12	311	,,	2^{15}	7^{15}	5^{00}	895	744	179	1,05		
12	312	,,	7^{40}	11^{45}	4^{05}	806	670	199	1,22		
14	$313^3)$	,,	6^{20}	12^{10}	5^{50}	1110	922	187	1,36	1	1
14	314	,,	12^{40}	5^{10}	4^{30}	921	765	205	1,14	1	1
14	315	,,	5^{40}	9^{20}	3^{40}	837	695	229	1,15		
14	316	,,	9^{40}	1^{20}	3^{40}	826	686	226	1,15		
15	317	,,	2^{20}	6^{15}	3^{55}	975	810	249	1,13		
15	318	,,	6^{45}	10^{15}	3^{30}	728	605	208	1,19		
15	319	,,	10^{45}	2^{45}	4^{00}	828	686	207	1,17		
15	320	,,	3^{15}	7^{00}	3^{45}	833	692	223	1,15		
15	321	,,	7^{30}	11^{20}	3^{50}	801	666	210	1,13		
15	322	,,	11^{50}	4^{00}	4^{10}	887	735	211	1,22		
16	323	,,	5^{00}	9^{00}	4^{00}	861	715	215	1,32		

[1]) 775 kWh für Vorwärmen.
[2]) 1 Elektrode 75 mm ϕ = 7,5 kg.
1 „ 100 mm ϕ = 13,6 kg.
[3]) 309 kWh für Vorwärmen.

Datum	Beschickung Nummer	Beschickung Gewicht	Beschickung Anfang	Zeit des Abstichs	Schmelzdauer	kWh-Verbrauch	kWh-Verbrauch pro t	durchschnittl. kW-Verbrauch	% C	Elektroden-erneuerung Seiten	Elektroden-erneuerung Mitte
16	324	1204,2	9^{30}	1^{00}	3^{30}	?	?	?	1,26	2	1
18	325[4]	,,	6^{30}	?	?	1109	920	?	1,10		
18	326	,,	12^{30}	6^{30}	6^{00}	1099	910	183	1,28	1	1
18	327	,,	7^{00}	11^{00}	4^{00}	787	650	197	1,22		
18	328	,,	11^{30}	4^{00}	4^{30}	883	734	196	1,21		
19	329	,,	4^{30}	9^{30}	5^{00}	861	715	172	1,14		
19	330	,,	10^{00}	3^{45}	5^{45}	1006	835	175	1,20		
21	331[5]	1154,2	6^{30}	12^{15}	5^{45}	1137	985	198	1,09		
21	332	1204,2	12^{45}	5^{00}	4^{15}	902	750	213	1,21		
21	333	,,	5^{30}	9^{45}	4^{15}	934	775	220	1,23		
21	334	,,	10^{15}	2^{30}	4^{15}	856	710	202	1,24		
22	335	,,	3^{00}	7^{00}	4^{00}	760	632	190	1,16		
22	336	,,	7^{40}	11^{45}	4^{05}	865	718	213	1,10	3	1
22	337	,,	12^{15}	4^{30}	4^{15}	835	693	197	1,11		
22	338	,,	5^{00}	9^{00}	4^{00}	854	718	213	1,26		
22	339	,,	9^{30}	1^{20}	3^{50}	845	702	221	1,11		
23	340	,,	2^{00}	6^{00}	4^{00}	864	716	216	0,99		
23	341	,,	6^{35}	1^{00}	6^{25}	1030	855	160	1,09		
23	342	,,	1^{35}	5^{15}	3^{10}	845	702	231	1,11		
23	343	,,	6^{10}	10^{00}	3^{50}	852	706	223	1,20		
23	344	1030	11^{00}	5^{00}	6^{00}	1143	1110	190	1,35		
24	345	1204,2	5^{30}	10^{15}	4^{45}	1005	835	212	1,05		
24	346[6]	,,	12^{25}	5^{00}	4^{35}	948	786	207	1,14		
24	347	,,	5^{45}	10^{15}	4^{30}	913	758	203	0,90		
24	348	1200,2	11^{20}	4^{20}	5^{00}	928	770	185	1,10		
25	349	1000	4^{45}	12^{30}	7^{45}	1282	1282	165	2,68		
25	350	1200,2	1^{45}	5^{45}	4^{30}	941	783	209	0,85	1	
25	351	,,	6^{20}	11^{20}	5^{00}	1005	834	201	1,01		
25	352	,,	12^{00}	4^{45}	4^{45}	1008	840	212	0,84	2	
26	353	,,	5^{30}	1^{00}	7^{30}	1237	1030	165	0,90	3	
29	354	,,	6^{45}	2^{45}	8^{00}	1604	1335	200	0,90		
29	355	,,	3^{15}	7^{40}	4^{25}	973	810	220	1,02		
29	356	,,	8^{20}	12^{45}	4^{25}	1005	835	227	1,01		
30	357	1204,2	1^{20}	6^{00}	4^{40}	1012	830	217	0,87		
30	358	,,	6^{30}	12^{30}	6^{00}	979	812	163	1,03		
30	359	,,	1^{00}	5^{30}	4^{30}	942	780	210	1,02		
30	360	,,	6^{00}	10^{15}	4^{15}	842	700	198	0,92		
31	361	,,	11^{00}	3^{45}	4^{45}	889	737	169	0,96	1	
31	362	,,	4^{00}	8^{30}	4^{30},	960	796	214	1,00		
31	363	,,	9^{15}	5^{30}	8^{15}	1256	1040	152	0,91		
31	364	,,	6^{20}	10^{45}	4^{25}	1011	840	229	1,03		
31	365	,,	11^{20}	4^{45}	5^{25}	1057	875	194	0,92		

[4]) 360 kWh für Vorwärmen.
[5]) 124 kWh für Vorwärmen.
[6]) 107 kWh für Vorwärmen.

Die Abb. 148 zeigt einen Rennerfeltofen für Stahlguß von 600 kg Fassungsvermögen, der bei The Parson & Co., Newton Jowa, U. S. A., in Betrieb ist.
Die Schmelzzeiten sind ungefähr zwei Stunden und bietet es keine Schwierigkeiten, aus diesem Ofen 10 Schmelzungen in 24 Stunden herauszunehmen.
Der Ofen hat allerdings einen Transformator von besonders großer Leistung,
und zwar von 400 kVA, welcher 13200 Volt Drehstrom von 60 Perioden aufnimmt und auf der Sekundärseite Zweiphasenstrom von 80/90/100 Volt abgibt.
Wie in allen Fällen, so sinkt auch hier die Leistung des Ofens im Verhältnis der
Sekundärspannung, da der Transformator für einen vorher festgelegten konstanten

Abb. 148.
600 kg-Rennerfeltofen.

Sekundärstrom berechnet ist. Der Ofen arbeitet mit drei Graphitelektroden
von je 100 mm Durchmesser. Nach den erhaltenen Angaben beträgt der
durchschnittliche Elektrodenverbrauch 4,3 kg für die Nettotonne (2000 lbs.).
Der Transformator ist noch mit zwei dreiphasigen Drosselspulen von je 60 kVA
versehen, die auf der Primärseite eingebaut sind. Die folgenden zehn laufenden Schmelzberichte nach den Zusammenstellungen 12 bis 22, die der Verfasser von der Firma The Parsons & Co. erhalten hat, dürften deshalb von
besonderem Interesse sein, weil der Schmelzbetrieb fast ohne jede Veränderung
vor sich geht, sofern alle Voraussetzungen erfüllt sind, wie: gleichmäßiger
Einsatz, rasche Beschickung, genaue Wartung, keine unnötigen Unterbrechungen
u. dgl.

Zusammenstellungen 12 bis 22.

1. Schmelzbericht.

Datum 22. 11. 1918   Erhitzungs-N. 1813
Einsatzgewicht 2000 lbs.
Stromzähler: Anfangsmessung 35220 kWh, Endmessung 35920 kWh, gebraucht 700 kWh
Deckenkohleverbrauch, Seitenkohleverbrauch 20. lbs.
Nr. des vorhandenen Deckels 1572, der vorhandenen Auskleidung 1692.

Arbeitsweise	Zeit	Charge		Zusätze		Ausbesserungs-material	
		Wagen Nr.	Gewicht in lbs.	Material	Gewicht in lbs.	Material	Gewicht in lbs.
Vorhergehende Charge beendet	4^{34}			Mang.	11		
Neue Charge angefangen . .	4^{57}	1	400	Sil.	8		
Strom eingeschaltet	4^{58}	2		Alum.	24 ounce		
Kohlenprobe	6^{45}	3	400				
Schlacke abgezogen.	6^{50}	4	800				
Zusätze	7^{04}	5	400				
Endprobe	7^{09}		2000				
Hitze abgeleitet	7^{10}						
Strom ausgeschaltet	7^{30}						
Abstich	7^{35}						

10 Minuten Unterbrechung, um die Deckenkohlen auszuwechseln.
Schmelzzeit = 2 Std. 32 Min.
Durchschnittliche Stromaufnahme = 700 : 2,53 = 277 kW.

Analyse.

Silizium	Mangan	Kohlenstoff	Schwefel	Phosphor
0,48 %	0,82 %	0,583 %	0,044 %	0,033 %

2. Schmelzbericht.

Datum 22. 11. 1918   Erhitzungs-Nr. 1814
Einsatzgewicht 2000 lbs.
Stromzähler: Anfangsmessung 35920 kWh, Endmessung 36580 kWh, gebraucht 660 kWh
Deckenkohleverbrauch 30 lbs., Seitenkohleverbrauch.
Nr. des vorhandenen Deckels 1572, der vorhandenen Auskleidung 1692.

Arbeitsweise	Zeit	Charge		Zusätze		Ausbesserungs-material	
		Wagen Nr.	Gewicht in lbs.	Material	Gewicht in lbs.	Material	Gewicht in lbs.
Vorhergehende Charge beendet	7^{36}			Man.	11	Chamotte	00
Neue Charge angefangen . .	7^{49}	1	400	Sil.	8		
Strom eingeschaltet	7^{50}	2		Alum.	24 ounce		
Kohlenprobe	9^{23}	3	400				
Schlacke abgezogen . . .	9^{25}	4	800				
Zusätze	9^{45}	5	400				
Endprobe	9^{49}		2000				
Hitze abgeleitet	9^{50}						
Strom ausgeschaltet	9^{55}						
Abstich	10^{00}						

Ohne Unterbrechung.
Schmelzzeit = 2 Std. 5 Min.
Durchschnittliche Stromaufnahme = 660 : 2,08 = 317 kW.

Analyse.

Silizium	Mangan	Kohlenstoff	Schwefel	Phosphor
0,42 %	0,72 %	0,513 %	0,050 %	0,034 %

3. Schmelzbericht.

Datum 22. 11. 18   Erhitzungs-Nr. 1815
Einsatzgewicht 2000 lbs.
Stromzähler: Anfangsmessung 36580 kWh, Endmessung 37300 kWh, gebraucht 720 kWh
Deckenkohleverbrauch, Seitenkohleverbrauch.
Nr. des vorhandenen Deckels 1572, der vorhandenen Auskleidung 1692.

Arbeitsweise	Zeit	Charge		Zusätze		Ausbesserungs-material	
		Wagen Nr.	Gewicht in lbs.	Material	Gewicht in lbs.	Material	Gewicht in lbs.
Vorhergehende Charge beendet	10^{01}			Man.	11		
Neue Charge angefangen . .	10^{14}	1	400	Sil.	8		
Strom eingeschaltet	10^{15}	2		Alum.	24 ounce		
Kohlenprobe	12^{05}	3	400				
Schlacke abgezogen	12^{12}	4	800				
Zusätze	12^{17}	5	400				
Endprobe	12^{21}		2000				
Hitze abgeleitet	12^{25}						
Strom ausgeschaltet	12^{35}						
Abstich	12^{40}						

Keine Unterbrechung.
Schmelzzeit = 2 Std. 20 Min.
Durchschnittliche Stromaufnahme = 720 : 2,33 = 309 kW.

Analyse.

Silizium	Mangan	Kohlenstoff	Schwefel	Phosphor
0,48 %	0,72 %	0,446 %	0,050 %	0,036 %

4. Schmelzbericht.

Datum 22. 11. 18   Erhitzungs-Nr. 1816
Einsatzgewicht 2000 lbs.
Stromzähler: Anfangsmessung 37300 kWh, Endmessung 37960 kWh, gebraucht 660 kWh
Deckenkohleverbrauch, Seitenkohleverbrauch 20 lbs.
Nr. des vorhandenen Deckels 1572, der vorhandenen Auskleidung 1692.

Arbeitsweise	Zeit	Charge		Zusätze		Ausbesserungs-material	
		Wagen Nr.	Gewicht in lbs.	Material	Gewicht in lbs.	Material	Gewicht in lbs.
Vorhergehende Charge beendet	12^{40}			Man.	11		
Neue Charge angefangen . .	12^{49}	1	400	Sil.	8		
Strom eingeschaltet	12^{50}	2		Alum.	24 ounce		
Kohlenprobe	2^{40}	3	400				
Schlacke abgezogen	2^{45}	4	800				
Zusätze	2^{52}	5	400				
Endprobe	2^{57}		2000				
Hitze abgeleitet	3^{00}						
Strom ausgeschaltet	3^{05}						
Abstich	3^{10}						

Keine Unterbrechung.
Schmelzzeit = 2 Std. 15 Min.
Durchschnittliche Stromaufnahme = 660 : 2,25 = 293 kW.

Analyse.

Silizium	Mangan	Kohlenstoff	Schwefel	Phosphor
0,46 %	0,80 %	0,416 %	0.046 %	0,035 %

Ruß, Elektrostahlöfen.

11

5. Schmelzbericht.

Datum 22. 11. 18   Erhitzungs-Nr. 1317
Einsatzgewicht 2000 lbs.
Stromzähler: Anfangsmessung 37960 kWh, Endmessung 38650 kWh, gebraucht 690 kWh
Deckenkohleverbrauch 30 lbs., Seitenkohleverbrauch.
Nr. des vorhandenen Deckels 1572, der vorhandenen Auskleidung 1692.

Arbeitsweise	Zeit	Charge Wagen Nr.	Charge Gewicht in lbs.	Zusätze Material	Zusätze Gewicht in lbs.	Ausbesserungs-materia Material	Ausbesserungs-materia Gewicht in lbs.
VorhergehendeCharge beendet	3^{11}			Man.	11		
Neue Charge angefangen . .	3^{19}	1	400	Sil.	8		
Strom eingeschaltet	3^{20}	2		Alnm	24 ounce		
Kohlenprobe.	5^{00}	3	400				
Schlacke abgezogen	5^{07}	4	800				
Zusätze	5^{12}	5	400				
Endprobe	5^{17}		2000				
Hitze abgeleitet	5^{20}						
Strom ausgeschaltet	5^{25}						
Abstich	5^{30}						

Schmelzzeit = 2 Std. 5 Min.
Durchschnittliche Stromaufnahme = 690 : 2,08 = 331 kW.

Analyse.

Silizium	Mangan	Kohlenstoff	Schwefel	Phosphor
0,45 %	0,77 %	0,442 %	0,048 %	0,036 %

6. Schmelzbericht.

Datum 22. 11. 18   Erhitzungs-Nr. 1318
Einsatzgewicht 2000 lbs.
Stromzähler: Anfangsmessung 38650 kWh, Endmessung 39350 kWh. gebraucht 690 kWh
Deckenkohleverbrauch, Seitenkohleverbrauch 20 lbs.
Nr. des vorhandenen Deckels 1572, der vorhandenen Auskleidung 1692.

Arbeitsweise	Zeit	Charge Wagen Nr.	Charge Gewicht in lbs.	Zusätze Material	Zusätze Gewicht in lbs.	Ausbesserungs material Material	Ausbesserungs material Gewicht in lbs
VorhergehendeCharge beendet	5^{31}			Man.	11		
Neue Charge angefangen . .	5^{39}	1	400	Sil.	8		
Strom eingeschaltet	5^{40}	2		Alum.	24 ounce		
Kohlenprobe.	7^{45}	3	400				
Schlacke abgezogen	7^{48}	4	800				
Zusätze	7^{50}	5	400				
Endprobe	7^{54}		2000				
Hitze abgeleitet	7^{55}						
Strom ausgeschaltet	8^{00}						
Abstich	8^{10}						

Schmelzzeit = 2 Std. 20 Min.
Durchschnittliche Stromaufnahme = 690 : 2,33 = 296 kW.

Analyse.

Silizium	Mangan	Kohlenstoff	Schwefel	Phosphor
0,40 %	0,82 %	0,440 %	0,046 %	0,032 %

7. Schmelzbericht.

Datum 22. 11. 18   Erhitzungs-Nr. 1819
Einsatzgewicht 2000 lbs.
Stromzähler: Anfangsmessung 39340 kWh, Endmessung 39990 kWh, gebraucht 650 kWh
Deckenkohleverbrauch, Seitenkohleverbrauch.
Nr des vorhandenen Deckels 1572, der vorhandenen Auskleidung 1692.

| Arbeitsweise | Zeit | Charge | | Zusätze | | Ausbesserungs-material | |
		Wagen Nr.	Gewicht in lbs.	Material	Gewicht in bs.	Material	Gewicht in lbs.
Vorhergehende Charge beendet	8^{11}			Man.	11		
Neue Charge angefangen . .	8^{19}	1	400	Sil.	8		
Strom eingeschaltet	8^{20}	2		Alum.	24 ounce		
Kohlenprobe	10^{05}	3	400				
Schlacke abgezogen	10^{03}	4	800				
Zusätze	10^{10}	5	400				
Endprobe	10^{14}		2000				
Hitze abgeleitet	10^{15}						
Strom ausgeschaltet	10^{25}						
Abstich	10^{50}						

Schmelzzeit = 2 Std. 5 Min.
Durchschnittliche Stromaufnahme = 650 : 2,08 = 312 kW.

Analyse.

Silizium	Mangan	Kohlenstoff	Schwefel	Phosphor
0,47 %	0,84 %	0,476 %	0,048 %	0,040 %

8. Schmelzbericht.

Datum 22. 11. 18   Erhitzungs-Nr. 1820
Einsatzgewicht 2000 lbs.
Stromzähler: Anfangsmessung 39990 kWh, Endmessung 40660 kWh, gebraucht 670 kWh
Deckenkohleverbrauch, Seitenkohleverbrauch.
Nr. des vorhandenen Deckels 1572, der vorhandenen Auskleidung 1692.

| Arbeitsweise | Zeit | Charge | | Zusätze | | Ausbesserungs-material | |
		Wagen Nr.	Gewicht in lbs.	Material	Gewicht in lbs.	Material	Gewicht in lbs.
Vorhergehende Charge beendet	10^{29}			Man.	11	Chamotte	50
Neue Charge angefangen . .	10^{34}	1	400	Sil.	8		
Strom eingeschaltet	10^{35}	2		Alum.	24 ounce		
Kohlenprobe	12^{20}	3	400				
Schlacke abgezogen.	12^{23}	4	800				
Zusätze	12^{25}	5	400				
Endprobe	12^{29}		2000				
Hitze abgeleitet	12^{30}						
Strom ausgeschaltet	12^{40}						
Abstich	12^{41}						

Beschaffenheit des Deckels: gut.
    ,,   der Verkleidung: gut.
    ,,   der Sohle: mangelhaft.
Schmelzzeit = 2 Std. 5 Min.
Durchschnittliche Stromaufnahme = 670 : 2,08 = 322 kW.

Analyse.

Silizium	Mangan	Kohlenstoff	Schwefel	Phosphor
0,56 %	0,80 %	0,456 %	0,043 %	0,034 %

11*

9. Schmelzbericht.

Datum 23. 11. 18   Erhitzungs-Nr. 1821

Einsatzgewicht 2000 lbs.

Stromzähler: Anfangsmessung 40660 kWh, Endmessung 41380 kWh, verbraucht 720 kWh

Deckenkohleverbrauch, Seitenkohle.

Nr. des vorhandenen Deckels 1572, der vorhandenen Auskleidung 1692.

Arbeitsweise	Zeit	Charge		Zusätze		Ausbesserungs-material	
		Wagen Nr.	Gewicht in lbs.	Material	Gewicht in lbs.	Material	Gewicht in lbs.
Vorhergehende Charge beendet	12^{45}			Man.	11		
Neue Charge angefangen . .	12^{51}	1	400	Sil.	8		
Strom eingeschaltet	12^{52}	2		Alum.	24 ounce		
Kohlenprobe	2^{40}	3	400				
Schlacke abgezogen	2^{43}	4	800				
Zusätze	2^{45}	5	400				
Endprobe	2^{49}		2000				
Hitze abgeleitet	2^{50}						
Strom ausgeschaltet	3^{00}						
Abstich	3^{05}						

Schmelzzeit $= 2$ Std. 8 Min.

Durchschnittliche Stromaufnahme $= 720 : 2,13 = 337$ kW.

Analyse.

Silizium	Mangan	Kohlenstoff	Schwefel	Phosphor
0,48 %	0,76 %	0,41 %	0,043 %	0,034 %

10. Schmelzbericht.

Datum 23. 11. 18   Erhitzungs-Nr 1822

Einsatzgewicht 2000 lbs.

Stromzähler: Anfangsmessung 41380 kWh, Endmessung 42020 kWh, gebraucht 640 kWh

Deckenkohleverbrauch, Seitenkohleverbrauch 20 lbs.

Nr. des vorhandenen Deckels 1572, der vorkandenen Auskleidung 1692.

Arbeitsweise	Zeit	Charge		Zusätze		Ausbesserungs-material	
		Wagen Nr.	Gewicht in lbs.	Material	Gewicht in lbs.	Material	Gewicht in lbs.
Vorhergehende Charge beendet	3^{06}			Man.	11		
Neue Charge angefangen . .	3^{19}	1	400	Sil.	8		
Strom eingeschaltet	3^{20}	2		Alum.	24 ounce		
Kohlenprobe	4^{55}	3	400				
Schlacke abgezogen	5^{00}	4	800				
Zusätze	5^{09}	5	400				
Endprobe	5^{14}		2000				
Hitze abgeleitet	5^{15}						
Strom ausgeschaltet	5^{25}						
Abstich	5^{30}						

Schmelzzeit $= 2$ Std. 5 Min.

Durchschnittliche Stromaufnahme $= 640 : 2,08 = 307$ kW.

Analyse.

Silizium	Mangan	Kohlenstoff	Schwefel	Phosphor
0,42 %	0,70 %	0,479 %	0,045 %	0,028 %

Täglicher Ofenbericht.

The Parsons Company   Datum 22. Nov. 1918

Schmelzung Nr.	Abfallsorte					Zusätze			Ausbesserungsmaterial Sand Ton	Elektrodenverbrauch in lbs.	Stromverbrauch in kWh	Einsatzgewicht der Charge
	1	2	3	4	5	Mang.	Sil.	Alu.				
1813	400		400	800	400	11	8	24		20	700	2000
1814	400		400	800	400	11	8	24	100	30	660	2000
1815	400		400	800	400	11	8	24			720	2000
1816	400		400	800	400	11	8	24		20	660	2000
1817	400		400	800	400	11	8	24		30	690	2000
1818	400		400	800	400	11	8	24		20	690	2000
1819	400		400	800	400	11	8	24			650	2000
1820	400		400	800	400	11	8	24	50		670	2000
1821	400		400	800	400	11	8	24			720	2000
1822	400		400	800	400	11	8	24		20	640	2000
	4000		4000	8000	4000	110	80	240	ounce 150	140	6800	20000

Eine andere Anlage ist in Abb. 149 dargestellt. Bei dieser handelt es sich um einen Rennerfeltofen mit einer Transformatorleistung von 200 kVA, der bei der Liberty Steel Co. in Morristown N. J. steht. Die Oberspannung beträgt 2400 Volt Drehstrom bei 60 Perioden, die Unterspannung wird in Zweiphasenstrom von 100 Volt übergeführt. Dieser Ofen ist mit elektrischen Reglern nach Bauart Seede ausgestattet und hat drei Einphasen-Hochspannungs-Drosselspulen von je 20 kVA Leistung. Die Drosselspulen sind an der Wand im Hintergrunde der Abb. 149 zu sehen; sie wurden von der General Electric Co. geliefert und bestehen aus Beton, in den die Kupferspulen eingegossen sind. Diese Drosselspulen haben keine Eisenkerne und sollen vorzüglich arbeiten. Messungen haben bei einem 1250 kg-Ofen mit basischem Futter einen ungefähren Stromverbrauch von 875 kWh/t Stahl ergeben, wobei hochwertiger, kleinstückiger Stahlformguß erzeugt wurde. Dieser Ofen erfordert eine Betriebskraft von 175 kW. Aus Berichten über eine andere Anlage geht hervor, daß ein 600 kg-Ofen bei bloßem Tagbetrieb für das Schmelzen von Stahlformguß im sauren Herd 775 kWh/t Stahl verbrauchte. Die durchschnittliche Betriebskraft betrug 130 kW und die gesamte Schmelzzeit der drei Schmelzen in 12stündigem Betrieb war 5, 4 und 3 Stunden. Ein anderer Ofen mit 1250 kg-Fassung für hochwertigen Werkzeugstahl mit basischem Herd leistete durchschnittlich vier Schmelzungen in 24 Stunden. Die in diesem Falle aufgewandte Energie belief sich auf ungefähr 920 kWh/t Stahl. Der Verbrauch an elektrischer Arbeit bei einem anderen Ofen zur Erzeugung von basischem Werkzeugstahl mit 1 % C betrug 691 kWh/t (Durchschnitt einer einwöchigen Betriebsdauer). Der durchschnittliche Abbrand während dieser Zeit war 1,94 %. Der Verlust durch Abfallenden belief sich auf 10,3 % der erzeugten Blöcke. Die Schmelze bestand aus Roheisen, Erz und weichem Schrott.

Roheisen kann mit ungefähr 400 bis 500 kWh/t geschmolzen werden. Neuere Veröffentlichungen geben in einem Falle 425 kWh/t graues Roheisen

Abb. 149.

Zahlentafel 23. Wochenbericht eines Rennerfelt-Elektrostahlofens vom 21. bis 25. November 1916.

Tag Nov.	Schmelzung Nr.	Zeit Letzter Abstich Uhr	Zeit Stromanlaß Uhr	Zeit Abstich Uhr	Zeit Schmelzzeit st	Eiseneinsatz Schwed. Roheisen kg	Eiseneinsatz Schienenabfall kg	Eiseneinsatz Kettenschrott kg	Eiseneinsatz Schrott kg	Eiseneinsatz Insgesamt kg	Zusätze Ferromangan kg	Zusätze Ferrosilizium kg	Zusätze Mangansilizium kg	Zusätze Aluminium gr	Zuschläge Erz kg	Zuschläge Kalk kg	Zuschläge Elektroden kg	Kilowattstunden Stand am Anfang	Kilowattstunden Stand am Ende	Kilowattstunden Verbrauchte Kilowattstunden	Ausbringen Blöcke kg	Ausbringen Stahlguß kg	Ausbringen Schrott kg	Ausbringen Insgesamt kg
21	912	—	8^{30}	6^{10}	9^{40}	400	918	—	132	1450	6	4	—	20	15	—	—	8330	9950	1620	1158	—	270	1428
22	913	6^{10}	9^{45}	4^{15}	6^{90}	300		705	245	1250	6	4	—	30	40	—	3	9950	1280	1330	1177	—	50	1227
22	914	4^{15}	7^{30}	1^{30}	6^{00}	275		730	245	1250	6	4	—	20	30	—	2	1280	2500	1220	1174	—	50	1224
23	915	1^{30}	2^{30}	10^{40}	8^{10}	250		850	180	1280	6	4	—	30	25	—	2	2500	3860	1360	1261	—	—	1261
23	916	10^{40}	12^{30}	7^{45}	7^{15}	250		925	075	1280	6	4	6	30	25	—	·	3860	5250	1390	1180	—	40	1220
23	917	7^{45}	9^{30}	3^{00}	5^{30}	250		1000	—	1250	3	—	—	—	15	—	—	5250	6380	1130	250	600	350	1200
24	918	3^{00}	4^{00}	10^{15}	6^{15}	250		1000	—	1250	6	4	—	—	25	—	2	6380	7470	1090	1182	—	30	1212
24	919	10^{15}	12^{30}	6^{15}	5^{45}	200		910	140	1250	6	4	—	—	20	—	1	7470	8680	1210	903	—	300	1203
24	920	6^{15}	10^{00}	4^{00}	6^{00}	200		905	145	1250	6	4	—	—	20	175	1	8990	0090	1100	1121	—	100	1221
25	921	4^{00}	4^{45}	11^{00}	6^{15}	200		905	145	1250	6	4	—	—	20	—	1	0090	1260	1170	1119	—	110	1229
25	922	11^{00}	12^{15}	6^{50}	6^{35}	200		905	145	1250	6	4	—	—	20	—	—	1260	2470	1210	1189	—	20	1209
25	923	6^{50}	8^{00}	1^{50}	5^{50}	200		1050	—	1250	6	4	—	—	20	—	1	2470	3670	1200	1179	—	45	1224
					79^{45}	2975	918	9885	1452	15230	69	44	6	130	275	175	12			15030	12893	600	1365	14858

167

an. In einer gewissen Anlage wurde ein basischer Ofen zum Schmelzen von weißem Roheisen verwandt, das mittels Erz entkohlt wurde, um daraus einen Werkzeugstahl zu erzeugen. Der kWh-Zähler zeigte einen Energieverbrauch von 405 kWh/t geschmolzenes Roheisen als Durchschnitt von vier aufeinanderfolgenden Schmelzungen.

In Abb. 150 wird noch die Ansicht eines 1250 kg-Rennerfeltofens in Martinofen ähnlicher Form für zum Schmelzen von Stahlformguß gezeigt.

Schließlich sei noch ein Wochenbericht[1]) über einen 1250 kg-Rennerfeltofen der Ljusne Woxna A. B. in Ljusne in Zusammenstellung 23 wiedergegeben.

Abb. 150.
1250 kg-Rennerfeltofen.

Der Ofen weist eine Durchschnittsbelastung von 125 bis 150 kW auf; die Schmelzungen fanden auf saurem Futter statt, das 200 Schmelzungen aushielt; der praktische Schmelzverbrauch war 1010 kWh/t; es wurde weiter Stahlguß mit 0,20% Kohlenstoff hergestellt. Die Beschickung bestand aus 19,5% gewöhnlichem grauem Roheisen, 6,5% Schienenabfall, 64,5% Kettenschrott und 9,5% Schrott. Das Frischen geschah mit 1,8% Kirunaerz, der Abbrand betrug 2,44%, der Elektrodenverbrauch 5,1 kg/t, der Schrottabfall beim Guß war 10,12% vom Gesamtgewicht. Es wurden nur 12 Schmelzungen in der Woche fertiggestellt, weil der Ofen nicht dauernd betrieben wurde; auf die einzelne Schmelzung entfallen 6 Stunden 39 Minuten. Bei ununterbrochenem

---

[1]) Stahl und Eisen 1921, 27. Januar, S. 119 u. 121.

Betriebe auf Stahlguß mit 1,20% Kohlenstoff hält sich der Stromverbrauch im Mittel auf 800 kWh/t.

Der Rennerfeltofen wird von der Aktiebolaget Elektriska Ugnar, Stockholm, vertrieben.

3. Die direkten Lichtbogenöfen.

Der Héroultofen.

1. Geschichtliches. Héroult hat sich um den Bau von elektrischen Öfen besonders verdient gemacht; sein Ofen zählt zweifellos zu den ältesten, der technische Bedeutung erlangt hat. Héroult beschäftigte sich bereits mit der Aluminiumdarstellung auf elektrothermischem Wege, bevor er mit seinem Elektrostahlofen hervortrat.

Im Jahre 1900 fand Héroult einen Elektroschachtofen zur Erzeugung von Roheisen, während im Jahre 1903 in La Praz (Savoyen) und in Kortfors (Schweden) je ein Elektroofen zur Aufstellung kam, der zur Erzeugung von Ferrolegierungen diente. Später baute Héroult einen Elektroherdofen, um auch Stahl aus Roheisen zu gewinnen. Hierbei ergaben sich jedoch Schwierigkeiten, die vor allem darin bestanden, daß die mit dem Bade in Berührung kommenden Kohlenelektroden ein Aufkohlen des Bades herbeiführten. Héroult fand jedoch eine Lösung, indem er zur Vermeidung der Kohlenstoffaufnahme die zur Reinigung des Schmelzgutes erforderliche Schlackenschicht zwischen Bad und Elektroden schaltete. Der deutsche Patentanspruch[1]) dieses Verfahrens hierauf lautet:

„Elektrisches Schmelzverfahren, bei welchem Metalle, wie Chrom, Mangan, Eisen und andere aus ihren Verbindungen bzw. Legierungen (Rohmetallen) rein erschmolzen werden können, unter Vermeidung der Wiederaufnahme von Kohlenstoff aus Kohlenelektroden und Kohlenkontakten, dadurch gekennzeichnet, daß der Schmelzprozeß in einem mit nichtleitenden, auch nicht verunreinigend wirkenden Stoffe ausgekleideten elektrischen Ofen mit in den Schmelzraum von oben hineinragenden, zur Stromzuleitung und Stromableitung dienenden, einzeln regelbaren Kohlenelektroden in der Weise durchgeführt wird, daß zwecks Vermeidung einer Karburierung der Metalle durch die Elektrodenkohle die unteren Enden der Elektroden von dem Metall durch eine Schlackenschicht getrennt sind und der elektrische Strom von der Zuleitungselektrode aus durch eine Schlackenschicht in das Schmelzgut eintritt, dieses auf einer größeren Strecke durchfließt und wieder durch die Schlackenschicht in die Ableitungselektrode zurücktritt.“

Die Heizwirkung beim Héroultofen ist jedoch anders als die Patentschrift angibt. Héroult erkannte bald, daß er im Gegensatz zur Aluminiumdarstellung bei der Elektrostahlerzeugung auf die Lichtbogenwirkung nicht verzichten konnte. Wollte er nämlich die Elektroden in das Bad eintauchen lassen und mit reiner Widerstandsheizung arbeiten, so mußte er auf den thermischen Effekt

---

[1]) D. R. P. Nr. 139904.

verzichten, der dem Lichtbogenofen für Elektrostahl gerade eigentümlich ist. Héroult läßt daher die Elektroden über der Badoberfläche schweben, wie Abb. 63 schon gezeigt hat, und veranlaßt, daß an jedem Elektrodenende ein Lichtbogen gebildet wird. Der Stromverlauf ist demnach folgender: Der Strom tritt aus einer Elektrode unter Lichtbogenbildung durch die Schlacke ins Bad, durch- fließt dieses und verläßt den Ofen auf dem gleichen Wege durch die andere Elektrode. Die lediglich durch den Widerstand in Wärme umgesetzte Energie ist gering. Die eigentliche Wärmeentwicklung findet also nur in den Lichtbögen statt. [Die Überlegung hierfür ist einfach. Vergleicht man den Widerstand der Kohlenelektroden von geringem Querschnitt, großer Länge und spezifisch

Abb. 151
Ansicht des alten Héroultofens im Stahlwerk Rich. Lindenberg, Remscheid.

hohem Widerstand mit dem Widerstand des Bades von bedeutendem Querschnitt, geringer Länge und geringem spezifischem Widerstand, so geht daraus hervor, daß gerade die entgegengesetzten Verhältnisse vorliegen, wie sie für den Wärme- effekt von Nutzen sind. Die Ausbildung des Héroultofens für das Stahlraffi- nationsverfahren erfolgte daher so, wie er nachstehend beschrieben ist.

Im Jahre 1905 wurde in Deutschland der erste Héroultofen auf dem Stahl- werk Richard Lindenberg, Remscheid, gebaut. Im Februar 1906 kam der Ofen in Betrieb. Über die ersten Betriebserfahrungen berichtete s. Z. Professor Eichhoff[1]) eingehend.

Infolge des einfachen Aufbaues fand der Héroultofen rasche Einführung; er läßt sich leicht handhaben und gestattet die Durchführung jeder metallurgischen Arbeit. Diese Vorteile sind unverkennbar und ihnen verdankt der Ofen seine große Verbreitung.

2. Aufbau des Ofens. Der Héroultofen ist in seiner älteren Bauart[1]) einem Siemens-Martinofen ähnlich; er besteht aus einer Blechaußenhaut, die mit feuerfesten Steinen und Dolomit ausgekleidet ist. Der Boden ist abgerundet und mit zwei gebogenen Schienen versehen, welche in auf Steinsockeln gelagerten U-Eisen laufen. Der Deckel oder das Gewölbe des Ofens ist in einem schmiedeeisernen Rahmen eingebaut und läßt sich abnehmen. Der ganze Ofen kann durch einen hydraulischen Zylinder gekippt werden. An der Rückseite befinden sich zwei Elektromotoren. Diese betätigen die Auslagerarme, an welchen die durch das Gewölbe hindurchgreifenden Elektroden befestigt sind. Letztere werden durch elektrische Einrichtungen in ihrer Stellung zum Bade geregelt und stellen sich von selbst auf eine Entfernung von etwa 45 mm über dem Stahlbade ein. Hierdurch wird jede Kohlung des Stahles vermieden.

Die Ansicht des von Prof. Eichhoff beschriebenen Héroultofens zeigt Abb. 151. Im Hintergrunde des Bildes ist ein Wellmann-Martinofen sichtbar, der sein flüssiges Material an den Elektroofen abgibt. Die durchschnittliche Stromaufnahme des Héroultofens beträgt etwa 250 kW. Der Stromverbrauch für die Tonne Stahl bei flüssigem Einsatz (also nur für die Nachbehandlung) wird mit etwa 385 kWh angegeben.

Der Héroultofen hat im Laufe der Zeit ganz bedeutende Änderungen erfahren. Bei der neuen Bauart wurde sowohl aus wärmetechnischen als aus stromtechnischen Gründen die rechteckige Herdform aufgegeben und die runde eingeführt. Ferner erhält der Ofen nunmehr vorzugsweise drei Elektroden, damit sein unmittelbarer Anschluß an Drehstrom möglich ist, während die ersten Öfen nur mit Einphasen-Wechselstrom betrieben wurden. Im übrigen legen die Erbauer des Héroultofens auch heute noch großen Wert auf größte Einfachheit der Ofenkonstruktion. Das kann man vom Standpunkte des Eisenhüttenmannes nur begrüßen. Denn nur so gestaltet sich der Betrieb des Ofens einfach.

Über die Betriebsführung des Ofens sei etwa folgendes mitgeteilt: Das Anwärmen geschieht durch Koks mit Hilfe des elektrischen Stromes; ein über Nacht oder über Sonntag warmgehaltener Ofen erfordert nur zwei Stunden zum Anwärmen, ein neu zugestellter Ofen ist nach vier- bis sechsstündigem Anwärmen betriebsfähig. Bei kleinen Stillständen braucht zum Warmhalten nur die abkühlende Luft ferngehalten zu werden, z. B. durch Verbrennen von Holz im Ofen, wobei durch die entstehende Gasentwicklung der Luftzutritt ferngehalten wird. Das Beschicken des Ofens geschieht bei festem Einsatz von Hand oder durch Einsatzmaschinen, bei flüssigem Einsatz durch eine Arbeitstür mittels einer vorgehaltenen Rinne oder durch die Abstichrinne. Bei größeren Öfen sind meistens zwei Beschickungstüren vorgesehen. Das Abschlacken erfolgt beim kippbaren Ofen durch die Gießschnauze, beim feststehenden

---

[1]) Stahl und Eisen 1907, Nr. 2 und 3, Seite 41.

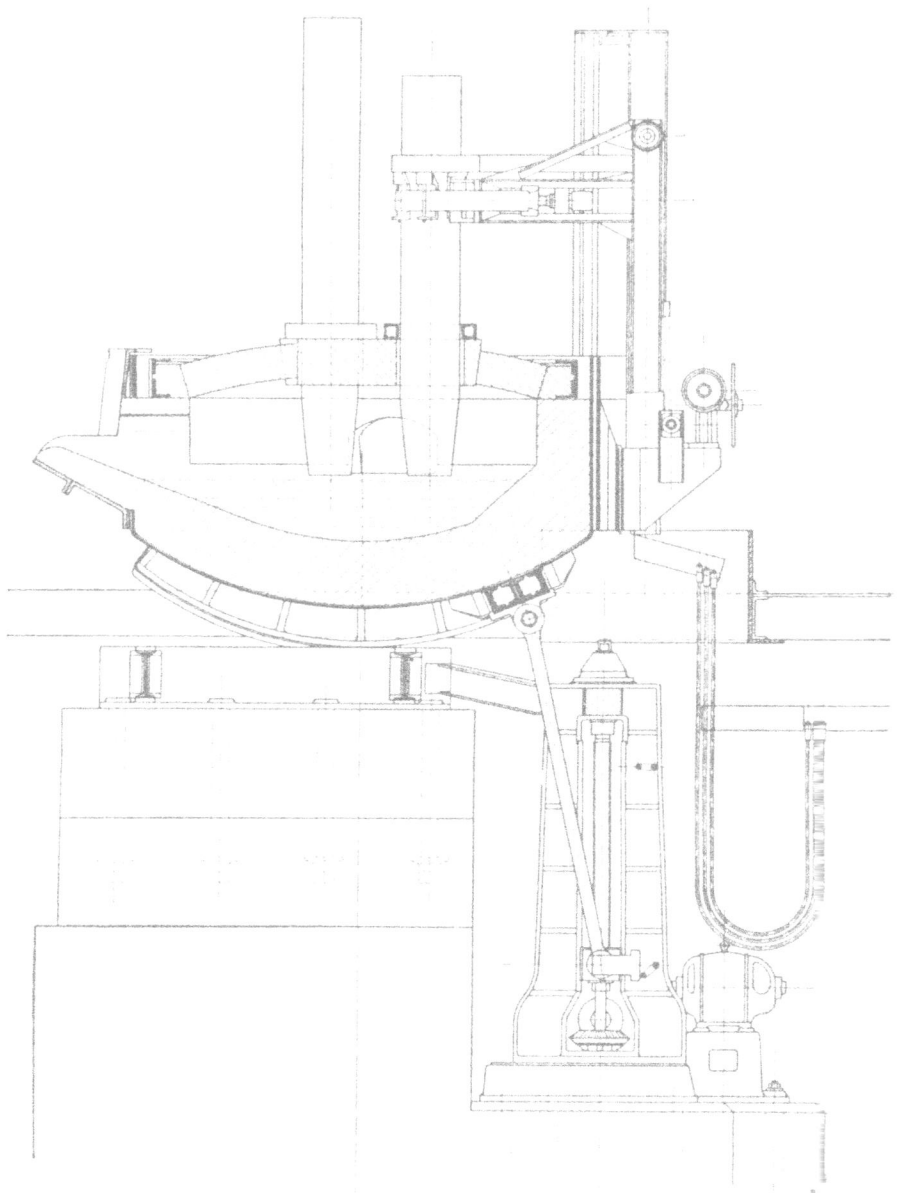

Abb. 152.
Längsschnitt durch einen 6 t-Héroultofen neuer Bauart.

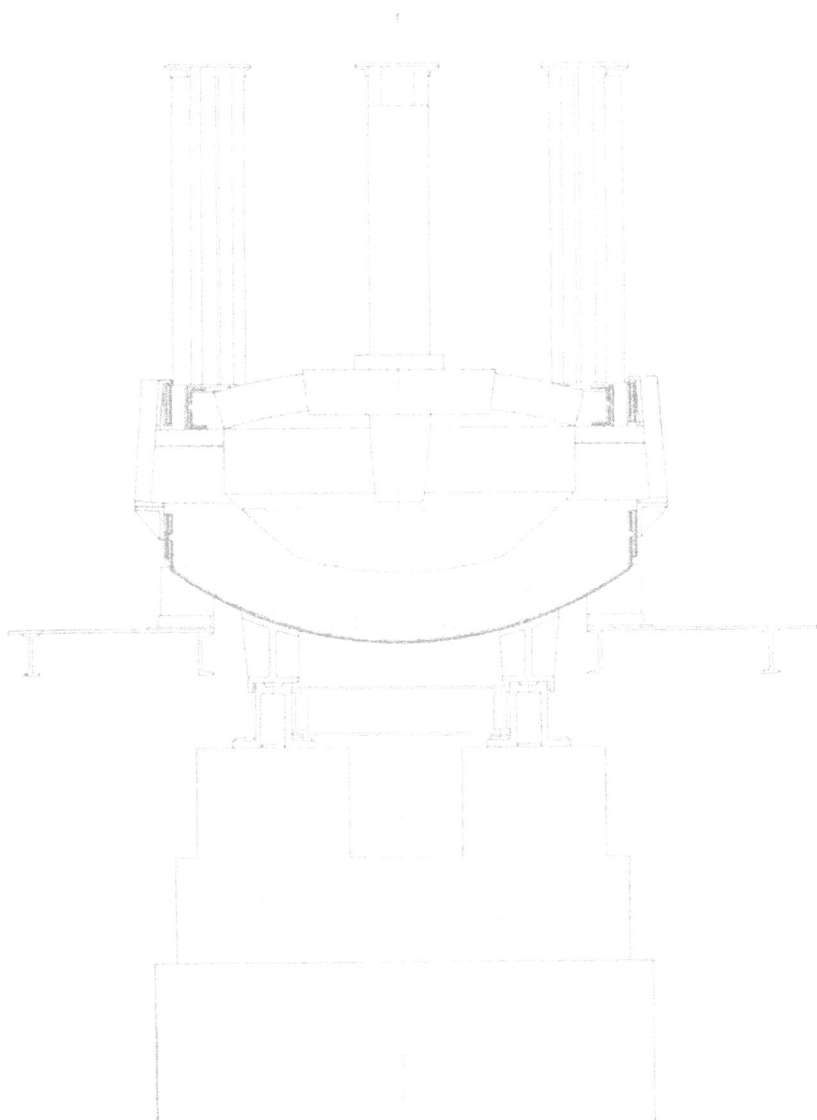

Abb. 153.
Längsschnitt durch einen 6 t-Héroultofen.

Ofen wird das Metall und die Schlacke durch das Abstichloch in eine Pfanne abgestochen, worauf das Metall unter Zurückhaltung der Schlacke durch den Stopfen wieder eingegossen wird.

Die Abb. 152 bis 154 zeigen die Konstruktion der neuen Bauart eines 6-t-Héroultofens in verschiedenen Schnittzeichnungen, ebenso stellen die Abb. 155 bis 157 den konstruktiven Aufbau eines 10 t-Ofens im Schnitt dar.

Abb. 154.
Querschnitt durch einen 6 t - Héroultofen.

Der Ofen besteht aus einem runden Herd, der mit einer dicken, feuerfester Auskleidung versehen ist. Ein feuerfestes, durch eine kräftige Eisenkonstruktion versteiftes Gewölbe, schließt den Innenraum nach oben ab. Der Herd kann sowohl basisch als auch sauer zugestellt werden; es hängt das von dem Einsatz und dem durchzuführenden metallurgischen Verfahren ab. Die Ofenwanne wird aus Siemens-Martin-Blech hergestellt. An diese sind seitlich die Arbeitstüren und eine Abstichtüre angebracht, durch welche die Beschickung und Ent-

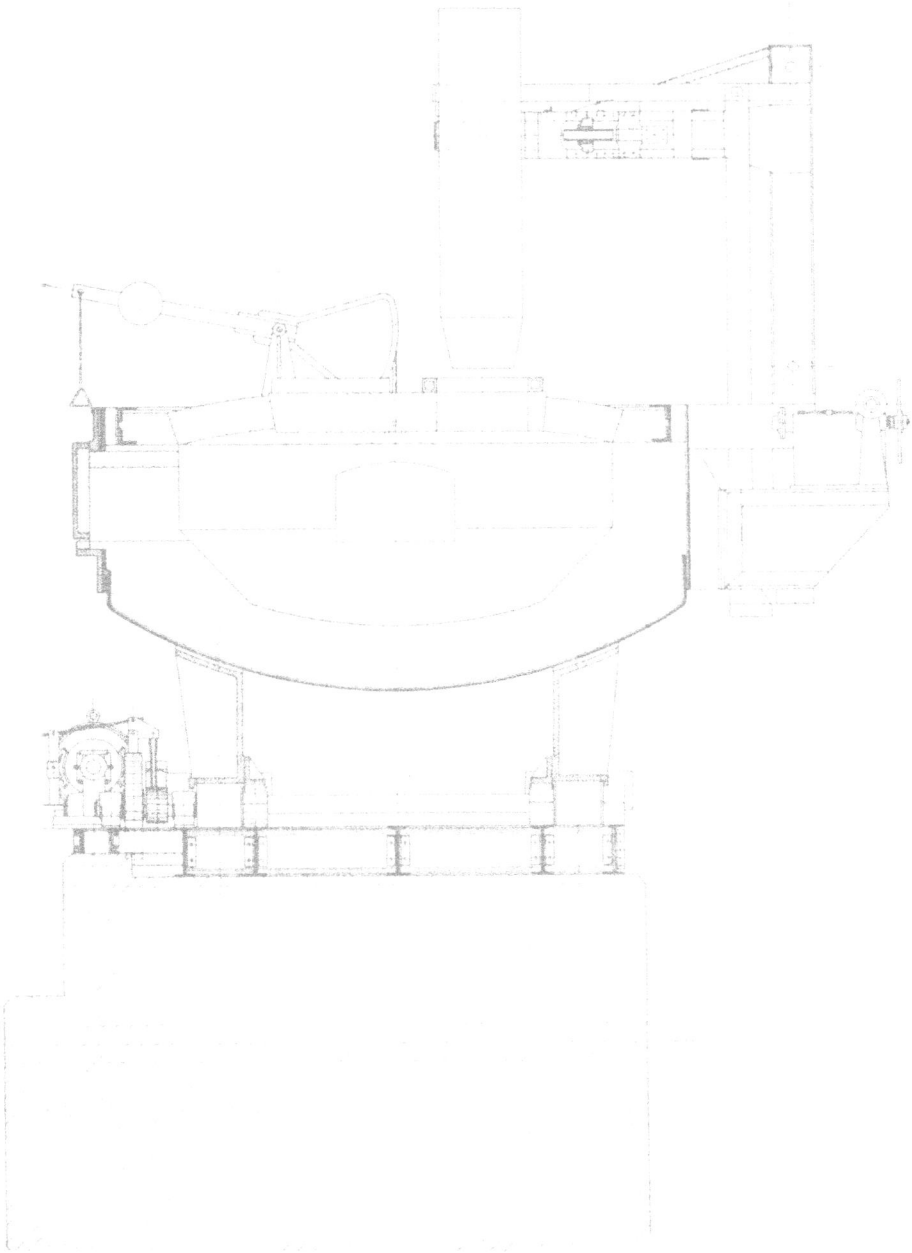

Abb. 155.
Längsschnitt durch einen 10 t-Heroultofen neuer Bauart.

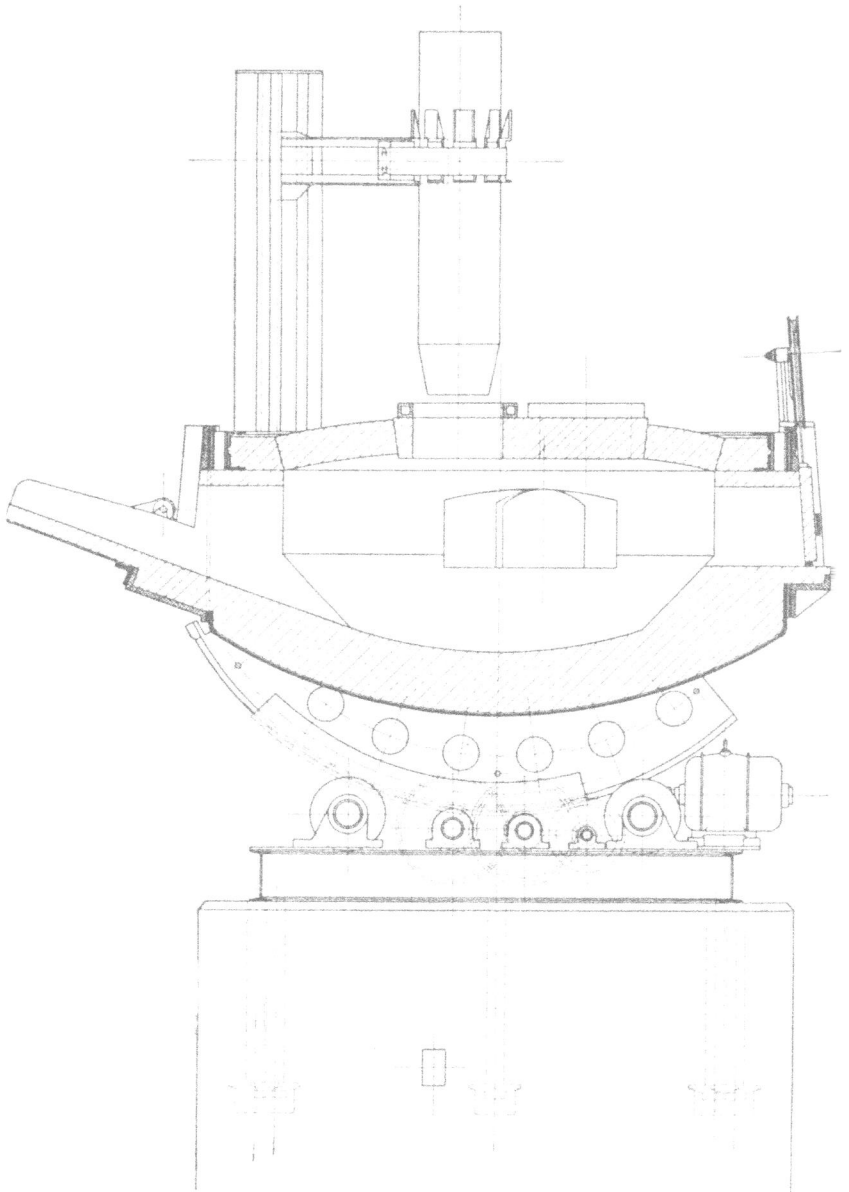

Abb. 156.
Längsschnitt durch einen 10 t - Héroultofen.

schlackung erfolgt. Eine Schnauze mit Rahmen ermöglicht es, den Guß auf einmal oder in mehreren Abteilungen zu entnehmen. Für die Elektroden sind kräftige Ständer aus Eisenkonstruktion vorgesehen, die am Umfange des Ofen-

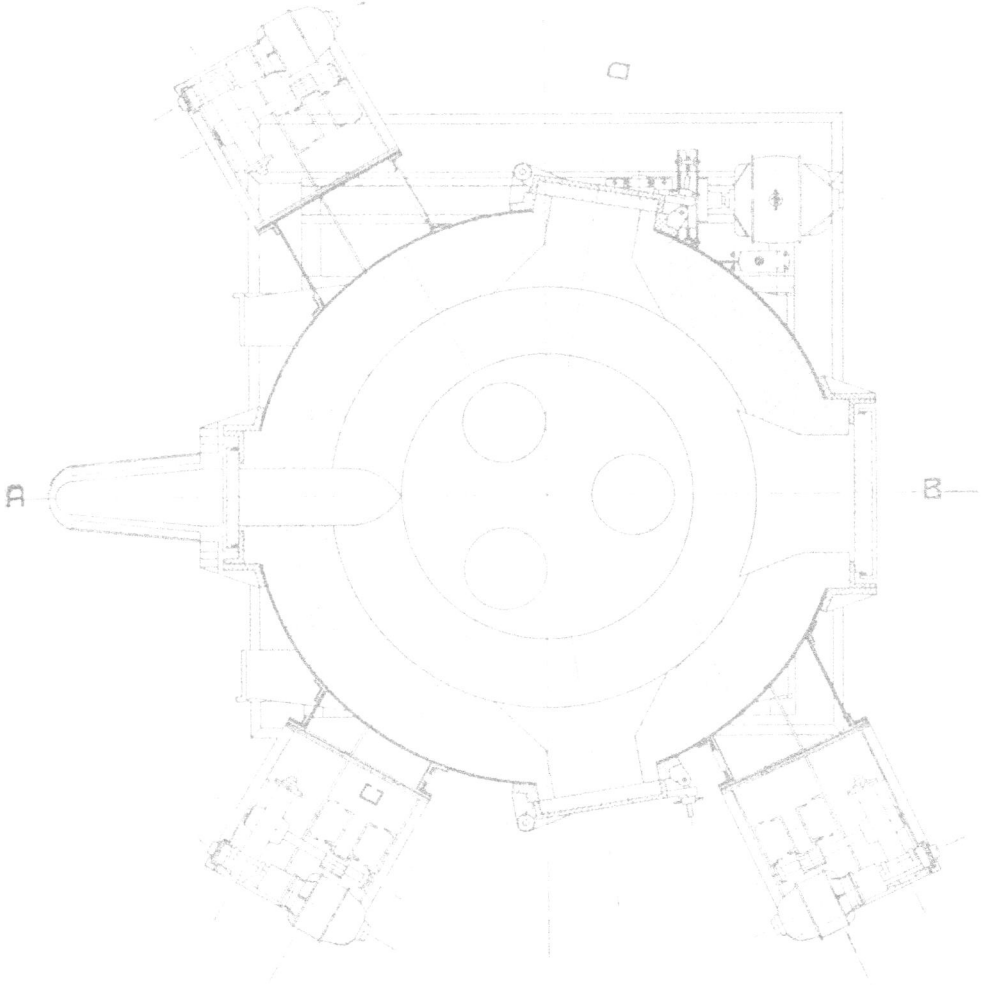

Abb. 157.
Querschnitt durch einen 16 t-Héroultofen.

mantels entweder nebeneinander oder auf dem ganzen Herdumfang verteilt angeschraubt sind. An jedem Elektrodenständer bewegt sich in einer Führung der Elektrodenarm. An diesem ist ein Elektrodenhalter befestigt, der die Elektrode umklammert. Die Auswechselung der Elektroden erfolgt in einfacher

Weise durch Lösen eines Stahlbandes, das die Haltersegmente festhält. Für die Einstellung der Lichtbögen und für das schnelle Herauf- und Herunterlassen der Elektroden ist jeder Elektrodenständer mit einer Bewegungseinrichtung ausgerüstet. Bei kleinen Öfen werden die Elektroden von Hand eingestellt, bei größeren Öfen bedient man sich der selbsttätigen Elektrodenregelung.

3. Stromart. Die älteren Öfen wurden für Einphasenwechselstrom gebaut, bei den neueren bedient man sich des vorherrschend gewordenen Drehstromes. Die anfangs gebauten Einphasenwechselstromöfen hatten zwei Elektroden, während die größeren Öfen mit vier Elektroden ausgerüstet wurden. Dagegen werden die Drehstromöfen mit drei Elektroden ausgeführt, besonders große Öfen baut man mit sechs Elektroden. Bei Einphasenwechselstrom sind die Elektroden hintereinander geschaltet, falls zwei Elektroden benutzt werden. Bei Drehstromöfen verwendet man meistens einen Transformator, der auf der Hochspannungsseite in Dreieck, auf der Niederspannungsseite in Stern geschaltet ist; der Ausgleich der Phasen findet im Metallbad statt. Drehstromöfen mit sehr großem Fassungsvermögen können von drei Einphasentransformatoren oder bei Anwendung von sechs Elektroden von zwei Drehstromtransformatoren oder von einem Drehstromtransformator mit offenen Sekundärphasen gespeist werden.

Die Phasenspannung ist im allgemeinen 50 bis 65 Volt, so daß bei Einphasenwechselstrom die Gesamtspannung 100 bis 130 Volt, bei Drehstrom die verkettete Spannung 90 bis 110 Volt beträgt. Empfehlenswert ist es, die Transformatorspannung auch beim Héroultofen durch Anzapfungen auf der Hochspannungsseite in verschiedene Grenzen regelbar zu machen. Die Periodenzahl kann beliebig sein, und zwar 25, 50 oder höher.

4. Einfluß auf das Netz. Für die Untersuchung, inwieweit sich der Héroultofen zum direkten Anschluß an große Zentralen eignet, ohne einen störenden Einfluß auf das Netz auszuüben, und um festzustellen, ob der Elektroofenbetrieb unter Umständen einen günstigen Belastungsausgleich in Stunden niedriger Belastung eines Kraftwerkes bieten kann, gelten verschiedene Voraussetzungen.

Hinsichtlich der ersten Frage herrscht noch bei gewissen Elektrizitätswerken ein Vorurteil. Diese glauben, der Elektroofen beeinflusse die Zentrale ungünstig oder könne Kurzschlüsse mit unliebsamen Störungen nach sich ziehen[1]). Dieses Vorurteil richtet sich oft gegen den Héroultofen, weil gerade von ihm angenommen wird, er sei in seinem Aufbau nur nach rein metallurgischen Gesichtspunkten entwickelt worden und mit keinerlei Vorrichtungen ausgerüstet, die elektrotechnisch eine gewisse Erleichterung bedeuten. Bei den reinen Strahlungsöfen kann man allerdings dadurch, daß der Lichtbogen nur zwischen den Elektroden spielt, selbst bei einer nicht sehr großen Aufmerksamkeit des Ofens eine gleichmäßige und ruhige Stromentnahme erzielen. Jedoch darf nicht

[1]) Ruß, Der unmittelbare Anschluß von Elektrostahlöfen an öffentliche Elektrizitätswerke, Elektrotechnische Zeitschrift, 1920, Heft 3.
Ruß, Die elektrischen Schmelzöfen und die Elektrizitätswirtschaft, Mitteilungen der Elektrizitätswerke, 1922, Nr. 304.

außer acht gelassen werden, daß der Ofen wegen der bereits früher geschilderten Gründe nur beschränkte Anwendung finden kann, zumal die hüttenmännisch notwendige Ofenhaltbarkeit weit geringer ist wie beim Héroultofen. Bei anderen Ofenarten werden dagegen, wie wir noch unten erfahren werden, Polplatten, Bodenpole und andere stromleitende Herde eingeschaltet, um dadurch gewissermaßen Bremswirkungen zu erreichen, die die Stromschwankungen herabmindern, gleichzeitig aber auch Wärmewirkungen hervorrufen sollen. Daß aber durch eine solche Stromverzweigung der Stromverbrauch unnötig vergrößert wird, läßt sich leicht nachweisen, ganz abgesehen davon, daß ein solches Hilfsmittel eine unerwünschte metallurgische Beigabe ist, die eine Unsicherheit in den Ofenbetrieb hineinbringt. Hierauf kommen wir noch später zurück. Die Erbauer des Héroultofens haben mit Recht die hüttenmännische Brauchbarkeit und Betriebssicherheit des Ofens in den Vordergrund gestellt und verlangen, daß die elektrische Einrichtung als Betriebsmittel sich nach den Bedürfnissen des Ofens richtet. Dieser Ansicht ist beizupflichten; sie wird zweifellos von jedem bestätigt werden müssen, der Gelegenheit hatte, mit verschiedenen Ofenarten zu arbeiten.

Bei den ältesten Héroultöfen, die mit Einphasenwechselstrom betrieben wurden, trug man den ungünstigen Stromschwankungen dadurch Rechnung, daß man besondere Generatoren mit hohem Spannungsabfall baute. Dieses Hilfsmittel ist auch noch bei den ersten Anlagen angewendet worden, die an ein Drehstromnetz angeschlossen wurden. Der Betrieb dieser Öfen erfolgte durch Drehstrom-Einphasen-Wechselstrom-Umformer, die an das Stromnetz angeschlossen waren, und denen zum Überfluß noch ein Schlupfregler vorgeschaltet war, um die Stöße auf das Netz zu verringern. Die späteren Erfahrungen haben gezeigt, daß dieser zuerst beschrittene Weg, bei dem noch die verhältnismäßig großen Umformerverluste mit in Kauf genommen werden mußten, falsch war. Die danach gebauten Drehstromöfen versuchte man mittels ruhender Transformatoren an ein Leitungsnetz unmittelbar anzuschließen, und es zeigte sich, daß die drei Phasen, deren Nullpunkt in das Metallbad verlegt wurde, sich gegenseitig ausgleichen, und daß die Belastungskurve eines Drehstromofens im allgemeinen ruhiger verläuft als diejenige eines Einphasenofens. Die fortschreitende Entwicklung der Elektrodenregelungen, mit denen die Lichtbogenlänge gleichmäßig gehalten wird, hat ebenfalls dazu beigetragen, daß heute die Stromschwankungen bei direkter Lichtbogenheizung noch erheblich vermindert werden. Darum schließt man heute auch alle Héroultöfen mittels kurzschlußsicherer, sog. Ofentransformatoren an jedes Leitungsnetz einer städtischen, kommunalen oder privaten Werks- oder Überlandzentrale an, ohne daß irgendwelche Klagen über unliebsame Störungen durch Kurzschlüsse laut werden. Es dürfte von Interesse sein, einige Belastungsaufzeichnungen zu bringen.

So zeigt Abb. 158 die Stromaufnahme eines 3 t-Einphasen-Wechselstromofens, der eine elektrische Leistung von 500 kW hat und an ein größeres Elektrizitätswerk angeschlossen ist, und zwar während der Dauer einer Schmelzung.

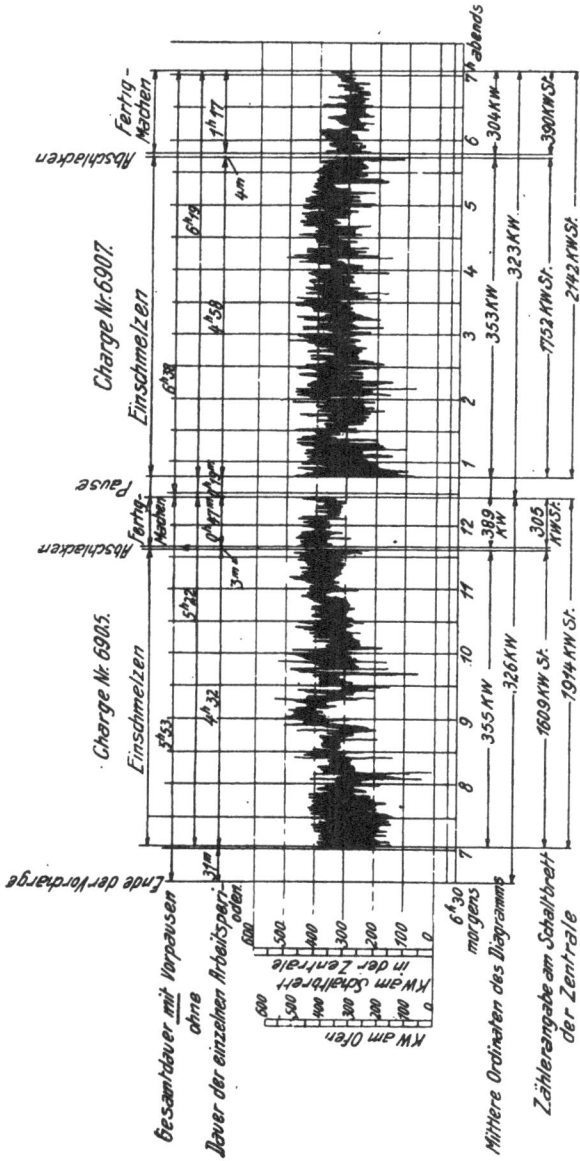

Abb. 158. Stromdiagramm von einem 3 t - Héroultofen für Einphasen-Wechselstrom.

Es sind zwei beliebige Schmelzungen, die mit festem Einsatz arbeiteten, herausgegriffen worden, die folgende Zahlen ergeben:.

Schmelze 6905.

Kalter Einsatz . . . . 3000 kg
Ausbringen . . . . 2780 kg
Stromverbrauch je t Einsatz . . . . 600 kWh
Stromverbrauch je t Ausbringen . . . . 648 kWh.

Schmelze 6907.

Kalter Einsatz . . . . 3000 kg
Ausbringen . . . . 2750 kg
Stromverbrauch je t Einsatz . . . . 677 kWh
Stromverbrauch je t Ausbringen . . . . 732 kWh

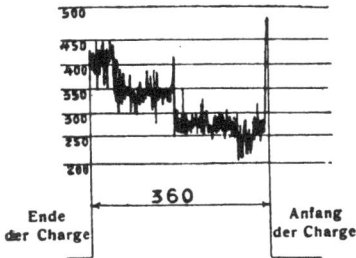

<table>
<tr><td>Abb. 159.
Stromkurve von einem Ofen mit flüssigem
Einsatz ohne Abschlacken.</td><td>Abb. 160.
Stromkurve von einem 3 t-Héroultofen,
der mit flüssigem Einsatz arbeitet.</td></tr>
</table>

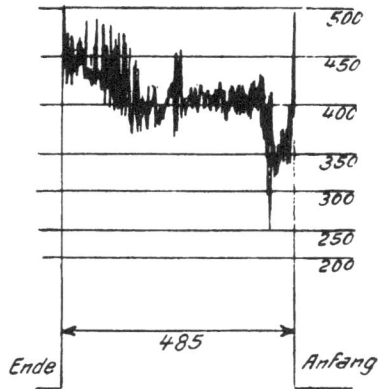

Bei der Belastungskurve eines anderen Héroultofens nach Abb. 159 handelt
es sich um eine Schmelzung mit flüssigem Einsatz, jedoch ohne Abschlacken.
Diese Kurve bezieht sich auf einen Ofen mit 1800 kg Inhalt und weist folgende
Zahlen auf:

Flüssiger Einsatz . . . . 1800 kg
Ausbringen . . . . 1750 kg
Stromverbrauch insgesamt . . . . 360 kWh
Stromverbrauch für je t Einsatz . . . . 205 kWh.

Die folgende Kurve in Abb. 160 ist einem 3 t-Héroultofen entnommen
und bezieht sich auf flüssigen Einsatz ohne Abschlacken. Die hierauf bezug
habenden Zahlen sind:

Flüssiger Einsatz . . . . 2500 kg
Ausbringen . . . . 2020 kg
Stromverbrauch insgesamt . . . . 485 kWh
Stromverbrauch je t Einsatz . . . . 194 kWh

Sodann folgt eine Belastungskurve in Abb. 161 von einem 3 t-Ofen mit flüssigem Einsatz und einmaligem Abschlacken, bei nur $^2/_3$ Ausnutzung des Ofeninhaltes. Die Zahlen hiervon sind:

Flüssiger Einsatz . . . . 2180 kg
Ausbringen . . . . 2000 kg
Stromverbrauch insgesamt . . . . 555 kWh
Stromverbrauch je t Ausbringen . . . . 278 kWh.

Die Stromverbrauchsangaben sämtlicher Diagramme sind an der Maschine gemessen; der wirkliche Verbrauch ist also um 6% (Leitungs- und Transformatorverluste) geringer. Die Angaben des registrierenden Wattmessers sind planimetriert und mit den Angaben des Zählers verglichen, wobei sich Unterschiede von weniger als 1% ergaben.

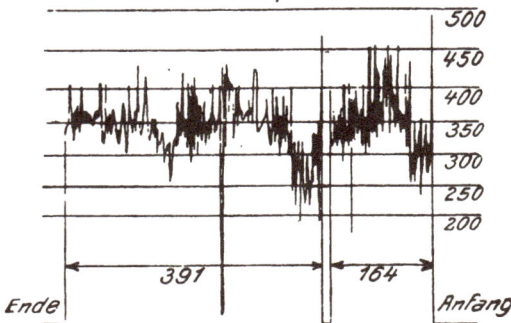

Abb. 161.
Stromkurve von einem 3 t-Héroultofen, der mit flüssigem Einsatz arbeitet und bei dem einmal die Schlacke abgezogen wurde.

Geilenkirchen[1]) als Vertreter des Héroultofens, macht über die Zentralenbelastung von Elektrostahlöfen folgende Angaben:

„Abb. 162 zeigt die Belastungskurve eines 6 t-Drehstromofens, der mit einem Transformator von 1000 kVA

Leistung an eine Überlandzentrale angeschlossen ist, während der Dauer einer Schmelzung. Die durchschnittliche Belastung ist, wie aus der Kurve hervorgeht, etwa 800 kW; die Transformatorleistung, die bei einer Phasenverschiebung von cos $\varphi = 0,9$ zu 900 kW angenommen werden kann, ist also sehr gut ausgenützt; lediglich während des Beginns der Schmelzung, ehe sich im Ofen ein flüssiger Sumpf gebildet hat, hat man mit weniger Energie geschmolzen, um bei den

Abb. 162.
Belastungskurve eines 6 t-Drehstromofens.

zu erwartenden Stößen den Transformator nicht zu überlasten. Aus dem Diagramm, das beliebig aus einer Anzahl gleichwertiger herausgegriffen wurde, ist zu ersehen, daß stärkere Stöße nur ganz vereinzelt und dann auch nur auf die Dauer von Bruchteilen einer Sekunde aufgetreten sind.

---

[1]) Mitteilungen der Vereinigung der Elektrizitätswerke 1920, S. 69.

Abb. 163 zeigt die Belastung einer Überlandzentrale durch zwei Öfen von beziehentlich 800 und 500 kW Stromaufnahme während der Dauer von 24 Stunden. Aus dem Vergleich der beiden Diagramme in Abb. 162 und 163 läßt sich entnehmen, daß bei der gleichzeitigen Arbeit zweier Öfen die Stromstöße sich

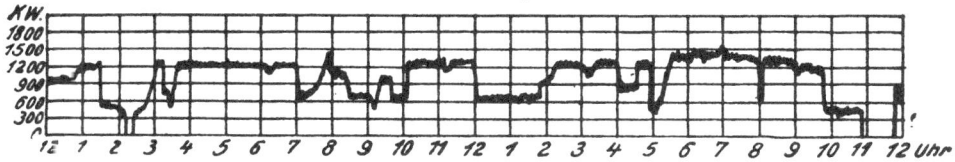

Abb. 163.
Tagesbelastung einer Überlandzentrale durch zwei Öfen von je 800 und 500 kW Stromaufnahme.

noch wesentlich besser ausgleichen als das bei der Belastung durch einen Ofen der Fall ist. Die Schwankungen im Stromverbrauch auf der gewollt festgesetzten Höhe überschreiten im allgemeinen nicht 50 kW. Die Belastungskurve verläuft also verhältnismäßig gradlinig und schwankt in der Hauptsache nur insofern, als die Stromabnahme während einzelner Schmelzperioden verschieden hoch eingestellt wird. Wo Wert darauf gelegt wird, die verschiedene Höhe der Stromentnahme möglichst zu vermeiden (bei der Anlage, von der das Diagramm stammt, ist das nicht der Fall), läßt sich das ohne weiteres erreichen, z. B. würde es für den Ofenbetrieb nichts verschlagen, wenn darauf geachtet würde, daß nicht beide Öfen gleichzeitig Betriebspausen haben, wie das in dem vorliegenden Diagramm zweimal der Fall ist.

Will man aber noch weiter gehen und den Elektroofen gleichsam als Pufferbetrieb für die sonst ungleichmäßige Stromentnahme einschalten, so kann man das ohne Schwierigkeit; höchstens muß man sich unter Umständen entschließen, etwas mehr Strom aufzuwenden, wenn der Ofen zeitweise nur geringe Stromzufuhr erhält und dadurch größere Strahlungsverluste entstehen. Die Zentrale wird aber in einem solchen Falle gern bereit sein, mit Rücksicht auf die gleichmäßigere Belastung den Strom für den Elektroofen zu einem billigeren Preise abzugeben. Bei dieser Betriebsführung würde der Ofen bei übrigens unterbrochenem Betrieb in den frühen Morgenstunden, wo die sonstige Stromentnahme gering ist, mit voller Belastung fahren; da lediglich in das flüssige Metallbad nachgesetzt wird, verläuft die Belastungskurve gradlinig, und der Transformator kann bis zu seiner vollen Leistungsfähigkeit ausgenutzt werden. Bei Beginn der Frühschicht am Morgen steht dann flüssiges Eisen zum Guß in ausreichender Menge zur Verfügung. Der Ofen wird während der Gießperiode, also während der Zeit der sonstigen starken Stromentnahme, nur schwach weiter beheizt; erst nachdem nach Ausschalten der Morgenbeleuchtung wieder größere Strommengen freigeworden sind, und über die Mittagszeit, kann der Ofen wieder Vollstrom erhalten und dann gegen Nachmittag wieder eine Gießperiode einschalten; im Anschluß an diese wird dann am Abend, wenn die volle Beleuchtungsentnahme wieder eingesetzt hat, der Ofen mit·

schwachem Strom nur warmgehalten. Auf diese Weise schmiegt sich der Ofenbetrieb ohne Schwierigkeit den wechselnden Verhältnissen in der Zentrale an
und es hängt lediglich von den Verhältnissen der Stromaufnahmefähigkeit
des Ofens zur Größe der Zentrale ab, in welchem Maße sich dieser Ausgleich
in der Zentrale bemerkbar macht. Die Arbeitsweise mit fortlaufendem Betrieb
stellt allerdings große Ansprüche an den Ofenherd, denen nur ein Elektroofen
gewachsen ist, dessen Herd von unmetallurgischen Zugaben völlig frei gehalten
ist."

5. Anwendung. Der leicht zugängliche und übersichtliche Arbeitsherd
gestattet die Durchführung jeder hüttenmännischen Arbeit. Der Héroultofen hat
sich daher in der Praxis für alle Zwecke, für die ein Elektroofen verwendet
werden kann, in Ausführungen von 1 bis 40 t Fassungsraum bewährt. Er dient
zum Schmelzen von Qualitätsstahl und Stahlformguß, Frischen von kaltem und
flüssigem Roheisen, Verfeinern von flüssigem Thomas- oder Martinstahl, Verfeinern von flüssigem Roheisen zur Erzeugung eines hochwertigen Gußeisens
und schließlich zum Schmelzen von Ferromangan für Stahlwerksbetriebe.

Beim Héroultofen sind alle Baueinzelheiten vermieden, die den rohen
Anforderungen eines Ofenbetriebes nicht gewachsen sind; er bietet daher große
Betriebssicherheit, die Möglichkeit der Bildung einer dünnflüssigen, wirksamen
Schlacke und wirtschaftliche Ausnutzung des elektrischen Stromes.

6. Zustellung. Der Ofenherd unterscheidet sich in keiner Weise von denjenigen eines Martinofens und besteht aus basischen oder sauren Baustoffen.
Das Gewölbe ist meistens als abnehmbarer Deckel ausgeführt und aus Silikasteinen gemauert. Die Haltbarkeit des Ofenmauerwerkes ist fast unbegrenzt.
Der Ofen wird sofort nach jeder Schmelze geflickt; eine Neuzustellung ist erst
nach Monaten, und je nach Art der Auskleidung und Wartung allenfalls jährlich erforderlich.

Nach Angaben von Thallner[1]) soll die Lebensdauer einer Zustellung über-
raschend groß sein. Bei einem Héroultofen in Remscheid hat eine Zustellung
eine Reise vom 22. Mai 1906 bis 5. Juli 1907 gehalten, so daß während dieser
Zeit 2337 Schmelzungen ausgeführt werden konnten.

Die senkrechten Elektroden, an deren unteren Enden sich verhältnismäßig kleine Lichtbögen bilden, schützen infolge der gleichzeitigen Reflektor-
wirkungen das Gewölbe vor übergroßer Strahlung. Mithin hat der Deckel
eine wesentlich längere Lebensdauer, als bei den Strahlungsöfen. Wird der Ofen
ununterbrochen Tag und Nacht betrieben, so hält das Gewölbe je nach Aufmerksamkeit des Schmelzers wenigstens 4 bis 6 Wochen. Bei sauer zugestellten
Öfen, bei denen keine Kalkdämpfe das Gewölbe angreifen, hält der Deckel über
drei Monate. Das Auswechseln eines Deckels dauert zwei Stunden und kann
Sonntags vorgenommen werden; aus diesem Grunde müssen fertig ausge-
mauerte Reservedeckel vorhanden sein.

Die anfängliche Schwierigkeit im Bau großer Lichtbogenöfen ist inzwischen
überwunden worden, nachdem es heute gelungen ist, Kohlenelektroden herzu-

---

[1]) Stahl und Eisen 1907, S. 1077 und 1728.

stellen, die eine hinreichende Stromdurchlässigkeit besitzen, ohne daß sich die Elektroden unzulässig hoch erhitzen. So werden Lichtbogenöfen von 15 und 20 t Fassungsvermögen gebaut, die nur mit drei Elektroden ausgerüstet sind, und die sich im Betriebe durchaus bewährt haben. Die Befürchtungen großer Stromverluste in den Elektroden sind nicht eingetroffen. Die erst seit einigen Jahren zur Verwendung kommenden graphitierten Elektroden bietet noch den Vorteil, mit kleinen Querschnitten, selbst bei den größten Ofeneinheiten, auszukommen.

7. Erhitzung. Die Erhitzung beim Héroultofen entspricht der des Martinofens, nur mit der Abänderung, daß die Hitze dem Stahl von oben anstatt durch Gas durch elektrisch-kalorische Energie zugeführt wird. Héroult verzichtet auf jede Neben- oder Hilfsheizung, im Gegensatz zu Girod, Keller, Nathusius u. dgl., da die Benutzung von Bodenelektroden oder einem besonderen Aufbau des Herdes nach Ansicht von Héroult zu ständigen Störungen des Ofenbetriebes Veranlassung geben.

Da Héroult den Strom auf die zwei oder drei Elektroden (je nach der Stromart) verteilt, erhält jede Elektrode nur ein Drittel oder die Hälfte der Stromstärke. Das hat zur Folge, daß die Stromleitungsschienen und die Elektrodenabmessungen entsprechend verringert werden können.

8. Durchmischung des Bades. Die unmittelbare Einwirkung der zwei bzw. drei Lichtbögen auf das Schmelzgut ruft elektromotorische Wirkungen hervor, womit Bewegungserscheinungen im Bade verbunden sind, das in letzterem, sobald dasselbe in flüssigen Zustande übergeführt ist, eine hinreichende Durchmischung herbeigeführt wird. Die Ursache hängt damit zusammen, daß das flüssige Metall unter den Elektroden unter einem magnetischen Druck steht, dort Wirbelungen hervorruft, das Schmelzgut forttreibt und somit in Bewegung bringt.

9. Elektroden. Durch das Gewölbe treten die senkrecht in den Herd geführten Kohlenelektroden, deren Querschnitte sich nach der Stromstärke richten. Im allgemeinen werden sie mit 5 bis 6 Amp./cm², bei größeren Querschnitten zweckmäßig weniger stark belastet. Bei Graphitelektroden kann die Stromsärke entsprechend größer sein. Nähere Mitteilungen finden sich in dem Abschnitte: „Die Elektroden."

An den Eintrittsstellen der Elektroden durch das Gewölbe werden zum Schutze der Elektroden und des Gewölbes wassergekühlte Ringe vorgesehen, deren Konstruktion nach der Héroult-Bauart kurz beschrieben sei: Die Vorrichtung besteht aus zwei Kühlringen, einem größeren und einem engeren, die Elektrode dicht umschließenden Ring, zwischen denen sich ein schräg nach außen führender Schlitz befindet, der zweckmäßig verstellbar ist (s. Abb. 164 und 165). Hierdurch wird erreicht, daß die Ofengase und Herdflammen von der Elektrode abgelenkt und durch den Schlitz nach außen geführt werden. Eine besondere Abdeckvorrichtung dient dazu, den zwischen der Elektrode und dem inneren Kühlring noch verbleibenden Zwischenraum abzudichten.

Das Auswechseln einer Elektrode dauert einige Minuten und läßt sich während der Pause zwischen zwei Schmelzungen vornehmen.

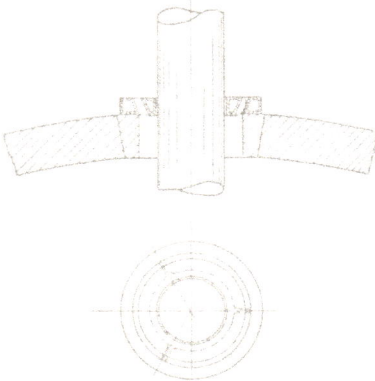

Abb. 164 und 165.
Elektrodenkühl- und -abdichtung am Héroultofen.

Der Verbrauch an amorphen Elektroden beträgt bei kaltem Einsatz und je nach dem metallurgischen Vorgang 8 bis 15 kg, bei flüssigem Einsatz 3 bis 5 kg für die Tonne Stahl; man kann im Durchschnitt auf 100 kWh Stromverbrauch 1 bis 1,5 kg Elektrodenverbrauch rechnen.

10. Temperaturregelung. Auch beim Héroultofen ist es in gleicher Weise möglich, die Energiezufuhr und damit auch die Temperatur in jeder gewünschten Grenze zu regeln.

11. Kippbare Anwendung. Der Ofen ist elektrisch oder durch Benützung von Wasserdruck kippbar. Die Kippwerkseinrichtungen wurden bereits in früheren Abbildungen gezeigt.

10. Übersichtlichkeit des Herdes. Auf den besonders übersichtlichen Herd, der auch beim Héroultofen jede hüttenmännische Arbeit zuläßt, wurde schon hingewiesen.

11. Größe des Ofens. Über die normalen Ofengrößen und über deren Stromaufnahme und Stromverbrauch bei verschiedenen Arbeitsweisen unterrichtet die folgende Zusammenstellung 24:

Ofengröße	Erforderliche Dynamo- oder Transformatorenleistung	Durchschnittlicher Stromverbrauch			
		bei kaltem Einsatz	bei Einsatz von fertig gefrischtem Flußeisen		bei Einsatz flüssigen Roheisens
			mit einmaligem Abschlacken	ohne Abschlacken	
kg	kW	kWh	kWh	kWh	kWh
1000	300	850	400	320	650
2000	500	800	360	280	600
4000	800	700	300	220	500
6000	1000	670	250	175	450
10000	1500	600	200	150	400
15000	2000	575	180	130	375
20000	2500	550	170	120	350
25000	3000	525	160	110	325
30000	3600	500	150	100	300

Die Stromverbrauchszahlen für flüssigen Einsatz beziehen sich auf den basischen Ofen; im sauren Ofen sind sie um etwa 20% geringer. Die Zahlen für kalten Einsatz gelten für einmaliges Abschlacken; nur in Ausnahmefällen ist ein zweimaliges Abschlacken erforderlich. Sollen ganz besonders gute Stahl-sorten erzeugt werden, so erhöht sich die Dauer der Schmelze, und mit ihr entsprechend der Stromverbrauch.

12. Ausführungen. Bei Beschreibung verschiedener Ofenanlagen wollen wir wiederum mit dem ältesten Héroultofen beginnen, der am 17. Februar 1906 auf dem Stahlwerk Richard Lindenberg, G. m. b. H., in Remscheid, in Betrieb ge-setzt wurde. Der Ofen von 1500 kg Inhalt wird in Abb. 166 bis 167 gezeigt. Über die Betriebsweise des Ofens macht Professor Eichhoff[1]) folgende Angaben:

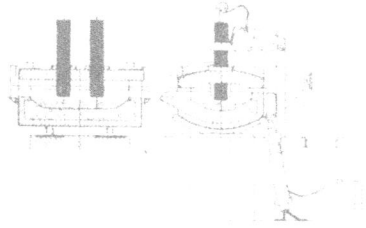

Abb. 166 und 167.
Héroultofen älterer Bauart.

„Aus einem kippbaren Martinofen (Sy-stem Wellmann) wird 1500 bis 2000 kg flüssiger Stahl, welcher schon mehr oder weniger gereinigt ist, unter Zurückhal-tung der Schlacke in den elektrischen Ofen eingegossen. Das Bad wird mit einer oxydierenden Schlacke beschickt, der Strom angestellt und die Schlacke nach ½ bis ¾ Stunden vorsichtig abgezogen. Das nackte Bad bedeckt man nunmehr mit einer gewissen Menge Kohlenstoff und bringt eine neue oxydfreie Schlacke auf. Diese Schlacke schmilzt in etwa 20 Minuten, es bildet sich unter dem Einfluß des Lichtbogens Kalziumkarbid, welches als Desoxydationsmittel dient. Gleichzeitig mit der Schlacke ist auch etwas Manganerz aufgegeben worden, welches ebenfalls zur Beseitigung der Eisenoxydulreste im Bade bei-trägt. Ist die Schlacke ganz weiß, so nimmt man eine Probe, beurteilt nach dem Bruche den Kohlenstoffgehalt, und setzt nun zur Kohlung bestimmte Mengen eines Gemisches von Eisen und Kohlenstoff und nach Wunsch Ferrosilizium und Mangan zu. Die Entschwefelung findet im letzten Stadium des Prozesses statt."

Über die Qualität des erzeugten Stahles werden in der gleichen Arbeit von Prof. Eichhoff nachstehende Analysen (Zusammenstellung 25) mitgeteilt. Es handelt sich um 5 Schmelzungen aus der ersten Versuchszeit, 10 Schmelzungen aus dem Sommer 1906 und die anderen fallen in die Zeit kurz vor 1907.

Infolge des sich steigernden Bedarfes an Elektrostahl hat das Stahlwerk Richard Lindenberg, Remscheid, sofort nach Inbetriebnahme des ersten Ofens einen zweiten Ofen und später noch zwei weitere Öfen aufgestellt.

In ähnlicher Weise hat die Gewerkschaft Deutscher Kaiser in Bruckhausen i. W. im Laufe der Jahre ein großes Elektrostahlwerk herangebildet, das eine bedeutende Leistungsfähigkeit besitzt. In dem Werk befinden sich vier Héroult-öfen von je 7 t Fassungsvermögen, wovon zwei mit Einphasenwechselstrom betrieben werden. Diese Öfen werden mit flüssigem Martin- und Thomasfluß-eisen beschickt und dienen für die Qualitätsstahlerzeugung, insbesondere für

---

[1]) Stahl und Eisen 1907, Nr. 2 und 3, S. 41.

Zusammenstellung 25.
Werksanalysen.

Chargen-Nummer	C		Mn		Si		P	S	W	Cr	Ni
	vor-geschrieben	gefunden	vor-geschrieben	geunden	vor-geschrieben	gefunden					
1	0,70	0,76	0,30	0,59	0,20	0,28	0,031	0,054	—	—	—
10	1,15	1,17	0,55	0,54	0,30	0,33	0,006	0,032	—	—	—
15	1,10	1,10	0,60	0,54	0,30	0,34	0,003	0,017	—	—	—
20	0,95	1,06	0,35	0,39	0,25	0,28	0,006	0,014	—	—	—
30	1,10	0,99	0,30	0,34	0,20	0,25	0,003	0,007	—	—	—
353	0,95	1,02	0,35	0,38	0,30	0,29	0,002	0,008	—	—	—
354	0,95	0,99	0,35	0,36	0,30	0,30	0,011	0,012	—	—	—
355	0,95	0,88	0,35	0,35	0,30	0,31	0,008	0,014	—	—	—
356	0,95	0,93	0,35	0,34	0,30	0,26	0,010	0,010	—	—	—
357	1,10	1,11	0,55	0,55	0,35	0,33	0,010	0,009	—	—	—
358	1,10	1,08	0,55	0,52	0,30	0,26	0,009	0,010	—	—	—
359	0,70	0,77	0,30	0,32	0,15	0,16	0,010	Spur	24,62	6,29	—
360	1,40	1,38	0,30	0,35	0,25	0,25	0,009	0,010	—	—	—
361	0,75	0,79	0,35	0,39	0,25	0,26	0,010	0,009	—	—	—
362	1,05	1,02	0,55	0,52	0,30	0,39	0,008	0,015	—	—	—
829	1,00	1,08	0,30	0,34	0,30	0,33	0,009	0,003	—	1,33	1,13
830	1,05	1,07	0,30	0,31	0,20	0,21	0,017	0,003	—	—	—
831	1,00	0,96	0,35	0,36	0,25	0,28	0,015	0,010	—	—	—
832	1,00	0,86	0,55	0,57	0,30	0,27	0,014	0,008	—	—	—
833	0,90	0,85	0,30	0,30	0,25	0,24	0,014	0,008	—	—	—
834	1,00	0,95	0,55	0,53	0,30	0,25	0,013	0,003	—	—	—
835	1,05	1,04	0,30	0,30	0,20	0,20	0,004	0,008	—	—	—
836	0,90	0,82	0,35	0,33	0,30	0,28	0,005	0,009	—	—	—
837	0,95	0,93	0,35	0,31	0,30	0,30	0,009	0,015	—	—	—
838	0,90	0,78	0,35	0,41	0,25	0,29	0,013	0,012	—	—	—
839	0,70	0,68	0,30	0,29	0,15	0,16	0,012	Spur	21,41	4,64	—
840	1,25	1,16	0,30	0,32	0,20	0,22	0,009	0,005	—	—	—
841	1,00	0,96	0,53	0,53	0,30	0,31	0,007	0,009	—	—	—
842	1,00	1,00	0,53	0,54	0,30	0,30	0,010	0,009	—	—	—
843	1,10	1,32	0,55	0,59	0,30	0,35	0,008	0,007	—	—	—
844	1,00	1,06	0,35	0,35	0,25	0,32	0,017	0,011	—	—	—
845	1,00	1,12	0,55	0,55	0,30	0,33	0,012	0,011	—	—	—
846	1,10	1,20	0,55	0,55	0,30	0,33	0,008	0,006	—	—	—
847	1,05	1,11	0,53	0,52	0,30	0,31	0,010	0,011	—	—	—
848	1,05	1,02	0,53	0,51	0,30	0,33	0,003	0,007	—	—	—
849	1,05	1,09	0,53	0,55	0,30	0,30	0,013	0,007	—	—	—
850	0,75	0,81	0,45	0,45	0,30	0,35	0,010	0,005	—	—	—
851	0,75	0,82	0,45	0,41	0,30	0,31	0,009	0,012	—	—	—
852	0,90	0,86	0,35	0,36	0,25	0,28	0,009	0,011	—	—	—
853	0,70	0,68	0,40	0,40	0,25	0,28	0,008	0,008	—	—	—
854	0,90	0,87	0,33	0,30	0,25	0,24	0,009	0,007	—	1,34	1,10
855	0,90	0,86	0,35	0,30	0,30	0,27	0,010	0,008	—	—	—
856	0,70	0,67	0,30	0,29	0,15	0,15	0,010	Spur	23,86	5,54	—
857	0,95	0,99	0,30	0,33	0,25	0,24	0,007	0,005	0,42	—	—
858	1,05	1,07	0,50	0,55	0,30	0,30	0,017	0,009	—	—	—
859	0,70	0,68	0,40	0,40	0,25	0,24	0,008	0,007	—	—	—
860	1,05	1,00	0,53	0,50	0,30	0,28	0,008	0,007	—	—	—
861	0,95	0,97	0,30	0,31	0,25	0,24	0,007	0,005	—	1,20	1,11

Feinbleche. Die beiden anderen 7 t-Öfen sind an Drehstrom angeschlossen und übernehmen das Einschmelzen bzw. Warmhalten von Ferromangan. Der Einsatz ist Ferromangan in Stücken, das Erzeugnis flüssiges Ferromangan, das bei der Stahlbereitung zugesetzt wird. Die vier Öfen haben eine Stromaufnahme von je 800 kW. Die Gewerkschaft Deutscher Kaiser hat ferner einen 25 t-Héroultofen aufgestellt, der an Drehstrom angeschlossen ist und einen Anschlußwert von 3000 kW besitzt. Dieser Ofen arbeitet unter den gleichen Verhältnissen, wie die beiden ersten 7 t-Öfen. Die Abb. 168 zeigt diesen 25 t-Héroult-

Abb. 168.
Ansicht eines 25 t-Héroultofens.

ofen, der zu einer Zeit (1912) der größte Elektrostahlofen war. Wie aus der Abbildung ersichtlich ist, kommen trotz der hohen Stromstärken nur drei Elektroden zur Anwendung. Ein weiterer Ofen ist der im Jahre 1913 erbaute 35 t-Héroultofen, der ebenfalls bei der Gewerkschaft Deutscher Kaiser Aufstellung gefunden hat. Dieser Lichtbogenofen ist hinsichtlich seines Fassungsraumes erst Ende des Weltkrieges von den Amerikanern übertroffen worden. Der Ofen wird ebenfalls mit Martin- und Thomasflußeisen beschickt und dient zur Erzeugung von mittleren Stahlsorten aller Art, wie nahtlosen Rohren, Eisenbahnschienen und für Stahlformguß. Die Abb. 169 stellt den 35 t-Elektrostahlofen im Bau begriffen dar. Die benötigte elektrische Leistung beträgt etwa 3200 kW. Der Ofen mußte wegen der riesigen Stromstärken mit besonderen Elektrodenführungen ausgerüstet werden.

190

Eine bemerkenswerte Elektrostahlanlage mit zwei 10 t-Héroultöfen ist in Abb. 170 zu sehen. Dieselbe befindet sich auf einem großen Hüttenwerk und dient zur Erzeugung von Stahlformguß. Als Einsatz kommt Martinflußeisen

Abb. 169.
Ansicht des 35 t-Héroultofens, der bisher größte Elektrostahlofen in Deutschland.

zur Verwendung. Die Öfen sind an das bestehende Drehstromnetz angeschlossen das von Dynamomaschinen gespeist wird, die mit den Gichtgasen betrieben werden und somit eine billige Stromerzeugung bieten. Auffällig ist an dem Bilde die breite Ofenbühne, die ein leichtes und angenehmes Arbeiten der Öfen gestattet.

Abb. 170.
Elektrostahlanlage mit zwei 10 t-Héroultöfen.

Abb. 171.
Drei 6 t-Héroultöfen in der Montage.

In der nächsten Abb. 171 ist ein Stahlwerk aus der neuesten Zeit, und zwar das der Allgemeinen Elektrizitäts-Gesellschaft, Berlin, zu sehen. Die drei in Montage befindlichen Drehstromöfen haben ein Fassungsvermögen von je 6 t, die mit festem Material beschickt werden und zur Erzeugung von Stahlformguß dienen. Nachteilig ist die geringe Höhe unterhalb der Kranbahn, die für das Einsetzen der Elektroden zur Verfügung steht.

Die Regierung der Vereinigten Staaten hat bei der Government Ordnance Plant in South Charleston zwei 40 t-Héroultöfen[1]) zum Verfeinern von Stahl für Kanonen, Gewehre, Panzerplatten, Panzergeschosse und für hochwertige Schmiedearbeiten der Marineabteilung in Betrieb gesetzt. Es war der Regierung hierbei weniger um die Wirtschaftlichkeit des Betriebes als um die Vorzüge des Elektrostahls zu tun. Nach Inbetriebnahme der Elektroöfen soll eine Einschränkung der bis dahin betriebenen Martinöfen eingetreten sein. Die beiden 40 t-Héroultöfen sind die bisher größten Elektrostahlöfen der Welt. Zwei 75 t-Martinöfen stehen mit den beiden 40 t-Elektroöfen in Verbindung. Die Martinöfen übernehmen die Einschmelz- und erste Frischarbeit, wobei Abfälle und Roheisen eingeschmolzen werden. Nach der Entphosphorung wird die Schmelze den elektrischen Öfen zugeführt, um dort eine weitere Entfernung von Schwefel und Sauerstoff vorzunehmen.

Beide Elektroöfen sind gleichmäßig gebaut. Die Ofenwanne, die aus kräftigem Stahlblech von 5,5 m Durchmesser und 2,5 m Höhe besteht, ist mit feuerfesten Steinen ausgekleidet, deren Stärke 55 cm beträgt. Zwischen den Steinen und der Wanne ist zur Verminderung der Ausstrahlung eine Schicht trockenen Sandes von etwa 5 cm Dicke eingelegt. Die Zustellung selbst ist basisch. Jeder Ofen hat drei Elektroden von 75 cm Durchmesser aus amorpher Kohle, die an je eine Phase des Drehstromes angeschlossen sind. Die Elektrodeneinstellung erfolgt selbsttätig mittels Regler der General Electric Co. (die auch die übrige elektrische Ausrüstung geliefert hat), und zwar unabhängig, also durch Einzelantrieb durch je einen 5 PS-Motor. Eine seitlich an den Ofen angebaute Bühne nimmt die drei Elektrodentragarme auf. In diesen Auslegern sind die Elektroden freihängend an zwei Ketten befestigt.

Die elektrische Kraft für die Elektroöfen sowie den übrigen Teil des Werkes wird über zwei Hochspannungsfernleitungen von 66000 und 44000 Volt geliefert, die von dem Kraftwerk Virginia Power Co. in Cabin Creek, W.-Va. führen. Dieses Kraftwerk liegt in dem Herzen der bituminösen Kohlenfelder ungefähr 24 km aufwärts des großen Kanawha-Flusses. Die Öfen arbeiten mit Drehstrom von 60 Perioden mit einer Betriebsspannung von 90 bis 110 Volt. Jeder Ofen hat einen 3000 kVA wassergekühlten Öltransformator, dessen Oberspannung 6600 Volt beträgt. Bei der angegebenen Leistung wurde mit einem Leistungsfaktor von 0,90 gerechnet; im Betriebe soll er 0,85 bis 0,90 sein. Jeder Transformator ist sofort hinter jedem Ofen in Höhe der Ofenbühne aufgestellt

---

[1]) Ruß, Héroultofen von 40 t Fassung, Stahl und Eisen 1922, 16. März, S. 425 und 22. Juni, S. 976; ferner The Iron Age 1921, 10. März, S. 617/18 und 26. Mai, S. 1365/71.

worden und von einem aus Ziegelsteinen gemauerten Hause eingeschlossen. Der Stromverbrauch schwankt während einer Schmelzung zwischen 1500 und 2500 kVA, und zwar ist zu Anfang der Schmelze der Strombedarf höher.

Der aus den beschriebenen Öfen erhaltene Elektrostahl soll einen Schwefelgehalt von nur 0,008 bis 0,015% haben, was durch eine schon im Martinofen erstrebte weitgehende Entschwefelung erreicht werden soll. Der Phosphorgehalt wird bereits im Martinofen auf 0,015% heruntergebracht und steigt im Elektroofen etwas infolge der Zuschläge von Ferromangan und Ferrosilizium. Die Ofentemperatur soll mäßiger sein, als sie bei anderen Elektroöfen vorgefunden worden ist, nämlich beim Abstich etwa 1500⁰. Das Verfeinern in den Elektroöfen ergibt einen Abbrand von etwa 1% gegenüber 5 bis 8% in den Martinöfen.

Versuchsweise ist ein Ofen mit Graphitelektroden von 425 mm Durchmesser ausgerüstet worden, während der andere Ofen die Kohlenelektroden von 750 mm Durchmesser behält. Es sollen beide Öfen mit diesen zwei Elektrodenarten möglichst unter gleichbleibenden Verhältnissen betrieben werden, um zu beurteilen, welche der beiden Elektrodenarten sich am besten eignet.

Zu der größten Elektrostahlanlage zählt die bei der Illinois Steel Co. in South Chicago errichtete[1]. Dort wurde bereits im Jahre 1909 der erste Elektrostahlofen, und zwar ein 15 t-Héroultofen[2] mit basischer Zustellung aufgestellt. Der erzeugte Elektrostahl war ein elektrisch nachraffinierter Bessemerstahl. Anfänglich wurde der Elektrostahl auch aus kaltem Einsatz hergestellt. Die inzwischen wesentlich erweiterte Anlage gestattet nunmehr jede beliebige Vereinigung eines Zusammenarbeitens der vorhandenen Bessemer-Konverter, Martinöfen und Elektroöfen. Selbstverständlich können auch alle drei Arten von Öfen einzeln betrieben werden. Die vorbildliche Anlage erlaubt die Durchführung z. B. des Duplex-Verfahrens, wonach das Material im Konverter oder Martinofen vorraffiniert und im Elektroofen fertig gemacht wird. Die Duplex-Anlage umfaßt zwei Mischer von 1000 t und 300 t Fassung, zwei saure 25 t-Bessemerbirnen und drei kippbare 250 t-Martinöfen. Das damit in Verbindung stehende Elektrostahlwerk ist mit drei 25 t-Héroultöfen ausgerüstet. In Abb. 172 ist die Ansicht eines solchen 25 t-Ofens dargestellt. Die Leistungsfähigkeit der Anlage wird zu 12000 t monatlich, unter Einschluß der älteren zwei 15 t-Öfen zu 16000 bis 17000 t angegeben. Die größeren Öfen sind jeder an einem Transformator von 3750 kVA Leistung angeschlossen. Mit dem Duplex-Verfahren steht auch das Triplex-Verfahren in Verbindung, so daß mit der vorhandenen Anlage das Material im Konverter vorgeschmolzen, im Martinofen entphosphort und im Elektroofen fertiggemacht wird. Damit sind alle Möglichkeiten geboten, die im Zusammenarbeiten dieser drei Schmelzverfahren im Hinblick auf Massenerzeugung hochwertiger Stahlqualitäten denkbar sind.

---

[1] N e u m a n n , Das Triplex-Verfahren bei der Elektrostahlerzeugung, Stahl und Eisen 1919, 9. Januar, S. 41/42.

[2] Stahl und Eisen 1911, 6. April, S. 563.

Ruß, Elektrostahlöfen.   13

Ein bemerkenswertes Elektrostahlwerk ist das der Steirischen Gußstahl-werke A. G. in Judenburg über das noch näher berichtet werden soll. Der ur-sprüngliche Bau, der im Jahre 1907 fertiggestellt wurde, umfaßte einen 2 t-Girodofen, einen 2 t-Héroultofen und zwei 6 t-Martinöfen. Im Jahre 1912 wurde ein weiterer 500 kg-Héroultofen in Betrieb genommen und später die Anlage durch Aufstellung eines 6-t-Héroultofens erweitert. Die benötigte elektrische Kraft wird zwei im Besitze des Werkes befindlichen Wasserkraft-werken, sowie einer Abdampfturbinenanlage entnommen. Die Generatoren

Abb. 172.
Héroultofen von 25 t Fassung.

liefern Drehstrom von 5000 Volt und 25 Perioden bei einer Gesamtleistung von 2800 effektive PS (3100 PS an den Generatorwellen gemessen).

Aus der Schaltung nach Abb. 173 ist zu entnehmen, daß der 0,5 t-Héroult-ofen, sowie die 2 t-Héroult- und Girodöfen Einphasenöfen sind und demnach an je eine Phase des Drehstromnetzes angeschlossen sind. Es findet somit keine Umformung des Drehstromes in Einphasenwechselstrom statt. Der letzt-hin beschaffte 6 t-Héroultofen dagegen ist mit drei Elektroden ausgerüstet und hängt naturgemäß an alle drei Phasen. Jeder Ofen hat einen eigenen Öl-transformator mit Mantelwicklung, und jeder Transformator ist in nächster Nähe des Ofens, und zwar in Kellerräumen untergebracht, also von den Öfen

Abb. 173.
Schaltung über das Elektrostahlwerk der Steirischen Gußstahlwerke A.-G., Judenburg (Steiermark).

vollständig getrennt. Die Stromzuführung zu den Öfen erfolgt mittels entsprechend bemessener Kupferschienen, die in Leitungskanälen verlegt sind. Die Leistung der Transformatoren beträgt für die drei kleineren Öfen je 450 kVA, für den 6 t-Héroultofen 1100 kVA. Die Primärspannung von 5000 Volt wird bei dem 2 t-Héroultofen auf 110 Volt, bei dem 2 t-Girodofen auf 75 Volt und bei dem 500-kg-Héroultofen auf 65 Volt herabtransformiert. Der Transformator des 6 t-Héroultofens ist für vier Betriebsspannungen eingerichtet und sind 1 er für Anzapfungen auf der Hochvoltseite eingerichtet, um Sekundärspannungen von 112,2/114,1/95,2 und 86,2 Volt zu entnehmen.

Die Konstruktion der Héroultöfen ist aus den Abb. 174 bis 176 ersichtlich.

Der 500 kg-Héroultofen (Abb. 174) ist eine ältere Bauart und besteht aus einer genieteten Blechwanne mit angenieteter Schnauze, durch welche die Beschickung des Ofens und auch seine Entleerung geschieht. Der Deckel besteht aus vier miteinander verschraubten Seitenteilen aus Stahlguß. Der Herd ist basisch zugestellt, und zwar mit Magnesit. Der Deckel besteht aus saurem Material, und zwar aus Dinassteinen. Das gleiche gilt für die drei anderen Öfen. Der 500 kg-Ofen ist mittels zweier Schildzapfen in einem Trägergestell gelagert. Das Kippen des Ofens erfolgt durch ein Schneckenradsegment, das auf dem einen der beiden Schildzapfen aufgekeilt ist und in eine durch ein Handrad drehbare Schnecke eingreift. Die Elektroden, die normalerweise durch den Deckel in den Ofen hineinragen, sind an Drahtseilen aufgehängt. Diese gehen über je zwei am oberen Verbindungsträger befestigte Rollen und laufen je auf eine gleichfalls durch Handräder bewegliche Seiltrommel auf. Die Einstellung der Elektroden ist nur von Hand möglich. Die erforderliche Dynamoleistung beträgt für diesen Ofen 150 kW.

Die Bauart des 2 t-Héroultofens (Abb. 175) entspricht der schon oben von Prof. Eichhoff angegebenen Ausführung. Die Regelung der Elektroden geschieht auch bei diesem Ofen von Hand. Zur Überwachung der Stromverhältnisse dienen ein Ampere- und Voltmeter, wobei letztere den Spannungsabfall zwischen den beiden Elektroden und dem Bade angeben.

Eine Beschreibung des Girodofens erfolgt in dem besonderen Abschnitt über den Girodofen.

Der 6 t-Héroultofen (Abb. 176) ist eine neuere Ausführung; er hat eine kreisrunde Form von 3,4 m Durchmesser. Die Abgußschnauze ist vorn und die Beschickungs- und Arbeitsöffnung rückwärts an dem zylindrischen Teile der Ofenwanne angeordnet. Die Schnauze und der Türrahmen sind aufgeschraubt. Zu beiden Seiten ist die Wanne mit ebenen Flächen versehen zur Anbringung der Elektrodenständer und der Regelungseinrichtungen für die Elektroden. Wie aus dem Bilde zu entnehmen ist, sind, von der Abgußseite aus gesehen, links zwei und rechts ein Elektrodenhalter angebracht. Zum Kippen des Ofens ruht derselbe auf Kufen und Rollen; das Kippen erfolgt nicht wie beim 2 t-Héroultofen durch Heben des rückwärtigen Teiles des Ofens und dadurch bedingtes Abwälzen der Kufen auf ihren Unterlagen, sondern durch Zurückrollen des Ofens auf den Lagerrollen. An beiden Wiegekufen sind Zahnstangen an-

Abb. 174.
500 kg-Héroultofen.

Abb. 175.
2 t-Héroultofen.

Abb. 176.
6 t-Héroultofen.

gebracht, in die ein durch einen Elektromotor mit entsprechendem Vorgelege angetriebenes Zahnrad eingreift. Die Regelung der Elektroden kann sowohl von Hand als auch selbsttätig mittels Elektromotor für jede Elektrode erfolgen.

Über den metallurgischen Teil der Elektroöfen der Steirischen Gußstahlwerke sei noch folgendes berichtet. Der zur Verschmelzung gelangende Einsatz besteht zum größten Teil aus Alteisen, dem ein kleiner Teil eigenen Schrottes aus dem Walz- und Hammerwerk beigegeben wird. Die Schmelzung mit festem Einsatz dauert 3½ bis 4½ Stunden und richtet sich nach der Qualität der Beschickung. Da zum Teil stark verrostete Eisenabfälle sowie ebensolche Späne zum Einschmelzen kommen, ergibt sich die Notwendigkeit, eine Reduktionsarbeit vorzunehmen, die an das Roheisenverfahren des Martinofens erinnert. Ist reiner unverrosteter Einsatz vorhanden, so kann die erste Schlacke entfallen. Nach Abziehen dieser Schlacke wird eine Oxydationsschlacke mit Kalk und Erz bzw. Sinter gebildet. Trotzdem die Temperatur ziemlich hoch ist, geht die Oxydation des Kohlenstoffs ziemlich langsam vor sich. In etwa einer Stunde geht der Kohlenstoffgehalt von 0,20% auf 0,06 bis 0,08% zurück. Die Reaktion macht sich durch schwaches Kochen des Bades bemerkbar, das nach etwa einer halben Stunde vollständig aufhört. Um durch lebhaftes Kochen und die hierdurch bedingte Bewegung des Metallbades die Oxydation des Phosphors zu begünstigen, werden 2 bis 3% des Badgewichtes an Roheisen zugesetzt. Die dadurch bewirkte Abkühlung des Bades ist für die Phosphorabscheidung gleichfalls günstig. Der Mangangehalt sinkt von etwa 0,6% auf 0,15 bis 0,2%, während Silizium fast vollkommen zur Ausscheidung gelangt. Was den Schwefel anbelangt, so tritt auch während der Oxydationsperiode eine Verminderung desselben ein. Die Lösungsfähigkeit des Eisensulfür (FeS) und Mangansulfür (MnS), sowohl im Bade als auch in der Schlacke, ist eine bekannte Tatsache. Sie steht in einem bestimmten Verhältnisse, das bei Erhöhung der Temperatur durch hohe Basizität der Schlacke zugunsten der Schlacke steigt. Die Mangansulfür hält den Schwefel trotz dessen bedeutenden Gehaltes der Schlacke an Eisenoxydul (FeO) fest, während Eisensulfür durch Eisenoxydul zum Teil zerlegt wird und Schwefeldioxyd (SO$_2$) als schweflige Säure entweichen dürfte.

Das Abziehen der Frischschlacke, die bei richtiger Behandlung den gesamten Phosphorgehalt des Bades bis auf Spuren aufgenommen hat, muß sorgfältig geschehen, da die Phsophorsäure allenfalls zurückbleibender Schlacke durch die bei der Desoxydationsperiode erfolgende Zugabe von Silizium vollkommen reduziert und der Phosphor in das Bad zurückgehen würde.

Nunmehr wird die Reduktionsschlacke aufgetragen. Bei harten Schmelzungen geht dem Aufgeben von etwa 20 bis 25 kg Kalk für die Tonne Einsatz ein Aufwerfen von Koksgries oder gemahlenen Elektroden auf das nächste Bad voraus, dessen Menge sich nach der zu erzielenden Härte richtet. Hierbei ist Vorsicht geboten, da durch die lebhaft auftretende Reaktion zwischen dem Kohlenstoff und dem sauerstoffreichen Bade leicht ein Überschäumen desselben über die Ofentüren auftritt. Nach Aufgabe von Kalk und etwa 3 bis 5 kg Flußspat wird bis zur Bildung einer dünnen flüssigen Schlacke geschritten, die das

Eisensulfür zum Teil löst, und dann Ferromangan zugegeben. Während das Eisensulfür nach den Versuchen von Oberhöffer und D'Huart das Bestreben hat, an die Badsohle zu sinken und daher der desoxydierenden Wirkung der Schlacke schwerer zugänglich ist, steigt das sich nunmehr bildende Mangan-oxydul (MnO) mehr gegen die Badoberfläche und in die Schlacke. Nun erfolgt die Zugabe von Ferrosilizium und Kohle, wenn nicht zwecks Erreichung weichster Schmelzungen die Verwendung letzterer unterbleiben muß. Nach kurzer Zeit wird die Schlacke schäumend, so daß die Temperatur gesteigert werden muß, um den Flüssigkeitsgrad der nun fast vollkommen metalloxydfreien Schlacke beizubehalten. Aus dem Ofen genommen, zerfällt die Schlacke nach kurzer Zeit zu einem weißen Pulver, ein Kennzeichen ihrer Oxydfreiheit. Bei ent-sprechender Zugabe von Ferrosilizium nach erfolgtem vollkommenem Aus-reagieren des zugesetzten Ferromangans kann der Siliziumgehalt im Bade auf einen möglichst geringen Grad herabgedrückt werden, ohne eine unvoll-kommene Desoxydation befürchten zu müssen; denn die Bildung des Kiesel-säureanhydrids (SiO_2) findet zum größten Teil durch die Reduktion des Mangan-oxyduls in der Schlacke, bzw. deren Berührungsfläche mit dem Bad statt. Bei direkter Reduktion mit Ferrosilizium und erst nachträglicher Zugabe von Ferromangan muß ersteres in das Bad eindringen, um das, wie bereits angeführt, gegen den Boden zu an Konzentration zunehmende Eisenoxydul vollkommen zu desoxydieren. Die Bildung von Kieselsäureanhydrid findet mehr im Bade selbst statt und bleibt seiner Eigenschaft, der feinen Dispersion zufolge, zum Teil im Bade zurück, was einen höheren Siliziumgehalt und eine damit ver-bundene, insbesondere durch seine teilweise Anwesenheit als Kieselsäure-anhydrid bedingte, geringe Zähigkeit und bei weichen Stählen (Einsatzstählen) vermutlich eine Kornbildung nach sich zieht.

Erst nach annähernd vollkommen erreichter Oxydfreiheit der Schlacke beginnt der eigentliche Entschwefelungsvorgang, wie er für den Elektroofen charakteristisch ist, durch Bindung des Schwefels an Kalzium.

Während Mangansulfür bekanntlich sowohl im Bad als auch in der Schlacke löslich ist, zeichnet sich das Kalziumsulfid (CaS) durch seine vollkommene Unlöslichkeit im Metallbade aus. Diesem Umstande ist es zu verdanken, daß es möglich ist, im Elektroofen den Schwefel bis auf geringe Spuren aus dem Eisen zu entfernen. Grundbedingung für die Bildung von Kalziumsulfid ist allerdings die annähernd vollständige Abwesenheit von Metalloxyden in der Schlacke, was durch die hierdurch bedingte Strengflüssigkeit der Schlacke bedeutende, nur im Elektroofen zu erzielende Temperaturen voraussetzt. Wären noch Oxyde in der Schlacke, so würde einerseits keine Reduktion von Kalziumoxyd (CaO) stattfinden, da die Reduktionsmittel den mit weniger Anstrengung zu erlangenden Sauerstoff des Eisenoxyduls und Manganoxyduls an sich reißen würde, andererseits würde sich allenfalls bildendes Kalzium-sulfid durch Eisenoxydul und Manganoxydul in CaO und FeS bzw. Mangan-sulfür (MnS) zerlegen, die zum Teil im Bade sich wieder lösen. Ist jedoch voll-kommene Oxydfreiheit der Schlacke erreicht, so wird das Kalzium, das zur Beschleunigung und Vervollständigung der Reaktion in Form von Kalziumkarbid (CaC_2) während der Entschwefelung zugesetzt, wird dem Mangansulfür den Schwefel, zu dem es größere Verwandtschaft hat als letzteres, entreißen, während das freigewordene Mangan in das Bad zurückgeht. Die Re-

Zusammenstellung 26.
Festigkeitseigenschaften über vergütete Stähle und Einsatzstähle.

Marke	Bezeichnung	Zustand	Streck-grenze	Festigkeit	Dehnung	Kontrak-tion	Schlag-arbeit
			kg	kg	%	%	mkg/cm
EK	Chrom-nickelstahl	zäh vergütet	80	90	13	65	22
	„	zähhart vergütet	90	100	11	60	18
	„	hart	105	115	8	55	14
ECN	Chrom-nickelstahl	weich	65	80	16	55	20
	„	zäh	75	90	14	60	16
	„	zähhart	85	100	12	55	12
CVK	Chrom-Va-nadiumstahl	weich	60	75	16	65	17
	„	zäh	70	85	14	60	14
	„	zähhart	80	95	12	50	10
ECRK	Chromstahl	weich	50	65	16	65	15
	„	zäh	60	75	13	60	12
EM2	Manganstahl	weich	50	75	15	55	10
	„	zäh	60	85	13	50	8
EE	Chromnickel-Einsatzstahl	geglüht	65	85	14	65	—
	„	gehärtet in H_2O im Kerne	130	160	7	40	—
	„	gehärtet in Öl im Kerne	110	140	7	45	—
NW3	Chromnickel-Einsatzstahl	geglüht	35	55	24	65	—
	„	gehärtet in H_2O im Kerne	70	95	12	60	—
ECRE	Chrom-Einsatzstahl	geglüht	35	55	20	60	—
	„	gehärtet in H_2O im Kerne	95	125	6	35	—

aktion braucht natürlich Zeit und wird um so langsamer und träger werden, je weiter die Entschwefelung fortschreitet. Im Verlaufe von ½ bis ¾ Stunden kann jedoch die Entschwefelung bis auf geringe Spuren durchgeführt werden.

Die Festigkeitseigenschaften einiger der wichtigsten Konstruktionsstähle der Steirischen Gußstahlwerke A.-G. finden wir in Zusammenstellung 26, wobei zu betonen ist, daß sich die angegebenen Dehnungen auf normale Probestäbe, das sind solche mit einer Markendistanz (Meßlänge für die Dehnung am Probestabe) $L = 11{,}3 \sqrt{F}$ beziehen, wobei F den Flächeninhalt des Probequerschnittes vor dem Zerreißen bedeutet. Die Schlagarbeiten wurden mit Kerbschlagproben nach Charpi und Amsler-Laffon durchgeführt, die eine Abmessung von 20 mm Durchm., eine Breite der Kerbe von 4 mm und eine Tiefe von 5 mm aufweisen.

Der Héroultofen wird von der Elektrostahl-Gesellschaft m. b. H., Remscheid-Hasten bzw. Baden-Baden, vertrieben.

Der Vom Baurofen.

Der Vom Baurofen ist französischen Ursprungs und erst seit dem Weltkriege bekannt. Er ist dem Héroultofen ähnlich, unterscheidet sich von diesem

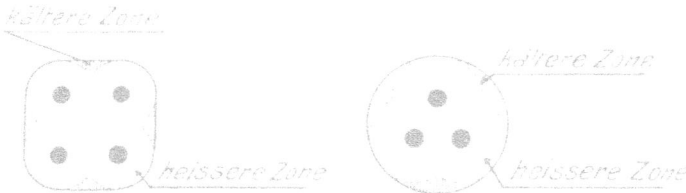

Abb. 177 und 178.

nur durch eine andere Herdform. Vom Baur steht auf dem Standpunkt, daß bei rechteckiger und runder Form des Bades sich die von den Lichtbögen ausgehende Wärme nicht so verteilen läßt, daß eine gleichmäßige Erhitzung des Badquerschnittes erfolgt. Nach seiner Ansicht sollen vielmehr Abkühlungen, gemäß der Abb. 177 und 178 eintreten. Vom Baur wählt daher eine Herdform nach Abb. 179 und ordnet die Elektroden nebeneinander an. Er bezweckt damit eine gleichmäßige Wärmeverteilung im Umkreise der drei Elektroden und glaubt, auf diese Weise, am Umfange der Herdwand eine überall gleichmäßige Temperatur zu erhalten. So lange die Beschickungstüre und der ihr gegenüber-

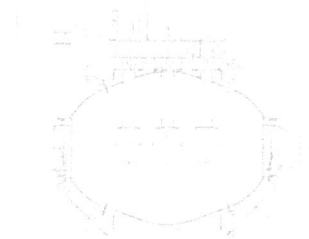

Abb. 179.
Vom Baurofen.

liegende Abstich gegen die Außentemperatur gut verschlossen ist, kann die Annahme Vom Baurs zutreffen. Wer mit dem praktischen Betrieb von Elektrostahl-

Abb. 180.
3 t - Vom Bauerofen.

Abb. 181.
6 t - Vom Bauerofen.

Ofen zu tun hat, weiß jedoch, daß sich diese Voraussetzung kaum erfüllen läßt. Dagegen ist die Herstellung und Unterhaltung der Zustellung schwierig und es fragt sich, ob die Vorteile groß genug sind, um die Schwierigkeiten in Kauf zu nehmen.

Der Vom Baurofen ist vom elektrotechnischen Standpunkt aus noch interessant. Der Ofen wird mit zweiphasigem Wechselstrom betrieben, unter Anwendung von Drehstrom (wie beim Rennerfeltofen). Der primäre Drehstrom

Abb. 182.
6 t-Vom Bauerofen.

wird zu einem Transformator geführt, der ihn unter Anwendung der Scottschen Schaltung sekundärseitig in zweiphasigen Wechselstrom umwandelt. Die Mittelelektrode, die stärker ist als die beiden äußeren Elektroden, ist an die zwei Phasen des Einphasenstromes angeschlossen, so daß auch ihre Energieaufnahme eine größere ist, während die beiden anderen Elektroden von kleinerem Querschnitt an je einer der zwei übrigen Phasen liegen.

Die Stromzuführung beim Vom Baurofen läßt sich ebenfalls auf einfache Weise anbringen, da die drei Elektrodenständer nebeneinander stehen und nur freihängende Kabel von gleicher Länge erfordern.

Die Abb. 180 zeigt noch einen 3-t-Ofen und die Abb. 181 und 182 einen 6-t-Ofen. Der Vom Baurofen wird von der Firma Leflaive & Co., St. Etienne, ausgeführt.

Der Ludlumofen.

Der amerikanische Ludlumofen ist dem Vom Baurofen ähnlich und ebenfalls eine Abart des Héroultofens. Abb. 183 veranschaulicht den Ofen im Schnitt.

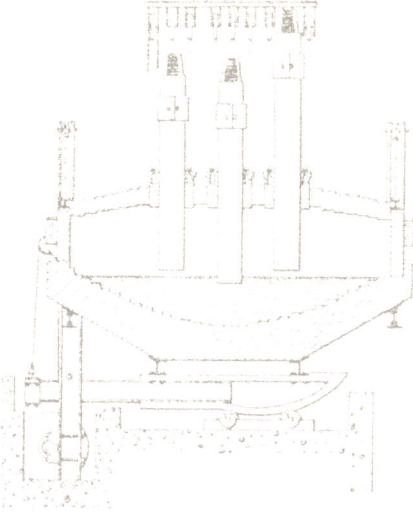

Abb. 183.
Schnitt durch den Ludlumofen.

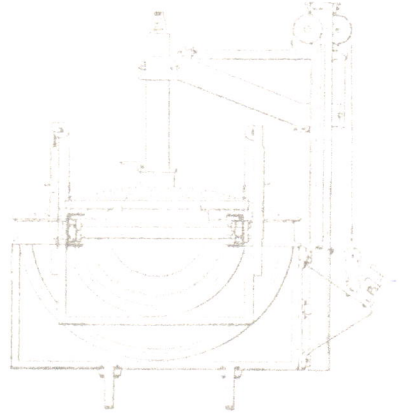

Abb. 184.
Ludlumofen, Abstichseite.

Abb. 185.
Gewölbe des Ludlumofens.

Er ist mit drei in einer Reihe angeordneten Elektroden versehen. Der Ofen hat keinerlei senkrechte Wände, ist allseits zugänglich und mit Hilfe zweier Türen,

Abb. 186.
10 t - Ludlumofen.

Abb. 187.
3 t - Ludlumofen.

je eine am vorderen und am rückwärtigen Ende, zu bedienen. Die Elektroden werden von Hand geregelt; ein Handrad (Abb. 184) bewegt über ein Schneckengetriebe eine kleine Seilrolle, durch die das Heben und Senken der gewichtausgeglichenen, aufgehängten Elektroden bewirkt wird. Zur Entleerung wird der Ofen mittels eines Motors derart gekippt, daß der Ausguß nur lotrecht auf und ab, nicht aber nach vor- oder rückwärts bewegt werden kann, so daß die Gießpfanne beim Empfang des Eisens keiner seitlichen Verschiebung bedarf. Der Ofendeckel kann leicht abgehoben werden und läßt sich alsdann neu zustellen (Abb. 185). Die Ofenwanne nimmt ein verhältnismäßig schwaches Mauerwerk aus Magnesitformsteinen auf. Dieses wird deshalb so schwach bemessen, da nach Ansicht der Erbauer die Wärme sich derart gleichmäßig verteilt, daß das Mauerwerk ebenso eine gleichmäßige Abnützung erfährt.

Für die jeweilige Ofengröße kommen folgende Anschlußwerte für den Ludlumofen in Frage:

Zusammenstellung 27:

1 t Fassung	. . . .	400 bis	600 kVA Leistung
3 t	,,	. . . .	750 ,,	1500 ,,	,,
5 t	,,	. . . .	1500 ,,	2400 ,,	,,
10 t	,,	. . . .	2400 ,,	3000 ,,	,,
15 t	,,	. . . .	3000 ,,	3600 ,,	,,
25 t	,,	. . . . . . : . .	2600 ,,	4000 ,,	,,

Abb. 186 stellt die Ansicht eines 10-t-Ofens dar, während Abb. 187 einen Ofen von 3-t-Fassung zeigt. Der Ludlumofen wird von der Ludlum Electric-Furnace Corporation New York, Wodroorth Building, vertrieben.

Der Mooreofen.

Der Mooreofen wird in Amerika gebaut und ist gleichfalls eine Nachbildung des Héroultofens. Der Mooreofen zeichnet sich besonders durch seine einfache Bauart, insbesondere des Kippwerkes aus, so daß ein leichtes Abschlacken nach zwei Seiten des Ofens hin möglich ist. In Abb. 188 ist der Ofen von oben zu sehen. Die Seitenansicht in Abb. 189 gibt Aufschluß über die Kippwinkel nach beiden Richtungen; die Lage des Ofens nach links stellt den Abstich dar, mit der darunter befindlichen Pfanne, während die Ofenstellung nach rechts das Abschlacken andeutet. Selbstverständlich erleichtert man das Abschlacken, indem man den Ofen auch nach rechts neigt, und zwar nur soweit, wie nach der anderen Seite. Beim Mooreofen hat man auf das schnelle Abschlacken und Abstechen des Ofens den größten Wert gelegt. Die Neigungswinkel sind festgelegt und markiert. Beim Abschlacken beträgt der Neigungswinkel 30° und beim Abstechen 45° zur Senkrechten. Der Kippwerksantrieb ist in folgender Abb. 190 an einem 3-t-Ofen zu ersehen. Die Bedienung des Kippwerkes kann sowohl von Hand als auch durch einen kleinen Elektromotor erfolgen.

Beim Mooreofen kommen vorzugsweise graphitierte Elektroden zur Verwendung. Diese werden von runden Säulen getragen, die an die Ofenwanne angebaut sind.

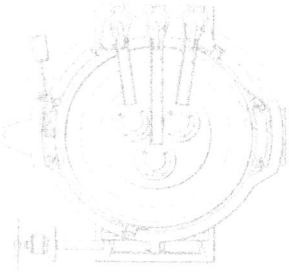

Abb. 188.
Mooreofen, von oben gesehen.

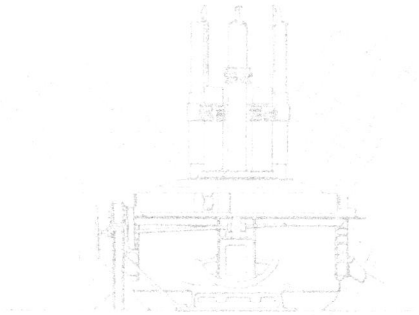

Abb. 189.
Mooreofen, von der Seite gesehen.

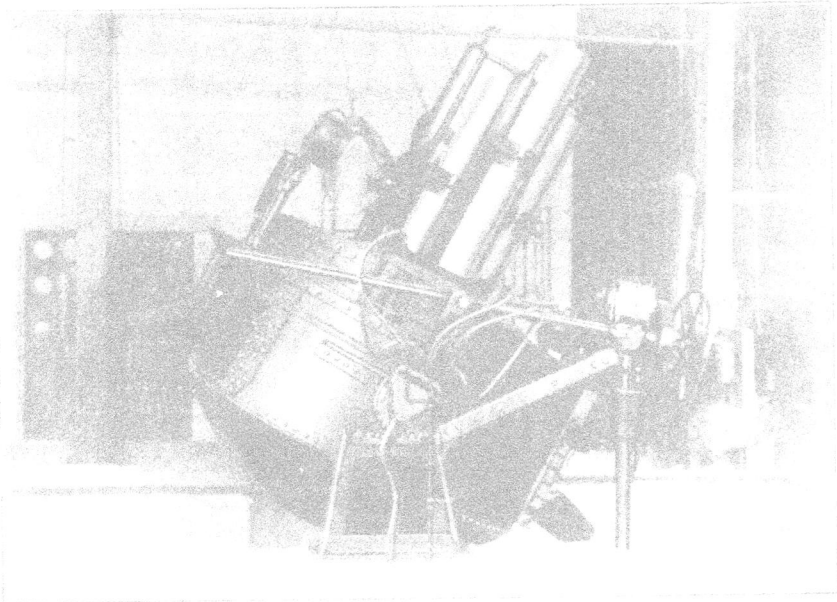

Abb. 190.
Ansicht eines 3 t-Mooreofens.

Die in Abb. 191 dargestellte Schnittzeichnung des Ofens läßt den Aufbau der Zustellung erkennen, ferner zeigt Abb. 192 die Draufsicht eines gemauerten Gewölbes.

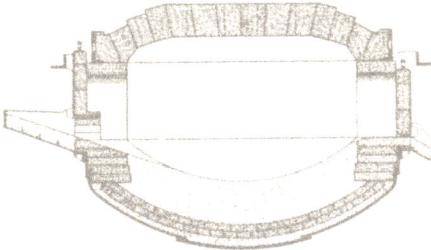

Abb. 191.
Schnitt durch den Mooreofen.

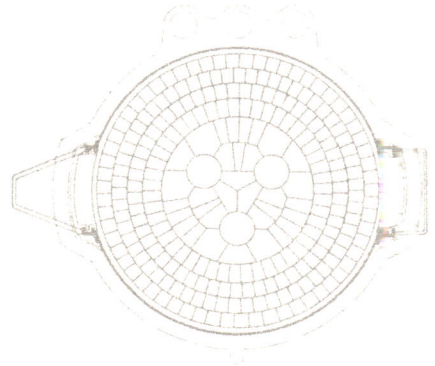

Abb. 192.
Gewölbe eines Mooreofens.

Der Mooreofen wird in folgenden Größen gebaut, wobei gleichzeitig die Transformatoren- und Ofenleistungen angegeben sind:

Zusammenstellung 28.

Fassungs-vermögen in Tonnen	Transforma-torleistung in kVA	Leistung bei kaltem Einsatz in Tonnen bei	
		12 Stunden	24 Stunden
0,75	400	2,5	6
1,5	600	6	14
3	1000	15	34
3	1500	18	40
6	2000	24	54
12	3000	40	96

Der Mooreofen wird von der Pittsburgh Furnace-Company, Pittsburgh, gebaut.

Der Fiatofen.

Infolge Ausbau der reichen italienischen Wasserkräfte faßten die Fiat-werke in Turin den Entschluß, den Héroultofen stärker zu belasten als bisher üblich. Vorerst mußte dafür Sorge getragen werden, die Elektrizitätsmengen in der gewünschten Menge zu schaffen. Hierzu führte die Errichtung einer gewaltigen Wasserkraftanlage. Gleichzeitig war es nötig, den Héroultofen so zu bauen, daß die erhöhte Energiemenge dem Herd, dem Gewölbe und den Elektroden keinen Schaden zufügen konnte. Sobald diese Voraussetzungen erfüllt werden, bietet der Ofen die Möglichkeit einer kürzeren Schmelzdauer infolge Anwendung der in den einzelnen Schmelzperioden höchstzulässigen Leistungen bei günstigsten Strom- und Spannungsverhältnissen.

Diese Frage hat der Verfasser[1]) ebenfalls schon erläutert und dabei auf einige Punkte hingewiesen, die für die deutschen Verhältnisse (die in diesem Falle wesentlich von den italienischen abweichen) wohl zu berücksichtigen sind. Die Ausführungen des Verfassers lauten wie folgt:

„Gar häufig wird die Frage gestellt, ob es möglich ist, die Schmelzdauer bei elektrischen Schmelzöfen abzukürzen. Die Frage hat Berechtigung, wenn ein Elektroofen als Einschmelz- und Raffinationsofen dient oder mit anderen Schmelzverfahren in Vergleich gezogen werden soll. Allgemein kann die Frage bejaht werden; die Schmelzdauer steht in Abhängigkeit der zugeführten Leistung. Diese von Elektrizität in Wärme umgewandelte Wärmemenge $Q = 0,24 \cdot E \cdot J \cdot t$ besitzt jedoch noch zwei andere Veränderliche: die Spannung und Stromstärke. Bis vor einigen Jahren war man mit der Erhöhung der Spannung ängstlich. So wurden z. B. Elektrostahlöfen anfangs mit 75 und 80 V Spannung betrieben, während man heute mit 150 und 180 V Betriebsspannung ohne Anstände arbeitet. Wesentlich ist jedoch hierbei, daß der Ofen gut geerdet ist und der Bedienung genügenden Schutz vor Erdschlüssen oder Überspannungen bietet.

Nachdem also für jeden Schmelzvorgang eine bestimmte Wärmemenge aufzuwenden ist, läßt sich die Schmelzdauer durch Erhöhung der Stromstärke in gleichem oder angenähertem Verhältnis abkürzen. Auch in dieser Richtung sind Fortschritte zu verzeichnen. Einen Überblick hierfür geben folgende Zahlen eines Elektrostahlofens von 3 t Fassung, dessen Anschlußwerte in verschiedene Zeiten fallen, und dessen Mittelwerte in der zweiten Tafel zusammengestellt sind.

Zusammenstellungen 29 und 30.

Jahr	Anschluß-wert kW	Durchschnittlicher Stromverbrauch in kWst/t		
		bei kaltem Einsatz	bei flüssigem Einsatz	
			1 $\times$ abschlacken	nicht abschlacken
1910	550	778	294	233
1914	600	800	300	210
1920	800	700	300	220

Jahr	Durchschnittliche Schmelzdauer in st					
	bei kaltem Einsatz			bei flüssigem Einsatz		
	3 $\times$ ab-schlacken	2 $\times$ ab-schlacken	1 $\times$ ab-schlacken	2 $\times$ ab-schlacken	1 $\times$ ab-schlacken	nicht ab-schlacken
1910	6,40	5,85	5,30	3,00	2,45	1,95
1914	6,10	5,55	5,05	2,90	2,30	1,80
1920	5,10	4,35	4,15	2,35	1,80	1,65

[1]) Stahl und Eisen 1921, Nr. 36.

Ruß, Elektrostahlöfen.

14

Wenn auch die Zahlen nur in etwa Gültigkeit haben unter Berücksichtigung der annähernd gleichen Verhältnisse, so zeigen sie, daß bei fast gleichem Stromverbrauch eine Abkürzung der Schmelzdauer durch größeren Anschlußwert erzielt werden kann.

Führt man beispielsweise dem erwähnten 3-t-Ofen anstatt 800 kW nunmehr 2000 oder noch mehr kW zu, so ergibt sich als Folgerung eine entsprechend kürzere Schmelzdauer. In solchen Fällen sind jedoch folgende Punkte zu berücksichtigen, zumal mit Rücksicht auf die deutschen Verhältnisse:

1. Stehen die Strommengen zur Tag- und Nachtzeit zur Verfügung?
2. Haben die im Verhältnis zum höheren Anschlußwert auftretenden Stromstöße keinen Einfluß auf das Netz und die Zentrale?
3. Bei ungenügender Ausnützung des Anschlußwertes steigen die Leerlaufs- bzw. Transformatorenverluste.
4. Hohe Anlagekosten.
5. Anwendung von Graphitelektroden von bester Leitfähigkeit, deren Kosten ungleich höher sind als gewöhnliche Kohlenelektroden.
6. Hohe Beanspruchung der Herdzustellung und insbesondere des Gewölbes.

Es steht außer allem Zweifel, daß auch in Deutschland die Elektroöfen dazu benutzt werden können, mittels hoher Energiemengen die Schmelzdauer abzukürzen. Die Ofenbauart als solche hat hierauf keinen Einfluß, während die obengenannten sechs Punkte wohl in Erwägung zu ziehen sind."

Die Erfolge des Fiatofens sind unverkennbar. Während in einem Héroult-ofen mit kaltem Einsatz etwa 4 bis 5 Schmelzungen in 24 Stunden durchgeführt werden können, gestattet der kleinere Fiatofen 8 und der größere Fiatofen 6 Schmelzungen. Folglich werden sowohl die elektrischen Verluste als auch die Strahlungsverluste verringert; der Wirkungsgrad des Ofens wird verbessert und die Produktionsleistung des Ofens gesteigert.

Beim Fiatofen hat man das größte Augenmerk auf die Elektrodendurchführung gelegt. Diese muß vollkommen abgedichtet sein, damit das Deckelmauerwerk geschont und die Oxydation des Bades durch in den Ofen eindringende Luft vermieden und somit der Verbrauch an Desoxydationsmaterial verringert wird. Auch die Verwendung von Graphitelektroden ist unerläßlich, da amorphe Kohlenelektroden die Übertragung so bedeutender Energiemengen nicht übernehmen können, ohne sich und das umgebende Mauerwerk unzulässig hoch zu erwärmen.

Als Vertreter des Fiatofens hat G. Vitali folgendes veröffentlicht[1]): „Der Fiatofen besteht im wesentlichen aus einem zylindrischen, gut versteiften Blechgehäuse, mit gewölbtem Boden, an dem zwei segmentförmige Wälzbahnen aus Stahlformguß angebracht sind, die ein Kippen des ganzen Ofens nach beiden Richtungen ermöglichen. Während einige bei den Fiatwerken im Betrieb befindliche Öfen hydraulischen Kippantrieb erhielten, werden die neuesten

[1]) Stahl und Eisen 1922, 15. Juni, S. 922.

zur Vermeidung einer weiteren Druckwasseranlage besser und billiger elektrisch betrieben.

Das Ofengehäuse und seine feuerfeste Auskleidung weisen nur zwei Öffnungen auf: eine größere vorn zur Beschickung und Entschlackung und eine kleinere auf der entgegengesetzten Seite zum Abstich. Die gute und leichte Entfernung der Schlacke ist bei der Herstellung des Stahles von großer Wichtigkeit. Durch ein leichtes Neigen des Ofens nach vorn kann die Schlacke in einem unter dem Beschickflur stehenden fahrbaren Behälter abfließen.

Besonders beachtenswert ist der Elektrodenaufbau dieses Dreiphasenofens. Die drei Graphitelektroden, die mit ihrer gesamten Bewehrung auf einer besonderen Brücke ruhen, stehen in üblicher Weise senkrecht auf dem Bade. Jede Elektrode ist mit einer Bewehrung und mit dem ganzen Regelwerk einschließlich Motor im ganzen abnehmbar und kann auch während des Betriebes in etwa ½ Stunde durch eine neue ersetzt werden.

Die vorzüglichen Ergebnisse dieser Ofenart sind besonders auf die sorgfältige und neuartige Elektrodenabdichtung und die Kühlung zurückzuführen. Auf dem Gewölbebogen steht ein doppelwandiger, von Kühlwasser durchflossener Zylinder, der die Elektrode umschließt. An der Elektrodenklemme, deren Bewegungen durch zwei Spindeln mit Motorantrieb selbsttätig erfolgen, ist ein zweiter Zylinder befestigt, der sich über dem Kühlzylinder teleskopartig und gut dichtend mit der Elektrode verschiebt. Der luftdichte Verschluß verhindert ein Verbrennen der Elektroden und sichert ihnen eine erhebliche längere Betriebsdauer. Der Elektrodenverbrauch ist bei dem Fiatofen bis auf 2,8 bis 3 kg für die Tonne erschmolzenen Stahles vermindert worden, während er bei den anderen Öfen zwischen 8 bis 15 kg/t Stahl schwankt.[1]

Über den Betrieb des Ofens ist folgendes zu bemerken: In der Regel wird mit zwei Spannungen, einer höheren von 130 Volt und einer niederen von 75 Volt, gearbeitet. In der ersten und längeren Periode des Niederschmelzens von festem Einsatz werden 130 Volt verbraucht, um möglichst hohe Strommengen einzuführen. Für die zweite oder Verfeinerungsperiode genügen 75 Volt, um das Bad auf eine Gießtemperatur von etwa 1750⁰ zu bringen.

Der bei dem 5 bis 6 t-Ofen verwendete Öltransformator ist bei Dreieckschaltung des Primärstromkreises für eine Leistung von 2000 kVA bemessen. Wird dagegen der Primärstromkreis auf Stern geschaltet, so verringert sich die Leistung auf 1150 kVA. Dementsprechend wird der Strom im Sekundärstromkreis auf 130 bzw. 75 Volt transformiert. Der Sekundärstromkreis ist auf Stern geschaltet, und für jede Elektrode sind 12 biegsame Zuleitungskabel mit insgesamt 4800 mm² Querschnitt verwendet. Der Sternmittelpunkt ist in unmittelbarer Nähe des Ofens verlegt und durch biegsame Kabel mit der Ofenschale verbunden. So werden die Gleichgewichtsstörungen während des Betriebes möglichst abgeschwächt, und es ist zulässig, den Ofen selbst nur mit einem

---

[1] Hier hat der Verfasser nicht angegeben, ob es sich in beiden Fällen um Graphit- oder Kohlenelektroden handelt.

Lichtbogen anzulassen. Die Ofensohle ist außerdem geerdet, um induzierte Ströme zu zerstreuen und Entladungen zwischen den Metallteilen zu vermeiden.
Einige Betriebsergebnisse sind nachstehend wiedergegeben:

1. Abstich:

Einsatz 4675 kg	1. Periode	2 Std.	5 Min.	2250 kWh
	2. „	0 „	43 „	650 „
	Insgesamt	2 Std.	48 Min.	3200 kWh

2. Abstich:

Einsatz 4675 kg	1. Periode	2 Std.	7 Min.	2450 kWh
	2. „	0 „	48 „	670 „
	Insgesamt	2 Std.	55 Min.	3120 kWh

3. Abstich:

Einsatz 4675 kg	1. Periode	2 Std.	2 Min.	2250 kWh
	2. „	0 „	33 „	500 „
	Insgesamt	2 Std.	35 Min.	3000 kWh.

Der gesamte Stromverbrauch hat also während dieser drei Abstiche 9320 kWh betragen oder, bei einem Einsatz von 4675 × 3 = 14025 kg, im Mittel 0,66 kWh je kg. Dabei ist zu beachten, daß bei diesen oder allen folgenden Messungen die Zähler im Primärstromkreis eingeschaltet wurden, alle Verluste im Transformator und dem Sekundärstromkreis mit seinen Apparaten dann in diesen Verbrauchszahlen eingeschlossen sind.
Als Monatsdurchschnitt ergab sich z. B. bei einer Gesamtmenge von 1 331 160 kg gegossenen Stahles und einem Stromverbrauch, am Zähler gemessen, von 937 000 kWh ein mittlerer Stromverbrauch von 0,68 kWh je kg gegossenen Stahles. Dabei ist zu berücksichtigen, daß an den Feiertagen nicht gegossen wurde, die Öfen jedoch unter Strom blieben; auch dieser Stromverlust ist also in vorstehenden Zahlen enthalten."
Über die zur Ausführung kommenden Ofengrößen des Fiatofens mit der dazugehörigen Transformatorenleistungen gibt nachstehende Zusammenstellung Aufschluß:

Zusammenstellung 31.

Fassungsver- mögen des Ofens in kg	Transforma- torenleistung in kVA
3000	1200
6000	1800
15000	5000
20000	6000

Die Deutsche Maschinenfabrik (Demag), Duisburg, hat in Verbindung mit der Allgemeinen Elektrizitäts-Gesellschaft (A.E.G.), Berlin, das Ausführungsrecht des Fiatofens von den Fiatwerken, Turin, Italien, übernommen. Dem Verfasser ist bis zum Abschluß des vorliegenden Buches nicht bekannt geworden, daß ein Fiatofen in Deutschland inzwischen verkauft bzw. in Betrieb gekommen ist.

Der Webbofen.

Bei dem Webbofen, der in den Vereinigten Staaten gebaut wird, und bisher nur dort zur Anwendung gekommen ist, liegt dasselbe Bestreben vor, wie bei dem Fiatofen. Auch beim Webbofen soll die Schmelzdauer abgekürzt werden, jedoch nicht durch eine erhöhte Stromstärke, sondern durch eine höhere Betriebsspannung. So wird zum Einschmelzen des kalten Einsatzmaterials mit 230 Volt gearbeitet, während für den Raffinationsvorgang eine Spannung von 220 Volt dient. Der Ofen soll auch schon mehrere Monate mit 440 Volt betrieben worden sein und Schmelzungen mit 280 Volt Spannung ohne Anstände durchgeführt haben.

Der Aufbau des Ofens geht aus Abbildung 193 hervor. Er entspricht in etwa dem Héroultofen, jedoch unterscheidet er sich von diesem durch seine geänderte Elektrodenstellung. Die Mittelelektrode ist senkrecht durch das Gewölbe in den Herd geführt, während die beiden Seitenelektroden geneigt sind. Diese Elektrodenanordnung wurde nicht ohne Absicht gewählt. Bekanntlich nimmt bei einer höheren Lichtbogenspannung auch die Lichtbogenlänge zu. Bei senkrechten Elektroden könnte der Fall eintreten, daß infolge höherer Spannung die Lichtbögen, die anfangs an den Elektrodenenden gebildet wer-

Abb. 193.
Webbofen.

den, sich nach oben fortsetzen. Diese Erscheinung wird noch durch die in dem Schmelzraum befindliche Hitze und durch die elektrodynamische Wirkung des in den Elektroden fließenden Stromes gefördert. Da aber die Elektroden beim Webbofen nach oben auseinanderweichen, muß der Lichtbogen, sobald er das Bestreben hat, nach oben getrieben zu werden, immer länger werden und schließlich erlöschen. Hierzu kommt es praktisch nicht, weil der Abstand der Elektrodenenden ausreicht, um einen einzigen langen Lichtbogen zu bilden.

Die hohe Betriebsspannung erfordert eine besonders gute Isolation, die jedoch bei basisch zugestellten Öfen einige Schwierigkeiten bietet. Hinreichende Isolation ist nicht nur erforderlich, um Stromverluste zu vermeiden, sondern auch um das Bedienungspersonal vor hohen Spannungen zu schützen.

In Abb. 194 wird ein 4 t-Webbofen gezeigt, der in dem neuen Stahlwerk der Old Dominion Iron & Steel Co., Richmond Va., zur Aufstellung gekommen ist. Der Ofen kann eine flüssige Beschickung in 2½ bis 3 Stunden fertigmachen, wobei sich ein Stromverbrauch von etwa 600 kWh/t Stahl ergibt. Das Schmelzen von kaltem Einsatz soll 3 bis 4 Stunden betragen.

Prof. B. Neumann[1]) macht über den Ofen noch folgende Mitteilungen, die aus Iron Age 1918, S. 257 entnommen sind: „Man hat in dem Ofen Stahl aus Schrott, ferner Roheisen durch Kohlung von Bohrspänen und Ferromangan aus Erz, Koks oder Kalk hergestellt. In der Hauptsache ist Stehbolzeneisen

Abb. 194.
Ansicht eines 4 t-Webbofens.

mit 0,12% C, 0,50% Mn, 0,04% P, 0,04% S hergestellt worden. Der Stromaufwand betrug dabei 600 bis 650 kWh, der Elektrodenverbrauch 2,75 kg auf die Tonne Einsatz. Der Herd bestand aus einer Sandschicht, auf welche feuerfeste Steine und hierauf Bauxitsteine gelegt waren; in der Schlackenlinie lagen zwei Schichten Magnesitsteine, hierüber und im Deckel Quarzsteine. Diese Herdausfütterung soll sehr gut gehalten haben. Bei einigen Probeschmelzen wurden 616, 583 und 474 kWh/t gebraucht und die Schmelzung von etwa 3 t in 3¾, 3½ und 2 Stunden fertig gemacht."

Der Webbofen wird von der Webb Electric Furnace Corp., New York City, 30 Church St., vertrieben.

4. Die Lichtbogen-Widerstandsöfen.

Der Girodofen.

1. Geschichtliches. Bereits 1903 trat Paul Girod aus Ugine (Savoyen) mit einem elektrischen Tiegelofen[2]) zur Erzeugung von Ferrolegierungen he-

---

[1]) Stahl und Eisen 1921, S. 87.
[2]) Journal de Electrolyse 1903, S. 163.

vor. Der Tiegel wurde von einem Widerstand aus Graphit umschlossen, durch den ein Strom floß, um das Material im Tiegel zu heizen. Bald nachdem Héroult mit seinem Ofen hervortrat, erschien auch Girod mit einem Ofen im Jahre 1907, der zunächst nur versuchsweise zum Schmelzen von Eisen dienen sollte. Er baute einen Ofen von 1500 kg Einsatz mit einem Herd von abgestumpfter quadratischer Form. Gegenüber den ursprünglichen Ideen der Erfinder ging Girods Bestreben dahin, die kalorisch-elektrische Energie besser, d. h. auf zweierlei Weise auszunutzen. Bei Beschreibung des Héroultofens wurde bereits bemerkt, daß Héroult anfangs die Elektroden ins Bad tauchen ließ, um eine reine Widerstandsheizung zu bekommen. Es wurde ferner auf die triftigen Gründe hingewiesen, derentwegen Héroult diesen Gedanken wieder aufgeben mußte; es war ihm bald klar, daß er auf die Lichtbogenheizung nicht verzichten konnte. Girod hat nun die Lehren, die Héroult aus seinen Versuchen gezogen hat, dazu benutzt, einen Elektroofen mit Lichtbogen- und Widerstandsheizung zu konstruieren, derart, daß das Schmelzgut in senkrechter Richtung vom gesamten Strom durchflossen wird. Der Strom geht von einer über dem Bad befindlichen Kohlenelektrode als kurzer Lichtbogen zur Schlacke über, von da zum Stahlbad, durch dieses hindurch und tritt durch verschiedene Stahlelektroden in der Ofensohle wieder aus. Bei kleineren Öfen ist nur eine lichtbogenbildende Kohlenelektrode vorhanden, bei größeren Öfen benutzt Girod mehrere, die aber alle dieselbe Polarität aufweisen. Der Aufbau des Ofens wurde bereits auf S. 91 in Abb. 66 gezeigt.

Aus dem Umstand, daß der Strom das ganze Bad durchfließen muß, schließt Girod, daß die Widerstandsheizung einen thermischen Effekt haben muß. Auch Prof. Borchers, der sich um die Versuche mit dem Girodofen verdient gemacht hat, äußert sich in seinem Buche[1]) hierüber folgendermaßen:

„Zwischen Schlacke und Kohlenpolen gehen Lichtbögen über. Wenn nun in diesen Lichtbogen auch die Hauptwärmemenge erzeugt wird, so kommen für den Wärmeumsatz ferner in Betracht die Schlackenschicht auf dem Metall und nicht zum wenigsten das Metall selbst; denn die Art und Weise, wie dieses an der Stromleitung teilzunehmen gezwungen wird, macht nicht nur die Schlackenschicht, sondern auch das Metallbad selbst zu beachtenswerten Erhitzungswiderständen."

Die praktischen Erfahrungen mit dem Girodofen haben jedoch ergeben, daß der erhoffte Effekt der Widerstandserhitzung so unbedeutend ist, daß er sich nicht einmal nachweisen läßt. Dagegen muß es als ein Nachteil des Girodofens bezeichnet werden, daß in dem Herd sog. Bodenelektroden aus Flußeisen eingestampft sind, die die Stromableitung übernehmen. Besonders beeinträchtigend ist es, daß die Bodenelektroden mit Wasser gekühlt werden müssen, wodurch bedeutende Wärmemengen, die sonst für die Nutzbarmachung des Ofens dienen könnten, verloren gehen.

Interessant ist es, die älteren Mitteilungen nachzulesen, um dem Urteil aus berufenem Mund über die beiden damaligen strittigen Lichtbogenofenarten,

---

[1]) Borchers, Die elektrischen Öfen, Verlag von Wilhelm Knapp, 1920, S. 147.

und zwar den Héroult- und den Girodofen, zu folgen. So äußert sich Prof. Borchers[1]) am 24. November 1909 am Schluß einer Diskussion über diesen Punkt, daß die endgültige Entscheidung zwischen dem Héroult- und Girodofen der Praxis vorbehalten bleiben muß. Auch Rodenhauser[2]) war seinerzeit von den Erfolgen Girods überzeugt und bringt in seinem Buche die folgende Erklärung: „so ist es Girods Verdienst, diesen Ofen zu großer technischer Vollkommenheit durchgebildet zu haben, daß es heute schwer zu sagen ist, welchem der beiden Wettbewerber einmal der Sieg unter den Lichtbogenöfen gehören wird."

Die endgültige Entscheidung dürfte heute nach etwa 15 Jahren gefallen sein, und zwar zugunsten des Héroultofens. Dieser Ofen hat im Laufe der Jahre eine unvergleichlich größere Verbreitung gefunden, trotz der vielen Nachbildungen, und den Girodofen fast verdrängt. Die Gründe gehen aus nachstehenden Mitteilungen eindeutig hervor.

2. Aufbau des Ofens. Der Girodofen ist in seinem äußeren Aufbau dem Héroultofen ähnlich. Der Herd hat runde oder abgestumpfte quadratische Form, er ist von einem Eisenmantel umgeben und mit Magnesit oder einer anderen Zustellungsmasse ausgefüttert. Der Ofen besitzt eine Beschickungs- und Arbeitsöffnung und ein Abstichloch.

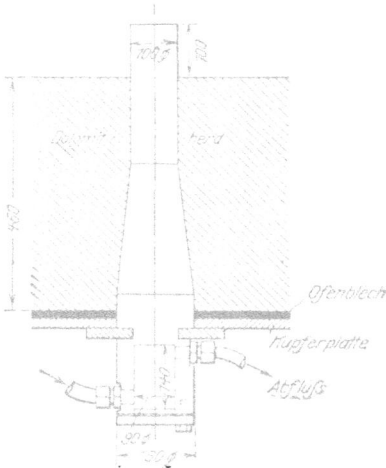

Abb. 195.
Eine Bodenelektrode zum Girodofen.

Während Héroult bei seinem Ofen den Strom zwingt, von der einen Elektrode durch die darunter befindliche Schlacke zum Metall, durch dieses hindurch und von da durch die Schlackendecke zur anderen Elektrode zu fließen, strebt Girod mit seinem Ofen an, daß der Strom senkrecht durch das Metallbad hindurch geleitet wird. Er benutzt für den Stromrückgang elektrisch leitende Bodenelektroden, während für den Stromeintritt Kohlenelektroden dienen. Das zu schmelzende Metall wird also von zwei senkrechten Elektrodengruppen verschiedener Polarität eingeschlossen. Reicht wegen der Strommengen eine Kohlenelektrode nicht aus, so werden mehrere Elektroden parallel geschaltet. Auf der Sohle des feuerfesten Herdes sind bei kleinen Öfen gleichmäßig über die ganze Fläche sechs und bei größeren Öfen sechzehn Anschlußkörper aus weichem Stahl oder Flußeisen eingebaut. Diese Stahlelektroden sind in dem aus dem Herdboden herausragenden Teile etwa 90 mm weit ausgebohrt und mit Wasserkühlung versehen; sie ragen bei der ersten Schmelzung in den Herd

---

[1]) Stahl und Eisen 1909, Nr. 49.
[2]) Rodenhauser und Schoenawa, Elektrische Öfen in der Eisenindustrie, Verlag von Oskar Leiner, S. 119.

stehen also mit dem Einsatzmaterial in metallischer Verbindung und schmelzen beim Betriebe oben 5 bis 10 cm tief ab. Die entstehenden Löcher füllen sich nach dem Ausgießen des Ofens mit flüssigem Stahl. Dieser Vorgang besteht später fort, so daß stets ein metallischer Kontakt zwischen Bad und Bodenelektroden und somit ein Stromdurchgang vorhanden ist. In Abb. 195 ist eine der Bodenelektroden dargestellt. Dieselben sind durch Kupferring und Platte mit dem Boden der Ofenwanne leitend verbunden. Damit die Elektroden sich nicht zu stark erwärmen, sind sie unten angebohrt, durch einen Boden abgeschlossen und mit zwei Schlauchstutzen für eine ausreichende Wasserkühlung vorgesehen.

Bei dieser Gelegenheit sei noch eine andere Bodenelektrode erwähnt, die aus folgender Ursache heraus entwickelt worden ist. Es ist nämlich beobachtet worden, daß die Bodenelektroden auf unerklärliche Weise explodiert sind und zu Zerstörungen des Ofens geführt haben. Infolgedessen hat sich die Firma Friedr. Krupp, A.-G., Essen, eine gekühlte Bodenelektrode[1]) patentieren lassen. Die Erfindung beruht auf der Erkenntnis, daß die Explosionen nicht, wie man lange annahm, durch die vom Schmelzbade herrührende Hitze, sondern lediglich durch übermäßige Strombelastung verursacht wurden. Eine solche Überlastung ist aber darauf zurückzuführen, daß gelegentlich die Leitfähigkeit zwischen Bodenelektrode und Schmelzbad, durch Schlacke oder Teile des Ofenfutters (Dolomit o. dgl.) bei einer größeren Anzahl von Elektroden gleichzeitig aufgehoben sind. Die übrigen Elektroden haben dann eine Strombelastung auszuhalten, die weit über das vorausberechnete Maß hinausgeht und den untersten, ringförmigen Teil der Elektrode, der von Kühlflüssigkeit bespült wird, zum Glühen bringt. Die Folgen sind Zersetzung des Kühlwassers und Knallgasbildung. Damit sind die heftigen Exposionen zu erklären.

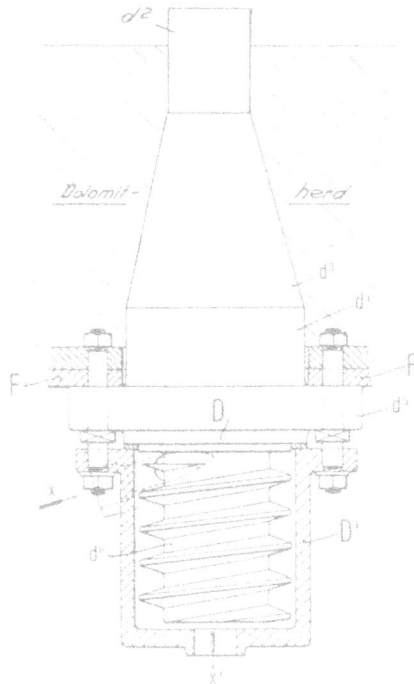

Abb. 196.
Bodenelektrode der Firma Fried. Krupp, A.-G.

Die Erfindung besteht nun darin, daß derjenige Teil der Elektrode, der zum Anschluß an die Stromleitung bestimmt ist, zwischen dem die Kühlflüssigkeit enthaltenden Teile und dem Kopfstück der Elektroden liegt. Der Elektrodenkörper gemäß Abb. 196 besitzt an seinem oberen Ende ein zylindrisches

---

[1]) D. R. P. Nr. 282162.

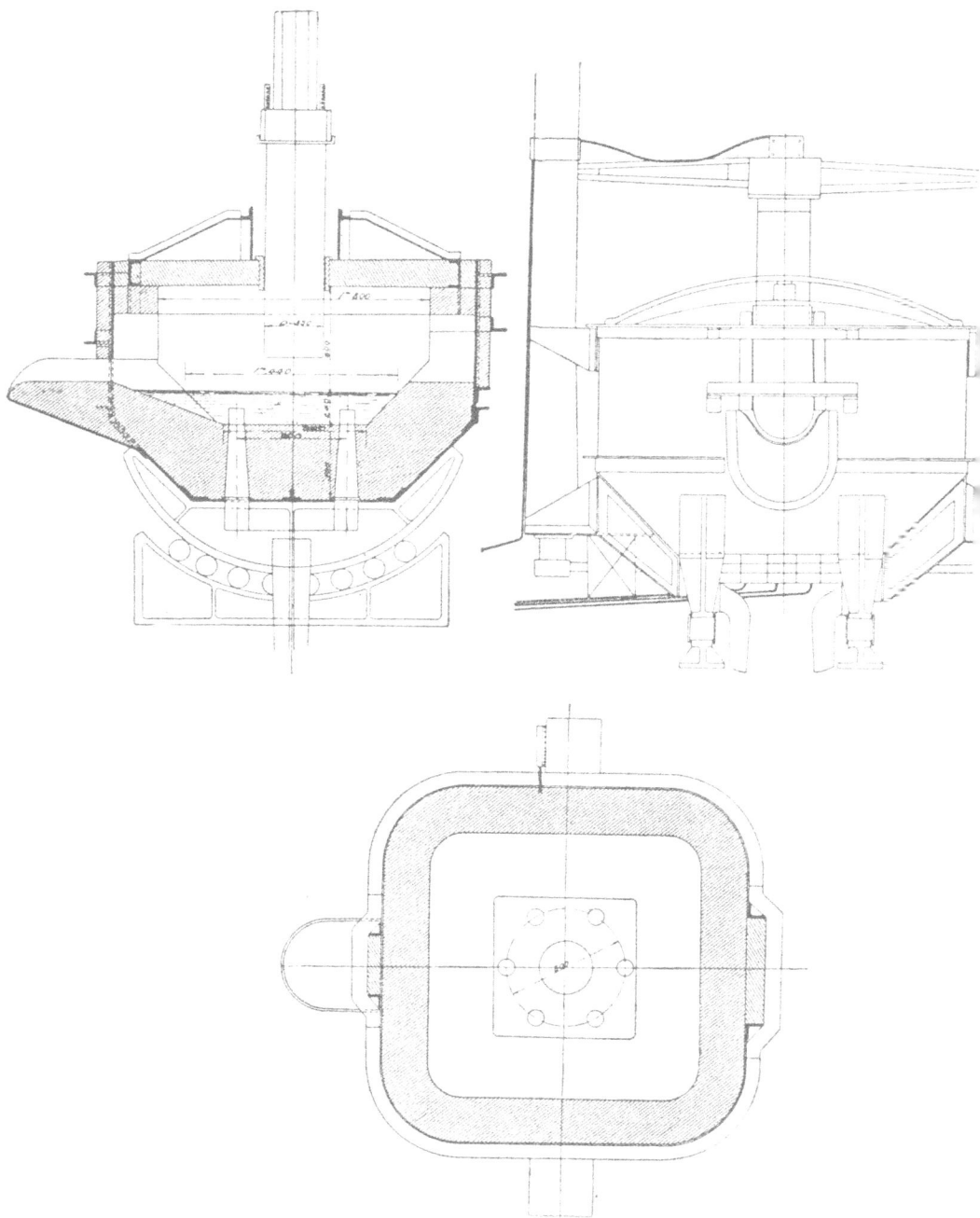

Abb. 197 bis 199.
Schnitte und Ansicht eines 2,5 t-Girodofens älterer Bauart.

Kopfstück d^2; darauf folgt ein konisch sich verbreitender Teil d^3, ein zylindrischer Teil d^4, sowie ein Bund d^5. An diesen ist ein Kühltopf D^1 angeschraubt. Dieser umschließt mit geringem Spielraum das mit Gewindegängen versehene unterste Ende d^6 des Elektrodenkörpers. Die Kühlflüssigkeit, welche in dem durch die Pfeile x und x^1 angedeuteten Sinne die Gewindegänge durchströmt, kommt dabei mit einem verhältnismäßig hohen Teile der abzukühlenden Oberfläche des Elektrodenendes d^6 in Berührung. Oberhalb des Bundes d^5 sind an diesen Bronzelaschen F angeschraubt, welche die Stromzuführung vermittelt. Die konische Erweiterung des Elektrodenkörpers dient nicht nur, wie bei den bekannten Elektroden, dazu, für die Kühlflüssigkeit den nötigen Raum zu schaffen, sondern sie bewirkt zugleich, daß die Stromdichte im Elektrodenkörper nach dem unteren Ende hin immer geringer wird. Unter sonst gleichen Umständen erwärmt sich also eine Elektrode gemäß der Erfindung erheblich weniger als eine Elektrode, deren unterer, stromdurchflossener Teil, wie bisher üblich, ausgehöhlt ist, um eine wirksame Kühlung zu ermöglichen. Jedenfalls können selbst bei starker Stromüberlastung niemals Teile ins Glühen geraten, die mit der Kühlflüssigkeit unmittelbar in Berührung stehen.

Die Behauptung[1]), daß durch die Wasserkühlung der Bodenelektroden die Haltbarkeit des Herdes erhöht wird, hat sich im praktischen Betrieb als irrig erwiesen. Es widerspricht unbedingt dem Empfinden des Hüttenmannes, in den Herd Fremdkörper, zumal wassergekühlte Stahlblöcke, einzuschließen, die zwischen sich und dem Schmelzgut so ungewöhnlich große Temperaturunterschiede aufweisen, daß sie eine Gefahr des Herdes bedeuten müssen. In vielen Fällen hat es sich gezeigt, daß diese Stahlelektroden zu Rißbildungen in der Zustellung Veranlassung geben, die sich nicht beobachten lassen. Sind aber erst diese Risse vorhanden, so füllen sie sich mit Stahl und machen den Herd bald unbrauchbar, ganz abgesehen davon, daß das flüssige Metall sich einen Weg bahnt und durch den Boden ausläuft, um Kurzschluß oder ganz noch andere Störungen hervorzurufen.

Um eine gute Leitfähigkeit zwischen Bad und Bodenelektroden zu erhalten, muß, namentlich beim Einschmelzen von Schrott, dafür gesorgt werden, daß die Vertiefungen über den Eisenelektroden vor dem Beschicken schlackenfrei sind, da andernfalls die erkaltete Schlackenschicht ein Leiter zweiter Klasse ist und in diesem Zustand isolierend wirken würde.

In Abb. 197 bis 199 wird ein Girodofen älterer Bauart von 2,5 t Fassung gezeigt. Der Ofen hat eine Kohlenelektrode von 350 mm Durchmesser und sechs Bodenelektroden, die im Kreise von 800 mm Durchmesser gleichmäßig verteilt sind. Die Abb. 200 bis 202 stellen einen Girodofen ebenfalls früherer Ausführung von 10 t Inhalt dar. Dieser Ofen ist jedoch mit vier Kohlenelektroden von je 350 mm Durchmesser und 16 Bodenelektroden ausgerüstet. Bei beiden Öfen hat der Herd die veraltete quadratische Form.

---

[1]) Rodenhauser und Schoenawa, Elektrische Öfen in der Eisenindustrie, Verlag Oskar Leiner, S. 120.

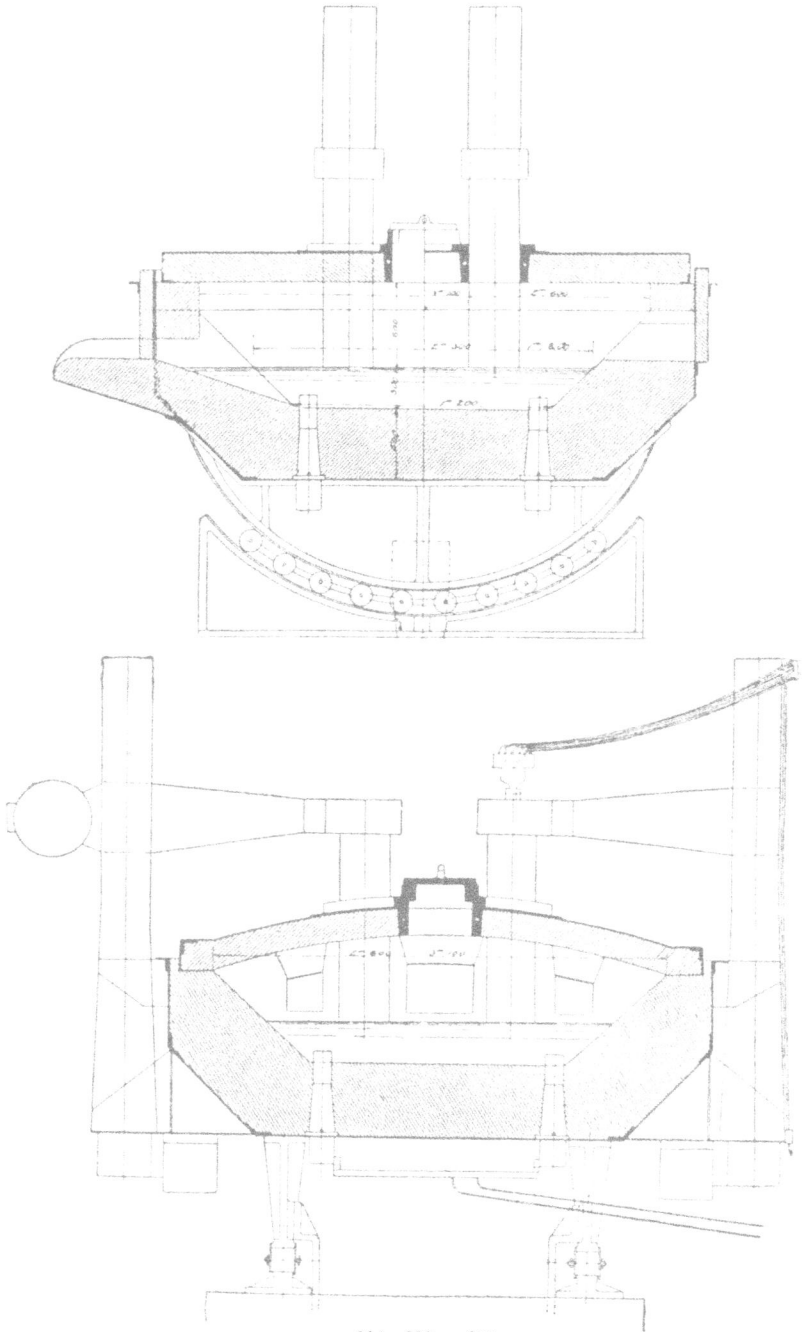

Abb. 200 u. 201.
Schnitte durch einen 10 t-Girodofen älterer Bauart.

3. Stromart. Die Girodöfen wurden in den ersten Jahren ausschließlich für Einphasenwechselstrom gebaut; mithin waren rotierende Umformer erforderlich, da die abweichende Stromart und Betriebsspannung meistens nicht zur Verfügung war. Hierdurch wurden die Anlage- und Unterhaltungskosten wesentlich beeinflußt.

Die kleineren Öfen arbeiteten früher mit 60 bis 65 Volt Spannung, die größeren Öfen mit 70 bis 75 Volt. Die Energieaufnahme bei dem 2,5-t-Ofen

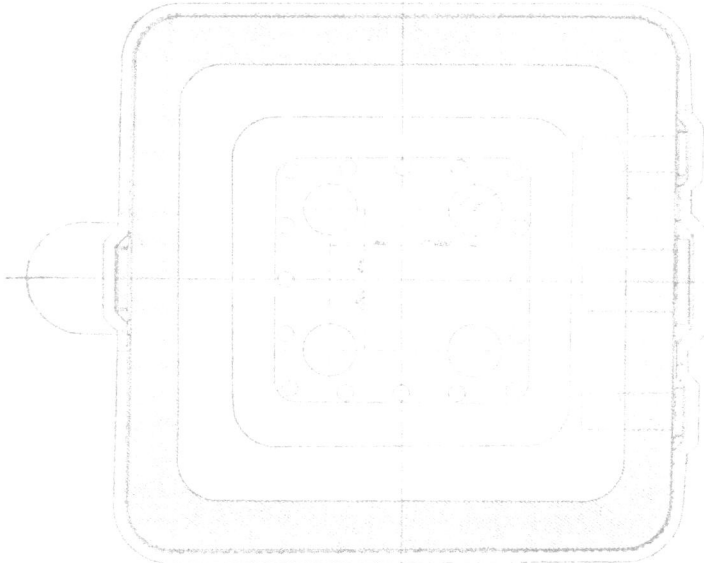

Abb. 202.
Schnitt durch einen 10 t-Girodofen älterer Bauart.

war 300 kW, bei dem 10-t-Ofen 1000 bis 1200 kW. Der erste Versuchsofen von 1500 kg Abstichgewicht arbeitete mit 40 bis 60 Volt bei 4000 bis 6000 Amp. Stromaufnahme, 35 Perioden und einem Leistungsfaktor von 0,65.

Damit der Girodofen auch an Drehstrom angeschlossen werden kann, ohne rotierende Umformer zu benötigen, verwendet Girod eine unsymetrische Sternschaltung[1]) der Wicklung des Ofentransformators, bei der eine der drei Phasen umgekehrt ist. In Abb. 203 stellen 1, 2, 3 die drei Phasen eines Hochspannungsdrehstromnetzes dar; a ist ein Einphasentransformator, dessen Primärwicklung an die Phase 1 und die Phase 3 angeschlossen ist; b ist ein gleicher Transformator, dessen Primärwicklung an die Phase 2 bzw. 3 angeschlossen ist und endlich ist die Primärwicklung des Transformators c an die Phase 1 und 2 angeschlossen. Die Sekundärwicklungen der Transformatoren a, b, c sind einerseits mit den Bodenelektroden d^1, d^2 an das Bad e angeschlossen, und zwar durch den gemeinsamen Leiter d, und anderseits mit den Elektroden f

---

[1]) D. R. P. Nr. 267 968.

bzw. *g, h* des Ofens verbunden. Die Sekundärwicklung des Transformato s *a* ist umgekehrt zu der Sekundärwicklung der Transformatoren *b* und *c* gewickelt. Die Wirkungsweise hierbei ist folgende:

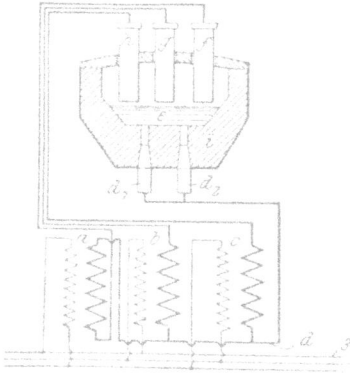

Abb. 203.
Drehstromschaltung zum Girodofen.

Wenn z. B. zwischen jeder der Elektroden *f, g, h* und dem Bade *e* eine Spannung von 60 Volt, gleich der Phasenspannung, vorhanden ist, so wird die Spannung zwischen den Elektroden *g* und *h* gleich der zusammengesetzten Spannung, d. h. 60 Volt mal 1,73 = 104 Volt sein; zwischen *f* und *h* und zwischen *f* und *g* beträgt die Spannung dagegen 60 Volt, indem der Spannungsunterschied zwischen den Elektroden von der Umkehrung der Sekundärwicklung *a* herrührt.

Diese Drehstromschaltung ist bei dem Ofen der Baildonhütte, der unten beschrieben wird, benutzt worden. Durch ihre Anwendung wird eine Stromerhöhung für die Widerstandsheizung des Bades erreicht.

Auf Grund eingehender Studien hat Müller[1]) bei einem Girodofen die Wirtschaftlichkeit des Stromverbrauches durch Änderung und richtige Anordnung

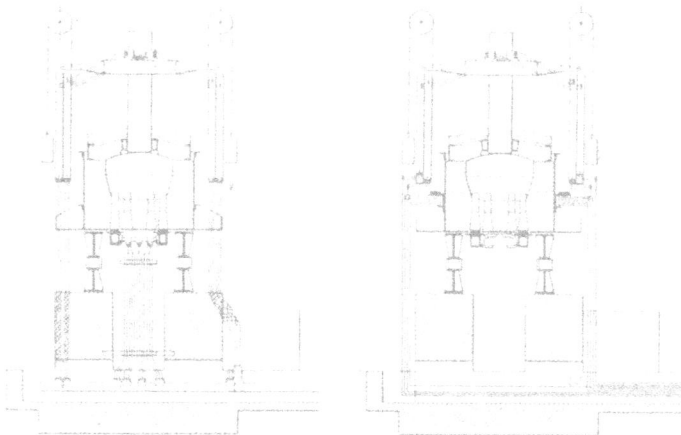

Abb. 204 und 205.
Verlegung der Stromschienen bei einem Girodofen.
Alte Anordnung.   Neue Anordnung.

der Stromzuleitungen nachgeprüft. Er empfiehlt nicht die einfache Stromzuführung wie sie in Abb. 204 dargestellt ist, sondern eine Unterteilung der Leitungen bzw. eine parallele Verlegung der Stromschienen nach Abb. 205. Hierbei sollen sich folgende Vorteile ergeben:

---

[1]) Stahl und Eisen 1911, Nr. 29 und 31.

1. Der um die Peripherie der Kohleelektrode kreisende Lichtbogen bewirkt eine lebhafte Strömung der Schlacke und des Metalles,

2. das Gewölbe und die Ofenwände werden durch den Umlauf des Lichtbogens gleichmäßiger bestrahlt,

3. gegenüber der früheren Anordnung beträgt die Stromersparnis 10% und mehr,

4. die Anlage der Stromwege wird vereinfacht dadurch, daß die verschleißenden Seilkabel durch Kupferschienen ersetzt werden können,

5. die Erhitzung des Metallbades erfolgt durch den ringsum wärmestreuenden Flammbogen gleichmäßiger,

6. Stromunterbrechungen durch Abreißen des Lichtbogens werden verhindert.

Mit welcher Rücksichtnahme früher die Elektroöfen in bezug auf die elektrischen Verhältnisse entwickelt wurden, beweist die niedrige Spannung, die beim Girodofen dient. Während die neuen Ofenarten mit 120 bis 150 Volt arbeiten (der Webbofen sogar mit 280 Volt), wird beim Girodofen nur mit 65 bis 75 Volt Spannung gearbeitet. Diese niedrigen Spannungen bedingen bei gleicher Energieaufnahme im Vergleich zu Öfen mit hoher Spannung naturgemäß sehr hohe Stromstärken und folglich auch starke Elektroden und unverhältnismäßig große Leitungsquerschnitte zwischen Transformator und Ofen. Mithin wird die Leitungsanlage unnötig teuer, ganz abgesehen von der unbequemen und unübersichtlichen Leitungsführung der festen Stromschienen und beweglichen Bänder zu den regelbaren Elektroden.

4. Einfluß auf das Netz. Die Belastungsschwankungen sind beim Girodofen, solange er mit einphasigem Wechselstrom betrieben wird, geringer als beim Héroultofen. Dies liegt daran, daß nur eine Kohlenelektrode zu regeln ist, während beim Héroultofen mindestens zwei Lichtbögen in konstanter Länge gehalten werden müssen. Zumal bei festem Einsatz bietet der Girodofen den Vorteil, daß die obere Elektrode bei fast voller Ofenspannung unmittelbar auf den im Ofen befindlichen Schrottberg aufgesetzt werden kann, ohne daß dadurch Kurzschlüsse zu befürchten sind. Selbstverständlich kommt es auch beim Girodofen auf eine geschickte Betriebsführung an.

Wird der Ofen mit kaltem Material beschickt, so senkt man die Kohlenelektroden auf diesen Metallhaufen, der lose aufgeschüttet sein muß. Alsdann entstehen eine ganze Menge Einzellichtbögen, deren Summe ein rasches Einschmelzen des Einsatzes ergeben.

Das richtige Beschicken des Herdes ist für den ruhigen Gang des Ofens ausschlaggebend; man verfährt etwa folgendermaßen: Damit die Bodenelektroden sofort metallische Verbindung mit dem Bade erhalten, legt man den Boden des Herdes mit einer dichten Lage feinen Schrottes aus. Danach bringt man größere Stücke ein, die zu einer guten Stromübertragung beitragen. Schließlich wirft man kleinstückiges Material auf, um die erwähnten kleinen Lichtbögen zu erzielen.

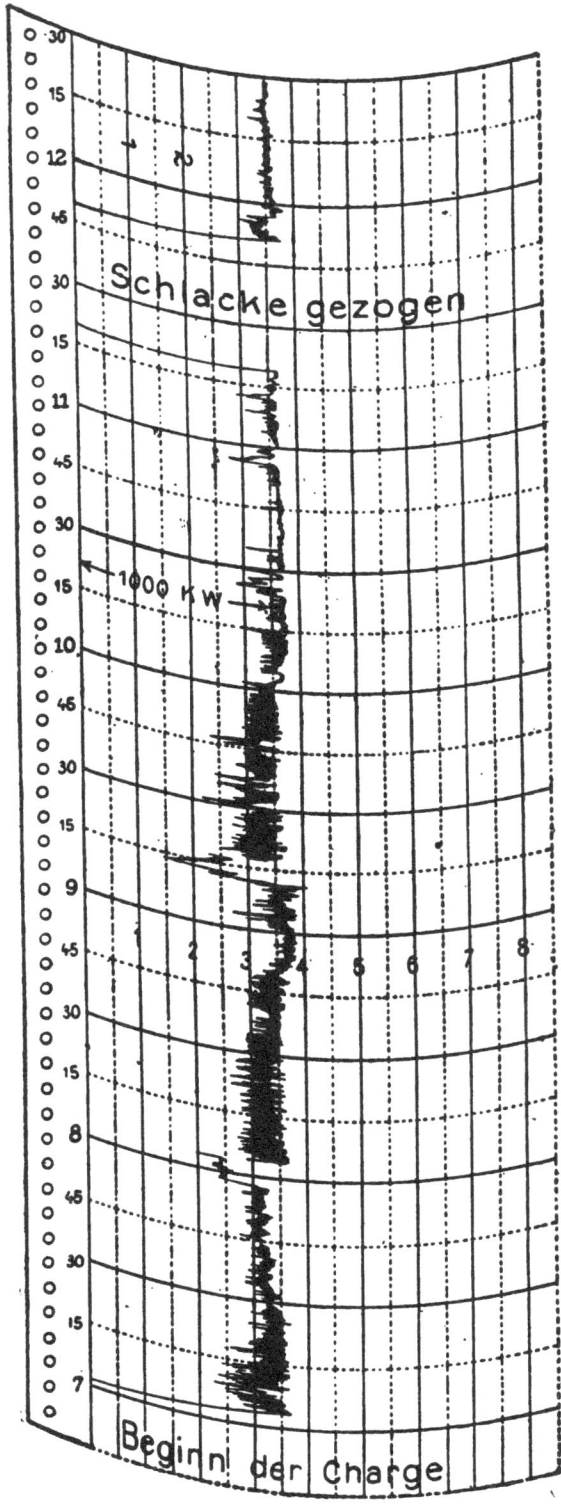

Abb. 207.
Belastungskurve von einer Schmelzung im Girodofen mit festem Einsatz.

Die Abb. 206 zeigt die Schaulinie einer Schmelzung mit festem Einsatz in einem Girodofen, während Abb. 207 eine solche mit flüssigem Einsatz veranschaulicht.

5. Anwendung. Der Girodofen hat in der Stahlindustrie die gleiche Vielseitigkeit ergeben wie der Héroultofen. Vorzugsweise wird er für festen Einsatz benutzt und dient zur Erzeugung von Werkzeug- und Konstruktions-

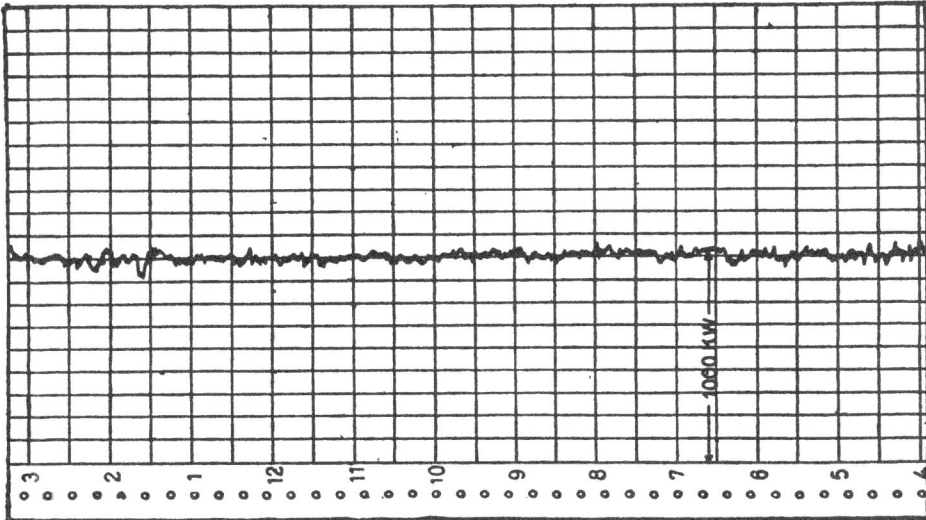

Abb. 207.
Belastungskurve von einer Schmelzung im Girodofen mit flüssigem Einsatz.

stahl, Stahlformguß u. dgl. In anderen Fällen wird er auch mit flüssigem Thomasstahl beschickt, um daraus Spezialstahl für Bandagen usw. zu gewinnen, oder er erhält flüssigen Martinstahl für Qualitätsmaterial. Schließlich dient er zum Einschmelzen von Ferromangan in Stücken, um flüssiges Ferromangan für die Stahlbereitung zu erhalten.

6. Zustellung. Der Herd wird im allgemeinen aus Dolomit oder Magnesit, mit heißem Teer gemischt, zu einer festen Masse ausgestampft. Das abnehmbare Gewölbe besteht vorzugsweise aus Silikasteinen.

Eine Herdauskleidung soll nach Angaben von Prof. Borchers[1] bei festem Einsatz 120 bis 160 Schmelzungen und bei flüssigem Einsatz bis 200 Hitzen aushalten. Diese Zahlen werden vom Héroultofen, da er auf die Bodenelektroden im Herd verzichtet, um ein Vielfaches übertroffen.

Die Deckelhaltbarkeit beträgt bei kleinen Girodöfen 25 bis 30 Hitzen und bei größeren 20 bis 25 Schmelzungen. Diese Zahlen haben sich jedoch im

[1] Stahl und Eisen 1919, Nr. 45, S. 1761/1769.

Ruß, Elektrostahlöfen.

Laufe der Zeit erhöht, da auch die Erfahrungen mit feuerfesten Steinen größer geworden sind. Bei Einphasenstrom muß die Haltbarkeit des Deckes sogar eine bessere sein als beim Héroultofen, da nur eine Öffnung für die Elektrode nötig ist. Bei der gleichen Anzahl Deckelöffnungen halten sich beide Ofenarten die Wage in bezug auf die Haltbarkeit des Gewölbes.

7. Elektroden. Girod verwendet amorphe Kohlenelektroden. Er kann auf die teuren Graphitelektroden verzichten, selbst dann, wenn er seinen Ofen sehr groß wählt. Da er die Kohlenelektroden nur mit der einen Polarität versieht, ist es ihm möglich, beliebig viele Elektroden oder eine mit großem Querschnitt anzuwenden. Es wurde schon darauf hingewiesen, daß der 2,5 t-Ofen mit einer Elektrode arbeitet, während der 10 t-Ofen, also ein Ofen von vierfacher Leistung, vier Elektroden besitzt. Diese Maßnahme hat sich später als nicht mehr notwendig erwiesen, denn die Kohlenelektroden sind mit der Zeit so verbessert worden, daß sie heute wesentlich höher belastet werden können. Doch selbst wenn der Vorteil, viele Elektroden benutzen zu dürfen, ausgenutzt werden sollte, so ist zu beachten, daß auch ebensoviele unerwünschte Deckelöffnungen, Elektrodenkühlringe, Elektrodenständer und Regeleinrichtungen erforderlich sind.

Soweit der Girodofen für Drehstrom in Frage kommt, gelten in bezug auf die Elektroden dieselben Voraussetzungen wie beim Héroultofen.

Der Elektrodenverbrauch beläuft sich nach Mitteilung von Prof. Borchers auf 12 bis 15 kg/t fertigen Stahles. Hierin sind nicht nur der Abbrand, sondern auch die Elektrodenreste eingeschlossen, welche mit Rücksicht auf die Erhaltung der Elektrodenhalter verbleiben müssen[1]). Es lassen sich diese Reste zwar für mancherlei Zwecke, zumal zum Aufkohlen, noch verwenden, jedoch sind sie, um nicht zu günstige Zahlen zu geben, in obige Elektrodenverbrauchsziffern miteinbezogen.

8. Erhitzung.

9. Durchmischung des Bades. Über diese beiden Punkte seien die Ausführungen von Prof. Borchers[2]) herangezogen:

„In dem Ofen sind Widerstand- und Lichtbogenerhitzungen derart kombiniert, daß das zu erschmelzende Metall den einen Pol, ein von oben senkrecht in den Ofen eingeführter Kohleblock oder mehrere parallel geschaltete Kohleblöcke den Gegenpol bilden. Das Metall ist von einer elektrolytisch leitfähigen Schicht geschmolzener, meist basisch gehaltener Raffinierschlacke bedeckt, in welcher man die Zuschläge löst, mit denen man auf die Verunreinigung des Eisens einwirken will. Zwischen Schlacke und Kohlepolen gehen Lichtbogen über. Wenn nun in diesen Lichtbogen auch die Hauptwärmemenge erzeugt wird, so kommen für den Wärmeumsatz ferner in Betracht die Schlackenschicht auf dem Metall und nicht zum wenigsten

---

[1]) Heute werden die Elektroden mit Gewinde versehen, so daß sich die Reste durch Anstückelung restlos verbrauchen lassen.
[2]) Stahl und Eisen 1909, Nr. 45, S. 1761/1769.

das Metall selbst; dann die Art und Weise, wie dieses an der Stromleitung teilzunehmen ~~gezwungen~~ wird, macht nicht nur die Schlackenschicht, sondern auch das Metallbad selbst zu beachtenswerten Erhitzungswiderständen.

In der Tat liegt in der Art der Einschaltung des zu schmelzenden und raffinierenden Metalles in den Stromkreis der Kernpunkt und der praktische Erfolg des Girodschen Erfindungsgedanken. Diese Schaltung ist aus der schematischen Darstellung des Girodofens (Abb. 208 und 209) ersichtlich. Hierin stellt *A* die Kohlenelektrode dar, *S* die Schlacke, *M* das flüssige Metallbad,

Abb. 208 und 209.

C die aus gleichem Metall bestehenden festen Kontaktstücke, durch welche das zu schmelzende Metall als eine der Elektroden des Ofens in den Stromkreis eingeschaltet wird. Wesentlich für dieses Schmelzverfahren ist, daß diese Kontaktstücke in der Nähe der Peripherie des Schmelzherdes angeordnet sind, und daß jeder der Kontakte so bemessen ist, daß er nur einen bestimmten Teil der Gesamtstromstärke ohne starke Erwärmung, also auch ohne starke Erhöhung seines Widerstandes zu leiten vermag. Infolge dieser knappen Abmessungen der Kontaktkörper wird jeder derselben zu einem Stromverteilungsregulator, und der Gesamterfolg der so gewählten Dimensionierung und Anordnung der Kontaktkörper ist eine vollkommene Gleichmäßigkeit der Durchströmung des Metalles von den elektrischen Entladungen, und zwar in radialer Richtung zwischen der zentral angeordneten Kohlenelektrode und dem äußeren Rande des geschmolzenen Metallbades. Eine solche Gleichmäßigkeit der Verteilung der elektrischen Entladungen durch das Metallbad hat aber nicht nur eine Gleichmäßigkeit in der Erwärmung zur Folge, sondern es entstehen bekanntlich auch mechanische Bewegungen bei dem Umsatz elektrischer Energie in Wärme, und es ist natürlich gerade für die Entfernung der letzten Reste von Verunreinigungen des zu raffinierenden Metalles von größter Wichtigkeit, daß auch diese mechanischen Bewegungen lebhaft und gleichmäßig geschehen, daß vor allen Dingen die erzeugten Flüssigkeitsströmungen die Bildung von stagnierenden Sümpfen an irgendwelchen Stellen des Schmelzherdes ausschließen."

Auf diese Mitteilung haben die Vertreter des Héroultofens u. a. folgendes erwidert[1]):

---

[1]) Stahl und Eisen 1909, Nr. 42, S. 1942/1948.

„Zunächst arbeitet der Girodofen bei kleinen Einheiten nur mit einer, der Héroultofen immer mit zwei Lichtbogen, und letzterer kann infolgedessen mit heißerer und reaktionsfähigerer Schlacke arbeiten als ersterer. Die Metallwiderstandserhitzung, wenn man überhaupt von einer solchen reden kann, ist beim Héroultofen deshalb größer, weil in allen Fällen die Entfernung der Elektroden eines Héroultofens voneinander größer ist als der Weg, welchen der Strom in dem Girodofen von der über dem Bade hängenden Elektrode zu den Bodenelektroden nehmen muß. Es kann aber nicht genügend oft wiederho : werden, daß die angebliche Erhitzung eines Stahlbades durch Widerstand (obwohl eine solche theoretisch in äußerst geringem Maße stattfindet) in der Praxis keinerlei Bedeutung hat. Zunächst ist die Verteilung der Bodenelektroden des Girodofens und damit die Verteilung des Stromes im Bade selbst gänzlich bedeutungslos, da eben durch eine solche Verteilung die Menge des Stromes, d. h. also die Amperezahl und damit der Widerstand des Bades nicht gesteigert wird.‘‘

10. Temperaturregelung. Diese wird durch entsprechende Energiezufuhr und Spannungsänderung erreicht.

11. Kippbare Anwendung. Der Ofen ist auf Kippwangen in Rollen gelagert; der Ofeninhalt wird mittels eines Kippwerkes durch das Stichloch und die Ausgußschnauze entleert.

12. Übersichtlichkeit des Herdes. Der Herd bietet eine ausreichende Übersicht, zumal dann, wenn nur eine Elektrode vorhanden ist. Auch gestattet der Herd eine leichte Bedienung des Ofens, so daß sich alle Schmelzvorgänge ebenso leicht durchführen als auch beobachten lassen.

13. Größe des Ofens. Über die Größe der bisher ausgeführten Öfen gibt nachstehende Zusammenstellung 32 Aufschluß, die gleichzeitig die Werte des Stromanschlusses mit der zugehörigen Stromart enthält.

Zusammenstellung 32.

Stromart	Fassungsvermögen in t	Anschlußwert in kW	Stromart	Fassungsvermögen in t	Anschlußwert in kW
Einphasen-Wechselstrom	0,5	100	Drehstrom	1,5	300
,,	1,25	700	,,	2	300
,,	2	300—400	,,	3	400—500
,,	2	800	,,	4	500
,,	3	400	,,	5	600
,,	5	450	,,	5	1200
			,,	8	550
			,,	8	1000
			,,	12	1600

14. Ausführungen. Einer der älteren Girodofen ist der bei der Firma Oehler & Co. in Aarau (Schweiz). Der Ofen ist von besonderem Interesse, weil im Verhältnis zu seinem Fassungsvermögen von 2 t ein hoher Anschluß-

wert, und zwar von 800 kW vorgesehen wurde. Über den Betrieb des Ofens seien folgende Angaben gemacht[1]):

Dem Ofen wird einphasiger Wechselstrom von 4600 bis 5000 Amp. mit 65 bis 75 Volt Spannung zugeführt. Zwölf Kupferkabel von je 20 mm Durchmesser übernehmen die Stromübertragung mit einem Spannungsabfall von 2,5 Volt von der Maschine bis zum Ofen bzw. bis zur Kohlenelektrode. Letztere hat einen Durchmesser von 350 mm und eine Länge von 1,50 m. Sie hält im Durchschnitt 5 bis 7 Hitzen aus. Der innere Ofendurchmesser beträgt 2 m, die Höhe 0,5 m. Das Futter besteht aus einer Magnesitstampfmasse. Die obere Elektrode wird selbsttätig geregelt. Der Leistungsfaktor ist $\cos \varphi = 0,8$. Das Beschicken dauert eine Stunde, das Schmelzen 5 Stunden, um eine Schmelze von 1500 kg mit einem Strom von 5500 Amp. 65 Volt bis zum Ausgießen zu bringen. Das Einschmelzen geht nach zuverlässigen Angaben ruhig und ohne erhebliche Stromstöße vor sich.

Eine typische Schmelze setzt sich für vorstehenden Ofen wie folgt zusammen: 265 kg Roheisen, 150 kg Drehspäne, 460 kg Schrott, 425 kg Gußabfälle, 60 kg Kalk, außerdem etwas Ferromangan, Ferrosilizium und Aluminium. Die Durchschnittszusammensetzung des Stahles für kleine Güsse ist: 0,53% C, 0,47 Si, 0,275 Mn, 0,017 S, Spur P, mit einer Festigkeit von 55 bis 65 kg. Die elektrische Umsetzung soll 75 bis 80%, die thermische 50% erreichen.

Trasenster teilt folgende Zahlen von Girodstahl mit:

Zusammenstellung 33.

	C	Si	Mn	S	P	Festig-keit kg	Elasti-zitäts-grenze kg	Deh-nung %	Kon-trak-tion %
Extraweich	0,07	0,005	0,055	0,020	0,004	36,8	28,6	33,2	73,5
Weich	0,227	0,135	0,402	0,021	0,006	42,5	30,5	31,0	60,0
Halbweich . . .	0,246	0,138	0,592	0,023	0,004	51,2	31,8	29,6	60,2
Halbhart	0,462	0,129	0,356	0,019	0,009	66,9	35,2	19,5	51,0
Hart	0,602	0,137	0,428	0,021	0,010	74,2	43,0	13,0	41,0
Sehr hart	0,765	0,186	0,497	0,017	0,011	81,7	46,0	9,5	30,5

Die Arbeitsweise des Girodofens ist sonst annähernd dieselbe wie bei den anderen Lichtbogen-Elektrostahlöfen. Man raffiniert durch genügende Zusätze von Eisenoxyd so lange, bis ein ganz weiches Material erhalten wird (mit höchstens 0,05% C und 0,05% Mn). Die oxydierende Schlacke wird dann zur völligen Entphosphorung und teilweisen Entschwefelung durch eine hochkalkige ersetzt, dann wird desoxydiert und die entsprechenden Zusätze gemacht (Ferrosilizium, Ferrolegierungen). Der Stromverbrauch wird am Ofen gemessen zu 800 bis 900 kWh angegeben; man kann also unter Annahme von 10% Verlust in Zuleitungen mit rund 1000 kWh an der Primärseite des Stromanschlusses

---

[1]) Stahl und Eisen 1913, Nr. 45.

rechnen. Das gilt für Verarbeitung gewöhnlichen Schrottes. Bei einfachem Einschmelzen von feinem Einsatzmaterial schätzt man den Stromverbrauch auf 650 bis 750 kWh, bei Einguß flüssigen Stahles auf 250 bis 350 kWh.

Prof. Borchers[1]) teilt über die Versuche mit dem Girodofen, denen er auf den Werken in Ugine beigewohnt hat, folgendes mit:

„Der Betrieb der Girodöfen ist von der Natur des Rohmaterials wenig abhängig. Sie können kaltes, also festes Metall aufnehmen oder auch flüssigen Einsatz. Die Öfen erhalten nicht sofort die ganze Menge der Beschickung, jedoch wird nach Entleerung eines Ofens gleich der. größere Teil der neuen Schmelze eingeschaufelt bzw. eingeworfen. Ist diese Metallmenge niedergeschmolzen, so wird der Rest des noch vor dem Ofen liegenden Einsatzes nebst dem ersten Posten der Zuschläge nachgesetzt. Nehmen wir als Beispiel den Betrieb eines kleinen Ofens, so erhält derselbe 2000 bis 2500 kg Eisenschrott und als erste Raffinierschlacke etwa 80 kg gebrannten Kalk und 220 bis 250 kg oxydisches Eisenerz. Letzteres dient neben den schon mit dem Eisenschrott eingebrachten Eisenoxyden als Oxydationsmittel für die Verunreinigungen, während der Kalk die Verschlackung der ja meist sauer reagierenden Oxyde der Verunreinigungen des Eisens zu übernehmen hat. Das Einschmelzen des Metalles nebst den ersten raffinierenden Zuschlägen erfordert 4½ bis 5 Stunden. Nach Erschöpfung und Entfernung der ersten Schlacke wird je nach dem durch Proben leicht zu ermittelnden Reinheitsgrade des Metalles noch eine zweite oder dritte aus Kalk und Eisenerz bestehende Schlacke gegeben, nach deren Entfernung das Metallbad mit einer geringen Menge (30 bis 40 kg) gebranntem Kalk gewissermaßen abgespült wird   Die weitere Behandlung des so weit gereinigten Eisens richtet sich natürlich im wesentlichen nach den etwa noch vorhandenen und durch Eisenoxyd und Kalk nicht zu entfernenden Verunreinigungen und nach den Anforderungen an das zu erschmelzende Metall. Je nach diesen Umständen werden nun desoxydierende. und sonstwie noch reinigend wirkende Zuschläge, z. B. Ferro-Mangan-Silizium, Ferro-Aluminium-Silizium, Ferro-Mangan-Aluminium-Silizium, gegeben, während für Zwecke einer eventuell erwünschten Rückkohlung entweder Zuschläge von reinem schwedischen Holzkohleneisen oder von einem auf dem Werke selbst erschmolzenen, reinen, kohlenstoffreichen Eisen gegeben werden. Für die Herstellung von Spezialstahlsorten werden je nach den Anforderungen an dieselben zum Schluße Legierungen des Eisens mit Nickel, Wolfram, Chrom und anderen Metallen zugeschlagen.

Die Gesamtdauer von Beginn des Einschmelzens bis zum Vergießen des fertigen Eisens oder Stahles beträgt bei kleinen wie bei großen Öfen im Höchstfall 8 Stunden, unter der Voraussetzung, daß ein ziemlich unreines Rohmaterial vorliegt. Steht reineres Schmelzgut zur Verfügung, so verringert sich natürlich besonders die Oxydationsbasis entsprechend der Reinheit bis auf etwa drei Viertel an Zeit und Kraft.

---

[1]) Stahl und Eisen 1909, Nr. 45, S. 1761/69.

Auf den Werken zu Ugine wird fast ausschließlich Eisenschrott verarbeitet, welcher, wie oben schon angedeutet, kalt, also in festem Zustande, in den Ofen eingeworfen wird. Es wird nicht nur Schmiedeeisen- und Stahlschrott verarbeitet, sondern in beschränktem Maße auch Gußeisenschrott. Die durchschnittliche Zusammensetzung des verarbeiteten Eisens liegt in den folgenden Grenzen:

C . . . . 0,40 bis 0,50%
Si . . . . . . 0,15 „ 0,25 „
Mn . . . . 0,50 „ 0,70 „
S . . . . 0,06 „ 0,09 „
P . . . . 0,08 „ 0,10 „

Die Erzeugnisse sind Stähle der verschiedensten Qualitäten, von Kohlenstoffstahl für Eisenkonstruktionen der verschiedensten Art bis zu den feinsten Spezialstählen, darunter besonders Werkzeugstahl, und endlich auch Stahlformguß. Die folgenden Zahlentafeln 34 und 35 geben eine Übersicht über die Zusammensetzung der Hauptfabrikate des Werkes:

Zahlentafel 34. Spezialstähle.

Nr.	Eigenschaften	C	Si	Mn	S	P	Cr	Ni
1	sehr weich	0,079	0,106	0,205	0,015	0,012	—	—
2	weich	0,236	0,180	0,431	0,012	0,010	—	—
3	mittelweich	0,283	0,208	0,430	0,014	0,010	—	—
4	mittelhart	0,388	0,155	0,342	0,011	0,009	—	—
5	mittelhart	0,463	0,204	0,463	0,010	0,016	—	—
6	hart	0,595	0,198	0,302	0,017	0,005	—	—
7	Nickel 2%	0,076	0,099	0,101	0,014	0,010	—	2,12
8	Nickel 3%, weich	0,060	0,123	0,209	0,013	0,007	—	3,47
9	Nickel 3%, hart	0,364	0,144	0,435	0,012	0,015	—	3,41
10	Nickel 5%, weich	0,134	0,148	0,375	0,016	0,013	—	5,25
11	Nickel 5%, mittelweich .	0,250	0,157	0,414	0,010	0,015	—	5,08
12	Nickel-Chrom	0,420	0,199	0,500	0,010	0,009	0,77	2,53

Zahlentafel 35. Werkzeugstähle.

C	Si	Mn	S	P	Cr	Ni	Wo
1,223	0,168	0,224	0,011	0,010	—	—	—
1,474	0,119	0,264	0,015	0,007	—	—	—
1,010	0,219	0,305	0,008	0,009	0,32	—	—
1,277	0,230	0,130	0,009	0,006	0,24	—	—
1,251	0,176	0,258	0,010	0,008	1,21	0,49	—
0,689	0,029	0,096	0,012	0,009	6,07	0,46Mo	25,82

Die Gutehoffnungshütte in Oberhausen hatte um 1910 einen 3 t-Girodofen aufgestellt, um flüssigen Stahl aus dem Martinofen zu entnehmen, um ihn im Elektroofen weiter zu reinigen. Infolge unrichtiger Leitungsführung mußte

232

die Anlage umgebaut werden. Hierüber wurden schon oben entsprechende Mitteilungen gemacht. Dieser Ofen ist in Abb. 210 dargestellt. Die ganze Ofenanlage zeigen die Abb. 211 bis 213; Müller[1]) berichtet über die Anlage hierzu u. a.:

„Die elektrische Kraft liefert ein Drehstrom-Einphasen-Umformer, bestehend aus dem Asynchronmotor 3000 Volt, 95 Amp., 575 PS dauernd, Leistungsfaktor cos $\varphi = 0,92$ und der einphasige Wechselstrom liefernden Dynamo

Abb. 210.
Ansicht des 3 t-Girodofens der Gutenhoffnungshütte Oberhausen Rhld.

von 75 Volt, 6700 Amp., 25 Perioden, 500 kW dauernd, Leistungsfaktor cos φ = 0,08 mit Erregermaschine. Diese sind, wie sämtliche Hochspannung führenden Teile, in einem vom Ofen getrennten Nebenraum untergebracht. Die Stromverhältnisse lassen sich leicht vom Ofen aus durch den Stand der Ampere- und Voltmeter im Niederspannungsstromkreise überwachen. Außer dem Magnetfeldregler enthält die Ofenschalttafel den Erregerstromregler für die Ofenspannung, die Hand- und Selbstregelung für die Elektrode und die Ofenkippvorrichtung.

Der Strom wird von der Umformergruppe in Kupferschienen in einem 7 m langen Kabelkanal zum Ofen geleitet. Die eine Hälfte der stromführenden Schienen ist mit den Bodenelektroden durch 12 Kupferseilkabel verbunden, die andere Hälfte verteilt sich auf beiden Seiten des Ofens. Die Gegenelektrode

---

[1]) Stahl und Eisen 1911, Nr. 29 u. 31.

wird vom Kabelkanal aus teils mit Seilkabel, teils mit Kupferschienen erreicht. Die Bodenseilkabel und die Verbindungsseilkabel vom Kanal bis zum Drehpunkt des Ofens, der nach vorn um 40⁰, nach hinten um 10⁰ gekippt werden kann, sind so lang, daß sie die Kippbewegung des Ofens nicht behindern.

Der Gesamtstrom wird durch acht parallel laufende Kupferschienen bis dicht an den Ofen geleitet und verzweigt sich zur Hälfte am unteren Strom-

Abb. 211 bis 213.
Anordnung der Elektrostahlofenanlage der Gutehoffnungshütte Oberhausen Rhld.

verteilungspunkt so, daß zu beiden Seiten des Ofens abwechslungsweise entgegengesetzte Strombahnen zum Drehpunkt des Ofens führen, wo von jeder Schiene drei Seilkabel (neuerdings biegsame Kupferlamellen) mit dem Ofengehäuse und drei mit der Kohlenelektrode verkettet sind."

Über die Erzeugnisse des Girodofens der Gutehoffnungshütte berichtet Müller in derselben Veröffentlichung u. a., daß Kohlenstoffstähle in den verschiedensten Härtegraden, sowie Legierungsstähle, z. B. Nickel-, Chrom-, Nickel-Vanadium-, Chrom-Vanadium, Chrom-Wolfram-Stähle für hochbeanspruchte Maschinenteile und Werkzeuge hergestellt werden. Es sei nachstehende Zahlentafel 36 herausgegriffen, die einen kurzen Überblick über die Versuchsergebnisse und Anwendungsmöglichkeiten des in dem Girodofen erschmolzenen Elektrostahles gibt. —

Sodann sei ein Girodofen mit Drehstromschaltung beschrieben, der in der Baildonhütte[1]) aufgestellt worden ist und 8 t-Fassung hat. Wie aus dem Schaltungsbild nach Abb. 214 ersichtlich ist, haben alle drei Phasen als gemeinsamen Nulleiter das Ofengefäß samt Bodenelektroden, die untereinander kurz

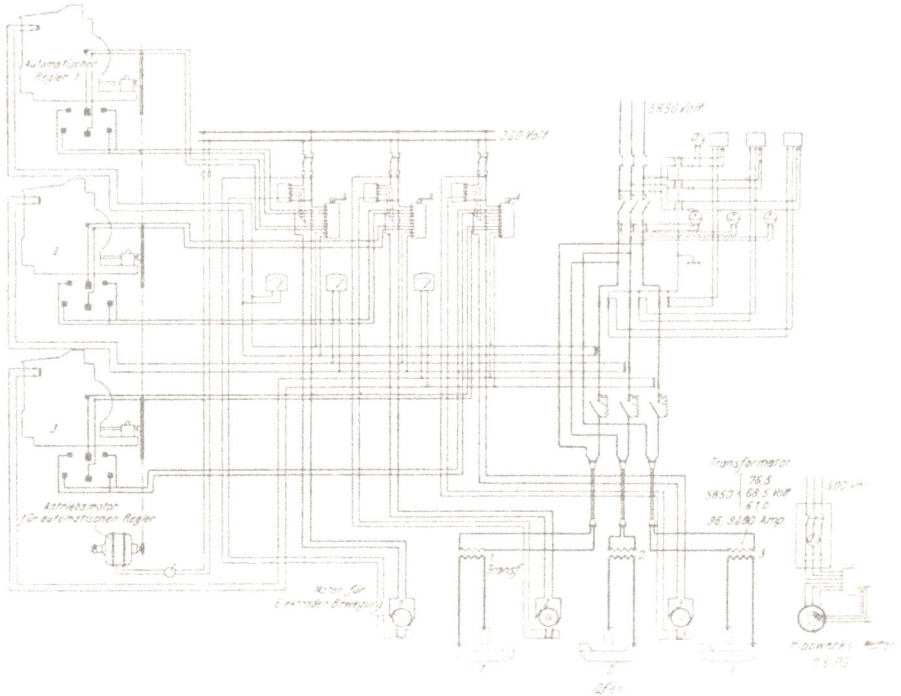

Abb. 214.
Schaltungsplan der Elektrostahlofenanlage der Baildonhütte, Gleiwitz.

geschlossen sind. Die drei oberen Kohlenelektroden sind an je eine Phase angeschlossen, die Isolierung der Kohlenelektroden untereinander und gegen das Ofengefäß macht bei der niedrigen Phasenspannung (65 Volt) keine Schwierigkeit. Die Baildonhütte teilt über den Girodofen in „Stahl und Eisen" weiter u. a. mit:

„Die Kippbewegung des Ofengefäßes wird durch einen 6½ PS Drehstrommotor bewirkt, der durch ein Zahnradvorgelege auf eine unter dem Ofen gelagerte Stahlspindel wirkt; diese Spindel ist für den Fall etwaiger Bodendurchbrüche oder Herabfließen von Schlacke durch ein feuerfestes Gewölbe geschützt.

---

[1]) Stahl und Eisen 1913, Nr. 45.

Zahlentafel 36.

Zusammensetzung									Zerreißfestigkeit			Schlagfestigkeit	Verwendung
Va	W	Cr	Ni	C	Mn	P	S	Si	Festigkeit	Dehnung auf 200 mm Meßlänge	Querschnittsverminderung	Durchbiegung	
%	%	%	%	%	%	%	%	%	kg/qmm	%	%		
—	—	—	—	0,13	0,54	Spur	0,014	0,16	41,2	30,0	65,6	—	Winkel 130×65×8 mm
—	—	—	—	0,13	0,70	0,018	0,020	0,08	43,0	31,0	62,3	—	„ 130×65×8 „
—	—	—	—	0,19	0,56	Spur	0,010	0,13	47,0	31,0	55,0	—	„ 130×130×12 „
—	—	—	—	0,22	0,90	0,010	0,017	0,25	58,0	27,5	52,8	—	Universaleisen 150×12 „
—	—	—	—	0,28	0,88	Spur	0,017	0,26	60,0	23,5	49,1	—	I N.P. 30
—	—	—	—	0,33	0,74	0,010	0,010	0,20	65,0	19,0	42,0	—	Maschinenteile
—	—	—	—	0,64	0,62	0,010	Spur	0,47	86,0	13,2	23,5	—	Knüppel 50 mm □
—	—	—	—	0,53	0,68	0,008	0,010	0,37	86,9	12,8	30,3	—	} Flacheisen
—	—	—	—	0,57	0,70	Spur	0,008	0,40	89,4	10,7	21,4	—	
—	—	—	—	0,72	0,42	0,020	0,010	0,34	97,1	6,0	23,8	—	Matrizen
—	—	—	—	0,82	0,48	0,006	0,010	0,25	99,5	5,8	20,1	—	Lochstempel
—	—	—	—	0,70	0,72	0,010	0,010	0,36	83,8	11,5	19,8	—	Straßenbahnradreifen
—	—	—	—	0,47	0,78	0,010	0,012	0,24	71,5	17,5	32,9	—	Eisenbahnradreifen
—	—	—	—	0,36	0,78	0,013	0,010	0,17	64,0	19,0	40,7	223 mm	Achse
—	—	—	—	0,48	0,78	0,007	0,019	0,28	74,4	13,3	24,9	25,3%	} Lokomotivradreifen
—	—	—	—	0,52	0,78	0,015	0,018	0,19	78,7	11,1	20,5	23,0%	
—	—	—	1,89	0,48	0,84	0,007	0,018	0,23	72,0	17,7	44,0	—	vom unteren Kopf } einer
—	—	—	1,98	—	—	—	—	—	72,0	16,5	45,2	—	vom oberen Kopf } Welle
—	—	—	—	0,26	0,78	Spur	0,012	0,12	61,8	23,5	48,6	—	Angriffsspindeln
—	1,50	—	—	0,20	0,72	0,012	0,018	0,13	54,0	22,0	58,6	—	Scherenmesser u. Meißel
—	—	1,04	—	1,02	0,58	Spur	0,012	0,16	—	—	—	—	Werkzeuge
—	—	0,92	—	0,49	0,82	0,012	Spur	0,32	79,7	15,0	40,4	—	Schmiedestücke
0,19	—	0,85	—	0,46	0,60	Spur	0,012	0,22	79,6	10,2	32,9	normal	} bei 700° C abgeschreckt
—	—	—	—	—	—	—	—	—	62,1	33,0	59,5	in Öl	
—	—	—	—	—	—	—	—	—	59,6	36,0	63,8	in Wasser	
—	—	0,38	—	0,68	0,32	0,010	0,010	0,23	93,3	9,0	18,8	—	Rillenschienenrollen

sie überträgt ihre Kraft durch zwei symmetrisch angeordnete Hebel unmittelbar auf das Ofengefäß. Die Kippbewegung des Ofens vom Beginn des Abstiches bis zum vollständigen Entleeren der Schmelze ist bequem in etwa 1½ Minuten durchführbar. Spindel und Motor sind auch während des Betriebes zugänglich. Für den Fall des Versagens des elektrischen Antriebes kann durch eine in Reserve gehaltene Kurbel der Ofen von Hand gekippt werden, so daß ein Entleeren auch bei Betriebsstörungen im Kippwerk möglich ist.

Die einzige Ofentür hat einen wassergekühlten Rahmen; auf dem Ofengewölbe liegen drei Kühlringe, die die Einführungsstellen der Kohlenelektrode

· Abb. 215.
Ansicht des 8 t-Girodofens der Baildonhütte, Gleiwitz.

schützen. Der Kühlwasserverbrauch ist ein recht bedeutender, jedoch haben diese empfindlichen Teile im bisherigen Betriebe zu keinerlei Störungen Anlaß gegeben. Der Anschluß der die Kühlungen versorgenden Rohrsysteme an die ortsfeste Steigleitung erfolgt durch metallgepanzerte Hanfschläuche, die Abflüsse sämtlicher drei Spülsysteme liegen an der rechten Ofenseite frei und entleeren ihr Wasser in einen großen Sammeltrichter, so daß stets mit einem Blick die Wirksamkeit aller Kühlungen beobachtet werden kann. Abb. 215 zeigt den Ofen in Ansicht. Die Elektrodenführung ist eine vollkommen starre. Die Bewegung der Elektroden erfolgt durch drei Gleichstrommotoren von je 1½ PS

Leistung, die starr am Ofen befestigt sind und sämtliche Kippbewegungen mitmachen.

Der Ofen arbeitet zunächst nur mit kaltem Einsatz. Er erzeugt in der Hauptsache Kohlenstoffstähle sowie niedrig legierten Werkzeugstahl und Konstruktionsstähle aller Art. Die Qualität des erzeugten Materials läßt nichts zu wünschen übrig; insbesondere ist die chemische und physikalische Reinheit eine dem immerhin teuren Schmelzverfahren durchaus entsprechende. Der Strom-

Abb. 216.
Ansicht des 2 t-Girodofens der Steirischen Gußstahlwerke A. G., Judenburg.

verbrauch beträgt je Tonne Stahl je nach dem Grade der Raffination und der Härte des erschmolzenen Stahles 750 bis 900 kWh, die Schmelzdauer ausschließlich der Zeit für das Einsetzen etwa sechs bis sieben Stunden. Der Elektrodenverbrauch ist nach Überwindung der ersten Schwierigkeiten in der Handhabung von Klemmen und Nippeln bereits auf rd. 12 bis 14 kg/t Stahl heruntergegangen.‘‘

Auf S. 194 wurde schon darauf hingewiesen, daß auch die Steirischen Gußstahlwerke A.-G. in Judenburg einen 2 t-Girodofen verwenden. Der Ofen ist in Abb. 216 dargestellt; die Erfahrungen mit ihm sind allem Anschein nach die gleichen wie mit den drei Héroultöfen; jedenfalls sprechen die Steirischen Gußstahlwerke dem Girodofen keine besonderen Vorteile zu.

Die Bethlehem Steel Co. hat seit Mai 1916 ebenfalls einen Girodofen in Betrieb. Hierüber liegen einige Angaben vor. Der Ofen hat ein Fassungsvermögen von 10 t. Sein Herd wird mit Magnesit ausgekleidet. Der an Drehstrom angeschlossene Ofen hat eine elektrische Leistung von 1500 kW. Die Betriebsspannung beträgt 65 bis 80 Volt und die Periodenzahl 25. Die drei Phasen sind, im Gegensatz zu den früheren Ausführungen, mit je einer Lichtbogenelektrode verbunden, während die Bodenelektroden an dem Nullpunkt liegen. Demnach kann ein Strom bei dieser Schaltung nur dann durch die Bodenlektroden gehen, wenn eine verschieden große Belastung in den Lichtbogenelektroden eintritt. Dieser Teilstrom hat demnach eine noch viel geringere Wärmewirkung wie die erste Schaltung von Girod. Aus der Schaltungsänderung, wie sie von der Bethlehem Steel Co. zur Anwendung gekommen ist, ersehen wir, daß sich auch Girod der Héroultheizung nähert.

Auch bei diesem Ofen ist die Arbeitsweise die übliche. Vorwiegend wird mit kaltem Einsatz gearbeitet, und zwar mit Schrott, Spänen usw. Die Zusammensetzung des Metallbades ist kurz vor dem Abziehen der Entphosphorungsschlacke im allgemeinen folgende: 0,07% C, 0,11% Mn, 0,008% P, 0,036% S, 0,022 % Si. Die Analyse der Oxydationsschlacke bei der Herstellung eines hochgekohlten Kohlenstoffstahles ist folgende:

Zusammenstellung 37.

	Oxydations-schlacke %	End-schlacke %
SiO_2	8,89	6,49
FeO	36,82	1,26
MnO	4,71	0,16
CaO	35,26	69,83
MgO	9,25	2,61
P_2O_3	0,705	0,092
S	0,19	0,34

Das fertige Metall enthält durchschnittlich 0,010% P und 0,016% S. Dasselbe wird meistens in Blöcke gegossen und verwalzt.

Der Girodofen wurde vor dem Kriege von der Gesellschaft für Elektrostahlanlagen m. b. H., Siemensstadt bei Berlin, vertrieben. Als ausführende Firma kommt die Société anonyme Electrométallurgique Proc. Paul Girod, Ugine (Frankreich) in Frage.

Der Kellerofen.

1. Geschichtliches. Ch. A. Keller, Paris, nahm 1900 ein Patent[1] auf einen Elektroofen. An dieses Patent schlossen sich später einige andere Patente für die elektrothermische Eisengewinnung an. Kellers erster Versuch war, Erze direkt in Stahl zu verwandeln. Seine Bemühungen mißlangen, daher zer-

---

[1] Franz. Patent 300630 von 1900; siehe auch Meyer, Geschichte des Elektroeisens, Verlag von Julius Springer 1914, S. 18.

legte er den Schmelzprozeß in zwei Teile, und zwar in den Reduktions- und den Raffinationsprozeß. Zu diesem Zweck stellte er zwei Öfen unmittelbar nebeneinander und errichtete einen Hochofen und daneben tiefer stehend einen Herdofen. So sollte in dem ersten Ofen Roheisen erschmolzen, in dem zweiten dieses raffiniert werden. Der Hochofen bestand aus einem konischen Schacht, welcher sich an seinem unteren größeren Querschnitt plötzlich zu einem breiten Schmelzraum mit geneigter Sohle erweiterte. Die Verbreiterung des Ofens in diesem Teile war derart groß, daß die Kohlenelektroden neben dem Schachte durch die Decke des Schmelzraumes vertikal eingeführt werden konnten. Die Beschickung geschah in gleicher Weise wie bei einem gewöhnlichen Hochofen. Das in diesem Lichtbogenofen erschmolzene Roheisen sollte sodann durch die Abstichöffnung in eine anschließende Rinne und von da durch eine Öffnung des Deckels in den Raffinationsofen hineingelassen werden, um nach einem dem Héroultschen ähnlichen Verfahren raffiniert zu werden. Es ließen sich zwei Raffinationsöfen auf der entgegengesetzten Seite des Schachtofens aufstellen, da dieser für beide Teile genug Roheisen liefert. Der Raffinationsofen hatte ebenfalls eine geneigte Sohle. Es wurden bei ihm ein oder mehrere Elektrodenpaare verwendet.

Keller bediente sich auch der Vereinigung eines Kupolofens mit einem Raffinierofen, um statt Erze schon vorhandenes Roheisen zu verarbeiten. Er wollte vor allem sein Verfahren in brennstoffarmen Ländern verwerten, wie z. B. in Chile und Brasilien, weshalb er insbesondere auch Versuche mit chilenischen und neuseeländischen titanhaltigen Erzen vornahm. Sein Verfahren wurde in den Werken der Compagnie électrothermique Keller, Leleux & Co., in Kerrousse bei Hennebout und in Livet an der Romanche in Isère praktisch verwertet.

Den Reduktionsofen hat Keller später nach Bauart Héroult abgeändert. Er verband jedoch zwei oder vier niedere Schachtöfen miteinander und versah sie mit einem gemeinsamen tiefer als die Herdsohle liegenden Sammelraum. Die senkrechten Lichtbogenelektroden hatten 850 mm Dicke und wurden aus vier quadratischen Einzelblöcken zusammengesetzt. Der Strom ging je nach Bedarf von der Lichtbogenelektrode jedes Schachtes zu einer aus Kohle bestehenden Bodenplatte oder von der Lichtbogenelektrode eines Schachtes durch das geschmolzene Roheisen hindurch zu jener des anderen Schachtes. Eine in den Sammelraum durch dessen Decke ragende Hilfselektrode sollte ferner dazu dienen, hier eingefrorenes Eisen wieder zur Schmelze zu bringen.

Das Kellersche Verfahren der Gewinnung von Eisen aus den Erzen wurde später dahin umgeändert, daß auch der Raffinationsprozeß allein durchgeführt wurde. Dabei benutzte er die bereits bekannte Verbindung mit einem Kupolofen zum Schmelzen von Roheisen, um von da aus, statt aus dem Schachtofen, das flüssige Rohmaterial in den Raffinationsofen abzulassen.

Meyer[1]) teilt nun über die weitere Entwicklung des eigentlichen Kellerofens für die Stahlerzeugung folgendes mit: „Im Jahre 1907 meldete Keller

[1]) Meyer, Geschichte des Elektroeisens, 1914, Verlag von Julius Springer, S. 67 ff.

ein Patent[1]) für einen nicht kohlenden Schmelzherd aus Material gemischer
Leitfähigkeit an. Der Herd sollte statt mehrerer Elektroden eine ganze Schar
von vertikal stehenden Stahlstäben erhalten, welche um die eigene Dicke
voneinander entfernt sind· und auf einer Eisenplatte aufstehen. Zwischen
diesen Eisenstäben wurde die der Hauptsache nach aus Magnesit bestehende
feuerfeste Masse (Leiter zweiter Ordnung) eingestampft. Dadurch sollten Betriebsstörungen vermieden und eine gleichmäßige Stromverteilung im Bade erreicht werden. Diese Herde wurden bei den drei Öfen in Livet. in Anwendung gebracht. Keller versuchte, seine Öfen auch für Drehstrom derart ein-
zurichten; daß dieselben sowohl mit Dreieck- als auch mit Sternschaltung
arbeiten konnten. Er hatte auch einen aus zwei Herden bestehenden Ofen kon-
struiert[2]), wobei in dem oberen Herd das oxydierende Schmelzen von Schrott,
im unteren die Nachraffination vollzogen werden sollte.''

Wieder anderer Ausführungsart ist der Kellersche Ofen in den Aciéries
Holtzer in Unieux. Dort ist es ein Herdofen mit vier Kohlenelektroden. Dabei
sind an den Drehständern stets zwei Elektroden aufgehängt, von denen eine
in den Herd ragt, während die andere als Reserve dient, um eine Auswechselung
in raschester Zeit zu gestatten. Der Herd besitzt keine Stromableitung und ist
kippbar eingerichtet. Für die Verteilung des Stromes wurde die ,,strahlenförmige
elektrische Verteilung'' Kellers angewendet[3]). Bei dieser sind zwei gleichnamige
Elektrodenpole parallel geschaltet. Die Anordnung der Stromzuführung ist
so, daß sie von einem über der Mitte des Herdes gelegenen Zentralpunkt aus
erfolgt. Letzterer besteht aus einem Bündel von Kupferstäben, von welchem
vier Stromkreise ausgehen. Je zwei sind gleichzeitig in Verwendung, die anderen
dienen für jene Elektroden, die außer Betrieb sind. Es sind also, wie oben bereits erwähnt, stets zwei Elektrodenpaare oberhalb des Herdes und ebensoviele
in Reserve aufgehängt.

2. Aufbau des Ofens. Der Ofenaufbau von Keller entspricht in seiner
jetzigen Ausführung dem Girodofen. Er unterscheidet sich von diesem nur
durch die Abänderung der Bodenelektroden. Während Girod mehrere wassergekühlte Stahlelektroden in den Herd einbaut, benutzt Keller einen stromleitenden, besonders hergestellten Herdboden.

In Abb. 217 ist der Kellerofen dargestellt. Es stellt *1* ein Stabbündel
aus Eisen dar, das mit einer Platte *2*, die die Stäbe an ihrem unteren Ende verbindet, einen einheitlichen Körper bildet, der den elektrischen Strom zuführt.
Zwischen den Stäben und rings um das Bündel befindet sich ein fest einge-
stampfter und feuerbeständiger Damm *3*, zweckmäßig aus Magnesia. Der so
geschaffene Boden ist in einen metallischen Kasten *4* eingesetzt, von dessen
Wänden er durch ein feuerbeständiges Mauerwerk *5* isoliert ist. Dieser Boden,
dessen leitender Querschnitt teils aus Metall, teils aus feuerfester Masse besteht

---

[1]) D. R. P. Nr. 219575.
[2]) Siehe Schroeder, Beitrag zum Studium der Elektrostahlöfen, Stahl und
Eisen 1909, S. 1302 ff.
[3]) Französisches Patent 53475 ,,distribution électrique rayonnante''.

ist also derart gestaltet, daß er ausreichenden Widerstand bei der höchsten Temperatur des im Ofen befindlichen Materials, mit dem er in Berührung kommt, zu bieten vermag. Dessenungeachtet ist er infolge des Umstandes, daß er Eigenteile enthält, ein auch bei niedrigen Temperaturen den Strom gut leitender Körper. Dieser Boden soll wegen seiner Eigenschaften besonders für die Behandlung von Stahl geeignet sein und noch den Vorteil bieten, daß er feuerbeständig ist und daß er sich dank der Eisenstäbe, die er enthält, unter dem Druck des auf ihm lastenden Schmelzgutes nicht verbiegt.

Es ist selbstverständlich, daß die äußeren Metallwände 4, die den beschriebenen Teil des Ofens umfassen, genügend weit vom Herd entfernt sein müssen, damit sie vor zu großer Hitze geschützt bleiben. Auf jeden Fall muß man sie durch einen Wasserumlauf kühlen, um dadurch die beschriebene Sohle des Ofens sicher zu schützen.

Die Platte 2, welche die Stäbe 1 miteinander verbindet, ist auf ein Lager 6 von mehreren Elektroden aus Kohlen o. dgl. gestützt, die flach auf einem starren Metallboden 7 aufruhen, der gleichfalls durch Wasser gekühlt werden kann. Kupferplatten, die zwischen den Elektroden liegen, verbinden diese mit dem Austrittsstab 9 des Stromes.

Die Zahl oder Stärke der senkrechten Elektroden 10 kann beliebig groß sein, und auch die Sohle kann statt eines mehrere Stabbündel enthalten, deren Zahl verschieden sein kann von der Zahl der senkrechten Elektroden. Der Ofen kann unmittelbar in den Strom geschaltet werden, und

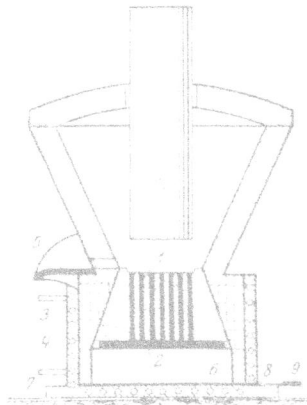

Abb. 217.
Aufbau des Kellerofens.

zwar ohne Kunstgriff, indem man die Elektrode auf den Herd senkt; denn die Elektrode tritt in kaltem Zustand des Ofens in Verbindung mit allen Enden der Stäbe, die gleichmäßig in dem Teil des Bodens, der unter ihr liegt, verteilt sind. Der elektrische Strom fließt alsdann gleichmäßig durch den ganzen Querschnitt des Bodens, da alle metallischen Stäbe parallel geschaltet sind; und auch die Stampfmasse, die in inniger Verbindung mit den Stäben steht, wird durch die Erwärmung rasch in ihrer ganzen Ausdehnung leitend.

Wenn der obere Teil des leitenden Bodens sich abzunutzen beginnt, der Herd also tiefer wird, so kann es bei weiterem Gebrauch des Ofens unmöglich werden, den Boden wieder auf sein ursprüngliches Niveau zu bringen; denn zu diesem Zwecke müßten die Stäbe verlängert werden, was bei der hohen Temperatur, die der Ofen nach beendetem Gusse aufweist, nicht möglich ist. Auf diese Weise kann es vorkommen, daß eine gewisse Menge des flüssigen Metalles sich nicht entleeren läßt. Endlich kann die sich bildende Vertiefung des Bodens für den Betrieb des Ofens gefährlich werden und einen Ersatz des leitenden Bodenmaterials erfordern; zu dem Zweck aber muß der Ofen außer Betrieb gesetzt werden.

Um diese Nachteile zu vermeiden, wird eine geeignete nichtleitende Masse, die z. B. aus Magnesia besteht, innig mit einer gewissen Menge kleiner Metall- z. B. Eisenstückchen gemengt. Es kann beispielsweise die Masse aus einem Gemisch von feinkörniger Magnesia mit Eisenfeillicht bestehen, wobei diese beiden Materialien durch Teer o. dgl. vereinigt werden. Diese halbmetallische und halbfeuerbeständige Masse wird auf den Boden des Ofens gebracht, auf der sie mittels einer Eisenschiene festgestampft wird, so daß die Masse alle Löcher des Bodens bis zu dessen ursprünglicher Höhe ausfüllt. Der so ausgebesserte Boden verhält sich wie ein neuer. Der Boden des Herdes hat dieselbe Höhe wieder angenommen, auch die Leitungsfähigkeit hat sich nicht geändert, denn der elektrische Strom findet in der neuen Verbindung Leiter derselben Ordnung wie sie im eigentlichen Boden vorhanden sind, nur in einem anderen physikalischen Zustande.

Zum elastischen Verbinden der Lichtbögen benutzt Keller eine eigens hierfür konstruierte Vorrichtung[1]), auf die besonders hingewiesen sei. Die auf und nieder gehenden Bewegungen der für die elektrischen Schmelzöfen verwandten Elektroden, insbesondere für solche mit senkrecht stehenden Elektroden, erfordern eine elastische oder nachgiebige Verbindung der Elektroden mit der Stromzuleitung. Man hat bislang für diesen Zweck gewöhnlich ein reichlich lang bemessenes und bewegliches Zwischenkabel verwendet. Letzteres nimmt indessen viel Platz weg und ist auch insbesondere hinderlich für Schmelzöfen mit mehreren senkrecht angeordneten Elektroden, zumal dann, wenn diese sowohl zur Stromzuführung als auch zur Stromabführung dienen. In diesem letzteren Falle hat man insbesondere auch ständig die Gefahr eines Kurzschlusses zu befürchten. Die Erfindung vermeidet diese Übelstände und hat zum Gegenstand eine solche elastische Verbindung der Elektroden mit der Stromzuleitung, daß diese praktisch genommen fast nicht mehr Raum beansprucht als die Elektrode selbst.

Die Vorrichtung besteht, wie aus Abb. 218 ersichtlich ist, aus einzelnen, dünnen, beispielsweise ½ mm dicken und äußerst biegsamen Blattfedern aus Kupfer, die bündelartig zusammengefaßt sind und an ihrem oberen Ende mit der fest angeordneten Stromzuleitung, an ihrem unteren Ende mit der Kopfplatte der Elektroden verbunden sind.[2]) Diese Blattfedern sind in zwei symmetrisch angeordneten Bündeln zusammengefaßt und auf ihrer ganzen Länge an mehreren Knotenpunkten mittels Schnürringen vereinigt. Zu jeder Seite der Kopfplatte der Elektrode ist eine Führungsstange vorgesehen, welche in einem Rohr geführt wird. Dieses ist mit dem obersten Schnürring fest verbunden, so daß auf diese Weise bei auf und nieder gehender Bewegung der Elektrode die Blattfedern ebenfalls in senkrechter Richtung entweder zusammengepreßt oder auseinandergezogen werden. Die einzelnen Knotenpunkte

---

[1]) D. R. P. Nr. 194897.
[2]) Im Abschnitt über „Die Elektrodenhalter" ist die Elektrodenaufhängung von Keller nochmals kurz beschrieben.

bestimmen hierbei die Formgebung der Blattfedern, welche je nach der Elektrode mehr oder weniger flache Ausbauchungen bewirken.

Auf diese Weise erhält man eine äußerst einfache und wirksame bewegliche Verbindung zwischen der Elektrode und der Stromzuleitung, wobei in keiner Weise die Gefahr eines Kurzschlusses zu befürchten und gleichzeitig die elastische Verbindung nicht durch die Flammen des Ofens gefährdet ist.

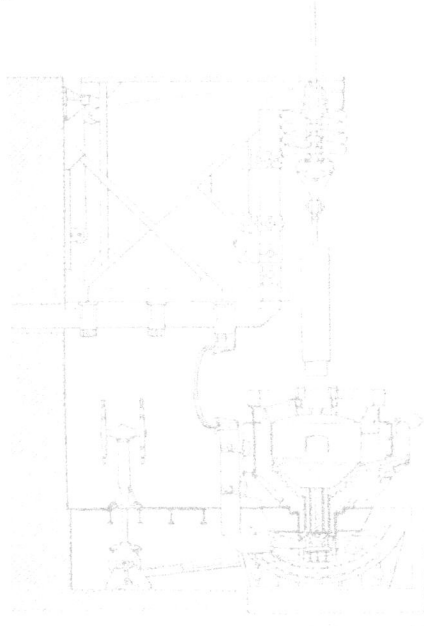

Abb. 218.
Kellerofen mit der federnden Elektrodenaufhängung.

3. Größe des Ofens. Der Kellerofen ist in nachstehenden Größen gebaut worden mit den danebenstehenden Anschlußwerten:

Zusammenstellung 38.

Stromart	Fassungsvermögen in t	Stromanschluß in kW
Einphasenwechselstrom	0,2	80
,,	0,3	100
,,	1	250
,,	1,5	200
,,	3,5	450
,,	8	750

4. Stromart. Als Stromart kommt unter Verwendung einer Lichtbogenelektrode Einphasenwechselstrom in Betracht.

16*

5. Anwendung. Der Kellerofen dient hauptsächlich zur Herstellung von Stahlformguß und Spezialstählen. Der Ofen arbeitet mit kaltem und flüssigem Einsatz.

6. Ausführungen. Die Bauart des an einzelnen Stellen in Frankreich eingeführten Kellerofens zeigt Abb. 219. Der dargestellte Ofen befindet sich in dem Stahlwerk Holzer & Co. in Unieux und ist eine ältere Ausführung. Charakteristisch ist für den Kellerofen, daß die Elektrodenträger mit der Ofen-

Abb. 219.
Kellerofen, ältere Bauart mit abgehobenen Elektroden.

wanne nicht direkt verbunden sind. Die Elektroden müssen demnach, bevor der Ofen gekippt werden kann, ganz herausgehoben werden.

Eine auffallende, bereits erwähnte Ausführung des Kellerofens ist die nach Abb. 220. Dieser Ofen ist mit vier Lichtbogenelektroden ausgebildet. Dabei sind, wie auch die Aufrißzeichnung Abb. 221 und Grundrißzeichnung Abb. 222 veranschaulichen, an Drehständern stets zwei Elektroden aufgehängt, von denen eine in den Herd ragt, während die andere zur Reserve dient, um eine Auswechselung in raschester Zeit zu gestatten. Diese Elektrodenbereitschaft bei etwaigem Bruch oder Verbrauch einer Elektrode ergibt eine unnötige Konstruktion mit Platzverschwendung, so daß mit Rücksicht auf die Güte der heutigen Elektroden kein Vorteil zu erblicken ist.

Der Kellerofen neuerer Bauart, der ebenfalls schon in der Einleitung beschrieben wurde, wird in Ansicht in den beiden Abb. 223 und 224 gezeigt. Bei
dieser Ausführungsform besteht die Elektrode im Ofenboden aus einer gekühlten

Abb. 220.
Vollständige Anlage eines Kellerofens mit eingesetzten Elektroden.

Eisenplatte, auf welcher starke Eisenstäbe in Form einer Bürste aufgesetzt sind.
Der Zwischenraum zwischen den Eisenstäben wird mit Stampfmasse ausgefüllt,
so daß in der Hitze dieser Öfen mit „armiertem" Herd, wie er bezeichnet wird,

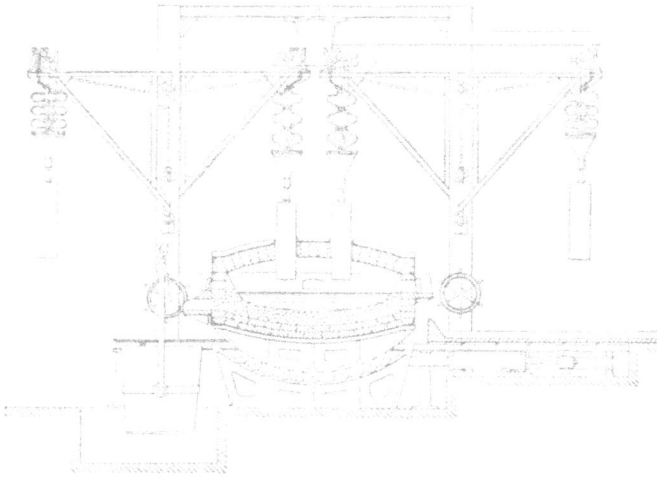

Abb. 221.
Schnitt durch den Kellerofen mit drehbaren Elektrodenständern.

Abb. 222.
Draufsicht des Kellerofens mit drehbaren Elektrodenständern.

Abb. 223.
Kellerofen, neue Bauart in Seitensicht.

Abb. 224.
Kellerofen, neue Bauart von der Arbeitsseite aus gesehen.

mit einer Bodenelektrode arbeitet, die zum Teil aus einem Leiter erster Klasse besteht, zum Teil aus einem solchen zweiter Klasse. Die beiden Bilder zeigen den Ofen im Stahlwerk in Burbach, und zwar das erste eine Seitenansicht des Ofens und den Gießwagen für flüssigen Einsatz, das andere die Arbeitsseite.

Im übrigen unterscheidet sich der Ofen von dem Girodofen so unwesentlich, daß auf eine Beschreibung der nicht besonders aufgeführten Punkte verzichtet werden kann.

Hergestellt wird der Kellerofen von der Société des Etablissements Keller-Ledeux in Livet (Frankreich).

Der Chapletofen.

1. Geschichtliches. Die Allevardhütte (Forges d'Allevard), welche unweit berühmter Minen gelegen ist in einer Gegend, wo seit Menschengedenken die Eisenhüttenindustrie eine Stätte besitzt, verfügt über zahlreiche Wassergefälle. Gegen 1902 kam Charles Pinat, Generaldirektor der Gesellschaft, auf den Gedanken, diese Wasserkräfte nutzbar zu machen, um die Tiegel und gegebenenfalls auch die Martinöfen durch elektrische Öfen zu ersetzen. Nach fruchtlos verlaufenen Versuchen mit einem Induktionsofen wandte er sich an die Société Electro-Chimique du Giffre, deren Verwaltungsratsmitglied er war, um die genannte Gesellschaft und die mit ihr verbundenen Néo-Métallurgie um deren Mitwirkung zur Lösung des Gedankens anzugehen, dem er eine außerordentliche Wichtigkeit beilegte. Chaplet, Verwaltungsmitglied und Direktor der Néo-Métallurgie, war es nach eingehenden Studien vorbehalten, auf der Stahlofen die Grundsätze in Anwendung zu bringen, welche die Herstellung schwer schmelzbarer Metalle und Legierungen mit sehr niedrigem Kohlenstoffgehalt gestatteten. Für seine vorhergegangenen Versuche hatte Pinat eine hydro-elektrische Anlage von 500 PS erstellt. Im Jahre 1904 brachte er den ersten Chapletofen zur Aufstellung, der am Tage seiner Inbetriebsetzung und unter Bedienung seitens eines Personals, das nur den Martinofen kannte, verkäuflichen Stahl erzeugte.

Je nach dem Verfahren, zu dem er Verwendung finden soll, ist der Chapletofen in Allevard feststehend oder kippbar vertreten, sein Betrieb nimmt dort bedeutende Kräfte in Anspruch. Seine Schöpfer sind nicht in den Vordergrund getreten, und der Ofen wurde bisher wenig besprochen; trotzdem hat die Allevardhütte, nachdem sie während fünf Jahren nur einen Ofen von 3 t und dies nur vier bis fünf Monate im Jahre betreiben konnte, mehrere tausend Tonnen elektrischen Stahl verkauft; weichen, halbharten, harten und extra-harten Stahl, Zementstahl, Stahl für Automobilbau, Eisenbahnzwecke, Granaten, Geschosse, Messer und Werkzeuge usw.

2. Aufbau des Ofens. Der Aufbau des Ofens wurde bereits auf Seite 9 in Abb. 69 gezeigt und läßt wiederum eine Ähnlichkeit mit dem Girodofen erkennen. Der Chapletofen[1]) besitzt einen einzigen Lichtbogen. Der Ofen besteht

---

[1]) D. R. P. Nr. 216720 von 1907; siehe auch Stahl und Eisen 1909, S. 1127.

aus einem Herd, der mit einer dicken feuerfesten Auskleidung versehen ist. Ein feuerfestes, durch einen Metallrahmen versteiftes Gewölbe schließt den Innenraum nach oben ab und verhindert die Wärmeverluste durch direkte Strahlung; in seinem Mittelpunkt läßt er die beweglichge Kohlenelektrode durchgehen. Seitlich sind zwischen dem Deckel und dem oberen Rand die Arbeitstüren angebracht, welche die Beschickung und nötigenfalls die Entschlackung vorzunehmen gestatten. Eine Rinne ermöglicht es, den Guß auf einmal oder in mehreren Abteilungen zu bewerkstelligen.

Durch einen horizontalen, mit Eisenstäben versehenen Kanal, dessen Wandungen gleichfalls aus Schamottematerial bestehen, wird die Verbindung des Ofeninneren mit einer zweiten, und zwar einer festen Stahlelektrode herge-

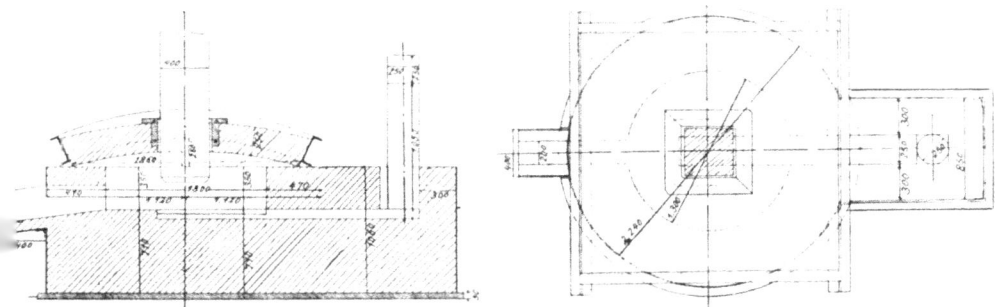

Abb. 225 und 226.
Chapletofen in feststehender Anordnung.

stellt. Vermittelst dieser zweiten Elektrode wird das Bad mit Stangen oder Kabel verbunden, welche den einen Pol der elektrischen Leitung darstellen.

Bei der ersten Inbetriebsetzung des Ofens wird der Strom unter der Kohlenelektrode durch einen möglichst innigen Kontakt mit der Stahlelektrode, die mit breiten Eisenschienen zur Stromentnahme dient, der Arbeitskammer zugeführt. Nach einigen Güssen und sobald das Mauerwerk des Ofens genügend erwärmt ist, füllt das Metall zunächst den horizontalen Kanal aus und steigt dann plötzlich in der Kontaktkammer hoch, wo es um die Stahlelektrode herum erstarrt. Der Ofen ist dann vollkommen ausgebildet und der Widerstand auf ein Minimum gebracht.

Der Ofen kann sowohl feststehend als kippbar eingerichtet werden. Der feststehende Ofen nach Abb. 225 und 226 eignet sich besonders für die einfache Schmelzung reinen Materials und kalte Beschickung. Die Abb. 227 zeigt die Ansicht eines feststehenden Chapletofens.

Der auf Drehzapfen oder Rollen kippbare Ofen gemäß den Abb. 228 und 229 eignet sich besser für wiederholte Entschlackungen, wenn der Stahl einer Reinigung unterzogen werden soll, wie auch zur Beschickung mit flüssigem Material. Die Ansicht dieses kippbaren Chapletofens ist in Abb. 230 dargestellt.

Der Aufbau des Ofens ist, da nur eine Kohlenelektrode in Frage kommt, einfach. Die Anwendung nur einer Lichtbogenelektrode hat jedoch Vor- und Nachteile, die an dieser Stelle kurz zusammengefaßt werden sollen.

Das an einer einzigen Stelle durchbrochene Gewölbe ist widerstandsfähiger Auch sind die Wärmeverluste durch Gase und Flammen geringer als da, wo mehrere Öffnungen vorhanden sind. Sodann braucht nur die Höhe einer einzigen

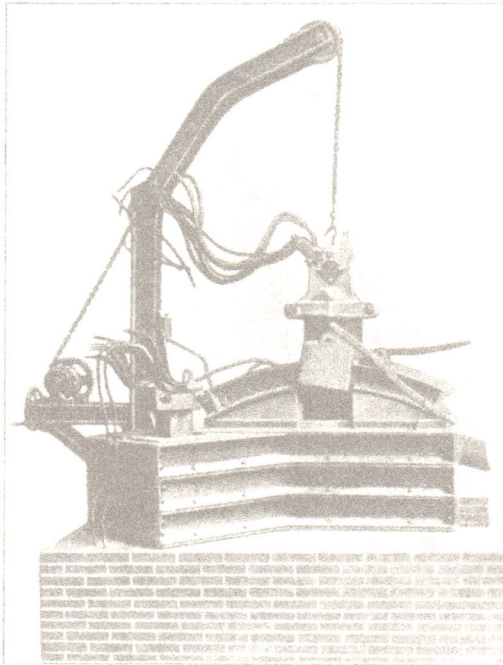

Abb. 227.
Ansicht des feststehenden Chapletofens.

Elektrode geregelt zu werden. Bei der Beschickung mit festem Einsatz ist nicht wie bei Öfen mit mehreren Lichtbögen verschiedener Polarität zu befürchten, daß ein Schrottstück Kurzschluß herbeiführt. Da der elektrische Strom durch das Bad hindurchgeht, bilden sich in der Masse elektromagnetische Ströme, welche zur Vermengung und somit zur Gleichförmigkeit des Produktes beitragen.

Die Nachteile bei Anwendung nur einer Lichtbogenelektrode sind, daß die Wärmekonzentration an nur einer Stelle des Bades Verbrennungen und merkliche Temperaturunterschiede herbeiführt. Auch tritt eine große Abkühlung ein, sobald der Lichtbogen abreißt, während die Unterbrechung eines Lichtbogens, wenn mehrere vorhanden sind, keine so große Abkühlung herbeiführt.

3. **Stromart.** Der Ofen kann demnach nur an Einphasen-Wechselstrom angeschlossen werden. Bei Drehstrom machen sich teure Umformeranlagen, Gebäude- und Unterhaltungskosten geltend.

4. **Einfluß auf das Netz.** Hier gilt dasselbe, was über den Einphasen-Girodofen mitgeteilt wurde. Der Ofen soll noch den Vorteil eines großen $\cos \varphi$

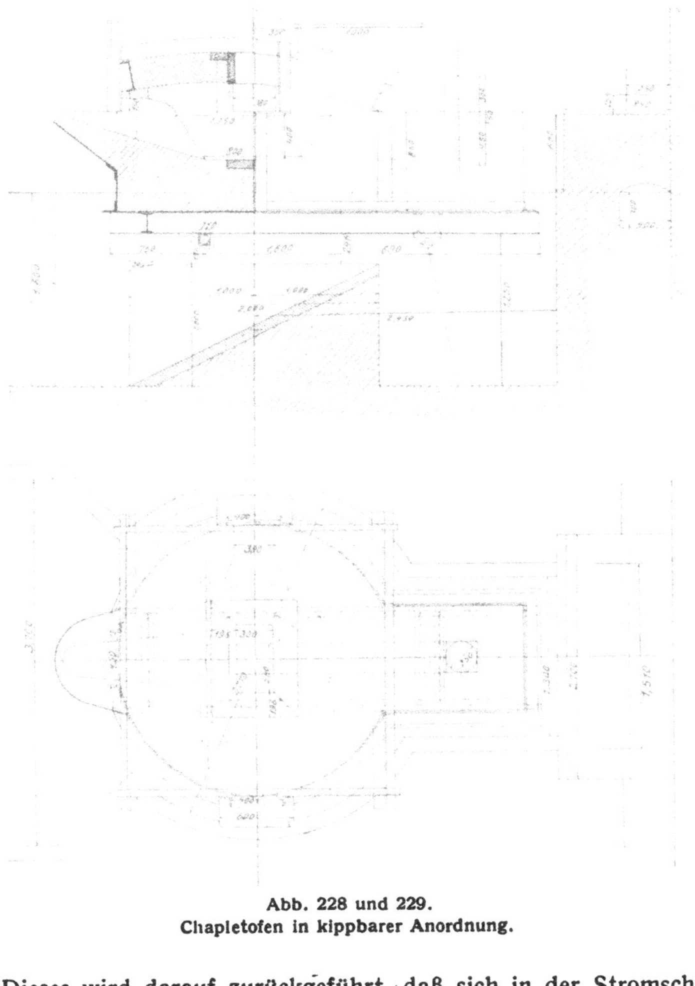

Abb. 228 und 229.
Chapletofen in kippbarer Anordnung.

haben. Dieses wird darauf zurückgeführt, daß sich in der Stromschleife fast kein Eisen des Gestelles befindet.

Besondere Aufmerksamkeit verdient die Art der Stromzuführung zum Metallbade. Ein Kanal bildet die Stromübertragung und der daraus entspringende Wärmeverlust ist geringer als beim Girodofen, so daß sich die Leitungen kaum erhitzen, selbst wenn sie lediglich durch die Luft gekühlt werden. Wenn die Stromzuleitung mit einer Wasserkühlung versehen ist, bietet sie keinerlei Gefahr und bleibt vollkommen kalt.

5. Anwendung. Der Ofen ist imstande, kalte Beschickung, Schrott oder Masseln zu verarbeiten, jedoch wird bei kaltem Einsatz die Kontakt-bildung zwischen Bad und Bodenelektrode Schwierigkeiten bereiten. Bei

Abb. 230.
Ansicht des kippbaren Chapletofens.

flüssigem Einsatz sind dagegen die Verhältnisse günstiger. Ausgehend von der Verwendung kalten Materials kann man verschiedene Betriebsarten annehmen:

1. ohne Entfernung der Schlacke,

2. mit Entschlackung.

Wenn man die Schlacke nicht entfernt, so arbeitet der Ofen als Schmelztiegel, jedoch mit dem Vorteil, daß man während des Betriebs Proben entnehmen und die Härte regeln kann. Indem man eine geeignete Schlacke mit dem Bad in Berührung hält, kann man ferner den gesamten Sauerstoff und den Schwefel daraus entfernen. Dieses Verfahren empfielt sich: Entweder wenn man von besonders ausgewähltem Material ausgeht, Puddeleisen oder schwedischen Produkten. Oder wenn der Stahl, den man erzielen will, keine ganz ausnehmend hohe Reinheit erfordert, besonders in bezug auf den Phosphorgehalt. Oder wenn die Beschickung Grundstoffe enthält, die durch Oxydation in die Schlacke übergehen und bei der Entfernung der letzteren verloren gehen könnten, wie z. B. Mangan, Chrom. Hier sucht man im Gegenteil durch Zufuhr von geeigneten Desoxydationsmitteln die Grundstoffe wieder von der Schlacke ins Bad zurückzubringen.

Das Verfahren der Entschlackung wird erforderlich, wenn man Rohmaterialien gewöhnlicher Qualität benutzt und den Tiegelerzeugnissen vergleichbare Stähle erzeugen will.

Hierbei ergeben sich zwei Arbeitsvorgänge:

1. Die Entphosphorung durch Oxydation bei Anwesenheit einer kalk- und eisenhaltigen Schlacke. Der Kohlenstoff verschwindet, der Phosphor geht vollkommen in die Schlacke über, das Mangan zum größten Teil, der Schwefelgehalt wird wesentlich verringert.

2. Desoxydation und Entschwefelung unter Anwesenheit einer sehr kalkhaltigen, eisen- und manganfreien Schlacke.

Diese beiden Vorgänge erfolgen nacheinander mit der größten Leichtigkeit. Vor dem Guß nimmt man eine Probe und macht die nötigen Kohlenstoff- und Ferrozusätze, um den verlangten Härtegrad zu erzielen und die letzten Spuren von Oxyden zu entfernen.

6. Zustellung. Da Ausbesserungen an dem horizontalen Kanal kaum möglich sind, ist die Haltbarkeit der Zustellung begrenzt.

7. Elektroden. Der Verbrauch an amorphen Kohlenelektroden soll bei einfacher Schmelzung etwa 12 kg/t Stahl und bei einmaligem Entschlacken etwa 16 kg/t betragen.

8. Erhitzung.

9. Durchmischung des Bades. Im Mittelpunkt des Ofens, unterhalb der beweglichen Elektrode, befindet sich eine intensive Arbeitszone mit einer außerordentlich hohen Temperatur. Hierdurch werden die Reaktionen zwischen dem Metallbade und der überhitzten Schlacke sehr lebhaft. Von diesem Mittelpunkt aus verteilt sich die Hitze über die Metallmasse. Infolge des Unterschiedes der Erwärmung in den verschiedenen Badabschnitten verursachen die vom Stromdurchgang herrührenden elektromagnetischen Wirkungen eine Vermischung des Bades. Sodann ist zu bemerken, daß die Unterseite der Elektrode die Hitze zurückstrahlt, während die Schlacke, die teilweise durch die Blaswirkung des Lichtbogens seitlich gedrängt wird, die Hitzstrahlen durch Absorbierung zurückhalten. Das Gewölbe ist demnach nur wenig der direkten Strahlung des Lichtbogens ausgesetzt, wodurch seine Haltbarkeit erhöht wird.

10. Größe des Ofens. Der Chaplet-Ofen ist in den nachstehenden Größen und zugehörigen Stromanschlüssen gebaut worden:

Zusammenstellung 39.

Stromart	Fassungsvermögen in kg	Stromanschluß in kW
Einphasenwechselstrom	700	120
,,	3000	500
,,	3500	400
,,	5000	400
,,	5000	700—850

11. Ausführungen. Die Allevardhütte hat nacheinander zwei Bauarten verwendet, die feststehende und die kippbare; die erstere Ofenart ist die weniger

Abb. 231.
3 t-Chapletofen während des Betriebes.

kostspielige und genügt für einfache Schmelzzwecke, die zweite ist für die Entschlackung geeignet. Der kippbare Ofen ist um eine an seinem Boden befestigte Achse drehbar, mittels eines durch einen hydraulischen Kolben ausgeübten Druckes, welcher den Hebel von unten nach oben hebt. Die Abb. 231 zeigt einen 3 t-Chapletofen. Mit einem durch eine Turbine von 470 PS betriebenen Wechselstromerzeuger braucht man 7—8 Stunden zur Schmelzung von 3 t Stahl und 9—10 Stunden, wenn man entschlackt.

Clausel de Coussergue gibt an, daß der Chapletofen bei einfacher Schmelzung 700—725 kWh/t Stahl verbraucht. Für Schmelzung und Raffination muß man mit einem Stromverbrauch von etwa 900—950 kWh/t Stahl rechnen. Nachstehend seien einige Ergebnisse der im Chapletofen erzeugten Stahlsorten wiedergegeben.

Zusammenstellung 40.

Kohlenstoff %	Mangan %	Schwefel %	Phosphor %	Silizium %	Nickel %	Chrom %
0,13	0,10	0,015	0,002	0,15	—	—
0,30	0,37	0,008	0,007	0,38	—	—
0,46	0,23	0,005	0,007	0,09	—	—
0,69	0,39	0,008	0,009	0,65	—	—
0,87	0,31	0,010	0,005	0,37	—	—
0,08	0,16	0,012	0,008	0,10	2,10	—
0,25	0,05	0,018	0,012	0,28	5,50	—
0,46	0,02	0,012	0,008	0,14	3,90	0,50

Die Erbauerin des Chaplet-Ofens ist die Firma „La Néo-Métallurgie", Paris, früher Société Electrochimique du Giffre, Saint Jeoire, en Fancigny.

Der Nathusiusofen.

1. Geschichtliches. Dr. Hans Nathusius baute im Jahre 1908 in Friedenshütte in Oberschlesien einen Versuchsofen[1]) von 1 t Inhalt. Dieser Ofen führte zu erfreulichen Ergebnissen, so daß bereits 1909 ein größerer Ofen von 3 t Fassung folgte. Nathusius suchte bei seinem Ofen die Vorteile des Héroult- und Girod-Ofens zu vereinigen. Sein Bestreben war, einerseits eine sehr heiße und dünnflüssige Schlacke zu erzielen, um diese reaktionsfähig zu machen, andererseits das Bad vom Herd aus zu heizen. Um die Schlackenschicht heiß und reaktionsfähig zu machen, benutzt er Lichtbögen in derselben Weise wie Héroult; es ragen zwei oder drei (je nach der Stromart) Elektroden senkrecht in den Schmelzraum, deren Lichtbögen gezwungen werden, sich auf die Beschickung zu richten und in die Oberfläche derselben hineinzublasen. Außer diesem rein metallurgischen Vorteil soll auch hier der rein wärmetechnische Vorteil der direkten Beheizung ausgenutzt werden, um den technischen Wirkungsgrad zu verbessern. Um das Bad vom Herd aus zu heizen, bedient sich Nathusius in gleicher Weise der Bodenelektroden wie Girod, macht jedoch hinsichtlich der Polarität der beiden Elektrodenarten einen Unterschied. Nathusius ist nämlich der Ansicht, daß die für die Erzeugung einer heißen, dünnflüssigen und reaktionsfähigen Schlackenzone wichtigen Oberflächenausgleichströme fehlen, die von einer Lichtbogenelektrode an der Badoberfläche entlang zur anderen Lichtbogenelektrode fließen. Damit kommen wir auf das Wesen der Nathusiusheizung, deren Aufbau bereits auf Seite 91 in Abb. 68 gezeigt wurde.

---

[1]) Engl. Patent Nr. 7188 von 1908.

Beim Nathusius-Ofen sind normalerweise drei senkrecht in den Herdraum hineinragende, in gleichseitigem Dreieck verteilte Lichtbogenelektroden aus Kohle an die äußeren Enden eines Drehstromgenerators oder Transformators angeschlossen, während drei in den Boden eingemauerte Stahlelektroden ebenfalls im gleichseitigen Dreieck verteilt an die inneren Enden dieses Drehstromgenerators oder Transformators angeschlossen sind. Die inneren Enden dieses Generators oder Transformators sind dadurch erhalten, daß man den Knotenpunkt der Maschine auflöste und ihn hierdurch in die Beschickung selbst hineinverlegt. Da also sowohl die Lichtbogenelektroden als auch die Bodenelektroden unter sich stets abwechselnde Polarität haben, wird erreicht, daß der Strom wie in Abb. 232 angedeutet verläuft, nämlich von einer Lichtbogenelektrode zur

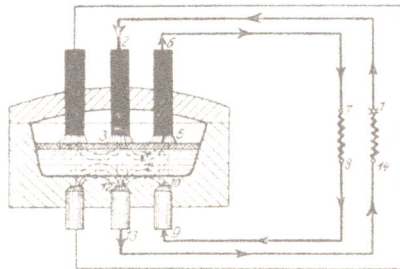

Abb. 232.
Stromlauf beim Nathusiusofen.

anderen, von einer Bodenelektrode zur anderen und von je einer Lichtbogenelektrode zu je einer Bodenelektrode. Der Stromverlauf ist in Abb. 232 an zwei Elektrodenpaaren besonders hervorgehoben worden, und zwar wie folgt: Von der Klemme des Transformators _1_ fließt der Strom zur Lichtbogenelektrode _2_, geht lichtbogenbildend bei _3_ in die oberen Badschichten _4_, von da zu dem anderen Lichtbogen _5_ in die Elektrode _6_, durch die Transformatorenwicklung _7_ und _8_ in die Bodenelektrode _9_, durchfließt diese bei _10_, geht in die unteren Badschichten _11_, um das Bad durch die Bodenelektrode _12_ zu verlassen, durchdringt diese, tritt bei _13_ wieder aus und fließt zurück an das andere Ende der Ausgangswicklung _14_. Auf diese Weise findet innerhalb der Beschickung ein vollständiger Ausgleich der Ströme statt, wodurch nicht nur ähnlich wie beim Héroult-Ofen Ströme an der Oberfläche entlang oder wie bei Girod von oben nach unten in die Tiefe des Bades, sondern auch noch von einer Bodenelektrode zur anderen fließen, die den Boden des Ofens und das Bad von unten beheizen.

Prof. B. Neumann hat sich mit dem im Jahre 1910 erbauten Versuchsofen von 6 t Fassung auf der Friedenshütte beschäftigt und seine Erfahrungen mit diesem Ofen veröffentlicht.[1]) Auch behandelt Kunze[2]) diese Versuchsanlage eingehend. Ebenso berichtet Kunze über das Elektrostahlwerk der Sosnowicer

---

[1]) Stahl und Eisen 1910, S. 1410/16.
[2]) Stahl und Eisen 1912, Nr. 27/29.

Röhrenwalzwerke und Eisenwerke A. G. Sosnowice[1]). Wir kommen unten noch auf diese Ofenanlagen zurück.

2. Aufbau des Ofens. Um die Strahlungs- und Leitungsverluste möglichst gering zu halten, wurde für den Ofen eine runde Form gewählt. Zwei oder auch drei Türen dienen zur Beschickung des Einsatzes, um Proben zu nehmen, Reparaturen auszuführen u. dgl. m. Eine Abstichtüre mit Schnauze dient zur Entnahme des Stahles, zum Schlackenabziehen und in anderen Fällen auch zum Beschicken des Ofens mit flüssigem Einsatz. Im übrigen ist der Elektrodenkörper frei von Elektrodenständern, Regeleinrichtungen und Motoren. Die drei senkrecht durch das Gewölbe in den Herd geführten Lichtbogenelektroden sind unabhängig von der Ofenwanne über dem Ofen angeordnet. Sie sind an Zugseilen auf Laufschienen aufgehängt und werden in einer bestimmten Entfernung vom Ofen mittels Handrädern oder elektrisch geregelt. Nathusius[2]) führt für diese unabhängige Aufhängung folgende Gründe an: „Erstens gestattet sie, den Ofen zu kippen, ohne daß die Elektroden mitkippen müssen. Hierdurch werden viele Elektrodenbrüche vermieden, denn diese kommen meistens beim Kippen vor, weil dann die Elektroden mehr auf Biegung beansprucht werden. In diesem Falle werden die Elektroden beim Kippen des Ofens einfach hochgezogen. Zweitens gestattet die Aufhängung der Elektroden auf Laufschienen, sie mit Leichtigkeit mittels einer Kette seitlich vom Ofen zu ziehen. Das Auswechseln der Elektroden kann hierdurch schnell und bequem erfolgen, während es bei den am Ofen befestigten Elektroden nur unter Belästigung durch die Feuergase und unter der steten Gefahr des Durchbrechens der Leute durch das Ofengewölbe erfolgen kann". Soweit die Ausführungen von Nathusius. Hierzu sei bemerkt, daß die Aufhängung auch Nachteile hat, vor allem den, daß alle drei Elektroden stets vollständig aus dem Ofen herausgezogen werden müssen, sobald abgestochen werden soll. Hierbei geht Zeit verloren, und dann entstehen drei freie, kaminartige Öffnungen, wodurch eine erhebliche Abkühlung des flüssigen Materials eintreten muß.

Jeder Lichtbogenelektrode steht eine Bodenelektrode entgegengesetzten Potentials gegenüber. Unter sich sind die Elektroden nach den Endpunkten eines gleichseitigen Dreiecks angeordnet. Teils um die Gefahr eines Durchbrechens des flüssigen Stahlbades durch die Herdsohle zu vermindern, teils um den Ohmschen Widerstand des Stromweges zwischen zwei Bodenelektroden zu erhöhen, sind die Enden der Bodenelektroden durch eine Stampfmasse (Dolomit mit Teer) gleichmäßig überdeckt, mit welcher gleichzeitig auch der Raum zwischen ihnen ausgefüllt ist. Die Stromleitung zu sämtlichen Elektroden erfolgt durch Kupferblechpakete; die für die unteren Elektroden anfangs verwendeten verseilten Kupferkabel haben sich nicht bewährt. Sämtliche Leitungen sind biegsam aufgehangen, wie dies durch die notwendige Elektrodenbewegung bzw. durch das Kippen des gesamten Ofens beim Ausgießen bedingt ist.

[1]) Zeitschrift des Vereins deutscher Ingenieure 1914, S. 256.
[2]) Chemiker-Zeitung 1912, Nr. 82, S. 779.

Jede Lichtbogenelektrode ist an ihrer Eintrittstelle in das Gewölbe von einem Kühlring umschlossen, dem während des Betriebes ständig frisches Wasser zugeführt wird. Auch die Bodenelektroden müssen hinreichend mit Wasser gekühlt werden; dies geschieht durch einen Kühlwasserumlauf, bei dem die Leitungen untereinander verbunden sind.

3. Stromart. Nathusius hat bei Entwicklung seines Ofens von vornherein auf die Anwendung von Drehstrom Rücksicht genommen, da ihm bekannt war, daß fast auf allen Hüttenwerken diese Stromart gebräuchlich ist und für die Zukunft sein wird. Der Gedanke Werner von Siemens, die Beschickung selbst in den Stromkreis einzuschließen, erfolgt auch beim Nathusius-Ofen unter Anwendung von Drehstrom durch Verlegung des Sternpunktes in das Bad. Da die Boden- und Lichtbogenelektroden getrennt im Stromkreis liegen, ist es bei dem

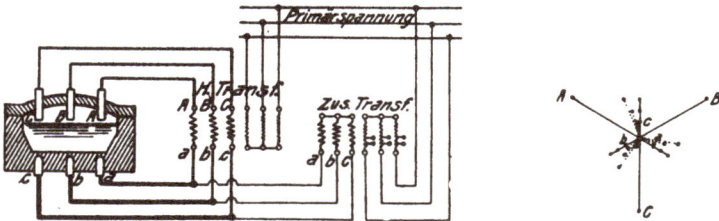

Abb. 233 und 234.
Schaltung und Spannungsdiagramm mit Haupt- uud Zusatztransformator.

Ofen möglich, den Strom, welcher von einer Bodenelektrode zur anderen fließt, mit Hilfe eines besonders gebauten Generators mit verschiebbarer Neutrale oder (falls man dies vermeiden will) mit Hilfe eines Zusatztransformators auf beliebig hohe Stromstärke zu transformieren. Da dieser Strom nur zwischen den Bodenelektroden fließt, also im Verhältnis zu den Lichtbögen geringere Widerstände zu überwinden hat, ist hierbei eine Erhöhung der Stromstärke möglich, ohne Gefahr zu laufen, Maschinenaggregate zu großer Abmessungen anwenden zu müssen, die nachher nicht einmal ganz ausgenutzt werden. Beim Nathusius-Ofen ist also die Beheizung des Bodens und des Bades von unten durch einen besonders starken Strom mit Hilfe eines Zusatztransformators möglich.

Nathusius hat, um die elektrotechnischen und metallurgischen Vorteile seines Ofens, zumal die Benutzung der Bodenheizung, ergründen zu können, verschiedene Schaltungen in Anwendung gebracht. Abb. 233 zeigt die Schaltung und Abb. 234 das zugehörige Spannungsdiagramm des Nathusius-Ofens, wobei die kombinierte Lichtbogen- und Widerstandsheizung mit einem Haupttransformator mit offenen sekundären Phasen und einem auf den Bodenstromkreis geschalteten Zusatztransformator versehen ist.

Nach dem nebenstehenden Spannungsdiagramm bedeutet:

A—B—C = Spannung zwischen den Lichtbogenelektroden,

a—b—c = Spannung zwischen den Bodenelektroden,

A—a; a—O ⎫
B—b; b—O ⎬ Phasenspannung.
C—c; c—O ⎭

Eine ähnliche Schaltung, bei der sowohl die Lichtbogenelektroden als auch die Bodenelektroden von je einem besonderen Transformator gespeist werden,

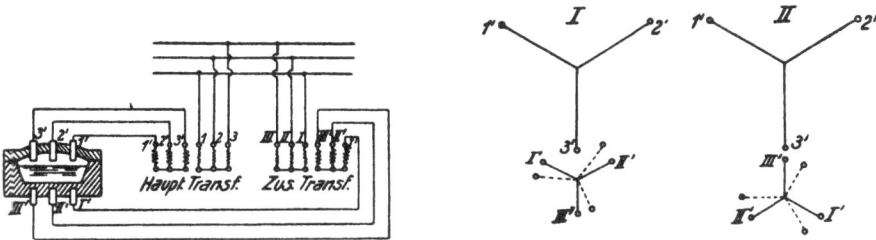

Abb. 235 bis 239.
Schaltung und Spannungsdiagramme unter Verwendung zweier Transformatoren mit sekundären Verkettungspunkten.

lassen die Abb. 235 bis 239 erkennen. Bei der Zuschaltung nach *I* überdecken sich demnach die beiden Spannungsdiagramme, d. h. zwischen den sich gegenüberstehenden Elektroden $3'III'$, $2'II'$, $I'I'$ besteht eine Spannungsdifferenz,

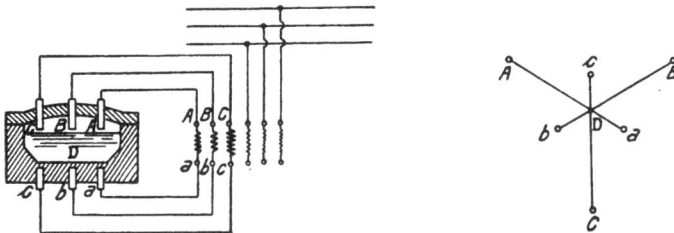

Abb. 240 und 241.
Normale Nathusiusschaltung ohne Zusatztransformator mit Spannungsdiagramm.

die der sekundären Phasenspannung des Haupttransformators vermindert um die sekundäre Phasenspannung des Zusatztransformators entspricht. Bei der Zuschaltung nach *II* entspricht die Spannungsdifferenz zwischen denselben Elektroden $3'III'$, $2'II'$, $I'I'$ der sekundären Phasenspannung des Haupttransformators zuzüglich der sekundären Phasenspannung des Zusatztransformators. Zwischen diesen beiden Grenzwerten lassen sich die Spannungsdiagramme auch noch um 60° oder 120° verschoben zusammensetzen.

Die Schaltung, wie sie ohne Zusatztransformator in Anwendung kommt, ist in Abb. 240 mit dem zugehörigen Spannungsdiagramm in Abb. 241 dargestellt. Die Spannung zwischen den oberen und zwischen den oberen und unteren Elektroden ist konstant. Dagegen hängt die Größe der Spannung zwischen den unteren Elektroden ganz von der Größe des Widerstandes zwischen diesen ab, und es kann der Fall eintreten, daß bei bestampften Bodenelektroden und noch kaltem Boden zu Beginn einer Ofenkampagne auch unten eine Spannung von 110 Volt angezeugt wird. In dem Falle ist natürlich auch ein Stromanschluß über die Lichtbogenelektroden nicht denkbar. Es muß also bei Neuzustellung vor der Inbetriebnahme mit Kohle angeheizt oder der Ofen mit flüssigem Material beschickt werden. Hierdurch wird die Bodenmasse leitend, so daß ihr Widerstand nach dem Warmwerden des Ofens allmählich sinkt, worauf nunmehr die fragliche Spannung eingeleitet werden kann. Es ist selbstverständlich, daß sich durch Veränderung der Luftstrecke und des Widerstandes der Schlackendecke oder durch Veränderung des Widerstandes der Bodenmasse die Art der Stromverteilung für die Lichtbogenelektroden bzw. für die Bodenelektroden beeinflussen läßt.

Die Lichtbogenspannung schwankt zwischen 90 und 150 Volt und die Spannung in der Bodenheizung zwischen 5 bis 18 Volt. Den Haupttransformator versieht man mit Anzapfungen, um die Lichtbogenspannung zu verändern. Werden die gewünschten Abstufungen nicht gleichzeitig für die Bodenspannungen erreicht, so ist hierfür ein Zusatztransformator anzuwenden.

4. Einfluß auf das Netz. Der Ofen hat den Vorteil eines ruhigen Ofenbetriebes, hervorgerufen durch die Bodenheizung. Dadurch, daß in dem Stromkreis nicht nur ein Lichtbogen, sondern neben der Schlackenschicht und dem Stahlbad noch die auf die Bodenelektroden aufgestampfte Masse eingeschaltet ist, wirkt die Bodenheizung den durch die Kurzschlüsse des Lichtbogens bewirkten unvermeidlichen Stromstößen wie ein elektrischer Puffer entgegen. Die Stöße fangen sich in diesen Widerständen auf und die Folge ist ein ruhiger Gang des Ofens. Setzt sich also dem Stromweg nach der einen Richtung plötzlich ein Widerstand entgegen oder sinkt er plötzlich herab, so findet ein Ausgleich dadurch statt, daß der Strom seinen Weg nach der anderen, ihm so als Abfluß offenstehenden Abzweigung nimmt.

Kunze[1]) stellt in dieser Beziehung folgende Betrachtungen über den Ofen der Oberschlesischen Eisenbahn-Bedarfs-A.-G. an:

„Die zwischen den bestampften Bodenelektroden angeschlossenen Voltmeter zeigten bei der nach Schema Abb. 240 vorgenommenen Schaltung des 6 t-Nathusius-Ofens bei geringen Stromstärken von 6 bis 8 Volt, bei hohen Stromstärken und direkten Elektrodenkurzschlüssen 18 bis 25 Volt Spannungsdifferenz an. Aus dem aufgezeichneten Spannungsdiagramm ist unschwer zu erkennen, daß, konstante Primärspannung vorausgesetzt, bei größter Bodenspannung, d. h. beim Lichtbogenelektroden-Kurzschluß, die Spannung zwischen den Lichtbogenelektroden selbsttätig kleiner werden muß und eine Abdämpfung der Leistungsschwankungen herbeiführt. Dieses Bestreben kann durch die

---
[1]) Stahl und Eisen 1912, Nr. 27, 28, 29.

Anwendung eines Zusatz-Stromtransformators noch wesentlich gesteigert werden. Das Schema und Spannungsdiagramm dieser namentlich für festen Einsatz in Betracht kommenden Sonderschaltung zur Erzielung geringster Leistungsschwankungen ist in Abb. 242 dargestellt. *I* ist das Spannungsdiagramm bei geringem, *II* bei anormal hohen Stromstärken. Die Höchstwerte der auftretenden Ströme sind bei kurzgeschlossenen Lichtbogenelektroden der aufgedrückten Spannung proportional. Um die durch Schaltung Abb. 242

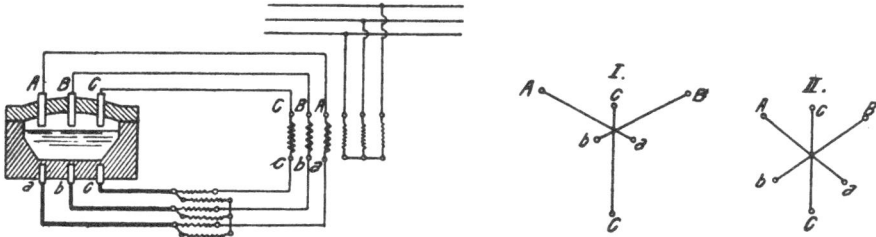

Abb. 242 bis 244.
Sonderschaltung eines Nathusiusofens zur Erzielung geringer Belastungsstöße.

gegebenen Verhältnisse genau zu übersehen, soll ein praktisches Ausführungsbeispiel betrachtet werden. Angenommen sei:

Die normale Lichtbogenstromstärke. . . . . 3000 Amp.
Die normale verkettete Lichtbogenspannung . . . 90 Volt:
Die normale verkettete Bodenelektrodenspannung
 bei 8000 Amp. durchfließender Stromstärke . . 18 Volt.

Die durch die Lichtbogenelektroden eingestellte Stromstärke ergibt den Primärstrom des Stromtransformators. Das normale Übersetzungsverhältnis dieses Apparates muß demnach $\frac{3000}{8000}$ Amp. betragen.

Von dem Wirkungsgrad des Stromtransformators abgesehen, ist die eingeführte elektrische Leistung hinter diesem Apparat gleich der vor dem Apparat, d. h. es besteht die Beziehung

$$\sqrt{3} \cdot 18 \cdot 8000 = \sqrt{3} \cdot E_2 \cdot 3000.$$

E_2, das ist die Spannung an den Sekundärklemmen *c—b—a* des Haupttransformators, berechnet sich danach mit 48 Volt.

Steigt infolge Elektrodenkurzschluß die Lichtbogenstromstärke auf beiläufig 6000 Amp., dann muß, bei entsprechender Sättigung, infolge der verdoppelten Feldstärke sowohl die Stromstärke als auch die Spannung auf der Sekundärseite des Stromtransformators den doppelten Wert annehmen, d. h. in diesem Falle 10000 Amp. bzw. 35 Volt. Die Spannung E_2 wächst dabei gleichzeitig auf

$$E_2 = \frac{16000 \cdot 36 \cdot \sqrt{3}}{6000 \cdot \sqrt{3}} = 96 \text{ Volt.}$$

Wenn der Haupttransformator bei 3000 Amp. Belastung den gegebenen Verhältnissen entsprechen soll, muß er sekundär für 90 + 48 = 138 Volt verketteter
Spannung bemessen sein. Die verkettete Lichtbogenspannung beträgt dann

bei 2000 Amp. Lichtbogenstrom 138 — 32 = 106 Volt
,,   3000   ,,   ,,   138 — 48 = 90   ,,
,,   4000   ,,   ,,   138 — 64 = 74   ,,
,,   5000   ,,   ,,   138 — 80 = 58   ,,
,,   6000   ,,   ,,   138 — 96 = 42   ,,

Aus diesen Zahlen ist ohne weiteres ersichtlich, daß bei Stromstößen eine
augenblicklich wirkende Spannungsverminderung der Lichtbögen eintritt,
wie sie in diesen Grenzen selbst durch teuere, für anormal hohen Spannungsabfall gebaute rotierende Sonderumformer kaum erreicht, geschweige denn
übertroffen werden kann."

In den Abb. 245 bis 248 sind einige Aufzeichnungen[1]) über den Stromverlauf
einer vollständig durchgeführten Schmelze mit festem Einsatz wiedergegeben,
und zwar bedeutet:

Schaulinie A: Aufnahme der gesamten für den Ofenbetrieb verbrauchten
Leistung während der vollständigen Verarbeitung eines Einsatzes.

Schaulinie B: Aufnahme der gesamten im Bodenstromkreis umgesetzten
Leistung.

Schaulinie C: Verlauf der primären Stromaufnahme in einer Phase.

Schaulinie D: Primäre Spannungsveränderung zwischen zwei Phasen bei
den verschiedenen Betriebsvorgängen.

5. Anwendung. Der Ofen ist in der gleichen Weise wie der Héroultofen
für die Eisenindustrie geeignet. In Hüttenwerken, wo durch Hochofengas
verhältnismäßig billige Kraft und ferner wo in Stahlwerken flüssiger Stahl aus
Konvertern oder Martinöfen zur Verfügung steht und wo nur Mittelqualitäten
von Stahl für Schienen, Rohre usw. hergestellt werden sollen, ist es besonders
zweckmäßig, große elektrische Öfen zu verwenden, damit die ganze Schmelze
aus dem Konverter oder Martinofen in den Elektroofen gegeben werden kann.
Die Arbeit, die der Martinofen zu leisten vermag, läßt sich in diesem im allgemeinen billiger durchführen als in einem elektrischen Ofen, selbst bei billigen
Strompreisen.

Zum Einschmelzen und Warmhalten von Ferromangan ist der Nathusiusofen in Thomasbetrieben ebenfalls in Anwendung gekommen. Man spart hierbei
etwa 30% an Ferromangan, weil das flüssige Metall besser reagiert und Verluste
durch Verschlackung vermieden werden. Das flüssige Ferromangan verteilt
sich außerdem gleichmäßiger in der Schmelze. Dasselbe Verfahren würde sich
auch für andere Ferrolegierungen eignen.

Ferner würde der elektrische Ofen sehr geeignet sein, Abfälle von Nickelstahl, Chromstahl, Wolframstahl usw. unter neutraler Schlacke und in neutraler

---

[1]) Aus der Zeitschrift des Vereins deutscher Ingenieure, 1914, S. 256.

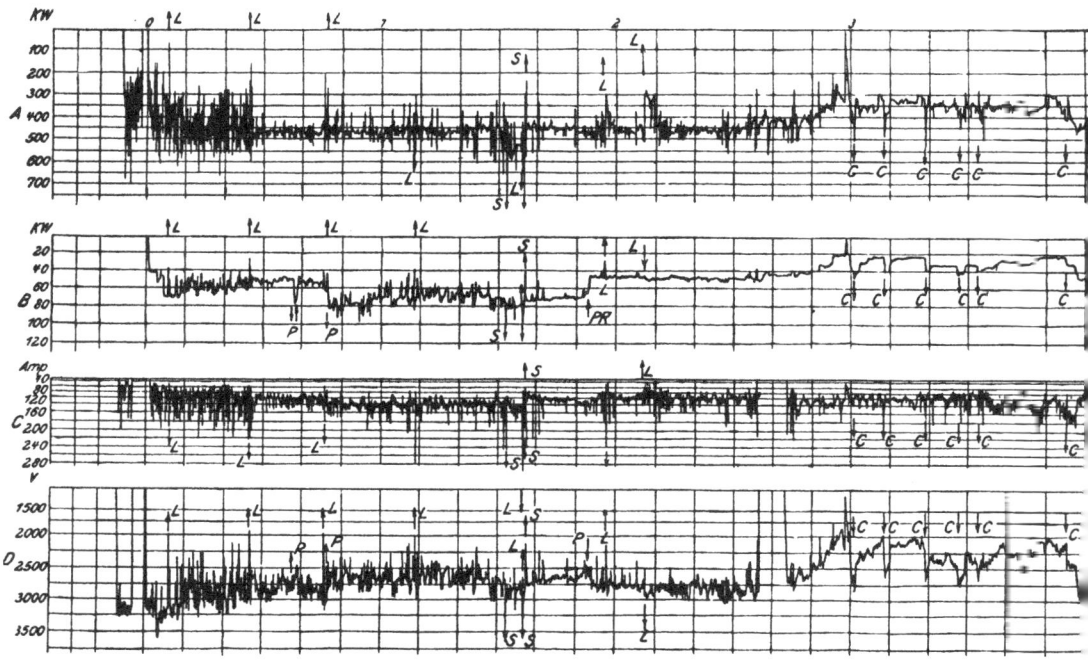

Abb. 245 bis 248. Schaulinienaufnahme ... voll...

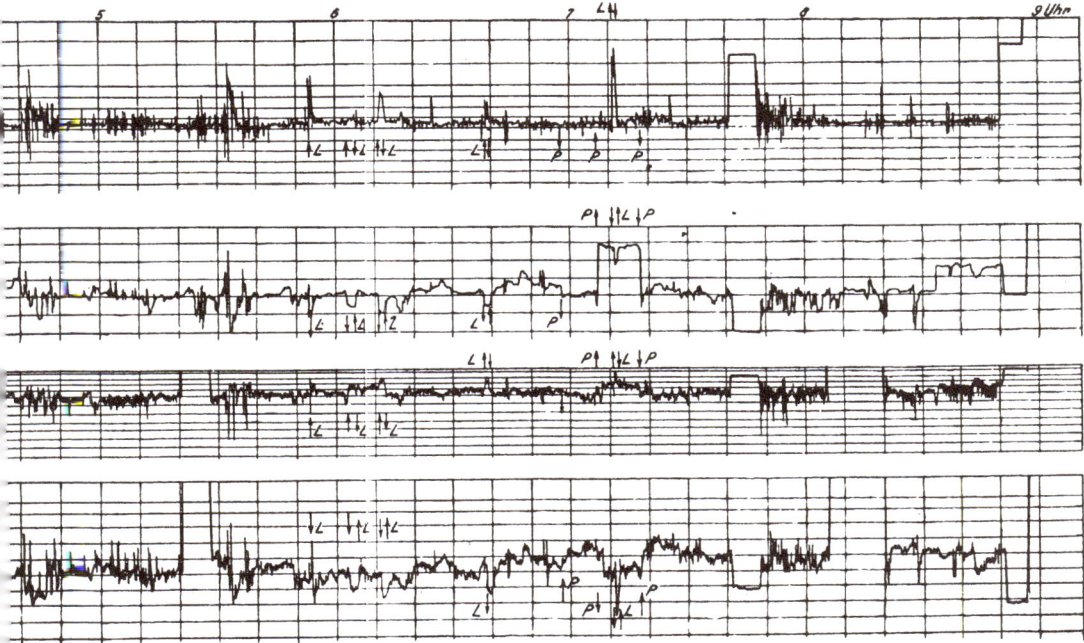

Schmelzung im Nathusiusofen mit festem Einsatz.

Atmosphäre ohne Veränderung der Zusammensetzung einzuschmelzen, was in anderen Öfen nicht gut möglich ist.

6. Zustellung. Die Zustellung des Ofens ist den Verhältnissen entsprechend basisch oder sauer. Das Gewölbe besteht aus Silikasteinen. Boden und Seitenwände sind im allgemeinen aus Dolomit oder Teer gestampft. Es wird dieselbe Masse wie für basische Konverter oder Martinöfen verwendet. An der Berührungszone von Deckel und Seitenwänden mauert man praktisch einige Lagen Magnesitformsteine ein. Die Reparaturen an den Seitenwänden können beim Auswechseln des Deckels schnell vorgenommen werden. Die Haltbarkeit des Gewölbes ist naturgemäß bei diesem Ofen gut, weil infolge der Verteilung der Lichtbögen und weil diese möglichst schwach gehalten werden können, die lokale Überhitzung an der Badoberfläche nicht so stark ist. Muß das Gewölbe ausgewechselt werden, so macht sich in den meisten Fällen auch eine Ausbesserung der Seitenwände erforderlich, da diese mit dem Deckel zusammenwachsen. Schmelzungen mit nur festem Einsatz können bis 100 Hitzen, mit flüssigem Einsatz fast doppelt so viele unter einem Deckel ausgeführt werden.

Die Bodenhaltbarkeit ist beim Nathusiusofen weniger günstig als bei Öfen ohne Bodenelektroden. Das erklärt sich daraus, daß zwischen diesen und der Zustellungsmasse erhebliche Temperaturdifferenzen bestehen. Folglich treten Rißbildungen auf, die sich mit Stahl anfüllen und die Haltbarkeit der Zustellung herabmindern. Gebrauchte und herausgebrochene Zustellungsmassen haben nicht nur unzählige feine Adern aus Stahl gezeigt, die den ganzen Boden durchzogen hatten, sondern in manchen Fällen hat sich zwischen den Bodenelektroden ein Stahlklotz von beträchtlichem Gewicht gebildet, der solange von der Bodenheizung mit durchgewärmt wurde, bis man die Zustellung herausnahm. Auf diese Weise können die Bodenelektroden kurzgeschlossen und außer Betrieb gesetzt werden. Es ist daher ganz besonders darauf hinzuweisen, daß die Zustellung dieses Ofens bzw. die überstampften Elektroden besonders gut beobachtet werden. Löcher, die selbstverständlich bei jedem anderen Ofen, ob elektrisch oder mit Gas beheizt, vorkommen können, sind sorgfältig mit trockener Dolomitmasse oder dergl. aufzuwerfen. Hierbei ist darauf zu achten, daß sich kein flüssiger Stahl mehr in den Löchern befindet. Zahlen über die Haltbarkeit des Bodens lassen sich nicht angeben, da diese lediglich von der Geschicklichkeit des Schmelzers abhängen.

7. Elektroden. Der Ofen ist bisher ausschließlich mit amorphen Kohlenelektroden betrieben worden. Hinsichtlich der Abmessungen und des Verbrauches der Elektroden gilt für den Ofen dasselbe, was über den Héroultofen mitgeteilt wurde.

8. Erhitzung. Es ist unleugbar, daß für die erste Periode des Schmelzganges (die Raffinationsperiode) die hohe Erhitzung der Schlacke, die ja im elektrischen Ofen allein das raffinierende Agens ist, durch kräftige Lichtbögen sehr wichtig ist. Es darf anderseits nicht verkannt werden, daß für spätere Desoxydationsperioden eine so starke Überhitzung der Schlacke nicht mehr

erforderlich ist, denn dann soll ja die Schlacke nur schützende Decke und nicht mehr Reaktionsfaktor sein. Für diese zweite, also die Desoxydationsperiode oder Legierungsperiode, bei der nur im eigentlichen Metallbad Reaktionen vor sich gehen sollen, ist eine möglichst gute Durchheizung des Bades von größtem Vorteil. Dies soll beim Nathusiusofen durch die Anwendung des Zusatztransformators erreicht werden, wodurch den Lichtbögen Energie entzogen und darum so mehr in das Bad durch die Bodenheizung hineingegeben wird.

Der Nathusiusofen kann hüttentechnisch noch einen weiteren Vorteil beanspruchen. Ist nämlich die Schmelze gut durchgearbeitet und fertiggemacht, so ist es in vielen Fällen erwünscht, das Bad sich ausgaren und beruhigen zu lassen, indem man es abstehen läßt. Hierbei ist natürlich nur soviel Wärme erforderlich, als das Bad durch Strahlung und Leitung verliert. Dies kann man im Nathusiusofen auf die Weise erreichen, daß man die Lichtbogenelektroden ausschaltet und nur Strom zwischen den Bodenelektroden fließen läßt. Alsdann sind die Lichtbögen ganz beseitigt und es ist nur die Widerstandsheizung des Bodens eingeschaltet, um das Bad von unten zu heizen. Man hat hierdurch für den letzten Teil des Prozesses einen guten Ersatz des Tiegelofenprozesses im Nathusiusofen erhalten, was für die Qualität des Erzeugnisses von großer Wichtigkeit ist.

Auf die Bodenheizung kann man aber nur dann rechnen, wenn sie auch tatsächlich arbeitet. Dies ist jedoch nicht immer der Fall. Es wurde schon darauf hingewiesen, daß durch Unachtsamkeit des Schmelzers die Bodenelektroden kurzgeschlossen werden können, falls sich durch Löcher oder Abnutzung der Zustellung ein Stahlklotz zwischen ihnen bildet. Es kann aber auch vorkommen, daß die Bodenheizung von vornherein versagt und während der ganzen Ofenreise nicht benutzt werden kann. Der Fehler ist dann darin zu suchen, daß das Zustellungsmaterial keine Leitfähigkeit annimmt; unrichtige Zustellungsweise, Verwendung von verwittertem Dolomit u. dgl. sind die Ursache.

Im übrigen ist die Bodenheizung nicht von der Bedeutung wie im allgemeinen angenommen wird. Je nach dem Widerstand des Zustellungsmaterials wird im Boden eine Spannung von 8 bis 10 Volt eingeleitet. Ein 4 t-Ofen nimmt beispielsweise im Mittel eine Stromstärke von 8000 Amp. auf. Mithin wird dem Bade durch den Boden eine Strommenge von etwa 100 kW zugeführt, während durch die Lichtbogenelektroden die vier- bis fünffache Strommenge fließt.

9. Baddurchmischung. Die Stromverteilung auf dem ganzen Badquerschnitt, d. h. sowohl oben an der Oberfläche als auch unten am Boden, hat eine vorteilhafte Wirkung. Bekanntlich bilden sich um jeden Stromfaden, der das Eisenbad durchfließt, Drehfelder, welche die um den Stromfaden gelagerten Eisenteile, ähnlich wie bei einem Drehstrommotor, zur Rotation bringen. Beim Nathusiusofen ist das Bild überall dicht mit Stromfäden durchsetzt. Die Folge davon ist eine vollständige Durchwirbelung des Bades, durch die, abgesehen von einer gleichmäßigen Erhitzung, noch eine gute Durchmischung des Materials und Gleichmäßigkeit des Endproduktes erzielt wird.

10. Kippbare Anwendung. Der Ofen ist elektrisch oder hydraulisch kippbar und zu diesem Zweck bei kleineren Ofeneinheiten bis zu 6 t in Zapfen auf Ständern (wie ein Konverter) oder bei größeren Öfen auf Schaukeln in Rollen (wie ein kippbarer Martinofen oder Mischer) gelagert.

11. Übersichtlichkeit des Herdes. Infolge seiner runden Form und da weiter keine Einrichtungen am Ofen angebracht sind, ist der Ofen leicht zu-

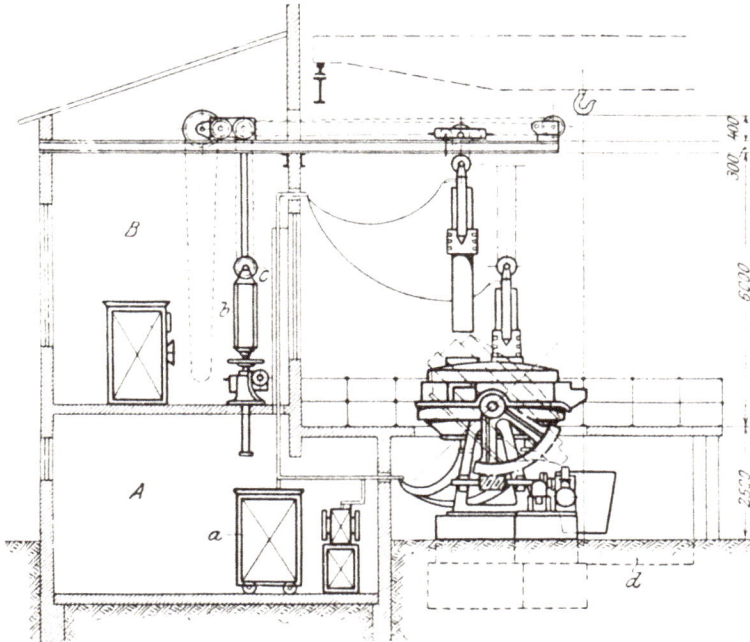

Abb. 249.
Elektrostahlofenanlage mit einem 5 t-Nathusiusofen.

gänglich und lassen sich alle hüttenmännischen Arbeiten bequem daran vornehmen. Die Übersicht auf das Bad ist gut, da je zwischen zwei Lichtbogenelektroden, also drei Türen angebracht sind.

12. Größe des Ofens. Der Nathusiusofen ist bisher für 2, 3, 4, 5, 6, 8, 10 und 12 t Fassungsvermögen gebaut worden. Die Anschlußwerte entsprechen den normalen Lichtbögenöfen von Héroult, Girod u. dgl.

13. Ausführungen. Prof. B. Neumann hat sich, wie schon erwähnt wurde, mit dem Studium des Nathusiusofens beschäftigt und gibt über einen 5 t-Ofen gemäß Abb. 249 Aufschluß [1]). Der Drehstromtransformator dieser Ofenanlage kann dauernd 550 kVA abgeben. Das Übersetzungsverhältnis ist 6000/110 Volt; die Niederspannung ist eine verkettete Spannung. Die unverkettete Span-

---

[1]) Stahl und Eisen 1910, S. 1410/16.

nung oder Phasenspannung beträgt demnach $110 : \sqrt{3} = 63$ Volt; dies ist, von den Spannungsverlusten abgesehen, die zwischen Lichtbogen- und Bodenelektroden herrschende Spannung. Der Zusatztransformator für eine Leistung von 150 kVA ist auf der Primärseite an das 6000 Volt-Netz angeschlossen. Durch mehrere Anzapfungen können sekundärseitig 16,2; 22; 28; 33 und 38 Volt abgenommen werden. Die Ofenkonstruktion schließt sich der bereits beschriebenen an. Der Ofen ist kreisrund, besteht aus dem Herd und Deckel, besitzt drei Türen, einen Ausguß und eine hydraulische Kippvorrichtung. Der Ofen hat folgende Abmessungen:

Äußerer Ofendurchmesser . . . . 2730 mm
Wandstärke . . . . 280 „
Lichte Weite des Herdes . . . . 2170 „
Deckelstärke . . . . 250 „
Bodenstärke . . . . 600 „
Stampfmasse über Bodenelektroden . . . . 200 „
Lichte Höhe (Mitte) des Herdes . . . . 670 „
Badtiefe bei 5 t . . . . 300 „
Kohlenelektroden . . . . 250 $\times$ 250 $\times$ 2000 „

Die oberen Elektroden werden freihängend an Seilen getragen. Der Herd ist mit Dolomitmasse gestampft, der Deckel besteht aus hochtonerdhaltigen Steinen.

Der Betrieb dieses Ofens gestaltet sich etwa wie folgt: Zur Ingangsetzung des kalten Ofens bringt man ein Koksfeuer in den Herd, gibt ein wenig Strom auf den Ofen, so daß der Herd gut angewärmt wird; dann kratzt man die Koksreste heraus und gießt flüssigen Stahl ein.

Bei längerem Stillstand ist die Bodenmasse schlecht leitend, auch wenn vorher gut angeheizt worden ist. Besonders nach einer neuen Zustellung ergeben sich häufig große Schwierigkeiten, den Ofen leitfähig zu bekommen. Ist dies auch nach der zweiten oder dritten Schmelze ausgeschlossen, dann bleibt nichts anderes übrig, als den Bodenstrom auszuschalten, indem man eine Kurzschlußbrücke in die Schienen der Bodenleitungen einsetzt. Bei den ersten Schmelzungen empfiehlt es sich überhaupt, nur mit der Lichtbogenheizung zu arbeiten und später zu versuchen, die Bodenheizung mit einzuschalten.

Auf die Untersuchungen von Prof. Neumann zurückkommend seien noch folgende Mitteilungen hinsichtlich der Betriebsführung des Ofens mit flüssigen Einsatz wiedergegeben.

„Nachdem die vorhergehende fertige Schmelze in eine Pfanne gekippt ist und während aus letzterer das flüssige Material in die Kokillen fließt, werden etwa 70 bis 80 kg Krivoi-Rog-Erz und 40 kg Kalk in den Ofen geschaufelt. Dann gießt man aus einer vom Stahlwerk kommenden Pfanne 5 bis 5½ t fertiggemachtes Thomasflußeisen in den Ofen. Es setzt ein lebhaftes Kochen ein. Nach etwa 10 Minuten gibt man Strom auf den Ofen, und zwar arbeitet man in der ersten Periode mit möglichst kräftigen Strömen; auf die Phase kamen etwa 3500 bis 4000 Amp., das sind rd. 200 kW. War der Ofen kalt, etwa durch Stillstand über Nacht, so wurde in dieser ersten Periode auch noch eine Zeit lang der Zusatztransformator eingeschaltet, um den Boden bzw. das Bad von unten zu heizen. Je nach den Spannungsverhältnissen in der Herdsohle (15 bis 20 Volt) wurde die Phase mit 6000 bis 8000 Amp., also mit etwa 120 bis 160 kW belastet. Ungefähr 10 Minuten nach Beginn des Stromdurchganges wurden etwa 20 kg Kalk und noch etwas Erz auf das Bad gebracht und nach einer Stunde die erste Probe genommen. Von da ab wurde der Strom auf etwa 2000 Amp. für die Phase heruntergesetzt. Nach einer weiteren halben Stunde ließ man einen Teil der Schlacke ablaufen, während welcher Zeit der Strom abgestellt wurde. Nach einer weiteren Stunde nahm man die zweite Probe, stellte den Strom ab und verdichtete die Schlacke mit Kalk und zog diese sorgfältig ab. Dann wurde der Strom wieder angestellt, die Entschwefelungsschlacke (40 kg Kalk, 8 kg Flußspat, 8 kg Sand) aufgebracht und zur Desoxydation darauf eine Schaufel 75 proz. Ferrosilizium zugesetzt. Nach dem weiteren Verlauf einer halben Stunde wurde eine Kleinigkeit Ferromangan in das Bad gebracht und kurz vor dem bald darauffolgenden Ausgießen der Schmelze etwas Aluminium und die für den gewünschten Gehalt des herzustellenden silizierten Materials berechnete Menge Ferrosilizium zugegeben. Wenige Minuten später wurde die Schmelze in die Pfanne gekippt und vergossen.

Die Raffinationsarbeit bei den weichen Schmelzungen unterschied sich von der eben beschriebenen Arbeitsweise nur dadurch, daß etwa 15 bis 25 Minuten nach dem Aufbringen der Entschwefelungsschlacke und der Siliziumzugabe etwa 12 kg Petrolkoks aufgegeben wurden und hiermit oder etwa später 36 kg Ferromangan zugesetzt wurden.

Der Stromverbrauch betrug für weiche Schmelzungen rd. 1700 bis 2000 kWh für eine Schmelze von 5 bis 5½ t Einsatz, für die Tonne also etwa 300 bis 400 kWh. Diese Zahl erscheint für sich betrachtet ziemlich hoch; einige Erläuterungen sind dazu nötig: erstens handelt es sich um lauter weiche Schmelzungen, die naturgemäß eine längere Raffinationsdauer erfordern als harte Schmelzungen; dann aber spielen die örtlichen Verhältnisse eine bedeutende Rolle, und zwar Transportschwierigkeiten u. dgl., auf die hier nicht weiter eingegangen werden kann.

Was die Raffinationsleistung des Ofens betrifft, so ist das ja mehr Sache des Ingenieurs als des Ofens. Ich gebe nachstehend als Beleg die Ergebnisse der elf aufeinanderfolgenden Schmelzungen, die eben vor meinem Eintreffen fertiggestellt waren.

Zusammenstellung 41.

Phosphor %	Schwefel %	Kohlenstoff %	Phosphor %	Schwefel %	Kohlenstoff %
0,003	0,016	0,06	0,005	0,003	0,05
0,002	0,012	0,06	0,006	0,006	0,05
0,007	0,005	0,06	0,017	0,020	0,05
0,004	0,006	0,06	0,010	0,017	0,05
0,010	0,014	0,05	0,004	0,011	0,05
0,004	0,017	0,06			

In meiner Anwesenheit wurden folgende Ergebnisse erhalten:

Zusammenstellung 42.

	Phosphor %	Mangan %	Kohlenstoff %	Schwefe %
Ausgangsmaterial	0,065	0,46	0,067	0,075
Walzprobe	0,009	0,16	0,060	0,015
Ausgangsmaterial	0,060	0,42	0,060	0,057
Walzprobe	0,003	0,14	0,063	0,018
Ausgangsmaterial	0,050	0,47	0,057	0,063
Walzprobe	0,007	0,15	0,063	0,024
Ausgangsmaterial	0,070	0,43	0,070	0,043
Walzprobe	0,013	0,17	0,056	0,017
Ausgangsmaterial	0.050	0,54	0,067	0,048
Walzprobe	0,007	0,49	0,080	0,027
Ausgangsmaterial	0,040	0,39	0,063	0,020
Walzprobe	0,005	0,39	0,060	0,020

Aus dem Betriebsbuche habe ich noch folgende Analysen anderer Schmelzungen entnommen:

Zusammenstellung 43.

Stahlart	Phosphor %	Mangan %	Kohlenstoff %	Schwefel %	Silizium %	Nickel %
Nickel-Chrom-Stahl .	0,004	0,83	0,43	0,008	1,84	2,63
Manganstahl	0,008	1,27	0,07	0,020	Spur	—
Bandagen	0,002	0,68	0,45	0,030	0,20	—
Scherenmesser . . .	0,005	0,40	0,61	0,020	0,16	—

Bei der ersten Schmelze wurden während des Schmelzens mehrere Proben
genommen, um die Abnahme des Phosphors und Mangans in der ersten Periode
zu verfolgen; dabei ergab sich folgendes:

Zusammenstellung 44.

	Phosphor %	Mangan %	Kohlenstoff %	Schwe e %
Ausgangsmaterial	0,050	0,54	0,067	0,043
Nach einer Stunde	0,014	0,16	0,063	0,039
Nach 1¼ Stunde	0,004	0,13	0,061	0,033

Die Entphosphorung ist also schon in 1 bis 1½ Stunden erreicht, ebenso die
mögliche Entfernung des Mangans. Die Raffinationsleistungen des Ofens sind
also gut und denen der anderen Öfen durchaus gleichwertig." —

Kunze[1] beschreibt einen Nathusiusofen von 5 bis 6 t, der für 3 bis 4 t
zugestellt ist und in den Sosnowicer Röhrenwalzwerken und Eisenwerken A.-G.

---

[1] Zeitschrift des Vereins deutscher Ingenieure 1914, S. 256.

Ofen beträgt 700 kVA, die Oberspannung 2825 Volt und die Unterspannung in Sosnowice Aufstellung gefunden hat. Die Transformatorenleistung zu diesem 108 Volt bzw. 18 Volt bei 50 Perioden. Der Ofen nach Abb. 250 entspricht der schon beschriebenen Ausführung. Eine Änderung, die durch die Fortschritte

Abb. 250.
Ansicht des 5 t-Nathusiusofens in Sosnowice.

der Elektrodenherstellung ermöglicht worden ist, besteht darin, daß statt der früheren quadratischen Kohlenelektroden nunmehr solche von rundem Querschnitt verwandt werden. Der dadurch gebotene Vorteil liegt in der Bequemlichkeit des Anstückelns der Elektrodenreste an neue Elektroden. Um ein verstärktes Drehmoment für das Bad zu erhalten, hat man ferner die stählernen,

270

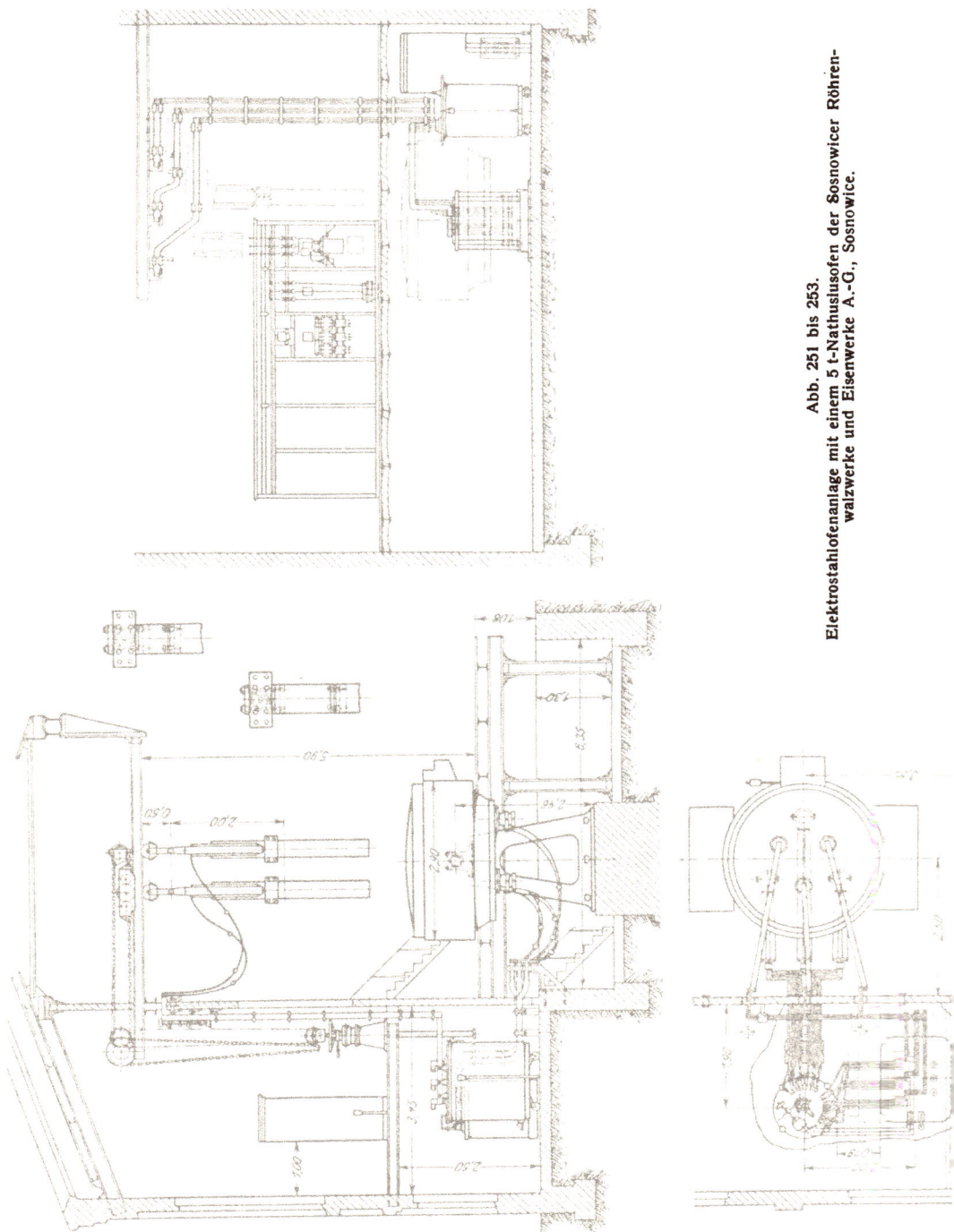

Abb. 251 bis 253.
Elektrostahlofenanlage mit einem 5 t-Nathusiusofen der Sosnowicer Röhrenwalzwerke und Eisenwerke A.-G., Sosnowice.

mit Dolomit ausgestampften Bodenelektroden in der Ebene um 60⁰ gegen die Kohlenelektroden versetzt. Die gesamte Ofenanlage ist in Abb. 251 bis 253 zu sehen. Die Elektrodenwinden sowie die Stromzuleitung dieser Anlage zeigt die Abb. 254. Der ferner zu der Ofenanlage

Abb. 254.
Elektrodenwinden und Stromzuleitungen.

gehörige Potentialregler mit seinen Zuleitungen für die Bodenheizung ist in Abb. 255 dargestellt.

Der Vertrieb des Nathusiusofens liegt in Händen der Westdeutschen Thomasphosphatwerke, G. m. b. H., Berlin, die elektrische Ausrüstung zu dem Ofen wird von den Bergmann-Elektrizitäts-Werken A.-G., Berlin, geliefert.

Abb. '255.
Potentialregler zur Regelung der Bodenheizung beim Nathusiusofen.

Der Greaves-Etchellsofen.

1. Geschichtliches. Um die Lichtbogenheizung und eine von unten dem Bade zugeführte Heizung in einem Ofen zu vereinigen, haben zwei Sheffielder Ingenieure die Betriebsweise verschiedener Elektroöfen studiert, die in Großbritannien arbeiten. Im Jahre 1915 traten alsdann die Erfinder des Greaves-Etchellsofens hervor und nahmen für ihren Ofen, der übrigens in England große Verbreitung gefunden hat, folgende Vorteile in Anspruch: Unmittelbarer Anschluß des Ofens an Drehstrom von beliebig hoher Frequenz bei einem günstigen Leistungsfaktor. Unmittelbare Erhitzung des Bades von unten und oben, und zwar nur soweit, als der metallurgische Vorteil dieses erfordert. Vermeidung einer Überhitzung der Zustellung. Durchmischung des Bades ohne Hilfsmittel,

also nur durch Motoreffekt des Stromes. Einfacher konstruktiver Aufbau des Ofens. Diese Voraussetzungen werden bei den schon besprochenen Bauarten bereits mehr oder weniger erfüllt, so daß der Greaves-Etchellsofen diese nicht für sich allein in Anspruch nehmen kann. Der Greaves-Etchellsofen unterscheidet sich jedoch von den bisher beschriebenen Öfen durch seine andere Bodenheizung. Diese Heizung kann aber keinesfalls die Ursache der schnellen Einführung des Ofens gewesen sein; vielmehr dürfte allein der nationalwirtschaftliche Standpunkt Englands den Ausschlag gegeben haben; es gab doch bis Kriegsausbruch eigentlich nur erprobte Elektrostahlöfen deutschen bzw. französischen bzw. schwedischen Ursprungs, so daß für die Kriegsindustrie Englands nach einem neuen Ofen gesucht werden mußte und ein solcher willkommen war.

2. Aufbau des Ofens. Abb. 256 zeigt die schematische Darstellung des Ofens. Nach diesem Bilde ist der Ofen für Drehstrom eingerichtet, und zwar sind zwei Phasen mit den über dem Metallbade angeordneten Kohlenelektroden verbunden, während die dritte mit einer unter der Bodenausfütterung eingebauten Kupferplatte, auf welcher das leitende Zustellungsmaterial des Herdes aufgebracht ist, in Verbindung steht. Die Ofenwanne besteht bei kleineren Einheiten aus einem rechteckigen, mit Winkeleisen versteiften Eisenblechkasten mit gewölbtem Boden, der zwei Gleitschienen trägt, die auf Rollen laufen. Die Herdauskleidung ist nirgends unter 50 cm stark; sie besteht in der Hauptsache aus Dolomit oder Magnesit und wird so hergestellt, daß sie auf der Innenseite (Badseite) einen erheblichen elektrischen Widerstand aufweist, der nach außen hin stark abfällt. Auf diese Weise soll beim Stromdurchgang eine große Wärmesammlung unter dem Metallbade erreicht werden, während der Ofenmantel kalt bleibt. Es wird behauptet, daß 12% der Gesamtenergie im Greaves-Etchellsofen durch die Bodenheizung hindurchgehen, wodurch das Einschmelzen von kaltem Einsatz, sowie das Einschmelzen von Legierungen mit Chrom, Wolfram, Vanadium, Nickel sehr erleichtert wird; diese Legierungen sinken sonst im Bade zu Boden und bleiben bei kaltem Boden leicht in halbflüssigem Zustande. Der Deckel des Ofens ist abnehmbar und mit Quarzsteinen gefüttert; seine Wölbung ist sehr flach gehalten.

Da die Widerstände in den beiden Lichtbogenelektroden andere sind als der Widerstand in der Bodenheizung, so ist bei der Herstellung des Transformators hierauf Rücksicht genommen worden; die Sekundärspule, an der die Bodenheizung angeschlossen ist, hat eine andere Wicklung als die beiden Sekundärspulen der Lichtbogenelektroden. Im übrigen wird die Hochspannungsseite in Dreieck-Stern-Schaltung auf die Niederspannungsseite transformiert.

Die kleineren Öfen haben zwei, die großen Öfen vier Kohlenelektroden. Die Elektroden sind kreisrund. Die beiden Abb. 257 und 258 stellen die schematische Ansicht des großen Ofens dar. Die Elektroden werden von Haltern geführt, die wie beim Héroultofen starr am Boden befestigt sind; nur bei dem größeren Ofen sind die vier Halter an dem runden Ofengehäuse ausschwingbar angeordnet. Die Elektroden eines 3 t-Ofens haben 35 cm Durchmesser; sie

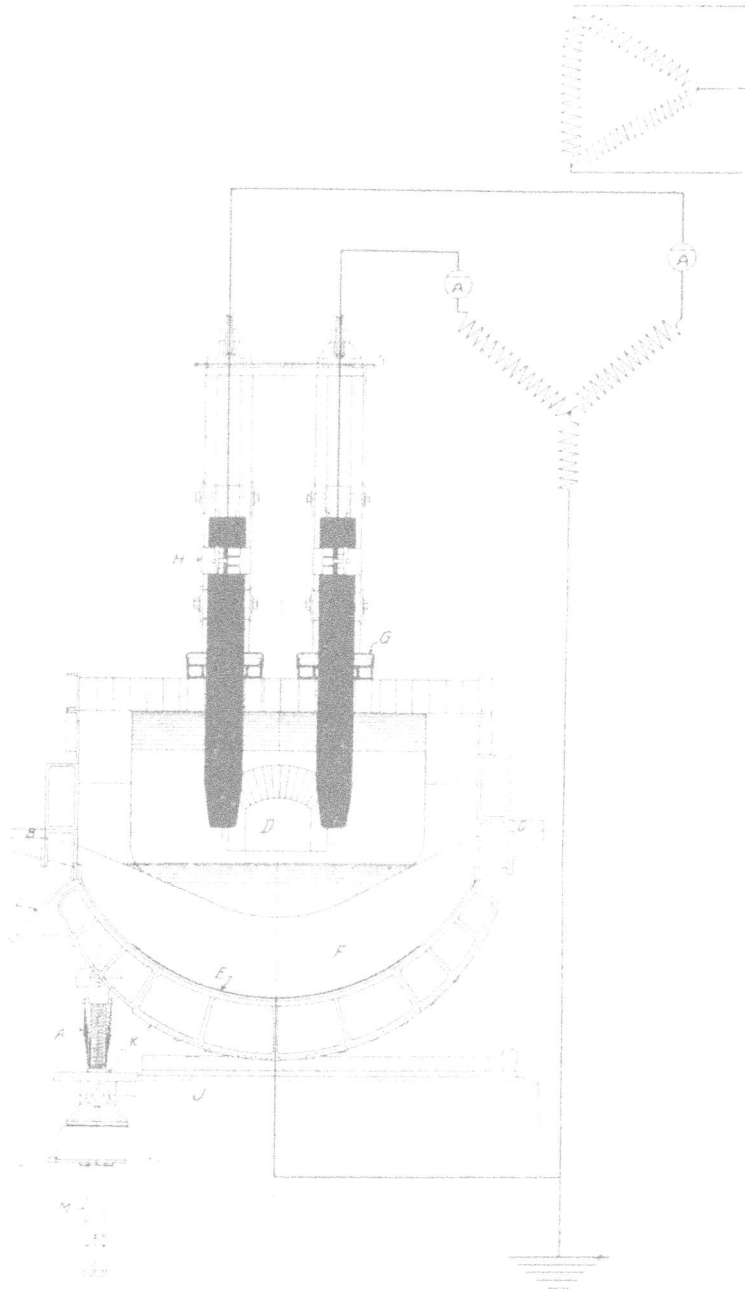

Abb. 256.
Aufbau und Stromanschluß des Greaves-Etchellsofens.

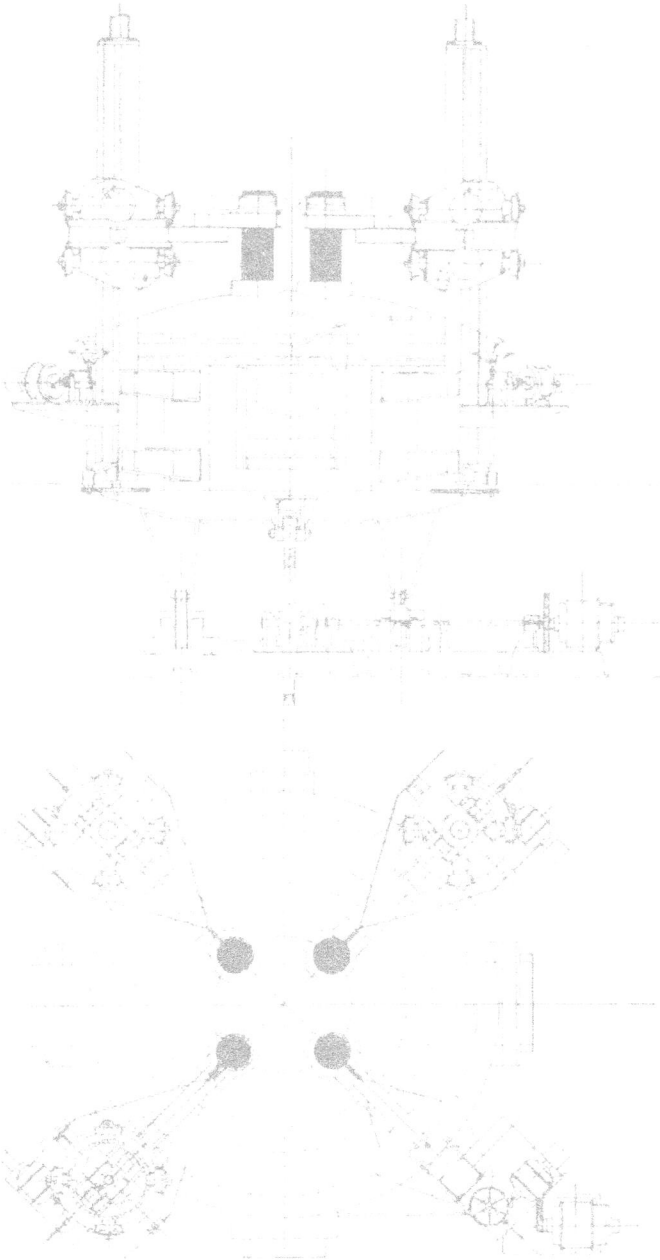

Abb. 257 und 258.
Greaves-Etchellsofen für größeren Fassungsraum mit vier Lichtbogenelektroden.

treten durch Kühlringe in das Ofengewölbe. Der Ofen mißt 2,17 × 2,79 m in der Grundfläche, die Herdtiefe beträgt 35 cm. Auf der Längsseite (gegenüber den Elektrodenhaltern) ist eine große Einsatztüre angeordnet, an den beiden Schmalseiten kleine Türen und Ausgüsse zum Abgießen von Schlacke bzw. zum Abstechen des Stahles. Das Kippen des Ofens (vor- und rückwärts) erfolgt über die Schmalseiten. Damit beim Kippen der Guß immer senkrecht über ein und derselben Seite bleibt, ist eine doppelt verbundene Rollenanordnung vorgesehen (siehe Abb. 259); dreht sich beim Kippen das obere Rollenpaar, so treibt es das untere Rollenpaar in entgegengesetztem Sinne nach vorwärts, so daß der

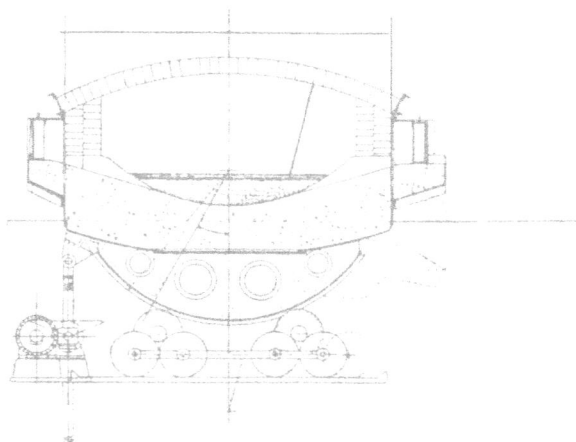

Abb. 259.
Kippeinrichtung beim Greaves-Etchellsofen.

Ausguß immer über derselben Stelle stehen bleibt. Das Heben und Senken der Elektroden geschieht bei kleinen Öfen durch Handrad, bei den größeren Öfen mittels Motoren.

3. Stromart. Der Ofen ist für Drehstrom durchgebildet worden, kann aber auch für zweiphasigen Wechselstrom in Anwendung kommen. Einphasenstrom empfiehlt sich nicht.

4. Einfluß auf das Netz. Nach der Schaltung, wie sie beim Greaves-Etchellsofen benutzt wird, muß der Kurzschlußstrom von einer Elektrode zwei Transformatoren hintereinander in verschiedenen Phasen durchströmen, was den Leistungsfaktor augenblicklich herabmindert und eine starke Ausgleichswirkung herbeiführt. Da immer ein ständiger Widerstand auf dem Stromwege durch die Herdplatte vorhanden ist, so werden Kurzschlüsse in ihrer Wirkung begrenzt.

Die Abb. 260 und 261 zeigen das Diagramm eines von Anfang bis zu Ende geführten Schmelzvorganges in einem 6 t-Greaves-Etchellsofen.

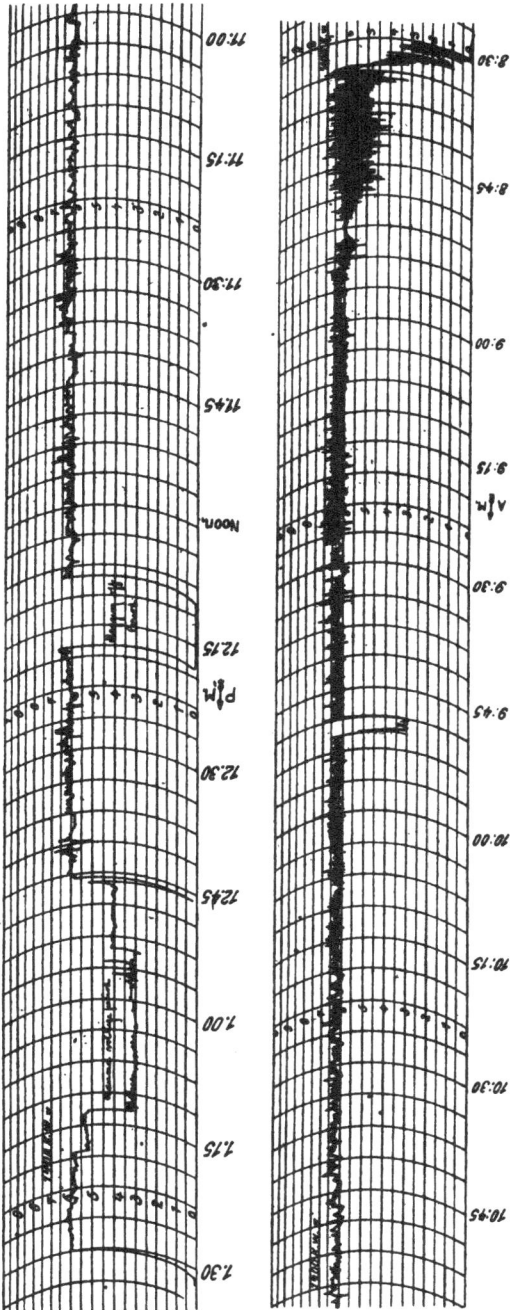

Abb. 260 und 261.

Leistungsaufnahmen über eine Schmelzung in einem 6 t-Greaves-Etchellsofen.

278

5. Anwendung. Der 0,5 t-Ofen ist von den meisten führenden Schnell-
drehstahl-Fabrikanten in Sheffield aufgenommen worden. Es kann ebensogut

Abb. 262.
Bruchprobe.

mit größeren Öfen gearbeitet werden, wobei es nur eine Frage der Geschicklichkeit ist, die größeren Barren zu handhaben. Abb. 262 und 263 veranschaulichen

Abb. 263.
Bruchprobe.

Brüche an Spitze und Boden von einem Schnelldrehstahlblock, der in einem
3 t-Ofen hergestellt wurde.

Für Motor-, Flugzeug-, nichtrostenden und Magnetstahl, sowie für andere Stahllegierungen sind Öfen von 12 t Aufnahmefähigkeit errichtet worden. Die Raffination kann leicht durchgeführt werden unter Verwendung von Drehspänen und Abfallenden.

Es sei ein Fall erwähnt, wonach ein 5 t-Ofen, der jede 2½ Stunde eine Schmelze ausbringt, eine Leistungsfähigkeit besitzt, die 36 Tiegeln entspricht, von denen jeder zweimal 25,4 kg faßt. Der Elektroofen erfordert einen gelernten Mann und eine Hilfe, wohingegen 36 Tiegel etwa 15 Mann verlangen, von denen die meisten gelernte Arbeiter sein müssen.

6. Zustellung. Die Zustellung muß aus einem Material bestehen, das den Strom leitet. Bevorzugt sind Dolomit- oder Magnesitgemische, die bei genügender Erwärmung hinreichend leitfähig werden.

7. Elektroden. Es werden sowohl amorphe Kohlen- als auch graphitierte Elektroden benutzt.

8. Erhitzung. Die Erhitzung des Ofens ist ähnlich wie beim Nathusius-ofen; das Schmelzgut wird sowohl von oben durch eine Lichtbogenheizung als auch von unten durch eine Widerstandsheizung erhitzt. Die Bodenheizung hat auch bei dem Greaves-Etchellsofen weniger eine praktische thermische Bedeutung. Dagegen trägt sie auch hier zur Stromdämpfung bei auftretenden Stromstößen, die in der Lichtbogenheizung hervorgerufen werden, bei. Der Vorteil der Bodenheizung dieses Ofens besteht darin, daß keine Stahlelektroden, die durch Wasser gekühlt werden, erforderlich sind. Die Herdzustellung ist demnach frei von Fremdkörpern. Folglich ist auch die Lebensdauer der Herdausmauerung eine wesentlich längere und besitzt ungefähr eine Ausdauer wie die des Héroultofens.

9. Temperaturregelung. Die dem Ofen zugeführte Energie wird einerseits durch die Länge der Lichtbögen und anderseits durch die verschiedenen Spannungen geregelt.

10. Durchmischung des Bades. Die Bodenheizung, die ein anderes Potential besitzt als die Lichtbodenheizung, bewirkt, daß motorische Effekte im Schmelzgut auftreten. Es findet folglich eine Durchmischung des Bades statt, die ein gleichmäßiges Endprodukt sichert.

11. Kippbare Anwendung. Der Ofen ist, wie schon erwähnt wurde, mit einem Kippwerk versehen, dessen Ausgußschnauze immer senkrecht über ein und derselben Stelle bleibt. Hierdurch wird erreicht, daß die zum Ausguß herangeführte Gießpfanne die Kippbewegung des Ofens nicht mitzumachen braucht, sondern an ihrer Stelle verbleiben kann.

12. Übersichtlichkeit des Herdes. Der Ofen entspricht seinem inneren Aufbau nach dem Héroultofen; er gestattet eine gute Übersicht des ganzen Schmelzvorganges. Auch bieten die Seitentüren jede Möglichkeit einer raschen Beschickung des Herdes, restlose Abschlackung und Entnahme von Proben.

Abb. 264.
Ansicht eines kleineren Greaves-Etchellsofens mit zwei Elektroden.

13. Größe des Ofens. In nachstehender Zusammenstellung sind die Ofengrößen, die zugehörigen Anschlußwerte, sowie die Schmelzleistungen angegeben:

Zusammenstellung 45.

Ofen-größe in t	Ener-gieauf-nahme in kVA	Schmelzen und Raffinieren von kalten Abfällen			Raffinieren von flüssigem Einsatz		
		Anzahl der Schmel-zungen in 24 Stunden	Leistung in 24 Stunden in t	Leistung im Jahr (300 Tage) in t	Anzahl der Schmel-zungen in 24 Stunden	Leistung in 24 Stunden in t	Leistung im Jahr (300 Tage) in t
0,5	300	11	5,5	1 650	—	—	—
1	450	9	9	2 700	—	—	—
2	650	8	16	4 800	—	—	—
3	900	7	21	6 300	—	—	—
5	1 300	5,5	27,5	8 250	18	90	27 000
6	1 500	5	30	9 000	16	96	28 000
10	2 200	4	40	12 000	14	140	42 000
15	3 100	3—4	45—60	13 500—18 000	12	180	54 000
30	5 500	3	90	27 000	10—12	300—360	90 000-108 000

14. Ausführungen. Ein auf den Crescent Steel Works in Sheffield arbei-
tender 3 t-Ofen[1]) ist an ein Hochspannungsnetz von 11 200 Volt durch Zwischen-
schalten eines Transformators angeschlossen. Zum Einschmelzen dient eine
Spannung von 80 Volt, während für die Raffinationsarbeit mit 65 Volt gearbeitet
wird. Das Einschmelzen und Fertigmachen von 2,5 t Schnelldrehstahlabfällen
dauert etwa 4 Stunden. Der Leistungsfaktor beträgt 0,9.

Abb. 265.
Ansicht eines großen Greaves-Etchellsofens mit vier Elektroden.

Kilburn Scott[2]) teilt über diesen Ofen noch mit, daß durch die beschriebene
Art der Stromzuführung zum Ofen im Bade eine kreisrunde, durchmischende
Bewegung entsteht. Zur Verhinderung oder Milderung der schädigenden Wirkung von Stromstößen, die durch Kurzschluß der Elektroden entstehen, haben
die Erbauer des Greaves-Etchellsofens, wie schon oben mitgeteilt wurde, eine
besondere Transformatorenverbindung vorgesehen, in der Weise, daß jeder Kurz-

[1]) Iron and Coal Trades Review 1917, 2. Febr:, S. 119.
[2]) Iron and Coal Trades Review 1917, 6. Juli, S. 7.

schlußstrom einer Elektrode zwei in Reihen geschaltete Transformatoren verschiedener Phasen durchlaufen muß.

Der Schmelzbetrieb wird wie folgt geleitet: Man setzt Abfälle, Schienen und Rohrenden usw. ein, füllt die Zwischenräume mit Dreh- und Bohrspänen aus, gibt etwas Eisenerz auf und schmilzt ein. Nachher gibt man zur Entphosphorung eine Schlacke aus Kalk und Flußspat auf, zieht diese Schlacke ab, setzt eine weitere Schlacke aus Kalk, Flußspat und Sand zu, streut etwas Anthrazit auf die geschmolzene Schlacke und wiederholt diesen Arbeitsgang, bis die Schlacke desoxydiert ist und weiß zerfällt; zum Schluß verwendet man noch Ferrosilizium.

In Zusammenstellung 46 sind noch eine Anzahl Ergebnisse über im Greaves-Etchellsofen hergestellte Stähle mitgeteilt.

In den Abb. 264 und 265 werden noch zwei Ausführungen des Greaves-Etchellsofens gezeigt.

Die Erbauer dieses Ofens sind T. H. Watson & Co., Ld. Sheffield.

Der Grönwall-Dixonofen.

1. **Geschichtliches.** Der schwedische Ingenieur Grönwall ist bereits seit dem Jahre 1904 auf dem elektrothermischen Gebiet bekannt. Seine ersten Versuche waren, Eisenerze mittels Elektrizität zu verhütten. Die Stora Kopparbergs Aktiebolag stellten damals 100000 Kr. zur Verfügung und schloß mit dem Erfinder Grönwall wegen Errichtung einer Schmelzanlage für 10000 t Jahreserzeugnis einen Vertrag ab[1]).

Zu Ende 1909 wurde eine große elektrische Hochofenanlage in Donmarvet von der Electrometall-Aktiebolaget in Ludvika nach den Ideen der Ingenieure Grönwall, Lindblad und Stalhane in Schweden gebaut, welche für 1000 PS und Drehstrom bestimmt war. In diesem Werke wurde die Erzeugung sofort mit Erfolg aufgenommen. Über die wohlgelungenen Versuche der elektrischen Roheisenerzeugung in Schweden berichtet Neumann[2]) eingehend. Auch wird von Haanel, dem norwegischen Komitee und Yngström, dem Leiter der Versuche, über diese Arbeiten an verschiedenen Stellen berichtet.

Der Plan zur elektrischen Roheisenerzeugung wurde 1906 gefaßt; es waren namhafte Gelder für die Versuche bewilligt worden. 1907 wurde der erste Versuchsofen in Donmarvet in Betrieb gesetzt. Er hatte einen kleinen Schacht, welcher mit saurem Futter (Quarz) ausgekleidet war. Der Herd bestand aus zwei Rinnen mit Stromzuführung durch den aus einem Kohlenblock hergestellten Boden. Die Kohlenmasse war auf der Kupferplatte aufgestampft worden. Die Inbetriebsetzung erfolgte durch Wind, die Weiterführung des Betriebes nach Abstellung des Windes durch den elektrischen Strom. Die Kontakte befanden sich an den auf einer Seite liegenden Enden der Rinne. Das Ergebnis

---

[1]) Meyer, Geschichte des Elektroeisens, Verlag von Julius Springer, Berlin 1914, S. 40, 43, 75/78 und 103.
[2]) Stahl und Eisen 1909, S. 1801.

Zusammenstellung 46.

Described as	C	Si	Mn	S	P	Ni	Cr	V	Elastizitätsgrenze in lbs.	max. Druckbeanspruchung in lbs.	Verlängerung %	Flächenverminderung %	Brinellsche Härte	Stoßprobe
Plain carbon, rolled . . .	0,35	—	—	0,015 z u 0,02 maximum		—	—	—	73,900	97,440	24,0	53,6	—	57,0
” ” ” . . .	0,15	—	—	0,015 zu 0,02 maximum		—	—	—	53,200	83,900	32,0	47,0	156	1560¹)
Ni-Cr { Hammered and rolled to ³/₄" dia. }	0,27	0,002	0,35	0,014	0,008	4,63	1,35	—	169,500	232,000	13,5	39,2	418	25,0
”	0,27	0,002	0,35	0,014	0,008	4,63	1,35	—	169,500	237,900	13,5	43,3	402	25,0
”	0,27	0,002	0,35	0,014	0,008	4,63	1,35	—	193,600	241,500	11,3	39,0	418	25,0
”	0,27	0,002	0,35	0,014	0,008	4,63	1,35	—	198,400	227,000	10,0	27,6	402	29,3
”	0,27	0,002	0,35	0,014	0,008	4,63	1,35	—	198,700	221,800	11,5	33,6	402	31,7
”	0,27	0,002	0,35	0,014	0,008	4,63	1,35	—	197,100	241,000	12,5	36,4	402	24,7
”	0,27	0,002	0,35	0,014	0,008	4,63	1,35	—	222,800	237,800	11,3	42,3	430	31,7
”	0,37	0,25	0,70	0,018	-0,02	3,00	0,65	—	136,800	151,000	18,0	51,8	302	59,0
”	0,37	0,25	0,70	0,018	0,02	3,00	0,65	—	139,200	152,700	18,5	51,4	302	56,5
”	0,37	0,25	0,70	0,018	0,02	3,00	0,65	—	229,100	251,780	2,0	6,8	477	6,5
Ni-Cr	0,30	—	—	—	—	4,50	1,50	—	207,300	246,800	14,5	39,2	—	24,0
Ni-Cr	0,30	—	—	—	—	3,00	0,75	—	109,800	118,800	22,0	57,0	—	102,0
Ni-Cr	0,30	—	—	—	—	3,00	0,75	—	134,400	145,600	19,5	64,0	—	77,0
Ni-Cr	0,30	—	—	—	—	3,00	0,75	—	150,000	156,800	17,5	57,0	—	70,0
Ni-Cr			Not given						150,800	163,800	21,5	43,76	—	10,200¹)
Ni steel	—	—	—	—	—	3,00	—	—	58,300	82,900	31,0	66,0	—	88,0
Ni steel	—	—	—	—	—	25,00	—	—	54,900	87,400	28,0	37,0	—	—
Cr V	0,401	—	—	—	—	—	1,00	0,20	152,300	172,500	13,5	39,0	—	—

¹) Stanton Stoßprobe, alle anderen sind Izod Stoßproben.

dieses ersten Versuches war gut. Man schritt sofort an den Umbau des Ofens und erhielt so einen zweiten Versuchsofen. Er wurde mit Magnesit ausgekleidet, und die Stromzu- und abführung wurde an der entgegengesetzten Seite des Ofens angebracht. Bei beiden Versuchen war der Herd in der Hitze leitend geworden, was stärkere Energieverluste ergab. Deshalb wurde beim dritten Versuche der Boden mit Graphitelektroden versehen und oberhalb in der Rastwandung Kohlenelektroden mit Wasserkühlung angebracht. So konnte das Leitendwerden des Herdes keine Verluste bringen, da der Strom in vertikaler Richtung floß. Jedoch wurde nun wieder das Mauerwerk nächst den Elektroden sehr stark angegriffen, was zu Störungen Anlaß geben mußte.

Es folgte daher im Jahre 1908 ein vierter Ofen. Bei diesem erhielt der Herd einen wesentlich größeren Durchmesser als der Schacht. Es wurde ein großer Schmelzraum mit gewölbter Decke hergestellt, durch welche die Elektroden seitlich schief eingeführt wurden. Die Wärme der Elektroden sollte nun auch zum Teil ausgenutzt werden können, statt daß sie nur dem Mauerwerk schädlich war. Die erste Reise mit diesem Ofen dauerte fast vier Wochen und zeigte, daß man auf dem richtigen Wege war, Elektro-Roheisen zu erzeugen. Es wurde ein sehr brauchbares, gut entschwefeltes Produkt gewonnen, und ließ sich der Kohlenstoffgehalt gut regeln. Der Kraftverbrauch war sehr hoch; er betrug 4485 kWh für die Tonne Roheisen. Es ist zu bemerken, daß bei diesem Ofen die Gichtgase noch nicht zur Wiederverwertung gelangten.

Man schritt nach diesen günstigen Versuchen zum Bau eines großen Hochofens, welcher bereits zu Weihnachten 1908 in Betrieb gesetzt werden konnte. Der elektrische Roheisenerzeugungsofen hatte, wie Abb. 266 und 267 zeigen, die Gestalt eines gewöhnlichen Hochofens mit der Abweichung, daß der Herd nach dem Muster des vierten Versuchsofens durch einen großen erweiterten Schmelzraum gebildet wurde. Hochofen und Herd sind als getrennte Teile ausgebildet. Der Schacht ruht auf eisernen Säulen, welche um den Herd herum aufgestellt sind. Die Gichtgase werden vom Staub gereinigt und nächst den Kohlenelektroden eingeblasen, wodurch eine Kühlung der Herddecke erzielt wird. Drei Elektroden ragen schief durch die Decke in den Herdraum hinein. Dieselben sind aus zwei nebeneinanderliegenden Teilen hergestellt und an Drahtseilen aufgehängt. Sie werden von Hand aus höchstens täglich dreimal reguliert. Der Schacht ist an der Gicht mit Trichter und Glocke verschlossen. Charakteristisch sind an diesem Ofen der Hochofenschacht, der breite Herd, die Art der Elektrodeneinführung und die Kühlung des Herdgewölbes durch die Gichtgase, welch letztere auch als Reduktionsmittel wirken. Was die Kühlung des Gewölbes anbetrifft, so ist diese sowohl wegen der Haltbarkeit als auch deshalb notwendig, weil sein Material in der Hitze leitend wird.

Der Ofen wurde mit Drehstrom, 25 Perioden, betrieben, die Transformatorspannung betrug normalerweise 40 Volt. Durch Regelung am Generator, also in der Primärwicklung, war es möglich, die Spannung zwischen 20 und 80 Volt zu ändern.

Der Wirkungsgrad des Ofens betrug 54 bis 58%. Für 1 t Roheisen wurden anfangs 3286 kWh, später durchschnittlich über 3000 kWh benötigt. Der

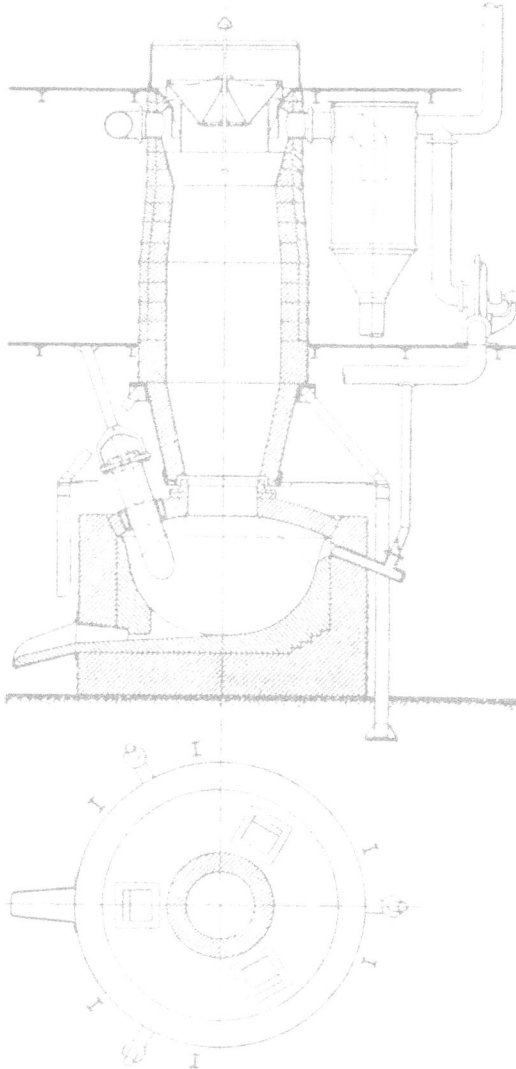

Abb. 266 und 267.
Elektrischer Hochofen von Grönwall, Lindblad und Stalhane.

Elektrodenverbrauch betrug dann 13,8 kg. Die Herstellungskosten waren 50 Kr. schwedischen Geldes je t. Die Haltbarkeit des Ofens wurde auf ein Jahr geschätzt, nur die Decke und die Eintrittsstellen der Elekroden wurden stärker angegriffen, so daß hier häufigere Ausbesserungen nötig waren.

Die drei schwedischen Ingenieure Grönwall, Lindblad und Stalhane haben dann später einen Elektrostahlofen durchgebildet und dieses System „Elektrometall" genannt. Der Ofen besitzt gemäß Abb. 268 und 269 zwei Kohlenelektroden oberhalb des Bades und eine solche, welche in der Herdsohle eingebaut ist. Letztere ist mit dem Herde, welcher aus Magnesitsteinen besteht, in leitender Verbindung, und die ganze Sohle ist mit aufgestampftem Dolomit bedeckt. Die oberen Elektroden sind mit den Zuleitungen eines Zweiphasenwechselstromnetzes verbunden; die Ableitung erfolgt durch die Bodenelektrode.

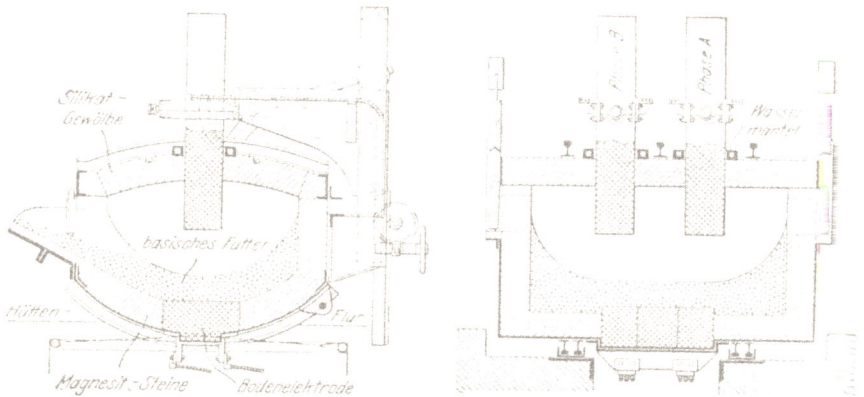

Abb. 268 und 269.
Elektrostahlofen von Grönwall, Lindblad und Stalhane.

Es entstehen so zwei voneinander unabhängige Lichtbogen. Wenn einer abreißt, so bleibt der andere bestehen, und der Stromstoß wird dadurch auf die Hälfte herabgemindert. Es soll eine gute Durchmischung des Bades und gleichmäßige Erhitzung stattfinden, da auch der ganze Herdboden mit erhitzt und dabei stromleitend wird. Kalte Stellen im Bade werden also vermieden. Ein solcher Ofen ist in Sheffield aufgestellt worden.

Später wurde dieser Ofen in Amerika eingeführt und dort durch Neuerungen, die Josef L. Dixon von der John A. Crowley Company in New York und Detroit patentiert wurden, verbessert. Seitdem führt er den Namen Grönwall-Dixonofen.[1]

2. Aufbau des Ofens. Wie die Abb. 270 bis 272 erkennen lassen, hat der Grönwall-Dixonofen mit dem vier Elektrodenofen Bauart Greaves-Etchels-ofen große Ähnlichkeit. Auch hier ist die Ofenwanne zylindrisch, ein geräumiger Herd und ein flacher, aufgesetzter Deckel vorhanden. Der Ofen wird von einem elektrisch angetriebenen Schneckengetriebe A mittels des Gestänges B C gekippt.

---

[1] Iron Age, 1916, S. 94/7, 1916, S. 517/20. Stahl und Eisen 1918, S. 60/62.

Das mit Silikasteinen hergestellte Deckengewölbe *D* ist in einem Ring aus doppelten Winkeleisen mit Blechumfassung gespannt, um bei Neuzustellung oder gründlichen Ausbesserungen abgehoben werden zu können. Der Herd besitzt sowohl eine Vorder- und Hinteröffnung; die vordere Türe ist zur Aufnahme einer abhebbaren

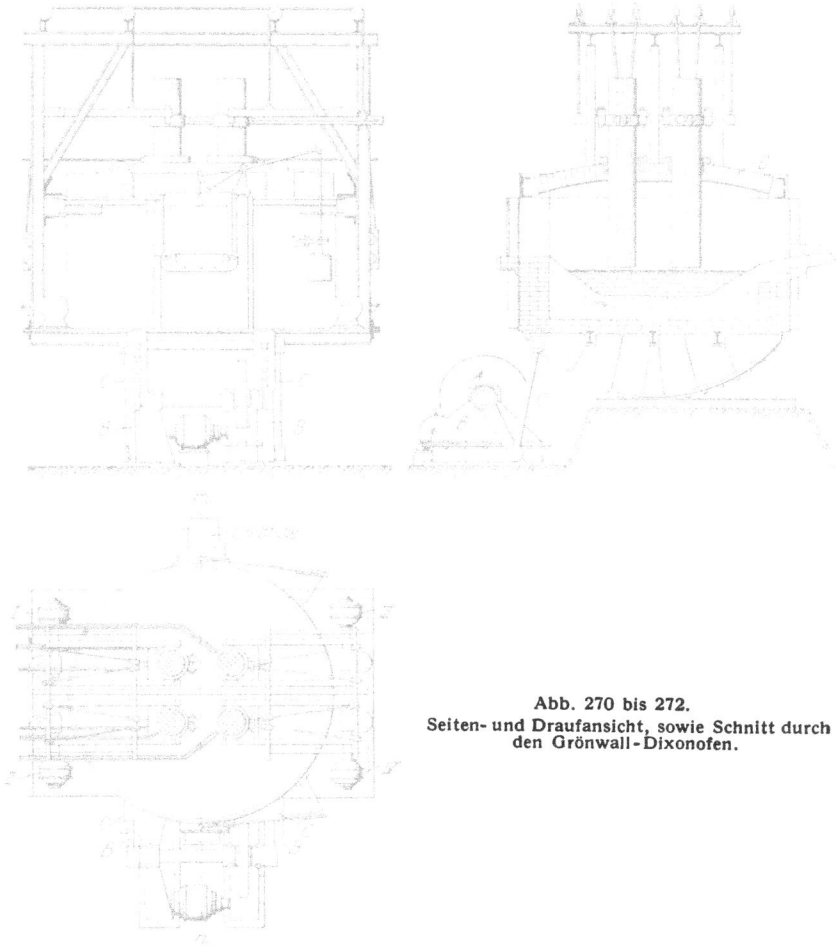

Abb. 270 bis 272.
Seiten- und Draufansicht, sowie Schnitt durch
den Grönwall-Dixonofen.

Gießschnauze eingerichtet und wird sowohl zum Füllen als auch beim Gießen benutzt. Die elektrische Ausrüstung besteht für Öfen unter 5 t Fassung aus zwei Lichtbogenelektroden, bei Öfen von 5 t Fassungsvermögen aufwärts aus vier oberen Elektroden. Ferner ist im Herd eine neutrale Elektrode, die gleich den oberen Elektroden aus Kohle besteht, vorhanden. Benutzt wird zweiphasiger Strom; je zwei obere Elektroden sind mit einer Phase verbunden, während die Herdelektrode an dem Knotenpunkt liegt. Die Stromführung entspricht der des Rennerfeltofens, nur daß beim Grönwall-Dixonofen die neutrale Elektrode nicht oberhalb des Eisenbades, sondern unter dem Herde angeordnet ist. Sie liegt hier völlig im Mauerwerk des Herdes eingebettet, hat genügend Schutz gegen auftretende Hitzewirkungen und bedarf keiner besonderen Kühlung oder eines Wärmeschutzes. Die Lichtbogenelektroden sind in einer eisernen Rahmenkonstruktion derartig angeordnet, daß dieselben unbedingt senkrecht in den Herd geführt werden müssen, wobei möglichst die Gefahr eines häufig beim Regeln der Elektroden auftretenden Bruches vermieden wird. Für jede Elektrode ist seitlich in übersichtlicher Weise ein Elektromotor angebracht, um die Regelung, also Auf- und Abwärtsbewegung der Elektroden, einzeln vornehmen zu können. Zudem kann jeder Elektrode gesondert für kürzere oder längere Dauer eine größere oder geringere Strommenge zugeführt werden. Sämtliche Schaltungen, sowohl die der Elektrodenbewegung als auch die der Stromzuführung, sind erfahrungsgemäß auf einem Schaltbrett vereinigt, wodurch die Regelung der Stromzuführung und -wirkung vereinfacht wird. Die Lichtbogenelektroden können serienweise, parallel oder gemischt geschaltet werden. Im ersten Falle wirkt die neutrale Bodenelektrode zum Ausgleich der Stromschwankungen, während sie im anderen Falle der normalen Rückleitung dient. Durch die mannigfachen Möglichkeiten der Stromzuführung sind ähnliche Vorteile möglich, wie wir sie beispielsweise vom Nathusiusofen schon kennen gelernt haben. Man vermag während des Schmelzens mit langen Lichtbögen von hoher Spannung zu arbeiten, ohne nennenswerte Energieverluste befürchten zu müssen. Nach dem Schmelzen, im Abschnitte des Frischens, Nachgattierens, Rückkohlens usw., wird dann durch Verkürzung des Lichtbogens und Verminderung der Spannung die strahlende Hitzewirkung auf das Deckengewölbe und die Seitenwände wesentlich vermindert. Es lassen sich so die Schmelzung und die folgenden chemischen Vorgänge am raschesten und mit dem geringsten Kostenaufwande erreichen. Mit Hilfe der neutralen Bodenelektroden können schließlich magnetische Wirkungen erzielt werden, die das Eisenbad in lebhafter Bewegung erhalten.

3. Ausführungen. Abb. 273 zeigt den auf dem Werke der Railway Steel Spring Company[1]) in Detroit seit dem 25. Juli 1915 tätigen Ofen, der zur Zeit der Berichterstattung mehr als 900 Schmelzreisen hinter sich hatte. Man erschmolz dabei alle Arten von Weicheisen- und Stahlabfällen, große und kleine Brocken, zum Teil mit sehr hohem Schwefel- und Phosphorgehalte, und allerlei Späne von Sonderstählen mit Nickel- und Chromgehalten. Erzeugt wurde ein hochwertiger Werkzeugstahl, Nickelstahl und Nickel-Chromstahl mit 0,25 bis 0,35% C (weiche Sorte) und 0,50 bis 0,60% C (harte Sorte), etwa 1,5% Ni und 0,75 bis 1% Cr. Der niedriggekohlte Stahl wurde zu Werkzeug für Einsatzhärtung verarbeitet. Auch Chrom-Vanadium-Stahl mit 1% Cr und 0,18% Va wurde anstandslos hergestellt. Eine Schmelzung währte im Durchschnitt 4 bis 5 Stunden und erforderte nach Angabe der Veröffentlichung 550 bis 600 kW-h

[1]) Iron Age 1916, 7. Sept., S. 517.

für 1 t Stahl, was jedoch praktisch nickt ganz glaubwürdig erscheint. Man vermochte eine Beschickung mit 0,10% S und P mit nur einer Schlacke unter 0,03% zu bringen und konnte danach leicht mit einer zweiten Schlacke den Gehalt an diesen Elementen auf 0,01% herabdrücken. Die meisten Schmelzungen hatten Stahl mit 0,35 bis 0,65% C zu liefern, wobei zur Rückkohlung Ferrolegierungen verwendet wurden.

Abb. 273.
Ansicht eines Grönwall-Dixonofens.

Der Booth-Hallofen.

1. Geschichtliches. Der Booth-Hallofen ist seit dem Jahre 1918[1]) bekannt. K. W. Booth hat den Grundgedanken dieses Ofens entwickelt, während Hall sich mit der konstruktiven Durchbildung desselben beschäftigt hat. Der Ofen hat sich hauptsächlich in den Vereinigten Staaten eingeführt.

2. Aufbau des Ofens. Die Ofenwand besitzt eine runde Form. Der wannenförmige Herd ist besonders stark mit der Zustellungsmasse ausgelegt. Die Schicht beträgt etwa 60 cm, und zwar deshalb, weil sie noch Bodenelektroden aufzunehmen hat, die etwa 45 cm unter der Herdfläche liegen. In Abb. 274

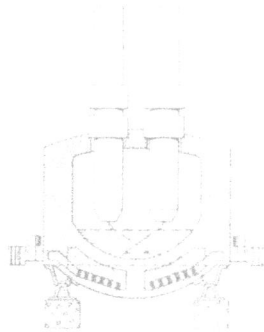

Abb. 274.
Aufbau des Booth-Hallofens.

---

[1]) Metal and Chem. Ing. 1918, 15. Februar, S. 211/12.

ist die Anordnung der eisenrostähnlichen Bodenpole zu sehen. Sie sind den Bodenelektroden des Nathusiusofens ähnlich, ihrer Lage nach aber tiefer eingebettet; ihre Entfernung vom Schmelzgut ist so groß, daß auf eine künstliche Kühlung dieses Stahlgußelektroden verzichtet werden kann. Der Ofen wird mit zwei, drei oder vier Lichtbogenelektroden ausgerüstet. Dies richtet sich nach dem Verwendungszweck, nach der Ofengröße und nach der verfügbaren Stromart. Die Einsatz- und Arbeitstüre des Ofens ist anders gebaut als sonst sie ist oval und hat einen durch Gewichte ausgeglichenen Verschluß. Die Beschickungsöffnung befindet sich an der Hinterwand, der Ausguß vorn an

Abb. 275.
Ansicht eines Booth-Hallofens.

Ofen. Die Elektrodenfassungen sind von besonderer Bauart; die Anordnung der Elektrodenhalter zeigt Abb. 275. Die Elektrodenfassungen und Halsringe sind wassergekühlt.

3. Stromart. Der Ofen läßt sich für ein-, zwei- und dreiphasigen Wechselstrom bauen. Bei Verwendung als Einphasenofen ist eine Haupt- und eine Nebenelektrode vorzusehen, wobei der Herd leitend auszugestalten ist und ein eingebauter Stahlrost die Stromzu- und -ableitung übernimmt. Der Zweiphasenofen hat zwei Hauptelektroden und zwei Roste; der Dreiphasenofen drei Hauptlektroden, aber nur einen Rost. Für großen Fassungsraum käme am zweckmäßigsten der Dreiphasenofen, für mittleren und kleinen der Zweiphasenofen in Frage.

4. Einfluß auf das Netz.

5. Anwendung. Diese beiden Punkte entsprechen den früheren Mitteilungen, beispielsweise denen des Nathusiusofens.

6. Zustellung. Die Herdmasse besteht aus gesintertem Magnesit oder Dolomit, die Wände aus Magnesitsteinen, das Gewölbe aus Quarzsteinen.

7. Elektroden. Es werden sowohl graphitierte als auch amorphe Kohlenelektroden gebraucht. Der Elektrodenverbrauch soll besonders beim Zweiphasenofen gering sein.

8. Erhitzung. Abb. 276 bis 278 zeigen die Elektrodstellung der erwähnten Betriebsarten; dabei fällt auf, daß neben den genannten Hauptelek-

Abb. 276 bis 278.
Die Elektrodenstellungen beim Booth-Hallofen.

troden immer noch eine (als schwarzer Punkt gezeichnete) Hilfselektrode vorhanden ist. Diese kommt bei Beginn des Schmelzens zur Verwendung, wenn der Ofen mit kaltem Schrott beschickt ist. Die Hilfselektrode drückt mit ihrem eigenen Gewichte auf den Schrott, die beiden Hauptelektroden werden etwas in die Höhe gezogen, so daß sich zunächst zwischen Schrott und den Hauptelektroden Lichtbögen bilden, während die Hilfselektrode, unter der sich kein Lichtbogenbildet, nur als Stromzuführung zum Schrott dient. Sobald sich ein genügender Metallsumpf gebildet hat und der Herdboden leitend geworden ist, wird die Hilfselektrode in die Höhe gezogen; sie bleibt dann stromlos im Ofen. Die Hilfselektrode wird bei kaltem Ofen in 30 bis 45 Minuten zurückgezogen, bei warmem Ofen in 15 Minuten. Öfen von 0,5 bis 6 t werden in der Regel für Zweiphasenstrom gebaut. Die Schaltung zeigt Abb. 279. Der Stromweg ist hierbei folgender: Die Sekundärspule ist mit dem einen Ende an die äußere Lichtbogenelektrode angeschlossen. Der Strom fließt durch diese, unter Lichtbogenbildung ins Bad und durch die andere

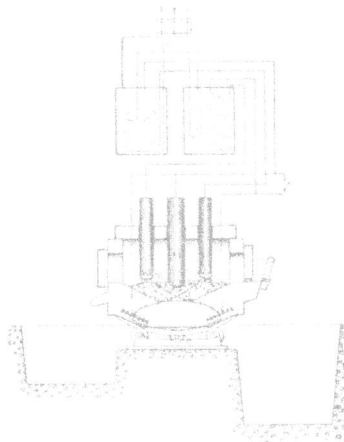

Abb. 279.
Aufbau und Schaltung des Booth-Hallofens.

Bodenelektrode zurück zu dem anderen Ende. Der Stromverlauf der anderen Sekundärspule verhält sich genau so, nur entgegengesetzt.

9. Durchmischung des Bades. Da die Bodenelektroden gut voneinander isoliert sind, und mit den beiden Hauptelektroden in der Weise verbunden sind, daß der Strom der beiden Phasen sich kreuzt, so dürfte hierdurch eine gute Durchmischung des Bades erreicht werden.

10. Temperaturregelung. Die Hauptelektroden sind selbsttätig regelbar. Die Stromzufuhr kann weitgehend geregelt werden.

11. Kippbare Anwendung. Der Ofen ist vor- und rückwärts kippbar, so daß ein einfaches Abschlacken und ein ebenso leichtes Abstechen des Ofens möglich ist.

12. Übersichtlichkeit des Herdes. Der Herd und somit der Schmelzvorgang läßt sich leicht beobachten.

13. Größe des Ofens. Der Ofen wird für 0,75; 1; 1,5; 2; 3; 4; 6; 8; 12 und 15 t Fassungsvermögen ausgeführt.

14. Ausführungen. Auf dem Stahlwerk Terre Haute der Midland Electric Steel Co., Indiana, ist ein Booth-Hallofen zur Aufstellung gekommen. Für den Ofen steht Drehstrom von 13200 Volt und 60 Perioden zur Verfügung. Zwei Einphasentransformatoren sind mit Scottschaltung ausgerüstet und dieren dazu, den hochgespannten Strom auf 125 Volt umzuformen. Der Ofen ist für 3 bis 5 t Fassung gebaut. Der Leistungsfaktor soll 90% betragen. Die Ofenbelastung ist bei Vollast 1100 bis 1100 kW. Im Dauerbetrieb wird für den Booth-Hallofen ein Stromverbrauch von 550 bis 560 kWh/t Stahl angegeben.

Die Ausführung des Ofens erfolgt durch die Booth Electric Furnace Corp Chicago, III, 326 W. Madison Street.

Der drehbare Trommelofen, Bauart Ruß.

1. Einleitung. Der Verfasser[2]) dieses Buches hat zum Schmelzen von Metallen und Eisen einen Lichtbogen-Trommelofen, Bauart Ruß (D. R. P. 1) eingeführt, der insbesondere für den unmittelbaren Anschluß an Drehstrom geeignet ist. Der Ofen wurde anfänglich hauptsächlich zum Umschmelzen von Kupfer und dessen Legierungen benutzt, neuerdings dient er auch für Grauguß, weshalb der Ofen hier Erwähnung finden soll.

2. Aufbau des Ofens. Grundlegend für den Ofen ist die zylindrische drehbare Trommel, die zu einem Herd ausgebildet ist und durch deren Seitenwände die Elektroden geführt sind. Bezüglich der Elektrodenanordnung ist der Verfasser zwei Wege eingeschlagen, wovon der eine wie der andere gewählt worden ist und beibehalten werden kann. In dem einen Falle werden die drei Elektroden von einer Stirnwand in den Herd geführt, wie in Abb. 280 zu sehen ist. Diese Anordnung hat den Vorteil, daß die Beschickungs- und Gießseite frei liegt, dagegen den Nachteil, daß die Elektroden schlecht zugänglich sind, sich schwer regulieren lassen und schließlich, daß die Zustellung der den Elektroden gegenüberliegenden Stirnwand, sowie ein größerer Teil des Herdes, infolge der ungeschützten Strahlungswärme des Lichtbogens, angegriffen wird. In dem anderen Falle werden nur zwei Elektroden durch die eine Stirnwand unter einem bestimmten Winkel in den Herd geführt, während die dritte Elektrode axial durch die andere Stirnwand in den Herd hineinragt (siehe Abbildung 281). Bei dieser Anordnung, die zweifellos größere Vorteile bietet,

---

[1]) Stahl und Eisen, 1921, S. 86/87.
[2]) Ruß, Die Elektrometallöfen, 1922, S. 77/88, Verlag von R. Oldenbourg, München.

treffen sich alle drei Elektrodenenden im Mittelpunkt des Schmelzraumes, so daß sich die strahlende Wärme gleichmäßig in dem ganzen Herd
verteilt. Da die Elektroden infolge ihrer Reflektorwirkung die Stirnwände

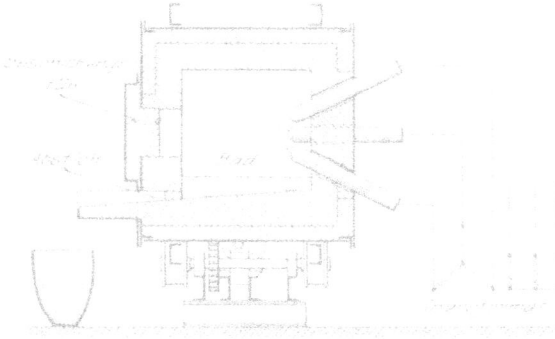

Abb. 280.
Lichtbogen-Trommelofen, Bauart Russ mit einseitiger Elektrodenanordnung.

vor übermäßigen Temperaturen schützen, so ist die denkbar beste Schonung
der Zustellung erreicht. Auch die Elektrodenregelung ist bei dieser Anordnung
einfacher und genauer, da die eine axial in den Herd geführte Elektrode nur

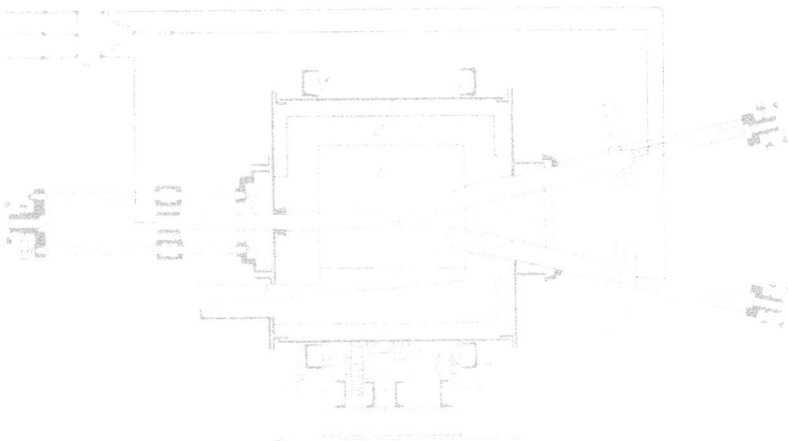

Abb. 281.
Lichtbogen-Trommelofen, Bauart Russ mit beiderseitiger Elektrodenanordnung.

bis in die Mitte des Schmelzraumes gefahren wird und während des ganzen
Schmelzvorganges stehen bleibt, während die anderen beiden Elektroden dazu
dienen, den Lichtbogen zu regeln oder umgekehrt. Wegen ihrer besseren

Verteilung ist die Zugänglichkeit der Elektroden unbedingt günstiger. Soll die Beschickungs- und Gießseite frei bleiben, so kann die Tür und das Abstichloch auf den Trommelumfang angeordnet werden.

Im übrigen besteht der mechanische Teil des Ofens aus der bereits erwähnten drehbaren Trommel mit den angeschraubten Seitenwänden aus Schmiedeeisen. An diese Seitenwände sind die Elektrodenständer angebracht. Die Elektrodenbewegung erfolgt durch Rundführung, mittels Spindelantrieb, der durch Kegelrad und Stirnradgetriebe entweder von Hand oder motorisch herbeigeführt wird. Die Trommel wird von zwei Rollkränzen umschlossen, die die Last des Ofens übernehmen. Diese Rollbahnen ruhen auf vier Auflagerollen, die mittels Zahnradvorgelege, Schneckengetriebe und Kupplung durch

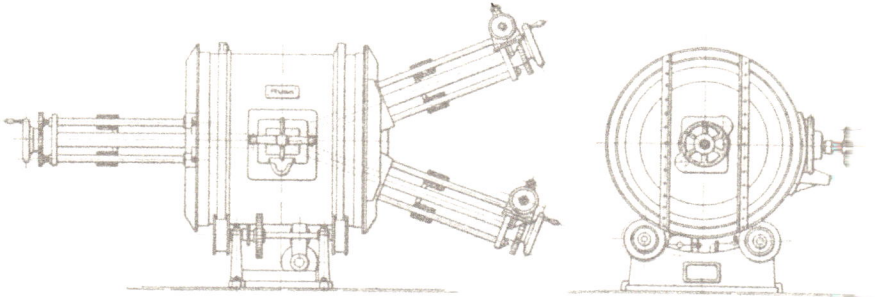

ABB. 282 und 283.
Aufbau des Lichtbogen-Trommelofens, Bauart Ruß.

einen Elektromotor angetrieben werden. Das Ganze ist in einem kräftigen Rahmen zusammengebaut. Die Rollkränze wälzen sich beim Umdrehen der Auflagerollen ab, wodurch der Ofen gedreht wird. Der äußere Aufbau des Lichtbogen-Trommelofens, Bauart Ruß ist aus den Abb. 282 und 283 ersichtlich.

3. Stromart. Mit Rücksicht auf den vorherrschend gewordenen Drehstrom sah sich der Verfasser veranlaßt, einen Trommelofen zu bauen, der unmittelbar an Drehstrom angeschlossen werden kann, allenfalls unter Zwischenschaltung eines Transformators. Steht einfacher Wechselstrom zur Verfügung, so wählt man nur zwei Elektroden, die durch jede der beiden Stirnwände in den Herd hineinragen und sich horizontal gegenüberstehen.

Der Ofen wird für mehrere Spannungen betrieben, und zwar von 70 bis 120 Volt. Ist die Normalspannung 110 Volt verfügbar, so kann diese unmittelbar verwendet werden. Die Periodenzahl 50 ist selbstverständlich geeignet, ebenso die Frequenz 25 oder 60. Der Leistungsfaktor cos φ ist 0,80 bis 0,90, also sehr günstig.

4. Beeinflussung des Netzes. Der Trommelofen, Bauart Ruß gestattet einen stromstoßfreien Betrieb, da die Elektroden mit der Schmelze nicht in Berührung kommen. Nur bei kaltem Ofen und hoher Spannung werden vorüber-

gehende Stromstöße verursacht. Die Ertahrungen mit Lichtbogen-Trommelöfen, bei denen die Elektroden nach Abb. 280 angeordnet sind, haben gelehrt, daß die Bedienung eines solchen Ofens große Aufmerksamkeit und genaue Kenntnis des Ofens erfordert. Es ist wiederholt vorgekommen, daß die eine oder andere Elektrode zu weit gesteuert wurde. Da normalerweise der Ofen verschlossen ist und die Strommesser über eine solche Überregelung ebenfalls keine Aufklärung geben, haben sich unliebsame Störungen ergeben. In der Regel wurde die überregulierte Elektrode von den benachbarten Lichtbögen auf ihrem Umfang durch Brandlöcher so geschwächt, daß das betreffende Elektrodenstück abbrach, ins Bad fiel und sich aufkohlte. Die Regelung an sich bot große Schwierigkeiten, da kein fester Anhaltspunkt für die Lichtbogenlänge vorlag. Bei der anderen Elektrodenanordnung nach Abb. 281 ist ein Überregeln der einen oder anderen Elektrode nicht möglich, auch bietet sie einen genauen Anhalt für die Einstellung der Lichtbögen. Mithin ist eine gleichmäßige Strombelastung bei dieser Elektrodenstellung gewährleistet. Die Abb. 284 zeigt eine Leistungskurve einer Bronzeschmelzung in einem 500 kg-Rußofen.

5. Anwendung. Der Ofen wurde ursprünglich für Nichteisenmetalle gebaut. In der letzten Zeit ist er jedoch auch für Grauguß in Anwendung gekommen und hat sich gut bewährt. Der Ofen liefert vor allem einen Guß ohne Roheisen zu benötigen, der an Reinheit keinem anderen gleichkommt.

6. Zustellung. Für die Auskleidung wird hochbasische Schamotte gewählt. Es kann entweder ein ganzer oder ein unterteilter Stein genommen werden. Zum besseren Wärmeschutz empfiehlt es sich, zwischen der Eisentrommel und dem Stein eine kräftige Lage Kieselgur einzustampfen. Eine Auskleidung hält bei richtiger Ofenwartung viele hundert Schmelzungen aus.

7. Elektroden. Wegen eines luftdichten Herdabschlusses ist es ratsam, graphitierte Elektroden zu verwenden, da diese abgedreht sind und genau in die Einführungsöffnungen passen.

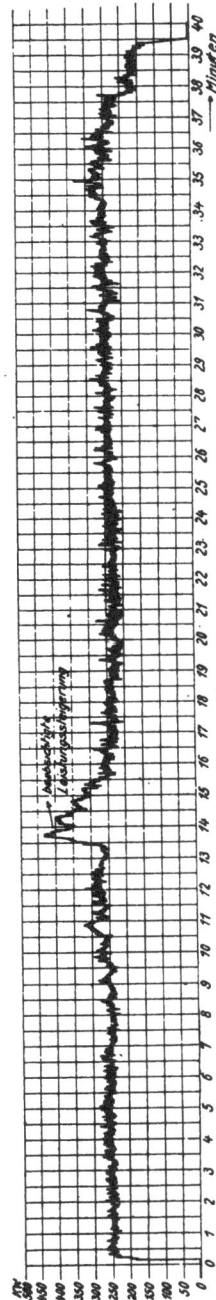

Abb. 284.

Belastungskurve über eine Metallschmelzung in einem 500 kg-Lichtbogen-Trommelofen, Bauart Russ.

8. Erhitzung. Die Wärme geht von dem Mittelpunkt des Herdes aus und verteilt sich gleichmäßig in dem ganzen Schmelzraum. Beim Umdrehen des Ofens wird die sich aufgespeicherte Hitze an der Herdwandung dazu benutzt, das Material auch von unten zu heizen. Hierdurch wird gleichzeitig eine Schonung der Zustellung erreicht.

Abb. 285.
Ansicht eines 500 kg-Lichtbogen-Trommelofens, Bauart Russ.

9. Temperaturregelung. Diese erhält man sowohl durch Änderung der Energiezufuhr als durch die Elektrodenverstellung und schließlich durch die Drehbewegung des Ofens.

10. Baddurchmischung. Die trommelartige und drehende Bauart dient in erster Linie dazu, mit dem Ofen eine innige Baddurchmischung zu bekommen. Diese wird in der gewünschten Weise vollauf erzielt.

11. Kippbarkeit. Es bleibt dem Geschmack bzw. der Betriebsweise überlassen, ob der Abstich an einer Stirnwandseite oder auf dem Trommelumfang angeordnet werden soll.

12. Herdübersicht. Bei geöffneter Türe oder weggenommenem Stopfen besteht die Möglichkeit einer hinreichenden Übersicht des Herdes.

13. Größe des Ofens. Der Lichtbogen-Trommelofen, Bauart Ruß ist bisher in vier Größen gebaut worden, und kommen hierfür die Zahlen der nachstehenden Zusammenstellung in Frage:

Zusammenstellung 47.

Ofengröße in kg	100	200	500	1000
Stromart	Wechselstrom		Drehstrom	
Anzahl der Elektroden	2	2	3	3
Stromanschluß in kVA	100	125	250	350
Betriebsspannung in Volt	70—100	70—100	70—110	70—120
Größtes Einsatzgewicht in kg . .	150	280	750	1500

Der Lichtbogen-Trommelofen, Bauart Ruß, kann selbstverständlich auch in jeder anderen Größe gebaut werden.

14. Ausführungen. Der Rußofen nach der bekannten Elektroden-anordnung, wie er bereits in Abb. 281 gezeigt wurde, wird im Bilde an eine ältere Konstruktion der früheren Ausführungsfirma in Abb. 285 veran-schaulicht. Es handelt sich um einen 500 kg-Ofen, in dem die verschieden-sten Metalle geschmolzen worden sind. Bei Grauguß ist mit einem Stromver-brauch von etwa 650 bis 700 kWh/t Gußeisen zu rechnen, während sich der Elektrodenverbrauch auf etwa 5 kg/t beläuft. In 24 Stunden vermag der Ofen 8 bis 10 Schmelzungen auszuführen.

Das alleinige Herstellungs- und Vertriebsrecht des Lichtbogen-Trommel-ofens, Bauart Russ liegt in Händen der „Russ" Elektroofen-Aktien-gesellschaft, Köln.

Der Lichtbogen-Flammofen, Bauart Ruß.

Der Lichtbogen-Flammofen, Bauart Ruß (D.R.P. a.) hat die Form eines geschlossenen Tiegels; siehe Abb. 286 und 287. Die Ofenwanne besteht aus einem senkrechten, schmiedeeisernen Zylinder, dessen unterer Teil den eigentlichen Schmelzherd bildet. Der Ofenkörper ist mit einer Wärmeisoliermasse und ferner mit feuerfesten Baustoffen ausgekleidet, deren chemische Zusammen-setzung und Hitzbeständigkeit sich nach den Ansprüchen des Schmelzgutes richtet. Von oben ist der Herd durch ein Gewölbe, das ebenfalls aus geeigneten feuerfesten Steinen besteht, abgeschlossen.

Durch den Deckel ragen drei Elektroden in den Herd, und zwar ist ihre Anordnung so gewählt worden, daß der Brennpunkt des Lichtbogens sich im Schmelzraume gleichmäßig verteilt. Hierbei hat die unmittelbare Wärme-wirkung der mittleren, senkrechten Elektrode den größten Anteil an besonders guter Wärmeausnützung. Aber auch die beiden geneigten Seitenelektroden richten ihre Wärmestrahlen erst auf das Schmelzgut. Trotzdem also der Licht-bogen mit dem Metall nicht in Berührung kommt, kann je nach Einstellung der Elektroden eine mehr oder weniger große Wärmeintensität auf das Schmelz-gut übertragen werden, ohne ein Verbrennen oder Verdampfen desselben be-

fürchten zu müssen. Auch wird der Deckel, da er weniger einer direkten Wärme-
bestrahlung unterliegt, sehr geschont, so daß seine Lebensdauer eine verhältnismäßig hohe ist. Auf dem Umfang der Ofenwanne ist eine mit feuerfesten
Steinen ausgekleidete Beschickungstüre vorgesehen. Diese greift in einen
Falz und läßt sich mittels einer Traverse und einer Spindelschraube so fest
anziehen, daß der Herd beständig luftdicht verschlossen werden kann. Direkt
unter der Tür befindet sich der Abstich, der durch einen passenden Formstein
das Innere abschließt.

Um ein Öffnen während des Schmelzens zu vermeiden, wird zur Beobachtung des Schmelzgutes der Stein von der Abstichöffnung kurzzeitig entfernt.

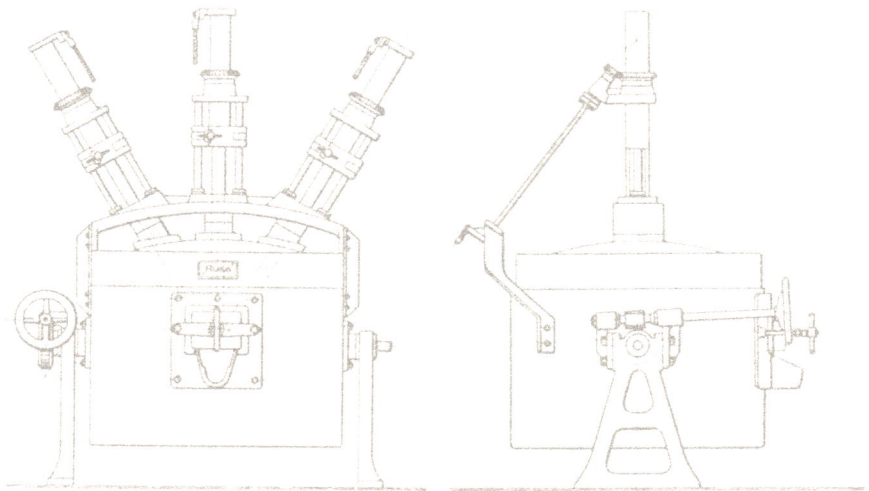

Abb. 286 und 287.
Aufbau des Lichtbogen-Flammofens, Bauart Russ.

Der Abstich über dem Bade hat vor allem bei der Stahlbereitung den großen
Vorteil, daß sich das Metall abschlacken läßt.

Der ganze Ofenkörper kann nach Abnehmen der Elektrodentraverse in
kürzester Zeit durch einen andern ersetzt werden. Diese leichte Auswechselbarkeit bietet den großen Vorteil, daß mit einer einzigen Ofenanlage und einigen
Ersatzofenwannen sowohl Stahl, als auch Eisen oder Metalle aller Art geschmolzen werden können, ohne das untereinander eine Verunreinigung eintritt.

Im übrigen ist der Ofen kippbar. Der Ofenkörper ruht in Zapfen auf
zwei kräftigen Ständern in Lagerböcken. Diese sind so ausgebildet, daß der
Kippantrieb, bestehend aus einer Schnecke und einem Schneckenrad und einer
Welle mit Handrad sowohl von der einen wie von der anderen Seite des Ofens
angebaut werden kann. Hierdurch ist man wenigstens in den Platzverhältnissen
nicht weiter behindert.

Über dem Ofenkörper ist eine besonders kräftige Elektrodentraverse in Rahmenkonstruktion aufgesetzt, die an die Ofenwanne auswechselbar angeschraubt wird. Zwischen dieser Traverse und dem Gewölbe ist wiederum für jede Elektrode ein Kühlring vorgesehen, der einerseits für einen luftdichten Herdabschluß und anderseits für eine ausreichende Schonung der Elektrode vor Verbrennung verbürgt.

Jede der drei Elektroden wird von zwei Säulen, die in der Traverse verschraubt sind, getragen und läßt diese Anordnung eine gute Übersichtlichkeit zu. Die Elektrodenbewegung für die Einstellung des Lichtbogens ist besonders sinnreich. Die Elektrodenklemme, die die Elektrode stromleitend umschließt, hat in ihrer oberen Fortsetzung einen Kupfermantel, auf dem außen ein scharfes Gewinde aufgeschnitten ist. Dieses ist mit einem Kegelräderpaar in der Weise verbunden, daß beim Drehen des Handrades eine Auf- und Abwärtsbewegung des Mantels und mithin der Elektrode herbeigeführt wird. Die Regelung kann sowohl in feinen als auch in groben Abstufungen erfolgen, was für einen einwandfreien Lichtbogen wichtig ist. Sobald einmal die mittlere Elektrode eingestellt ist, bleibt diese stehen, und es werden nur von Zeit zu Zeit die zwei Seitenelektroden bedient oder umgekehrt.

Der Lichtbogen-Flammofen kann für alle Metalle, zumal für Kupfer, Messing, Rotguß, Bronze, Nickel, Zinn, Blei, Silber, Kupfernickel, Lagermetall usw. und ferner für Grauguß, Stahl und Ferrolegierungen angewendet werden. Der Ofen kommt für 50, 100, 250 und 500 kg Fassung zur Ausführung. Dieser Ofen läßt sich direkt an Drehstrom 110 Volt, allenfalls sogar an 220 Volt, 50 Perioden anschließen. Sein Leistungsfaktor ist gut und beträgt etwa cos φ = 0,80 bis 0,85.

Der Lichtbogen-Flammofen wird sich vor allem in Stahlgießereien kleineren und mittleren Umfanges Eingang verschaffen, zumal er sich besonders durch seine geringen Anschaffungskosten auszeichnet. In bezug auf die Wirtschaftlichkeit dieses Ofens sei bemerkt, daß beispielsweise der 500 kg-Ofen bei bloßem Tagesbetrieb für das Schmelzen von Stahlformguß nur einen Stromverbrauch von 750 bis 850 kWh/t Stahl hat.

Der Lichtbogen-Flammofen wird von der „Russ" Elektroofen-Aktiengesellschaft, Köln ausgeführt.

5. Die Induktionsöfen.

Allgemeines.

Die Hauptgesichtspunkte der Induktionsheizung sind bereits auf S. 93 erläutert worden. Im Anschluß daran wurden die verschiedenen Ofenarten nach dem Induktionsprinzip vorgeführt, die sich in der Hauptsache durch die Anordnung der Primärspulen, durch die veränderliche Badform und schließlich durch die Ausbildung des Transformatorjoches unterscheiden.

300

In dem nunmehr folgenden Abschnitt sollen die Eigenschaften und die im Laufe der Zeit entstandenen Verbesserungen der verschiedenen Induktionsöfen beschrieben werden.

Vorerst dürften noch einige allgemeine Anhaltspunkte über diese Ofen voranzustellen sein. Insbesondere ist es für die objektive Betrachtung der mit in Kampf liegenden Lichtbogenöfen notwendig, die Leistungsfähigkeit und vor allem die Vorteile der Induktionsöfen in gleicher Weise zu beleuchten, wie dieses bei den Lichtbogenöfen geschehen ist.

Jeder Elektrotechniker wird ohne weiteres zugeben müssen, daß bei richtig gewählten elektrischen Verhältnissen die Sekundärseite eines Transformators soweit belastet werden kann, als man will. Da aber das Schmelzbad bei einem Induktionsofen nichts anderes als die Sekundärseite eines Transformators ist, so läßt sich also in der Beschickung jede beliebig hohe Temperatur erreichen. Da man andererseits durch einfache Spannungsregulierung den Wärmenachschub in der Hand hat, so kann man auch die für die Raffination wichtigste Zone (die Berührungsoberfläche zwischen Metall und Schlacke) so heiß bekommen, als man wünscht. Es fallen somit die Behauptungen, daß man die Schlacke im Induktionsofen für die Raffination nicht heiß genug bekommt, weg. Allerdings geht dieses auf Kosten des Stromverbrauches, denn die Schlacke ist nichtleitend, in ihr kann demnach kein Strom induziert werden, der sich in Wärme umsetzt, folglich muß die Erhitzung der Schlacke durch das Bad erfolgen, womit ein höherer Stromverbrauch verbunden ist.

Das Ausgangsprodukt beim Induktionsofen ist teils Roheisen, teils flüssiger Einsatz aus dem Konverter oder Martinofen und teils Schrott. Trotz dieser verschiedenartigen Ausgangsmaterialien zeigen die Endprodukte keine Unterschiede bezüglich der Qualität. Ja, einzig und allein verdankt der Induktionsofen seine Daseinsberechtigung und die Berechtigung seines Fortbestehens daher, daß er die gegebene Schmelzeinrichtung ist, die die denkbar besten Stahlqualitäten herzustellen vermag, die selbst dem Tiegelstahl überlegen sind. Denn der Induktionsofen besitzt die bisher reinste elektrische Heizung und insbesondere die aller anderen Heizverfahren. Jede Verunreinigung des Schmelzgutes, die durch die Wärmequelle hervorgerufen werden könnte, schließt die Induktionsheizung aus, so daß sie noch die Lichtbogenheizung übertrifft, bei welcher bekanntlich das Auftreten kohlenstoffhaltiger Dämpfe durch die Lichtbogenbildung unvermeidlich ist. Ferner tritt beim Induktionsofen der vollständige Abschluß des Herdraumes hervor, der jede Beeinflussung der Schmelze durch die atmosphärische Luft ausschließt. Also auch in dieser Beziehung übertrifft der Induktionsofen den Lichtbogenofen, bei dem das Auftreten von Zugluft infolge der Deckelöffnungen zwecks Einführung der Lichtbogenelektroden kaum zu verhindern ist.

Der Induktionsofen kommt demnach in der Hauptsache für die Erzeugung von hochwertigen Qualitätsstahlsorten in Frage, während für gewöhnlichen Stahlformguß dem Lichtbogenofen der Vorrang nicht abgesprochen werden kann.

wie wir noch aus folgenden Erwägungen, die wirtschaftlicher Art sind, erfahren werden.

Bleiben wir aber vorläufig bei den vorteilhaften Eigenschaften des Induktionsofens stehen, und fassen diese zusammen, so ist es einleuchtend, daß die Schmelze mittels Widerstandsheizung auf jede beliebige Temperatur erhitzt werden kann, da die Stromübertragung von der Primärwicklung des Ofentransformators zum Schmelzgut durch Induktion erfolgt. Die Heizung erfolgt in der Schmelze selbst, und zwar in allen Teilen derselben gleichmäßig (vorausgesetzt, daß die Schmelzrinne einen gleichen Badquerschnitt hat), so daß örtliche Überhitzungen des Schmelzgutes nicht auftreten können. Da ferner die Stärke der Widerstandserhitzung bei gegebenem Badquerschnitt nur von der Spannung abhängig ist, unter welcher der Strom dem Ofentransformator zugeführt wird, so kann die Temperatur in der Schmelze durch Änderung der Spannung genau eingestellt und eingehalten, erhöht und erniedrigt werden.

Im Gegensatz zum Lichtbogenofen wird bei der Induktionsheizung die Schlacke vom Schmelzgut aus geheizt. Beide Ofenparteien sprechen der Beheizung der Schlacke einmal durch den Lichtbogen, das andere Mal durch das Schmelzgut ihre besonderen Vorteile zu, während die Auffassung in metallurgischen Kreisen eine geteilte ist.

Zu einer wesentlichen Steigerung der Güte des in einem Induktionsofen hergestellten Stahles trägt die gute, auf Induktionswirkungen beruhende Durchmischung des Bades bei. Dieser ohne jede weitere Hilfe vor sich gehende Vorgang gewährleistet eine unbedingte Gleichmäßigkeit des sich ergebenden Enderzeugnisses.

Auch liegt eine Verbilligung des Betriebes mit Induktionsöfen gegenüber den Lichtbogenöfen dadurch vor, daß erstere ohne Elektroden arbeiten, und, da bei ihnen die Elektrodenöffnungen fortfallen, werden nicht unbedeutende Wärme- und demzufolge Energieverluste vermieden. Sodann ist der Lichtbogenofen ein schlechterer Oxydationsofen als der Induktionsofen; dieses macht sich bei der Erzeugung von sehr weichen Stahlsorten besonders geltend.

Diesen eben angeführten Vorteilen des Induktionsofens stehen jedoch auch Nachteile gegenüber, die bereits in dem früheren Sonderabschnitt über Induktionsheizungen aufgeführt wurden und hier nur kurz wiederholt werden sollen.

Die Heizung durch Induktion ist nur möglich, wenn der Herd mit genügenden Eisenmengen gefüllt ist, um die Bildung des sekundären Stromkreises und so starker Heizströme zu gestatten, daß diese zum weiteren Schmelzen ausreichen. Der Induktionsofen eignet sich deshalb zum Schmelzen festen Einsatzes nur, wenn er nach Art des Mischers nicht ganz geleert wird oder nach vollständiger Entleerung bis zu einem gewissen Grade wieder mit flüssigem Einsatz beschickt wird. Der Lichtbogenofen dagegen gestattet die Verarbeitung festen Einsatzes und findet so eine umfassendere Anwendung.

Der Induktionsofen ist insbesondere dann im Nachteil, wenn man mit den Qualitäten oft wechselt, wenn man beispielsweise von einem legierten Stahl der Chrom, Wolfram oder Nickel enthält, auf einen reinen Kohlenstoffstahl übergehen will und umgekehrt. Man kann sich die Arbeit allerdings erleichtern, indem man zwei Induktionsöfen aufstellt, und von denen der eine einschmilzt, herunterfrischt und raffiniert, während der andere Ofen absetzt, aufkohlt oder legiert. Noch richtiger ist es, als Vorschmelzofen einen kippbaren Martinofen aufzustellen, der in gewünschten Abteilungen einen Stahl von bestimmter Beschaffenheit dem Induktionsofen zuführt.

Als unüberbrückbare Schwierigkeiten gelten beim Induktionsofen die außerordentlich hohen Beschaffungs- und Unterhaltungskosten, zumal für die erforderlichen Maschinensätze (den langsamlaufenden Generatoren von niedriger Periodenzahl), wohingegen bei direktem Anschluß des Ofens an ein öffentliches Leitungsnetz der schlechte Leistungsfaktor mit in Kauf genommen werden muß.

Fassen wir unsere bisherigen Betrachtungen zusammen, so können wir für die Bestimmung des Induktionsofens folgenden Satz aufstellen:

„Das Hauptgebiet des Induktionsofens ist die Nachraffination von flüssigem Einsatz zur Erzeugung von hochwertigem Qualitätsstahl, wo nach jeder Schmelze der Ofen ganz geleert und mit neuem, schon vorgeschmolzenen Material beschickt wird."

Wir gehen nun zur Besprechung der verschiedenen, sich in der Praxis eingeführten Induktionsöfen, über.

Der Kjellinofen.

1. Geschichtliches. Der erste praktisch brauchbare Induktionsofen ist von dem schwedischen Ingenieur F. A. Kjellin[1]) entworfen und gebaut worden. Dieser Versuchsofen entstand bereits im Jahre 1899 und wurde in dem Werk von Benedicks in Gysinge (Schweden) aufgestellt und am 18. März 1900 in Betrieb gesetzt. Dieser Ofen hatte ein Fassungsvermögen von nur 80 kg und eine Stromaufnahme von 78 kW. Es gelang in ihm Stahlformguß herzustellen, allerdings mit einem Stromverbrauch von über 7000 kWh/t Stahl. Da das Schmelzen nach dem Induktionsprinzip damals neu und noch keinerlei Erfahrungen hierüber vorlagen, so war es für Kjellin schwierig, bei seinem Ofen von vornherein eine wirtschaftliche Wärmeausnutzung zu berücksichtigen. Immerhin war man mit den ersten Ergebnissen, insbesondere mit dem Erzeugnis zufrieden, was daraus hervorgeht, daß sehr bald ein zweiter, größerer Ofen folgte. Dieser Ofen, der bereits 180 kg Stahl fassen konnte, kam im November 1900 in Betrieb. Hierbei ergab sich bereits eine viel bessere Wärmeausnutzung und somit ein niedrigerer Energieverbrauch; derselbe betrug nunmehr noch etwa 2500 kWh/t Stahl. Bald danach folgte ein dritter Ofen mit 1500 kg-Fassungsraum, der ebenfalls bei Benedicks in Gysinge Aufstellung fand. In diesem Ofen wurde hochwertiger Stahl aus Schrott hergestellt, der nur noch einen Stromverbrauch von 800 kWh/t Stahl ergab. Damit war die wirtschaft-

---

[1]) D. R. P. Nr. 126606.

liche und somit praktische Verwendbarkeit des Induktionsofens erwiesen. Über die Güte der Stahlsorten berichten Wahlberg und Neumann[1]). Letzterer führte eine Reihe von Qualitätsuntersuchungen an, welche im Laboratorium Prof. von Tetmayers an der Technischen Hochschule in Wien ausgeführt wurden, ferner chemische Analysen von Steed und Benedicks. Er sagt mit Rücksicht auf die Ergebnisse dieser Proben: „Die Zahlen zeigen, daß das Kjellinsche Verfahren ein dem besten Tiegelstahl vollkommen ebenbürtiges Produkt liefert, und daß sich Stahlsorten von jedem gewünschten Kohlenstoffgehalt herstellen lassen." Die Untersuchungen ergaben große Gasfreiheit, gleichförmiges Gefüge, Dichtigkeit und Bearbeitungsfähigkeit der Produkte. Die Bruchlasten waren mit 66 bis 118 kg/mm², die Dehnungen nach Bruch mit 2,9 bis 17,3% erhalten worden[2]). Allerdings wurde die Hochwertigkeit des Produktes dadurch günstig beeinflußt, daß ausgezeichnetes Holzkohlenroheisen von Dannemora in Schweden zur Raffination kam.

2. Aufbau des Ofens. Der ursprüngliche Ofen von Kjellin mit seinen ringförmigen Heizkanälen, ohne eigentlichen Arbeitsherd, hat sich für die Raffination unreinen Materials und das hierzu erforderliche Arbeiten mit basischer Schlacke als nicht besonders teeignet erwiesen. Dagegen ist dieser Ofen sehr gut brauchbar für das Mischen bereits gereinigten Materials mit entsprechenden Zusätzen nach Art des Tiegelstahlbetriebes.

Die schematische Anordnung eines Kjellinofens ist in den Abb. 288 und 289 dargestellt. Um einen seitlichen Kern eines Transformatorgestelles ist die Primärspule gewickelt, welche von einem inneren und äußeren Schutzmantel umgeben ist, durch die Kühlwind hindurchstreicht, um die Spule gegen die Hitze zu schützen, die vom Ofenmauerwerk gegen die Wicklung hinausgestrahlt wird. Diese Schutzzylinder dürfen natürlich nicht in sich geschlossen sein, da sie sonst eine kurz geschlossene Windung darstellen, in der durch Induktion ein Strom erzeugt würde, der dieselben stark erhitzen und schließlich zum Schmelzen bringen würde. Die Schutzzylinder stellen daher im Querschnitt einen offenen Ring oder zwei Halbringe dar, die durch Isolationsmaterial an den offenen Stellen überbrückt werden. Um den äußeren Schutzzylinder herum ist das Ofenmauerwerk oder die Zustellung angeordnet, welche gewöhnlich aus einem Gemisch von Magnesit und Teer besteht. Bei Herstellung dieser Zustellung wird in geeigneter Weise eine Schablone eingebaut, welche die Form der ringförmigen Schmelzrinne hat und nach Beendigung der Stampfarbeit wieder herausgezogen wird. Der hierdurch freigewordene Raum stellt den Schmelzherd dar. Das Anheizen des Ofens erfolgt ebenfalls durch Induktion, indem man in den Herd zusammengeschmiedete Ringe einlegt, die durch den Strom zum Glühen gebracht werden.

---

[1]) W a h l b e r g, Jernkontorets Annaler 1902. S. 296; N e u m a n n, Die elektrothermische Erzeugung von Eisen und Eisenlegierungen; Stahl und Eisen 1904, S. 824.

[2]) Siehe auch The Iron Age 1902; Stahl und Eisen 1902, S. 1022.

Im Laufe der Jahre wurde der Kjellinofen mehr und mehr verbessert. So weist die Patentschrift[1]) The Gröndal Kjellin Company Limited in London eine Verbesserung des Kjellinofens auf, die darin besteht, daß Kühlkammer mit der Primärwicklung so geschaltet werden, daß eine Verminderung der Selbstinduktionsspannungen herbeigeführt wird. Infolgedessen gestaltet sich der Betrieb des Ofens wirtschaftlicher. Zur Kühlung der Primärspule waren

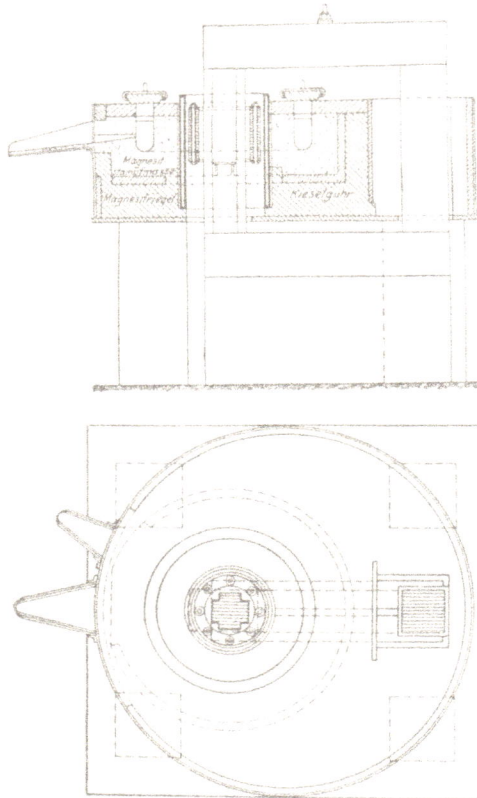

Abb. 288 und 289.
Aufbau des Kjellinofens im Querschnitt und Draufansicht.

bei den ersten Ausführungen induktionsfreie Kühlmäntel, und zwar doppelwandige Messingzylinder aus 1,5 mm Blech mit Wasserkühlung eingebaut worden. Später ging man zu ausschließlicher Luftkühlung über. Es hatte sich nämlich bei einem Vorfall in der Poldihütte gezeigt, daß die Möglichkeit eines Ofendurchbruches auch an jenen Stellen eintreten kann, an welchen der Wasserkühlmantel durch einen Luftschlitz induktionsfrei erhalten wird. In einem solchen

---

[1]) D. R. P. Nr. 201635.

Falle könnte dann der Wasserkühlmantel ebenfalls als sekundäre Windung wirken, sich sehr hoch erhitzen und zu Wasserdissoziation und damit zu einer Explosionsgefahr führen.

Auch erkannte Kjellin, daß elektrische Öfen, bei denen die elektromotorische Kraft durch ein wechselndes Magnetfeld erregt wird, den Nachteil haben, daß die Streufelder eine beträchtliche Selbstinduktion erzeugen. Diese Selbstinduktion wird durch Kraftlinienstreuung hervorgerufen und läßt sich nicht beseitigen, wohl kann man zu einer Verringerung derselben beitragen. Kjellin benutzt zu diesem Zweck eine Vorrichtung[1]), die sich dadurch auszeichnet, daß unmittelbar um den Eisenkern an denjenigen Stellen, an denen er von der Primärwicklung oder von der Schmelzrinne umgeben ist, elektrische Leiter in der Weise angeordnet sind, damit sie den Streufeldern gegenüber geschlossene Strombahnen bilden, dagegen vom Hauptfelde nicht wirksam induziert werden. Die diese Wirkung ausübenden elektrischen Leiter können in der Form von der Länge nach aufgeschnittenen Kupferzylindern angewendet werden. Es lassen sich demnach um den Eisenkern ein oder mehrere aufgeschnittene Mäntel oder Zylinder aus Kupfer anordnen. Falls der Kupferzylinder nicht aufgeschnitten wäre, d. h. falls um den Eisenkern ein geschlossener Stromkreis entstehen könnte, würden sowohl die Streufelder als das Hauptfeld induzierend wirken und dadurch einen sekundären Strom erzeugen, welcher sich der Erzeugung des Hauptfeldes wiedersetzen würde. Wenn der Kupferzylinder dagegen aufgeschnitten ist, kann das Hauptfeld darin keinen Strom erzeugen, sondern es werden dort Ströme nur durch die Einwirkung der Streufelder erzeugt, welche Ströme sich der Erzeugung jener Felder widersetzen und dadurch die Selbstinduktion vermindern.

3. Stromart. Als Stromart kommt für den Kjellinofen einphasiger Wechselstrom in Betracht. Es besteht jedoch ein Patent[2]), wonach ein Verfahren zum Betrieb von Kjellinöfen mittels Mehrphasenstrom in Vorschlag gebracht wird. Unter Anwendung der bekannten Scottschen Schaltung wird der Drehstrom in zwei einphasige Wechselströme übergeführt. Die so erhaltenen Zweiphasenströme werden je einer von zwei Spulen zugeführt, die um die äußeren Teile eines doppelten Transformatorkernes gewunden sind, dessen mittleren Teil die Schmelzrinne umgibt. Dabei kann zur Verminderung der Streuung der Ofen so angeordnet und eingerichtet sein, daß die auf den äußeren Teilen des Transformatorkernes angebrachten Spulen von einer Hilfswicklung umgeben sind, welche die in ihr induzierten Ströme zu dem mittleren Teil des Kernes führt.

4. Einfluß auf das Netz. Belastungsschwankungen sind bei Induktionsöfen ausgeschlossen. Der Übergang von einer Spannung zur anderen erfolgt in gleichmäßigen Abstufungen, ohne daß hierbei das Netz beeinflußt werden kann. Dagegen rufen Induktionsöfen eine andere unangenehme Eigenschaft auf das Netz hervor, und zwar fällt mit zunehmendem Einsatzgewicht der Ohm-

[1]) D. R. P. Nr. 217243.
[2]) D. R. P. Nr. 205575.

Ruß, Elektrostahlöfen. 20

sche Widerstand und somit steigt die Selbstinduktion und verschlechtert den Leistungsfaktor. Man ist gezwungen, Mittel zu finden, um diese Streuung zu vermindern. Kjellin versucht dieses durch die schon beschriebene Anordnung und ferner dadurch, daß er mit steigender Ofengröße mit der Frequenz herunter geht. So baut Kjellin seine Öfen, um einen Leistungsfaktor von cos $\varphi =$ 0,6 bis 0,7 zu erhalten:

für einen Einsatz von 1500 kg mit 15 Perioden
„   „   „   „   3000 kg   „   10   „
„   „   „   „   8000 kg   „   5   „

Diese Maßregel bedingt natürlich besondere Stromerzeugungsanlagen deren Anschaffungskosten besonders hohe sind, da langsamlaufende, also große Maschinen notwendig werden.

Auf die Erscheinung des ungünstigen Leistungsfaktors soll noch besonders eingegangen werden.

Bereits in dem Abschnitt „Wechselstrom" haben wir auf S. 38 gelesen daß gegenüber der Leistung und Arbeit eines konstanten, gleichgerichteter

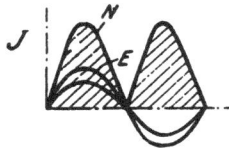

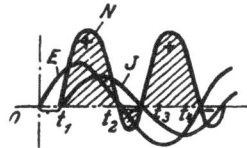

Abb. 290.   Abb. 291.

Stromes, bei einem Wechselstrom noch der Leistungsfaktor cos φ zu berücksichtigen ist. Die Leistung und Arbeit ist um so kleiner, je größer der Phasenverschiebungswinkel φ ist, weil cos φ mit zunehmendem φ abnimmt. Die folgenden Ausführungen werden dieses beweisen.

Nehmen wir zunächst an, daß die Spannung E und der Strom J in gleicher Phase liegen und tragen den Effekt als Funktion der Zeit in ein Diagramm nach Abb. 290 ein, so erhalten wir die Kurve N. Diese entspricht nach G. (16) auf S. 30 der Leistung eines Stromes von

$$N = J \cdot E.$$

Da die Arbeit in jedem Augenblick gleich

$$J \cdot E \cdot d t$$

ist, so ist die ganze Arbeit während einer Periode gleich der schraffierten Fläche

Der allgemeine Fall ist jedoch der, daß Spannung und Strom nicht in demselben Phase liegen, sondern um den Winkel φ gegeneinander verschoben sind (siehe Abb. 291), wie dies der Fall ist, wenn Kapazität oder Selbstinduktion im Stromkreise liegen.

Da nun die Verzögerung des Stromes gegenüber seiner Spannung bei Induktionsöfen unvergleichlich größer ist, wie bei Lichtbogenöfen, so ist es schon ratsam, der Ursache nachzugehen und zu versuchen, wie diesem Übel abgeholfen werden kann.

Betrachten wir beispielsweise einen Strom, der im Gegensatz zu seiner Spannung um 45° verzögert ist, so ergibt sich aus dem Diagramm nach Abb. 291 folgendes: Man sieht, daß das Produkt $J \cdot E$, wenn es positiv ist, durch die schraffierten Flächen über der Abszissenachse, und wenn es negativ ist, durch die schraffierten Flächen unter derselben dargestellt wird. Der Strom J eilt gegen die Spannung E um den Winkel φ nach. Von o bis t_1 ist die Spannung positiv, die Stromstärke negativ, mithin die Arbeit negativ. Im Punkte t_1 ist die Spannung gleichfalls positiv und die Stromstärke gleich Null, mithin die Arbeit gleich Null. Von t_1 bis t_2 sind sowohl Spannung als Strom positiv, also ist auch die Arbeit positiv usw. Kurzum, der augenblickliche Effekt schwankt zwischen einem kleinen negativen und einem großen positiven Wert, so daß die Leistungskurve N bzw. die Arbeit einmal negativ, das andere Mal positiv ist.

Der Leistungsfaktor $\cos \varphi$ ist nach der früheren Gl. (25)

$$\cos \varphi = \frac{N}{E \cdot J},$$

d. h. der Leistungsfaktor ist gleich dem Verhältnis der Leistung zu dem Produkte aus Spannung und Strom (Voltampere[1])).

Da im allgemeinen die Leistung und Spannung für einen Induktionsofen gegeben ist, so kann $\cos \varphi$ nur durch Veränderung der Stromstärke verändert werden. Und wir erhalten als erste Folgerung:

Je größer die Stromstärke gewählt wird, um so kleiner wird der Winkel $\cos \varphi$.

Nun erfordern aber starke Ströme starke Leitungsquerschnitte für die Primärspule und folglich hohe Materialkosten. Letztere fallen nicht so sehr in die Wagschale, wie der bedingte größere Wicklungsraum. Und somit kommen wir zu einer nicht wünschenswerten Tatsache, die da lautet:

Der Leistungsfaktor $\cos \varphi$ sinkt bei gleicher Periodenzahl mit der Größe des Induktionsofens, also mit der Zunahme seines Einsatzes.

Um uns dieses praktisch klar zu machen, sei an den 1,5 t-Kjellinofen in Gysinge erinnert. Der Ofen arbeitet an ein Netz von 3000 Volt bei 15 Perioden. Während der Leistungsfaktor bei gefülltem Herd von 1800 kg nur 0,68 ist, beträgt bei einem Einsatz von nur 1350 kg der $\cos \varphi = 0,80$. Ähnlich verhält es sich mit der Vergrößerung des Herdes.

Welche Ursachen liegen nun vor, die den $\cos \varphi$ ungünstig beeinflussen?

Das Ohmsche Gesetz für Wechselstrom lautet

$$J = \frac{E}{\sqrt{R^2 + (\omega L)^2}} \quad \ldots \ldots \ldots (27)$$

---

[1]) Man bezeichnet dieses Produkt auch als „scheinbare Leistung".

20*

Es bedeutet darin:

$J =$ Stromstärke,
$E =$ Klemmenspannung,
$R =$ elektrischer Widerstand,
$\omega =$ Wechselgeschwindigkeit,
$L =$ Selbstinduktionskoeffizient.

Die Werte J, E, R und L sind uns bekannt. Die Wechselgeschwindigkeit entspricht dem konstanten, in der Zeiteinheit zurückgelegten Bogen

$$\frac{d\,\alpha}{d\,t}.$$

Da die Umdrehungszahl (siehe auch Gl. (24) in der Sekunde gleich $n:60$ ist, so ist der in der Sekunde zurückgelegte Bogen

$$\omega = 2\,\pi \cdot \frac{n}{60} \quad . \quad . \quad . \quad . \quad . \quad . \quad . \quad (28)$$

Bei ν Perioden in der Sekunde wird aber der Bogen $2\,\pi \cdot \nu$ in der Sekunde zurückgelegt und es ist die Wechselgeschwindigkeit

$$\omega = 2\,\pi \cdot \nu \quad . \quad . \quad . \quad . \quad . \quad . \quad . \quad (29)$$

Ist L gleich Null, d. h. verläuft der Wechselstrom in einem Stromkreis der keine Selbstinduktion hat, so ist $\varphi = 0$. Es besteht also keine Phasenverschiebung zwischen Strom und Spannung. Dieser Fall ist praktisch unmöglich, weil jeder Strom ein magnetisches Feld und daher auch eine gewisse Selbstinduktion hat. Die Selbstinduktion verursacht aber nicht nur eine Phasenverschiebung, sondern auch eine Verminderung der Stromstärke, wie aus Gl. (27) hervorgeht. Ist ω oder L Null, so ist

$$J = \frac{E}{R}.$$

Das ist das Ohmsche Gesetz, wie es für Gleichstrom gilt, und wir sehen, daß die Gl. (27) dieselbe Form wie das Ohmsche Gesetz hat, nur daß an Stelle von R der kompliziertere Ausdruck

$$\sqrt{R^2 + (\omega\,L)^2}$$

getreten ist. Dieser Ausdruck wird scheinbarer Widerstand genannt

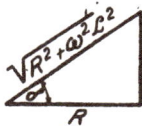

Abb. 292.

und läßt sich graphisch wie Abb. 292 zeigt, darstellen. Der Strom liegt natürlich in Phase mit $J \cdot R$. Denn der Ohmsche Spannungsverlust und der Strom müssen immer in gleicher Phase liegen, weil die elektromotorische Kraft zur Überwindung des Ohmschen Widerstandes E_1 stets proportional J ist, also $E_1 = J \cdot R$. Dagegen eilt die resultierende elektromotorische Kraft E dem Strom J um den Winkel φ voraus. Und wir erhalten nach Gl. (27) für den Phasenverschiebungswinkel zwischen Spannung und Strom die Beziehung:

$$\cos\varphi = \frac{J \cdot R}{J\sqrt{R^2 + (\omega \cdot L)^2}} = \frac{R}{\sqrt{R^2 + (\omega \cdot L)^2}} \quad . \quad . \quad . \quad (30)$$

Kommen wir nun auf die Verhältnisse des Induktionsofens zurück, so können wir sowohl aus dem Vektordiagramm in Abb. 292 und ferner aus der letzten Gleichung schließen, daß eine Verkleinerung des Widerstandes R im Schmelzgut eine Verringerung des cos φ zur Folge haben muß.

Wird der Badquerschnitt bei ein und derselben Schmelzrinne verändert, so muß sich nach der früheren Gl. (27) auch der Widerstand ändern. Folglich tritt, wie wir an dem Kjellinofen in Gysinge gesehen haben, bei Veränderung des Einsatzes von 1350 auf 1800 kg also um rd. 33% eine Verkleinerung des cos φ im gleichen Verhältnis zum Anwachsen des Einsatzes ein.

Doch nicht nur der Widerstand der Schmelze hat auf den Leistungsfaktor Einfluß, sondern auch die Selbstinduktion. Bei dem hier in Betracht kommenden Fall handelt es sich um einen kreisförmig gebogenen Draht mit der Länge l, dem Krümmungsradius D und dem Drahtdurchmesser r und wir erhalten für den Selbstinduktionskoeffizienten die Beziehung:

$$L = 2 \cdot l \left(0{,}58 + \log \text{nat} \frac{l}{2\,r\,\pi} = \frac{2\,r}{D} = \frac{r^2}{24\,D^2} - \ldots \right).$$

Aus dieser Formel können wir folgern, daß der Selbstinduktionskoeffizient insbesondere von der Größe der von dem gebogenen Draht umgebenen Fläche abhängig ist, und daß derselbe um so größer wird, um so mehr die Fläche zunimmt. Ferner entnehmen wir aus der Formel eine günstigere Beeinflussung des Selbstinduktionskoeffizienten durch Vergrößerung des Drahtquerschnittes. Letzterer würde jedoch einen größeren Baddurchmesser erfordern, so daß der gewonnene Vorteil durch die Querschnittsverminderung des Badquerschnittes wieder aufgehoben wird.

Ein weiterer Nachteil bei Induktionsöfen besteht in den Streungsverlusten der erzeugten Kraftlinien für das Magnetloch. Während man bei Transformatoren danach strebt, die Primär- und Sekundärspulen möglichst dicht übereinander zu legen, um den induktiven Spannungsabfall niedrig zu machen, ist die Forderung bei Induktionsöfen nicht zu erfüllen, da der sekundäre Stromkreis (Schmelzgut) von bedeutender Hitze ist, während die Primärspule so kühl als möglich sein muß; die Wärmeisolation zwischen beiden Stromkreisen bedingt demnach einen beträchtlichen Abstand. Damit der Spannungsverlust durch Selbstinduktion in einigermaßen zulässigen Grenzen gehalten wird, ist der nutzbare Kraftfluß sehr groß zu machen. Jedoch trägt eine Vergrößerung des Eisenquerschnittes für das Magnetloch wiederum in ungünstiger Weise zu einer Vergrößerung des Bades bei.

5. Anwendung. Der Kjellinofen, wie auch jeder andere Induktionsofen kommt vor allen Dingen als Ersatz für den Tiegelschmelzofen, also zur Erzeugung von hochwertigen Qualitätsstahlsorten in Frage. Es ist hierbei gleichgültig, ob der Ofen zum Einschmelzen und Entgasen von reinem Roheisen und Schrott, oder zur Nachraffination im Anschluß an den Siemens-Martinofen benutzt wird. Im letzten Falle wird Roheisen und Schrott im Martinofen entschwefelt und entphosphort, sowie desoxydiert und im Induktionsofen entgast, allenfalls

rückgekohlt und legiert. Ähnlich verhält es sich mit dem Thomaskonverter. Der im Konverter gar geblasene Stahl wird im Induktionsofen noch weiter entphosphort und entschwefelt und behufs Erzielung von besseren mechanischen Eigenschaften entgast. Ein wesentlicher Vorteil der Induktionsöfen bei der Herstellung von Qualitätsstählen liegt darin, daß es möglich ist, große Mengen von gleicher Qualität herzustellen, und zwar bis zu 15000 kg und mehr in einer Schmelze, sowie die gewünschte Kohlung des Stahles genau einzuhalten.

6. Zustellung. Die Zustellung aller Induktionsöfen wird aus einem Gemisch von Dolomit oder Magnesit mit Teer hergestellt. Zunächst wird der Boden des Ofens bis zu einer vorgeschriebenen Höhe gleichmäßig gestampft, sodann wird eine Schablone, die die Form des Herdes darstellt, eingesetzt und durch gleichmäßige Schichten eingestampft. Auf das richtige Mischen und sorgfältige Einstampfen der Zustellungsmasse muß größte Sorgfalt gelegt werden, da hiervon die Dauer der Haltbarkeit wesentlich abhängt. Die Abdeckung der Schmelzrinne erfolgt mittels Steinen oder kleinen Gewölben in eisernen Rahmen in Form von Ringsektoren, so daß sie bequem abgehoben werden können. Das ist erforderlich, weil beim Fehlen jeglicher Türen am Ofen (bei älteren Ausführungen) der Herd und damit auch der Arbeitsvorgang in demselben nur nach Abheben eines oder mehrerer Deckel beobachtet werden kann.

Die Haltbarkeit der Zustellung ist begrenzt. Dieses ist auf die Rinnenform, ferner auf das Angreifen der Schlacke, die bei diesen rinnenartigen unzugänglichen Öfen niemals entfernt werden kann, und schließlich auf die induktive Bewegung des Bades zurückzuführen. In einem Kjellinofen von 4 t Einsatz, welcher in der Poldihütte in Kladno betrieben wird, soll allerdings die Haltbarkeit einer Ofenreise durchschnittlich 400 Schmelzungen betragen haben.

7. Elektroden. Induktionsöfen benötigen keine Elektroden. Es wird nicht nur auf ihren Verbrauch verzichtet, wodurch die Betriebsunkosten kleiner werden, es fallen auch Elektrodenständer, -halter, Regeleinrichtungen, Kühlwasserleitungen hierfür fort.

8. Erhitzung. Die Elektrodenöfen haben den Nachteil, daß sie ihre Heizwirkung nur durch den Lichtbogen erhalten, der in seiner größten Stärke nur eine lokale Erhitzung von der Badoberfläche aus bewirkt. Es kann also von einer so gleichmäßigen Temperatur, wie beim Induktionsofen keine Rede sein.

Die Induktionsheizung bietet den Vorteil, daß die Heizung im Schmelzgut selbst erfolgt, und zwar in allen seinen Teilen gleichmäßig, so daß örtliche Überhitzungen und Temperaturunterschiede innerhalb des Schmelzgutes ausgeschlossen sind. Die Induktionsheizung ist ferner die denkbar reinste elektrische Heizung. Jede Verunreinigung des Schmelzgutes durch sie, ist ausgeschlossen. Der Induktionsofen kann vollständig geschlossen gehalten werden, wodurch eine Beeinflussung des Schmelzgutes oder der Schlacke durch die Atmosphäre unmöglich ist. Da die Erhitzung des Schmelzgutes im Induktionsofen ausschließlich durch Widerstandsheizung erfolgt, muß die Schlacke vom Schmelzgut aus geheizt werden, während man beim Lichtbogenofen umgekehrt von einer Heizung des Schmelzgutes durch die Schlacke hindurch sprechen kann.

Das Anheizen der Induktionsöfen geschieht, indem man in die Rinne schmiedeeiserne Ringe einlegt, welche genau wie nachher das Bad selbst durch induzierte Ströme auf Rotglut erhitzt werden. Da das Anheizen zu Anfang nicht so schnell erfolgen darf, damit die Kohlenwasserstoffe aus dem Teer der Zustellung langsam entweichen können, sind da, wo man die Regulierung der Primärspannung nicht durch Generatoren vornehmen kann, besondere Regeltransformatoren mit Stufenschalter vorgesehen, welche gestatten, die jeweilig für den Prozeß erforderliche Spannung und damit die Temperatur des Ofen zu geben. Nachdem der Ofen so auf etwa 950—1000° C vorgeheizt ist, wird derselbe wenn möglich mit flüssigem Roheisen beschickt und damit weiter geheizt, bis eine Temperatur von etwa 1400° C erreicht ist, dann gießt man das Roheisen ab und beschickt den Ofen mit dem jeweilig zur Weiterbearbeitung kommenden flüssigen Material aus dem Konverter- oder Martinofen. Soll nur festes Material verarbeitet werden, so setzt man nach dem Einlegen der Heizringe Drehspäne oder kleinen Schrott aus möglichst hartem Material um die Ringe herum ein, so daß, nachdem der Ofen vorgewärmt ist, tunlichst erst der harte Schrott einschmilzt, bevor die aus weichem Flußeisen bestehenden Ringe schmelzen. Diese Arbeitsweise hat jedoch den Nachteil, daß der Ofen immer einen gewissen Sumpf zur Einleitung der nachfolgenden Schmelze behalten muß, man kann daher den Ofen nie ganz entleeren, was bei Herstellung verschiedener Qualitäten nicht angenehm ist. Bei Herstellung ein und desselben Materials spielt dieser Umstand eine weniger große Rolle.

9. Temperaturregelung. Wir besitzen in dem Induktionsofen einen in elektrischer Beziehung idealen Widerstandsofen, denn der Induktionsofen ermöglicht durch die Anwendung beliebig starker Sekundärströme die Erzeugung jeder beliebigen Temperatur im Schmelzgut ausschließlich durch Widerstandsheizung. Da die Stärke der Widerstandsheizung bei gegebenen Badquerschnitten nur von der Spannung abhängt, unter der der Strom dem Ofentransformator zugeführt wird, kann die Temperatur im Schmelzgut durch Änderung der Spannung aufs genaueste eingestellt und eingehalten, erhöht und erniedrigt werden.

10. Durchmischung des Bades. Über die Bewegungserscheinungen bei Induktionsöfen finden sich bereits auf S. 101 eingehende Mitteilungen. Engelhardt berichtet in einem Vortrag[1] über diese Bewegungskräfte u. a. folgendes:

„Die ersten in die Industrie eingeführten Induktionsöfen waren für kleine Einsatzgewichte gebaut. Es sollten Umschmelz- und Abstichöfen sein, die den Tiegel ersetzten. Auf eine Schlackenarbeit war keine Rücksicht genommen. Als man dann in größeren Ofeneinheiten bis zu 10 t dazu übergehen wollte, an unreinerem Einsatz Raffinationsarbeiten vorzunehmen, traten eigentümliche, auf elektromagnetische Ursache zurückzuführende Erscheinungen auf. Einerseits trat eine nicht unerhebliche Schiefstellung des Bades mit der Heizung nach dem Inneren des Ofens ein und außerdem eine, zur Ringachse

---

[1] Engelhardt, Prof. V. Der elektrische Ofen im Hüttenwesen, Hochschulfortbildungskurse für Elektrotechnik, Essen, Sept. 1919.

senkrechte und gegen das Innere des Ringes gerichtete rollende Bewegung des Schmelzgutes.

Im Zusammenhang damit steht der, seinerzeit für elektrische Öfen zuerst von Hering beobachtete sog. Pincheffekt, wonach in einem flüssigen Leiter bei entsprechend hoher Strombelastung eine Einschnürung besonders leicht an jenen Stellen eintritt, wo schon, z. B. durch vorstehende Teile der Ofenauskleidung, eine geringfügige Querschnittsverminderung vorliegt. Diese Einschnürung kann man durch zunehmende Stromdichten soweit steigern, daß die Furchenbildung bis zum Ofenboden fortschreitet und Stromunterbrechung eintritt. Die Erscheinung tritt um so augenfälliger auf, je spezifisch leichter das betreffende Metall ist, also z. B. eher bei Messing oder gar Aluminium als beim Eisen.

Man kann sich diese Erscheinung mit der Erwägung erklären, daß das Metall einerseits unter dem Einflusse der Schwerkraft steht, anderseits unter der Einwirkung senkrecht dazu stehender Stromkraftlinien, welche dem metallischen Einsatz das Bestreben verleihen, sich nach außen zu verteilen. Die Oberfläche des geschmolzenen Metalles stellt sich dann senkrecht zur Resultierenden ein.

Diese Schiefstellung der Metalloberfläche war bei den größeren Öfen mit Kjellinscher Röhrenwicklung stärker bemerkbar als bei den Frickschen Öfen mit Scheibenwicklung. Sie konnte bis zu einem Winkel von 22⁰ beobachtet werden Diese Schiefstellung der Oberfläche machte sich bei den einrinnigen Induktionsöfen nach zweierlei Richtung störend bemerkbar. Einerseits erschwerte sie ein Bedecken des Bades mit Schlacke, so daß schon aus diesem Grunde — abgesehen von der für eine Schlackenarbeit ungünstigen Herdform — eine Raffinationsarbeit in diesem ersten Induktionsofen nicht durchführbar war. Ferner äußerte sie sich in besonders störender Weise durch die mechanische Wirkung der rotierenden Metallmassen auf das Ofenfutter und dessen rasche Abnutzung auf der inneren Ringseite.“

11. Kippbare Anwendung. Der Kjellinofen wird sowohl feststehend wie kippbar gebaut. Im letzteren Falle sind für die Zuführung des hochgespannten Stromes bewegliche Kabel nötig, die eine sorgfältige Anordnung bedingen. Auch die Rohrleitung für die Kühlluft ist entsprechend der Kippbewegung des Ofens anzulegen.

12. Übersichtlichkeit des Herdes. Im Gegensatz zu den Lichtbogenöfen muß man beim Kjellinofen auf jede Übersichtlichkeit des Herdes verzichten. Der enge, rinnenförmige Arbeitsherd, welcher dazu noch vollständig abgedeckt ist, bietet während des Betriebes entgegen den hüttenmännischen Gepflogenheiten keine Möglichkeit, den Schmelzvorgang zu beobachten und zu verfolgen. Da die an sich komplizierte Badform leicht fehlerhafte Stellen im Herdfutter hervorrufen kann, so muß mit besonders großer Vorsicht geschmolzen und die Zustellung häufiger als sonst nötig ist, gegen eine neue ausgewechselt werden.

13. Größe des Ofens. Der Kjellinofen ist in verschiedenen Größen gebaut worden, und zwar nach folgender Zusammenstellung 48 zur Herstellung von Werkzeugstahl, Edelstahl aus flüssigem Martinstahl und aus kaltem Einsatz:

Zusammenstellung 48.

In Betrieb befindliche Kjellinöfen mit einem Einsatz für kg	Stromaufnahme in kW
60	50
100	60
400	65
750	150
1500	175—230
2000	300
4000	440
8000	750

14. Ausführungen. Die erste deutsche Elektrostahlanlage zur direkten Erzeugung von Elektro-Flußeisen und Elektro-Qualitätsstahl aus Roheisen im Kjellinofen wurde in Dommeldingen im Jahre 1907 errichtet. Bis daher verwendete man die elektrischen Öfen der verschiedenen Bauarten entweder als Ersatz für Tiegelöfen zum Umschmelzen hochwertiger fester Einsatzmaterialien oder als Veredelungseinrichtung für bereits im Konverter oder Martinofen vorbehandelten Stahl, wo billige Wasserkraft zur Verfügung stand, auch als Ersatz für Martinöfen. Die guten Ergebnisse, welche man auf diesem Gebiete erzielen konnte, gaben dem Eicher-Hütten-Verein Le Gallais-Metz & Cie., angeregt durch die zahlreichen metallurgischen Erfolge, welche die Induktionsöfen seit Beginn des Jahrhunderts gezeitigt hatten und infolge der sehr günstigen örtlichen Kraft- und Rohstoffverhältnisse, Veranlassung, im Jahre 1907 auf dem Werk in Dommeldingen mit einem kleinen Induktionsofen, Bauart Kjellin-Röchling-Rodenhauser eingehende Versuche zur Erzeugung von Stahl direkt aus Roheisen anzustellen. Der Ofeneinsatz betrug etwa 700 kg; es wurde hierzu flüssiges Roheisen aus den Dommeldinger Hochöfen mit einer Durchschnittsanalyse von C = 3,5%; Si = 0,6%; Mn = 1,2%; S = 0,12%; P = 1,8% entnommen. Da die Versuche sehr günstig verliefen und in dem Ofen ein nach jeder Richtung hin befriedigendes Endprodukt verschiedenster Härtegrade erzeugt werden konnte, entschloß sich die Firma im darauffolgenden Jahre, eine große Betriebsanlage zu schaffen, bestehend aus einer Reihe von Elektroöfen, einer Stahlformgießerei und einer großen Bearbeitungswerkstatt mit sämtlichen für Stahlformgußbearbeitung erforderlichen Werkzeugmaschinen, in Spezialausführung für Massenfabrikation.

Die Verwirklichung dieses Projektes begann mit der Auftragserteilung zunächst auf zwei Einphasen-Wechselstromöfen mit einer vollständigen Drehstrom-Einphasenumformeranlage und auf einen Drehstromofen zum Anschluß an das bestehende 500 Volt-Netz der Hütte. Die beiden Einphasen-Wechselstromöfen der Dommeldingeranlage sind von gleicher Bauart und haben gleiche

314

Konstruktion. Sie sind für eine Energieaufnahme von je 950 kVA, eine Spannung von 3500 Volt und 25 Perioden gebaut. Zur Kühlung der von zwei Messingschutzmänteln umgebenen Wicklungen und des Magneteisens sämtlicher Öfen dienen zwei Zentrifugalventilatoren (davon einer als Reserve) mit an das 500 Volt-Drehstromnetz angeschlossenen 75 pferdigen Schleifringankermotoren für 975 Umläufe i. d. Minute, welche die durch ein an der Außenwand des Gebäudes aufgestelltes Filterhaus mit Wollfiltereinlage angesaugte und gereinigte Frischluft in einer mit Absperrschiebern versehenen Blechrohrleitung zu den Öfen führen. Der Eintritt der Kühlluft in die Öfen erfolgt, da diese kippbar ausgeführt sind, unter Vermittlung besonderer Teleskoprohre mit drehbar gelagertem Schlußstück.

Nach Fertigstellung einer Schmelze geschieht der Abstich des Ofens durch Kippen der Ofenwanne nach vorn mittels eines von der Ofenschaltbühne aus gesteuerten Drehstromkranmotors von 10 PS, bei 500 Volt und 710 Umdrehungen i. d. Minute, welcher durch Schneckengetriebe und Zahnradübersetzung die Umdrehung der Kippwerkswelle veranlaßt. Auf genaues Arbeiten der Kippvorrichtung ist ganz besonders Wert gelegt worden. Eine durch Zugbremsmagnet betätigte Differentialbandbremse bewirkt selbsttätig ein fast augenblickliches Stillsetzen des Kippwerkes, sobald der Motor abgestellt wird. Der größte Kippwinkel beträgt beim Vorwärtskippen 45°, beim Rückwärtskippen (zum Schlackenziehen) 17° gegen die Horizontale. Damit diese äußersten Stellungen nicht überschritten werden, sind zur Sicherheit Hubbegrenzungsschalter mit selbsttätiger Wiedereinschaltung eingebaut. Den eigentlichen Ofenkörper bildet die aus starken Eisenblechen zusammengesetzte Wanne, welche die Transformatorkerne nebst Wicklungen und Kühlmäntel umschließt, und innen mit feuerfestem Mauerwerk ausgekleidet ist. Nach Ausstampfen der Wanne mit Magnesit unter Verwendung eines der Rinnenform entsprechenden Holzmodells erfolgt das Austrocknen und Anheizen mittels eingelegter schmiedeeiserner Ringe, welche, durch Einschalten des Primärstromes auf Rotglut gebracht, ihre strahlende Wärme an das Futter abgeben und bei der ersten Schmelze mit eingeschmolzen werden. Die fertige Schmelze wird in vorgewärmte Gießpfannen abgestochen und dann je nach Qualität und Verwendungszweck den Kokillen bzw. Gießformen zugeführt.

In sehr einfacher und bequemer Weise erfolgt von dem Schaltpult der Ofenbühne aus das Einschalten der beiden Wechselstromöfen, die Regelung der Ofenspannung bzw. Schmelzbadtemperatur mittels Fernantrieb der neben den Schaltzellen aufgestellten Erregerhauptstromregulatoren, die Kontrolle von Leistung, Spannung und Stromstärke durch entsprechende, auf zwei Schaltsäulen gebaute Instrumente, die Einschaltung sowie die Regelung der Kippmotoren durch zwei Steuerwalzen. —

Abb. 293 zeigt die Ansicht des 8500 kg-Kjellinofens, für 736 kW Stromaufnahme, 4500 Volt Primärspannung und 7 Perioden, der bei den Röchlingschen Stahl- und Eisenwerken G. m. b. H. in Völklingen im Jahre 1907 aufgestellt wurde.

Über den Betrieb der Öfen in Gysinge teilt Prof. Engelhardt[1]) folgendes mit:
„Sobald der Abstich einer Schmelze erfolgt, wobei jedesmal ein Teil des flüssigen
Inhaltes zurückbleiben muß, beschickt man die eine Hälfte des aufzugebenden
Materials, erhitzt eine Stunde, gibt die andere Hälfte auf und untersucht nach
einer weiteren Stunde, nachdem das Gut geschmolzen ist, den Kohlenstoff-
gehalt kalorimetrisch und durch Schmiedeprobe; ist er zu hoch, so korrigiert

Abb. 293.
Ansicht des Kjellinofens bei den Röchlingschen Stahl- und Eisenwerken G. m. b. H.
Völklingen.

man ihn durch etwas Erz, wenn zu niedrig, durch Roheisen. Eine Viertel-
stunde vor dem Abstich setzt man Ferrosilizium zu und gibt in die Pfanne
beim Abstich etwas Aluminium. Nachstehend einige Zusammenstellungen von:

Zusammenstellung 49.

	Einsatzmaterial				
	Roh- eisen kg	Martin- Schrott kg	Stahl- schrott kg	Ferrosilizium 12%iges	Stromaufwand je Tonne kWh
Schmelze mit 0,4% C . .	175	550	125	15	790
„ „ 1,1% C . .	272	475	75	10	780
„ „ 1,7% C . .	475	350	50	10	790

Analyse des Abstichs:

0,811% C	0,017% Si	0,365% Mn
1,11 „ „	0,12 „ „	0,29 „ „
1,79 „ „	0,108 „ „	0,35 „ „

[1]) A s k e n a s y, Elektrochemie, I. Band, 1910, S. 144, Verlag Friedrich Vieweg & Sohn, Braunschweig.

Es wurden Versuche ausgeführt, um Roheisen mit Erz zu frischen: Aufgegeben wurden 850 kg Roheisen, 85 kg Erzbriketts (51% Fe), 11 kg Kalk,
15 kg 12proz. Ferrosilizium, 2 kg 85proz. Ferromangan; ausgebracht: 841 kg
Stahl mit 1,18% C, 0,13% Si, 0,24% Mn, 0,15% P; Kraftaufwand: 1192 kWh/t
Stahl. Bei einem späteren, in einem größeren Ofen ausgeführten Versuche
wurden, wie von anderer Seite mitgeteilt, nur 1046 kWh verbraucht und ein
wesentlich besseres Produkt erhalten, und zwar: 0,4 bis 2,0% C, 0,12% Si,
0,34% Mn, 0,012% S, 0,014% P.

Die Ausführung des Erzfrischprozesses ist nie das Hauptarbeitsfeld des
Induktionsofens geworden, sondern die Herstellung hochgekohlten Werkzeugstahls durch einfaches Zusammenschmelzen von feinem schwedischen Roheisen (4,4% C, 0,08% Si, 0,015% S, 0,018% P, 1,00% Mn), und für Wallschmiedeeisen (0,2% C, 0,03% Si, 0,003% S, 0,009% P, 0,12% Mn). Es wurde
für verschiedene Qualitäten verwendet:

Zusammenstellung 50.

	hart (1% C)	mittel (0,5% C)	weich (0,2% C)
Roheisen	300 kg	100 kg	—
Schmiedeeisenabfall	125 „	825 „	900 kg
Stahlabfall	600 „	100 „	—
Ferromangan (80%)	30 „	1 „	25 „
Ferrosilizium (12%)	1 „	35 „	35 „
kWh/t	832	1040	1204

Für weiche Qualitäten war der Gysingeofen nicht recht geeignet. Da
bei dem einfachen Zusammenschmelzen nur der Kohlenstoffgehalt heruntergedrückt wird, so brauchen die harten Sorten am wenigsten Strom (bei anderen
Verfahren, wo erst vollständig entkohlt wird, ist die Sache umgekehrt).

Nach dieser Weise sind ausgezeichnete Ergebnisse erzielt worden, wie durch
Versuche der kanadischen Kommission und anderer oft bestätigt werden konnte
so z. B.:

Zusammenstellung 51.

	C	Si	S	P	Mn
hart	1,082	0,194	0,008	0,010	0,240
mittel	0,417	0,145	0,008	0,010	0,110
weich	0,098	0,026	0,012	0,012	0,144

Auch zahlreiche Festigkeitsresultate[1]) beweisen die Gleichwertigkeit des
erzeugten Materials mit besten Tiegelstahlqualitäten.

Da den meisten anderen Ländern (außer Schweden) aber kein so reines
Ausgangsmaterial zur Verfügung steht, so wurde versucht, auch die Raffination
unreiner Einsätze im Kjellinofen durchzuführen. Hierüber hat besonders
Röchling berichtet. Beim Einsatz von Hämatiteisen konnte der Schwefel-

---

[1]) Vgl. Neumann, Prof. B., Elektrometallurgie des Eisens, S. 105/106.

gehalt von 0,06% auf 0,013% bei flüssigem Stahleinsatz von 0,086% auf Spuren heruntergebracht werden; der Phosphorgehalt von 0,067 auf 0,030%.

In einem 300 kg-Ofen wurden zum Einschmelzen von Roheisen 585 kWh für die Tonne und zum Fertigmachen einer Schrottschmelze etwa 600 kWh gebraucht, dabei wurde aber der Schrott (im Gegensatz zu Gysinge) vollständig heruntergefrischt und dann zurückgekohlt. Für flüssige Thomasstahlschmelzungen waren zur vollständigen Entgasung, Entphosphorung, Entschwefelung,

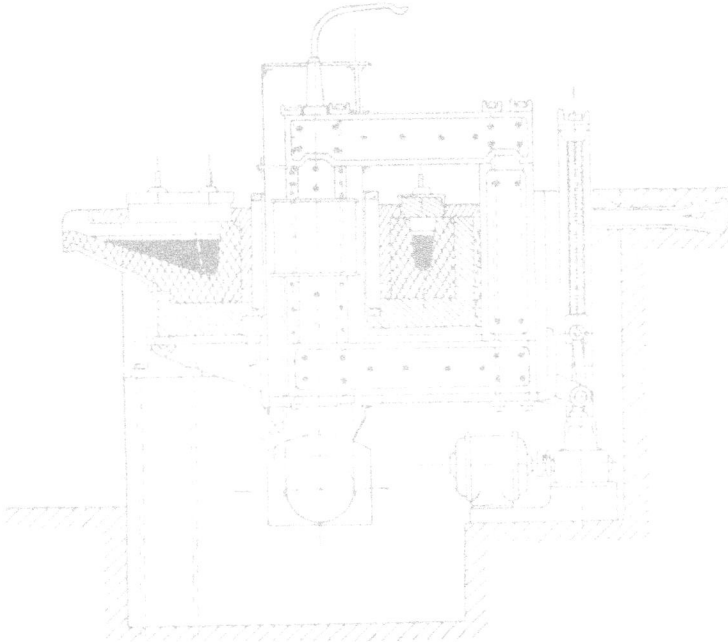

Abb. 294.
Elektrischer Kippwerksantrieb mittels Spindel an einem Kjellinofen.

Kohlung usw. nur 150 bis 200 kWh nötig. Die Kraftverbrauchszahlen sind aber, wie Engelhardt für das Schrottschmelzen nachgewiesen hat, abhängig von der Ofengröße; z. B. ein Kjellinofen von 6 bis 7 kW braucht 2200 kWh, ein solcher von 100 kW nur noch 1200 kWh für eine Tonne Stahl aus Roheisen oder Schrott.

In den Abb. 294, 295 und 296 werden kippbare Kjellinöfen mit verschiedenen Antriebseinrichtungen in schematischer Darstellung gezeigt. Bei dem einen Ofen ist ein elektrischer Spindelantrieb vorgesehen, bei dem zweiten ein Zahnstangenantrieb mit Zahnradübersetzung, Schneckenvorgelege und Elektromotor und bei dem dritten Ofen ein hydraulischer Kippwerksantrieb.

Ein größerer kippbarer Kjellinofen in Ansicht der Abstichseite zeigt Abbildung 297. Dieser Ofen ist mit einer Gießschnauze versehen, die beim Kippen des Ofens benutzt wird. Im Falle, daß das Kippwerk versagen sollte, sind noch

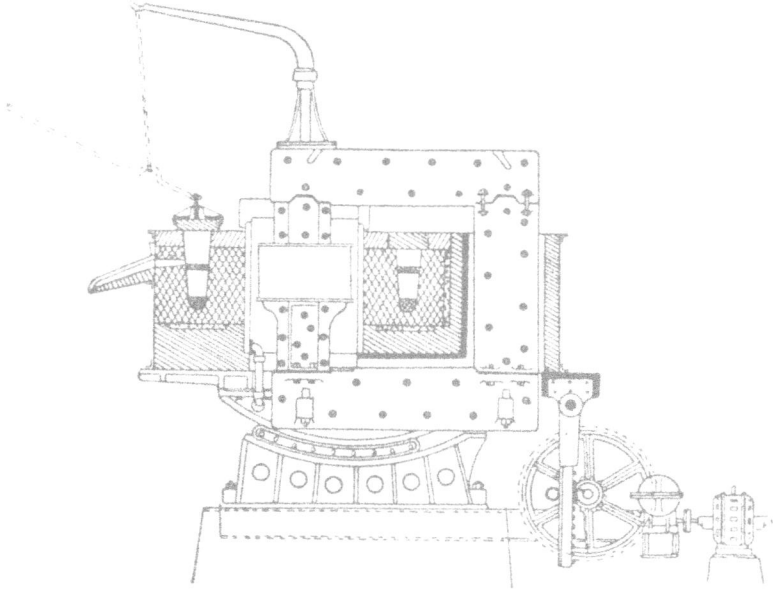

Abb. 295.
Zahnstangenantrieb in Verbindung mit einem Elektromotor und Übersetzung.

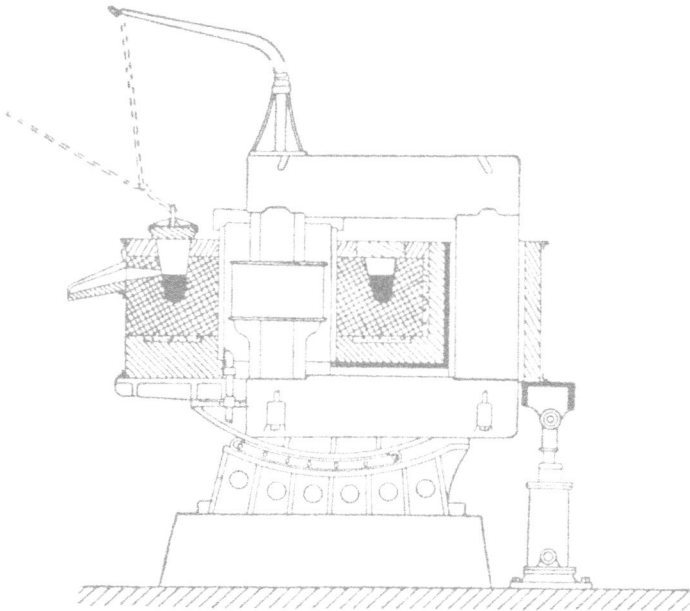

Abb. 296.
Hydraulischer Kippwerksantrieb an einem Kjellinofen.

Abb. 297.
Ansicht des Kjellinofens in Gurtnellen (Schweiz).

Abb. 298.
Ansicht des fahrbaren 4 t-Kjellinofens der Poldihütte in Kladno.

zwei Abstichlöcher vorgesehen, die in verschiedener Höhe angeordnet sind. Das Magnetjoch bei diesem Ofen ist mit einer Staubkappe ausgerüstet, auf

Abb. 299.
Magnetgestell und mit Kühlmantel umschlossene Primärspule.

Abb. 300.
Dasselbe Magnetgestell mit abgenommenem Kühlmantel der Primärspule.

der sich noch ein kleiner Drehkran befindet, der zum Abheben und wieder Aufsetzen der unterteilten Ofendeckel dient.

Ein besonders interessanter Kjellinofen ist in der Polhihütte in Kladno zur Aufstellung gekommen. Dieser 4 t-Ofen, der in Abb. 298 dargestellt ist, ist sowohl kippbar als auch drehbar und schließlich sogar fahrbar eingerichtet worden. Diese weitgehende Beweglichkeit hat den großen Vorteil, daß der Ofen bei fertiger Schmelze an den Martinofen gefahren werden kann, um dort den flüssigen Einsatz aufzunehmen. Alsdann läßt sich der Ofen zu einem störungsfreien Platz fahren, um dort seine Schmelze fertig zu machen. Schließlich vermag man das Abstechen mit diesem Ofen direkt in die Formen vorzunehmen, ohne eine Gießpfanne gebrauchen zu müssen. Die Arbeitsweise mit diesem Ofen muß demnach als eine besonders ideale bezeichnet werden. Der Ofen ist seit etwa 14 Jahren ununterbrochen im Betrieb und soll bis 1922 über 120000 t Elektrostahl hergestellt haben. In den Abb. 299 und 300 wird noch das Transformatorgestell mit der Primärwicklung dieses Ofens gezeigt, und zwar einmal mit und das andere Mal ohne den ursprünglich verwendeten induktionsfreien Kühlmantel für Wasserkühlung.

Der Kjellinofen wird in Deutschland von der Gesellschaft für Elektrostahlanlagen m. b. H. in Berlin-Siemensstadt geliefert.

Der Frickofen.

1. Geschichtliches. Im Jahre 1904 erhielt der schwedische Ingenieur Otto Frick ein Patent[1] auf einen ringförmigen Deckel, der aus einem Stück besteht und auf der Schmelzrinne drehbar angeordnet ist. Durch diese Einrichtung sollte erreicht werden, daß mit den wenigen Öffnungen im Deckel eine gleichmäßige Beschickung während des Betriebes möglich ist, ohne den Deckel abheben zu müssen. Hiermit sind wärmetechnische Vorteile verbunden. Bei Transformatoröfen wird der Schmelzraum durch einen den zentralen Eisenkern umgebenden ringförmigen Tiegel gebildet, welcher während des Schmelzens gewöhnlich durch einen Deckel geschlossen gehalten wird. Um ein gleichförmiges Beschicken und Schmelzen im Ofen zu erzielen, müssen seine einzelnen Teile leicht zugänglich sein. Um dies zu erreichen, wurde bisher der Deckel in Form einer Anzahl sektorförmiger Teile ausgeführt, die mittels an denselben befestigter Eisenösen einzeln abgehoben werden können. Eine derartige Einrichtung ist indessen unzweckmäßig, da infolge des wiederholten Abhebens und Wiederaufsetzens der einzelnen Deckelteile bei der Beschickung die zweckmäßigerweise aus einer Magnesitstampfmasse hergestellte Schmelzrinne leicht beschädigt werden kann. Dazu kommt, daß infolge der vielen Fugen Undichtigkeiten zwischen den einzelnen Teilen des Deckels entstehen, durch welche große Wärmeverluste eintreten. Ein noch ernsterer Übelstand ist die ungleichmäßige Abnutzung der Schmelzrinne, besonders bei Verwendung von festen Beschickungsmaterialien, die bei einer Beschickung an einer Anzahl bestimmter Punkte unvermeidlich stattfindet. Aus der ungleichmäßigen Abnutzung der Schmelzrinne ergibt sich aber eine Verschiedenheit des Querschnittes und damit

---

[1] D. R. P. Nr. 180227.

Ruß, Elektrostahlöfen. 21

322

eine ungleiche Wärmeentwicklung in den verschiedensten Abschnitten der Schmelzrinne.

Die Fricksche Abdeckung bezweckt nun, diese Übelstände zu beseitigen, und besteht hauptsächlich darin, daß der Deckel aus einem einzigen Stück besteht und daß der Deckel und die Schmelzrinne in ihrer gegenseitigen Lage in bekannter Weise drehbar angeordnet werden, so daß man durch eine einzige oder eine geringe Anzahl von in dem Deckel angebrachter Öffnungen den Ofenraum gleichförmig beschicken kann. Bei der Beschickung kann man durch Drehung des Deckels oder der Rinne alle Teile des Ofens überwachen und mittels Hand- oder Maschinenkraft das Schmelzmaterial an beliebigen Stellen des Schmelzraumes leicht und bequem zuführen. Ordnet man an dem Deckel in der Nähe der Öffnung eine Plattform an, so wird dadurch die Wartung des Ofens erleichtert.

Ferner nahm Frick ein Patent[1]) auf eine besondere Anordnung und Ausbildung der Primärspulen. Er führte die Transformatorenwicklungen scheibenförmig aus, um dieselben über oder unter der Schmelzrinne anbringen zu können. Wenn diese Scheibenwicklung (zumal über der Schmelzrinne) auch nicht gerade empfehlenswert ist, so hat die Anwendung in bezug auf die bessere Ausnutzung der Kraftlinien, also zur Vermeidung einer großen Selbstinduktion, unbedingt einen wirtschaftlichen Vorteil. Diesen erkannte Frick sehr bald, so daß er anschließend an den einfachen Rinnenofen an die Ausbildung eines Doppelrinnenofens ging, der sich im praktischen Betrieb bewährt hat. Den ersten Vorschlag für einen Doppelringofen soll Dolter gemacht haben, wodurch die elektrischen Verhältnisse zwar verbessert, der Kraftverbrauch aber infolge der größeren Ausstrahlungsflächen verschlechtert wurde. Dolter wollte den Querschnitt im Ofen kleiner haben als die Summe der Querschnitte in den Außenkanälen, um eine stärkere Erhitzung zu erzielen; dieser Ofen ist aber nicht zur Ausführung gekommen, dagegen der Doppelrinnen von Frick wiederholt

2. Aufbau des Ofens[2]). Die schematische Darstellung des Einringofens oder auch Einrinnenofens genannt, zeigen die Abb. 301, 302 und 3 0. Der Aufbau des Ofens entspricht dem Kjellinofen. Nur die unterteilte und eigenartig angeordnete Primärwicklung fällt beim Frickofen in Erscheinung ebenso der verstärkte Eisenkern, durch ein zweites Magnetjoch, welches durch das Mitteljoch mit dem ersten verbunden ist. Auf diesem Mitteljoch sind oben und unten Scheibenwicklungen und zwischen diesen ist eine Röhrenwicklung angeordnet. Damit erreicht Frick einen geringeren magnetischen Streufluß und eine hierdurch entstehende geringere Selbstinduktion, als bei den Wicklungen des Kjellinofens. Die beiden Hälften der Primärwicklung bilden je ein besonderes Streufeld. Da nun die Amperewindungszahl jeder Spule nur die Hälfte beträgt gegenüber einer einzigen Spule, und da ferner die Selbstinduktionsspannung etwa dem Quadrate der Windungszahl proportional ist, ist es ein-

---

[1]) Amerikanisches Patent Nr. 807027.
[2]) D. R. P. Nr. 190272 und 208952.

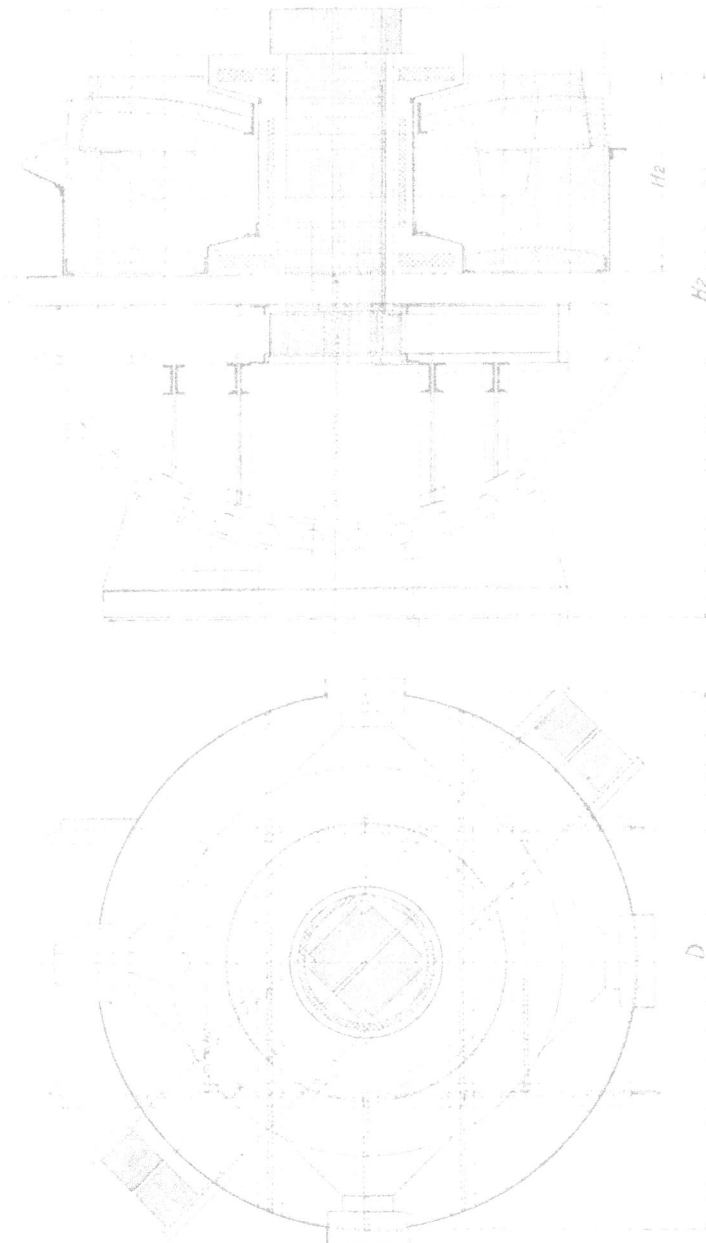

Abb. 301 und 302.
Längs- und Querschnitt durch den Einrinnenofen von Frick.

leuchtend, sowohl bei Reihen- als Parallelschaltung der beiden Spulenhälften die Selbstinduktionsspannung auf die Hälfte gegenüber einem nach Kjellin ausgeführten Ofen herabgesetzt. Die Anordnung der Primärwicklung hat noch den Vorteil, daß die Spulen näher an der Sekundärspule (Schmelzgut) liegen, wodurch die Streuung verringert und der elektrische Wirkungsgrad des Transformators verbessert wird. Außerdem brauchen die Spulen nicht so stark gekühlt zu werden, wodurch einerseits weniger Wärme vom Ofen abgeführt und andererseits weniger Energie für die Kühlung verwendet werden braucht.

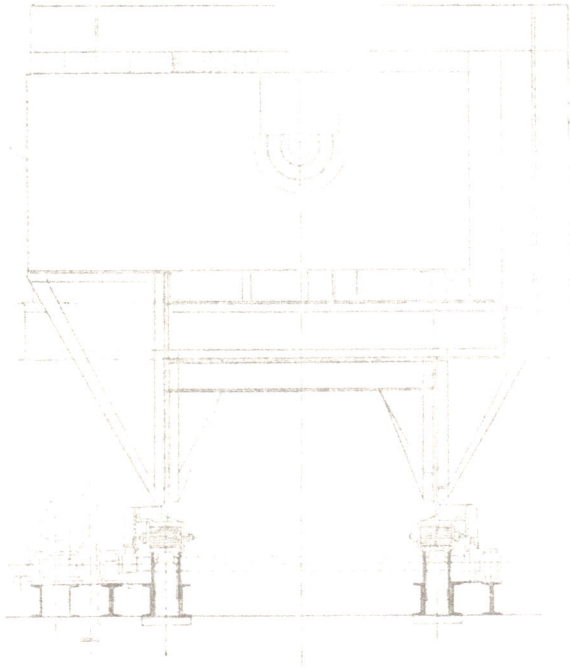

Abb. 303.
Ansicht des Einrinnenofens von Frick.

Ähnlich verhält es sich mit dem Doppelrinnenofen, der in den Abb. 304, 305 und 306 dargestellt ist. Dieser Ofen bietet noch eine vollkommenere Kraftlinienausnutzung, da beide senkrechte Transformatorenjoche mit je zwei flachen und einer röhrenförmigen Spule ausgerüstet und vom Bade eingeschlossen sind. Es wird also gleichzeitig noch eine dritte Rinne gewonnen, die in die Mittelrinne übergeht und dem Ofen die Möglichkeit eines größeren Fassungsraumes bietet. Dem Ofen fehlt nur der erweiterte Herd, wie ihn Röchling und Rodenhauser anwenden. Dafür bietet wiederum die im Querschnitt nahezu gleiche Rinne Gelegenheit das, Schmelzgut an jeder Stelle gleichzeitig zu erhitzen.

3. Stromart. Der Einrinnenofen von Frick wird für Einphasenwechsel-strom beliebiger Spannung gebaut.. Der Zweirinnenofen kann, wie der Röch-ling-Rodenhauserofen, für unmittelbare Verwendung an Drehstrom dienen, oder auch für Wechselstrom ausgeführt werden.

4. Einfluß auf das Netz. Für den Frickofen gilt dasselbe, was über die anderen Induktionsöfen an dieser Stelle gesagt wird.

5. Anwendung. Sofern eine Raffination nicht beabsichtigt ist, wird der Einrinnenofen mit drehbarem Deckel bevorzugt, wobei Beschickungs-

Abb. 304.
Schnitt durch den Doppelrinnenofen von Frick.

öffnungen zum Einsetzen von kaltem Schrott vorgesehen sind. Der Einring-ofen und auch der Doppelringofen wird mit seitlichen Öffnungen gebaut, wenn vorgeschmolzener Einsatz mit Verwendung von Schlacken raffiniert werden soll. Der auf der Poldihütte aufgestellte 15 t-Frickofen hat über der Schmelzrinne die Beschickungsöffnungen, obgleich er mit flüssigem Einsatz betrieben wird.

6. Erhitzung und 7. Temperaturregelung. Nach Ansicht von Frick soll die Temperatur auf die mechanischen Eigenschaften des Enderzeugnisses großen Einfluß haben. Im Lichtbogenofen der Héroult-Bauart findet seiner Ansicht nach eine starke örtliche Überhitzung des Stahles unter dem Lichtbogen statt. Diese Überhitzung soll von Metallurgen a's schädlich angesehen werden und sie soll die Ursache sein, daß im Lichtbogenofen nicht die guten Ergebnisse erzielt werden können wie im Induktionsofen mit der überall gleichen niedrigen Temperatur. Andere Stahlfachleute sprechen gerade der hohen Lichtbogen-temperatur besondere Vorteile in bezug auf die Güte des Elektrostahles, zumal dem dünnwandigen Stahlformguß zu; siehe auch Seite 8 u. f.

Nach Ansicht der Poldihütte kann der Induktionsofen ein Stahlerzeugnis liefern, das dem Tiegelstahl überlegen ist. Wenn der Elektrostahl jedoch von

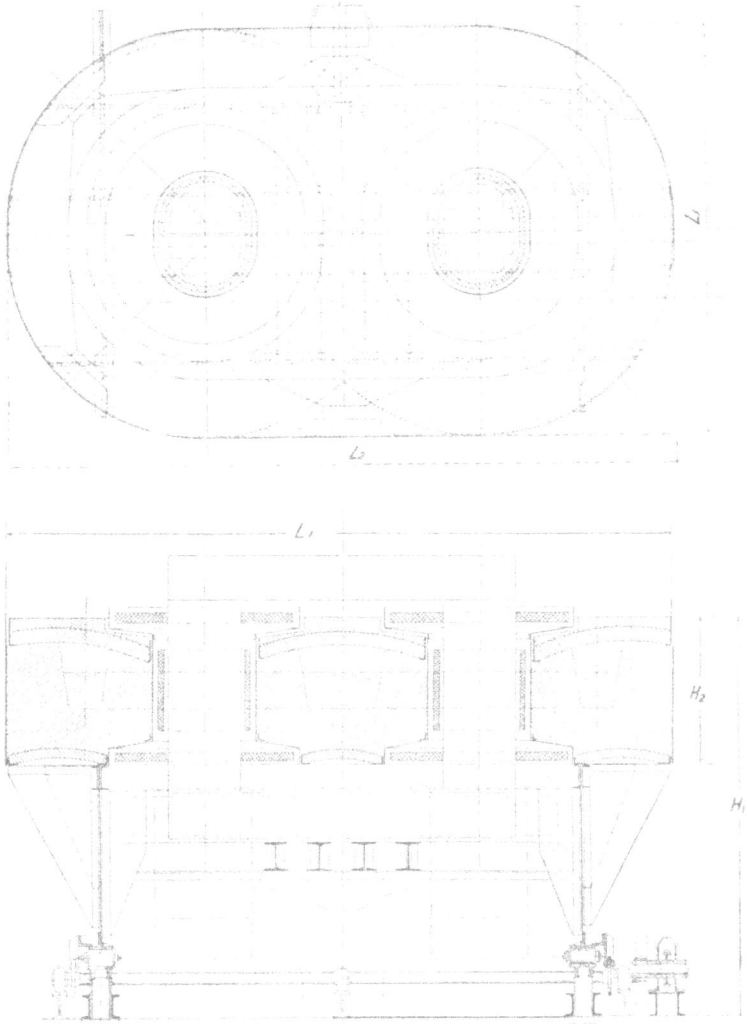

Abb. 305 bis 306.
Quer- und Längsschnitt durch den Doppelrinnenofen von Frick.

besonderer Güte sein soll, so ist es notwendig, daß nicht nur beim Schmelzen, sondern auch beim Abstechen und bei der Weiterbearbeitung große Sorgfalt aufgewendet wird.

8. Übersichtlichkeit , des Herdes. Leider läßt auch der Frickofen jede Übersichtlichkeit des Herdes und damit des Schmelzvorganges vermissen. Abgesehen davon, daß eine Zwischenbehandlung des zu erzeugenden Stahles ungemein erschwert ist, besteht keine Möglichkeit, die Auskleidung des Herdes zu beobachten, um allenfalls schadhafte Stellen rechtzeitig ausbessern zu können.

9. Größe des Ofens. Für den Frickofen gelten ungefähr folgende metallurgischen und elektrischen Angaben:

Zusammenstellung 52.

Einrinnenofen.

Fassungsvermögen in t .	0,3	0,6	1	1,5	2	3	5	7,5	10	12,5	15	20
Anschlußwert in kW .	80	125	180	225	280	375	540	750	950	1150	1350	1750
Periodenzahl	50	25	15	12	10	8	6	5	5	5	5	5
Leistungsfaktor . . .	0,53	0,66	0,70	0,70	0,70	0,68	0,67	0,63	0,56	0,51	0,47	0,39
Strahlungsverluste bei 1500⁰ C in kW . .	35	54	68	78	90	104	120	140	160	180	200	230
Äußerstes Stückgewicht in t . . .	0,10	0,25	0,50	0,825	1,2	1,95	3,55	5,6	7,7	9,9	12,1	16,5

Doppelrinnenofen.

Fassungsvermögen in t .	0,6	1,2	2	3	4	6	10	15	20	25	30	40
Anschlußwert in kW .	145	225	320	420	520	690	1020	1400	1800	2200	2600	3400
Periodenzahl	50	25	15	12	10	8	6	5	5	5	5	5
Leistungsfaktor . . .	0,53	0,66	0,70	0,70	0,70	0,68	0,67	0,63	0,56	0,51	0,47	0,39
Strahlungsverluste bei 1500⁰ C in kW . .	61	91	115	134	152	168	206	238	267	295	321	374

9. Ausführungen. Die Poldihütte, Kladno, verfügt über einen 15 t-Frickofen, mit dem das Werk sehr zufrieden ist. Die Poldihütte macht über diesen Ofen etwa folgende Angaben: Bei einer Energieaufnahme von 600 bis 650 kW stellt der Ofen die geforderten Schmelzungen in 1¾ bis 2 Stunden fertig. Bis August 1916 wurden in dem Ofen über 1000 Schmelzungen verarbeitet. Mit der zuletzt gemachten Zustellung wurden 325 Schmelzungen erreicht, jedoch mußte der Ofen aus anderen als den Ofen betreffenden Umständen außer Betrieb genommen werden. Nach Mitteilungen im Mai 1917 betrug der kWh-Verbrauch an Heizstrom im Durchschnitt der letzten Ofenreise 90,4 kWh für die Tonne Blockausbringen. Hierbei handelte es sich jedoch nur um das Desoxydieren und Legieren von flüssig eingesetztem basischem Martinstahl. Bei diesem kWh-Verbrauch ist der Energieverbrauch für das Anheizen des Ofens, für das Heizen der ersten Schmelze bei Beginn einer Neuzustellung und für das Heizen jener Schmelzen, die über die 12stündige Sonntagspause im Ofen bleiben muß, eingeschlossen. Wird von dem Energieverbrauch für das Anheizen, für die erste Schmelze und für die Sonntagsschmelzen abgesehen, so beträgt der kWh-Verbrauch für die Tonne Blockausbringen nur 82,2 kWh reinen Heizstromes.

Hierbei ist zu erwähnen, daß sich unter den Schmelzen der letzten Betriebszeit eine sehr große Zahl legierter Stähle befindet, die naturgemäß einen höheren
kWh-Verbrauch haben als Kohlenstoffstähle. Für die Tonne Blockausbringen
bei unlegiertem Kohlenstoffstahl beträgt der kWh-Verbrauch reinen Heizstromes
rd. 70 kWh. Für die Bedienung des 15 t-Frickofens genügen bei der Erzeugung
von unlegierten Stählen zwei Mann für die Schicht. Wenn viele Schmelzen
legierten Stahles zu erzeugen sind, so muß noch ein dritter Mann auf die Schicht
zugegeben werden. Diese Mannschaft ist ausschließlich für die Bedienung des
Frickofens erforderlich. Die Leute, die für die Bedienung der Vorschmelz-
öfen erforderlich sind, und die Arbeiter, die beim Gießen und bei den sonst in
jedem Stahlwerk üblichen Arbeiten benötigt werden, sind hier nicht berücksichtigt.

Die Kosten der Erhaltung hängen im wesentlichen von der Art der Zustellung,
von ihrer Haltbarkeit und von dem zur Zustellung verwendeten Materiale ab.
Aus dem 15 t-Frickofen können, entsprechende Leistungsfähigkeit der Vor-
schmelz-Martinöfen vorausgesetzt, 9 bis 10 Schmelzen unlegierten oder legierten
Stahles in 24 Stunden erzeugt werden. Außer den allgemein dem Elektroofen
nachgerühmten Vorzügen wirtschaftlicher Natur, wie billiger Erzeugung sehr
großer Mengen durchaus gleichartigen hochwertigen Stahles aus billigem Einsatzmaterial, erblickt die Poldihütte den Hauptvorteil des Elektroofens in
der Möglichkeit der außerordentlich genauen Temperaturregelung, in der
Möglichkeit, Legierungsmetalle leicht, rasch und außerordentlich gleichmäßig
zu legieren und in der Möglichkeit, den Verlauf der Schmelzung mittels chemischer Analysen genau überwachen zu können. Es ist zweifellos, daß man aus
dem Elektroofen alle Stahlsorten in zumindest gleicher Güte wie aus dem
Tiegelofen herzustellen in der Lage ist; ja es ist in vielen Fällen der Elektrostahl
sicher besser als der Tiegelstahl, infolge der außerordentlichen Gleichmäßigkeit
der ganzen Schmelzung, hervorgerufen durch die Genauigkeit, mit der eine
bestimmte, beabsichtigte Zusammensetzung erzielt werden kann, und infolge der
hierdurch bewirkten Gleichmäßigkeit verschiedener Schmelzen einer und derselben Stahlsorte. Es ist weiter zu betonen, daß die besonderen Erzeugungs-
bedingungen des Elektroofens es ermöglichen, eine Reihe von Stählen mit solcher,
für den Werkzeugmacher bzw. für den Maschinenbauer ungemein wichtigen
Eigenschaften zu erzeugen, die man ihnen, wenn sie nach einem anderen Stahl-
herstellungsverfahren erzeugt sind, überhaupt nicht zu geben vermag. Um
jedoch beim Elektrostahlverfahren die höchste Güte des zu erzeugenden Stahles
zu erreichen, ist es unbedingt erforderlich, die Umstände, welche die Güte des
Stahles bei der Erzeugung beeinflussen, durch systematische Versuche zu stu-
dieren und diese Umstände so beeinflussen zu lernen, daß sie nur im günstigsten Sinne wirken können. Es gehört zur Erreichung der höchsten Güte
eben jahrelange, durch fortgesetzte forscherische Tätigkeit, erweiterte Erfahrung.

In Abb. 307 ist die Ansicht des 15 t-Frickofens der Poldihütte dargestellt.
Ferner zeigt Abb. 308 einen 10 t-Frickofen, der bei der Firma Friedr. Krupp

Abb. 307.
Ansicht der Elektrostahlofenanlage des 15 t-Frickofens bei der Poldihütte, Kladno.

Abb. 308.
Ansicht der Elektrostahlofenanlage des 10 t-Frickofens bei der Firma Friedr. Krupp,
A.-G., Essen.

A.-G., Essen, arbeitet. Einige praktische Kraftverbrauchs- und -verlustzahlen der eben erwähnten zwei Öfen sind wie folgt von Frick[1]) angegeben:

Zusammenstellung 53.

Fassung t	Anschluß- wert in kW	Arbeitsweise	Theoretischer Kraftverbrauch kWh/t	Praktischer Kraftverbrauch kWh/t	Erzeugung in 24 Stunden t	Elektrische Verluste %	Elektrische Verluste kW	Strahlungs- verluste kW	Gesamt- verluste kW
10	650	Einschmelzen von kaltem Schrott	etwa 432	600	25	4,5	29	154	183
15	600—650	Desoxydation und Legierung von ba- sischem Martinstahl	35	70	135	3	20	205	225

Der Röchling-Rodenhauserofen.

1. **Geschichtliches.** Röchling beschäftigte sich bald nach Erscheinen des Kjellinofens mit diesem Ofen und ersah vor allem in dem Fortfall der Elektroden, in der besseren Behandlung des flüssigen Materials, um hochwertigen Stahl zu gewinnen, in der guten und gleichmäßigen Wärmeausnutzung, in der ausreichenden Baddurchmischung, in dem stromstoßfreien Betrieb und schließlich in der genauen Temperaturregelung Vorteile, die selbst mit dem Lichtbogenofen in gleicher Weise nicht zu erreichen sind. Röchling erkannte aber auch die Schwächen, die der Kjellinofen, insbesondere seine enge, vollständig verschlossene Schmelzrinne bot, die dem Hüttenmann jede Möglichkeit einer Beobachtung und Zwischenbehandlung des herzustellenden Stahles nahm. In erster Linie mußte der Forderung eines freien, übersichtlichen Herdes entsprochen werden, sofern der Induktionsofen seine Daseinsberechtigung behalten sollte. Ebenso wichtig war die Zugänglichkeit des Herdes zur Durchführung der Raffinationsarbeiten überhaupt. Zwecks Vereinigung der Kraftlinienstreuung wurden ebenfalls Verbesserungen angestrebt, und zwar durch veränderte Anordnung der beiden Transformatorenschenkel, ferner der Wicklungen und durch den Einbau von Polplatten u. dgl.

Auf Grund der Erfahrungen mit dem auf den Röchlingschen Eisen- und Stahlwerken in Völklingen a. d. Saar in Betrieb gesetzten Kjellinofen kam u. a. das von Röchling und Rodenhauser zur Anmeldung gebrachte Patent[2]) im Jahre 1906 zur Erteilung und anschließend daran zur Auswertung. Gelegentlich der Hauptversammlung des Vereins deutscher Eisenhüttenleute in Düsseldorf 1906 hielt Röchling einen Vortrag über die Fortschritte der Elektrostahldarstellung, wobei er auf seinen Ofen besonders einging[3]).

---

1) Stahl und Eisen 1921, S. 117.
2) D. R. P. Nr. 199354.
3) Stahl und Eisen 1907, S. 81.

Die Entwicklung des Röchling-Rodenhauserofens nahm etwa folgenden Verlauf[1]). Der erste Ofen wurde für 60 kg Fassung bei 50 Perioden gebaut und auf den Röchlingschen Eisen- und Stahlwerken in der Zeit vom Juli bis September 1906 ausprobiert. Die mit diesem kleinen Ofen ausgeführten Versuche wurden später mit einem größeren Versuchsofen von 300 kg Einsatz fortgesetzt. Anschließend hieran erfolgte die Bestellung des Eicher-Hüttenvereins auf einen 500- bis 750-kg-Ofen, der auf Grund der in Völklingen durchgeführten Versuche erbaut wurde. Während bei den bis dahin verfertigten Versuchsöfen das Beschicken derselben noch in der alten Weise durch Abheben der Rinnenabdeckung erfolgte, wurden bei dem von dem Eicher-Hüttenverein bestellten Ofen zum erstenmal Arbeitstüren angebracht, die ein leichtes Bedienen des Ofens gestatten. Rodenhauser teilt in seinem Buche über die weitere Entwicklung des Röchling-Rodenhauserofens alsdann folgendes mit. „Für die weitere Entwicklung des Ofens war bestimmend, daß im Frühjahr 1907 ein Kjellinofen für 8 t Einsatz in Völklingen in Betrieb kam, der mit nur 5 Perioden betrieben wurde. Mit diesem Ofen durchgeführte, umfangreiche Versuche lieferten den einwandfreien Beweis, daß der ringförmige Herd für eine weitgehende Raffination und damit für die Erreichung des von den Röchlingschen Stahl- und Eisenwerken erstrebten Zieles nicht in Frage kommen konnte. Andererseits lagen aus den kleinen, oben erwähnten Versuchsöfen die günstigsten Raffinationsresultate vor. Die Folge war, daß es jetzt galt, für die elektrische Zentrale, welche für den Kjellinofen eigens mit nur 5 Perioden errichtet worden war, einen geeigneten Ofen, jetzt einen Röchling-Rodenhauserofen zu bauen. Dieser erste, größere Ofen, der etwa 3 t faßte, kam am 22. Juni 1907 in Betrieb, und damit gelang es schnell, die Leistungsfähigkeit des neuen Ofensystems auch für größere Einheiten zu beweisen.

Zur Vervollkommnung des Ofensystems fehlte aber noch ein weiterer Schritt, der zur direkten Benutzung von Drehstrom führen mußte; denn solange es nicht möglich war, diese Stromart direkt im Induktionsofen zu verwenden, blieb auch der Vorteil des Induktionsofens von untergeordneter Bedeutung, daß er mit jeder gerade vorhandenen Spannung betrieben werden konnte, da doch im Anschluß an bestehende Netze die Aufstellung eines rotierenden Umformers unumgänglich nötig wurde, solange die Öfen nur mit Einphasen-Wechselstrom betrieben werden konnten. Es wurde deshalb schon im Jahre 1907 an die konstruktive Ausbildung des Drehstromofens herangetreten, so daß im Februar 1908 der erste Röchling-Rodenhauser-Drehstromofen in Betrieb genommen werden konnte, der, mit 50 Perioden arbeitend, direkt an das allgemeine Elektrizitätswerk der Röchlingschen Stahl- und Eisenwerke angeschlossen war."

2. Aufbau des Ofens. Dem Aufbau nach unterscheidet man beim Röchling-Rodenhauserofen zwei verschiedene Bauarten, deren Grundformen sich

---

[1]) Siehe auch Rodenhauser und Schoenewa: Elektrische Öfen in der Eisenindustrie, Verlag Oskar Leiner, Leipzig; ferner Meyer: Geschichte des Elektroeisens, Verlag Julius Springer, Berlin.

lediglich aus den verschiedenen Stromarten ergeben. Bei beiden Bauarten werden die Transformatorenjoche in der Weise ausgenutzt, daß die senkrechten Schenkel im Bereich des Herdes liegen, um unter Vermittlung der auf diesen Schenkeln angebrachten Primärspulen Heizwirkungen hervorzurufen. Allerdings wird auch ein Zweiphasen-Induktionsofen mit zwei getrennten Einphasentransformatoren gebaut, die ihrem Aussehen nach mit dem Kjellinofen Ähnlichkeit haben. Von großer Wichtigkeit ist eine geschützte Anordnung der Wicklungen und eine hinreichende Kühlung vor der ausstrahlenden Hitze aus

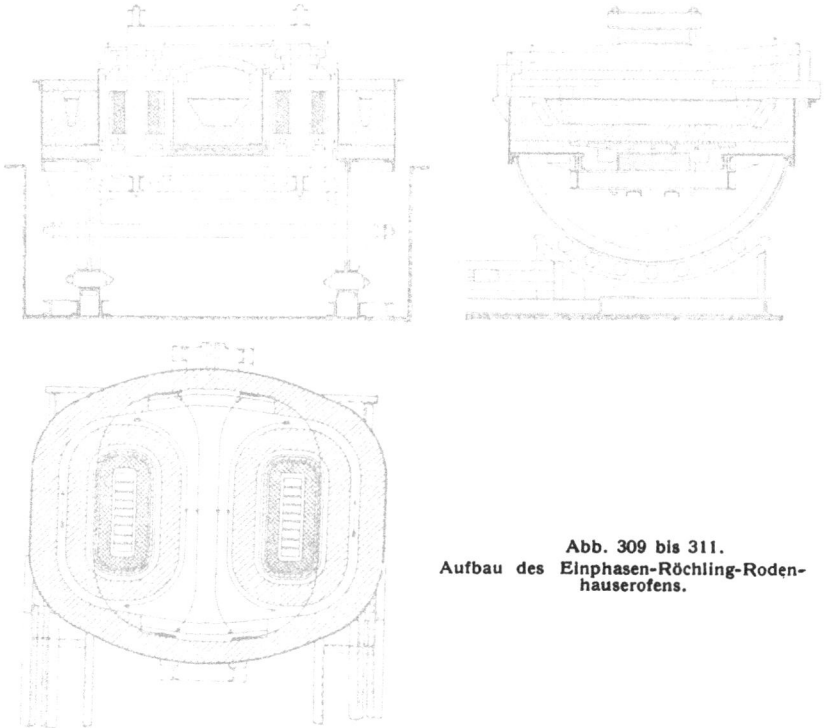

Abb. 309 bis 311.
Aufbau des Einphasen-Röchling-Rodenhauserofens.

den benachbarten Herdwandungen: Die Wicklungen werden daher von zwei Metallzylindern eingeschlossen, die durch einen Luftraum voneinander getrennt sind. Die Wicklungen erhalten wiederum von unten Kühlwind zugeführt, in der Weise, daß die vom Ofenmauerwerk ausstrahlende Wärme den Wicklungen ferngehalten wird, während eine Abkühlung des Schmelzgutes durch besonderen Wärmeschutz des Herdes weitgehendst vermieden wird. Für die Kühlung dient ein Ventilator von niedriger Pressung. Bei kippbaren Öfen erfolgt die Windzuführung durch ein beweglich unter dem Ofen angebrachtes Rohr, das mittels Abzweige in die Metallzylinder, die die Wicklungen umschließen, eingeführt ist.

In Abb. 309, 310 und 311 ist ein Ofen für Einphasenstrom dargestellt. Hier sind beide Kerne des Magneteisengestelles mit Primärspulen versehen und demgemäß sind auch zwei Rinnen vorhanden, welche in der Mitte zwischen den Kernen in einen erweiterten Herd münden, in welchem alle metallurgischen Arbeiten durchgeführt werden können. An den Schmalseiten dieses Herdes ist je eine Türe angebracht, von denen aus das Bad zu überblicken ist. Die eine dieser Türen ist mit einer Abstichschnauze versehen, während die andere dazu dient, das Einsatzmaterial und die Zuschläge dem Ofen zuzuführen. Die beiden Kerne tragen noch eine besondere sekundäre Wicklung aus Kupfer für Niederspannung und hoher Stromstärke, die an zwei ins Ofenfutter eingesetzte Stahlgußplatten angeschlossen sind. Diese sind vorn mit einer dem Ofenfutter ähnlich zusammengesetzten Masse belegt, die erst in der Weißglut, ähnlich wie ein Nernstkörper, leitend wird. Während also beim Anheizen nur in den seitlichen Rinnen geheizt wird, ergeben sich, wenn das Futter vor den sog. Polplatten einmal leitend ist, zwei getrennte Stromkreise, also eine Vereinigung von Induktionsheizung und direkter Widerstandsheizung. Der Verfasser ist jedoch der Auffassung, daß die Widerstandsheizung in wärmetechnischer Hinsicht nicht von praktischer Bedeutung ist, wohl aber in elektrotechnischer Hinsicht, worauf ich noch zurückkomme. Durch die Bewicklung beider Kerne und durch die ∞ förmige Anordnung des Schmelzgutes wird vor allem eine Verringerung des Badquerschnittes, also eine Erhöhung des Ohmschen Widerstandes in der Schmelzrinne erzielt. Hierzu kommt noch, daß bei steigendem Einsatzgewicht der Querschnitt der durch Induktion geheizten sekundären Schmelzrinnen nicht im gleichen Verhältnis erhöht wird, sondern die Querschnittzunahme in erster Linie auf den mittleren Arbeitsherd entfällt.

Der Zweiphasenofen ist in seiner Anordnung dem Einphasenofen sehr ähnlich, er unterscheidet sich nur dadurch, daß entsprechend den elektrischen Bedingungen für Zweiphasenstrom zwei Magneteisen vorhanden sind, auf denen je eine Primärspule untergebracht ist (siehe Abb. 312, 313 und 314). Die Eisenkerne werden daher nicht durch je ein Joch unterhalb und oberhalb des Herdes, sondern durch je zwei Joche oberhalb und unterhalb seitlich über die Rinnen geschlossen. Die Kosten eines solchen Transformators gegenüber denjenigen eines Einphasentransformators gleicher Größe sind unwesentlich höher.

Der Drehstromofen ist in seinen Grundzügen in den Abb. 315, 316 und 317 wiedergegeben. Um die drei Kerne mit ihren Primärspulen ist je eine Badrinne angeordnet, die in der Mitte wieder zu einem gemeinsamen breiten Arbeitsherd zusammenlaufen, der eine T-förmige Gestalt hat. Dieser Form entsprechend sind drei Türen vorhanden, von denen eine wieder als Abstichschnauze ausgebildet ist. Beim Drehstromofen sind zwei Transformatorenschenkel in derselben Stellung gegeneinander aufgestellt wie die beiden Transformatorenschenkel des in den Abb. 309, 310 und 311 dargestellten Einphasenofens. Der dritte Schenkel ist in einer um 90° gedrehten Stellung derart symmetrisch angeordnet, daß die Spurpunkte der Längsachsen der drei Schenkel im Grundriß etwa in den Ecken eines gleichschenkeligen Dreiecks liegen. Beide Enden jedes der beiden erstgenannten Schenkel sind mit den Enden des dritten durch Joche verbunden, die etwa nach einem Quadranten gekrümmt sind, derart, daß die Richtung des einen Endes jedes Joches senkrecht auf der Richtung des anderen Endes steht, und daß so die Bleche von Jochen und Schenkeln an den Stoßstellen gleichgerichtet sind. Die Mittelebenen der Joche müssen hier in einer wagerechten und können nicht, wie beim zweischenkeligen Transformator, in einer senkrechten Ebene liegen. Der als Arbeitsherd ausgebildete und zwischen der drei Schenkeln liegende Teil des Schmelzraumes, in welchen die drei Schenkel

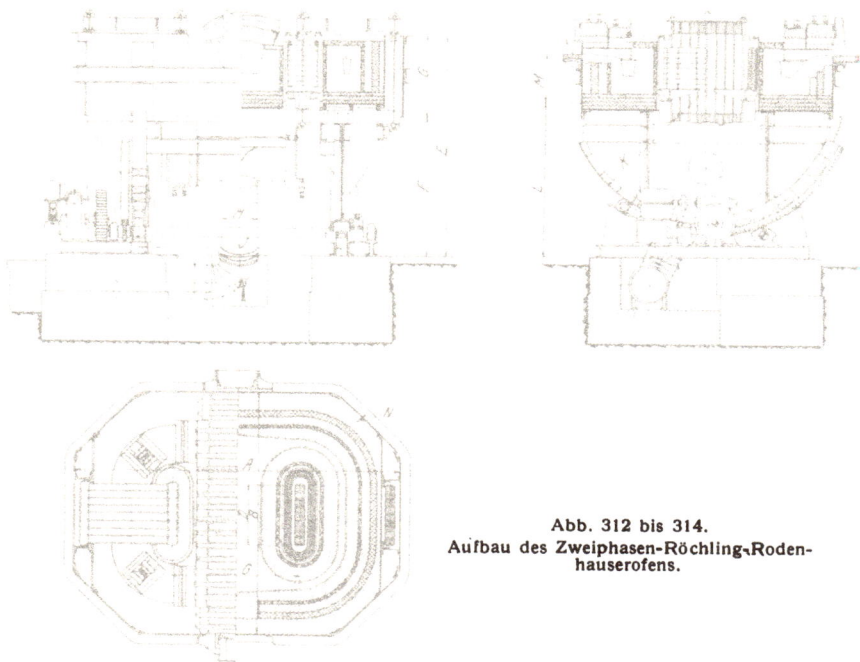

Abb. 312 bis 314.
Aufbau des Zweiphasen-Röchling-Rodenhauserofens.

umschließenden Schmelzrinnen ausmünden, weist ähnlich wie im Falle des Ofens mit zweischenkeligem Transformator etwa rechteckige Grundrißform auf. Die zur Abdeckung des Arbeitsherdes dienenden Abdeckplatten oder -gewölbe sind leicht zugänglich.

Bei der in der Zeichnung dargestellten Ausführung (Abb. 315 bis 317) ist in jedem der zwischen je zwei Schenkeln gelegenen, an den Arbeitsherd selbst angrenzenden Teile der äußeren Wand des Ofens, je eine, aus einer feuerfesten Platte und einer Metallscheibe bestehende Elektrode eingelassen; es soll bei dieser Anordnung auf den Schenkeln eine sekundäre Draht- bzw. Stabwicklung angeordnet sein, und der in dieser Wicklung induzierte Strom soll den Elektroden zugeführt werden, derart, daß die auf diese Weise durch den Arbeitsherd hindurchgeleiteten Wechselströme das Schmelzgut jeweils in demselben Richtungssinne durchfließen, wie die durch direkte Induktion in den

Schmelzrinnen erzeugten Ströme. Durch die Anordnung wird nach Ansicht von Röchling und Rodenhauser erreicht, daß auch das im geräumigen Arbeitsherd selbst enthaltene Schmelzgut entsprechend seinem großen Durchgangsquerschnitt und dem demgemäß geringeren Widerstand, den es den Strömungen entgegensetzt, von derart starken Wechselströmen durchflossen wird, daß die im Arbeitsherd erzeugte Hitze nicht wesentlich geringer ist als die in den Schmelz-

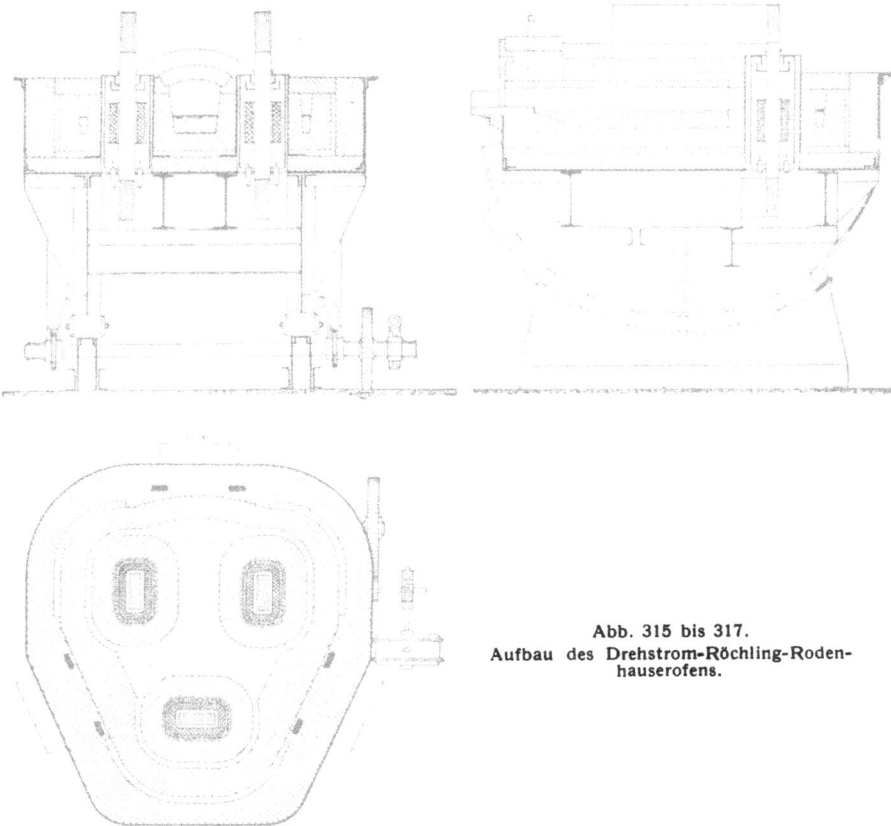

Abb. 315 bis 317.
Aufbau des Drehstrom-Röchling-Rodenhauserofens.

rinnen erzeugte. Der Verfasser ist jedoch anderer Auffassung; siehe im Abschnitt: Erhitzung.

3. Stromart. In der Beschreibung wurde bereits ausführlich darauf eingegangen, daß der Röchling-Rodenhauserofen für Einphasen-, Zweiphasen- und Drehstrom gebaut wird.

4. Einfluß auf das Netz. Auch beim Röchling-Rodenhauserofen wird eine Beeinflussung im Falle eines unmittelbaren Anschlusses des Ofens an ein bestehendes Leitungsnetz hauptsächlich durch den geringen Leistungsfaktor hervorgerufen. Nun haben Röchling und Rodenhauser mit ihrem Ofen auch

dahingehende Verbesserungen anzustreben versucht, und tatsächlich einen günstigeren cos φ erreicht, als dieser mit dem Kjellinofen möglich war. In meinen früheren Ausführungen habe ich die Ursache des niedrigen Leistungsfaktors auf den geringen Badwiderstand und auf die hohe Selbstinduktion infolge des großen Abstandes zwischen Primärwicklung und Bad, zurückführen können bzw. nachgewiesen. Folglich wurden die Rinnen beim Röchling-Rodenhauserofen möglichst langgezogen und im Querschnitt kleiner gehalten als beim Kjellinofen, so daß diese Anordnung einen größeren Badwiderstand ergab. Da ferner zwei oder gar drei Kerne für die Aufnahme der Primärspulen dienen, ergab sich durch die Unterteilung der Wicklung eine wesentlich kleinere Entfernung zwischen dieser und dem Bad, gegenüber dem Kjellinofen, folglich auch ein geringerer Selbstinduktionskoeffizient. Da trotzdem der Abstand zwischen der Primärwicklung und dem Schmelzgut noch verhältnismäßig sehr groß ist, so wurde ein weiteres Mittel versucht, die Streuung zu verringern, indem man in den streuenden Kraftlinienfluß elektrische Leiter einbaute. Da die durch Induktionsströme erzeugten Ströme stets die entgegengesetzte Richtung des Primärstromes haben, so werden auch von den in dem Streulinienfeld gelegten Leitern in dem Streufeld entgegengesetzt gerichtete Kraftlinien hervorgerufen, die zu einer Erhöhung des Leistungsfaktors beitragen.

Immerhin sind die Verbesserungen nicht solche, daß der Röchling-Rodenhauserofen nunmehr an jedes bestehende Netz angeschlossen werden kann. Im übrigen wird auf die Ausführungen von Engelhardt, als Vertreter des Röchling-Rodenhauserofens, auf S. 99 verwiesen.

5. Anwendung. Über die Anwendung des Röchling-Rodenhauserofens brauchen nicht viele Worte aufgewendet zu werden, da für ihn dasselbe in Betracht kommt, was bereits in der Einleitung über die Induktionsöfen und an der gleichen Stelle über die Anwendung des Kjellinofens mitgeteilt worden ist.

6. Zustellung. Auch beim Röchling-Rodenhauserofen dient als Zustellung ein Gemisch aus Dolomit und Teer oder Magnesit und Teer für die Auskleidung des Herdes. Zum besseren Wärmeschutz wird um dieses Gemisch vorteilhaft eine Schicht aus grobkörnigem Wärmeisolationsstoff angewendet. Die gewünschte Herdform erhält man, genau wie beim Kjellinofen, durch Einlegen eines der Herdform entsprechenden Modells, das von dem Zustellungsgemisch seitlich eingestampft wird. Nach Entfernung des Modelles liegt der gewünschte Schmelzraum frei, so daß die Anwärmung des Herdes nach vorheriger Abdeckung desselben durch feuerfeste Steine und schließlich mit der Inbetriebsetzung des Ofens begonnen werden kann. Allerdings ist zu berücksichtigen, daß vor dem Verschließen des Herdes geschweißte Eisenringe in den Herdraum eingelegt werden, damit nach Einschalten des Stromes Induktionsströme in diesen hervorgerufen werden können, die zu einem Erglühen und Anwärmen des Herdes und schließlich zu einem Erschmelzen führen.

In die Zustellung werden noch Polplatten eingelassen, die sowohl Wärmewirkungen als auch eine Verbesserung des Leistungsfaktors hervorrufen sollen.

8. Erhitzung. Selbst dort, wo flüssiger Einsatz zur Verfügung steht, empfiehlt es sich, die eben erwähnten Eisenringe in den Herd einzulegen, um diese unter Einwirkung des Induktionsstromes zu erhitzen zum Zweck einer guten Durchwärmung des neu zugestellten Herdes. Die Erhitzung beim Röchling-Rodenhauserofen erfolgt demnach in gleicher Weise wie beim Kjellinofen. Beim Röchling-Rodenhauserofen besteht nur der Unterschied, daß mehrere Primärspulen und demnach auch ebensoviele Sekundärstromkreise vorhanden sind. In jedem der Stromkreise ist demnach für eine Erhitzung Sorge zu tragen, was bei einem neu zugestellten Herde in der Weise geschieht, daß so viele eiserne Heizringe in den Herd eingelegt werden als Schmelzrinnen bzw. Primärspulen vorhanden sind.

Nachdem die Vorwärmung erfolgt ist, wird flüssiger Einsatz irgendeiner hüttenmännischen Schmelzeinrichtung entnommen und dem Elektroofen zugeführt. Dort, wo derartige Hilfsschmelzeinrichtungen nicht zur Verfügung stehen, wird die Arbeitsweise des Elektroofens außerordentlich erschwert. Es sind allerdings Versuche gemacht worden, Heizringe mit Drehspänen dicht in die Heizkanäle und den Herd einzupacken, um unter der Einwirkung des Stromes den festen Einsatz zu schmelzen. Diese Arbeitsweise empfiehlt sich jedenfalls nicht, da mit einem außerordentlich hohen Stromverbrauch zu rechnen ist. Beim Einschmelzen von Schrott kann man nur in Verbindung mit dem flüssigen Einsatz arbeiten. Alsdann ist in dem Ofen ein Teil der vorhergehenden Schmelze, und zwar etwa ein Drittel des Gesamteinsatzes im Ofen zu lassen, damit dieser flüssige Sumpf den Sekundärstromkreis bilden kann, um durch Temperatursteigerung den festen Schrott in flüssigen Zustand zu bringen. Besteht dagegen die Möglichkeit, flüssigen Einsatz aus irgendeiner der vorhandenen Schmelzeinrichtungen zu entnehmen, so kann teilweise mit Schrott gearbeitet werden. Bei dieser gemischten Arbeitsweise kann der Ofen nach jeder Schmelze vollkommen geleert werden, wonach für die nächste Schmelzung flüssiges Gut eingesetzt und anschließend daran kalter Schrott zugesetzt wird.

In Verbindung mit der Induktionsheizung bringen Röchling und Rodenhauser eine Widerstandsheizung in der Weise an, daß sie auf den Transformatorenjochen neben den Primärspulen noch Sekundärwicklungen anordnen, deren Ströme zu den im Herdfutter eingebauten Polplatten geführt werden. Die Polplatten sind so angeordnet, daß unter Vermittlung der Zustellungsmasse der Strom weitergeleitet und dem Bade zugeführt wird. Eine Stromübertragung durch die Zustellungsmasse kann jedoch nur dann erfolgen, sofern es sich um einen Leiter II. Klasse handelt, dessen Widerstand bei zunehmender Temperatur kleiner wird. Der Verfasser hat jedoch schon verschiedentlich darauf hingewiesen, daß von der Widerstandsheizung keine großen Wärmewirkungen zu erwarten sind. Schon mit Rücksicht auf eine Schonung der Zustellung wird man vermeiden müssen, den Polplatten beträchtliche kalorisch-elektrische Energiemengen zuzuführen. Dagegen wird durch die Anwendung der Polplatten ein anderer Vorteil erreicht, und zwar eine Verbesserung des Leistungsfaktors. Da die in den Sekundärspulen erzeugten Induktionsströme entgegengesetzt gerichtete Kraftlinien haben, als die Primärströme, so erfolgt durch die Streuung infolge des Abstandes zwischen der Primärwicklung und dem Bade eine Zurückdrängung der Streukraftlinien. Diese Wirkung hat eine Verbesserung des Leistungsfaktors zur Folge.

9. Temperaturregelung. Ähnlich wie beim Kjellinofen kann auch beim Röchling-Rodenhauserofen eine genaue Temperaturregelung durch Vergrößerung oder Verkleinerung der Energiezufuhr in genauen Abstufungen herbeigeführt werden. Man bedient sich hierbei der Spannungsänderung, die entweder an dem Wechselstromgenerator durch Veränderung des Erregerstromes erfolgt oder durch einen am Ofen angebrachten feinstufigen Widerstandsregler.

10. Durchmischung des Bades. Bei Beschreibung des Röchling-Rodenhauserofens und früher bei dem Kjellinofen wurde bereits auf die Bewegungserscheinungen, die in allen Induktionsöfen hervorgerufen werden, näher eingegangen. Der Verwendung eines Drehstromtransformators mit im Grundriß in Dreieckanordnung aufgestellten Schenkeln kommt, gleichgültig, welches die Querschnittsform der Schenkel und welcher Art die Anordnung der die Schenkelenden verbindenden Joche sein mag, die Bedeutung zu, daß bei derselben in dem Raum zwischen den drei Schenkeln angeordneten Arbeitsherd eine lebhafte Bewegung des Schmelzgutes erhalten wird, die, wie bekannt, in vorteilhafter Weise auf den im Ofen sich vollziehenden metallurgischen Vorgang einwirkt. Die eigenartige, von den Erfindern beim Betrieb des Ofens beobachtete Wirkung wird, wie es scheint, hervorgebracht durch das Drehfeld, welches im Betriebe durch das im Arbeitsherd enthaltene Schmelzgut hindurchpulsiert.

11. Übersichtlichkeit des Bades. Durch den verhältnismäßig geräumigen Arbeitsherd, den man bei dem Röchling-Rodenhauserofen als ein besonderes Merkmal ansprechen muß, ist die Forderung eines übersichtlichen Herdes gegeben. Ferner wird durch das Vorhandensein der Arbeitstüren die Zugänglichkeit des Schmelzraumes möglich. Dem Hüttenmann ist es jedoch unerwünscht, daß die seitlichen Heizkanäle unzugänglich und unbeobachtet bleiben, so daß man keinerlei Möglichkeit besitzt, sich über deren Veränderungen während des Betriebes zu unterrichten, um allenfalls durch Ausbesserungen ein frühzeitiges Zerstören der Zustellung zu vermeiden. Röchling-Rodenhauser haben allerdings zur Vermeidung des Eindringens der Schlacke in die Kanäle eine Abdeckung derselben mit hochfeuerfesten Steinen aus Magnesit oder Dolomit vorgesehen, die tiefer angeordnet ist als die Badoberfläche beträgt. Auf diese Weise wird ein Anfüllen der Rinnen mit Stahl erreicht, wobei sich aber beim Abstich nicht vermeiden läßt, daß Schlacke in die Heizkanäle eindringt und bei der nächsten Schmelze mit hochgehoben wird. Es kann allerdings sein, daß sich im Laufe des Schmelzvorganges infolge der Bewegungserscheinungen die Schlacke aus den Rinnen wieder freimacht und in den Arbeitsherd zurückgelangt.

12. Kippbare Anwendung. Die Vorteile der kippbaren Anordnung sind so große, daß man auch beim Röchling-Rodenhauserofen nicht darauf verzichtet und den Ofen stets mit Kippwerk ausführt.

13. Größe des Ofens. Der Röchling-Rodenhauserofen ist für folgende Einsatzgewichte ausgeführt worden, wobei gleichzeitig in der Zusammenstellung die zugehörige Stromaufnahme und Stromart angegeben wird:

Zusammenstellung 54.

Einsatz in kg	Stromaufnahme in kW	Stromart
700	100	Einphasen-Wechselstrom
2000	275	,,
3500	380	,,
5000	500	,,
7000	750	,,
1000	175—200	Drehstrom
1500	275	,,
2000	275	,,
2500	300	,,
3000	350	.,

14. Ausführungen. Einer der ersten Röchling-Rodenhauseröfen ist der in Abb. 318 dargestellte von 3,5 t Fassung, der bei den Röchlingschen Stahl-

Abb. 318.
Ansicht eines 3,5 t-Röchling-Rodenhauserofens.

und Eisenwerken, G. m. b. H., in Völklingen im Jahre 1907 zur Aufstellung gekommen ist.

Abb. 319 zeigt einen Wechselstromofen für 7 bis 8 t Inhalt. In dem Bilde sind die Zuleitungen in Form von kräftigen Kupferbändern zu sehen, die von den Sekundärspulen zu den Polplatten führen, die für die zusätzliche Wider-

22*

Abb. 319.
Ansicht eines 7 bis 8 t-Röchling-Rodenhauserofens für einphasigen Wechselstrom.

Abb. 320.
Magnetgestell, Primärspulen und Rohrleitungsanschlüsse zu einem 7 bis 8 t-Röchling-Rodenhaus-
ofen für einphasigen Wechselstrom.

standsheizung in den Herd eingebaut sind. Das Primärteil zu diesem Ofen
mit einem Teil der Rohrleitung für die Luftkühlung ist in Abb. 320 zu sehen.

Die Spulen sind für eine Energieaufnahme von 950 kVA, eine Spannung von 3500 Volt und 25 Perioden gebaut.

Abb. 321.
Ansicht eines Drehstrom-Röchling-Rodenhauserofens.

Abb. 322.
Die andere Ansicht des Ofens in Abb. 321.

Drehstromofen mit drei Jochen und demzufolge mit drei Heizrinnen ist in den Abb. 321 und 322 dargestellt. Das Transformatorgestell mit den Primär-

342

spulen eines solchen Ofens zeigt Abb. 323. In diesem Bilde ist ferner die Wind-
leitung für die Luftkühlung zu sehen. Die bei derartigen Induktionsöfen entstehende Dreirinnenform ist mit Schwierigkeiten verknüpft, zumal in bezug
auf eine ausreichende Haltbarkeit der Herdauskleidung und Übersichtlichkeit
und leichte Bedienung des Ofens. Mithin ist man zu dem Zweirinnenofen
übergegangen und dabei stehen geblieben, der nach Schaltung gemäß Abb. 324
an Drehstrom angeschlossen werden kann.

Abb. 323.
Primärteil nebst Kühlluftleitungsanschluß zum Drehstrom-Röchling-Rodenhauserofen.

Die Ansicht eines neuzeitlichen Röchling-Rodenhauser-Zweiphasenofens,
der mit Drehstrom gespeist wird, ist in Abb. 325 angegeben. Das Bild
zeigt einen Ofen von 8 bis 12 t Fassung. Bei kleineren Ausführungen wird
er zum Anschluß an bestehende Drehstromnetze mit 50 Perioden, also
mit üblicher Periodenzahl, für beliebige Spannungen gebaut. Das Bild
läßt deutlich den Arbeitsherd erkennen, der durch die hochliegende,
flache, leicht abhebbare Abdeckung gekennzeichnet ist. Man sieht den
Ofen gegen die Abstichtür, rechts und links vom Herd liegen die Ofentransformatoren, die die ebenfalls durch die Abdeckung erkenntlichen Heizrinnen umschließen. Im übrigen dürfte das Bild des Ofens, das deutlich

seine Einfachheit und auch das Fehlen beweglicher Teile erkennen läßt, für sich selbst sprechen.

Abb. 326 gibt eine Ansicht aus der Elektrostahlanlage des Stahlwerkes Becker in Willich bei Krefeld, in der 3 Röchling-Rodenhauseröfen von je 8 t Fassung arbeiten. Die Bauart der Öfen ist die gleiche wie die in Abb. 325. In Abb. 326 sieht man gegen die Schnauzen der Öfen, über denen eine Türe angebracht ist, so daß der Ofen von beiden Seiten des Herdes aus bequem bedient

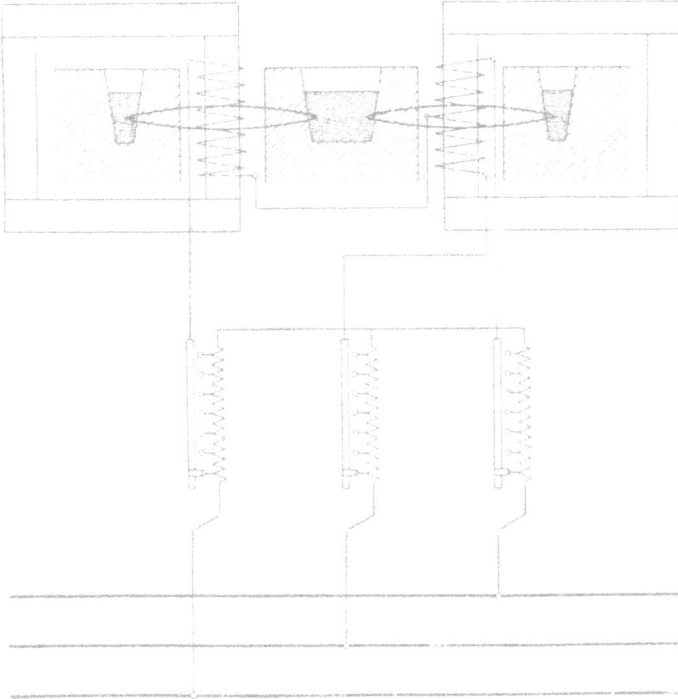

Abb. 324.
Schaltung eines Zweirinnen-Röchling-Rodenhauserofens an Drehstrom.

werden kann. Diese Drehstromöfen sind unter Verwendung der Scottschen Schaltung zu Zweirinnenöfen ausgebildet.

Nachstehend sind einige Tafeln mit Analysen von Schmelzungen aus den in Völklingen arbeitenden Röchling-Rodenhauseröfen abgedruckt, um zu zeigen, wie die durch die anschließende Kurventafel in Abb. 327 für die Öfen im besonderen gegebene Raffinationsarbeit mit gleichem Erfolg sowohl in Wechselstrom- als auch in Drehstromöfen jeder Ofengröße durchgeführt wird. —

Sodann sei noch auf die Anwendung des Induktionsofens zum Schmelzen der verschiedenen Eisenlegierungen: Ferrosilizium, Ferromangan, Ferrochrom als Zusätze bei der Stahlbereitung hingewiesen. Hierfür hat sich der Induktions-

344

ofen als durchaus vorteilhaft erwiesen. Versuche haben ergeben, daß z. B. bei Verwendung eines flüssigen Ferromanganzusatzes an Stelle des bisher üblichen festen Materials eine Ersparnis an Ferromangan von etwa 30% erzielt

Abb. 325.
Ansicht eines 8 bis 12 t-Zweiphasen-Röchling-Rodenhauserofens für den Anschluß an Drehstrom.

wird. Wichtig ist beim Einschmelzen dieser Materialien im Induktionsofen die Möglichkeit, in demselben die Temperatur ganz nach Erfordernis zu regulieren, was im Lichtbogenofen unmöglich ist. Infolgedessen kann z. B. beim Schmelzen von Ferrosilizium wegen der hohen Temperatur des Lichtbogens und der weißglühenden Elektrodenenden ein teilweises Verdampfen des Mangans, Siliziums u. dgl. nicht verhindert werden.

Zum Schmelzen von Ferromangan wird der Ofen gleichsam als elektrisch

Abb. 326. Ansicht der Elektrostahlofenanlage, bestehend aus 3 Zweirinnen-Röchling-Rodenhauseröfen von je 8 t Fassung beim Stahlwerk Becker in Willich (Rhld.).

geheizter Mischer betrieben, in dem, den schwankenden Anforderungen des Stahlwerksbetriebes entsprechend, stets genügende Schmelzgutmassen in flüssigem Zustande vorhanden sind, so daß im Augenblick des Bedarfs eine gewisse Menge abgegeben werden kann. Man pflegt deshalb in allen Öfen, die

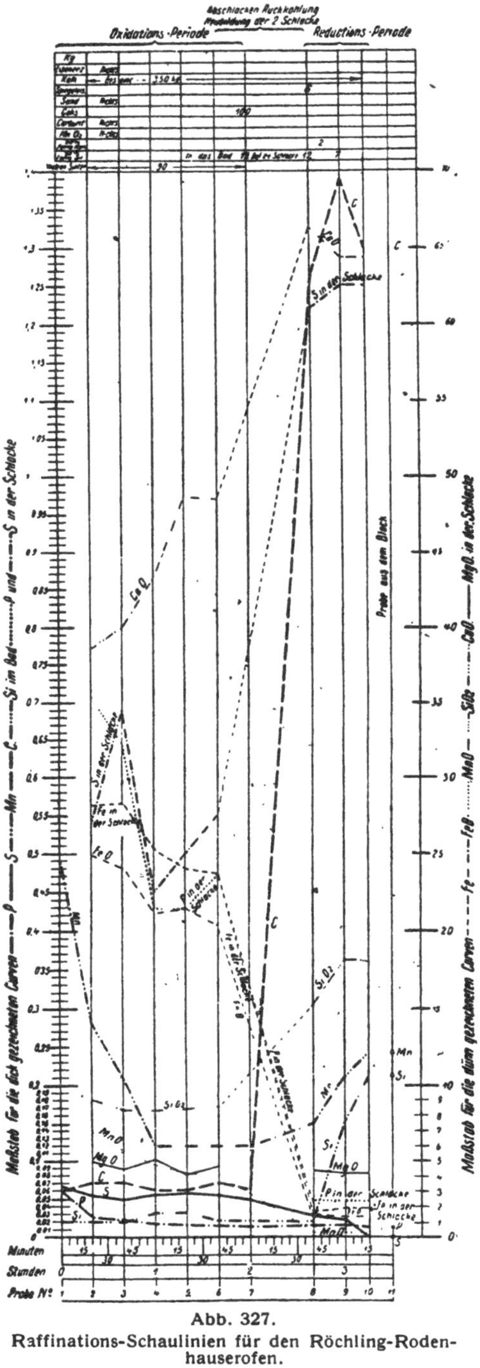

Abb. 327.
Raffinations-Schaulinien für den Röchling-Rodenhauserofen.

zum Schmelzen von Ferrolegierungen benutzt werden, ganz unabhängig von der Art der Beheizung, mit einem beträchtlichen
Sumpf im Ofen zu arbeiten, während
jedesmal nur Bruchteile des Ofeninhaltes zum Abstich kommen, die
durch den Zusatz entsprechender
Mengen kalten Beschickungsgutes
wieder ersetzt werden.

Für Röchling - Rodenhauseröfen, die zum Ferromanganschmel-
zen benutzt werden, sind für verschiedene Stahlwerksleistungen die
Ofengrößen und der Kraftverbrauch
maßgebend, wie sie in der folgenden Zusammenstellung S. 349 angegeben sind.

Alle vorstehend genannten
Ofengrößen werden für Drehstrom
mit der allgemein üblichen Periodenzahl 50 gebaut, so daß sie unmittelbar an bestehende Drehstromnetze
unter Benutzung der gerade vorhandenen Spannung angeschlossen
werden können. Es treten also besondere Umformerverluste für die
Öfen nicht auf. Das Schmelzen im
Induktionsöfen erfolgt im übrigen
nach einer der Gesellschaft für
Elektrostahlanlagen geschützten
Arbeitsweise, bei der jede Mangan-
verdampfung im Ofen vollständig
verhindert wird, bei gleichzeitig
vollkommenstem Schutze des
Schmelzgutes gegen Wärmeverluste. Dadurch ergeben sich für
die Induktionsöfen sehr günstige
Kraftverbrauchszahlen. Die an
einem 3 t-Röchling-Rodenhauser-
ofen bei den Röchlingschen Eisen-
und Stahlwerken in Völklingen sowie an einem ebenso großen Lichtbogenofen bei den Rombacher

Zusammenstellungen 55 bis 58.

Kohle	Mangan	Silizium	Phosphor		Schwefel		Chrom	Wolfram
			Einsatz	End-produkt	Einsatz	End-produkt		
%	%	%	%	%	%	%	%	%

Schmelzungen aus einem 1 t-Drehstromofen.

Kohle	Mangan	Silizium	Einsatz	End-produkt	Einsatz	End-produkt	Chrom	Wolfram
1,09	0,23	0,22	—	0,019	—	0,016	—	—
1,15	0,31	0,12	—	0,017	—	0,016	—	—
0,59	0,31	0,39	—	0,018	—	Spuren	0,87	1,63
1,11	0,28	0,15	—	0,018	—	,,	0,24	0,48
1,25	0,25	0,21	—	0,017	—	,,	0,24	0,81
1,1	0,65	0,20	—	Spuren	—	,,	—	—
0,97	0,25	0,14	—	0,017	—	,,	—	—
1,25	0,17	0,14	—	Spuren	—	,,	—	—
1,27	0,19	0,09	—	0,015	—	,,	—	—
0,47	0,87	0,30	—	0,08	—	0,016	—	—[1]
1,04	0,31	0,16	0,065	0,017	0,048	Spuren	—	—
1,21	0,25	0,17	0,068	0,012	0,089	,,	—	—
1,24	0,28	0,13	0,076	0,019	0,073	,,	—	—
1,44	0,38	0,12	0,056	0,023	0,065	,,	—	—
1,00	0,55	0,09	0,081	0,024	0,076	,,	—	—
0,81	0,75	0,21	0,067	0,019	0,072	0,016	—	—[2]
1,23	0,29	0,12	0,062	0,016	0,089	Spuren	—	—
1,26	0,32	0,18	0,063	0,017	0,065	,,	—	—
1,21	0,35	0,18	0,076	0,019	0,068	0,011	—	—
1,16	0,26	0,10	0,064	0,013	0,061	Spuren	—	—
1,16	0,23	0,12	0,08	0,012	0,057	,,	—	—
1,06	0,23	0,12	0,08	0,012	0,089	0,019	—	—
1,1	0,23	0,23	0,065	0,011	0,057	Spuren	—	—
0,1	0,48	0,1	0,07	Spuren	0,065	0,028	—	—[3]
0,91	0,35	0,09	0,063	0,016	0,070	Spuren	—	—

Schmelzungen aus einem 8 t-Wechselstromofen.

Kohle	Mangan	Silizium	Einsatz	End-produkt	Einsatz	End-produkt	Chrom	Wolfram
0,96	0,27	0,10	0,047	0,015	0,081	Spuren	—	—
0,69	0,25	0,54	0,046	0,015	0,048	—	0,92	2,13
0,95	0,32	0,19	0,052	0,016	0,073	0,024	—	—
0,65	0,31	0,42	0,08	Spuren	0,078	Spuren	—	—
1,04	0,35	0,15	0,062	0,022	0,063	0,024	—	—
1,36	0,35	0,17	0,071	Spuren	0,057	Spuren	—	—
1,18	0,29	0,20	0,070	0,014	0,048	—	—	—
1,52	0,29	0,20	0,060	,,	0,048	—	—	—
1,16	0,35	0.16	0,065	,,	0,081	0,024	—	—
0,95	0,29	0,18	0,065	,,	0,073	0,032	—	—
1,2	0,32	0,12	0,046	,,	0,097	Spuren	—	—
1,43	0,35	0,14	0,052	0,014	0,053	—	—	—
1,19	0,26	0,17	0,058	Spuren	0,057	—	—	—
0,62	0,35	0,15	0,096	,,	0,065	0,019	—	—
0,61	0,35	0,14	0,076	,,	0,073	0,024	—	—
1,08	0,34	0,22	0,077	,,	0,048	Spuren	—	—
1,01	0,32	0,04	0,088	,,	0,065	—	—	—
1,30	0,25	0,23	0,052	,,	0,068	—	—	—
1,15	0,38	0,21	0,055	0,020	0,057	—	—	—
1,20	0,30	0,23	0,064	Spuren	0,073	—	—	—
0,90	0,25	0,19	0,052	,,	0,089	0,028	—	—
1,07	0,25	0,15	0,054	,,	0,078	0,018	—	—
0,97	0,27	0,18	0,063	,,	0,081	0,024	—	—
0,72	0,37	0,21	0,085	,,	0,097	0,016	—	—
1,04	0,24	0,09	0,070	,,	0,065	Spuren	—	—

[1] Stahlguß. [2] Für Bandagen. [3] Für Rohre.

Fortsetzung der Zusammenstellungen 55 bis 58.

Kohle	Mangan	Silizium	Phosphor		Schwefel	
			Einsatz	End-produkt	Einsatz	End-produkt
%	%	%	%	%	%	%

Martinstahlschmelzen aus einem 3¹/₂ t-Wechselstromofen.

Kohle	Mangan	Silizium	Einsatz	End-produkt	Einsatz	End-produkt
0,072	0,283	0,025	0,036	0,006	0,097	0,028
0,063	0,283	0,027	0,070	Spuren	0,089	0,024
0,087	0,340	0,025	0,051	„	0,081	0,040
0,060	0,310	0,031	0,065	0,009	0,089	0,024
0,065	0,255	0,022	0,081	Spuren	0,081	0,032
0,064	0,283	0,022	0,051	0,010	0,097	0,036
0,063	0,283	0,021	0,070	Spuren	0,073	0,032
0,075	0,283	0,019	0,070	„	0,057	0,032
0,080	0,283	0,025	0,085	0,010	0,089	0,032
0,084	0,256	0,018	0,085	0,012	0,057	0,032
0,080	0,283	0,018	0,045	Spuren	0,073	0,016
0,067	0,254	0,016	0,035	„	0,073	0,032
0,064	0,313	0,024	0,045	„	0,040	0,028
0,084	0,226	0,019	0,045	„	0,057	0,032
0,100	0,283	0,016	0,069	„	0,105	0,036
0,076	0,340	0,018	—	„	—	0,032
0,428	0,409	0,038	0,076	„	0,065	0,016

Stahl aus einem 8 t-Wechselstromofen.

Kohle	Mangan	Silizium	Einsatz	End-produkt	Einsatz	End-produkt
0,14	0,81	0,23	0,064	Spuren	0,053	0,021
0,58	0,99	0,35	—	„	—	0,029
0,40	0,79	0,35	0,078	0,014	0,070	0,032
0,75	0,73	0,23	0,072	Spuren	0,065	0,019
0,40	0,64	0,11	0,078	„	0,065	0,027
0,27	0,67	0,23	0,080	„	0,073	0,029
0,25	0,58	0,30	0,079	„	0,089	0,032
0,53	0,80	0,17	0,088	0,018	0,057	Spuren
0,80	0,85	0,10	0,087	Spuren	0,044	0,016
0,87	0,89	0,14	0,048	„	0,065	0,028
0,78	0,55	0,20	0,055	„	0,061	0,021
0,78	0,85	0,22	0,048	„	0,061	0,024
0,63	0,80	0,19	0,084	0,019	0,081	0,026
0,59	0,70	0,36	0,057	Spuren	0,081	0,024
0,46	0,80	0,11	0,058	0,018	0,073	0,028
0,58	0,61	0,20	0,078	Spuren	0,065	0,032
0,79	0,85	0,20	0,052	„	0,057	0,024
0,06	0,44	0,18	0,031	„	0,081	0,024
0,093	0,85	0,18	0,075	„	0,065	0,032

Hüttenwerken aufgenommenen Schaulinien zeigen, daß der Kraftverbrauch des Induktionsofens bei gleicher Schmelzleistung beim Schmelzen von 80 proz. Ferromangan innerhalb 12 Stunden um rd. 200 kWh für die Tonne

Ferromangan niedriger ist als der eines gleich großen Lichtbogenofens. Berücksichtigt man noch, daß für den Induktionsofen jeder Elektroden-verbrauch wegfällt, so wird es klar, daß die Kosten der elektrischen Heizung bei

Zusammenstellung 59.

Ofengröße		Schmelzleistung in 24 Stunden	Stahlerzeugung bei einem Verbrauch von 5 kg flüssigen Ferromangangs für die Tonne	
Fassung	Kraftbedarf		in 24 Stunden	in 300 Tagen
750	150	4	800	240 000
1000	200	6	1200	360 000
1500	250	8	1600	480 000
2000	300	10	2000	600 000
3000	350	12	2400	720 000
4000	450	16	3200	960 000
4000	500	20	4000	1 200 000

Verwendung des Induktionsofens wesentlich niedriger sind als bei Benutzung eines Lichtbogenofens unter sonst gleichen Verhältnissen.

Auch bezüglich der Zustellungskosten kann kein Zweifel darüber bestehen, daß der Induktionsofen wenigstens ebenso günstig ist wie der Lichtbogenofen, denn beim Schmelzen von 80 proz. Ferromangan sind im Röchling-Rodenhauser-ofen Zustellungshaltbarkeiten bis zu 7 Monaten erreicht worden, ohne daß während dieser Zeit irgendwelche Ausbesserungen an der Zustellung oder an den Gewölben des Ofens erforderlich wären. Die durchschnittliche Zustellungs-haltbarkeit des Ferromanganschmelzofens in Völklingen während eines zwei-einhalbjährigen Betriebes des Ofens zum Schmelzen von 80 proz. Ferromangan beträgt mehr als vier Monate unter Einrechnung der allerersten Zustellungen des Ofens, die als Versuchsschmelzzustellungen naturgemäß nur eine verhält-nismäßig kurze Lebensdauer hatten.

Ferromangan wird auf basischer Zustellung geschmolzen, die im Röchling-Rodenhauserofen nach einem der Gesellschaft für Elektrostahlanlagen ge-schützten Verfahren hergestellt wird. Sehr günstige Ergebnisse liegen aber auch über die Verwendung saurer Zustellungsmassen vor, z. B. beim Umschmel-zen von Ferrosilizium im Röchling-Rodenhauserofen. Als Beweis mag angeführt werden, daß z. B. die Röchlingschen Eisen- und Stahlwerke beim Umschmelzen von 25 proz. Ferrosilizium gleich günstige Ergebnisse mit saurer Zustellung er-hielten, wie sie sich nach vorstehendem für die basische Zustellung beim Schmel-zen manganhaltiger Legierungen ergeben.

Der Verkauf des Röchling-Rodenhauserofens liegt in Händen der Gesell-schaft für Elektrostahlanlagen m. b. H. in Berlin-Siemensstadt. Die zugehörigen elektrischen Ausrüstungen liefert die Firma Siemens & Halske, A. G., Berlin-Siemensstadt. —

Neben den bisher beschriebenen Induktionsöfen von Kjellin, Frick und Röchling-Rodenhauser gibt es noch verschiedene andere Bauarten, die, soweit sie in Anwendung gekommen sind, kurz beschrieben werden sollen. Diese Öfen unterscheiden sich nur unwesentlich von den besprochenen Bauarten, und zwar hauptsächlich in der Anordnung der Wicklungen oder in der Herdform. Neben diesen Öfen gibt es natürlich, genau wie bei den Lichtbogenöfen noch eine Unmenge von Vorschlägen zur Ausführung oder Verbesserung von Induktionsöfen, die zum großen Teil unter Patentschutz stehen. Die meisten Neuerungen haben jedoch keine praktische Anwendung finden können, soweit sie nicht schon in den bereits beschriebenen und noch folgenden Bauarten benutzt werden. Auf die Beschreibung der Induktionsöfen von Gin, ferner von Schneider-Creuzot und schließlich auf den Vorschlag von Grönwall kann in diesem Buche verzichtet werden, da diese Öfen keine praktische Bedeutung haben und wohl auch für die kommenden Zeiten nicht haben werden. Zu erwähnen ist noch der Induktionsofen der General Electric Co., der seinem Aufbau nach dem Induktionsofen von Frick entspricht, so daß sich eine besondere Beschreibung dieses Ofens nicht nötig macht.

Der Hiorthofen.

Der Hiorthofen ist seiner Bauart nach dem Zweiphasenofen von Röckling-Rodenhauser ähnlich. Auch der Hiorthofen hat einen geräumigen Schmelz-

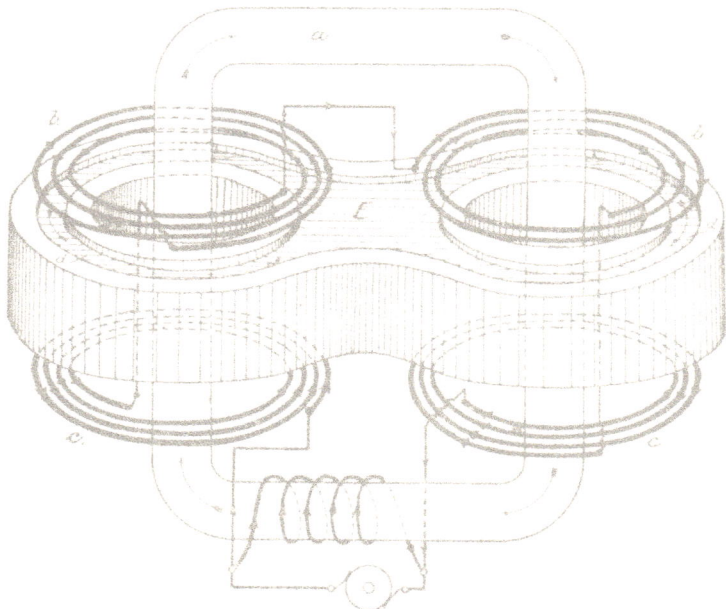

Abb. 328.
Anordnung der Primärwicklungen und Stromführung beim Hiorthofen.

raum, der durch zwei Heizkanäle fortgesetzt ist. Die Heizrinnen umschließen die senkrechten Schenkel des Transformatorenjoches, auf die die Primärwicklungen aufgeschoben sind. Diese Wicklungen entsprechen ihrer Anordnung nach wiederum dem Frickofen; dieselben sind als flache Spulen ausgebildet, ferner

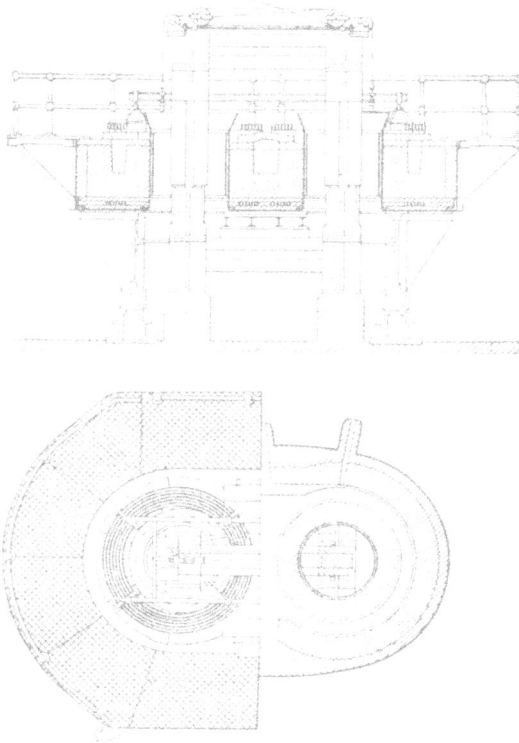

Abb. 329 und 330.
Aufbau des 5 t-Hiorthofens in Jossingfjord in Sogndal (Norwegen).

wie beim Frickofen unterteilt, und zwar derartig, daß auf jedem Schenkel sowohl über als auch unter dem Bade Spulen angeordnet sind. Aus der folgenden

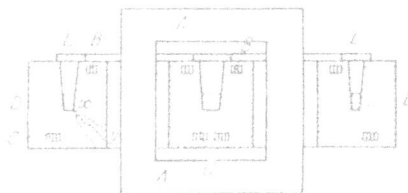

Abb. 331.
Neue Anordnung der Primärwicklung nach
Vorschlag von Hiorth.

Abb. 328, einer Originalzeichnung von Hiorth, ist die Stromführung beim Hiorthofen zu erkennen. Die nächsten beiden Abb. 329 und 330 zeigen die schematische

Anordnung eines Hiorthofens von 5 t Fassung, der in Jossingfjord in Sogndal zur Aufstellung gekommen ist.

Wie die verschiedenen Abbildungen erkennen lassen, ordnet Hiorth bei seinem Ofen die Primärwicklung·außerhalb der Peripherie der Schmelzrinnen an; er legt also im Gegensatz zum Frickofen auf große Nähe der Primärwicklung zu den Sekundärstromkreisen weniger Wert.

Nach einem deutschen Patent[1]) sieht Hiorth eine neue Anordnung der scheibenförmigen Spulen vor, und zwar in der Weise, daß die oberen Primärwicklungen einen kleineren Durchmesser erhalten als die unter dem Bad angeordneten Spulen.

Abb. 332.
Ansicht des 5 t-Hiorthofens in Jossingfjord.

Hiorth will damit eine bessere Zugänglichkeit der Badoberfläche erreichen. Da die Spulen fest sind, soll es ferner möglich sein, die Induktanz des Ofens konstant zu halten, indem die großen Belastungsänderungen beim Heben und Senken der Spulen vermieden werden. In Abb. 331 ist die neue Anordnung der Primärspulen ersichtlich. Es bedeutet hierin A der Eisenkern, B die oberen Primärspulen, C die unteren Primärspulen, D das Bad und E die Abdeckung der Rinnen und des Schmelzbades. Als Transformator betrachtet, behält der Ofen die Vorteile der bekannten Öfen, indem sich die obere und untere Spule zusammen etwa wie zwei Spulen mit dem Durchmesser des Bades verhalten. Die Wicklung erhält daher den Charakter einer Scheibenwicklung mit geteilten Spulen. Die dynamischen Wirkungen der zwei Spulen auf das Bad heben einander teilweise auf, so daß die Schrägstellung und radiale Bewegung des

[1]) D. R. P. Nr. 261 698.

Bades nicht größer wird wie bei den bekannten Öfen. Die Erfahrung zeigt, daß der Strahl, wenn er durch die feuersichere Fütterung bricht, immer den Weg gegen den Kern und nach abwärts einschlägt (Linie x—y). Bei der beschriebenen Anordnung wird die untere Spule daher besser gegen Zerstörung gesichert sein als bei solchen Öfen, wo die Spule senkrecht unter dem Bade angeordnet ist. Da die obere Spule näher dem Bade angebracht werden kann, wird der Leistungsfaktor günstiger.

Der erste von Direktor Hiorth, Kristiania, erbaute Induktionsofen wurde an The Jossingfjord Manufacturing Company, Jossingfjord, Sogndal in Danlene

Abb. 333.
Draufsicht auf den 5 t-Hiorthofen in Jossingfjord.

(Norwegen) geliefert. Der Ofen wird mit Einphasenstrom betrieben, hat eine Stromaufnahme von 500 kW, ein Fassungsvermögen von 5000 kg und erhält als Einsatz schwedisches Roheisen, um Qualitätsstahl zu erzeugen. Die beiden Abb. 332 und 333 zeigen diesen Ofen in Ansicht.

Der Gassies-Jeramecofen.

Der Gassies-Jeramecofen wurde dem Kjellinofen nachgebildet und unterscheidet sich von diesem nur durch eine andere Anordnung der Primärspule. Dieselbe ist unterhalb des eigentlichen Ofens auf dem inneren Transformatorenkern angebracht. Die Abb. 334 zeigt die schematische Darstellung des Gassies-Jeramecofen. Die Ofenwanne ist aus vier Teilen zusammengesetzt und bildet eine kreisförmige Rinne, die den Transformatorschenkel, auf welchem die eben erwähnte Primärspule aufgebracht ist, umschließt.

354

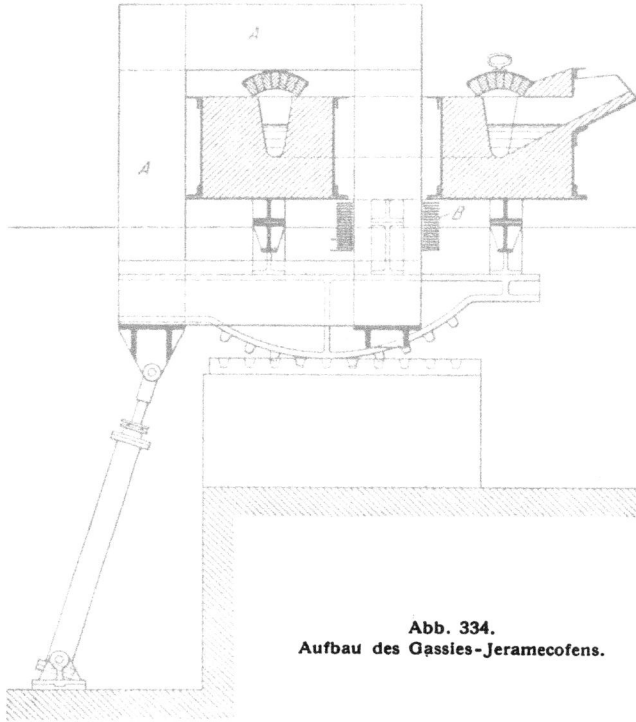

Abb. 334.
Aufbau des Gassies-Jeramecofens.

Abb. 335.
Ansicht des 1,2 t-Gassies-Jeramecofens.

In Abb. 335 ist der Gassies-Jeramecofen abgebildet, der bei der Compagnie Chatillon Commentry et Neuves Maisons, Usines St. Jaques-Montlucon (Frankreich) arbeitet. Dieser Ofen kann einen Einsatz von 1200 kg aufnehmen, ist mit einem Kippwerk versehen und an einphasigen Wechselstrom von 16 Perioden angeschlossen. Seine Stromaufnahme beträgt 300 kW. Der Ofen erhält flüssigen Martinstahl als Einsatz, um Qualitätsstahl, insbesondere Werkzeugstahl, daraus zu machen.

Der Ajax-Wyattofen.

Es sei zum Schluß noch ein besonders interessanter Induktionsofen beschrieben, der in den Vereinigten Staaten große Verbreitung gefunden hat, und zwar hauptsächlich zum Schmelzen von Kupferlegierungen. Dieser Ajax-Wyattofen, der schematisch in Abb. 336 dargestellt ist, unterscheidet sich von

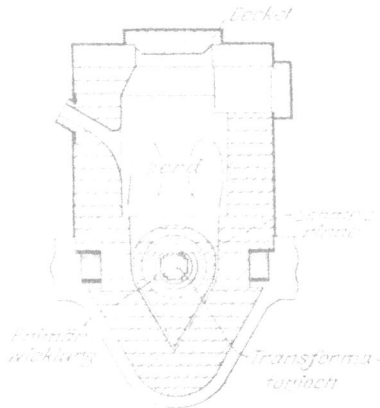

Abb. 336.
Aufbau des Ajax-Wyattofens.

den bisher aufgeführten Induktionsöfen durch seine eigenartige Rinnenform und Anordnung des Transformators. Bei diesem Ofen ist die Schmelzrinne senkrecht angeordnet, um oben in einem erweiterten Herd auszulaufen. Zwischen der Schmelzrinne liegt der die Primärspule tragende Transformatorschenkel. Die Rinne von engem Querschnitt gestattet eine hohe Erhitzung des Einsatzmaterials, die durch den verhältnismäßig großen elektrischen Widerstand bei ausreichender Stromdichte hervorgerufen wird. Magnetische Bewegungskräfte in Richtung der Pfeile durchmischen das Schmelzgut und veranlassen, daß das hocherhitzte Metall aus der Schmelzrinne in den Herd tritt, sich abkühlt, und kälteres Metall aus diesem der Rinne zuführt. Durch Spannungsänderung wird die Temperatur genau geregelt. Der Ofen ist oben abgedeckt, und auch sonst allseitig gut verschlossen. Der geräumig große Herd gestattet jedoch eine genaue Beobachtung des Schmelzvorganges. Da die Schmelzrinne dauernd mit flüssigem Stahl angefüllt ist, unterliegt die Zustellung nur dem allgemeinen Verschleiß und verbürgt demnach für eine lange Lebensdauer. Schlacke kann in die Schmelzrinne nicht eindringen, und soweit sie den Herd angreift, lassen sich Ausbesserungen an derselben stets vornehmen. Der Ofen ist kippbar, um ein leichtes Abschlacken und einen bequemen Abstich zu ermöglichen. Beim Zustellen des Herdes wird in die Auskleidung ein Gußstück eingestampft, das die Form der Schmelzrinne hat. Nach genügendem Vortrocknen wird schwacher Strom auf den Ofen gegeben, worauf das Gußstück zu schmelzen beginnt.

Der Anschluß des Ofens ist nur an Wechselstrom möglich. Bei Drehstrom kann er jedoch ohne Bedenken an eine Phase angeschlossen werden, da

Abb. 337.
Ansicht des Ajax-Wyattofens auf zwei Bocklager ruhend.

Abb. 338.
Ansicht des Ajax-Wyattofens mit Drehpunkt
in der Gießschnauze.

seine Stromaufnahme gering ist und keine merkliche ungleichmäßige Netzbelastung hervorruft.

In den Vereinigten Staaten wird der Ofen normalerweise mit einphasigem Wechselstrom von 220 Volt bei 60 Perioden betrieben. Jedoch ist der Ofen schon sehr häufig für 500 Volt gebaut worden. Der Leistungsfaktor beträgt bei dem kleinen Ofen cos $\varphi = 0,87$ und bei dem größeren Ofen cos $\varphi = 0,81$. Auf Grund dessen kann also der Ajax-Wyattofen unmittelbar an das Netz jedes Elektrizitätswerkes angeschlossen werden.

Der Betrieb des Ofens geht ohne Stromschwankungen vor sich, so daß auch nicht die geringste Beeinflussung im Netz durch Stromstöße erfolgt. Da der Ofen eine sehr geringe Stromaufnahme hat, so ist sein Anschluß an jedes Leitungsnetz möglich, selbst dann, wenn dieses fast restlos ausgenützt oder von großer Empfindlichkeit ist.

Baddurchmischung und Kippbarkeit. Infolge der Strömungs-erscheinungen in den Schmelzrinnen wird ein lebhafter Umlauf des Schmelz-gutes erreicht. Mithin erfährt das Metall eine gute Durchmischung, ohne äußere oder mechanische Hilfsmittel anwenden zu müssen.

Der Ofen wird kippbar gebaut, und zwar nach zwei Konstruktionen. Bei der einen handelt es sich um eine Anordnung gemäß Abb. 337. Hiernach sind an dem Ofenmantel Tragzapfen angebracht, die in Ständer gelagert sind. Das Kippen des Ofens erfolgt mittels Handrad, das durch eine Zahnradübersetzung auf den einen Tragzapfen arbeitet. Bei der anderen Ausführung ist der Kipp-winkel versetzt und eine schwingende Anordnung des Ofens gewählt worden. Die Abb. 338 zeigt diese Anordnung, die von großen Messingwerken bevorzugt wird, da sie ein Vergießen in die Formen gestattet, ohne daß dieselben in ihrer Lage verändert werden müssen.

Herdübersicht. Während der Aufbau des Ofens es überflüssig macht die Schmelzrinne zu beobachten, bietet der darüber befindliche Herd eine gute Übersicht und gestattet das Nehmen von Proben und Zusetzen von Zuschlägen, wobei der Ofenbetrieb nicht unterbrochen zu werden braucht.

Ofengrößen und Betriebserfahrungen. Der Ofen wird in zwei Größen gebaut, und zwar gelten hierfür folgende Zahlen:

Zusammenstellung 60.

	Kleiner Ofen	Großer Ofen
Mittlere Beschickung je Schmelze . . . . kg	150	300
Stromaufnahme . . . . kW	30	60
Anzahl der Schmelzungen bei Messing in 8 Stunden	5—6	6—8
„ „ „ „ „ „ 24 „	16—20	20—25
Leistung bei Messing in 8 Stunden . . . . kg	750—900	1800—2400
„ „ „ „ 24 „ . . . . „	2500—3000	6000—7500
Stromverbrauch bei 8 Stundenbetrieb . . . . . kWh	250—350	230—300
„ „ 24 „ . . . . . „	220—250	200—220
Leistungsfaktor bei 50 Perioden . . . . cos φ	0,87	0,81
Zustellung hält eine Ofenreise von . . . . t	150—250	250—500
Metallabbrand bei Rotguß . . . . %	0,50	0,50
„ „ Messing . . . . : „	1,00—2,50	1,00—2,50
Erforderlicher Sumpf . . . . kg	37,5	62,5

Das alleinige Herstellungs- und Vertriebsrecht des Ajax-Wyattofens besitzt d e „Russ" Elektroofen-Aktiengesellschaft, Köln.

Bestandteile der Elektrostahlöfen.

1. Die Elektroden[1]).

a) Graphitelektroden.

Bekanntlich werden in Deutschland amorphe Kohlenelektroden für die Elektrostahlerzeugung benutzt. In den Vereinigten Staaten dagegen bevorzugt man graphitierte Elektroden. Auch einige valutastarke Länder, wie England, die Schweiz, Italien usw., gehen immer mehr dazu über, amorphe Kohlenelektroden durch Graphitelektroden zu ersetzen. In der Hauptsache handelt es sich um Graphitelektroden amerikanischen Ursprunges. Die Vorteile graphitierter Elektroden sind bekannt und sollen hier nur gestreift werden.

Die nachstehende Tafel 61 zeigt einige der wichtigsten Eigenschaften der graphitierten Elektroden und gleichzeitig ungefähre Vergleichszahlen für eine Kohlenelektrode derselben Größe.

Zusammenstellung 61.

	Graphit-elektroden	Kohlen-elektroden
Gewicht in kg pro cm³	0,00159	0,00156
Widerstandskoeffizient in Ohm pro m³ . .	0,000813	0,00325
Vergleichender Querschnitt für denselben Spannungsverlust	1,0	3,87
Wirkliche Dichte	2,25	2,0
Temperatur der Oxydation in Luft	660° C	370° C

Die Graphitelektroden bieten daher folgende vier Vorteile:

1. **Strombelastungsfähigkeit.** Während eines Vergleiches zwischen graphitierten Elektroden und nichtgraphitischen Kohlenelektroden auf kommerzieller Basis in metallurgischer Arbeit ist festgestellt worden, daß erstere mit einem Strom von etwa 25 cm² ohne übermäßige Erwärmung belastet werden können, während Kohlenelektroden mit nur einem Viertel derselben Stromdichte bereits rotglühend werden können.

2. **Hohe Temperatur der Oxydation.** Die graphitierten Elektroden oxydieren bei einer Temperatur von 660° C, während Kohlenelektroden bei

---

[1]) Die folgenden Ausführungen sind zum größten Teil früheren Arbeiten des Verfassers entnommen worden, und zwar: R u ß , Die Elektroden der Lichtbogen-Elektrostahlöfen, Gießerei-Zeitung 1919, S. 341/344 und 361/365; R u ß , Die Lichtbogenelektroden für Elektrostahlöfen, Gießerei-Zeitung 1922, S. 332/335.

Temperaturen von 370° bis 500° C oxydieren. Die Erwärmung einer Elektrode hängt hauptsächlich von dem inneren Widerstand ab, welcher sich dem durchgehenden Strom entgegensetzt. Sobald eine Rotglühhitze erreicht wird, tritt sehr schnell eine Oxydation ein. Da graphitierte Elektroden ungefähr viermal so viel leitfähig sind wie Kohlenelektroden, kann eine entsprechend kleinere Elektrode gebraucht werden. Dabei wird der Widerstand so niedrig gehalten, daß keine Erhitzung eintritt. Es findet daher wenig oder gar keine Oxydation der graphitierten Elektroden statt. Im Ofen selbst begegnet man einer anderen Erscheinung. Versuche haben ergeben, daß, als amorphe Kohlenelektroden und graphitierte Elektroden zusammen erwärmt und dem Sauerstoff ausgesetzt wurden, der Sauerstoff eine Neigung für die leichter oxydierbaren Kohlenelektroden zeigte, wodurch diese stärker, während die graphitierten Elektroden weniger angegriffen wurden.

Da beim Gebrauch von graphitierten Elektroden kleinere Elektroden nötig sind, wird den oxydierenden Einflüssen im Ofen eine kleinere Oberfläche geboten. Diese Tatsache allein hat eine Verminderung im Elektrodenverbrauch zur Folge.

Infolge der niedrigen Oxydationstemperatur der Kohlenelektroden fangen diese sofort bei Erhitzung an der Oberfläche an zu brennen und schuppen sich ab, sobald sie eine Rotglühhitze erreichen. Es ist verständlich, daß die Erhöhung des Wärmegrades ein schnelleres Abbrennen bedeutet, so daß der Durchmesser einer Kohlenelektrode, von der Ofenabdeckung ab und höher, um ein bedeutendes kleiner wird. Dieser ist oft weniger als die Hälfte des ursprünglichen Durchmessers. Diese Erscheinung ist bei graphitierten Elektroden nicht annähernd so bedeutend, was in der höheren Oxydationstemperatur und in dem kleinen Durchmesser begründet liegt.

3. Die Verminderung der Wärmeverluste. Die Wärmeleitfähigkeit einer graphitierten Elektrode ist größer als diejenige nichtgraphitischer Kohlenelektroden desselben Querschnitts. Diese Eigenschaft macht eine regelmäßigere Verteilung der Wärme durch die Elektrode leicht möglich, was Zersplitterung oder Zerbrechen, infolge innerer Spannungen durch unregelmäßige Wärmeverteilung verursacht, verhindert. Da eine kleinere graphitierte Elektrode bei großer Strombelastung genügt, ist der Verlust wegen der höheren Leitfähigkeit nicht größer als derjenige, welcher durch die größere Kohlenelektrode, mit demselben Strom belastet, verursacht wird. Der größte Wärmeverlust eines Ofens findet jedoch nicht durch den Elektrodenquerschnitt statt, sondern durch die Öffnung, welche nötig ist, um die Elektrode in den Herd einzuführen. Daher ist es wünschenswert, daß die Öffnung so klein wie möglich ist.

4. Bearbeitung. Graphitierte Elektroden können abgedreht und mit Gewinde versehen werden, derartig, daß eine innige Verbindung zweier Elektroden gewährleistet ist. Der Übergangswiderstand ist gut und schließt Stromverluste aus.

Daß trotz dieser Vorteile die graphitierten Elektroden in Deutschland keine Einführung gefunden haben, ist in erster Linie auf ihren hohen Preis zurückzuführen.

Die Jahreserzeugung an Elektrostahl beträgt bei uns heute etwa 300000 t, wovon rd. 70 % auf Lichtbogenöfen entfallen. Angenommen, der durchschnittliche Elektrodenverbrauch beträgt für die Tonne erschmolzenen Stahl 20 kg, so ergibt sich ein Jahresverbrauch von 4200 t amorpher Kohlenelektroden. Der mittlere Elektrodenpreis hat im April 1922 etwa M. 13500 pro t ab Werk betragen. Mithin ergibt sich ein Kostenaufwand für Elektroden, die in Deutschland gebraucht werden, von M. 56,7 Mill. Würde man in Deutschland die amorphen Kohlenelektroden durch amerikanische Graphitelektroden ersetzen, so müßten, falls der Elektrodenverbrauch im Mittel etwa mit 5 kg[1]) für die Tonne geschmolzenes Metall angenommen wird, im Jahr 1500 t Graphitelektroden eingeführt werden. Da die amerikanischen Graphitelektroden[2]) im April 1922 mit $ 580 oder M. 168000 je t gehandelt wurden, so müßten $ 870000 oder M. 252 Mill. dem Auslande zufließen. Dieser Betrag ist dazu noch abhängig von der Notierung des Dollarkurses und erhöht sich im Verhältnis der Entwertung der Mark. Aus volkswirtschaftlichem Interesse wird man unbedingt davon absehen, diese Auslandselektroden einzuführen. Allerdings befassen sich seit kurzer Zeit auch deutsche Elektrodenfabriken mit der Herstellung von Graphitelektroden. Jedoch abgesehen davon, daß ihre einwandfreie Fabrikation große Erfahrungen mit langwierigen Versuchen erfordert, sind für den Graphitierungsvorgang bedeutende elektrische Strommengen bei niedrigen Preisen notwendig, die unseren Elektrodenfabriken infolge ihrer ungünstigen geographischen Lage nicht zur Verfügung stehen.

Bei Verwendung von graphitierten Elektroden stehen sich nun zwei Faktoren gegenüber, und zwar auf der einen Seite die Vorteile, die die Graphitelektroden bieten, und auf der anderen Seite die Mehrkosten, die durch diese Elektrodenart entstehen. Da die Vorteile mit amorphen Kohlenelektroden niemals in ähnlicher Weise zu erreichen sind, so ist das Bestreben darauf zu richten, die graphitierten Elektroden zu verbilligen und im eigenen Lande herzustellen. Vor allem dürfte die Nutzbarmachung der Wasserkräfte in Süddeutschland dazu führen, daß dort Graphitierungsanlagen errichtet werden, die imstande sind, bei geringen Strompreisen die Kosten des Graphitierungsvorganges so niedrig zu halten, daß die Elektroden zur Hälfte des Preises und nach billiger hergestellt werden, wie dieselben augenblicklich vom Ausland bezogen werden.

Die Umstellung von amorphen Kohlenelektroden auf graphitierte Elektroden kann also nicht von heute auf morgen erfolgen. Es ist vielmehr mit einer weiteren Verwendung von amorphen Kohlenelektroden in Deutschland auch in den nächsten Jahren noch zu rechnen. Daher dürfte es für manche

---

[1]) Der Elektrodenverbrauch ist von der Ofengröße, der Ofenart, von dem Einsatzmaterial und dem metallurgischen Vorgang abhängig.
[2]) Bei einem Kurs von 1 Dollar = 280 M.

Betriebsingenieur dienlich sein, an dieser Stelle einige praktische Winke zu erfahren, die dazu beitragen sollen, den Elektrodenverbrauch eines Elektrostahlofens herabzusetzen.

Der Elektrodenverbrauch wird durch den normalen Abbrand des elektrischen Lichtbogens herbeigeführt. Es ist von Wichtigkeit, diesen Verbrauch möglichst an die theoretische Grenze heranzubringen. Es arbeiten jedoch Elektrostahlöfen mit einem Elektrodenverbrauch, der so unterschiedlich ist, daß er in einem Falle doppelt so groß ist wie im anderen Falle, trotzdem die gleichen Voraussetzungen für den Schmelzvorgang vorliegen. Die Ursache liegt in erster Linie an der Ofenführung. Der Zutritt von Sauerstoff, also von atmosphärischer Luft, hat, zumal in der Verbrennungszone, unbedingt einen größeren Elektrodenverbrauch zur Folge. Demnach muß während des Schmelzvorganges darauf geachtet werden, daß die Beschickungstüren und sonstige Öffnungen dicht verschlossen sind. Auch ist es wichtig, daß eine gute Abdichtung an den Stellen erfolgt, wo die Elektroden durch das Gewölbe in den Herd geführt werden. Schon ein kleiner Zwischenraum zwischen der Gewölbeöffnung und der Elektrode veranlaßt eine Querschnittsverminderung, die durch die austretenden Ofenflammen und Heizgase nach und nach verstärkt wird. Dieser Elektrodenabbrand wird in dem Augenblick erhöht, sobald eine Beschickungstür oder eine sonstige Öffnung nicht dicht verschlossen ist, da alsdann ein künstlicher Zug im Herd entsteht, der die Heizgase mit größerer Geschwindigkeit durch die Deckelöffnungen hindurchtreibt. Die Elektrodenverminderung hat aber nicht nur einen höheren Verbrauch, sondern auch eine unliebsame Stromdichte an den verjüngten Stellen zur Folge, wodurch erhebliche Joulesche Wärmeverluste herbeigeführt werden. Für eine gute Elektrodenabdichtung bieten sich aber verschiedene Möglichkeiten, die noch an einer besonderen Stelle beschrieben werden.

b) Kohlenelektroden.

Mit der Herstellung[1]) von Kohlenelektroden wurde bereits vor etwa fünfzig Jahren angefangen. Über die geschichtliche Entwicklung der Elektrodenerzeugung berichtet Zellner in seinem Buch[2]). Während anfangs hauptsächlich Kunstkohlenplatten für galvanische Elemente und Kohlenstäbe für diese und für die Bogenlampenbeleuchtung benutzt wurden, entwickelten sich später bedeutende Industriezweige zur Herstellung von Aluminium, Kalziumkarbid, Ferrolegierungen, Elektroroheisen und Elektrostahl, in denen unter Anwendung des elektrischen Lichtbogens Kohlenelektroden und Anoden in riesigen Mengen benötigt werden. Mit Rücksicht auf die verschiedenen Anforderungen hinsichtlich mechanischer Festigkeit, guter Leitfähigkeit, Hitzebeständigkeit und geringer Abnutzung mußten die Elektroden für den jeweiligen Verwendungszweck besonders durchgebildet werden. Heute geht man noch weiter, indem man zum

---

[1]) R u ß , Die Kohlenelektroden und ihre Herstellung für die Erzeugung von Elektrostahlguß, Gießerei-Zeitung 1922, S. 493/497.

[2]) Z e l l n e r , Die künstlichen Kohlen für elektrotechnische und elektrochemische Zwecke, ihre Herstellung und Prüfung, Berlin 1903, Verlag Julius Springer.

Beispiel auf die Arbeitsweise der Elektrostahlerzeugung bedacht ist und dabei die Verschiedenartigkeit der Betriebsweise berücksichtigt. Es ist nämlich nicht gleichgültig, ob eine Elektrode in einem Dauerbetrieb arbeitet und hierbei weniger großen Temperaturschwankungen ausgesetzt ist oder ob sie einem Schmelzvorgang mit Unterbrechungen unterliegt, wobei ein wiederholtes Erhitzen und Abkühlen der Elektroden unvermeidlich ist. In letzterem Falle entstehen hohe mechanische Spannungen in den Elektroden, so daß eine große Festigkeit erforderlich ist, damit ein Abbröckeln und ein Aufkohlen des flüssigen Stahles nicht eintreten kann. Bei anderen Elektroden für die Stahlerzeugung wird wiederum auf ein äußerst dichtes, homogenes Gefüge, Schwefelfreiheit u. dgl. Wert gelegt. Zur Bestimmung der richtigen Elektroden sind in allen Bedarfsfällen die Elektrodenhersteller zu befragen, wobei die Betriebseigentümlichkeiten anzugeben sind, damit diese weitestgehend berücksichtigt werden können. Elektroden lassen sich heute in jeder gewünschten Form, Länge und Querschnitt herstellen. Die maschinellen und brenntechnischen Einrichtungen gestatten eine verhältnismäßig rasche Herstellung der Elektroden, wobei auf eine möglichst selbsttätige, streng nachzuprüfende Arbeitsweise Wert gelegt wird. Für die Elektrodenverbraucher dürfte es von Interesse sein, einen Einblick über die Herstellung dieser so wichtig gewordenen Erzeugnisse zu erhalten.

Die Anwendung von Kohlenelektroden beruht auf den Eigenschaften der Kunstkohle. Sie ist vor allem dazu angetan, den höchsten Temperaturen (über 2000° C) zu widerstehen. Ferner muß sie den elektrischen Strom gut leiten und schließlich die Bildung des elektrischen Lichtbogens begünstigen. Die Elektroden bestehen daher aus einem Gemisch von Kohlenstoff mit etwas Pech und Teer. Die natürlich vorkommenden oder künstlich gewonnenen Kohlenstoffarten müssen von hervorragender Reinheit sein. Pech und Teer dient dabei als Bindemittel. Im allgemeinen vollzieht sich die Herstellung in der Weise, daß man das Gemisch zerkleinert und reinigt, ihm durch starkes Pressen oder Stampfen die gewünschte Form gibt und der so erhaltenen Elektrode in nicht oxydierender Atmosphäre durch starkes Glühen die nötige Festigkeit und Leitfähigkeit erteilt. Die Herstellung der Elektroden ist an sich einfach und lehnt sich an die keramische Arbeitsweise an, nur daß da ein plastischer Ton als Bindemittel dient, während bei Elektroden der Koksrückstand, der beim Verglühen von Teer oder pechartigen Substanzen zurückbleibt, das Bindemittel zwischen der aus reinen Kohlenstoffteilchen bestehenden Grundmasse gebildet wird. Man erhält jedoch unter ganz gleichen Verhältnissen nicht immer die gleiche Qualität. Dieses liegt in der Hauptsache an dem zur Anwendung kommenden Kohlenstoff. Es sind wohl schon fast alle Abarten des Kohlenstoffes verwandt worden (wobei eine hinreichende Reinheit vorhanden war), insbesondere Pechkoks, Teerkoks, Petrolkoks, Holzkohle, Retortenkohle, Anthrazit, Ruß und Graphit. Anfänglich verarbeitete man viel Petrolkoks, dann Retortengraphit; eine überwältigende Verbesserung trat aber erst ein, als man zu Anthrazit überging und ferner den amerikanischen Petrolkoks einführte. Die Auswahl der

Mischungen und Korngrößen des Materials richtet sich nach dem Verwendungszweck und nach den an die Elektroden gestellten Anforderungen.

Es soll nun an Hand einiger Abbildungen, die dem Verfasser von der Gesellschaft für Teerverwertung m. b. H., Duisburg-Meiderich[1]) zur Verfügung gestellt wurden, der Herstellungsverlauf von Elektroden dargestellt werden.

Vor der Aufbereitung werden die Rohstoffe entgast bzw. getrocknet. Alsdann beginnt die Zerkleinerung, wobei die Rohstoffe in Pulver- und Körner-

Abb. 339.
Aufbereitungs- und Mischanlage in einer Elektrodenfabrik.

form verarbeitet werden. Da die Rohstoffe teilweise eine bedeutende Härte besitzen, sind besondere, abgestufte Hartzerkleinerungsmaschinen und für die Bestimmung der Korngrößen Klassiertrommeln u. dgl. erforderlich. Nach dem Zerkleinerungs- und Mahlvorgang werden die Rohstoffe entweder kalt oder bei höheren Temperaturen in Mischmaschinen oder Kollergängen mit dem Bindemittel vermengt und geknetet. Abb. 339 stellt die Aufbereitungs- und Mischanlage dar.

Sobald das Rohmaterial fertig aufbereitet und gemischt ist, beginnt die Formgebung. Hierbei werden zwei Arbeitsweisen voneinander unterschieden, und zwar das Pressen und das Stampfen. Bei dem Preßverfahren wird die Elektrodenmasse mittels hydraulischer Strangpressen aus einem Mundstück von dem gewünschten Elektrodenquerschnitt unter hohem Druck herausgepreßt. Bei dem Stampfverfahren erfolgt eine Aufstampfung der Elektrodenmasse in eisernen Formen mittels besonderer Stampfwerke. Das Stampfverfahren besitzt den Vorteil, daß es Elektroden von jedem Querschnitt und jeder

[1]) Die Abbildungen sind der Abteilung Rauxel in Westfalen entnommen.

Länge ohne Schwierigkeiten herzustellen gestattet. Runde Elektroden von 700 mm Durchmesser und 3000 mm Länge bei einem Gewicht von 1700 kg, sowie rechteckige Elektroden von 500 × 700 mm lassen sich nach dem Stampfverfahren ausführen; es eignet sich also besonders gut zur Herstellung von großbemessenen Elektroden. Abb. 340 gestattet einen Blick in die Preß- und Stampfräume.

Die fertiggestampften oder fertiggepreßten Elektroden gelangen alsdann in gasgefeuerte, besonders ausgebildete Ringöfen, wobei sich ein Brenn- und

Abb. 340.
Preß- und Stampfräume in einer Elektrodenfabrik.

Sinterungsprozeß vollzieht, der unter Ausschluß der atmosphärischen Luft erfolgt. Die Elektroden werden demnach zur Verkokung des Bindesmittels gebrannt. Die Öfen bestehen aus feuerfesten Steinen, die einer gleichmäßigen Temperatur von etwa 1600° C widerstehen müssen. Diese sog. Tieföfen, wie sie Abb. 341 darstellt, sind unterteilt und nehmen die Elektroden auf, indem dieselben senkrecht hineingestellt und ihre Zwischenräume mit Kohlenklein ausgefüllt werden. Jeder Ofen wird von oben durch einen Deckel luftdicht abgeschlossen, worauf mit dem Brennen der Elektroden begonnen wird. Je nach der Bauart des Ofens, Beschaffenheit und Stärke der Elektroden beträgt die Gesamtbrennzeit 6 bis 20 Tage. Die Erhitzung des Ofens muß ganz gleichmäßig erfolgen, da sonst Spannungen in den Elektroden auftreten, die zu Beschädigungen, insbesondere Rißbildungen führen. Ist der Brennvorgang beendet, so darf der Ofen nur langsam abkühlen. Der Ofendeckel wird alsdann abgehoben, die Elektroden werden freigelegt und aus dem Ofen herausgeholt, von anhaftendem freiem Kohlenklein befreit, abgeklopft, sorgfältig auf Risse und andere Fehler

Abb. 341.
Ringöfen, in die die Elektroden gebrannt und gesintert werden.

Abb. 342.
Lager- und Versandräume in einer Elektrodenfabrik.

untersucht und schließlich auf Lager gelegt oder zum Versand gebracht; siehe Abb. 342.

Gute Kohlenelektroden erkennt man an ihrem metallischen Klàng, sobald man sie beklopft; auch müssen sie ein dichtes, rißfreies Gefüge, eine große Härte und Zähigkeit haben und eine glatte ebenmäßige Oberfläche besitzen. Ihre physikalischen Eigenschaften sind etwa folgende:

Zusammenstellung 62.

Spezifisches Gewicht in kg/cm³	0,0015—0,0016
Spezifischer Widerstand[1]) in Ohm/cm³	0,0045—0,0100
Spezifische Wärme bei 100° C	0,18—0,22
Wärmeausdehnung von 0 bis 700° C	0,26%
Wärmeleitfähigkeit in Kal./st.	0,24
Temperatur der Oxydation in Luft	370° C
Wirkliche Dichte	2,0
Druckfestigkeit in kg/cm²	230—410
Biegefestigkeit in kg/cm²	50—82
Temperaturkoeffizient (elektrischer) von 25—900° C	0,000318

Die Elektroden müssen einen möglichst hohen Kohlenstoffgehalt aufweisen und dieser beträgt je nach dem Ausgangsmaterial 95—99%. Der Aschengehalt beläuft sich auf 2,5—3% und der Gehalt an Phosphor 0,015—0,5%, an Schwefel 0,70—1,10%. Der größte Teil des Schwefelgehaltes ist jedoch in Form der bei der hohen Lichtbogentemperatur leicht zerfallenden Sulfidschwefelverbindung enthalten und daher unschädlich.

Die richtige Strombelastung hat auf die Lebensdauer der Kohlenelektrode großen Einfluß; unzulässige Überlastungen bewirken ein starkes Erglühen der Elektrode, was einen rascheren Verbrauch durch seitliches Abzundern, Reißen oder Abbrechen der Elektrode zur Folge hat. Die zulässige Belastung je 1 cm² sinkt mit der Größe des Elektrodenquerschnittes. Im allgemeinen gelten folgende Belastungszahlen:

Zusammenstellung 63.

Elektrodenquerschnitt cm²	Strombelastung Amp./cm²
bis 100	8
„ 200	5
„ 300	3
„ 400	3
über 400	2

Zur Vermeidung unnötiger Spannungsverluste, die gleichzeitig Stromverlust bedeuten, soll man die Elektroden tunlichst nicht oben fassen, sondern die Fassungen so nahe wie möglich an den Lichtbogen bringen, da jedes Zentimeter von diesem bis zu den Fassungen einen Verlust darstellt. Im übrigen soll man die Elektroden so kühl wie eben möglich halten, um Oxydationen und Wärmeverluste zu vermeiden. Dort wo die Elektroden von draußen in den hoch er-

---

[1]) Bei Querschnitten von 25 bis 3000 cm².

erhitzten Herd eintreten, ist neben eines guten Verschlusses, auf eine ausreichende Kühlung Wert zu legen.

Der Elektrodenverbrauch richtet sich nach dem Schmelzvorgang, also nach der Schmelzdauer, Ofenführung, Belastung, Elektrodenverschluß und Kühlung. Bei der Elektrostahlerzeugung mit flüssigem Einsatz kann man 5 bis 10 kg je Tonne, mit festem Einsatz 8 bis 25 kg je Tonne Stahl rechnen. Zum restlosen

Zusammenstellung 64.
Normalien für zylindrische Nippelverbindungen.

Elektroden-Querschnitt Durchmesser	b	c	d	e	f	g	h	i	k	l	m	n	$\sphericalangle°$	$\sphericalangle_1°$
175	115	95	280	240	99	119	20	30	11	8,7	2,0	8,5	6,5	30	30
200	115	95	280	240	99	119	20	30	11	8,7	2,0	8,5	6,5	30	30
225	130	110	280	240	114	134	20	30	11	8,7	2,0	8,5	6,5	30	30
250	140	120	300	260	124	144	20	30	11	8,7	2,0	8,5	6,5	30	30
300	160	140	300	260	144	164	20	30	11	8,7	2,0	8,5	6,5	30	30
350	170	150	300	260	154	174	20	30	11	8,7	2,0	8,5	6,5	30	30
400	210	180	360	320	185	215	20	40	13	10,1	2,5	10,9	8,4	30	30
450	210	180	360	320	185	215	20	40	13	10,1	2,5	10,9	8,4	30	30
500	240	210	400	360	215	245	20	40	13	10,1	2,5	10,9	8,4	30	30
550	240	210	400	360	215	245	20	40	13	10,1	2,5	10,9	8,4	30	30
600	300	260	560	520	266	306	20	55	18	14,5	3,0	15,0	12,0	30	30
650	300	260	560	520	266	306	20	55	18	14,5	3,0	15,0	12,0	30	30
700	350	310	660	620	316	356	20	55	18	14,5	3,0	15,0	12,0	30	30
750	350	310	660	620	316	356	20	55	18	14,5	3,0	15,0	12,0	30	30
800	390	340	660	620	346	396	20	55	18	14,5	3,0	15,0	12,0	30	30
1000	450	400	700	660	406	456	20	55	18	14,5	3,0	15,0	12,0	30	30
175 · 175	115	95	280	240	99	119	20	30	11	8,7	2,0	8,5	6,5	30	30
200 · 200	115	95	280	240	99	119	20	30	11	8,7	2,0	8,5	6,5	30	30
225 · 225	130	110	280	240	114	134	20	30	11	8,7	2,0	8,5	6,5	30	30
250 · 250	140	120	300	260	124	144	20	30	11	8,7	2,0	8,5	6,5	30	30
300 · 300	170	150	300	260	154	174	20	30	11	8,7	2,0	8,5	6,5	30	30
350 · 350	190	160	360	320	165	195	20	40	13	10,1	2,5	10,9	8,4	30	30
400 · 400	210	180	360	320	185	215	20	40	13	10,1	2,5	10,9	8,4	30	30
450 · 450	240	210	400	360	215	245	20	40	13	10,1	2,5	10,9	8,4	30	30
500 · 500	300	260	560	520	256	306	20	55	18	14,5	3,0	15,0	12,0	30	30
600 · 600	300	260	560	520	256	306	20	55	18	14,5	3,0	15,0	12,0	30	30
700 · 700	350	310	660	620	316	356	20	55	18	14,5	3,0	15,0	12,0	30	30
800 · 800	390	340	660	620	346	396	20	55	18	14,5	3,0	15,0	12,0	30	30

Verbrauch der Elektroden sind ihre Enden mit Innengewinde versehen, in die passende Kohlennippel eingeschraubt werden, die man vorher mit Elektrodenkitt bestreicht. Elektroden müssen trocken lagern und vor Gebrauch möglichst angewärmt sein. Plötzliches Abkühlen ist unbedingt zu vermeiden.

Die Notwendigkeiten, die der Krieg hinsichtlich unserer Erzeugung an Kohlenelektroden geschaffen hat, haben es mit sich gebracht, daß die Erzeuger und Verbraucher von Kohlenelektroden sich über gewisse Vereinheitlichungen der Kohlenelektroden geeinigt haben. Das Ergebnis dieser Arbeiten ist in den nachstehenden Bestimmungen niedergelegt.

I. Querschnitte der Elektroden.

a) Runde Elektroden für Elektrostahlöfen. Die Querschnitte sind in den Grenzen zwischen 100 und 250 mm Durchmesser von je 25 zu 25 mm und von 250 mm Durchmesser aufwärts von je 50 zu 50 mm abzustufen. Als handelsüblich sollen folgende Abweichungen nach oben oder unten für runde unbearbeitete Elektroden gestattet sein:

Durchmesser

$$100—200 \text{ mm } \pm 3 \text{ mm im Durchmesser}$$
$$201—350 \text{ „ } \pm 4 \text{ „ „ „}$$
$$451—500 \text{ „ } \pm 5 \text{ „ „ „}$$
$$501 \text{ und mehr mm } \pm 6 \text{ „ „}$$

b) Rechteckige Elektroden für andere Elektroöfen. Der Querschnitt 500×500 mm soll als Normalquerschnitt gelten; die Abstufung soll in der Weise erfolgen, daß als Maßstab der einen Seite 500 mm beibehalten wird und die andere Seite in Abstufungen von je 50 mm nach oben oder unten zu- oder abnimmt. Muß in besonders dringenden Fällen auch die Größe der zweiten Seite geändert werden, so sind auch hier Abstufungen von je 50 mm zu wählen.

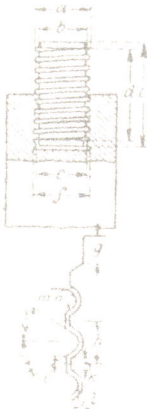

c) Abstichelektroden. Als Normalquerschnitt wird 120×120 mm festgesetzt. Bei rechteckigen Elektroden werden als handelsüblich höchstens dieselben Abweichungen wie bei runden (siehe unter a) zugelassen, auf jede Seitenlänge bezogen. Bei größeren Abweichungen muß gegebenenfalls die Bearbeitung je einer Seite stattfinden mit Rücksicht auf die zu erzielende Haltbarkeit der Elektrodenpakete.

II. Länge der Elektroden.

Als Normallänge wird 2 m festgesetzt mit Abstufungen von je 20 cm, wobei die Länge nach oben oder unten auf 1600 mm begrenzt wird. Für die Zukunft soll als Normallänge 2400 mm angestrebt werden. Unterschiede in der Länge von ± 20 mm sollen als handelsüblich zugestanden werden. Die Normallänge der Abstichelektroden wird auf 1,60 m festgesetzt mit Abstufungen nach oben und unten von 20 cm. Längenunterschiede von ± 20 mm sollen als handelsüblich zugestanden werden.

Abb. 343.

III. Nippel.

a) Zylindrische Nippelverbindung. Als verbindlich haben von jetzt ab die in der Zahlentafel 64 angegebenen Abmessungen für zylindrische Nippelverbindungen zu gelten; siehe auch Abb. 343.

b) Konische Gewindezapfenverbindung. Festsetzungen bleiben vorbehalten.

2. Die Elektrodenhalter.

Die Elektrodenhalter dienen dazu, den elektrischen Strom von den festen metallischen Zuleitungen zu den Elektroden zu führen. Hierbei kommt es besonders darauf an, daß eine innige, gutleitende Verbindung erreicht wird.

Bei Elektroden aus Graphit, Retortenkohle, Tonerdegraphitgemisch und anderem nichtmetallischen Material ist ein Aufeinanderschleifen oder direktes Aufschrauben des Polschuhes auf die Elektrode nicht möglich. Man wird die Fläche der nichtmetallischen Elektrode nie ganz eben bekommen, und infolgedessen treten durch die ungleiche Berührung der dazwischengelagerten Luft Übergangswiderstände auf, die sich bei den starken Strömen, wie sie bei elektrischen Öfen angewendet werden, recht unangenehm bemerkbar machen. Denn durch diese Übergangswiderstände geht nicht nur ein großer Teil des Stromes verloren, sondern dieser Stromverlust setzt sich auch noch in schädliche Wärme um, die den Kontakt und die Elektrode so stark erwärmt, daß eine Störung die unausbleibliche Folge ist. Man ist daher oft gezwungen, eine besondere Kontaktkühlvorrichtung anzubringen.

Hieraus folgt schon, daß auf die richtige Konstruktion der Elektrodenhalter Wert gelegt werden muß. Einer der ältesten Elektrodenhalter ist der,

Abb. 344.
Elektrodenfassung nach Vorschlag der Westdeutschen Thomasphosphatwerke, G. m. b. H., Berlin.

wonach die Elektrode nach der Verbindungsstelle hinzu sich trapezförmig verbreitert. Auch die in Form schwalbenschwanzähnlicher Elektrodenenden gehören zu den älteren Ausführungen. Diese haben den Nachteil, daß sich die Elektrodenreste nicht mehr ansetzen lassen, insbesondere aber an der geschwächten Stelle leicht abbrechen und dadurch wertlos werden.

Ein anderes Verfahren[1]) zur Herstellung einer Fassung für Kohleelektroden schlagen die Westdeutschen Thomasphosphat-Werke G. m. b. H. Berlin vor.

Die Elektrode _1_ nach Abb. 344 wird am Kopf _2_ abgesetzt, und über dieses abgesetzte Ende wird eine Kupferkappe _3_ gestülpt, die sich möglichst schon an die Kopfflächen der Elektrode anschmiegen soll. Um auch an den nicht sich berührenden Flächen guten Kontakt herbeizuführen, wird die Kupferkappe mit geschmolzenem Aluminium _4_ oder einem anderen Metall, welches ähnlich hohen Schmelzpunkt hat, ausgegossen und — während dieses Aluminium noch flüssig ist — ein schmiedeeiserner Ring _5_ um die Kupferkappe rotglühend aufgeschrumpft. Während des gleichzeitigen, allmählichen Erkaltens des Aluminiums und des Schrumpfringes werden Kupferkappe, Aluminiumschicht und Elektrodenkopf allmählich immer mehr aneinandergepreßt, so daß eine

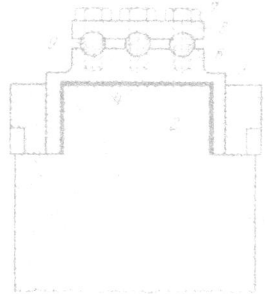

---

[1]) D. R. P. Nr. 207361.

R u ß , Elektrostahlöfen.   24

äußerst innige Berührung aller Flächen herbeigeführt und dadurch ein so vorzüglicher Kontakt erzielt wird, daß Übergangswiderstände nicht mehr auftreten können und eine besondere Kühlung des Kontaktes nicht mehr erforderlich ist.

Auf der Kupferkappe sitzt der Polschuh 6, der mittels Schrauben 7 und eines Bügels 8 die in die Öffnungen 9 hineingesteckten Kabelenden 10 festhält.

Sehr wesentlich ist noch, daß bei dieser ganzen Kontaktvorrichtung jedes Löten vermieden ist. Bei den hohen Temperaturen, denen die Elektroden der elektrischen Öfen unvermeidlich ausgesetzt werden müssen, sind Lötungen sehr nachteilig und betriebsunsicher, da das Lötmetall zu leicht herausgeschmolzen wird und dadurch oft gerade in kritischen Augenblicken der Betrieb gefährdet ist.

Die beschriebene Fassung läßt sich jedoch nur am Ende der Elektrode anbringen, was, wie wir schon hörten und noch weiter unten sehen werden, bei Elektrostahlöfen mit regelbaren Elektroden nicht erwünscht ist. —

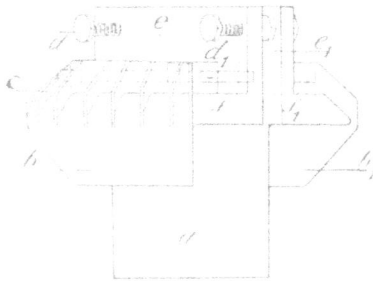

Eine ähnliche Elektrodenfassung soll kurz beschrieben werden, die mit einer Rippenkühlvorrichtung[1]) ausgebildet ist. Dieselbe hat den Zweck, bei Elektrostahlöfen diejenigen Übelstände zu beseitigen, welche davon herrühren, daß sich die am Ofen angeordneten Elektrodenklemmen bzw. die Stromabnehmerteile, in welchen die Elektrodenköpfe eingespannt sind, erhitzen.

Die Erfindung besteht darin, daß die Außenfläche der aus einer die Elektrizität gut leitenden, gegen Hitze sehr widerstandsfähigen Masse, wie Gußmetall, hergestellter Stromzuführungsklemme durch rippen- oder flügelartige Ansätze, die angegossen oder sonstwie befestigt sein können, wesentlich vergrößert ist. Infolge dieser Einrichtung wird die Kühlung durch Wärmeausstrahlung erheblich vergrößert, so daß allenfalls eine besondere Wasserkühlung nicht erforderlich ist.

Die Abb. 345 zeigt die Elektrodenfassung mit Rippenkühlung. Das obere Ende der Elektrode a ist zwischen zwei mit Rippen c besetzten Gußmetallschalen b b₁ eingespannt. Der Kontakt zwischen den Backen und der Elektrode wird durch Schrauben d d₁ gesichert, welche durch Ansätze e e₁ an den Schalen hindurchgehen. Diese Ansätze dienen zur Zuführung des elektrischen Stromes und gleichzeitig zusammen mit den Vorsprüngen f f₁ zum Aufhängen der Elektrode. —

Ein einfacher Elektrodenhalter ist der, der aus zwei kräftigen breiten Backen gebildet wird, die die Elektrode fast auf ihrem ganzen Umfang umfassen. Durch ein paar kräftige Schrauben wird die Elektrode von den Backen gepackt und unter festem Anziehen eine gute Verbindung erreicht. Diese An-

Abb. 345.
Elektrodenfassung mit Rippenkühlung.

---

1) D. R. P. Nr. 171955.

ordnung hat noch den Vorteil, daß der Halter nicht an dem Elektrodenende befestigt zu werden braucht; derselbe kann die Elektrode an jeder Stelle des Elektrodenumfanges angreifen. Bei ungebrauchten oder sehr langen Elektroden ist auf diese Weise ein möglichst kurzer Stromdurchgang durch recht tiefes Angreifen der Elektrode und ein besonderer Halt für dieselbe geboten. Durch Öffnen und Wiederschließen der Backen kann die abgebrannte Elektrode beliebig tiefer gelassen werden.

Anstatt der zwei Backen läßt sich ein ähnlicher Elektrodenhalter in der Weise konstruieren, daß man einen breiten Ring in viele kleine Segmente

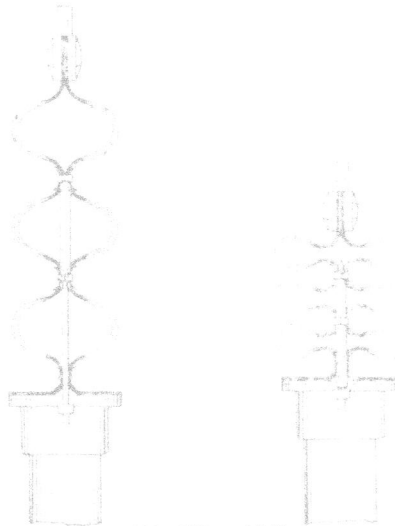

Abb. 346 und 347.
Elektrodenhalter mit federnder Stromzuleitung
nach Keller.

in einem bestimmten Abstand unterteilt, und diese mit einem zweiten, geschlossenen Ring umgibt. Bildet man die beiden Ringe an ihren Berührungsflächen konisch aus, so vermag man die Segmente fest gegen die Elektrode zu pressen. Der geschlossene Ring wird an die feste Zuleitung angeschlossen. —

Da die Elektrodenhalter zumeist hohen Temperaturen ausgesetzt sind und von guter Leitfähigkeit sein müssen, stellt man sie aus Kupfer, Rotguß oder Bronze her. —

Keller[1]) hat sich einen Elektrodenhalter in Verbindung mit der beweglichen Stromzuleitung schützen lassen, der in den Abb. 346 und 347 dargestellt ist. Beschrieben wurde diese Einrichtung schon auf S. 242. Der Verfasser möchte noch ganz besonders darauf hinweisen, daß es im praktischen Betriebe zweckmäßig ist, die Elektroden nicht starr, sondern federnd anzuordnen. Es kommt

[1]) D. R. P. Nr. 194897.

24*

nämlich häufig vor, daß bei einem unregelmäßigen Schmelzvorgang, zumal bei festem Einsatz, ein heftiges Aufstoßen der Elektroden auf das Bad erfolgt. Hierdurch werden leicht Elektrodenbrüche und demnach unliebsame Betriebsunterbrechungen hervorgerufen. —

Die Aktiengesellschaft der Dillinger Hüttenwerke in Dillingen (Saar) hat eine Vorrichtung[1]) unter Patentschutz stehen, bei der die Stromzuführung um die Elektrode herumgelegt ist und durch ein Preßband an die Zustromzführungsbacken gleichmäßig angeschlossen wird. Der Elektrodenhalter be-

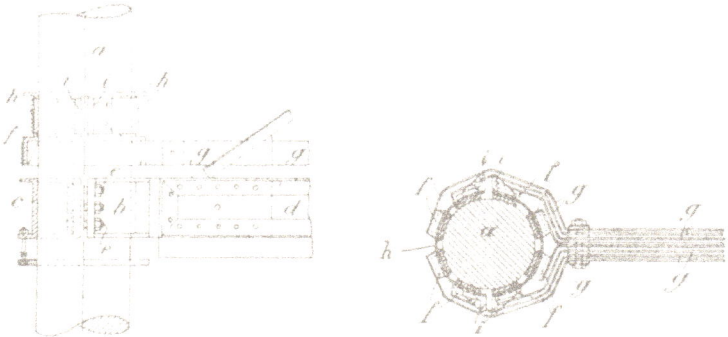

Abb. 348 und 349.
Elektrodenhalter nach Vorschlag der Dillinger Hüttenwerke.

sitzt eine Anzahl Kontaktstücke, die mittels des Preßbandes durch Zuschrauben an die Elektrode angedrückt werden.

Die Abb. 348 und 349 zeigen diesen Elektrodenhalter in Seitenansicht und in einem wagerechten Schnitt. Nach der Patentschrift ist a die Elektrode, die von einer zweiteiligen Schelle b, c getragen wird, deren fester Teil b an dem Tragearm d sitzt, der beliebig eingerichtet sein kann. Der Anpressungsdruck für die Schellenhälften erfolgt, da er durch die Schrauben e ausgeübt wird, im wesentlichen in der Richtung des Tragearmes, und die Arbeit des Anbringens der Elektrode an dem Tragarm, d. h. das Öffnen und Schließen der Klemmschellen, ist so einfach wie möglich.

Die Kontaktstücke f, in die die Stromleitungen g endigen, sind um den Umfang der Elektrode möglichst gleichmäßig verteilt und werden durch ein zweiteiliges, elastisches Klemmband h mit Lappenansätzen i durchaus gleichmäßig an die Elektrode a angepreßt, welcher Anpressungsdruck vollkommen unabhängig ist von dem Druck, den die Schelle b, c zwecks Tragens des Gewichtes der Elektrode auszuüben hat. —

Eine Elektrodenfassung, die mit einer kohlenstoffhaltigen Stampfmasse ausgekleidet ist, hat sich die Gesellschaft für Elektrostahlanlagen m. b. H. in Siemensstadt bei Berlin schützen lassen[2]). Über diesen Halter gemäß der Abb. 350 und 351 berichtet die Patentschrift folgendes:

---

[1]) D. R. P. Nr. 312741.
[2]) D. R. P. Nr. 314884.

Die Elektrode *a* umgibt ein Kontaktrahmen *b*, der U-förmigen Querschnitt hat und mit einem Arm *c* an die Stromzuleitung angeschlossen wird. Der Kontaktrahmen *b* ist zweiteilig gestaltet und wird durch Schrauben *d* zusammengehalten. Der zwischen der Elektrode *a* und dem Kontaktrahmen *b* befindliche Raum wird mit hochkohlenstoffhaltiger Stampfmasse *e* (Elektrodenmasse, Retortengraphit o. dgl. mit einem Bindemittel wie Teer, Syrup o. dgl. gemischt) ausgestampft. Um jede mechanische Beanspruchung von den strom-

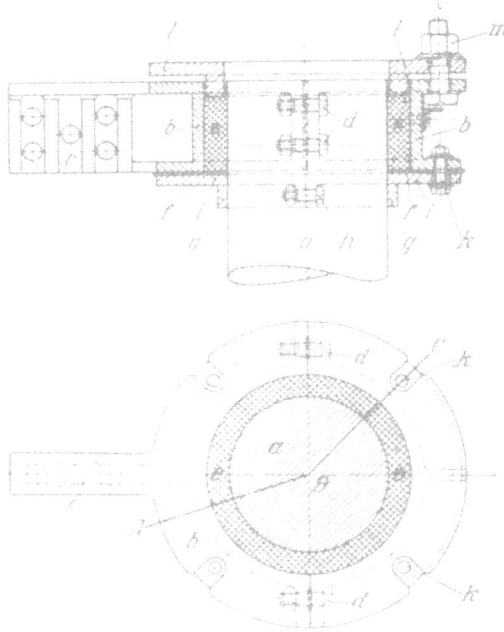

Abb. 350 und 351.
Elektrodenhalter der Gesellschaft für Elektrostahlanlagen
m. b. H.

übertragenden Flächen fernzuhalten und unter allen Umständen einen guten Kontakt zwischen den Stromübertragungsflächen dauernd sicherzustellen, wird zweckmäßig unterhalb des Kontaktrahmens *b* von diesem, bei *f* isoliert, ein Tragring *g* angebracht, der vorteilhaft gleichfalls aus mehreren Teilen besteht und, durch Schrauben *h* oder Keilverbindungen zusammengehalten, die Elektrode *a* fest umspannt. Um die Elektrode *a* an dem Tragring *g* aufhängen zu können, wird dieser zweckmäßig mit einem Flansch *i* versehen, mittels dessen er durch Schrauben *k* oder Keilverbindungen an dem unteren Flansch des Kontaktrahmens *b* befestigt ist. Dieser Tragring *g* bildet mit seinem Flansch *i* zugleich den Boden des zwischen Elektrode *a* und Kontaktrahmen *b* gebildeten Hohlraums zur Aufnahme der Kontaktmasse *e*. Um diese Kontaktmasse beim

Einstampfen dicht zusammenpressen zu können und deren Lockerung zu verhindern, solange sie noch nicht vollständig festgebrannt ist, empfiehlt es sich, einen Preßring r zu benutzen, der an dem oberen Flansch des Kontaktrahmens t durch Schrauben m befestigt ist. Es ist vorteilhaft, die Kontaktmasse e vor der Benutzung der Elektrode etwas festzubrennen, doch kann die Fassung auch mit frischgestampfter Kontaktmasse e in Betrieb genommen werden, wenn nicht von vornherein mit großen Stromdichten gearbeitet wird. —

Auch die Maschinenbau-Anstalt Humboldt, Köln-Kalk, hat sich zwei Elektrodenklemmen schützen lassen. Neu ist bei der einen, daß die einzelnen Klemm-

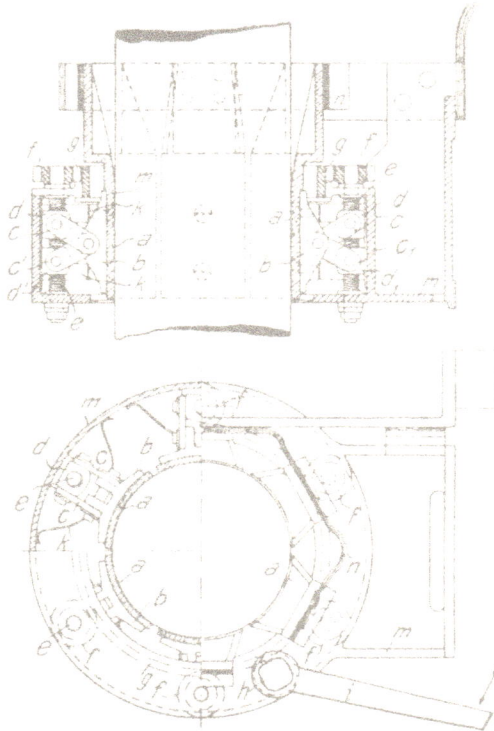

Abb. 352 und 353.
Elektrodenhalter der Maschinenbau-Anstalt Humboldt.

backen unabhängig voneinander nur durch zwei Hebel und Schrauben von einem Zahnkranz aus betätigt werden[1]). In den Abb. 352 und 353 ist der eine Elektrodenhalter dargestellt. Die Backen a werden entsprechend der Kohlenstärke in möglichst großer Zahl auf Schuhen b befestigt. Die letzteren hängen mittels zweier Hebel c, c_1 an Muttern d, d_1, die auf einem mit Rechts- und Linksgewinde versehenen Schraubenbolzen e verschiebbar sind und durch Ver-

---

[1]) D. R. P. Nr. 316160.

drehen des Schraubenbolzens einander genähert oder voneihander entfernt werden können, wobei die Klemmbecken *a* an die Elektroden genähert bzw. von denselben entfernt werden. Die Schraubenbolzen *e* werden gemeinsam gedreht, und zwar durch Stirnräder *f*, die von einem gemeinsamen Zahnkranz *g* in dem einen oder anderen Sinne, jedoch stets um den gleichen Betrag, gedreht werden. Zur Drehung des Zahnkranzes *g* in dem einen oder anderen Sinne ist

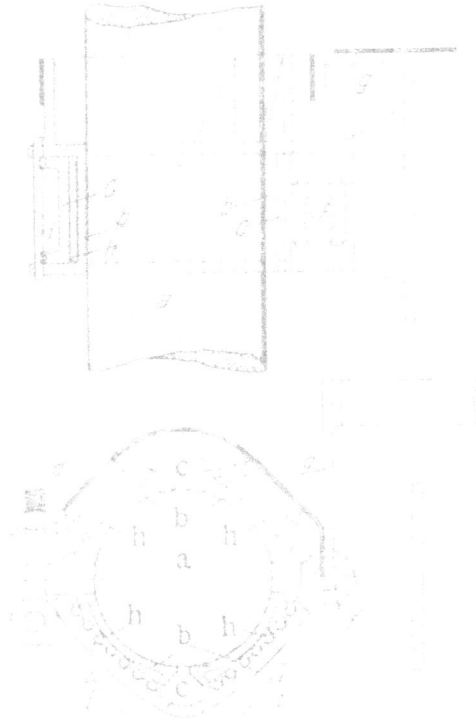

Abb. 354 und 355.
Elektrodenhalter der Maschinenbau-Anstalt Humboldt.

ein Ritzel *h* mit Handgriff *i* vorgesehen. Starke Federn *k* drücken die Klemmbacken noch besonders an die Elektrode für den Fall, daß Unebenheiten an der Kohle ein vollständiges Anlegen nicht ganz gestatten werden. —

Bei der anderen Elektrodenklemme sind starre Schellenhälften in den Klemmbacken beweglich gelagert[1]). Die Abb. 354 und 355 veranschaulichen diese Elektrodenklemme. In denselben bedeutet *a* die Elektrode; *b* sind die Klemmbacken, *c* die Schellen, die durch die Spannschraube *d* zusammengezogen oder voneinander entfernt werden können. Die besagten Schellenhälften sind um das Gelenk *f* drehbar. Um die Reibung zwischen Klemmbacken und Schellen-

---

[1]) D. R. P. Nr. 326 169.

hälften zu verringern, ruhen die Klemmbacken nicht unmittelbar auf den Schellenhälften, sondern auf Reibungsrollen *h*, die lose zwischen den Klemmbacken und den Schellen eingesetzt sind. Da die Reibung zwischen Elektrode und Klemmbacken stärker ist, als diejenige zwischen Klemmbacken und Schellenhälften, werden beim Zusammenziehen der Schellenhälften die Klemmbacken gegen die Elektrode herangedrückt, wobei durch ihre leichte Beweglichkeit ein gleichmäßiges Andrücken gewährleistet wird. —

Da der Elektrodenhalter infolge des großen Elektrodengewichtes stark auf Zug beansprucht wird, so darf nicht allein auf eine gute Kontaktbildung zwischen Elektrode und Halter Wert gelegt werden, sondern es ist auch zu berücksichtigen, daß die Elektrode vollständig fest in dem Halter sitzt. Ferner müssen die Elektrodenhalter so ausgebildet sein, daß sie infolge der hohen Temperaturen nicht frühzeitig zerstört werden. Aus diesem Grunde führt man dieselben auch mit Kühlvorrichtungen aus. Der Vollständigkeit halber sollen nachstehend einige Elektrodenhalter mit Kühlung beschrieben werden.

Der Halter von Friedr. Krupp, A.-G., Essen[1]) bezieht sich auf eine Elektrodenbefestigung mit metallischem, gekühltem Kopf und bezweckt eine leichte Auswechselbarkeit, ohne daß die Güte und Zuverlässigkeit des Stromkontaktes beeinträchtigt wird. Die Elektrode besteht aus einem Kohlezylinder *A* nach Abb. 356, der mittels eines Zapfens b_1 mit dem Kohlezylinder verbunden und in bekannter Weise zur Aufnahme von Kühlflüssigkeit *E* eingerichtet ist. Im Betriebszustande ruht die Elektrode unter der Wirkung ihres Eigengewichtes mit ihrem metallischen Kopfe *B*, der mit einer konischen Lagerfläche b_2 versehen ist, in einem entsprechend gestalteten metallischen Lager *C*, das an einem Arme *D* befestigt ist, der an einer — nicht dargestellten — Säule auf und nieder bewegt werden kann. Zur Sicherung der Verbindung zwischen dem Lager *C*, an das die Stromzuleitung angeschlossen ist, und dem Elektrodenkopfe *B* dienen noch eine Anzahl von Schraubenbolzen c_1, die in der aus der Zeichnung ersichtlichen Weise an dem Lager *C* angelegt sind.

Unter der Wirkung des Eigengewichtes der Elektrode entsteht zwischen dem Elektrodenkopfe *B* und dem Lager *C* an der konischen Auflagerfläche b_2 ein hoher Druck, der, wie die Erfahrung gezeigt hat, einen durchaus zuverlässigen und betriebssicheren Stromschluß gewährleistet. Muß die Elektrode zwecks Auswechslung des Kohlezylinders von ihrem Lager abgehoben werden, so ist nur die Lösung der durch die Schraubenbolzen c_1 hergestellten Verbindung erforderlich, um das Anheben der Elektrode zu ermöglichen.

Dieser Halter hat jedoch wiederum den Nachteil, daß die ganze Elektrode nur an dem Zapfen b_1 angeschraubt ist. Abgesehen davon, daß die Verbindung außerordentlich sorgfältig ausgeführt werden muß, ist die Elektrode in dem Augenblick wertlos, wenn dieselbe kurz vor dem Zapfen abbricht. Infolge der Abschwächung ist diese Annahme möglich. — .

[1]) D. R. P. Nr. 271654.

Ein besonders einfacher wassergekühlter Elektrodenhalter ist der von Keller[1]) geschützte, der in den Abb. 357 und 358 dargestellt ist. Während der Kruppsche Halter nur an dem Zapfen angeschraubt ist, besitzt der Halter von Keller an seinem unteren Ende eine schwalbenschwanzförmige Ausbildung, die das Festhalten der Elektrode bewirkt. In dem Elektrodenende a ist eine Vertiefung b vorgesehen, in die der Halter c eingelassen ist. Der keilförmige Zwischenraum wird mit einem flüssigen Metall, z. B. Bronze oder Kupfer, ausgegossen. Hierdurch erhält man einen innigen Kontakt. Von Nachteil ist dagegen, daß die

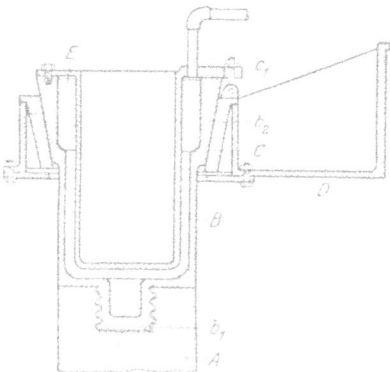

Abb. 356.
Elektrodenhalter mit Kühlung der Friedr. Krupp, A.-G., Essen.

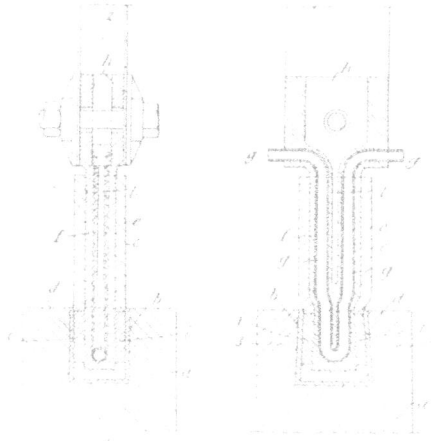

Abb. 357 und 358.
Elektrodenhalter mit Kühlung nach Keller.

Elektrode nur am äußersten Ende angeschlossen werden kann, so daß der Strom die ganze Elektrode durchfließen muß, womit unnötige Stromverluste und Wärmeentwicklungen verbunden sind.

Im Innern des Elektrodenhalters ist ein gewundener Kanal g vorgesehen, der durch einen Wasserumlauf eine gute Kühlung des Halters hervorruft. Das Kühlrohr g mündet mit seinen beiden Enden in die kupferne Anschlußplatte h, an die die Stromzuleitungen angeschlossen werden.

3. Die Elektroden-Schutzeinrichtungen.

Lichtbogenöfen, bei welchen die Elektroden durch das Gewölbe oder durch die Ofenwandung in den Ofen geführt werden, müssen im Vergleich zum Querschnitt der Elektroden etwas größere Öffnungen erhalten, so daß zwischen Elektrode und Wandung oder Gewölbe ein Spielraum entsteht. Hierbei läßt es sich nicht vermeiden, daß die glühenden Ofengase und Herdflammen aus diesen Spalten austreten und so die außenliegenden Kohleelektrodenenden besonders stark erhitzen, wobei eine Verbrennung der äußeren Elektrodenteile

---

[1]) D. R. P. Nr. 218054.

durch die Außenluft mit eingeleitet wird. Die Folge davon ist, daß sich auf der betreffenden Länge der Querschnitt der Elektroden verringert. Diese Querschnittsverminderung führt zu einer weiteren Überhitzung der Elektroden infolge der Jouleschen Stromwärme. Die Elektroden werden gleichzeitig von innen und außen erhitzt und somit verzehrt; ihre Querschnitte nehmen schließlich soweit ab, daß die Kohle abbricht.

Um diesem Übelstand abzuhelfen, hat man nach einer ganzen Anzahl Möglichkeiten gesucht, die Elektroden zu schützen.

In erster Linie ist darauf zu achten, daß die Elektroden genau in die Deckelöffnungen passen und stets neue ausgeschmiert werden, sobald dieselben ausgebrannt sind und einen zu großen Spielraum aufweisen. Man erreicht dieses durch Auskleiden mit feuerfester Masse bei weggezogenen Elektroden.

Die Anwendung von Kühlringen wird heute als selbstverständlich betrachtet. Es kommt jedoch auf die Art und richtige Anbringung der Kühlringe wesentlich an, sofern dieselben ihren Zweck erfüllen sollen. Man achte besonders

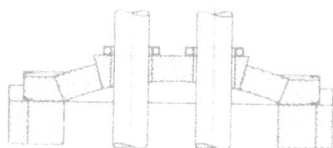

Abb. 359.
Gewölbe mit auswechselbarem Stein
für die Elektrodendurchbruchsstellen
nach Vorschlag des Verfassers.

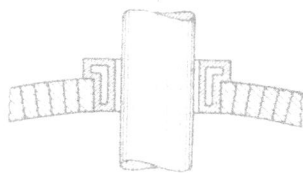

Abb. 360.
Kühlring, der in die Gewölbeöffnung eingelassen ist.

darauf, daß die Kühlringe auf dem Elektrodendeckel gut aufliegen. Eine gute Auflagerung erreicht man entweder durch feuerfeste Masse, auf der der Kühlring liegt, oder es ist durch Anwendung von besonderen Steinen, die eine sichere Auflagerung der Kühlringe ermöglichen, Sorge zu tragen. In Abb. 359 ist ein Gewölbe dargestellt, das mit besonderen Steinen an den Deckelöffnungen ausgemauert ist. Dieser keilartige Stein kann aus einem Stück bestehen und mit so viel Öffnungen versehen werden, als Elektroden vorhanden sind. Sind die Öffnungen im Laufe der Zeit ausgebrannt, so wird dieser keilartige Stein gegen einen neuen ersetzt. Vorteilhafter ist es jedoch, den Stein zu unterteilen und für jede Öffnung einen besonderen keilartigen Stein vorzusehen, der nach Verbrauch durch einen neuen ausgewechselt wird. —

Die Kühlringe müssen einen genügend großen Querschnitt erhalten, damit der Wasserumlauf ausreichend ist. Auch ist es ratsam, für jeden Kühlring eine besondere Wasserzu- und -ableitung zu benutzen. Diese erfordern allerdings eine größere Aufmerksamkeit und geben zu Undichtigkeiten eher Veranlassung wie Kühlringe, deren Wasseranschlüsse hintereinander angeschlossen sind.

Einen sehr günstigen Elektrodenschutz bieten hohe zylindrische Kühlringe. Da das Oxydieren der Elektrodenoberfläche einen besonders schädlichen Einfluß auf Kohlenelektroden ausübt, so erreicht man einen um so besseren Schutz, je größer die kühlende Fläche der Elektrode ist.

Man kann auch Kühlringe verwenden, die statt auf dem Deckel in die Gewölbemauerung eingelassen werden, ähnlich wie Abb. 360 zeigt. Bei dieser Anordnung, die weniger zu empfehlen ist, nimmt das Kühlwasser eine höhere Temperatur an. Kurzzeitige Unterbrechungen des Kühlwassers müssen bei dieser Anordnung vermieden werden, da sonst die Kühlringe undicht und zerstört werden. Gleichzeitig besteht die große Gefahr der Knallgasbildung, was bei dem geschlossenen Herdraume, infolge Vermengung des Sauerstoffes der

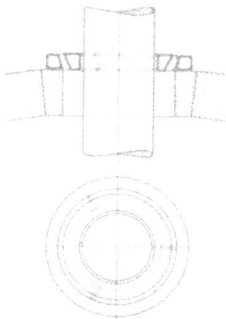

Abb. 361 und 362.
Kühlring der Elektrostahl-
Gesellschaft m. b. H.

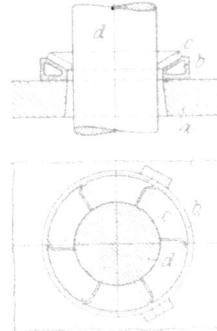

Abb. 363 und 364.
Kühlring der Maschinenbau-
Anstalt Humboldt.

Luft mit dem Wasserstoff in Berührung mit den heißen Ofengasen, zu schwerwiegenden Explosionen führen kann. Auch kann lediglich das Undichtwerden der Kühlringe ein sofortiges Einstürzen des Gewölbes herbeiführen.

In Abb. 361 und 362 wird ein Kühlring gezeigt, der von der Elektrostahl-Gesellschaft m. b. H. in Remscheid in Anwendung gebracht wird. Die Vorrichtung besteht aus zwei Kühlringen, einem größeren und einem engeren, die Elektrode dicht umschließenden Ring, zwischen denen sich ein schräg nach außen führender Schlitz befindet, der zweckmäßig verstellbar ist. Hierdurch wird erreicht, daß die Ofengase und die Flammen von der Elektrode abgelenkt und durch den Schlitz nach außen geführt werden. Durch eine besondere Abdeckvorrichtung kann der zwischen der Elektrode und dem inneren Kühlring noch verbleibende Zwischenraum abgedichtet werden.

Eine ähnliche Elektrodenabdichtung[1]) der Maschinenbau-Anstalt Humboldt, Köln-Kalk, zeigen Abb. 363 und 364. Sie besteht aus konischen Ringsegmenten c, die lose auf dem Kühlring b aufliegen und vermöge ihrer konischen Gestalt das Bestreben haben, stets nach der Mitte zu gleiten, um sich an die Elektrode d anzulegen. Um eine Abdichtung zwischen den einzelnen Segmenten zu erhalten, überdecken diese sich an den Berührungsstellen. Die einzelnen Segmente können

¹) D. R. P. Nr. 321307.

aus Metall oder Stein hergestellt werden. Voraussetzung ist, daß die Oberfläche glatt genug ist, um ein Gleiten und Andrücken an die Elektrode zu erreichen.

Auch die Firma Friedr. Krupp in Essen hat sich eine Elektrodenabdichtung[1]) schützen lassen. Die Vorrichtung zeigt Abb. 365. An den Stellen, wo die Elektroden a durch den Deckel b des Schmelzofens durchgeführt sind, sind wassergekühlte eiserne Saumringe d bekannter Bauart in den Deckel eingelassen. Jeder Saumring ist mit einem aus isolierendem Stoff bestehenden Futterring d_1 versehen. Der Innendurchmesser des Futterringes d_1 ist an der engsten Stelle so bemessen, daß die Elektrode a noch reichlich Spielraum hat. Ein solcher Spielraum ist erforderlich, um Ungenauigkeiten in der Befestigung der Elektrode ausgleichen zu können, um beim Wandern des Saumringes, das infolge der Wärmewirkung eintreten kann, eine Beschädigung

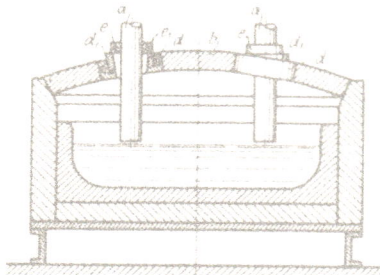

Abb. 365.
Elektrodenabdichtung der Firma Friedr.
Krupp, A.-G.

der Elektroden zu verhüten. An seiner oberen Bewegungsfläche ist der Futterring d_1 abgeflacht, so daß er für einen weiteren eisernen Ring e, der gleichfalls mit isolierendem Futter e_1 versehen ist, eine ebene Unterlage bildet. Der Ring e_1 umschließt die Elektrode a mit nur wenig Spiel, so daß ein dichter Abschluß der Öffnung des Saumringes d gewährleistet ist. Beim Wandern des Saumringes d wird der Abdichtungsring e durch die Elektrode festgehalten. Eine Beschädigung der Elektrode ist hierbei ausgeschlossen, da infolge der beschriebenen Lagerung des Abdichtungsringes e Saumring und Abdichtungsring in bezug aufeinander quer zur Elektrode leicht beweglich sind. Da beim Wandern des Saumringes der zwischen diesem und der Elektrode vorhandene Spielraum abgedeckt bleibt, so wird die Güte der Abdichtung durch das Wandern des Saumringes nicht beeinträchtigt. Wenn sich nach längerem Betrieb der Durchmesser der Elektrode so weit vermindert hat, daß zwischen ihr und dem Futter e_1 des Abdichtungsringes e ein größerer Spielraum entstanden ist, wird der Abdichtungsring durch einen anderen mit engerem Futter ersetzt. Da der Abdichtungsring leicht auswechselbar ist, kann man also ohne Mühe dauernd eine wirksame Abdichtung erzielen.

---

[1]) D. R. P. Nr. 244923.

Die Gutehoffnungshütte in Oberhausen bringt ein sehr nützliches Verfahren in Anwendung, wonach die Elektroden an den gefährdeten Stellen von Schutzhülsen *a* umschlossen sind (siehe Abb. 366). Diese Schutzhülsen bestehen aus einer Anzahl feuerfester Ringe, die um die gefährdeten Elektrodenteile angebracht werden, die während des Betriebes auswechselbar sind.[1]

Ein besonders einfaches Verfahren bringt der Verfasser in Vorschlag, welches sich in der Praxis durchaus bewährt hat. Diese Einrichtung besteht aus einer zweiteiligen Platte *a* nach den Abb. 367 und 368, die auf den Kühl-

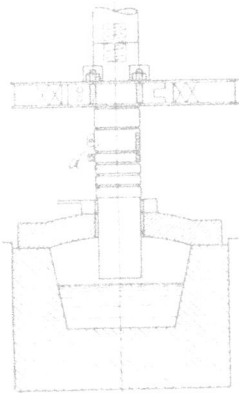

Abb. 366.
Elektrodenschutzhülsen nach Vorschlag der Gutenhoffnungshütte.

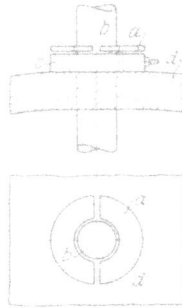

Abb. 367 und 368.
Elektrodenschutz nach Vorschlag des Verfassers.

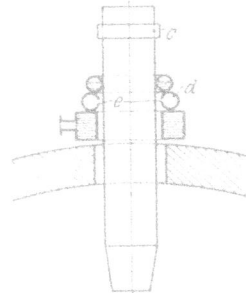

Abb. 369.
Elektrodenschutz nach Vorschlag der Rombacher Hüttenwerke.

ring *c* aufgelegt wird. Diese Platte besteht aus einem Gemenge von Schamotte und Ton, das von jedem Stahlwerk selbst hergestellt werden kann. Es ist jedoch dafür Sorge zu tragen, daß die Schutzringe *a* die Elektrode *b* eng umschließen, damit die übertretenden heißen Ofengase von den Schutzringen abgelenkt werden, um die Elektroden zu schonen.

Die Rombacher Hüttenwerke in Rombach bringen ein Verfahren[2] in Vorschlag, wonach über dem Kühlring noch ein kreisförmiger Hohlraum angebracht wird, der ebenfalls die Elektrode eng umschließt. Nach Abb. 369 hat dieser Hohlkörper *d* zahlreiche Öffnungen *e* an seiner Innenwandung, aus welchen nichtbrennbare Gase, z. B. Stickstoff, Kohlensäure, Rauch, Wasserdampf u. dgl., unter einem gewissen Überdruck gegen die Elektroden ausströmen können. Der hierdurch um die Elektroden entstehende Überdruck soll ein Austreten der Ofenflammen verhindern.

Die Gesellschaft für Teerverwertung m. b. H. in Duisburg-Meiderich schlägt ein Verfahren zur Herstellung von Schutzhüllen auf Kohlenelektroden vor, wobei die Oberfläche derselben mit einem gegen oxydierende Gase un-

---

[1] D. R. P. Nr. 283517.
[2] D. R. P. Nr. 264284.

empfindlichen porösen Material umkleidet ist. Das Material soll aus dünnwandigen Platten (bei quadratischen Elektroden), oder aus Zylindern entsprechend dem Elektrodenquerschnitt (bei runden Elektroden) hergestellt sein, die vor dem Brennen auf die Elektroden aufgebracht werden. Als Material empfiehlt sich: Metall, Quarz, Schiefer, Magnesit, Karborund u. dgl. Die Verbindung der Platten oder Zylinder mit der Oberfläche der ungebrannten Elektrode soll durch einen Klebstoff geschehen.

Vogel[1]) empfiehlt einen Überzug aus Silizium- oder Borkarbid oder ein Gemenge beider als Schutzmittel für Elektroden.

Der Verfasser hat sich mehrere Verfahren schützen lassen, um den Abbrand der Elektroden zu verringern. Es kommen Elektroden in einem Schutzmantel aus einem feuerfesten Material zur Anwendung, das durch ein Drahtnetz eine mechanische Festigkeit erhält. Ferner hat der Verfasser eine Elektrode in Vorschlag gebracht, die von Metallteilchen eingeschlossen ist. Diese Metallteilchen nehmen am Umfange der Elektrode zu und sind am äußersten Umfange so dicht, daß dieselben unter dem Einfluß der hohen Temperaturen sich untereinander fest verschweißen und auf diese Weise die Elektroden gegen hohe Temperaturen schützen.

Von Moscicki[2]) wird ein Verfahren vorgeschlagen, eine Berieselung der Elektrodenoberfläche mit Flüssigkeit anzuwenden. Die Flüssigkeit müßte zweckmäßig den im Ofen erfolgenden Reaktionen nicht nachteilig sein. Welche Flüssigkeit aber hierfür zweckmäßig sein soll, wird von Moscicki nicht mitgeteilt.

Besonders vorteilhaft ist es, den Elektrodenhalter zugleich als Elektrodenschutzeinrichtung auszubilden. Da der Übergangswiderstand zwischen der metallischen Elektrodenklemme und der aus einem Kohlenstoff bestehenden Elektrode, oft verhältnismäßig sehr groß ist, zumal wenn die Oberfläche der Elektrode rauh und uneben ist, so dürfte sich eine Kühlung des Elektrodenhalters unbedingt empfehlen. Sofern mit einer Einrichtung die Klemme als auch die Einführungsstelle der Elektrode gekühlt werden kann, so sind hiermit zweifellos Vorteile verbunden.

Eine Elektrodenklemme mit Wasserkühlung hat sich Doubs[3]) schützen lassen, die sowohl für Elektroden in senkrechter als in schräger oder wagerechter Anordnung benutzt werden kann. Die Patentschrift sagt hierzu folgendes: die Erfindung betrifft Elektrodenhalter für elektrische Öfen, bei denen die Elektroden durch eine aus zylindrischen Hülsen mit konischen Berührungsflächen bestehende Klemmvorrichtung verstellbar festgehalten werden. Bei den bekannten Ausführungsformen derartiger Elektrodenhalter ist ein dichter Abschluß der Elektroden besonders gegen den Luftzutritt von außen dadurch erreicht, daß der Elektrodenhalter oder die Klemmvorrichtung in eine außen verschlossene Hülse eingesetzt ist. Diese Anordnung hat aber den Nachteil,

---

[1]) D. R. P. Nr. 137436.
[2]) D. R. P. Nr. 249551.
[3]) D. R. P. Nr. 270771.

daß für ein Nachstellen der Elektrode der Deckel der Hülse erst gelöst und der Ofen für ein Auswechseln der Elektroden stillgesetzt werden muß.

Gemäß der Erfindung wird sowohl eine gute Dichtung gegen das Herdinnere und nach außen hin erreicht, als auch die erwähnten Nachteile dadurch vermieden, daß die Klemmvorrichtung in eine feststehende offene Hülse verschiebbar eingesetzt und die innere Hülse der Klemmvorrichtung selbst außen mit Gewinde versehen ist, in welches einerseits eine mit der äußeren Hülse der Klemmvorrichtung drehbar verbundene Mutter zum Festklemmen und Dichten der Elektrode gegen das Herdinnere, andererseits eine zweite Mutter eingreift, welche in bekannter Weise durch zwischen ihr und der Elektrode vorgesehenes Dichtungsmaterial den luftdichten Abschluß der Elektrode bewirkt. Da bei dieser Anordnung die durch die konischen Berührungsflächen gebildete Kontaktstelle möglichst nahe an der Abbrennstelle der Elektrode gelegen ist, so ist auch ein restloser Verbrauch der Elektrode ermöglicht, indem einfach eine neue auf die zum größten Teile abgebrannte aufgesetzt wird, die diese beim Nachstellen weiterschiebt. Um zu verhüten, daß die Metallteile des Elektrodenhalters sich zu stark erhitzen, wird dieser mit einer Kühlvorrichtung versehen, die entweder unmittelbar in einer als Führung dienenden Hülse angebracht ist oder aus einem besonderen, vom Kühlmittel durchflossenen Kühlmantel besteht.

Die Abb. 370 zeigt einen Schnitt durch eine Ausführungsform des „Elektrodenhalters, bei welcher die Kühlvorrichtung unmittelbar in einer als Führung dienenden Hülse angebracht ist.

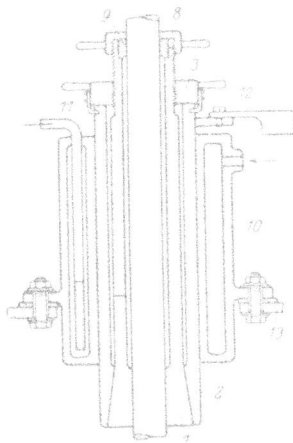

Abb. 370.
Elektrodenhalter mit Kühleinrichtung nach Vorschlag von Doubs.

Hierbei ist die Klemmvorrichtung in einer als Kühlvorrichtung ausgebildeten und mit dem Ofengehäuse *13* fest verbundenen Hülse *10* luftdicht verschiebbar angeordnet. Die Klemmvorrichtung für die Elektrode besteht aus einer mit einem mehrfach geschlitzten Konus versehenen Hülse *1* und einer diese umgebenden Hülse *2*, die in der Hülse *10* verschiebbar angeordnet ist. Eine Mutter *3* bewegt sich auf einem auf der Hülse *1* vorgesehenen Gewinde und ist mit der Hülse *2* mittels über einen Bund *11* greifenden Bügels *12* verbunden, so daß die innere Hülse mittels der Mutter *3* von der äußeren gehalten wird. Das freie Ende der Hülse *1* ist mit einer Überwurfmutter *8* versehen. Zwischen der Mutter *8* und dem freien Ende der inneren Hülse *1* ist eine Packung *9* vorgesehen, so daß beim Anziehen der Mutter *8* ein vollkommen luftdichter Abschluß zwischen Elektrode und der Hülse *1* erzielt wird.

Zur Verschiebung der Elektrode ist die Hülse *2* mit einer Verzahnung versehen (in der Abbildung nicht erkenntlich), in welche ein Zahnrad eingreift, das in einer gußeisernen Büchse gelagert und durch ein Handrad in Umdrehung versetzt werden kann. Um die abgebrannte Elektrode weiter zu verschieben oder zu erneuern, sind die Muttern *3* und *8* zu lösen, wodurch die in der Hülse *1* festgeklemmte Elektrode freigegeben wird und somit weiterbewegt oder eine neue Elektrode in bekannter Weise nachgeschoben werden kann, worauf die eine Elektrode durch Anziehen der Mutter *3* festgeklemmt und durch die Mutter *8* abgedichtet wird. Durch diese Anordnung wird das Herunternehmen des ganzen wassergekühlten Elektrodenhalters, wie dies bei anderen Öfen der Fall ist, gänzlich vermieden.

Genau dem Elektrodenhalter von Doubs entspricht die Elektrodenkühlung beim Fiatofen[1]). Bei dieser Ausführung steht auf dem Gewölbebogen ebenfalls ein doppelwandiger Metallzylinder, der von Kühlwasser durchflossen ist und der die Elektroden auf einer, noch den Wärmezonen gefährlich werdenden Höhe, umschließt. An der Elektrodenklemme, deren Bewegungen durch zwei Spindel mit Motorantrieb selbsttätig erfolgen, ist ein zweiter Zylinder befestigt, der sich über dem Kühlzylinder teleskopartig und gut dichtend mit der Elektrode verschiebt. Dieser Verschluß, der, ebenso wie bei der Elektrodendichtung von Doubs, fast keine Luft aufnimmt, verhindert ein Oxydieren und Verbrennen der Elektrode und sichert ihnen eine längere Betriebsdauer.

Aus vorstehenden Ausführungen ist zu ersehen, daß sich eine ganze Anzahl Möglichkeiten bieten, den Elektrodenabbrand auf ein Mindestmaß zu beschränken. Bei einiger Aufmerksamkeit der Betriebsleitung und Anwendung der einen oder anderen Schutzeinrichtung kann also eine wesentliche Ersparnis an Kohlenelektroden erreicht werden.

4. Die Elektrodenverbinder.

Die Elektrodenverbinder dienen dazu, Elektroden restlos zu verbrauchen. Man verbindet daher bekanntlich den Rest der alten Elektroden oder einer abgebrochenen Elektrode mit der neuen durch Verbindungsstücke, sog. Elektrodennippel. Diese besitzen große Gewinde, welche in die Bohrungen mit gleichen Gewinden in beide Elektroden eingeschraubt werden.

Die Elektrodenverbinder werden heute in verschiedenen Formen ausgeführt. Es gehört eine hinreichende Erfahrung dazu, Elektroden so miteinander zu verpassen, daß ein gleichmäßiger, ungeschwächter Stromübergang erreicht wird. Schlecht ausgeführte Elektrodenverbindungen sind solche, die keinen hinreichenden Kontakt und somit einen großen Übergangswiderstand bieten. Eine solche Verbindung geht auf Kosten der Wirtschaftlichkeit und muß unter allen Umständen vermieden werden.

Elektroden, die aus Resten von Kohleelektroden zusammengesetzt sind, sind bei im Betrieb befindlichen Öfen des öfteren zu untersuchen. Man erreicht dies dadurch, daß man zwischen Schmelzgut und Elektrodenhalter einen geeigneten Prüfapparat, z. B. Widerstandsmesser, einbaut. Das Instrument ist für verschiedene Meßbereiche mit augenblicklicher Ablesung des elektrischen

---

[1]) Stahl und Eisen 1922, S. 921/24.

Widerstandes in Ohm im Handel zu haben. Gleichzeitig kann das Instrument als Isolationsprüfer ausgebildet sein, um festzustellen, ob die Elektroden von dem Ofen auch gut isoliert hängen.

Über die Abmessungen der Elektrodennippel wurde bereits im vorigen Abschnitt berichtet. Dem Verpassen der Gewindeelektroden ist besondere Sorgfalt zu widmen. Vor allem müssen die Stirnflächen der Elektrodenenden eben und aufeinander gut eingeschliffen sein. Die Verwendung eines geeigneten Elektrodenkittes ist nur zu empfehlen. Glühstellen an der Stoßfuge deuten fast ausnahmslos auf schlechtes Verpassen zweier Elektroden.

Von den zahlreichen Kopfformen für Einzel- und Bündelelektroden, die zur Befestigung der Stromzuleitungen, sowie der Anschlußklemmen dienen, sowie von den Verbindungsarten für restlosen Verbrauch der Elektroden sind in den Abb. 371 bis 388 die wichtigsten dargestellt.

Die Firma Gebrüder Siemens & Co. in Lichtenberg bei Berlin hat sich eine Einrichtung[1]) zum Verbinden von Elektroden patentieren lassen, auf die nachstehend eingegangen werden soll. Die zum Betriebe von elektrischen Öfen erforderlichen Elektroden werden in vielen Fällen mit Gewinde und Nippel versehen, um mehrere Elektroden zusammenzustücken und dadurch ein restloses Verbrennen, sowie einen ununterbrochenen Betrieb zu ermöglichen. Da nun die Gewinde in dem Kohle- oder Graphitmaterial der Elektroden nur sehr schwierig genau hergestellt werden können, so werden die Schraubennippel in der Regel ein wenig schwächer gemacht als das dazugehörige Gewinde. Dadurch entsteht zwischen Nippel und Elektrode ein Spielraum, der wiederum zur Folge hat, daß die Mitten der Elektroden häufig nicht genau übereinstimmen.

Diesen Übelstand zu beseitigen, ist der Zweck der Erfindung, die darin besteht, daß die Enden der Elektroden mit zylindrischen, kegelförmigen oder sonstigen Zentrierungen versehen sind, die z. B. aus Vorsprüngen oder Vertiefungen bestehen. Die Erhöhungen der einen Elektrode passen in die entsprechenden Vertiefungen der nächsten Elektrode, wie Abb. 389 zeigt, oder beide Elektroden erhalten Vertiefungen, in die ein besonderes Paßstück hineingelegt ist. Hierdurch ist es möglich, die Elektroden genau konzentrisch zusammenzustücken, und zwar ist die genaue Zentrierung auch dann noch gewährleistet, wenn die Verschraubungen ungenau, d. h. mit Spiel gearbeitet sind. Die Genauigkeit der Zentrierung wird noch erhöht, wenn die Zentrierflächen auf einer Drehbank abgedreht werden. Dagegen ist im allgemeinen nicht erforderlich, auch die Gewinde auf der Drehbank nachzuarbeiten, wodurch an Arbeitslohn bedeutend gespart wird.

Eine andere Verbindung[2]) ist die von den Planiawerken A.-G. für Kohlenfabrikation in Ratibor. Nach einem früheren Patent soll der Widerstand der Verbindungsstücke durch eingelegte Metalladern herabgesetzt werden, und zwar sollen nach den dargestellten Beispielen die Metalladern in die Kohlenippel eingebettet sein. Hierbei hat nun das aus Kohlenmaterial bestehende Gewinde

---

[1]) D. R. P. Nr. 245321.
[2]) D. R. P. Nr. 271541.

Ruß, Elektrostahlöfen.

Abb. 371 bis 888.

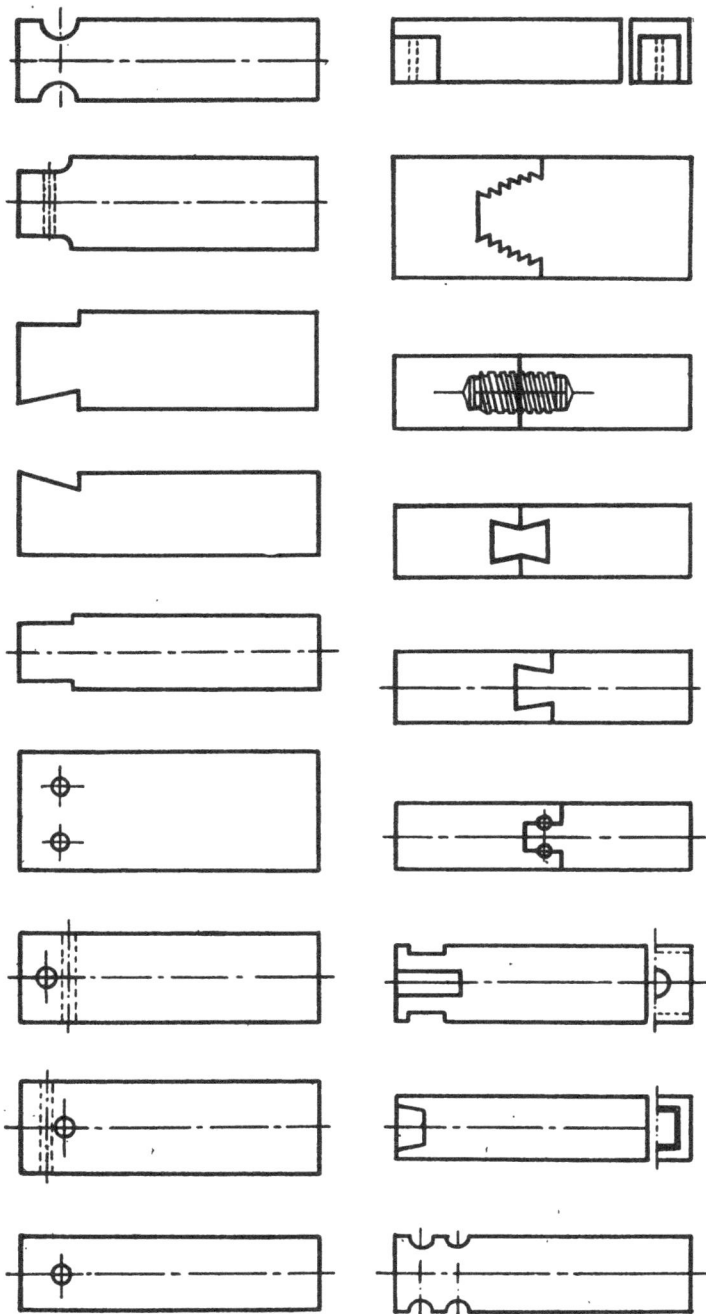

Anschluß und Verbindungsarten von Elektroden.

den ganzen Zug des Kohlenippels auszuhalten, und man ist aus diesem Grunde genötigt, seinen Querschnitt auf Kosten der Wandstärke der Elektroden möglichst groß zu halten. Es bestand somit hier stets die Gefahr des Abreißens des angesetzten Kohlestückes. Ferner werden beim Anstückeln der Elektroden ihre Stirnseiten und die obere Fläche des Nippels mit einem Teerkitt eingeschmiert, um eine möglichst innige Verbindung herzustellen. Bekanntlich ist aber der Teerkitt in noch nicht gekoktem Zustand ein schlechter Stromleiter, und es entsteht aus diesem Grunde wieder ein großer Übergangswiderstand. Erst wenn die Verbindungsstelle sich der heißen Ofenzone nähert, fängt der

Abb. 389.
Elektrodenverbindung nach Vorschlag
der Firma Gebrüder Siemens & Co.

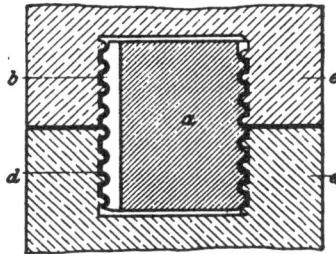

Abb. 390.
Elektrodenverbinder nach Vorschlag
der Planiawerke.

Teerkitt langsam an, zu verkoken, und erreicht dann erst bessere Leitfähigkeit. Man muß daher danach trachten, den Verbindungsstellen zwischen den Elektroden und dem Verbindungsnippel eine größere Leitfähigkeit zu geben.

Nach dem Elektrodenverbinder der Planiawerke soll dieser Vorteil dadurch erreicht werden, daß die Metalle inlagen am äußeren Umfang des Nippels angeordnet werden. Je nach der Strombelastung wird man mehr oder weniger derartige Metalleinlagen am Umfang vorsehen. Vorteilhaft gibt man den Metalleinlagen, welche in dem Kohlenippel in geeigneter Weise befestigt sind, auch Gewindegänge, so daß eine möglichst innige Verbindung mit der Kohleelektrode erreicht wird.

Die folgende Abb. 390 zeigt im Querschnitt und Grundriß ein Ausführungsbeispiel der Neuerung. Die Kohleelektroden e, e_1 sind durch das Verbindungsstück a miteinander verbunden, welches als Gewindenippel ausgebildet ist. Das Verbindungsstück a ist mit mehreren, der Strombelastung entsprechenden Metalleinlagen b versehen, welche am Umfang des Gewindenippels angeordnet sind. Auch diese Metalleinlagen besitzen dem Gewinde des Kohlenippels entsprechende Gewindegänge d. Hierdurch ist die Möglichkeit gegeben, daß die Metalleinlagen b, z. B. eingelegte Eisenstäbe, da sie direkt mit der Elektrode e in innige Berührung kommen, den Strom abnehmen und ihn in das Gewinde der unteren Elektrode e_1, also des angestückelten Stummels, weiterleiten. Diese Anordnung der Metalleinlagen im Gewinde des Nippels hat außer der guten Leitfähigkeit des Stromes noch den Vorzug, daß der Kohlenippel infolge der hohen Zugfestigkeit der Metalleinlagen in seinem Querschnitt verringert, und die Wandstärke der Elektroden an diesen Stellen größer gehalten werden kann, so daß die Elektroden an der Verbindungsstelle der Gefahr des Abreißens nicht mehr ausgesetzt sind.

Trotz mancher Übelstände, die die Elektrodenverbinder aufweisen, ist ihre Verwendung bei Elektrostahlöfen unerläßlich, zumal da, wo stärkere Elektrodenquerschnitte in Betracht kommen. Im allgemeinen bedient man sich aber der einfachen Elektrodennippel, deren Material dem der Elektroden entspricht.

5. Die Elektroden-Reguliereinrichtungen.[1])

Wie bei jedem Arbeitsvorgang, so auch bei dem Betrieb von elektrischen Lichtbogenöfen ist der gleichmäßige Gang für die Wirtschaftlichkeit von großem Einfluß. Auch die Güte des auzzubringenden Gutes ist davon abhängig. Wer jedoch schon Gelegenheit hatte, den Betrieb eines Lichtbogenofens zu sehen, wird besonders auf die Stromschwankungen aufmerksam geworden sein. Bei einem Martinofen beispielsweise streichen die heißen Gase über die ganze Badoberfläche hinweg. Der Schmelzprozeß vollzieht sich infolgedessen außergewöhnlich gleichmäßig und schnell. Bei elektrischen Lichtbogenöfen ist das anders; um eine dauernde Wärmezufuhr zu erhalten, müssen vor allen Dingen die Lichtbögen im Herdinnern konstant gehalten werden können. Aus den noch folgenden Gründen ist dies jedoch sehr schwierig. Auch das nur kurzzeitige Abreißen der Lichtbögen zieht eine große Abkühlung des Bades nach sich. Das geht schon daraus hervor, daß in den Lichtbögen selbst weit höhere Temperaturen herrschen als im Bade. Dazu kommt noch die relativ große Badoberfläche. Es ist jedenfalls praktisch erwiesen, daß ein Vielfaches der Zeit für das Nachschmelzen aufzuwenden ist, als die Zeit einer Unterbrechung des Ofenbetriebes beträgt. Wie wesentlich es also ist, Mittel und Wege zu finden, die dazu führen, daß ein gleichmäßiger Betrieb von Lichtbogenöfen oder wenigstens unterbrechungsloser Betrieb (Vermeidung des Abreißens der Lichtbögen) gewährleistet wird, liegt auf der Hand. Ebenso klar ist es aber auch, daß diese nur in der Anwendung von unbedingt sicher arbeitenden, selbsttätigen Elektroden-Reguliereinrichtungen gefunden werden können.

Es ist daher zu begrüßen, daß die deutschen Elektrizitätsfirmen in den letzten Jahren mit viel größerem Interesse sich diesem neu erschlossenen Gebiete widmen. Die bisher bekanntgewordenen Einrichtungen sind bereits so vollkommen, daß sie nahezu den Wünschen des Lichtbogenofenbetriebes entsprechen.

---

[1]) Russ: „Selbsttätige Elektroden-Regelvorrichtung für Lichtbogen-Elektroöfen", Stahl und Eisen, 25. Dezember 1919, S. 1629 bis 1632.

Russ: „Die Bedeutung selbsstätiger Elektroden-Reguliervorrichtungen für Lichtbogen-Elektrostahlöfen unter Berücksichtigung einer neuen Konstruktion der AEG.", Helios, Fach- und Exportzeitschrift für Elektrotechnik, Nr. 17, 1919.

Russ: Elektroden-Reguliervorrichtungen bei elektrischen Schmelzöfen, Gießerei-Zeitung, 1920, S. 191/93; 210/13; 232/35, 264/66 und 386/88.

Auf alle Fälle sind die Fabrikate des Auslandes (der Verfasser hat vor allem den französischen Regulator, System Thury, im Auge, der bekanntlich bei Elektro-öfen Anwendung gefunden hat) auch hier geschlagen, und, was bemerkenswert ist, diese deutschen Regler wurden nach besseren, ganz anderen Grundsätzen aufgestellt und zur Ausführung gebracht, als die Auslandsfabrikate.

Die Elektroden-Reguliereinrichtungen haben den Zweck, die Lichtbögen, die zwischen Elektroden und Schmelzgut gebildet werden, konstant zu halten. Durch das Einschmelzen von Schrott und Roheisen, infolge des Aufwallens des Bades nach vorgeschrittenem Schmelzprozeß usw,. werden bekanntlich Unruhen in einem Elektrostahlofen hervorgerufen, die die Lichtbogenbildungen mehr oder weniger beeinflussen. Diese können dazu führen, daß die Lichtbögen abreißen und den Ofenbetrieb unterbrechen. Auch kann das Einschmelzgut während des Einschmelzens so an die Elektroden geraten, daß empfindliche Kurzschlüsse hervorgerufen werden. Ferner werden sich durch den natürlichen Abbrand der Elektroden die Lichtbogenlängen verlängern müssen, die schließlich dazu führen, sofern ein rechtzeitiges Nachschieben der Elektroden nicht stattfinden sollte, daß die Lichtbögen abreißen und ebenfalls den Ofen außer Betrieb setzen. Im Interesse der Wirtschaftlichkeit muß dieses natürlich vermieden werden, falls ein Lichtbogenofen mit anderen Ofenarten ernstlich im Wettbewerb bleiben soll. Vor allem ist es wichtig, daß große Stromstöße nicht zur Entwicklung kommen; die Regelung muß augenblicklich einsetzen und solange währen, als der Stromstoß anhält. Die häufige Ursache des unruhigen Ganges wird besonders durch sog. Elektrodenkurzschlüsse hervorgerufen. Diese Erscheinung ist möglichst ganz auszuräumen, da sie auf die Ofenanlage selbst, mit ihren Einrichtungen, wie Transformator, Schalter u. dgl. von sehr schädlichem Einfluß ist. Die Regeleinrichtung muß demnach so große Empfindlichkeit besitzen, daß Elektrodenkurzschlüsse (wonach also zwei Elektroden mit dem Schmelzgut eine Metallbrücke bilden) sicher vermieden werden. Andererseits darf aber die Regelung nicht zu schnell arbeiten, da es sonst vorkommt, daß ein immerwährendes Pendeln entsteht. Es werden dann die Elektroden fortwährend gehoben und gesenkt und die Lichtbögen vergrößert und verkleinert. Auch der Fortschritt des Schmelzprozesses hängt von der mehr oder weniger großen Geschwindigkeit des Arbeitens der Elektroden-Regeleinrichtung ab. So treten beispielsweise zu Beginn einer Schmelze mit festem Einsatz weit mehr Stromstöße auf als später, wenn das Material eingeschmolzen ist. Die Lichtbögen können anfangs nicht stetig bleiben, weil sie das feste Metall unter heftigem Gezische wegbrennen. Auch ist der elektrische Widerstand, solange das Schmelzgut kalt ist, größer und die Stromdurchlässigkeit durch den Einsatz geringer. Alle diese Erscheinungen führen dazu, daß Veränderungen in den Lichtbogen entstehen, die sehr unerwünscht sind. Demnach müssen die Regelungen unbedingt in solchen Grenzen regulierbar sein, daß sie sich für den Ofengang von Anfang bis zu Ende eignen.

Bemerkenswert ist noch, daß bei Unterbrechungen des Ofenbetriebes die Elektroden schnell gehoben werden müssen, um eine zu große Abkühlung

des Bades zu vermeiden. Dies bedingt also eine schnelle Auf- und Abwärtsbewegung der Elektroden.

Durch Betätigung von Winden oder anderen Hebelkonstruktionen wird ein
Heben und Senken der Elektroden erreicht. Eine solche Einrichtung wird u. a
von der Firma Gebr. Böhler & Co., A.-G., Berlin, in Vorschlag gebracht, auf die
sich die Firma ein Patent genommen hat und deren Patentschrift[1]) folgendes
entnommen sei:

Nach der Abb. 391 bedeutet. a den Elektroofen, b die Elektroden, c die
Stromzuführung, d den Einspannring für die Elektrode, e den Tragzapfen am

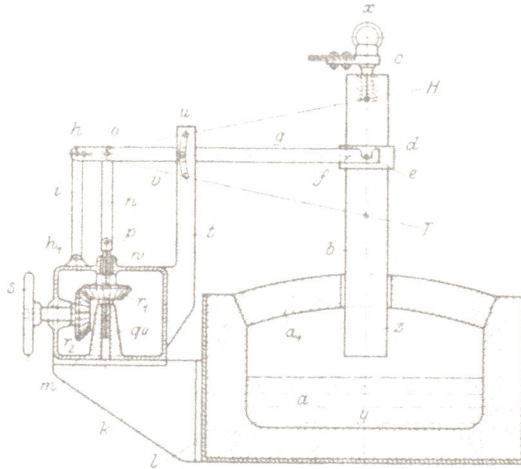

Abb. 391.
Elektrodenbewegungseinrichtung der Firma Gebr. Böhler & Co., A. G.

Einspannring zwecks Einhängung in den mit entsprechender Kerbe f versehenen
einarmigen Hebel g; h_1 ist der an der Gelenkstange i angeordnete Drehzapfen
für den Hebel g; k ist eine am Ofenseitengewände l befestigte Konsole; m ist
ein auf letzterer befestigter Windenkasten zur Abstützung und Betätigung
des Elektrodenhebels g; n ist eine Stützstange, die einerseits mittels Zapfen o
am Hebel g, andererseits mittels Zapfen p an einer im Windenkasten m geführten
Schraubenspindel q angelenkt ist; r_1 ist ein sich am Ort drehendes Kegelrad,
welches mit dem Nabengewinde in die Schraubenspindel q eingreift; r_2 ist ein
vom Handrade s aus betätigtes Kegelrad, welches in das Kegelrad r_1 eingreift;
t ist ein am Windenkasten m fix angeordneter Arm, der den Kulissenschlitz u
trägt, in welchen der Zapfen v des Hebels g eingreift.

Die Wirkungsweise der Vorrichtung ist folgende:

Wird durch das Handrad s das Kegelrad r_2 und durch letzteres das Kegelrad r_1 gedreht, so erfolgt je nach der Drehrichtung des Handrades s vermittels

[1]) D. R. P. Nr. 288951.

des Muttergewindes des Kegelrades r_1 entweder ein Heben oder Senken der Schraubenspindel q, welch letztere in den glatten Bohrungen w der Windenkasten geradegeführt ist. Diese vertikale Bewegung überträgt sich durch die Stützstange n auf den Hebel g, der sich um den Zapfen h drehen kann. Letzterer ist aber nicht fix, sondern an der Gelenkstange i angeordnet, welche entsprechend dem Bogenverlauf des Kulissenschlitzes u eine kurze Schwingung um den Bolzen h_1 in der Ebene des Hebels g ausführt.

Der Kulissenschlitz u hat nun einen derartigen Verlauf, daß die Tragzapfen e sowohl in der Höchstlage H, in der gezeichneten Mittellage und in

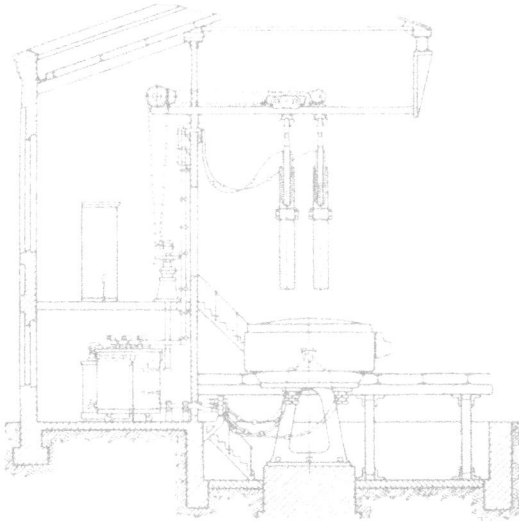

Abb. 392.
Elektrodenaufhängung und -bewegung beim Nathusiusofen der Sosnowicer Röhrenwalzwerke.

der Tiefstlage T, als auch in sämtlichen Zwischenlagen immer in der Achsenrichtung $x—y$ der Öffnung z der Ofendecke a_1 verbleiben. Infolge dieser genauen Geradführung ist es möglich, zwecks Verhinderung von Wärmeverlusten und Elektrodenabbrand einen sehr geringen Spielraum zwischen der Elektrode b unter der Lochwandung in der Ofendecke a_1 anzuordnen und ihn für die Betriebsdauer des Ofens immer einzuhalten.

Eine andere Vorrichtung, bei der einfache Winden zur Anwendung kommen, wurde von den Westdeutschen Thomasphosphatwerken G. m. b. H., Berlin, auf den Markt gebracht. Kunze[1]) zeigt diese Ausführung an einem 5 t-Ofen, der in den Sosnowicer Röhrenwalzwerken zur Aufstellung gekommen ist. Die Elektroden sind, wie die folgende Abb. 392 darstellt, frei über dem Ofen hängend angeordnet. Zu dem Zweck ist über der Bühne ein Eisengerüst aufgebaut,

[1]) Zeitschrift des V. d. I. 1914, Seite 256.

in das die Elektroden unter Vermittlung von Laufrollen und Zugseilen einge-
hängt sind. Die Einhängevorrichtungen sind als kleine fahrbare Wagen ausgebildet, die zum schnellen Auswechseln verbrauchter Elektroden unabhängig
voneinander über die Gesamtlänge der Eisenkonstruktion durch einfache
Kettenflaschenzüge bewegt werden können. Das Aufziehen und Herablassen
der Elektroden und das Einregeln
ihres Abstandes von der Badoberfläche besorgen die Elektrodenwinden, die gewöhnlich mit der Hand,
zeitweilig auch durch die Windenmotore betätigt werden (siehe Abb.
393). Dieser Fall tritt z. B. beim Abstich oder beim Abziehen der Schlacke
ein. Beim Bedienen mit der Hand
wird die Welle der Regelwinde durch
die Handräder gedreht und dadurch
hochgeschraubt. Beim Antrieb durch
die Motoren wird dagegen das Futter
bewegt, wodurch die Welle ebenfalls
nach oben oder unten gedrückt wird
und dadurch die Elektroden hebt
oder senkt. Diese zweifache Antriebs-
art wird mit Hilfe einer Klemmvorrichtung ermöglicht, die beim Motor-
enbetrieb das Futter der Büchse, auf
die das Handrad aufgekeilt ist, festhält.

Wie aus den Abb. 394, 395 und
396 hervorgeht, ist jedes der Kegelräder 2 mit einem der beiden als
Spulenträger ausgebildeten Schleif-
ringkörper 4 der elektromagnetischen
Kupplungen gemeinsam auf je einer
stählernen Büchse g aufgekeilt. Innen
sind die beiden Büchsen an Anfang
und Ende durch je zwei Weißmetall-
agerbüchsen ausgekleidet, in denen
sich die eigentliche Antriebswelle

Abb. 393.
Ansicht der drei Elektrowinden beim Nathusiusofen der Sosnowicer Röhrenwalzwerke.

dreht. In deren beiden Enden ist je eine Kupplungshälfte 6 fest aufgekeilt.
Darüber sind zwei schmiedeeiserne Kupplungsmuffen 5 angeordnet, die sich
bei der wechselseitigen Einwirkung der magnetischen oder Federkraft auf den
eingeschliffenen und durch zwei Keile festgesetzten Schiebesitzen der erwähnten
Kupplungshälften verschieben können. Die links gezeichnete Kupplungshälfte dient lediglich zur Übertragung der Magnetwirkung auf die Antriebswelle,

während die rechts gezeichnete gleichzeitig auch die mechanische Verbindung mit der auf der Windenwelle aufgekeilten Kupplungshälfte 7 herstellt. Das Zu-

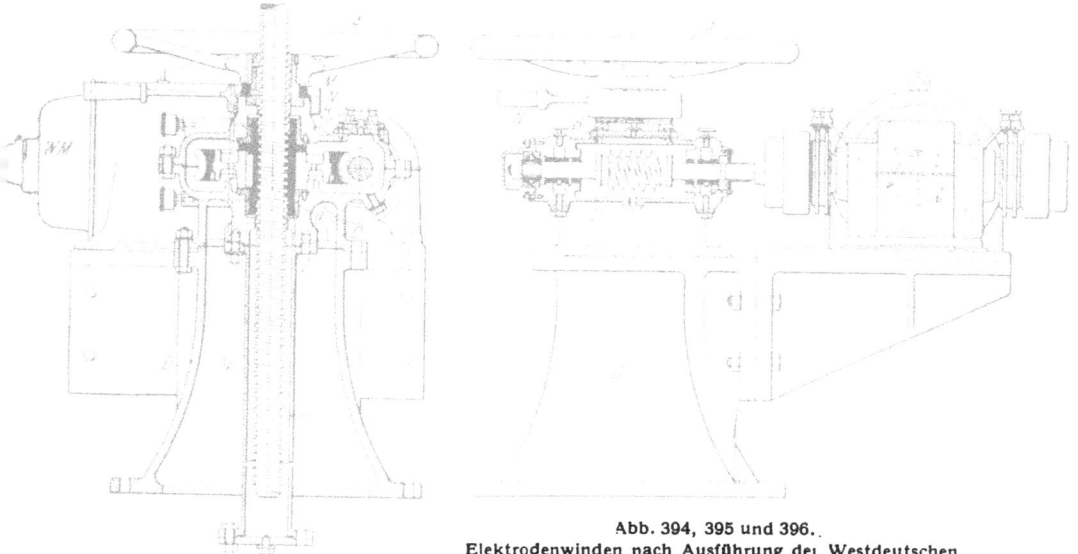

Abb. 394, 395 und 396.
Elektrodenwinden nach Ausführung der Westdeutschen
Thomasphosphatwerke G. m. b. H.

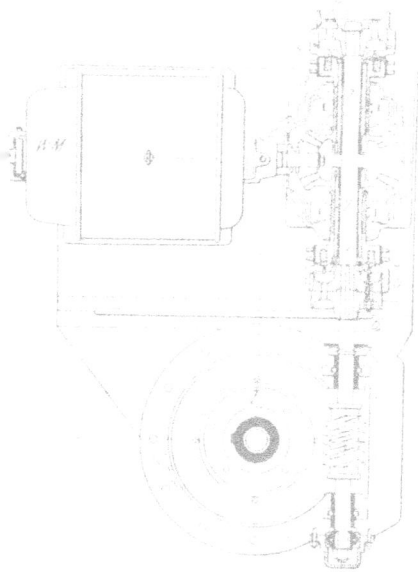

sammenwirken der einzelnen Teile erfolgt nun in der Weise, daß bei unerregten Magneten der Antriebsmotor WM, die drei Kegelräder 2, die stählernen Büchsen 9 und die beiden Magnetkörper 4 mit den eingebauten Spulen und Schleifringen leer umlaufen, während die Antriebswelle 1 und dadurch auch die drei Kupplungshälften 6 und 7 und die beiden Kupplungsmuffen 5 stillstehen. Bei Erregung einer der beiden Magnetspulen wird die zugehörige Kupplungsmuffe angezogen und zusammen mit der unter ihr befindlichen Kupplungshälfte 6 mitgenommen. Die Bewegung überträgt sich dann entweder unmittelbar oder über die Antriebswelle 1 und die zweite Kupplungswelle 6 auf die Windenantriebswelle, welche die Elektrodenverstellung bewirkt. Bei Wiederabschaltung der Erregung zieht die der Magnetwirkung entgegengesetzt gerichtete Federkraft die in Betracht kommende Kupplungsmuffe zurück und es tritt wieder Leerlauf der bereits gekennzeichneten Teile ein. Soll der motorische Betrieb gänzlich abgestellt und zum reinen Handbetrieb übergegangen werden, so wird das durch den Handhebel N festgeklemmte Handrad A gelöst, worauf durch rechts- oder linksseitige Bewegung dieses Handrades das Heben oder Senken der Elektroden herbeigeführt werden kann. Die Einzelteile der anschließend gezeichneten Elektrodenwinde bestehen im wesentlichen aus einer durchgehenden Schraubenspindel Sp, an der oben unter Zwischeneinbau eines Kugellagers die Gegengewichte befestigt sind, einem Handrad A, das auf dieser Schraubenspindel aufgekeilt ist, einer ein- oder mehrgängigen Schnecke mit Schneckenrad, das auf der Führungsbüchse ausgebildeten Schraubenmutter J aufgekeilt ist, dem Schneckengehäuse BC, das mit Öl gefüllt ist, dem Ständer D, an dem außer dem Schneckengehäuse die Konsole für die Aufnahme des Antriebsmotors und der elektromagnetischen Kupplungen befestigt ist, sowie dem Schutzrohr O, in welchem sich die Schraubenspindel frei bewegt. Der Bewegungsvorgang ist so, daß beim Drehen des Handrades die Schraubenspindel, beim Drehen der Schnecke die Schraubenmutter bewegt wird. Um eine Auf- und Abwärtsbewegung der Schraubenspindel zu erzielen, muß entweder die Spindel oder die Mutter gegen Mitdrehung gesichert werden. In bezug auf die Spindel geschieht dies durch Anziehen der mit einem Handgriff versehenen Gewindemuffe N, die den kegelförmigen, geschlitzten Klemmring M zusammendrückt. Dadurch wird die Führungsbüchse und damit auch die Spindel auf das aufgekeilte Handrad festgehalten. Unterbleibt versehentlich diese Vorbereitung, so dreht sich mit der Mutter gleichzeitig auch die Spindel und das Handrad, und es kommt zu einem reinen Leerlauf ohne Abwandern der Spindel. Das Festhalten der Spindelmutter erfolgt bei der Handregelung und dementsprechend Stillstand der Schnecke infolge der Sperrung durch das Schneckenrad ganz von selbst. Die weitere Übertragung der Spindelbewegung auf die Elektroden erfolgt unter Verwendung fester und loser Rollen und eines an Anfang und Ende fest verankerten Drahtseiles oder einer Kette.

Die am häufigsten angewandte Einrichtung zum Heben und Senken von Elektroden besteht aus am Ofenmantel nebeneinander oder auf dem Umfang desselben gleichmäßig verteilt, angebrachten Elektrodenständer, die aus Profileisen und Blechen zusammengesetzt sind. An diesen Ständern befinden sich Arme, an die die Elektroden aufgehängt werden. Die starre Verbindung der Elektrodenständer mit dem Ofen hat, gegenüber der freien Elektrodenaufhängung den Vorteil, daß die Elektroden beim Kippen, also beim Entleeren des Ofens, nicht erst aus dem Herd gehoben werden müssen, wodurch die unerwünschte Abkühlung des Bades vermieden wird. Die meist gitterartigen Ständer sind an dem Ofenkessel angeschraubt. Jeder Ständer trägt eine sich auf- und abwärtsbewegende Quertraverse, an deren freien Enden Elektrodenbacken angebracht sind, in die die Elektroden eingeklemmt werden. Das andere Ende der Quertraversen nimmt ein Gegengewicht auf, um einen Ausgleich des Elektrodengewichtes zu erhalten. Senkrecht in oder neben dem Ständer ist eine kräftige Spindel gelagert, die durch einen Elektromotor angetrieben wird.

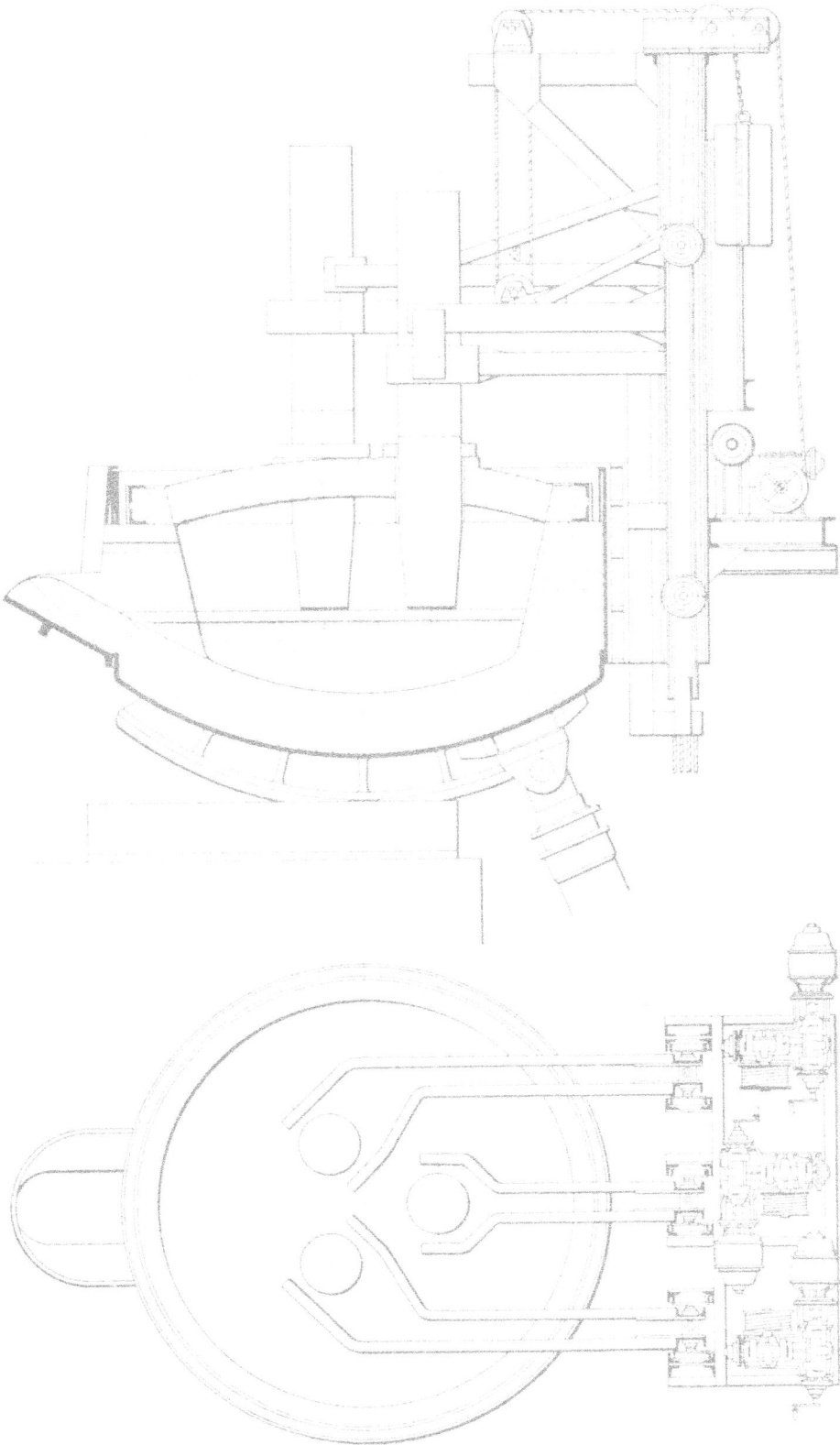

Abb. 397 und 398.
Elektrodenwinden nach Vorschlag der Firma de Fries & Co., A.-G.

In der Spindel läuft ein starkes Futter, am besten aus Bronze, das mit dem Elektrodenarm starr verbunden ist. Sobald der Motor in die eine oder andere Drehrichtung geschaltet wird, läuft die Spindel rechts oder links herum und bewirkt eine Auf- oder Abwärtsbewegung des Elektrodenarmes. Auf einem leichten Gang der Spindel und dem Futter ist besonders zu achten und auf die vom Ofen umgebende hohe Temperatur Rücksicht zu nehmen. Je genauer die Elektrodenführung arbeitet, um ein so gleichmäßigeres Regeln der Lichtbögen, also um ein um so ruhigerer Arbeitsvorgang im Ofen ist zu erreichen.

Eine ähnliche Ausführungsart zeigt die in den Abb. 397 und 398 dargestellte Elektrodenwinde der Firma de Fries & Co., A.-G. Düsseldorf. Diese stimmt mit der eben beschriebenen dadurch überein, daß sie ausschließlich für Elektrostahlöfen mit angebauten Elektrodenständern in Betracht kommt. Dementsprechend ist die Anordnung unter Verwendung von Sonderausführungen (der eingebaute Flanschmotor) so gedrängt wie möglich. Die Abbildungen zeigen einen Drehstromofen mit angebauten Elektrodenwinden in der Anordnung, wie er besonders bei Heroultöfen der Elektrostahl-Gesellschaft m. b H., Remscheid, anzutreffen ist.

Im Laufe der Zeit haben sich eine ganze Anzahl Sonderkonstruktionen herausgebildet, die sich im allgemeinen den oben geschilderten anschließen. Wir können demnach nun zu den Elektroden-Regeleinrichtungen selbst übergehen.

Während die Steuerung der Lichtbogenabstände, also das Auf- und Abwinden der Elektroden bei Öfen bis zu 1 t-Fassungsvermögen von Hand erfolgen kann, wird bei größeren Ofeneinheiten motorischer Antrieb vorgezogen. Dieser kann sowohl hydraulisch als auch elektrisch erfolgen. Die motorische Steuerung hat den Vorzug, einer größeren Veränderung der Elektrodengeschwindigkeit, so daß sie zuverlässiger und schneller arbeitet. Die vielen Mängel, die einer Regelung der Elektroden durch Handrad anhaften, sind einleuchtend. So müßte z. B. für die genaue Durchführung einer exakten Regelung von Hand an jeder Elektrode ein Mann stehen, das wären bei einem Drehstromofen schon drei Leute. Rechnet man für die übrige Bedienung des Ofens zwei Mann, so ergäben diese zusammen fünf. Wie unwirtschaftlich ein solcher Betrieb sein würde, erübrigt sich, erst zahlenmäßig zu belegen. Hierzu kommt noch die Unzuverlässigkeit der Leute, zumal in den Nachtstunden. Daß die Wachsamkeit durch die einseitige Tätigkeit (ständig die Stromzeiger beobachten und bei Stromschwankungen die Elektroden wieder betätigen) nachlassen muß, ist klar. Durch die verminderte Aufmerksamkeit wird wiederum der Ofenbetrieb ungünstig beeinflußt; derselbe ist dann weniger gleichmäßig und demzufolge auch unwirtschaftlicher. Schon diese Gründe sprechen dafür, daß man auf die selbsttätige Elektrodenregelung auch nur für eine kurze Schmelzzeit nicht verzichten sollte. Die Anschaffungskosten einer solchen Einrichtung haben auf die Größe des Objektes einer Elektrostahlofenanlage keinen erheblichen Einfluß. Auch stehen die Anschaffungskosten in keinem Verhältnis zu den Vorteilen, die mit einer selbsttätigen Regelung verbunden sind, gegenüber der Handregelung.

Es ist wesentlich, einen Elektrostahlofen wirtschaftlich auszunutzen Man erreicht dies wiederum am besten durch Anwendung von selbsttätiger Regulatoren, und zwar in der Weise, indem man dem Ofen soviel Energie zuführt, als sich dieses mit dem Gang des Ofens vereinbaren läßt. Durch die dauernde höchste — also eben zulässige — Belastung wird zweifellos der beste Wirkungsgrad für die Ofenanlage erreicht. Ist die Ofenzustellung metallurgisch richtig, die Bedienung sachgemäß und der Ofengang alsdann ein gleichmäßiger und störungsfreier, so wird die dem Ofen zugeführte Wärme in hinreichendem Maße ausgenützt. Volle Ausnutzung eines Ofentransformators, z. B. bezogen auf die ganze Zeit einer Schmelze, ergibt die beste Wirtschaftlichkeit[1]). Infolgedessen wird auch die Schmelzdauer eine kurze und die Produktion eine große. Somit ist für die Betriebsleitung ein einwandfreies, selbsttätiges Arbeiten des Ofens wesentlich. Die Einstellung der Durchschnittsleistung soll durch Ablesen des Wattmeters erfolgen. Nach Beendigung einer jeden Schmelze empfiehlt es sich, die Rechnung zu machen und Zählerstand vorher und nachher ablesen; alsdann erhält man die Durchschnittsleistung, die erreicht werden muß, aus:

$$\frac{\text{Stromverbrauch je Schmelze}}{\text{Schmelzdauer}} = > \text{Transformatorenleistung.}$$

Wird die Transformatorenleistung nicht erreicht, so ist die Ofenanlage bei der betreffenden Schmelze nicht ausgenutzt worden und der Wirkungsgrad ein ungünstiger. Den Wirkungsgrad kann man sich zahlenmäßig nach folgender Formel errechnen:

$$\eta = \frac{\text{Ausbringen in kg : Schmelzdauer}}{\text{kWh-Verbrauch je t Stahl}} .$$

Es ist nun Sache der Betriebsleitung, daß die höchste Ofenleistung bzw. der günstigste Wirkungsgrad erreicht wird. Da zu Ende, häufig auch zu Anfang eines Schmelzprozesses große Wärmeintensitäten verlangt werden, so dürfte es in den meisten Fällen nicht schaden, wenn der Ofentransformator kurze Zeit sogar überlastet wird. Man erhöht dadurch die Ausnutzung der Anlage um so mehr. Ein Ofentransformator ist im allgemeinen so reichlich bemessen, daß er kurzzeitige Überlastungen vertragen kann. Dazu kommt, daß nach Beendigung einer Schmelze eine Unterbrechung für die neue Beschickung von etwa ½ bis 1 Stunde eintritt. In der Zeit ist demnach der Transformator ausgeschaltet und kann sich, da er meistens noch mit Wasserkühlung versehen ist, genügend abkühlen.

Alle diese Tatsachen sprechen für motorischen Elektrodenantrieb, und zwar vorzugsweise für elektrische Steuerung. Nicht nur durch die richtige Betriebsführung wird der Vorteil einer guten Wirtschaftlichkeit eines solchen Ofens erreicht, es wird auch die Schmelzzeit abgekürzt, wodurch die Herstellung einer größeren Ofenausnutzung in der gleichen Zeit bei den gleichen Löhnen ohne

---

[1]) Allerdings kann man mit Rücksicht auf dem jeweiligen metallurgischen Vorgang während der ganzen Stahlbereitung nicht mit voller Energie arbeiten, worauf in der Einleitung des Näheren schon hingewiesen wurde.

weiteres gegeben ist. Es wurde festgestellt, daß in gewissen Fällen die Löhne um etwa 30% niedriger sind, wobei die Mehrerzeugung nicht einmal berücksichtigt ist.

Die Anforderungen, welche von einer guten Elektrodenregelung erfüllt werden müssen, faßt Kunze[1]) in folgende drei Sätze zusammen:

„1. Das Heben und Senken der Elektroden bei Beginn der Beschickung, beim Abschlacken und beim Abstich muß schnell und genau erfolgen. Die Einrichtung und Anordnung der Steuerteile muß so getroffen sein, daß ein Arbeiter bequem alle Lichtbogenelektroden eines Ofens während der genannten Arbeitsvorgänge bedienen kann.

2. Während des regelmäßigen Beschickungsganges muß die Regeleinrichtung vollkommen selbsttätig arbeiten und ihre Wirkung durch die Bedienungsleute an zweckmäßig angebrachten Meßgeräten jederzeit leicht beobachtet werden können. Dabei soll die jeweils eingestellte, als Wärmequelle dienende, elektrische Energiezufuhr möglichst gleichbleiben. Anderseits muß es aber auch bequem möglich sein, die Einstellung nach Belieben in weiten Grenzen zu verändern, ohne daß die Genauigkeit der Regelung bei den verschiedenen einstellbaren Werten eine merkliche Änderung erfährt.

3. Der Übergang von der selbsttätigen zur nur motorischen und zur reinen Handsteuerung der Elektrodenwinden muß durch Vornahme einfacher Schaltungen bzw. Handgriffe in kürzester Zeit möglich sein. Es darf keinesfalls vorkommen, daß durch Ausfall der selbsttätigen oder auch der motorischen Regeleinrichtung wesentliche Störungen des Ofenbetriebes eintreten.“

Aus verschiedenen Gründen ist es notwendig, daß jede Elektrode eine eigene Winde mit Antriebsmotor erhält. Demnach kommt auch für jede Elektrode eine besondere selbsttätige Regelvorrichtung in Betracht. Versagt eine Elektrode, so arbeiten wenigstens die anderen noch automatisch, und bis die Störung der einen behoben ist, kann man sie so lange von Hand bedienen. Hieraus folgt, daß es wesentlich ist, vor der Elektrodenwinde eine Kupplung zwischenzuschalten, die bewirkt, daß die Elektrode selbsttätig als auch von Hand gehoben und gesenkt werden kann. Schon der ungleiche Abbrand der Elektrode bedingt, daß die Regelung einzeln erfolgen muß. Auch besteht zu Anfang einer Schmelze eine unregelmäßige Badoberfläche, wodurch die Elektroden verschieden tief in das Herdinnere eingesenkt werden. Schließlich sind die Ströme und Spannungen, die durch die Elektroden hindurchgehen, verschieden groß, so daß die Lichtbogenabstände auch voneinander abweichen.

Während die Elektrodenwinden in nächster Nähe der Elektrodenständer angebracht werden, sieht man die Antriebsmotoren in staubdichter Ausführung vorteilhaft unten an dem Ofen vor, damit dieselben vor hohen Temperaturen geschützt sind. Die selbsttätige Elektroden-Regeleinrichtung ordnet man übersichtlich nebeneinander auf einem Schaltgerüst an, welches einige Meter von dem Ofen Aufstellung findet. Die Apparate bringt man in übersichtlicher Höhe unter

---

[1]) Stahl und Eisen Nr. 7, 1918.

Glas oder mit sonstigen Schutzkästen versehen so an, daß man Störungen an denselben sofort feststellen und beseitigen kann. Für jede Elektrodenregeleinrichtung wählt man auf dem Schaltgerüst eine besondere Schalttafel, auf welcher die Apparate und Meßinstrumente angebracht sind. Die Instrumente versieht man vorteilhaft mit Dämpfung.

Für die Beurteilung des richtigen Ofenganges ist einerseits die Leistungsaufnahme maßgebend, andererseits die Stromstärke und schließlich die Spannung. Während für eine Ofenanlage ein kW-Messer genügt, muß für jede Elektrode ein Amperemeter und je ein Voltmeter vorgesehen werden. Befindet sich beispielsweise ein Drehstromofen in Betrieb, so werden die drei Elektroden auf eine bestimmte Stromstärke eingestellt und durch die selbsttätige Regeleinrichtung konstant gehalten. Mittels der letzteren muß es jedoch leicht möglich sein, die Stromstärke zu verändern, um den Ofen mehr oder weniger belasten zu können.

Die Spannungsmesser sind aber ebenso wichtig wie die Stromanzeiger, und zwar deshalb, weil man mit verschiedenen Lichtbogenspannungen arbeitet. Bei einem Ofen mit senkrecht durch den Deckel geführten Elektroden werden zu Beginn einer Schmelze mit festem Einsatz große Stromschwankungen herbeigeführt. Wählt man nun eine hohe Ofenspannung, z. B. 140 Volt, so wird ein sehr unruhiger Ofenbetrieb hervorgerufen, der zu außergewöhnlich hohen Stromstößen führen kann. Bei einer niedrig eingestellten Ofenspannung von, sagen wir mal, nur 90 Volt, ist dagegen ein ruhiges Arbeiten des Ofens gewährbar. Im anderen Falle strebt man bei Strahlungsöfen, also bei Öfen, deren Elektroden über dem Bad stehen und mit dem Schmelzgut nicht in Berührung kommen, an, daß zu Schmelzanfang mit hoher Lichtbogenspannung gearbeitet wird. Man will hierbei die Wärme der vorangegangenen Schmelze ausnützen und ferner die Ofenzustellung schonen, die unter der Abkühlung durch die neue Ofenbeschickung zu leiden hat. Die Beobachtung der Ofenspannung ist schließlich deshalb wichtig, weil es vorkommen kann, daß die eine oder andere Kohlenelektrode sonst unbemerkt in das flüssige Bad eintaucht, wodurch bei längerem Verweilen· derselben das Schmelzgut vollständig aufgekohlt werden kann. Diese Erscheinung ist in der Praxis bekannt und geschieht bei unachtsamer Bedienung. Es werden dann die elektrischen Widerstände der noch über dem Bad stehenden Elektroden den Widerstand der eingesenkten Elektroden mit aufnehmen und unbemerkt den Durchschnittsstrom herstellen. Die Abb. 399 zeigt diesen Vorgang an einem einphasigen Ofen. Sobald die Elektrode *1* in das Bad eintaucht und sich der Lichtbogen der Elektrode *2* auf den gleichen elektrischen Widerstand einstellt, wie die beiden Lichtbögen normalerweise bieten, so ist der auftretende Strom dem Durchschnittsstrom gleich. Jedoch sollte bei jeder Regeleinrichtung auf diesen Fall Rücksicht genommen werden, indem die Regulierung nicht nur von dem Strom, sondern auch von der Spannung beeinflußt wird. Es ist demnach notwendig, daß zwischen jeder Elektrode neben einer Stromspule auch eine Spannungsspule eingebaut wird, die bewirkt, daß beim Verschwinden der Spannung in einer der Lichtbogenstromzuleitungen (also bei Berührung einer Elektrode mit dem Bad) ein Weitersinken verhindert. Man wählt beispielsweise einen Hilfsschalter, der zwischen den Spannungsspulen liegt und der beim Ausbleiben oder Sinken der Spannung stromlos wird. Es fällt dann sein Anker ab und unterbricht die fragliche Lichtbogenleitung. Bei einem dreiphasigen Ofen dagegen haben, wenn z. B. die Elektrode *2* nach Abb. 400 in das Bad eintaucht, alle drei Elektroden das Bestreben immer wieder ihre normalen Lichtbögen zu bilden. Bei Kurzschlüssen wird dann die Elektrode *2*, dagegen bei Unterbrechung der Lichtbögen Elektrode *1* und *3* beeinflußt. Um aber ein Einsenken der einen oder anderen Elektrode überhaupt zu verhindern, empfiehlt sich auch da der Einbau von Spannungsspulen.

Auch bei einer normalen Unterbrechung des Ofenbetriebes kann es vorkommen, daß sich die eine oder andere Elektrode in das Bad einsenkt und

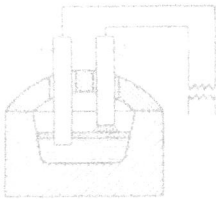 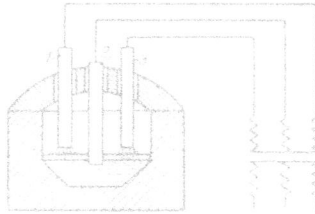

Abb. 399.   Abb. 400.

sich aufkohlt. Dieser Mißstand muß ebenfalls vermieden werden. Die Regelung muß demnach so arbeiten, daß bei Auslösung des Ofenschalters die Elektroden sofort stehen bleiben. Noch richtiger wäre es, wenn die Elektroden beim Abstellen des Ofens selbsttätig etwas angehoben würden. Denn diese Maßnahme muß in vielen Fällen, z. B. beim Abschlacken, Aufgeben von Zuschlägen o. dgl., an sich schon erfolgen. Ein solcher Hilfsschalter, der bei Ofenunterbrechung kurzzeitig in Tätigkeit tritt, läßt sich ohne weiteres anbringen.

Außer der Schaltung ist auch die Bauart der Öfen, die Stromart für die Windenmotore und schließlich die Art der Betriebsanforderungen von Einfluß auf die Wahl der zweckmäßigsten selbsttätigen Regeleinrichtung. Es ist zu unterscheiden zwischen Öfen mit ausgeglichenen und unausgeglichenen Elektrodengewichten, zwischen Öfen mit an der Ofenwanne angebauten und getrennten Elektrodenwinden, zwischen Öfen, die flüssigen und festen Einsatz verarbeiten. Die Größe der Fassungsvermögen hat insofern Einfluß, als große Öfen ruhiger gehen und mit unausgeglichenen Elektrodengewichten und Gegengewichten versehen werden. Letztere sind für das mittlere Elektrodengewicht bemessen, so daß beim Elektrodenverbrauch eine Verminderung des Elektrodengewichtes einsetzt, während das Gegengewicht zunimmt.

Da sich Elektrizitätsfirmen heute nicht nur mit dem Bau einer selbsttätigen Elektrodenregelung, sondern mit mehreren Konstruktionen beschäftigen, so nimmt z. B. Kunze eine Unterteilung der von ihm vertretenen Bergmann-Fuß-regler vor und teilt diese in mittelbar und unmittelbar wirkende Reguliervorrichtungen ein. Kunze[1]) sagt hierzu folgendes: „Die unmittelbar wirkenden steuern die Windenantriebsmotoren, die mittelbar wirkenden elektromagnetische Kupplungen, die ihrerseits die Antriebsmotoren zur Arbeitsleistung zwingen. Bei allen Regelungsarten ist die Wahl der Elektrodengeschwindigkeit für die richtige Arbeitsweise von maßgebender Bedeutung. Zu niedrige Geschwindigkeit hat große Dauer der Abweichungen und häufige unfreiwillige Leistungsabschaltungen, zu hohe Geschwindigkeit, häufiges Überregeln und Pendelerscheinungen zur Folge. Überregeln wird durch frühe Kontaktgebung, d. h. verhältnismäßig lange Kontaktdauer und große wirksame Tätigkeit der bewegten Massen begünstigt. Eine nur sehr kleine Energieschwankungen zulassende Regeleinrichtung, bei der im Augenblick der Kontaktunterbrechung die lebendige Kraft der bewegten Massen nicht sofort wirkungslos gemacht wird, neigt bei sonst gleichen Verhältnissen leichter zum Pendelbetrieb als eine Regelvorrichtung mit größerer Einstellung, bei der die Nachwirkungen der trägen Masse weniger störend sind.

Bei der unmittelbaren Steuerung steht der Windenantriebsmotor für gewöhnlich still und läuft bei jeder Kontaktgebung des Relaisapparates aus dem Stillstand an. Er braucht infolgedessen eine gewisse Zeit, um auf volle Umdrehungszahl zu kommen, und die Hub- bzw. Senkbewegung der Elektroden setzt dementsprechend langsam ein. Der Motoranker, der mit dem Windengetriebe unmittelbar gekuppelt ist, läuft infolge der während der Beschleunigung aufgespeicherten lebendigen Kraft auch bei abgeschalteter Leistungszufuhr noch eine Zeitlang weiter, wenn keine besonderen Bremsvorrichtungen vorgesehen sind. Bei Gleichstromantriebsmotoren ist die Anbringung einer solchen Vorrichtung sehr einfach, indem bei fremderregtem Feld im Augenblick der Kontaktunterbrechung der Ankerstromkreis kurzgeschlossen wird, was ja bekanntlich einen nahezu sofortigen Stillstand zur Folge hat. Bei Drehstromantriebsmotoren läßt sich eine annähernd gleiche Wirkung nur dadurch erzielen, daß auf die Ankerwelle eine Magnetbremse aufgebaut wird, die im Augenblick der Motorabschaltung die in den Schwungmassen enthaltene lebendige Kraft durch Bremsarbeit vernichtet.

Bei der mittelbaren Steuerung wird der ständig und immer in derselben Drehrichtung umlaufende Windenmotor durch Vermittlung des Relaisapparates beim Bergmann-Fußregler mit der einen oder anderen elektromagnetischen Kupplung zeitweilig fest verbunden und bewirkt dadurch das Heben oder Senken der Elektroden. Wird die Kontaktgebung der durch den selbsttätigen Steuerapparat jeweils eingeschalteten elektromagnetischen Kupplung aufgehoben, so wird das Windengetriebe ausgekuppelt und bleibt wegen des ihr innewohnenden hohen Reibungswiderstandes fast augenblicklich stehen, während der Antriebsmotor mit den ausgerückten beiden elektromagnetischen Kupplungen leer weiterläuft.

In bezug auf die Wirkungsweise besteht der grundsätzliche Unterschied der beiden Regelverfahren darin, daß bei der mittelbaren Steuerung die Regel-

[1]) Stahl und Eisen 1918, N. 7.

bewegung im Augenblick der Einleitung am größten ist und je nach dem vorgesehenen Schlupf allmählich abnimmt, während sich bei der unmittelbaren Steuerung der Vorgang umgekehrt abspielt.

Werden bei unmittelbar wirkenden Regeleinrichtungen Gleichstromantriebsmotoren verwendet, so läßt sich eine beliebige Drehzahleinstellung beim Heben und Senken in nahezu vorbildlicher Weise dadurch ermöglichen, daß parallel zum Motoranker, gemäß nebenstehender Abb. 401 ein Widerstand geschaltet wird. Dieser Parallelwiderstand, einschließlich des zugehörigen Vorschaltwiderstandes, arbeitet gewissermaßen als Spannungsteiler und sorgt dafür, daß die Motorumlaufszahl von der Belastung nur noch wenig abhängt. Da sich das Elektrodengewicht infolge des natürlichen Abbrandes ständig ändert, so ist dieser Vorteil nicht unbedeutend. Die in dem Schaltbild eingetragenen Strom-, Spannungs- und Widerstandsverhältnisse beziehen sich auf die Verwendung eines fremderregten Gleichstrommotors, der bei 5,5 Amp. Ankerstrom und 220 Volt Ankerspannung 850 Umdrehungen macht. Um einen solchen Motor beim selbsttätigen Regeln mit höchstens 640 Umdr./min laufen zu lassen, ist die zugeführte Ankerspannung auf

$$\frac{220 \cdot 640}{850} = \text{rund } 165 \text{ Volt}$$

zu verringern. Wenn davon ausgegangen wird, daß bei 5,5 Amp. Stromaufnahme des Motorankers der Parallelwiederstand ebenfalls 5,5 Amp. aufnehmen soll, so genügen 5 Ohm im Vorschalt- und 30 Ohm im Parallelwiderstand. Steigt infolge Laständerung der Ankerstrom des Motors auf 8 Amp., so sinkt die Ankerspannung auf

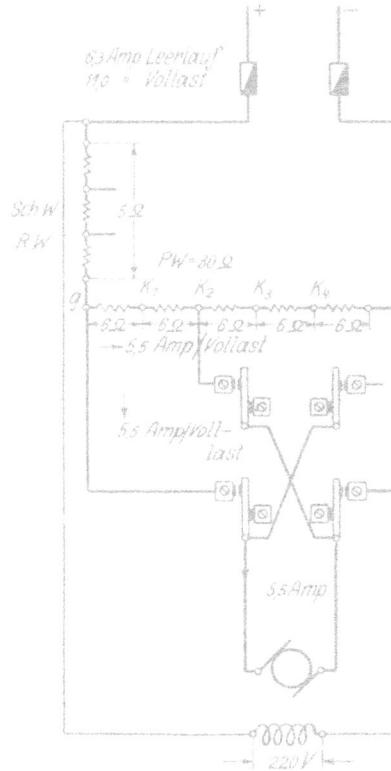

Abb. 401.
Widerstandsschaltung für verschiedene Hub- und Senkgeschwindigkeiten beim selbsttätigen Steuern.

154,5 Volt, die Drehzahl auf rd. 600. Fällt der Ankerstrom auf 3 Amp., so sind die entsprechenden Zahlen: 175,8 Volt und 680 Umdrehungen. Die am Parallelwiderstand vorgesehenen Klemmen K 1, 2, 3 und 4 dienen zum wahlweisen Anschluß der Senkkontakte. Bei 4 Amp. Motorstrom sind die an den Einzelklemmen erzielbaren Umdrehungszahlen 665, 475, 283, 170 und 69 in der Minute. Die weiten Einstellgrenzen zeigen, daß auch bei noch geringerer Motorbelastung eine sehr langsame Geschwindigkeit für das Senken eingestellt werden kann. Bei entsprechenden Anschlüssen ist es natür-

26

lich ohne weiteres möglich, eine Hubgeschwindigkeit der Elektroden zu erzielen welche die Senkgeschwindigkeit um ein Mehrfaches übertrifft. Dann ist aber auch die Möglichkeit gegeben, Kurzschlüsse in kürzester Zeit aufzuheben und trotzdem ein Pendeln, das naturgemäß vorzugsweise beim Senken auftritt, zu vermeiden. Dieser Vorteil ist so groß, daß dafür der dauernde Energieaufwand, der in dem behandelten Fall bei stillstehendem Motor

$$\frac{220}{5+30} \cdot 220 = 1{,}382 \text{ kW},$$

bei mit 5,5 Amp. belastetem Motor 11 Amp. · 220 Volt = 3,3 kW beträgt, ohne weiteres in Kauf genommen werden kann. Bei einem 3 t-Elektrodenofen beträgt die hierfür verbrauchte Energie etwa 3 (1,382 · 0,75 + 3,3 · 0,25) = rd. 5,58 kWh für die Betriebsstunde, während ein 5 bis 6 t-Ofen in der gleicher Zeit selbst etwa 850 kW umsetzt."

Die richtige Wahl der Elektrodengeschwindigkeit ist für den ruhigen und betriebssicheren Gang eines Elektrostahlofens von besonders großer Wichtigkeit. Die Aufwärtsbewegung der Elektroden sollte, zur Vermeidung von großen Stromstößen oder zur Verhinderung sich bildender Kurzschlüsse rascher erfolgen als die Abwärtsbewegung. Besonders große Geschwindigkeiten sind in den Fällen erwünscht, wenn während des Betriebes neue Elektroden eingesetzt werden müssen, oder beim Abschlacken, da dann der Strom abgeschaltet werden muß und eine Abkühlung des Bades in hohem Maße einsetzt. Dasselbe ist beim Abstich der Fall und zumal bei Öfen, deren Elektroden besonders aufgehängt sind.

Die normale Regelgeschwindigkeit für einen im Betrieb befindlichen Ofen beträgt, so lange der Einsatz noch fest ist, etwa 5 mm/sec. Ist das Material soweit eingeschmolzen, daß eine glatte Badoberfläche besteht, so wählt man eine Elektrodengeschwindigkeit von etwa 5 bis 8 mm/sec. Empfehlenswert ist wegen der Veränderung der Tourenzahl die Anwendung von Gleichstrom für die Elektrodenwindenmotore, um jede gewünschte Geschwindigkeit zu erhalten. Ferner ist beachtungswert, daß die Umschaltung bzw. Regelung der Geschwindigkeit in einfachster Weise erfolgt, um so mehr, als auf das ungeschulte Ofenbedienungspersonal besonders Rücksicht zu nehmen ist.

Nachdem wir einen allgemeinen Überblick über die Elektrodenregeleinrichtungen bekommen haben, wollen wir uns nunmehr den Sonderausführungen zuwenden, die zum größten Teil in der Praxis Eingang gefunden haben und von den verschiedenen Firmen ausgeführt werden.

a. Die Elektroden-Regeleinrichtung der Allgemeinen Elektrizitäts-Gesellschaft.

Die Regelung der Allgemeinen Elektrizitäts-Gesellschaft ist vom Verfasser in verschiedenen Zeitschriften eingehend behandelt worden[1]). Diese Einrichtung besteht für jede Elektrode aus folgenden Apparaten (vgl. Abb. 402):

---

[1]) Ruß: Selbsttätige Elektroden-Regelvorrichtung für Lichtbogen-Elektroöfen, Stahl und Eisen, 25. Dezember 1919, S. 1629 bis 1632. — Ruß: Die Be-

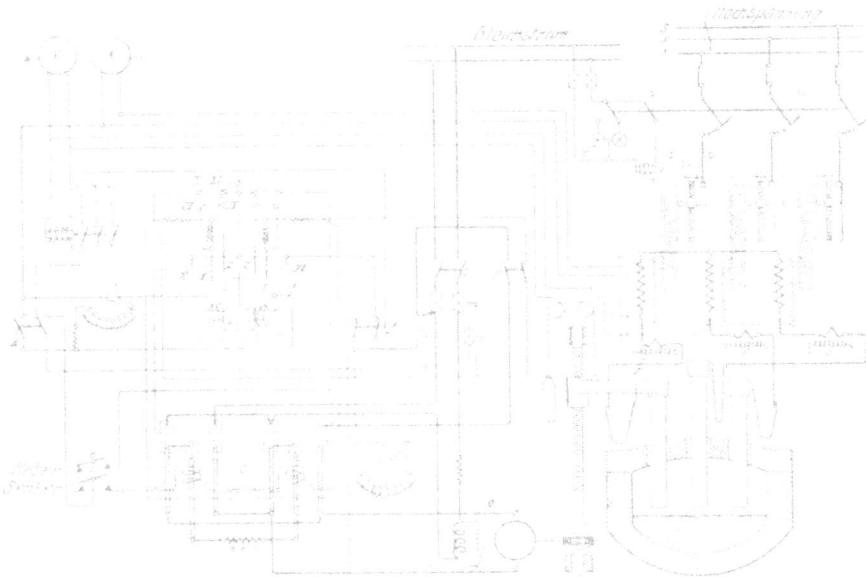

Abb. 402.
Schaltungsbild über die Elektrodenregelung der Allgemeinen Elektrizitäts-Gesellschaft.

a) Stromrelais,
b) Zwischenrelais,
c) Umschalter für den Hubmotor o,
d) Umschalter für selbsttätigen oder Druckknopfbetrieb,
e) Doppeldruckknopf für Handbetrieb,
f) Umschalter für Schnellverstellung,
g) Widerstand für Umlaufregelung,
h) Regelungswiderstand für a,
i) Amperemeter,
k) Voltmeter,
l) Hauptschalter,
m) Hauptsicherungen für den Motor,
n) Steuerstromsicherungen,
o) Motor,
p) Endschalter für „Heben",
q) Stromwandler,
r) Transformator,
s) Hilfsschalter für Abschaltung des selbsttätigen Betriebes bei ausbleibendem Ofenstrom,

deutung selbsttätiger Elektroden-Reguliervorrichtungen für Lichtbogen-Elektrostahl-öfen unter Berücksichtigung einer neuen Konstruktion der AEG, Helios, Fach- und Export-Zeitschrift für Elektrotechnik, Nr. 17, 1919.

u) Ölschalter,

v) Regelungsschalter,

w) Sperrmagnet an v,

x) Signallampen für w,

y) Hilfskontakte an u.

Die Motoren und Endschalter sind am Ofen, die Stromwandler in den Zuleitungen des Ofens eingebaut.

Arbeitsweise bei selbsttätigem Betrieb. Die Konstanthaltung der jeweils eingestellten Ofenstromstärke erfolgt hierbei selbsttätig durch das Stromrelais a, welches in dem Sekundärstromkreis des Stromwandlers q des Elektrodenstromes liegt. Bei Normalstrom findet sich der Relaisanker in Mittestellung und die Regelvorrichtung in Ruhelage. Bei fallender oder steigender Stromstärke verändert infolge geringerer oder stärkerer Erregung der Relaisanker seine Lage und betätigt nach rechts oder links eine Kontaktvorrichtung wodurch das entsprechende Zwischenrelais b und damit der Umschalter c des Hubmotors für Senken und Heben eingeschaltet wird. Hiermit bekommt der Haupt- oder auch Elektroden-Windenmotor o genannt, Strom und senkt oder hebt die Elektrode. Ist der eingestellte Ofenstrom wieder annähernd erreicht, dann ist auch der Relaisanker in seine Mittelstellung zurückgegangen. Ferner ist der Kontaktschluß der Zwischenrelais b aufgehoben und damit der Motorumschalter c zum Abfallen gebracht. Hierbei wird über dem Ruhekontakt des Umschalters der Motoranker über einen Bremswiderstand kurzgeschlossen und der Motor o elektrisch gebremst; das Motorfeld bleibt zur Erreichung einer kräftigen Bremswirkung demnach ständig erregt. Beim Abschalten des Hubmotors o wird dieser fast augenblicklich zum Stillstand gebracht, ein Nachlaufen also vermieden und damit eine Überregelung und ein Pendeln der Regelvorrichtung verhindert. Die Einstellung der Größe des Schmelzstromes erfolgt vermittels des Stromreglers h, welcher der Relaiswicklung parallel geschaltet ist und je nach Stellung der Regelkurbel einen Teil des Erregerstromes aufnimmt. Nur bei einer bestimmten Erregung ist die Mittelstellung des Relais gegeben. Soll daher auf einen anderen Ofenstrom eingestellt werden, so muß, da sich der Sekundärstrom im Wandler im gleichen Verhältnis wie der Ofenstrom ändert, ein entsprechender Teilstrom an der Relaiswicklung vorbeigeleitet werden. Dies erfolgt durch den parallelgeschalteten Widerstand. Soll also beispielsweise der Schmelzstrom erhöht werden, so ist es nur notwendig, einen Teil des Stromreglers h durch Drehen des Handrades kurzzuschließen. Hiermit nimmt dieser Widerstand einen größeren Teil des Sekundärstromes vom Stromwandler auf. Soll eine Verringerung des Schmelzstromes erfolgen, so wird im Gegensatz zu vorher Widerstand zugeschaltet und damit die Erregung im Stromrelais vergrößert. Bei niedrigstem Ofenstrom ist der Stromregler ganz abgeschaltet und der ganze Sekundärstrom des Wandlers fließt durch das Relais.

Arbeitsweise bei Hand- bzw. Druckknopfbetrieb. Beim Arbeiten mit kaltem Einsatz, beim Herausziehen oder Auswechseln der Elektroden oder aus sonstigen Gründen wird die selbsttätige Vorrichtung durch Abschaltung des Stromrelais stillgesetzt. Man bedient sich alsdann der Umschaltung *f*, wodurch der Hubmotor *o* durch die Doppeldruckknöpfe *e* gesteuert wird, nachdem noch durch Umschalten von dem Stromrelais *a* auf die Druckknöpfe übergeschaltet ist. Durch Druck auf Knopf „Heben" oder „Senken" wird jetzt der Hubmotorumschalter *c* unmittelbar betätigt. Der Motor kann nunmehr ebenfalls rechts oder links laufend gesteuert und beim Abschalten elektrisch gebremst werden, genau wie beim selbsttätigen Betrieb. Die Umschalter sind mit Isolierknöpfen versehen, damit sie von Hand ein- und ausgeschaltet werden können.

In beiden Fällen, also bei selbsttätigem oder Druckknopfbetrieb, wirken die Endschalter *p*, welche ein Zuhochfahren der Elektroden verhindern. Die Motordrehzahl kann durch Verstellung des Drehzahlreglers *g* verändert werden. Ferner ist ein Sicherheitshilfsschalter *s* für Abschaltung des selbsttätigen Betriebes bei ausbleibendem Ofenstrom vorgesehen, dessen Spule in der Ofenspannung liegt. Dieser Hilfsschalter *s* hat den Zweck, damit beim Ausschalten oder Auslösen des Hauptölschalters *u*, d. h. also beim Stromloswerden der Zuleitung, die Regelvorrichtung nicht in Tätigkeit bleibt oder erst in Tätigkeit gesetzt wird. Es könnten sonst die Kohlenelektroden soweit nach unten rücken, daß sie in das flüssige Bad eintauchen und die ganze Beschickung aufkohlen, unter Umständen auch sogar auf den Herdboden aufstoßen und infolgedessen leicht abbrechen. Der Hilfsschalter arbeitet in der Weise, daß beim Ausbleiben des Ofenstromes sein Anker abfällt und die Zuleitungen unterbricht, die zu den drei Stromrelais *a* führen. Eine Betätigung der Zwischenrelais *b* und der Motorumschalter *c* kann alsdann nicht mehr stattfinden. Damit verschiedene Lichtbogenspannungen angewendet werden können, ist der Transformator *r* auf der Hochspannungsseite mit einer Anzahl Anzapfungen versehen. Diese sind an drei Kontaktreihen eines Ölschalters *v* geführt. An dem Schalter ist ein Sperrmagnet *w* angebaut, der die Bedienung des Schalters *v* nur zuläßt, solange der Hauptölschalter *u* ausgeschaltet ist.

Bevor auf die Bauart der Apparate eingegangen wird, soll der Regelvorgang noch im einzelnen erläutert werden. Von dem Stromwandler *q* führen zwei Leitungen zu dem Stromrelais *a*. In der einen Leitung ist ein Strommesser *i* eingeschaltet, während in der anderen der Umschalter *f* liegt. Parallel zu diesem ist der Stromregler *h* geschaltet. Nimmt dieser Regler *h* keinen Strom auf, so besteht ein Stromausgleich, und das Stromrelais *a* befindet sich in Ruhe. Sobald aber durch die Sekundärschiene ein hiervon abweichender Strom fließt, so wird ein Erregerstrom durch die Relaiswicklung geleitet, der bewirkt, daß der Anker von *a* nach der einen oder anderen Drehrichtung bewegt wird. An dem Anker befindet sich ein Hebel, der in der Lage ist, mit dem Doppelkontakt I weitere Kontakte II, III, IV, V, VI und VII zu betätigen. Um eine stark stoßweise ansprechende Regelung zu vermeiden und eine möglichst genaue Einhaltung des eingestellten Stromwertes unabhängig von der Empfindlichkeit zu erreichen, ist eine elektrische Festhaltevorrichtung vorgesehen.

In Ruhelage befindet sich der zwischen den Kontaktfedern II und V schwingende Relaisankerhebel I in Mittellage, so daß die Federn II und V infolge ihrer Federspannung gegen die Kontaktstäbe III und IV liegen; irgendein Schaltvorgang findet dabei nicht statt. Bewegt sich nun beispielsweise infolge Verringerung des Ofenstromes der Hebel I nach links, so wird die Feder II mitgenommen und die Verbindungen II und III geöffnet. Bei einem genügenden Anschlag wird II bis IV geschlossen und damit das linke Zwischenrelais b mit dem linken Umschalter c eingeschaltet und der weiter zu beschreibende Regelvorgang eingeleitet. Gleichzeitig fließt an dem Zwischenrelais über die Finger VIII bis IX ein Parallelstrom, durch welchen sich dieses Relais selbst festhält. Wandert nun mit eigenem Ofenstrom Hebel I wieder in die Mittelstellung zurück, so öffnet sich die Kontaktstelle II bis IV, aber das Zwischenrelais bleibt eingeschaltet, bis eine Kontaktgabe bei Feder II mit III erfolgt. Durch diesen Kontakt wird die Zwischenrelaisspule über einen Vorschaltwiderstand kurzgeschlossen und das Relais abgeschaltet. Der Kurzschlußstrom wird beim Abschalten des Relais an dessen Kontakten X und XI unterbrochen, wodurch die Kontaktvorrichtung am Stromrelais nur Leistungen einschaltet, dagegen nicht unterbricht. Es tritt also bei völlig funkenfreiem Arbeiten keine Kontaktabnutzung ein. In gleicher Weise arbeitet die Kontaktvorrichtung nach der anderen Seite, d. h. die Einschaltung erfolgt bei V und VII, die Ausschaltung bei V und VI. Durch diese Kontaktanordnung und Hilfsschaltung ist einmal ein sicherer Kontaktschluß gegeben, des weiteren kann die günstige Einhaltung des eingestellten Stromwertes durch entsprechende Einstellung der Kontakte leicht erreicht werden. Hierfür sei noch folgendes Beispiel gegeben: Die konstant zu haltende Stromstärke bei 3000 Amp. Einschaltung erfolgt bei Stromrückgang auf 2300 Amp., es wird heraufgeregelt auf 2800 Amp., wobei Abschaltung erfolgt. Nach der anderen Seite einschalten bei 3700, Herunterregelung auf 3200 Amp. Durch Nachbiegung der Stege III und VI kann die Einschaltung des Mittelwertes beliebig geändert werden.

Angenommen, es soll der Elektrodenmotor I in Umdrehungen versetzt, durch die Drehbewegung des Stromrelais a die Kontakte II bis IV hergestellt und damit ein Stromkreis geschlossen werden, der die eine Spule des Zwischenrelais b erregt und dementsprechend den Anker dieses Relais anzieht, so werden die beiden Kontakte XII und VIII kurzgeschlossen. Hierdurch kommt wiederum ein Stromschluß zustande, der verursacht, daß der Magnet des Schützenschalters c erregt wird. Vor den Magneten ist noch ein Schutzwiderstand geschaltet, um ihn bei den häufigen, plötzlichen Stromunterbrechungen vor Schaden zu schützen. In dem Augenblick, wo der Schützen c eingeschaltet wird, erhält der Elektrodenwindenmotor Strom und wird in der einen Drehrichtung bewegt. Beide Kontaktbrücken werden durch den Magnet an die oberen, festen Kontaktflächen fest angedrückt, und zwar solange, als der Magnet erregt bleibt. Während die eine Kontaktfläche unmittelbar mit dem Gleichstromnetz in Verbindung steht, ist vor die andere, obere Kontaktfläche der Drehzahlregler vorgeschaltet. Die beiden Kontaktbrücken sind unmittelbar mit den Bürsten des Motors verbunden.

Zum Schluß sei der Ausführung der AEG-Regelung noch einige Worte geschenkt. Das Stromrelais besteht aus einem lamellierten Eisengestell mit Drehanker, den Erregerspulen und einer Kontaktvorrichtung. Der Anker ist mit zwei Dämpfungsflügeln versehen, welche in je ein Gefäß eintauchen,

Abb. 403.
Ansicht einer Schaltwand für eine Elektrode des AEG-Reglers.

die mit Glyzerin oder dünnflüssigem Öl zu füllen sind. Die Größe der Dämpfung kann durch entsprechende Füllung der Gefäße eingestellt werden. Die Gefäße sind nach dem Lösen je einer Kordelschraube abnehmbar. Um die Periodenschwingungen des Ankers nicht auf die Kontaktvorrichtung zu übertragen, ist der Kontakthebel mit dem Relaisanker nur federnd verbunden, so daß die Federn die Schwingungen völlig aufnehmen. Die Kontaktvorrichtung besteht aus vier Kohlenkontakten II, IV, V, VII und zwei Metallstegen III und VI und ist in zwei Seiten getrennt aufgebaut, die linke Seite für Stromerhöhung, die rechte Seite für Erniedrigung. In der Mitte liegt der vom Anker beeinflußte schwingende Hebel, welcher über isolierte, einstellbare Anschläge die Kontakt-vorrichtung betätigt. Die Umschalter der Hubmotoren bestehen aus je einem Magnetgestell mit einer Anzugsspule und einer Kontaktvorrichtung, die äußerst kräftig durchgebildet ist. Dadurch werden Kontakterwärmungen, sowie Ab-nutzungen auch beim häufigsten Schalten nur gering sein. Die Hauptkontakte besitzen magnetische Funkenlöschung und bestehen aus Kupfer. Der Brenn-kontakt ist in Kupfer und Kohle ausgeführt. Sämtliche Kontakte sind leicht von vorn auswechselbar.

Abb. 403 zeigt die Ansicht der Apparate der AEG-Elektrodenregelvor-richtung für eine Elektrode auf einer Schiefertafel vereinigt. Die Apparate

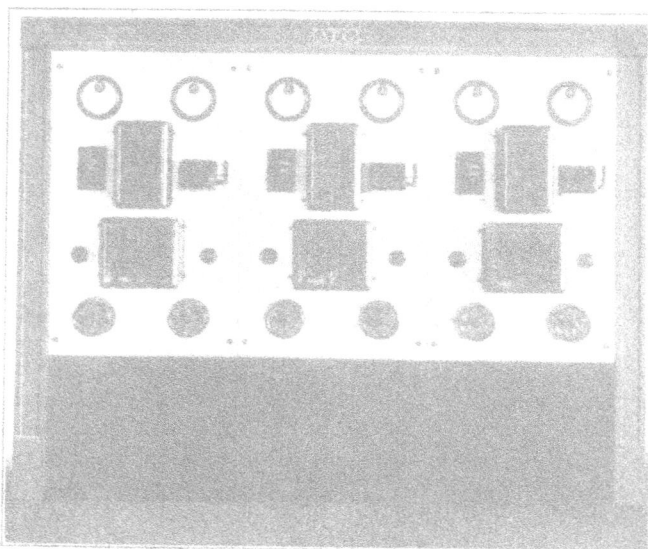

Abb. 404.
Ansicht einer vollständigen Schaltanlage der AEG-Elektrodenregelung für einen
4 t-Drehstromofen.

sind äußerst kräftig gebaut und den in derartigen Betrieben herrschenden Verhältnissen vollkommen angepaßt. Die zur genauen Einstellung der Ofenanlage erforderlichen und die dem Verschleiß unterworfenen Teile sind leicht zugänglich, können auch durch Glasfenster jederzeit beobachtet werden. Die Betätigung der Regelvorrichtung kann durch Gleichstrom wie auch Drehstrom erfolgen. Die Einrichtung der Steuerung ist in beiden Fällen die gleiche. An Stelle der bei den Gleichstrommotoren angewendeten Anker-kurzschlußbremsungen sieht man bei Drehstrommotoren besondere Brems-lüftmagnete vor.

Die Abb. 404 zeigt eine vollständige Schaltanlage einer AEG-Elektroden-regelung für einen 4 t-Lichtbogenofen.

b. Die Elektroden-Regeleinrichtung der Siemens-Schuckert-Werke.

Die Siemens-Schuckert-Werke stellen drei Arten von Regulierungen her, und zwar träge Regler, Eil- und Schnellregler. Für die Elektrodenregulierung kommt nur der Eilregler in Frage. Der selbsttätige Eilregler, welcher zum Konsthalten des Stromes benutzt wird, unterscheidet sich in seiner äußeren Form wenig von den bekannten trägen Reglern. Er besitzt wie diese einen Stufenschalter mit Motorantrieb, ein Steuerrelais, welches auch Spannungsrelais genannt wird, und ein Hilfsschaltwerk, welches vom Spannungsrelais gesteuert, den Regelmotor im jeweilig erforderlichen Drehsinn einschaltet und die Elektrode entweder hebt oder senkt.

Der motorische Antrieb der Eilregler unterscheidet sich aber von dem der trägen Regler durch die wesentlich geringere Übersetzung zwischen Stufenschalter und Motor; während nämlich die volle Umlaufszeit der Kontaktbürste des Stufenschalters beim trägen Spannungsregler etwa 45 sek. betragen soll, ist sie beim Eilregler auf etwa 9 sek. herabgesetzt. Die Geschwindigkeit der Kontaktbürste ist also auf den 5fachen Wert erhöht. Diese erhebliche Vergrößerung der Laufgeschwindigkeit würde aber wegen der durch die Unregelmäßigkeit des Lichtbogens bewirkten zeitlichen Verzögerung der Strom- bzw. Spannungsänderung gegenüber der Bewegung des Kontakthebels starke Pendelerscheinungen verursachen und den Regler gar nicht zur Ruhe kommen lassen. Die Verhinderung dieses Überregelns ist das eigentlich neuartige an dem Eilregler der Siemens-Schuckert-Werke. Sie erfolgt dadurch, daß das Spannungsrelais mit einer kräftigen Kontaktrückführung versehen ist, welche ein vorzeitiges Unterbrechen des Regelvorganges bewirkt und damit die Ursache des Pendels oder Überregelns beseitigt.

Der Eilregler wird nur für Einzelregelung ausgeführt. Um in den Endstellungen des Stufenschalters ein Festlaufen der Bürsten und eine Beschädigung des Regelmotors zu verhüten, wird der Motor durch Endausschalter stillgesetzt. Das Umsteuern des Motors erfolgt durch ein aus zwei kleinen Schützen bestehendes Hilfsschaltwerk, welches unmittelbar vom Spannungsrelais unter Umständen unter Vermittlung weiterer Zwischenschützen, gespeist wird. Die Ausführungsform des Spannungsrelais richtet sich nach der Stromart des Netzes, und der erforderlichen Stärke der Rückführung. Die Rückführung der Kontaktzunge des Spannrelais kann in sehr verschiedener Weise erreicht werden. Dieselbe kann durch direkte Beeinflussung des Spannungsrelais (durch eine Hilfswicklung o. dgl.) oder durch Hilfsmotoren bewirkt werden, deren Kraft über geeignete elastische Dämpfungsmittel (z. B. Luft- oder Wirbelströme) auf die Kontaktzunge übertragen wird. Letztere kommen für die Elektrodenregulierung in Betracht. Die Rückführung muß bei Störungen des Gleichgewichtszustandes alsbald einsetzen, aber nach Beseitigung der Störung sofort wieder verschwinden. Anderenfalls würde der Gegenkontakt des Spannungsrelais zur Wirkung kommen und eine Regelung im umgekehrten Sinne eingeleitet werden. Bei einer großen Spannungsschwankung muß die Rückführung kräftiger sein als bei einer schwachen. Eine starke Rückführung würde in geringen Spannungsänderungen fortgesetzte kurze Kontaktgebungen am Spannungsrelais bewirken, ohne daß der Regelmotor dabei zur Wirkung käme. Die Rückführungskraft muß daher mit einem geringen Wert einsetzen, sich stets steigern und zum Schluß ziemlich plötzlich verschwinden.

Wenngleich der Eilregler nicht so energisch wirken kann, wie ein Schnell-regler, so steht er doch in seiner Wirkungsweise diesem nur wenig nach. Die Wirkung des Eilreglers kann zudem im Bedarfsfalle durch Hinzufügung weiterer die schnellere Wirkung fördernder Hilfsmittel gesteigert werden. Weiter ist zu beachten, daß der Schnellregler, welcher während der ganzen Betriebszeit dauernd unzählige Schwingungen ausführen muß, wesentlich mehr Störungen ausgesetzt ist als der Eilregler, der ebenso wie ein träger Regler während der Zeit, während welcher Betriebsschwankungen nicht auftreten, in Ruhe verharrt. Der Eilregler wird also in der Regel weniger Störungen erleiden und bei seiner einfachen Bauart auch leichter instandzuhalten sein als der Schnellregler. Seine Verwendung empfiehlt sich also überall, wo nicht die allerschärfsten Bedingungen an die Regelung gestellt werden, und insbesondere dort, wo wenig geübtes Personal für die Wartung oder Instandsetzung der Regler zur Verfügung steht, wie dieses bei Elektrostahlofenanlagen der Fall ist.

Das Schaltungsbild in Abb. 405 zeigt eine selbsttätige SSW-Elektroden-regeleinrichtung unter ausschließlicher Anwendung von Drehstrom verschiedener Spannungen.

Von dem Hochspannungsnetz (oben) ist eine Abzweigung zu dem Ofentransformator T und von da zu dem Elektroofen O geführt. In den drei Phasen der Abzweigung sind drei Stromwandler S eingebaut, die zum Speisen des Regulierstromes dienen. Zum Einstellen der gewünschten Lichtbogenstromstärke ist parallel zu jedem Stromwandler S ein regulierbarer Widerstand WS geschaltet, der mit einer festen Stufe wf ausgerüstet ist. Die Doppelleitung führt von dem Stromwandler S zu dem Rückführungsapparat. Dieser besteht in einer mit den Kontakten der Spannungsrelais fest verbundenen Trommel, welche zwischen den Polen eines Magneten schwingen kann.

Durch einen Hilfsmotor Hm, der mit dem Verstell- bzw. Elektrodenwindenmotor Vm parallel geschaltet ist und mit diesem demnach gewissermaßen synchron und gleichgerichtet läuft, wird der Magnet in der einen oder anderen Richtung gedreht. Dabei erzeugen die Kraftlinien Wirbelströme in der mit den Kontakten verbundenen Trommel, durch welche ein Drehmoment auf die Kontakte ausgeübt wird. Der Aufbau dieses Rückführungsapparates der SSW hat mit dem Stromrelais der besprochenen Reguliereinrichtung der AEG in der Wirkungsweise große Ähnlichkeit, weshalb von einer weiteren Beschreibung Abstand genommen werden kann. Der Hauptunterschied des Reglers der SSW gegenüber anderer Regulierungen liegt in dem Spannungsrelais Sp. Dieses besitzt eine Rückführung, die folgende Wirkung ausübt: es öffnet den infolge der Stromschwankungen geschlossenen Kontakt das Relais, bevor der konstant zu haltende Strom erreicht ist, und unterbricht so den Reguliervorgang vorzeitig.

Der Regler arbeitet nach dem im Nachstehenden angeführten Thuryprinzip.
Die Arbeitsweise ist an Hand der Schaltung, Abb. 405, folgende:

Sinkt der Strom in einer der drei Phasen, so fällt von der betreffenden
Regulierung der Kern des Spannungsrelais *Sp* nach unten. Dieser Kern ist
an einem Hebel mit Gegengewicht auf einer Welle starr verbunden. Auf derselben Welle sitzt eine Scheibe mit einem Kontaktstreifen. Sobald also der

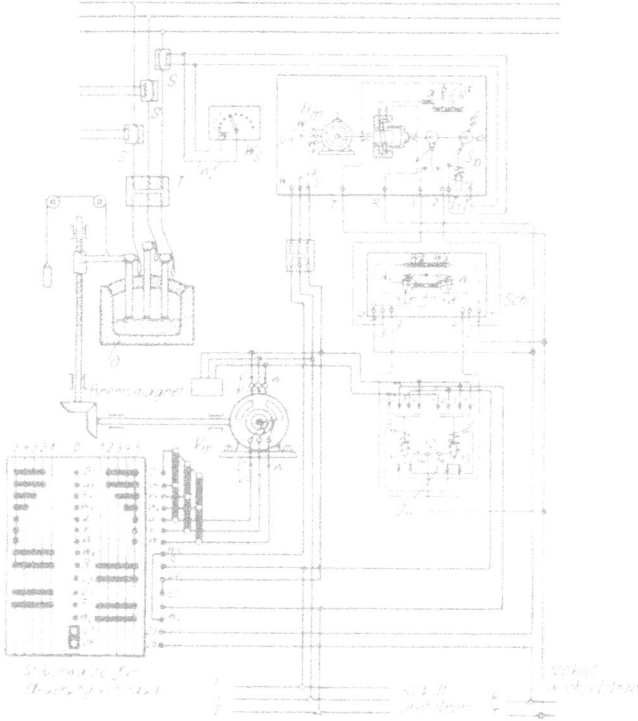

Abb. 405.
Schaltungsplan über die SSW-Elektrodenregelung für Drehstrom verschiedener Spannungen.

Kern des Spannungsrelais nach unten fällt, legt sich die Kontaktzunge an den
rechten Kontakt der Leitung 2. Hierdurch wird sowohl das Schaltwerk *Sch*
und der eine Umsteuerschütze *Um* betätigt, der den Elektrodenwindenmotor *Vm*
einschaltet und in die eine Drehrichtung dreht, als auch der parallel geschaltete
Hilfsmotor *Hm* eingeschaltet. Während der Elektrodenmotor *Vm* die Elektrode
verstellt, also im Sinne „mehr Strom" senkt, dreht der Hilfsmotor *Hm* den Magneten des Relais links herum. Die Wirbelströme suchen nunmehr die Trommel
links herum mitzudrehen, es wird also eine Kraft erzeugt, die den Relaiskern
zu heben sucht, und so den ansteigenden Lichtbogenstrom unterstützt. Der
Kontakt wird demnach gelöst, ehe der richtige Strom erreicht ist. Durch diesen

Vorgang wird man eine übermäßige Empfindlichkeit der Regulierung und somit Pendelerscheinungen vermeiden. Nach Lösen des Kontaktes kommen die beiden Hilfsmotore zum Stillstand, während das Spannungsrelais unter Strom bleibt. Der Relaiskern wird sich also wieder senken wollen. Da seine Bewegung aber durch eine Ölbremse gedämpft wird, vergeht eine gewisse Zeit, innerhalb welcher der Erregerstrom und mit ihm der Lichtbogenstrom nachkommt. Nehmen wir den anderen Fall an, daß der Strom steigt, so wird der Relaiskern nach oben gezogen. Infolgedessen wird die Kontaktzunge an den linken Kontakt der Leitung 3 gelegt, wodurch der umgekehrte Schaltvorgang eingeleitet wird, der ein Heben der Elektrode bewirkt.

Die Umsteuerschützen sind Schalthebel mit Funkenlöschung, die mittels Magnetkräfte eingeschaltet und durch Federdruck oder Gegengewalten ausgeschaltet werden, nach bekannter Konstruktion. W_1 und W_2 sind Parallelwiderstände, während W_3 einen Vorschaltwiderstand darstellt. Um das Drehmoment dem Arbeitsvorgang des Elektroofens anzupassen, sind Kontakte mit Widerständen W_g vorgesehen, die Einstellmöglichkeiten nach Abb. 406 ergeben.

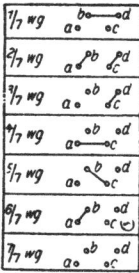

Abb. 406.
Einstellmöglichkeiten der Widerstände beim SSW Elektrodenregler.

Das Drehmoment wird durch geeignete Erregung des Magneten so eingestellt, daß es den jeweils gemachten Kontakt gerade in dem Augenblick abreißt in welchem ungefähr die für die betreffende Ofenbelastung erforderliche Reglungstellung erreicht ist.

c. Die Elektroden-Regeleinrichtung der Bergmann-Elektrizitäts-Werke.

Der Regler wird sowohl von den Bergmann Elektritätswerken (BEW.) als von Ingenieur Max Fuß, Berlin, hergestellt und wird als Bergmann-Fuß-Regler bezeichnet. Derselbe beruht im wesentlichen, wie die Schaltung in Abb. 407 zeigt (für Gleichstrombetrieb), darauf, daß ein periodischer Kontaktgeber in Verbindung mit den Kontakten des vom Lichtbogenstrom beeinflußten Hauptrelais HR bei geringen Stromänderungen den Windenmotor für die eine oder andere Drehrichtung kurzzeitig einschaltet und wieder unterbricht, während bei Lichtbogenkurzschlüssen der Motor durch ein Maximalrelais MR für die Dauer des Kurzschlusses eingeschaltet wird, um sowohl ein genaues und schnelles Regeln ohne Pendeln, als auch ein sofortiges Beseitigen des Kurzschlusses zu erreichen. Ferner ist eine Sicherheitseinrichtung, und zwar ein Nullspannungsrelais NR vorhanden, welches das Hineinregeln der Kohlen in das Schmelzgut bei Verschwinden der Spannung verhindert.

Außer dem Ofen, dem Windenmotor und Kontroller ist aus der Schaltung der Walzenkontaktgeber und der Regler ersichtlich. In dem Hauptrelais HR ist ein Parallelwiderstand eingeschaltet, um einen beliebigen Lichtbogenstrom zu erhalten. Ebenso liegt in dem Stromkreis des Stromwandlers das in Reihe

413

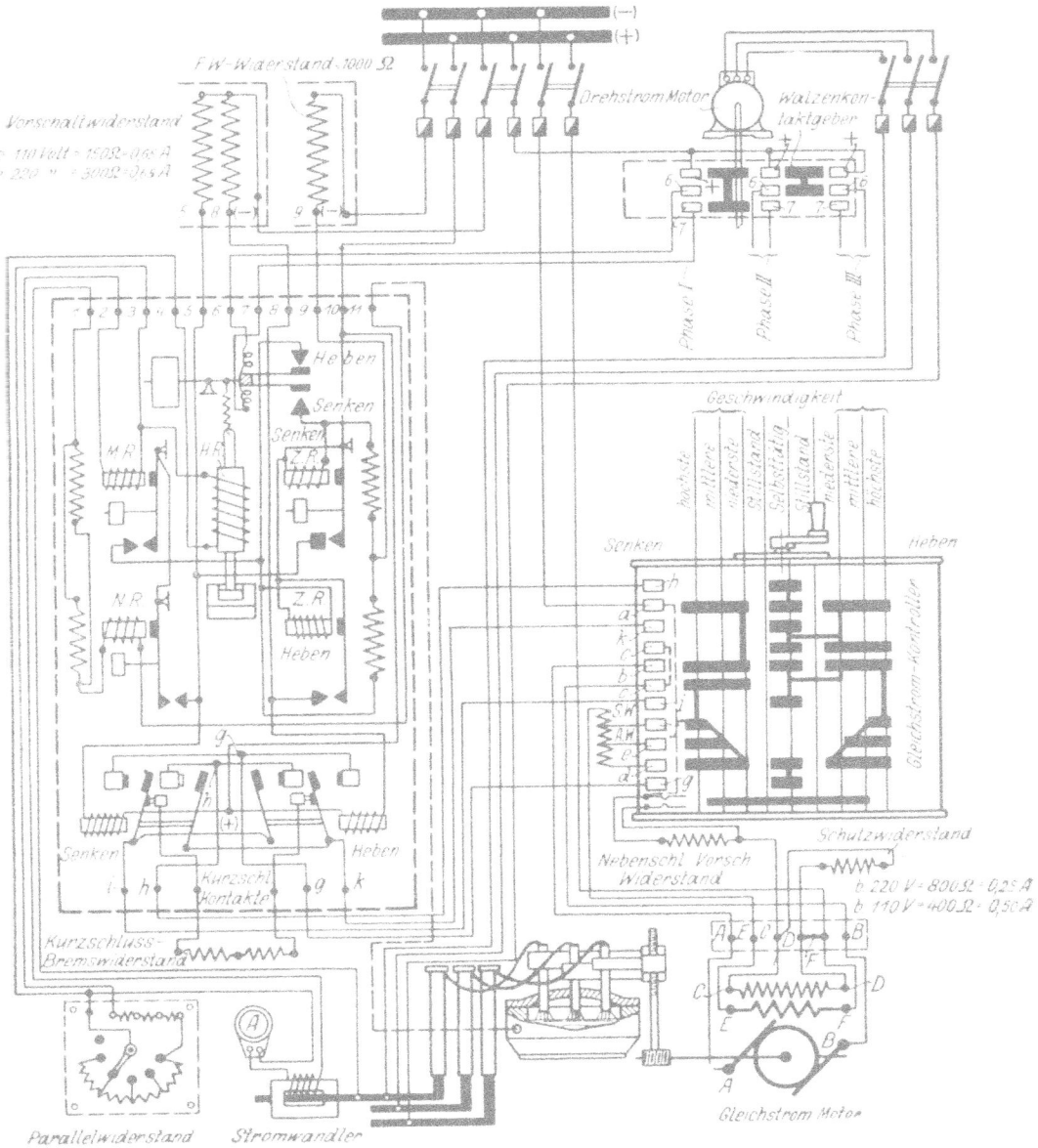

Abb. 407.
Schaltung eines Bergmann-Fuß-Elektrodenreglers für unmittelbare Gleichstrom-Windenmotor-Steuerung.

parallel zur Elektrode und zum Schmelzgut liegende Nullspannungsrelais NR geschaltete Maximalrelais MR, und ferner das an der Lichtbogenspannung und zwei die Spulen des Motorschaltmagneten für Heben und Senken einschaltende Zwischenrelais ZR.

Die Arbeitsweise ist folgende: Der Walzenkontaktgeber verbindet abwechselnd periodisch die Klemmen $+$ mit den Reglerklemmen 6 und 7, welche an die Hauptkontakte „Heben und Senken" des Hauptrelais HR angeschlossen sind. Bei Abbrand der Kohlenelektrode vermindert sich der Lichtbogenstrom und der Senkhauptkontakt berührt den Kontakt des Senk-Zwischenrelais Kommt jetzt der Walzenkontakt mit Klemme 7 in Berührung, so wird die Spule des Senk-Zwischenrelais kurzgeschlossen, dasselbe schaltet durch Öffner seiner Kontakte den Senk-Schaltmagneten, und durch letzteren den Motor für die Senkbewegung ein. Nach kurzer Zeit unterbricht der Walzenkontakt die Klemme 7 vom $+$Pol, wodurch das Zwischenrelais wieder seinen Anker anzieht und den Schaltmagneten und Motor ausschaltet. Meistens ist eine einmalige Kontaktgebung zur Wiederherstellung der eingestellten Stromstärke ausreichend; wenn nicht, so würde die kurzzeitige Einschaltung des Motors sich wiederholen.

Wenn beim Anfahren des Ofens die 3 Elektroden selbsttätig heruntergeregelt werden, so ist auch beim Aufsetzen der ersten Elektrode auf das Schmelzgut noch kein Lichtbogenstrom vorhanden, der Regler würde also die Elektrode noch weiter hineinregeln und dann könnte die Kohle durch den Druck auf den Schrott zerbrechen. Hiergegen hilft das Nullspannungsrelais NR. Beim Berühren von Kohle und Schmelzgut verschwindet die Spannung zwischen diesen, dadurch wird die Spule von NR stromlos, das Nullspannungsrelais NR läßt seinen Anker los, welcher die Senk-Schaltmagnetspule kurzschließt und dadurch den Motor umschaltet. Wenn nun auch die zweite Elektrode heruntergeregelt ist und das Schmelzgut berührt, so ist ein Stromkreis, sogar ein Kurzschluß vorhanden; das Maximalrelais MR schaltet, ohne auf den langsam laufenden Kontaktgeber zu warten, den Hub-Schaltmagneten und den Motor für die Hubbewegung ein, so daß die Elektroden sofort gehoben und Lichtbogen gezogen werden, worauf der Schmelzprozeß beginnt.

Durch diese zweierlei Regelgeschwindigkeiten ist es möglich, von Beginn des Schmelzprozesses bei festem Einsatz bis zur Beendigung der Schmelzung und Raffination, sogar beim Schüren automatisch zu fahren, ohne daß störende Stromänderungen auftreten.

Die Regler sind derart geschaltet, daß zerstörende Funken an den Kontakten nicht auftreten können, so daß eine Abnutzung der aus hochwertigen Platinlegierungen hergestellten Kontakte auch an Apparaten, welche bereits ein bis zwei Jahre arbeiten, kaum wahrnehmbar ist.

Eine ausführliche Beschreibung des Bergmann-Fuß-Regler hat Oberingenieur Kunze in „Stahl und Eisen"[1] veröffentlicht. Es wird da der eben beschrie-

---

[1] Siehe Stahl und Eisen 1918, Nr. 8.

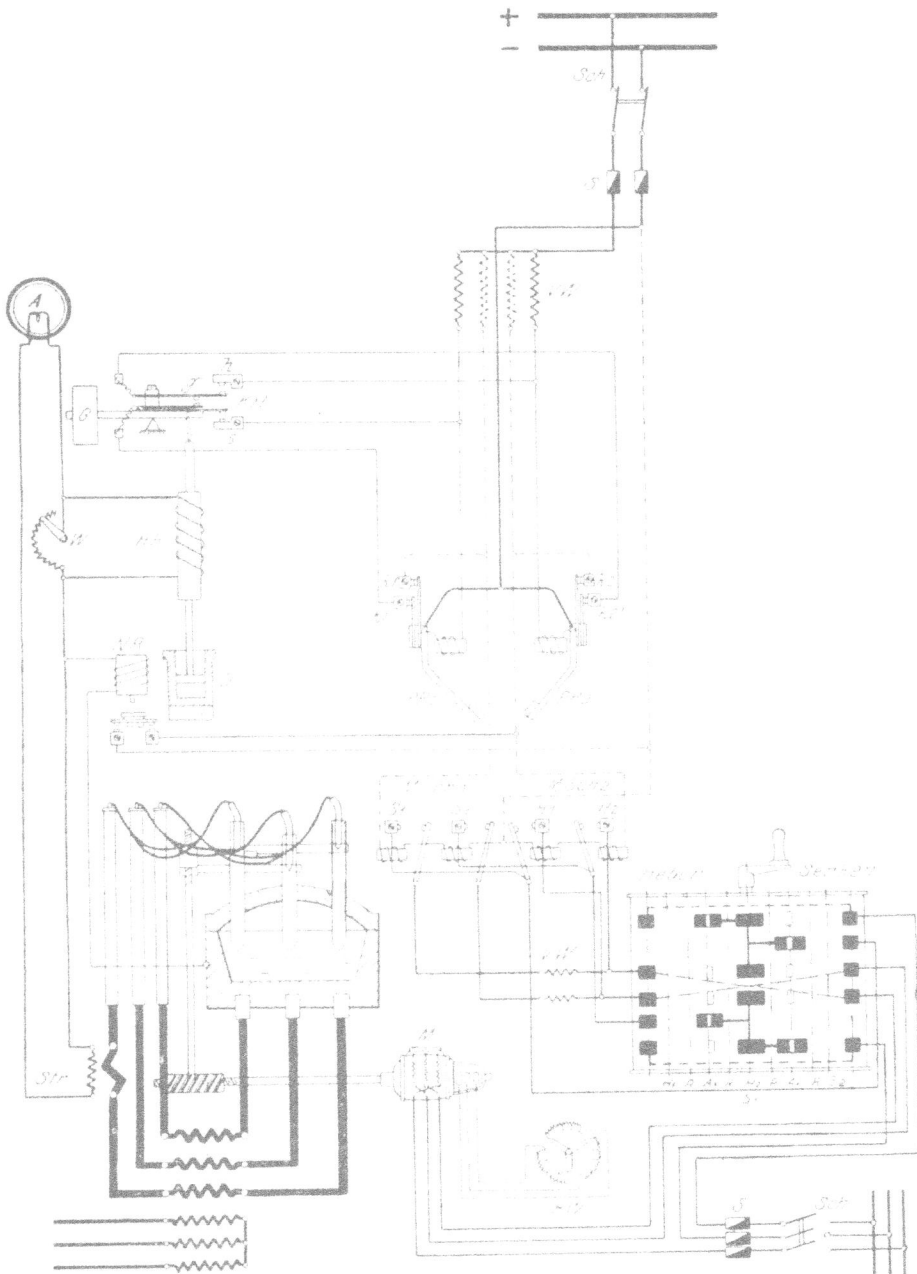

Abb. 408.
Schaltung eines Bergmann-Fuß-Elektrodenreglers für unmittelbare Drehstrom-Windenmotor-Steuerung.

bene Regler als magnet-elektrische Einrichtung bezeichnet und als unmittelbar wirkende Regelungsvorrichtung betrachtet. Bereits in der Einleitung
wurde auf diese Regelart näher eingegangen.

Der Vollständigkeit halber soll auch noch die Schaltung dieses Reglers
für Drehstrombetrieb in Abb. 408 gezeigt werden. Von den durch die Anwendung
von Drehstrommotoren bedingten Änderungen abgesehen, unterscheidet sich
diese Schaltung von der vorbehandelten dadurch, daß an Stelle der Rückführungsrelais Durchzugkontakte und an Stelle der Zwischenrelais Pendelrelais
vorgesehen sind.

Besondere Beachtung verdient die mittelbar wirkende Elektrodenregelung
der BEW. Diese weicht insbesondere von allen bisherigen Reglern dadurch ab,
daß elektromagnetische Kupplungen mit Wendegetriebe zur Anwendung
kommen, die dem Elektrodenmotor die eine oder andere Drehrichtung geben.
Es ist daher von Interesse, auf diesen Regler noch besonders einzugehen.

Die vollständige Ausrüstung einer durch Gleichstromantriebsmotoren
wirkenden Regeleinrichtung für einen Drehstromofen ist aus der Schaltung
(Abb. 409) zu ersehen und besteht aus folgenden Teilen:

3 eigentlichen Regeleinrichtungen, Bauart Fuß, bestehend aus:
1 Haupt-(Strom)Relais mit verstellbarer Öldämpfung HR,
1 Nullspannungsrelais NR,
1 Rückführungsrelais RR,
und der zu den drei Relais gehörigen Kontaktgebevorrichtung,
2 Zwischenrelais ZR_1 und ZR_2,
3 Kupplungsvorgelegen, jedes bestehend aus:
je 2 elektromagnetischen Kupplungen mit einem Wendegetriebe aus
3 Kegelrädern und mit dem dazugehörigen geschlossenen Ölschutz-
kasten M_1 und M_2,
3 viergeteilten Vorschaltwiderständen für die Zwischenrelais und elektromagnetischen Kupplungen VW,
3 feinstufigen Parallelwiderständen für die Hauptrelais zum Einstellen der
Regelstromstärke W,
3 Walzenschaltern für die selbsttätige und motorische Steuerung der Elektrodenbewegung $WSch$,
3 festen anzapfbaren Nebenschlußwiderständen für die Erregung der Antriebsmotoren NW,
3 Anlaß-Regelwiderständen für die Nebenschlußmotoren AW,
3 Gleichstrom-Winden-Antriebsmotoren mit zugehörigen Schaltern und
Sicherungen.

Hervorzuheben ist, daß die Winden-Antriebsmotoren ständig laufen und
nur beim Ansprechen der einen oder anderen elektromagnetischen Kupplungen
belastet werden. Beim selbsttätigen Regeln ist die Elektrodengeschwindigkeit
für Heben und Senken gleich groß, sofern auch die Motorbelastung bei den verschiedenen Drehrichtungen gleich groß ist. Beim motorischen Steuern, d. h.

417

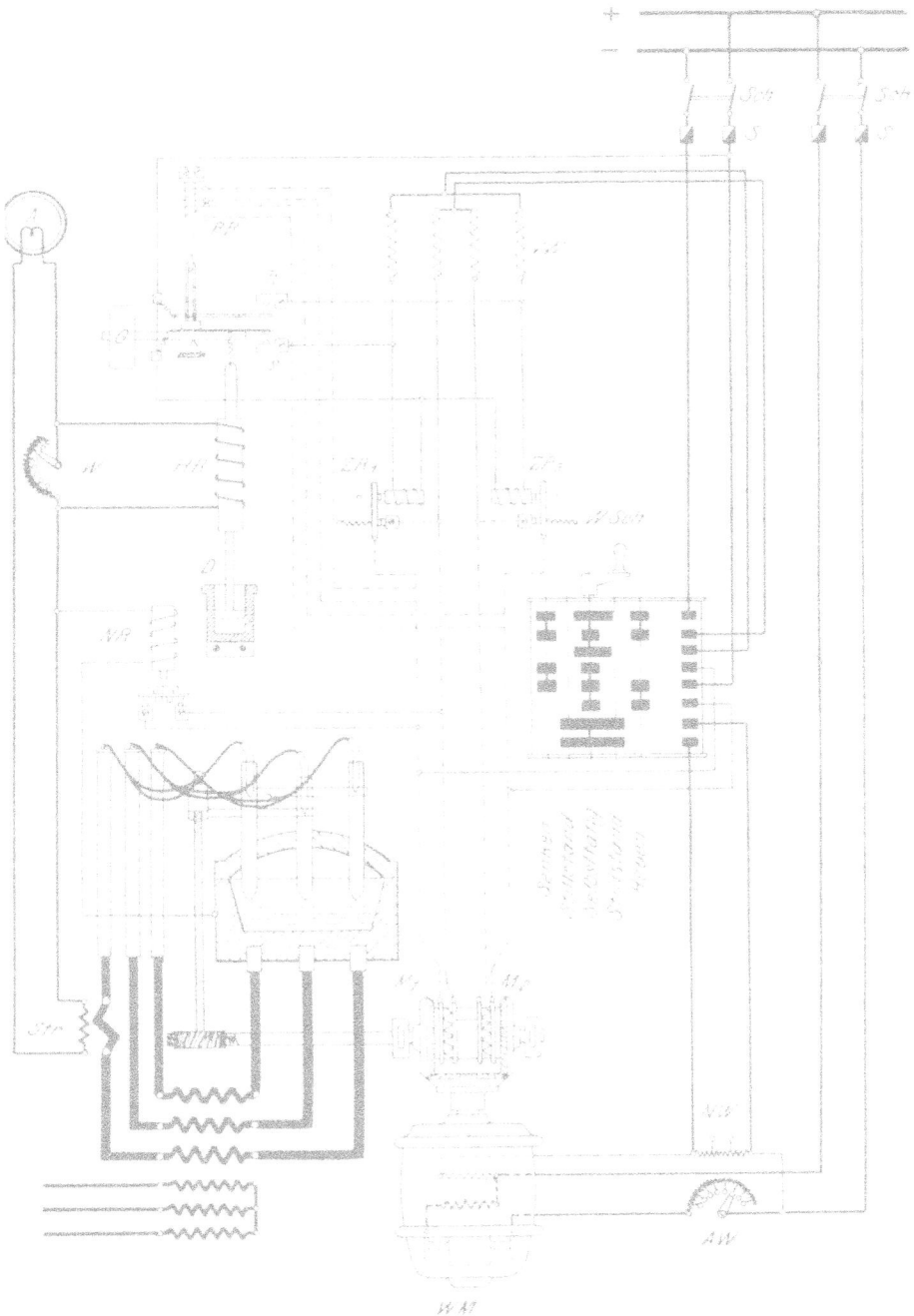

Abb. 409.
Schaltung eines Bergmann-Fuß-Elektrodenreglers für mittelbare Steuerung der Gleichstrom-
Windenmotoren durch elektromagnetische Kupplungen.

Ruß, Elektrostahlöfen.

27

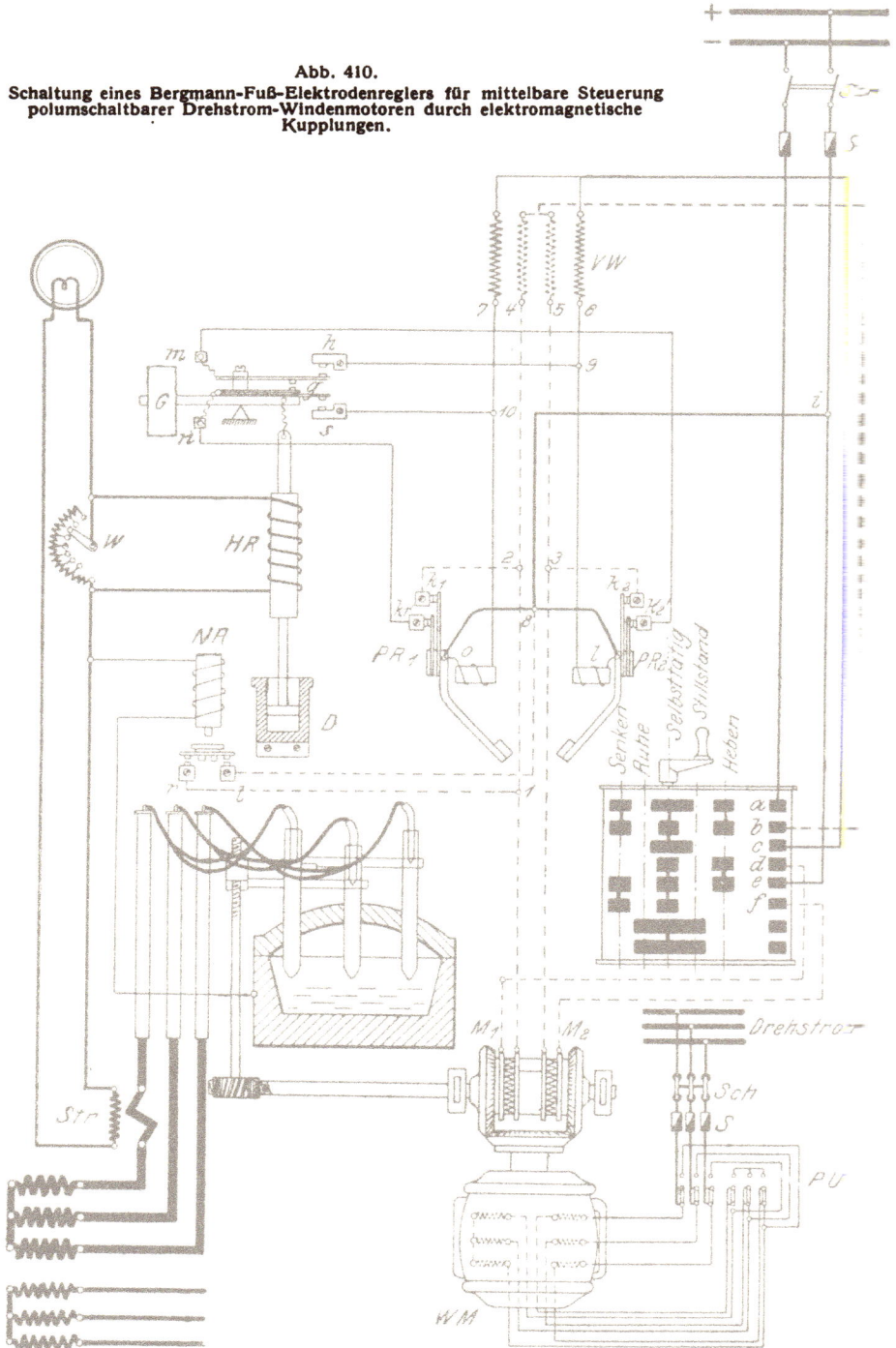

Abb. 410.
Schaltung eines Bergmann-Fuß-Elektrodenreglers für mittelbare Steuerung polumschaltbarer Drehstrom-Windenmotoren durch elektromagnetische Kupplungen.

dann, wenn der Walzenschalter in die Hub- oder Senkstellung gebracht worden ist, macht der Motor zwangläufig wesentlich höhere Umdrehungen, weil der in der selbsttätigen Reglerstellung kurzgeschlossene Nebenschlußwiderstand der Nebenschlußerregung feldschwächend vorgeschaltet ist. Die an dem Vorschaltwiderstand vorgesehenen Anzapfungen dienen zum Einstellen der Motordrehzahl auf den für das selbsttätige Regeln bestgeeigneten Wert. Der Antriebsmotor ist mit kleiner Hauptstromwicklung ausgerüstet, einesteils, um bei der motorischen Steuerung trotz des geschwächten Nebenschlußfeldes noch das erforderliche Anzugsdrehmoment zu bekommen, andernteils, um im Augenblick der Belastung während des selbsttätigen Regelns einen Drehzahlabfall zu erzielen. Aus dem gleichen Grund wird auch der Anlaßwiderstand so reichlich bemessen, daß er als Regelwiderstand dauernd eingeschaltet bleiben kann.

Eine andere Ausführungsmöglichkeit der über elektromagnetichen Kupplungen wirkenden Regeleinrichtung ist nach Schaltung in Abb. 410 dargestellt. Hier sind polumschaltbare Drehstromkurzschlußmotoren für den Windenantrieb angewandt und für den Aufbau der eigentlichen Regeleinrichtung die Apparateelemente der vorbehandelten Schaltung (Abb. 408) benutzt. Die Sondermotoren können ihre Drehzahlen nur innerhalb fester, durch die erreichbaren Polzahlen gegebenen Grenzen ändern. Die Grenzen sind meist durch das Verhältnis 1:2, seltener 2:3 bestimmt. Der kleine sechspolige Umschalter, mit dem die Polumschaltung vorzunehmen ist, wird in unmittelbarer Nähe des Walzenschalters untergebracht, um beim Übergang zum motorischen Heben oder Senken durch einen bequemen Handgriff die wünschenswerte höhere Drehzahl einstellen zu können.

d) Der Elektrodenregler der Firma F. Klöckner.

Die Firmen F. Klöckner, Köln-Bayenthal, hatte sich auf Anregung des Verfassers Ende 1916 ebenfalls mit einer selbsttätigen Elektrodenregelungsvorrichtung beschäftigt und bringt folgende elektrische Ausrüstung in Vorschlag; siehe Schaltung in Abb. 411:

1 Stromwandler, der primär vom Elektrodenstrom durchflossen wird,
1 Regler zur Einstellung des Elektrodenstromes,
4 Schützen I—IV,
2 Stromrelais mit Dämpfung und Verriegelung M und M_1,
1 Kontroller K.
Für den Läuferkreis des Motors:
1 festen Vorschaltwiderstand,
1 Regelanlasser.

Betriebsmäßig steht die Walze des Kontrollers auf Stellung 3. Die Sekundärseite des Stromwandlers ist dann über den Regler R und die beiden Relais M und M_1 kurzgeschlossen. Das Relais M ist als Minimalrelais ausgebildet, fällt also bei der kleinsten zulässigen Stromstärke ab. Das Relais M_1 ist als Maximalrelais ausgebildet und zieht bei der höchsten zulässigen Stromstärke an. Beide schließen dabei je einen Hilfsstromkreis. Die beiden Relais sind gegeneinander verriegelt, so daß nur eines von ihnen zur Wirkung kommen kann. Beide Relais sind außerdem mit Dämpfungen versehen. Sinkt der Elektrodenstrom unter den zulässigen Betrag, so schließt das Relais M einen Hilfsstromkreis und die Schützen I und III erhalten Spannung, und zwar von Klemme R über Finger z und r am Kontroller zum Hilfskontakt des Relais M, Schützenspulen I und III

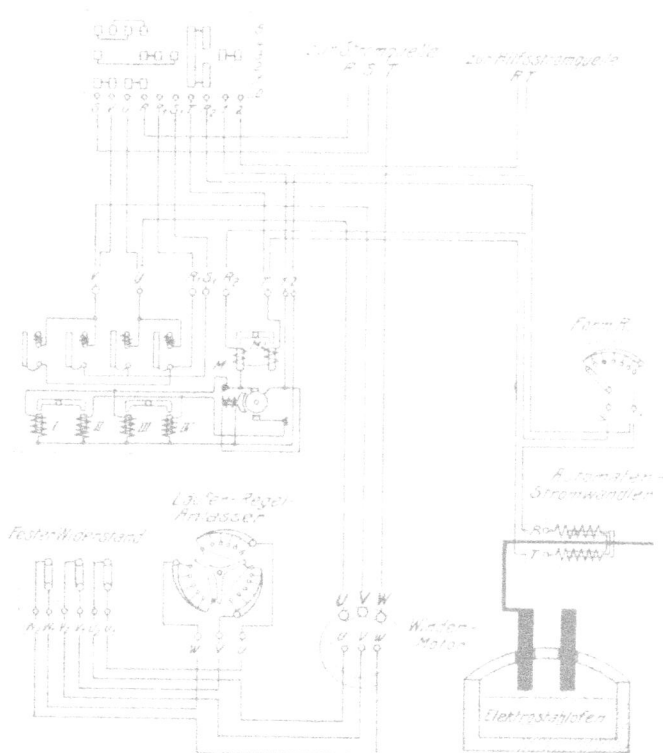

Abb. 411.
Schaltung des Klöckner-Elektrodenreglers.

über Klemme 2 des Schützenkastens nach Klemme T des Relaisstromkreises. Die Schützen I und III schalten nun den Motor für die Abwärtsfahrt der Elektroden ein. Der Hauptstromkreis verläuft folgendermaßen:

Hauptstromquelle Klemme R nach Finger R und R_1 des Kontrollers, über Klemme R_1 des Schützenkastens, Schütz I, Klemme V_1 des Schützenkastens zum Motor Klemme V. Von Klemme S des Hauptstromkreises über Finger S und S_1 des Kontrollers nach Klemme r des Schützenkastens und über Schütz III nach Klemme U am Motor. Hat der Strom seinen Normalwert erreicht, so zieht das Relais M wieder an, die Schützen fallen ab, und der Motor steht still. Wird der Höchstwert überschritten, so zieht das Relais M_1 an, ein Hilfsstromkreis für die Schützen II und IV wird geschlossen. Hierdurch wird der Motor für Aufwärtsfahrt der Elektroden eingeschaltet. Der Stromverlauf ist folgender:

Klemme R der Hauptstromquelle, Klemme R und R_1 des Kontrollers, Klemme R_1 des Schützenkastens, Schütz IV nach Klemme U am Motor, Klemme S der Hauptstromquelle über Finger S und S_1 des Kontrollers, Klemme S_1 des Schützenkastens über Schütz II nach Motor Klemme V.

Soll unabhängig vom selbsttätigen Betrieb die Elektrode auf- oder abwärts gefahren werden, so ist der Kontroller auf Stellung 1 bzw. Stellung 5 zu stellen, und zwar gilt Stellung 1 für Aufwärts-, Stellung 5 für Abwärtsfahrt. Der Stromverlauf auf Stellung 1 ist:

Hauptstromquelle Klemme R über Finger R und U des Kontrollers nach Klemme U des Motors, Hauptstromquelle Phase S über Finger S und V des Kontrollers nach Phase des Motors. Bei Abwärtsfahrt auf Stellung 5 ist der Stromverlauf wie folgt:

Im Hauptstrom Phase R, über Kontroller nach Klemme U des Motors, Phase S nach Klemme V. Der Hilfsstromkreis ist bei den Fingern 1 und 2 unterbrochen, über die Finger T und R_2 des Kontrollers sind ferner die Relais M und M_1 kurzgeschlossen, so daß sie bei Kontrollerstellung 1 und T nicht mitspielen können.

Damit die Kontakte der Relais immer sauber bleiben und nicht schnell abnutzen, ist der Gegenkontakt als Umlaufkörper ausgebildet, der von einem Wechselstrommotor angetrieben wird.

Fassen wir unsere Betrachtungen nochmals kurz zusammen, so arbeitet der Regler von Klöckner wie folgt:

Ein Stromtransformator arbeitet auf einem Stromkreis, der aus zwei Stromrelais und einem Regelwiderstand besteht. Durch Verstellung des letzteren kann das Übersetzungsverhältnis der Stromstärke im Stromtransformator geändert werden. Die Stromrelais sind so ausgebildet, daß das eine bei der kleinsten Stromstärke abfällt und einen Hilfsstromkreis schließt, während das andere bei der höchsten Stromstärke anzieht und einen zweiten Hilfsstromkreis schließt. Die Relais sind gegeneinander verriegelt. Ferner sind diese Relais mit Dämpfung und Rückführung der Dämpfung versehen, so daß dieselben nicht pendeln können. In den beiden genannten Hilfsstromkreisen ist je ein Schützenpaar eingeschaltet, welches nach der einen Drehrichtung, bzw. nach der anderen Drehrichtung den Windenmotor ans Netz legt.

Der Regler von Klöckner ist bisher nicht zur Ausführung gekommen. Hoffentlich bietet sich jedoch auch für diese Firma bald dazu Gelegenheit.

e) Die Elektrodenregeleinrichtung der Firma Brown, Boveri & Co.

Die Firma Brown, Boveri & Co. (BBC) ist auf diesem Gebiet ganz neue Wege gegangen und hat eine hydraulisch-selbsttätige Elektrodenregelung entwickelt, die die Elektrodenhubmotore durch unmittelbar wirkende Verstelleinrichtungen ersetzt. Durch diesen Regler sollen die etwaigen Mängel empfindlicher Relais und elastischer Übertragungselemente vermieden werden. Im letzteren Falle hat man an die schweren Massen erheblicher Verstellkräfte bei Elektrodenauslegerarme besonders großer Öfen gedacht.

Die Betätigung der BBC-Regelung kann sowohl von Hand als selbsttätig erfolgen, ohne den Ofenbetrieb unterbrechen zu müssen. Die Einrichtung ist in Abb. 412 schematisch dargestellt, wobei die Verbindungen nur einer Phase (entsprechend einer Elektrode) im einzelnen wiedergegeben sind. Die Regelung wird normalerweise für einen Wasserdruck von 4 bis 10 at ausgeführt, so daß sie meistens an das vorhandene Wasserleitungsnetz angeschlossen werden kann.

a) Handregelung. Der Ruhelage der Elektrode *18* entspricht die markierte Mittellage des Handregelventiles *13*, dessen Griff *14* in Ruhestellung senkrecht steht. Die Wasserabschlußhähne *12* sind geschlossen. Je nachdem der Ventilgriff *14* aus der Mittellage nach vor- oder rückwärts geneigt wird strömt durch Ventil *13* das Druckwasser entweder in den Elektroden-Verstellzylinder *15* ein oder aus und hebt oder senkt damit die Elektrode *18*. Die Elektrode sinkt infolge ihres nur zum Teil ausgeglichenen Eigengewichtes (Gewicht von Elektrode, Auslegerarm und Zubehör). Die Hub- oder Senkgeschwindigkeit ist abhängig von der Auslenkung des Ventilgriffes *14* und damit vom freigegebenen Ventilquerschnitt; sie ist also nach Bedarf einstellbar. Der größten Hubgeschwindigkeit (zur Entleerung des Ofens oder zum Abschlacken) entspricht die äußerste Lage des Ventilgriffes nach rückwärts.

b) Selbsttätige Regelung. Zum Übergang auf die selbsttätige Regelung verharrt das Handregelventil *13* in Abschlußstellung (Ruhestellung, Griff *14* senkrecht). Ohne irgendwelche Unterbrechung des Ofenbetriebes wird die selbsttätige Regelung durch das Öffnen der zwei Hähne *12* eingeleitet.

Dem Druckwasser wird der Durchgang zum Elektrodenverschiebezylinder durch das Steuerventil *10* nur dann freigegeben, wenn der Steuerkolben *11* vom Ventilschnellregler über die Übersetzung *8* eingestellt, den Durchfluß freigibt.

Für jede Elektrode sind folgende Haupteinrichtungen der selbsttätigen Regelung vorzusehen:

1 Stromwandler *3* mit verschiedenen Anzapfungen,
1 Hebelumschalter *5* zum Kurzschließen des Stromwandlers,
1 automatischer Ventilschnellregler *7, 8, 9* und
1 hydraulisches Steuerventil *10, 11*.

Der selbsttätige Ventilschnellregler besteht aus einem Magnetsystem, dessen zwei Wicklungen phasenverschobene Ströme führen, die in bekannter Art zusammengesetzt ein Drehfeld erzeugen. In diesem Drehfelde liegt die Reglertrommel, die somit einem von der Stromstärke abhängigen Drehmoment

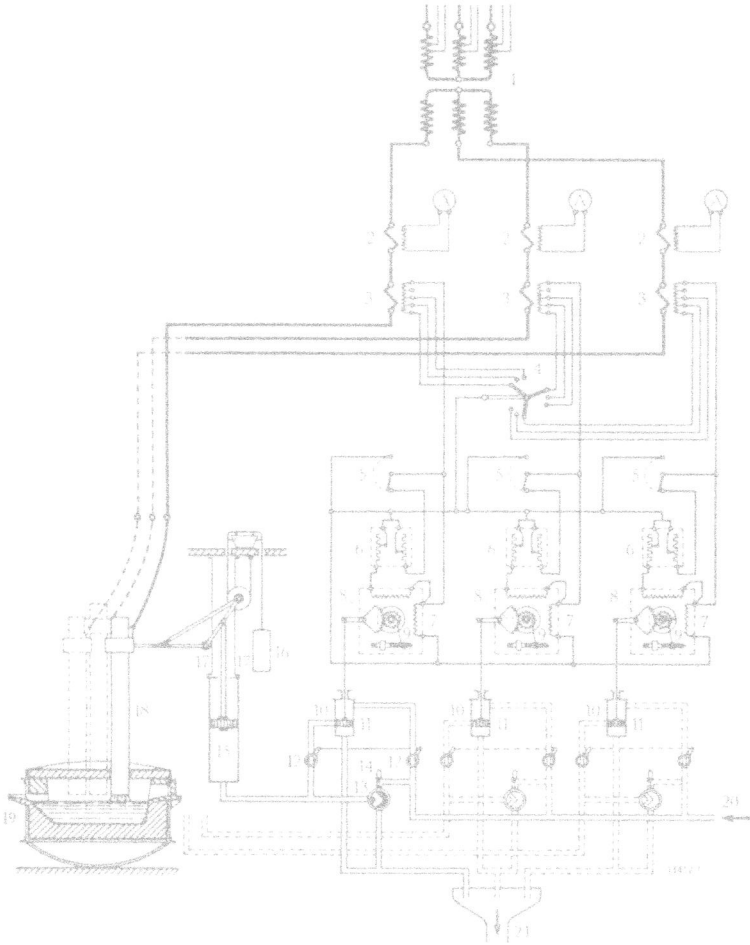

Abb. 412.

Schaltung des B.B.C.-Elektrodenreglers für hydraulische selbsttätige Steuerung.

1 Ofentransformator	11 Steuerventilkolben
2 Stromwandler	12 Wasser-Abschlußhähne
3 Stromwandler mit Anzapfungen	13 Handregelventil
4 Dreipoliger Einstellschalter für die An- zapfungen	14 Hebel zum Handregelventil
	15 Elektroden-Verschiebezylinder
5 Hebelumschalter zum Kurzschließen der Stromwandler	16 Gegengewicht
	17 Gleitschienen
6 Widerstandskasten	18 Elektroden
7 Selbsttätige Ventil-Schnellregler	19 Elektrostahlofen
8 Übersetzung	20 Druckwasser
9 Reglerfeder	21 Abwasser
10 Hydraulisches Steuerventil	

unterworfen ist. Diesem Drehmoment hält die Gegenfeder 9 das Gleichgewicht.

Die Drehung der Trommel bei Änderung der Stromstärke wirkt über das
Übersetzungs-Zahnsegment 8 auf die Ventilstange des hydraulischen Steuer-

ventils *10* (s. Abb. 413). Je nach der Auslenkung des Ventilschnellreglers läßt der Kolben *11* Druckwasser in den oder aus dem Elektroden-Verschiebe-zylinder strömen, wodurch die Elektrode gehoben oder gesenkt wird.

Der Ventilschnellregler kann für Regelung auf konstante Stromaufnahme oder auf konstante Leistungsaufnahme vorgesehen werden. Das in Abb. 414 veranschaulichte Bild zeigt die Regleranordnung für Konstanthaltung der

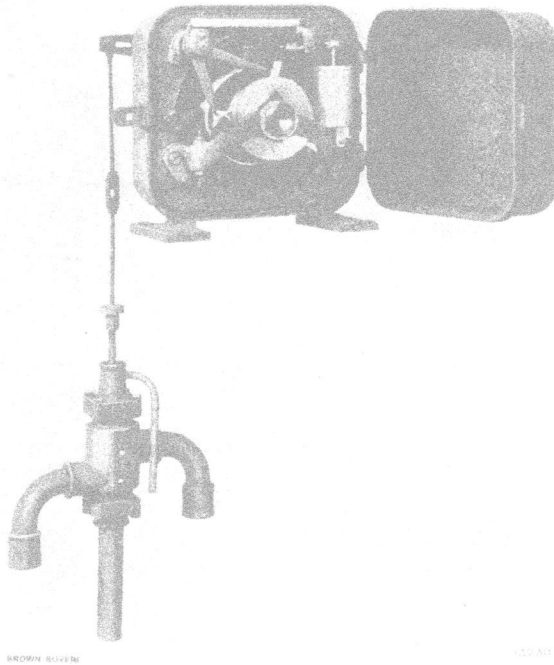

Abb. 413.
Selbsttätiger Ventil-Schnellregler mit Steuerventil.

Stromstärke, wobei die einzelnen Organe im Ruhezustande dargestellt sind, d. h. das Drehmoment, das vom Drehfeld auf die Reglertrommel ausgeübt wird, hält der Federkraft der Gegenfeder gerade das Gleichgewicht.

Wird die Konstanthaltung der Leistung auf selbsttätigem Wege vorge-sehen, so wird die Spannung in geeigneter Weise an einen Teil der Feldwicklung des Ventilreglers gelegt, so daß das Drehmoment vom Produkt aus Strom-stärke und Spannung abhängig wird.

Bei der Regelung auf konstanten Strom kann der Ventilschnellregler auf bestimmte, konstant einzuhaltende Stromwerte eingestellt werden. In der normalen Ausführung, wie sie Abb. 414 zeigt, dient hierzu der Einstellschalter *z*.

425

Abb. 414.
Schaltpult für Hand und selbsttätige Elektrodenregelung, Bauart Brown, Boveri & Co., für einen 5 t-Elektro-Graugußofen.

der für drei Ventilschnellregler eines Ofens die Anzapfungen der Stromwandler von $^1/_2$, $^3/_4$, $^4/_4$ und $^5/_4$ des Normalstromes an das Magnetfeld der Regler zu legen gestattet. Sollen Zwischenwerte eingehalten werden, so kann das Federdrehmoment, das bei allen Normalwerten dem Drehmoment der Trommel das Gleichgewicht hält, mit Hilfe der Einstellschraube bei 9 verändert werden.

Die Bauart des Ventilschnellreglers und des Steuerventils ist den besonderen Anforderungen des Elektroofens angepaßt, insbesonders wird jede überflüssige Reguliertätigkeit und damit ein Hauptübelstand aller elektromotorischen Elektrodensteuerungen vermieden. Kleine Abweichungen von der eingestellten Stromstärke werden nur langsam, große Unterschiede sehr rasch ausreguliert.

Für den Fall, daß aus irgendeinem Grunde die Spannung am Ofentransformator ausbleibt, der Strom somit auf Null sinkt, und die Elektrode infolge der sinngemäßen Einwirkung des Ventilreglers sich senken würde, kann ein Nullspannungsrelais so in Verbindung mit dem Ventilregler geschaltet werden, daß die Elektrode bei Nullspannung hochgezogen wird.

Abb. 415 veranschaulicht die durch ein registrierendes Wattmeter (E. W. Winterthur) aufgenommenen Leistungskurven eines elektrischen Ofens bei der A.-G. vorm. J. J. Rieter & Cie. in Töß. Der Ofen ist dreiphasig nach System Hérult gebaut, mit einer Kapazität von 4 bis 5 t; er dient zur Herstellung von synthe-

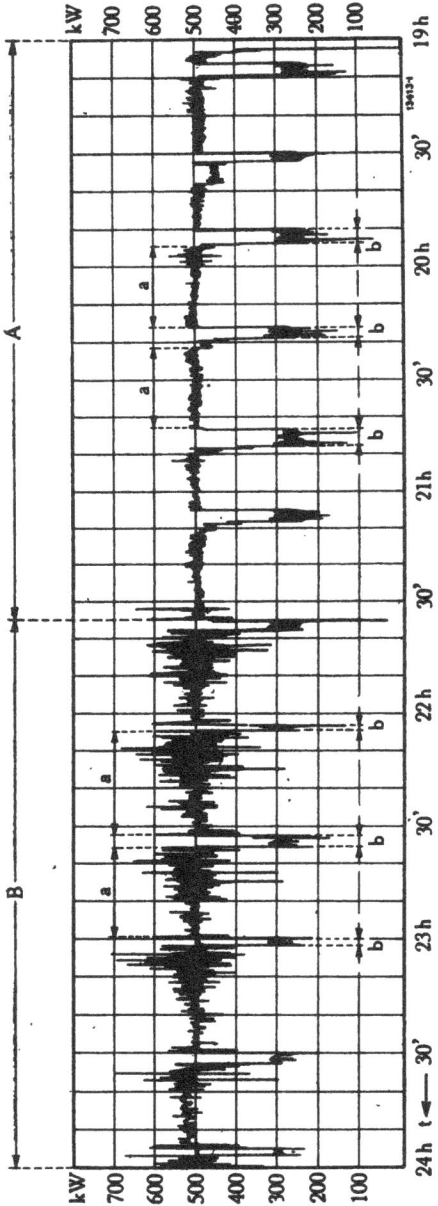

Abb. 415. Leistungsaufzeichnungen, entnommen einem Elektroofen mit B.B.C.-Elektrodenregelung. A = selbsttätige Regelung. B = Handregelung.

tischem Grauguß und ist mit der Elektrodenregulierung, Bauart Brown-Boveri & Co., ausgerüstet. Die registrierten Kurven entsprechen immer gleichartigem, kaltem Einsatzmaterial, wobei die Leistungsaufnahme einmal mit der Handregelung, das andere Mal mit der selbsttätigen Regelung erfolgte.

f) Die Elektrodenregelung der Felten & Guilleaume-Lahmeyerwerke.

Die früheren Felten & Guilleaume-Lahmeyerwerke A.-G. in Frankfurt a. M. (FGL) verfügen über ein Patent[1]), wonach die Elektroden verschiedener Polarität zwangsweise zusammengesteuert werden, um die Stromstärke und Spannung an den Elektroden gleichmäßig zu verteilen. Es soll hierdurch ein Überregulieren, d. h. ein Regulieren an einer Elektrode, durch das die Verhältnisse an der anderen ungünstig beeinflußt werden, vermieden werden. Nach den bisherigen Erfahrungen hat sich aber nur das Einzelregulieren der Elektroden bewährt, vorausgesetzt, wenn die Auf- und Abwärtsbewegung der Elektroden schnell vor sich gehen soll. Der Vorschlag der FGL ist selbstredend beachtenswert, zumal wenn man folgende Überlegung anstellt:

Ein Elektrostahlofen sei beispielsweise bestimmt, mit einer Lichtbogenspannung von 40 Volt und einer Stromstärke von 2000 Ampere zu arbeiten. Es kann aber nun der Fall eintreten, daß die eine Elektrode eine Polarität von 45 Volt und die Elektrode der andern nur eine von 35 Volt Spannung bei richtiger Stromstärke, also 2000 Ampere hat. Sofern nur die letzte Elektrode geregelt wird, so daß sie auf die Normalspannung von 40 Volt erhöht wird, so geht die Stromstärke infolgedessen herunter. Bringt man die erste Elektrode auf die richtige Stromstärke, so ist das Bild wiederum verschoben; es stehen dann beide Elektroden falsch. Um die gewünschte Stromstärke und Spannung zu erhalten, ist ein wiederholtes Regulieren der einzelnen Elektroden erforderlich, bis schließlich normale Verhältnisse hergestellt sind.

Die FGL empfehlen daher, die Bewegung der Elektroden so voneinander abhängig zu machen, daß beim Heben der einen Elektrode die andere gleichzeitig gesenkt wird. Wer jedoch mit dem Betrieb eines Lichtbogenofens vertraut ist, weiß, daß eine Reihe von Umstände mitsprechen, wonach es unbedingt erforderlich ist, jede Elektrode für sich zu regulieren. So ist beispielsweise der Abbrand der einzelnen Elektroden sehr verschieden. Ferner ist die Badoberfläche, zumal bei festem Einsatz, eine unregelmäßige; ebenso erfolgt das Zusammensintern des Einschmelzmaterials bald unter dem einen Lichtbogen, bald unter dem anderen. Schließlich treten in den einzelnen Elektroden verschiedene elektrische Energieschwankungen auf, die durch den Schmelzprozeß an und für sich hervorgerufen werden und unvermeidlich sind. Kurzum, viele Umstände sprechen dafür, daß jede Elektrode ihren besonderen Antrieb haben muß. Übrigens ist es für den Betrieb eines Lichtbogenofens von nicht großer Bedeutung, wenn die Leistung desselben in geringen Grenzen nach oben

---

[1]) D. R. P. Nr. 218957.

oder unten abweicht. Auch ist nach dem Verfahren der FGL noch keine Konstruktion durchgeführt oder erprobt worden, die die gleichen Vorteile bieten
würde, wie die bei Einzelregelung.

g) Die elektromechanische Elektrodenregelung Patent Innocenti.

Weiter wird eine selbsttätige elektromechanische Elektroden-Regeleinrichtung nach einem Patent[1]) von Innocenti beschrieben. Dieselbe besteht aus einer
mechanischen Drehvorrichtung, die neben einem aus vielen Organen bestehenden Getriebe mit einer Winde ausgerüstet ist, die die Elektrode hebt oder senkt,

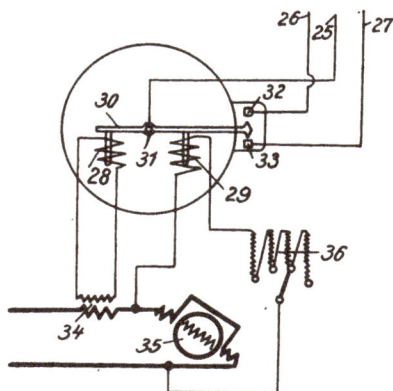

Abb. 416.
Innocenti-Elektrodenregler für Wechselstrom.

und einer elektrischen Regelung, um die mechanische Einrichtung in Tätigkeit zu setzen. Die Arbeit der letzteren besteht darin, daß ein in zwei Neben-
räder eines Differentialgetriebes eingreifender Zahnradkranz von einer mecha-
nischen-elektrischen Bremse gesteuert werden kann. Die Wirkung der mechanischen Vorrichtung ist folgende:

Ein Zahnrad, das auf die Achse der Elektrodenwinde aufgekeilt ist, greift
in zwei sich entgegengesetzt bewegende Räderpaare, die von einem Motor o. dgl.
angetrieben werden. Durch Einbau von Nebenrädern, die innen in den Zahnkranz eingreifen, wird erreicht, daß durch Bremsung die eine oder andere Drehbewegung der Elektrodenwinde möglich ist. Die Wirkung der elektrischen
Einrichtung ist folgende:

Der Apparat der Abb. 416 für Wechselstrom besteht in der Hauptsache
aus zwei Spulen, und zwar einer amperemetrischen 28 und einer voltmetrischen 29,
welche zwei Anker anziehen, die an einem Hebel oder Balkon 30, der auf 31
drehbar angeordnet ist und zur Herstellung des Kontaktes zwischen sich selbst
und den Endstücken 32 und 33 bestimmt ist, aufgehängt sind; ein Transfor-

---

[1]) D. R. P. Nr. 227333.

mator *34* liefert den amperemetrischen Strom, während der voltmetrische von den Leitern, welche vom Wechselstromgenerator *35* ausgehen, herrührt. Ein kleiner regulierbarer Widerstand *36* dient dazu, den Apparat so einzustellen, daß der Hebel sich bei einem vorherbestimmten Energieverbrauch des Ofens im Gleichgewicht befindet. Die Leitungen *25, 26* und *25, 27* führen zu zwei Elektrodenmagneten, deren bewegliche Kerne mit den beiden Bremsen derartig

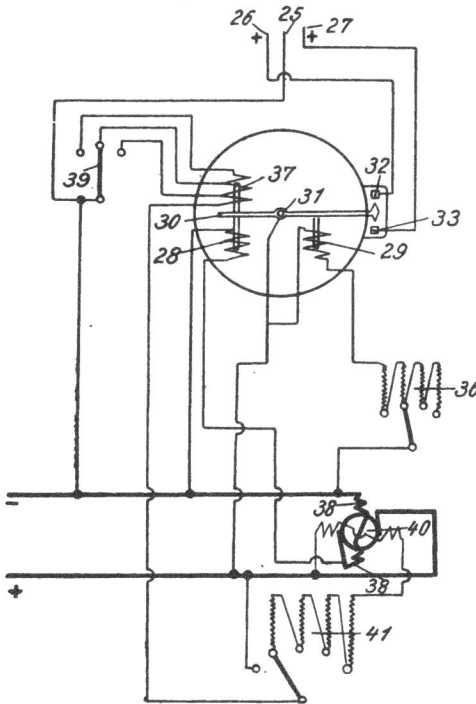

Abb. 417.
Innocenti-Elektrodenregler für Gleichstrom.

verbunden sind, daß bei Betätigung des einen oder anderen Kontaktes *32* oder *33* die eine oder andere Bremse gesteuert wird, um so verschiedene Drehrichtungen an der Elektrodenwinde zu erhalten.

Der in Abb. 417 dargestellte Apparat für Gleichstrom ist dem vorigen ähnlich und weicht hauptsächlich darin von jenem ab, daß er eine dritte Spule *37* besitzt, welche auf einen an dem den Kontakt herstellenden Hebel befestigten Anker wirkt, und welche so angeordnet ist, daß sie eine mit der voltmetrischen Spule übereinstimmende Anziehung ausübt. Die Spule *37* wird von dem Strom durchzogen, welcher das magnetische Feld der Dynamomaschine *40* erregt, während die amperemetrische Spule *28* von einem Strom durchzogen wird, welcher von den Enden eines mit der Maschine in Reihe liegenden Widerstandes *38* abgeleitet ist. Mittels eines Schalters *39* kann übrigens in der Spule *37* die Zahl der in Wirkung befindlichen Windungen verändert werden, und dies unabhängig von dem Wert des Erregungswiderstandes *41*, auch kann man besonders oder gleichzeitig mit dieser Veränderung den voltmetrischen Strom mittels des regulierbaren Widerstandes *36* steigern oder vermindern, und zwar um den Apparat den verschiedenen Spannungen und Stromstärken, mit denen der Ofen arbeiten soll, anzupassen. In der Folge sind beispielsweise die hauptsächlichsten Umstände angegeben, unter denen ein elektrischer, mit Gleichstrom gespeister Ofen arbeitet, und die Art, wie der Regulierapparat funktionieren wird.

Wenn der Ofen unter einer konstanten Spannungsdifferenz eine höhere Stromstärke als die vorherbestimmte verbraucht, so strebt besagter Apparat danach, sie zu verringern, wobei der Wert der verbrauchten Energie beständig erhalten wird. In diesem Falle nimmt die Anziehung der amperemetrischen Spule zu, während die der voltmetrischen Spule abnimmt; die Anziehung der Erregungsspule nimmt infolge des Sinkens der Spannung an den Klemmen der Dynamomaschine ab. Der Hebel bewirkt sodann einen Kontakt und erhält ihn solange, bis infolge der Abnahme der Stromstärke der Hebel wieder in Gleichgewicht zurückkehrt. Wenn der Ofen eine niedrige Stromstärke als die vorherbestimmte verbraucht, so nimmt die durch die amperemetrische Wicklung hervorgerufene Anziehung ab, während die der voltmetrischen und der Erregungsspulen steigt. Die Wirkungen der einzelnen Spulen vereinigen sich also dahin, daß ein anderer Kontakt hergestellt wird. Wenn der Ofen eine niedrigere Stromstärke verbrauchen soll, wobei die Spannung gleich bleibt, so genügt es, die Erregung der Dynamomaschine zu vermindern, und zwar vermittelst einer Vergrößerung des in den Erregungskreis eingeschalteten Widerstandes. In diesem Falle nimmt die Anziehung der voltmetrischen Spule und auch bzw. die der von dem Erregungsstrom durchströmten Spule ab. Der Hebel wird dann zu dem ersterwähnten Kontakt bis zum Gleichgewicht geführt, das infolge der von dem Ofen verbrauchten geringeren Stromstärke entsteht. Wenn der Ofen unter einer höheren Spannungsdifferenz arbeiten soll, während die verbrauchte Energie unverändert bleibt, so genügt es, um den Apparat dazu einzustellen, den Erregungsstrom des magnetischen Feldes der Dynamomaschine auf die nötige Stromstärke zu bringen und einige Windungen der von dem Erregungsstrom durchströmten Spule auszuschließen, wodurch neue Umstände geschaffen werden, um das Gleichgewicht des Hebels, der den Kontakt bewirkt, herzustellen. Die Veränderung der Anzahl der Wicklungen der Spule wird mittels einer besonderen Kurbel und einer Reihe von Kontaktknöpfen bewerkstelligt.

Da die Feldwicklung der Dynamomaschine für die Regulierung mit herangezogen werden muß, unterliegt die Regelung Patent Innocenti großen Beschränkungen. Sie kann also ebenfalls nur da angewandt werden, wo für eine Elektrostahlofenanlage zugleich ein besonderes Maschinenaggregat für die Stromerzeugung des Ofens mit aufgestellt wird. Dieser Fall kommt bei der hohen Zahl der Großkraftwerke und ihrer Annehmlichkeiten kaum noch vor.

h) Die Elektrodenregelung Bauart Thury.

Der Vollständigkeit halber soll die Regelung, Bauart Thury, die von der französisch-schweizerischen Firma H. Cuénod, A.-G., Genf, gebaut wird, erwähnt werden. Der Regler ist in Abb. 418 dargestellt und stellt eine Stromwage dar, die sich bei Änderung der Lichtbogenstromstärke aus ihrem Gleichgewichtszustand begibt und einen Stromkreis kurzzeitig schließt, der dem Elektroden-

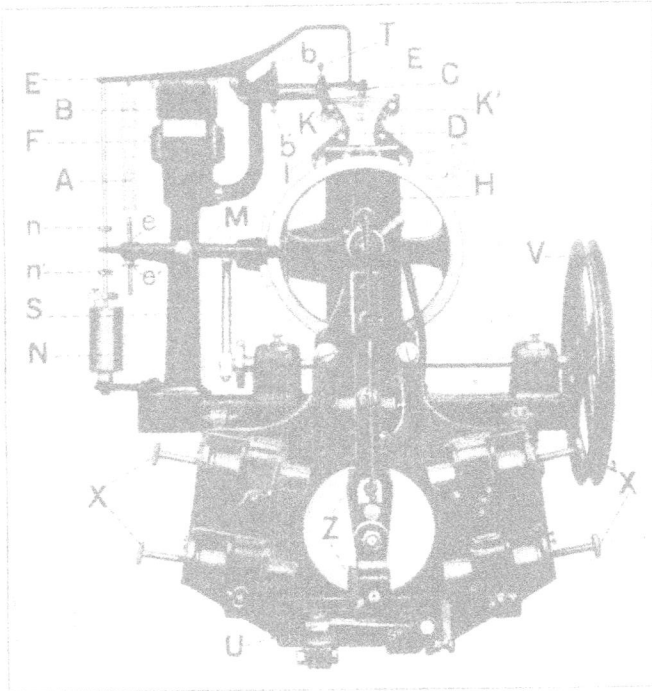

Abb. 418.
Ansicht des Thury-Reglers.

windenmotor entweder die eine oder andere Drehrichtung gibt. Der Vorgang ist folgender:

Der Regler wird durch die Schnurscheibe V in der Weise angetrieben, daß ein Kurbelantrieb ein Sperrad H hin und her bewegt. An diesem Klinkenrad H befindet sich ein Hebel, der an seinem unteren Ende zwei Kupferkontakte Z trägt. Im Gleichgewichtszustand steht der Hebel still. Ändert sich der Lichtbogenstrom im Ofen, so wird durch den Stromtransformator, der in der Lichtbogenleitung liegt (siehe Abb. 419, Schaltung für ein Drehstromnetz), in einem Solenoid F ein Strom induziert, der einen Hebel E trägt, wodurch der eine oder andere Sperrhaken J oder J' in die jeweilige Angriffsöffnung des Sperrades *H* eingreift und dieses mitnimmt. Die Kontaktbrücke *Z* stellt durch die Verbindung mit den beiden Kohlekontakten *X* einen Stromschluß her, der den Elektrodenmotor einschaltet. Infolge der Kurbelbewegung wird das Sperrad *H* nach kurzer Kontaktgebung wieder in seine Normallage gebracht, auch wenn die Lichtbogenstromstärke im Ofen noch nicht wieder erreicht ist.

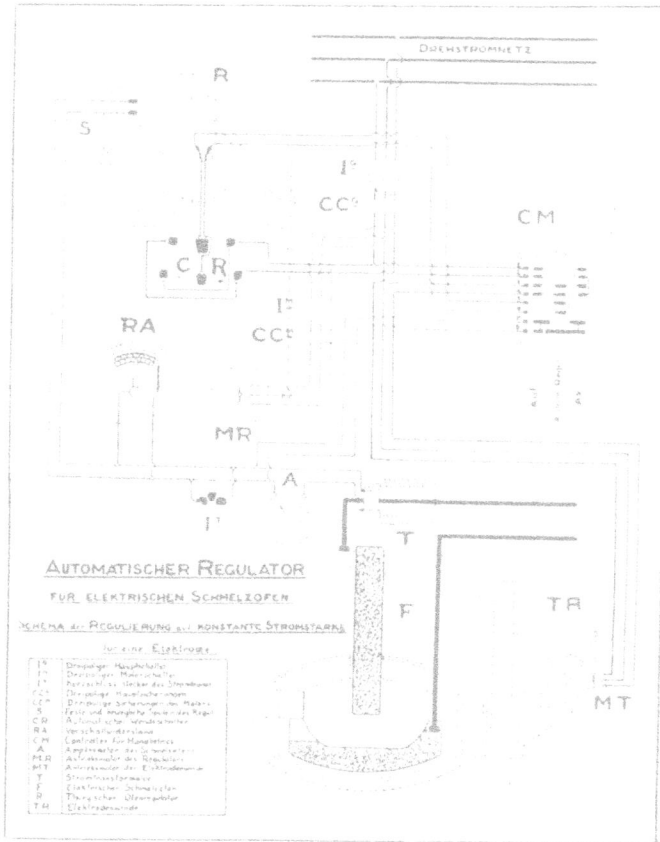

Abb. 419.

Es wiederholt sich der Vorgang so häufig, bis die Stromwage wieder im Gleichgewichtszustand ist. Die Abb. 420 zeigt das Schaltungsbild für Gleichstrom.

Der Thury-Regler ist bei Elektrostahlöfen zur Anwendung gekommen, da aber seit mehr als 10 Jahren keine merklichen Verbesserungen vorgenommen worden sind, ist derselbe durch neuzeitige Regler überholt worden. Die träge Regulierung, zumal zu Anfang einer Schmelze oder bei Elektrodenkurzschlüssen, bildet den Hauptnachteil des Thury-Reglers.

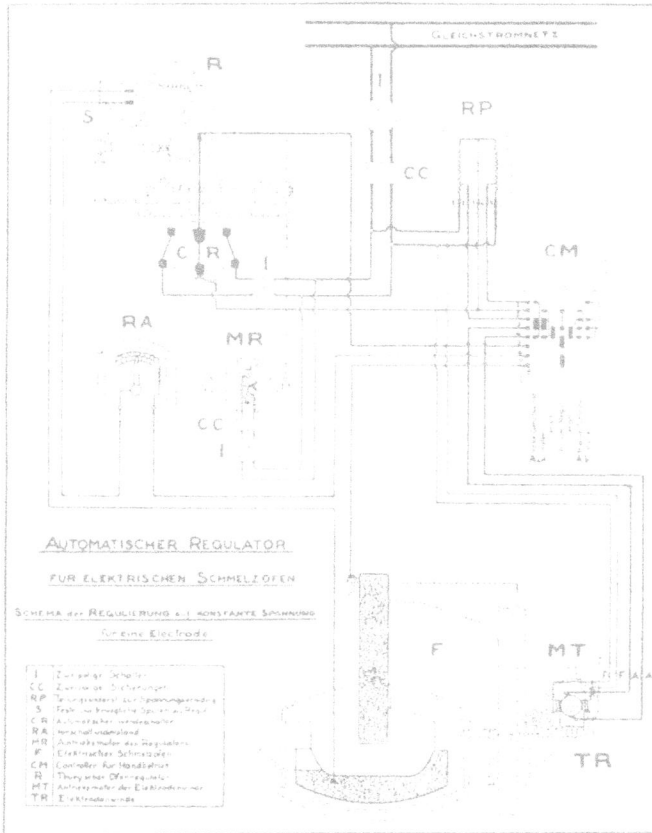

Abb. 420.

i. Der Arca-Regler[1]).

Bisher sind die selbsttätigen Regelungen aus feinmechanischen, elektrischen Einrichtungen zusammengebaut worden, ohne Rücksicht auf die rauhen, staubigen Betriebsverhältnisse, wie sie ausnahmslos bei Lichtbogenöfen vorliegen. Zwei Anforderungen sind demnach im allgemeinen an jede Regeleinrichtung zu stellen; einmal muß die Einrichtung eine den Bedürfnissen entsprechende Empfindsamkeit bei Änderungen des Beharrungszustandes und zweitens größte Unempfindlichkeit gegen äußere Einflüsse besitzen. Da, wo es auf höchste Empfindlichkeit bei leisester Veränderung des Beharrungszustandes ankommt, sind die beiden genannten Forderungen schwer vereinbar. Hohe Empfindsamkeit verlangt die Ausschaltung jeder unnötigen Reibung und die Vermeidung

---

[1]) Ruß: Eine neue Regeleinrichtung für elektrische Lichtbogenöfen, Gießerei-Zeitung 1922, Nr. 39.

von Massenwirkungen. Diese Forderung führt aber im allgemeinen zu sehr subtilen Konstruktionen. Die Einrichtungen bedürfen dann aufmerksamster Wartung und sorgfältigster Behandlung und können nicht, wie es gerade in vielen Betrieben nötig ist, ungelernten Händen anvertraut werden. Gerade an dieser Schwierigkeit, die beiden Forderungen, höchste Empfindsamkeit auf schwächste Impulse und größte Unempfindlichkeit gegen Störungen, zu vereinbaren, scheitert oft die sonst so naheliegende Lösung der Aufgabe auf elektrischem Wege. Selbst die heute so häufig in Anwendung kommende Regelung der schützengesteuerten Elektrodenmotoren zeigt den Übelstand, daß die sehr oft zu schaltenden Schützen und Anlasserwiderstände einem sehr starken Verschleiß unterliegen.

Im dem nachstehend beschriebenen Arca-Regler dürfte jedoch eine Lösung gefunden sein, die die beiden oben erwähnten Forderungen erfüllt, die mit feinster Empfindsamkeit größte Betriebssicherheit vereint. Dabei ist das der Konstruktion zugrunde liegende Prinzip außerordentlich einfach und verständlich: Es beruht darauf, daß aus einem Mundstück von einigen Millimetern Durchmesser, dem ein Prallkörper gegenübersteht, ständig eine nicht zusammendrückbare Druckflüssigkeit (Wasser) ausfließt. Die jeweilige Stellung des Prallkörpers zum Mundstück wird durch das zu regelnde Medium vermittels eines entsprechenden Fühlorgans beeinflußt, und zwar derart, daß er dem Mundstück genähert oder von ihm entfernt wird, je nachdem sich der Beharrungszustand des zu regulierenden Mediums ändert. Es handelt sich dabei um Bewegungen von Bruchteilen von Millimetern. Durch die Näherung oder Entfernung des Prallkörpers vom Mundstück wird der Druck der Flüssigkeit in der Zuleitung zum Mundstück geändert. Diese Druckänderung wirkt auf eine Membrane, die ihrerseits einen Kolbenschieber bewegt, die den Zu- oder Abfluß einer Druckflüssigkeit zu einem Druckzylinder freigibt, der nun seinerseits die Verstellung des zu regelnden Organes bewirkt.

Der Arca-Regler ist somit ein hydraulischer Regler und gehört zu den sog. Kräftemultiplikatoren, denn je nach der Bemessung des Druckzylinders bzw. des Druckes der Arbeitsflüssigkeit (Wasser) lassen sich beliebig große Verstellkräfte auf leisesten Impuls hin erzeugen.

Jede der Elektroden E, die in Elektrodenhaltern senkrecht steht (Abb. 421), ist durch einen Drahtzug oder eine Kette über ein Blockzeug mit einer Kolbenstange des einseitig arbeitenden Druck- oder Stellzylinders Z und dem Gegengewicht G derart verbunden, daß bei Belastung des Druckzylinders die zugehörige Elektrode in den Ofen eingeführt, bei Entlastung durch das Gegengewicht aus dem Ofen herausgezogen wird.

Die Druckflüssigkeit (Wasser), welche zum Betrieb des Arca-Reglers nötig ist, tritt durch die Leitung W_1 in das Ventil V (Abb. 422 unten) und zum Kolben- oder Steuerschieber K. Ein kleiner Teil des Druckwassers fließt ständig durch eine Drosselöffnung zur Druckkammer D des Ventils V und durch eine Rohrleitung zu den Relais R_1 und R_2. In diesen strömt es durch die Mundstücke S aus und fließt ab.

Die Fühlorgane sind die Elektromagneten *EM* der beiden Relais R_1 und R_2 (Abb. 422 oben). Das erstere ist mit dem Stromtransformator *T* verbunden. Jede Änderung der Stromstärke in der Zuleitung zu den Elektroden beeinflußt

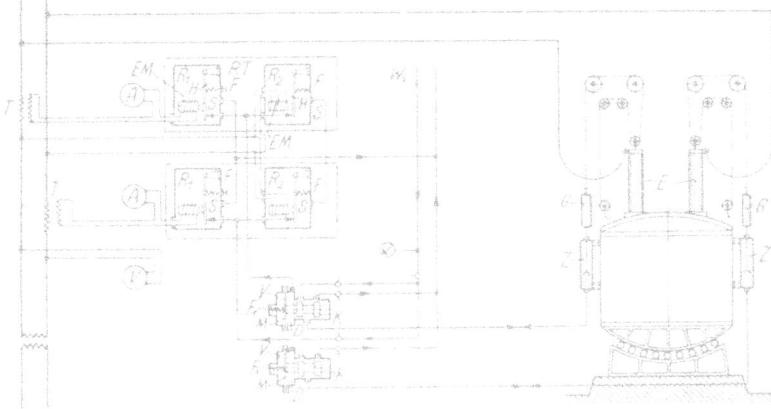

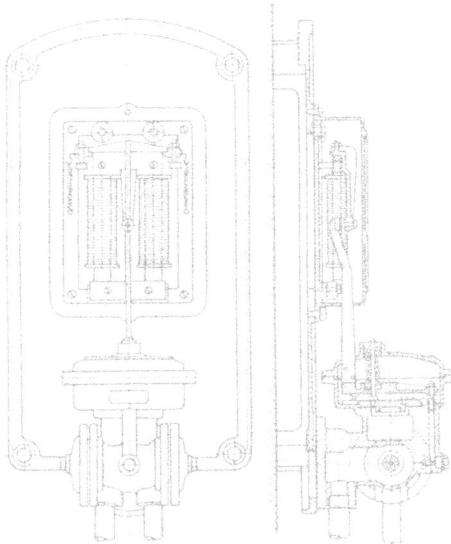

Abb. 422.
Ansicht der beiden Relais (oben) und des Ventiles (unten).

den in Schneiden gelagerten Elektromagneten des Relais *R* derart, daß seine Lage zu seinem Anker verändert wird. Diese Bewegung des Elektromagneten *EM* überträgt sich auf den Hebel *H*, welcher, in Schneiden drehbar gelagert,

28*

durch die Stellfeder F entsprechend der gewünschten Stromstärke belastet
ist und einen dem Mundstück S gegenüberstehenden Prallkörper trägt.

Mit der Bewegung des Elektromagneten, infolge eintretender Veränderungen
der Stromstärke, wird demzufolge die Prallplatte dem Mundstück S genähert
oder von ihm entfernt und der Wasserausfluß mehr oder weniger gehemmt.
Durch die hierdurch in der Druckleitung und in der Druckkammer R entstehenden Druckveränderungen wird der Kolben- oder Steuerschieber K mittels
der den Druckveränderungen nachgebenden Membrane M, die auf der einen
Seite durch die Feder F_1, auf der anderen Seite durch das Druckwasser belastet
ist, bewegt und gibt entweder den Zu- oder Abfluß des Druckzylinders Z frei.

Zeigt sich z. B. eine Neigung zum Steigen der Stromstärke in der Zuleitung zu den Elektroden, so wird der Prallkörper vom Mundstück entfernt.
Das hat zur Folge, daß der Druck unter der Membrane M sinkt. Die Membrane
verschiebt den Kolbenschieber K so, daß der Ablauf des Druckzylinders Z freigegeben wird. Das Gegengewicht G entfernt die Elektroden voneinander und
die Stromstärke sinkt wieder bis zu der gewünschten Höhe.

Sobald die Spannung aus irgendeinem Grunde unter ein bestimmtes Minimum herabsinkt oder gleich Null wird, hat das Nullspannungsrelais R_2 die
Aufgabe, den Regler zu veranlassen, die Elektroden ganz aus dem Ofen heraus-
zuziehen. Denn infolge der Wirkungsweise des Stromrelais R_1 würden sich die
Elektroden bei Aufhören der Stromzufuhr einander bis zur Berührung nähern
und damit die Gefahr des Kurzschlusses und der Zerstörung der Elektroden
gegeben sein. Das Nullspannungsrelais R_2 arbeitet im übrigen genau so wie das
Stromrelais. Es ist nur direkt an das Leitungsnetz und nicht an den Stromtransformator T angeschlossen.

Durch die Veränderung der Spannung der Federn F kann die Einstellung
der Relais auf eine bestimmte Stromstärke bzw. Minimalspannung in weiteren
Grenzen verändert werden.

Strom- und Spannungsrelais des Arca-Reglers arbeiten mit großer Genauigkeit. Der Regler spart dem Schmelzer daher jegliche Regelarbeit. Derselbe
hat nur beim An- und Abstellen des Ofens den Hauptschalter zu bedienen
und einmal die Stellfeder entsprechend der gewünschten Schmelzarbeit einzustellen. Alles andere vollführt der Arca-Regler selbsttätig.

Abgesehen von anderen Anwendungsgebieten hat der Arca-Regler für elektrische Lichtbogenöfen bereits Verbreitung gefunden. So arbeitet der Regler an
einem 1-t-Rennerfeltofen auf der Wikmannshytte Brucks, Aktiebolag,
Wikmanshytten, mit vollem Erfolg. Nach Einbau des Reglers konnte die Bedie-
nungsmannschaft um einen Mann verringert werden. Die Beschickungszeit
soll sich auf etwa 60 vH der Beschickungszeit, die bei Handregelung erforderlich
war, verkürzt haben, wodurch die Produktionsfähigkeit des Ofens entsprechend
gesteigert worden ist. Ferner soll der Verbrauch an Elektroden geringer geworden sein. Während der Transformator für den Stahlofen sich bei Handregelung der Elektroden als unzureichend für den vorliegenden Fall erwies, hat sich
derselbe, seit der Arca-Regler in Betrieb ist, als vollkommen ausreichend

gezeigt, was auf das Ausgleichen der Maximalbelastungen, die der Regulator im Vergleich mit der Belastung bei Handregulierung erzielt hat, zurückzuführen ist. Der Regulator hat während der etwa zwei Jahre, die er dort in Tätigkeit ist, stetS gut gearbeitet, so daß irgendwelche Störungen im Betrieb nicht vorgekommen sind.

Ein Arca-Regler an einem Elektrostahlofen in der Stahlgießerei K/B. Scania Vabis, Södertalje soll ebenfalls seit seinem Einbau einen sehr ruhigen Ofenbetrieb hervorrufen. Zur Verfügung steht Druckwasser von 2 at. Der Regler wird selbst bei kaltem Einsatz zu Beginn der Schmelze eingeschaltet und verrichtet seinen Dienst während des ganzen Schmelzvorganges.

Der Regler ist durch Patente geschützt und wird von der Arca- Regler Akt.-Ges., Berlin, gebaut.

6. Die Meßinstrumente.

a) Die Temperaturmessungen.

Die Verwendung von Temperatureinrichtungen ist für den Elektrostahlofenbetrieb mannigfacher Vorteile wegen anzustreben. Zu hohe Temperaturen sind schädlich; es ergibt sich eine zu hohe Beanspruchung des Schmelzgutes und schließlich eine zu schnelle Abnutzung des Ofens. Vor allem beeinträchtigt eine zu hohe Schmelztemperatur die Qualität des Gusses. Beim Stahl wird ferner der Gehalt an Kohlenstoff, Silizium, Mangan usw. in unliebsamer Weise beeinflußt bzw. entzogen. Andererseits liefern zu niedrige Temperaturen ein zu träge fließendes Schmelzgut. Wichtiger fast noch als die Schmelztemperatur ist die Gießtemperatur. Wird zu kalt gegossen, so wird die Form von dem nicht genügend dünnflüssigen Material schlecht ausgefüllt, und der Guß weist Undichtigkeiten und Poren auf. Deswegen ist besonders beim Kunstguß und beim Gießen dünnwandiger Stücke sehr darauf zu achten, daß genau die richtige Gießtemperatur eingehalten wird. Bei zu hoher Gießtemperatur brennt der Formsand an; auch erfolgt die Schwindung anormal, und zumal bei komplizierten Stücken ungleichmäßig. Gußspannungen, Warm- und Kaltrisse sind, insbesondere bei Stahlguß, die weiteren unangenehmen Folgen. Bei der Herstellung von Hartguß in Kokillen erwärmen sich diese durch zu heiß einfließendes Eisen in unerwünschtem Grade und beeinträchtigen dadurch die angestrebte Oberflächenhärtung.

In allen solchen Fällen wird man sich ungern auf die Temperaturschätzung mit dem bloßen Auge verlassen, das, manchmal ermüdet oder durch die wechselnde Helligkeit der Umgebung getäuscht, gegen Irrtümer nicht gefeit ist. Es ist somit erwünscht, die subjektive Schätzung durch ein Meßgerät zu ersetzen oder wenigstens zu unterstützen, das durch keine äußeren Zufälligkeiten in der Genauigkeit seiner Angaben beeinträchtigt wird. Ein solches Hilfsmittel besitzen wir in den Temperaturmeßeinrichtungen.

Man unterscheidet Widerstandsthermometer, thermoelektrische und optische Pyrometer. Für den Elektrostahlofenbetrieb, bei dem es sich um besonders hohe Temperaturen handelt, kommt das optische Pyrometer in Betracht[1]).

Den optischen Pyrometern liegt der Gedanke zugrunde, die Temperatur eines Körpers durch Beobachtung des von ihm ausgestrahlten Lichtes zu messen. Lehrt doch schon der Sprachgebrauch Gelbglut, Rotglut, Weißglut, daß sich dessen Eigenschaften mit der Erwärmung ändern. Zerlegt man das Licht eines glühenden Körpers durch ein Prisma in sein Spektrum und beobachtet die Helligkeit einer bestimmten Farbe, z. B. Rot der Waasserstofflinie C, so findet man eine beträchtliche Zunahme der Intensität mit steigender Temperatur des strahlenden Körpers. Setzen wir etwa die Strahlung bei $1000^0 = 1$, so steigt sie für 1500^0 auf den Wert 134 und erreicht bei 2000^0 das 2134fache.

Von Fachgelehrten experimentell nachgewiesen, wurde das Gesetz von Wien und Planck mathematisch formuliert, und zwar gilt für das sichtbare Gebiet merklich genau die Beziehung.

$$J = c_1 \lambda^{-5} \cdot e^{-\frac{c_2}{\lambda T}} \text{ (Wien-Plancksches Gesetz).}$$

Hierin bedeutet:

J die optisch beobachtete Intensität bestimmter Wellenlänge,

T die absolute Temperatur,

λ die Wellenlänge (Farbe) der beobachteten Strahlen,

c_1 und c_2 zwei Konstanten,

e die Basis der natürlichen Logarithmen.

Da alle Größen bis auf J und T bekannt sind, bietet dieses Gesetz uns die Möglichkeit, durch Bestimmung von J die unbekannte Temperatur $t = (T\text{-}273)$ zu ermitteln.

---

[1]) Über die Messung hoher Temperaturen auf optischen Wege sind eine Anzahl Arbeiten erschienen, von denen nachstehend einige zum Spezialstudium empfohlen werden:

Wien und Lummer, Ann. 56 (1895) 451;
Lummer und Kurlbaum, Verh. d. D. Phys. Ges. 17 (1898) 106:
Lummer und Pringsheim, Verh. d. D. Phys. Ges. 5 (1903) 6;
Holborn und Kurlbaum, Annalen der Phys. 10 (1903) 225.
Wanner, Phys. Z. 3 (1901) 112; Holborn und Hennig, Berl. Akad. Ber. (1905) 311;
Hildebrandt, Z. f. Elektrochemie 14 (1908) 349;
Valentiner, Ann. 31 (1910) 275;
v. Pirani, Verh. d. D. Phys. Ges. 12 (1910) 301;
v. Pirani und Meyer, Z. f. wissenschaftliche Photogr. 10 (1911) 135;
Henning, Z. f. Instrumentenkunde 30 (1910) 61;
Thürmel, Ann. d. Phys. 33 (1910) 1139;
v. Pirani und Meyer, Verh. d. D. Phys. Ges. 13 (1911) 540;
Meyer, Verh. d. D. Phys. Ges. 13 (1911) 680;
Burgeß, Ber. des Internationalen Kongreßes für angewandte Chemie 22 (1912) 53
v. Pirani und Meyer, Verh. d. D. Phys. Ges. 14 (1912) 429;
Warburg, Leithäuser, Hupka, Müller, Annalen der Physik 40 (1913) 609;
Meyer, Dinglers Polytechn. Journal 31, 33, 34 (1913).

Schreiben wir die Gleichung in logarithmischer Form, so erscheint die Beziehung in besonders einfacher Gestalt

$$\log J = C - \frac{c_2 \log e}{\lambda T},$$

d. h. der Logarithmus der Intensität ist eine lineare Funktion des reziproken Wertes der absoluten Temperatur.

Ein dem obigen analoger Ausdruck folgt für eine Temperatur T_1, so daß sich das Verhältnis der Intensitäten bei zwei Temperaturen T und T_1 ergibt zu:

$$\log \frac{J}{J_1} = \log e \frac{c_2}{\lambda} \left(\frac{1}{T_1} - \frac{1}{T} \right) = \log \frac{\text{ctg}^2 a_1}{\text{ctg}^2 a},$$

wenn wir die Intensität mittels Polarisationsvorrichtung messen und a und a_1 die zugehörigen Verdrehungswinkel am Polarisationsapparat bezeichnen mögen.

Es läßt sich also, falls die zu einer einzigen Temperatur und Wellenlänge gehörige Strahlungsintensität J bekannt ist, jede andere Temperatur auf optischem Wege bestimmen, vorausgesetzt natürlich, daß der zu beobachtende Körper bereits sichtbare Strahlen aussendet. Dieser ist von etwa 625° aufwärts der Fall. Eine obere Grenze in der optischen Temperaturbestimmung ist natürlich nicht vorhanden, da wir stets die Strahlung z. B. duch absorbierende Mittel auf einen zur Messung geeigneten Wert in bekanntem Maße schwächen können. Anders ist es mit der Gleichgültigkeit des Strahlungsgesetzes. Hier ist jedoch durch die Arbeiten von Lummer und Pringsheim u. a. bei der experimentellen Bestimmung der Konstanten bis über 2300° C eine derartig glänzende Übereinstimmung erzielt worden, daß wir bei Vorhandensein einer schwarzen Strahlung berechtigt sind, auf Grund des Wienschen Gesetzes unsere Temperaturmessung auch auf die höchsten beobachteten Temperaturen zu extrapolieren. Hierbei muß noch auf eine Einschränkung bei Anwendung der Strahlungsgesetze hingewiesen werden. Diese haben nämlich nur volle Gültigkeit für einen absolut schwarzen Körper, d. h. einen solchen, der alle auftreffende Strahlung absorbiert und nichts davon hindurchläßt oder reflektiert. Nach Kirchhoff läßt sich diese Bedingung am besten durch einen Hohlraum darstellen, dessen Wände konstant dieselbe Temperatur wie dieser selbst besitzen. Heizen wir einen solchen z. B. auf elektrischem Wege und lassen die Strahlen durch eine kleine Öffnung in der Wand austreten, so haben wir einen sog. schwarzen Strahler vor uns, auf den sich oben das erwähnte Gesetz in aller Strenge anwenden läßt. Glücklicherweise bieten aber die gleichen Verhältnisse fast sämtliche in der Industrie gebräuchlichen Öfen, und auch für die meisten anderen glühenden festen und flüssigen Körper kann man ohne weiteres die Richtigkeit des Gesetzes annehmen, weil der Unterschied deren Strahlung gegen die des schwarzen Körpers besonders bei hohen Temperaturen für die Fälle der Praxis zu vernachlässigen ist.

Es ist das Verdienst Kirchhoffs, nachgewiesen zu haben, daß die Strahlung eines Körpers mit derartigen Eigenschaften nur eine Funktion der Temperatur ist und dieses praktisch am besten durch einen Hohlraum dargestellt wird. In der Tat werden auch derartige elektrisch geheizte Vorrichtungen zum Eichen der optischen Pyrometer benutzt.

Das optische Pyrometer ist vorläufig das einzige Meßinstrument, das bei hohen Temperaturen genaue Angaben zu machen gestattet. Dasselbe besitzt die Eigenschaft, alle Körper von einer bestimmten Temperatur an, durch sichtbares Glühen unseren Augen einen Rückschluß auf den Grad der Erhitzung zu gestatten. Durch unser Auge ist die untere Grenze dieser Meßmethode bei etwa 525° C gegeben. Wir können also mit ihr graduelle Unterschiede durch die Bezeichnung: Rotglut, Gelbglut, Weißglut festlegen. Es dürfte nun interessieren, einige optische Pyrometer kennen zu lernen, und sollen nachstehend die wichtigsten kurz beschrieben werden.

Die Abb. 423 veranschaulicht in schematischer Darstellung die prinzipielle Anordnung eines optischen Pyrometers von Holborn und Kurlbaum, welches

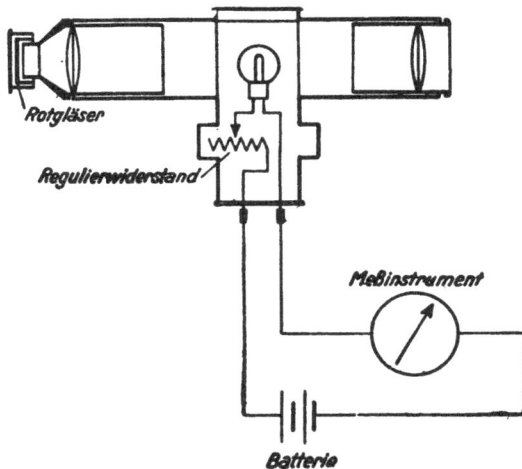

Abb. 423.
Aufbau und Schaltung des optischen Pyrometers von Siemens & Halske A.-G.

von der Firma Siemens & Halske, A.-G., hergestellt wird. Es besteht im wesentlichen aus einem Fernrohr, durch das man das Schmelzgut betrachtet. In das Rohr wird von der Seite eine Glühlampe eingeschoben, deren bügelförmiger Faden sich zunächst schwarz von dem helleuchtenden Gesichtsfelde abhebt. Dann schickt man durch den Faden Strom aus einem Akkumulator, der Faden beginnt zu leuchten, und bei einer bestimmten Stromstärke hebt sich der Faden nicht mehr vom Bilde des untersuchten Objektes ab. In diesem Moment haben der Glühfaden und das Objekt die gleiche Temperatur. Für die Glühlampe wird der Zusammenhang zwischen Stromstärke und Temperatur von der Physikalisch-technischen Reichsanstalt festgestellt. Man braucht also nach erfolgter Einregulierung der Stromstärke mittels des Regulators bis zum Verschwinden des Glühfadens nur die Stromstärke an dem Amperemeter abzulesen und die zugehörige Temperatur einer mitgelieferten Skala zu entnehmen. Bereits eine kleine Schauöffnung im Ofen genügt, um eine korrekte

Temperaturmessung auszuführen. Die Messung kann aus fast beliebiger Entfernung vorgenommen werden. Die Abb. 424 zeigt die Handhabung des optischen Pyrometers von Siemens & Halske, A.-G. —

Das Strahlungspyrometer, Bauart „Hirschson", das von der Firma Paul Braun & Co., Berlin N 113, ausgeführt wird, ist ebenfalls bis zu den höchsten, in Anwendung kommenden Temperaturen brauchbar. Den messenden Teil bildet hier ein sog. „Bolometer", ein aus feinen geschwärzten bestehender Widerstandskörper, der am Grunde des Aufnahmerohres angebracht ist. Die

Abb. 424.
Handhabung des optischen Pyrometers von Siemens & Halske A.-G.

Abb. 425 zeigt das Rohr, das Galvanometer und die Batterie, d. h. eine vollständige Einrichtung für ortsfeste Anbringung.

Der Grundgedanke des neuen Meßgerätes beruht auf der elektrischen Widerstandsänderung gewisser Metalle unter dem Einfluß der Temperatur. Diese Eigenschaft wird z. B. in den sog. Bolometern zu Messungen von fast unglaublicher Feinheit (noch Milliontel von Graden sind meßbar) benutzt. Für den vorliegenden Zweck ist natürlich eine solche Feinheit nicht erforderlich, aber selbst in diesem für technische Zwecke ausreichend kräftig gebauten Gerät genügt eine Temperaturerhöhung von nur 5⁰ zur Erzielung des vollen Ausschlages.

Die Anwendung elektrischer Vorgänge bietet zugleich alle Vorteile der bisher bekannten elektrischen Wärmemesser, nämlich die unmittelbare Ablesung, die Möglichkeit der Diagrammaufzeichnung unter Niederschrift mehrerer

442

verschiedenfarbiger Diagramme auf einem einzigen Blatte, der Fernablesung und des Anschlusses beliebig vieler Meßpunkte an ein Ablesegerät.

Die Wirkungsweise der Bolometer ist auf dem Grundsatz der Wheatstoneschen Brücke begründet. Denkt man sich die vier Zweige einer solchen Brücke aus Metall von hohem Temperaturkoeffizienten hergestellt, so wird eine verschieden hohe Erwärmung der einzelnen Zweige eine Belastungsänderung und entsprechenden Galvanometerausschlag bewirken. Eine besonders günstige

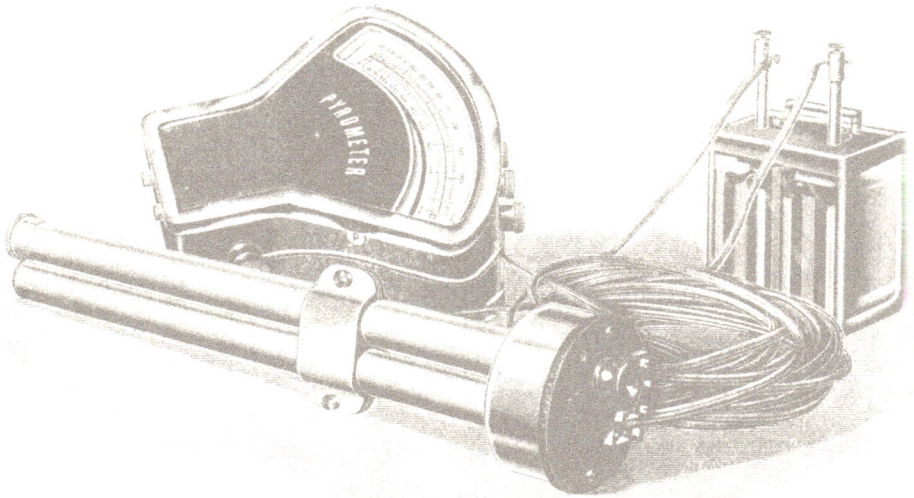

Abb. 425.
Vollständige Ausrüstung des Strahlungs-Pyrometers, Bauart Hirschson.

Anordnung wird in dieser Weise ausgeführt werden können, daß man zwei diametral gegenüberliegende Brückenzweige der Erwärmung aussetzt, die anderen dagegen nicht. In diesem Fall wirken die Zweige einander unterstützend.

Das Aufnahmerohr kann mit den beigegebenen Klemmen entweder fest an der Ofenwand angebracht oder auf einem Stativ befestigt werden. Immer aber muß es die aus dem Ofen kommende Strahlung durch eine Öffnung in dessen Wand empfangen können. Dieses Loch kann einen sehr geringen Durchmesser haben, der an der Außenwand bis auf etwa 15 mm verengt sein kann; aber auch das ist aus technischen Gründen nicht immer zulässig, und meist soll jede Öffnung in der Wand vermieden werden. In solchem Falle hilft ein unten geschlossenes, bis in den Ofen ragendes feuerfestes Rohr. Das Pyrometer zeigt dann, vor diesem angebracht, die Temperatur des Rohrbodens und somit des Ofens an. Die Anzeige geschieht in weniger als einer Minute, man kann aber das Rohr bei schnellen Messungen auch einfach in der Hand halten.

Das Pyrometer liefert richtige Anzeigen, gleichviel ob sein Abstand vom Gegenstand der Messung groß oder gering ist. In demselben Maße, wie die Kraft der Strahlung mit der Entfernung abnimmt, vergrößert sich derjenige Teil der Oberfläche des Strahlensenders, von welchem Strahlen in das Rohr gelangen können. Es ist also ein Mindestdurchmesser für einen bestimmten Abstand erforderlich, der nicht unterschritten werden darf. Dieser ist ohne rechnerische Arbeit einfach festzustellen, indem man ein jedem Apparat beigegebenes Hilfsrohr an die Stelle bringt, an welche später die Vorderöffnung des Aufnahmerohres kommen soll. Blickt man dann in das Hilfsrohr hinein, so muß

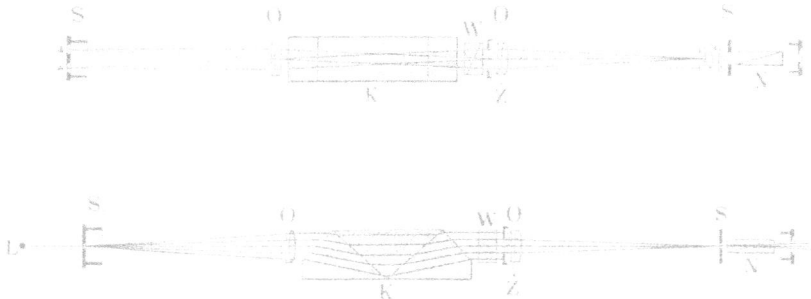

. Abb. 426 und 427.

der zu messende Körper die Öffnung mindestens voll ausfüllen. Der Mindestdurchmesser ist etwa $1/_{10}$ des Abstandes, also recht gering. Eine Höchstgrenze für diese Einrichtung gibt es nicht, weil man selbst die stärkste Strahlung durch Einstecken einer Blende in das Aufnahmerohr auf das erforderliche Maß begrenzen kann. Eine mit zwei Blenden ausgestattete Vorrichtung ist also für zwei Meßbereiche geeignet. Der Stromverbrauch ist ein ganz geringer. Bei den ortsbeweglichen Apparaten liefert daher ein kleiner Taschenakkumulator Strom für stundenlange Messungen, während bei den fest angebrachten Geräten, wo die Gewichtsfrage nebensächlich ist, eine größere Batterie lange Wochen ohne Neuladung vorhält, zumal man durch einen Griff beim Nichtgebrauch dieselbe ausschalten kann. —

Bekanntlich hat auch das „Wanner-Pyrometer" in den technischen Betrieben Eingang gefunden und soll nachstehend noch beschrieben werden. Das von Wanner auf Grund der eingangs dargelegten Gesetzmäßigkeit konstruierte optische Pyrometer besteht aus einem spektralanalytischen und einem photometrischen Teil. Ersterer dient dazu, das auf die beiden in Abb. 426 ersichtlichen Spalte a und b auffallende Licht durch das Prisma K spektral zu zerlegen und durch die Linsen o_1 und o_2 das Spektrum in der Ebene des Okularspaltes S_2 scharf abzubilden. S_2 ist so gestellt, daß nur Licht der roten Wasserstofflinie ($\lambda = 0,6563$) zur Beobachtung gelangen kann, alle anderen Farben aber abgeblendet werden. Da sich zur photometrischen Vergleichung der Intensitäten die Verwendung polarisierender Elemente als die einwandfreieste und zweckmäßigste erwiesen hatte, wurden diese auch bei der neuesten Ausführungsform beibehalten. Der photometrische Teil des Apparates wird in Abb. 427 gezeigt und besteht aus dem Amiciprisma K, dem Wollastonprisma W, dem Biprisma Z und dem Analysator N. Durch W wird jedes der beiden Spektren in zwei aufeinander senkrecht polarisierte Komponenten zerlegt, so daß wir in S_2 vier übereinanderliegende Spektren erhalten würden. Der brechende Winkel des Prismas Z ist nun so berechnet, daß die beiden der optischen Achse zunächst liegenden Bilder im Okular-Spalt aufeinanderfallen und deren Licht allein in das Auge des Beobachters gelangt. Da ihre Schwingungsrichtungen senkrecht zueinander stehen, kann durch Drehung des Analysators N gleichzeitig die Helligkeit des einen Bildes geschwächt, die des anderen erhöht werden. Beleuchte ich nun noch Spalt a durch eine konstante Vergleichslichtquelle, während b von dem zu beobachtenden glühenden Körper bestrahlt wird, so ist nur erforderlich, die beiden durch das Prisma Z gebildeten Hälften des Gesichtsfeldes durch Drehen von N auf gleiche Helligkeit zu bringen, das Verhältnis der Intensitäten beider für eine bestimmte Wellenlänge zu kennen. Nach dem eingangs Gesagten ist aber hiermit ein wissenschaftlich begründetes genaues Maß für die Temperatur des strahlenden Körpers gegeben.

Nach dem oben erläuterten Prinzip besteht jeder vollständige Apparat aus folgenden Teilen:

1. dem Spektral-Photometer, das zugleich die Vergleichslampe enthält,
2. der Stromquelle mit Strommesser, Widerstand und Ausgleichwiderstand,
3. der Einstellvorrichtung mit Amylazetatlampe.

Die folgende Abb. 428 zeigt die Ausführung des Wanner-Pyrometers, wie es die Firma Dr. R. Hase, Hannover, baut.

Die Handhabung des Photometers ist die denkbar einfachste, und durch einige Versuche an einer beliebigen Lichtquelle, z. B. der Amylazetatlampe, erreicht auch der Ungeübte eine für praktische Zwecke völlig ausreichende Fertigkeit im Photometrieren. Da es mit einiger Übung leicht möglich ist, in jeder Stellung, stehend, sitzend oder liegend, das Pyrometer auf den zu beobachtenden Ofenteil einzustellen, hat man den bedeutenden praktischen Vorteil, auch eine zuverlässige Kontrolle über die Temperaturverteilung im Schmelzraum ausführen zu können.

Nachdem das Pyrometer an den Akkumulator angeschlossen ist, empfiehlt es sich, zunächst sich von der Verwendung der richtigen Blendenöffnung, sowie des dazugehörigen Okulares zu überzeugen. Unterdessen hat sich die Lampe eingebrannt; sie ist jetzt im Temperaturgleichgewicht und brennt mit konstanter Stromzahl, deren Wert, wenn nötig, vorsichtig zu korrigieren ist.

Sieht der Beobachter durch das Instrument, so erblickt er bei richtiger Haltung des Pyrometers (das Rauchglasfenster der Teilkreisscheibe muß oben liegen) einen roten Halbkreis, der die eine Hälfte des Gesichtsfeldes bildet, die durch die im Apparat befindliche Vergleichsglühlampe erhellt wird. Nun muß der Beobachter das zu messende Objekt suchen (wobei ihm das Rauchglasfenster in der Teilkreisscheibe zur rohen Einstellung gute Dienste leistet) so, daß es in die untere Hälfte in die, Mitte des kreisförmigen Gesichtsfeldes kommt und dort in seinen Umrissen oder als Fläche erkennbar wird.

Selbstverständlich ist beim Anvisieren des zu messenden Körpers darauf zu achten, daß sich keine Glas- oder Glimmerfenster vor der Schauöffnung des Ofens befinden; andernfalls muß eine besondere Eichung des Apparates mit dem absorbierenden Medium vorgenommen werden.

Bei Objekten, die so groß sind, daß sie entweder das ganze oder das untere halbkreisförmige Gesichtsfeld ganz ausfüllen, ist natürlich die Temperatureinstellung eine wesentlich einfachere. Deshalb empfiehlt es sich auch, so nahe als nur möglich an das zu messende Objekt heranzutreten, um ein möglichst großes Bild im Apparat zu erhalten.

Bei kleineren Flächen oder streifenförmigen Beobachtungsobjekten empfiehlt es sich, den Apparat so einzustellen, daß ein Teil des Bildes auch in das obere Vergleichsfeld gelangt, da dann nach richtiger Einstellung des Okulares die Beobachtung des Überganges der verschiedenen Farbenintensitäten in eine gleiche Farbentiefe leichter wahrzunehmen ist.

Nun beginnt die richtige Verstellung des Okulares (mittels der großen Griffscheibe), das, gleichgültig nach welcher Richtung, so gedreht werden muß,

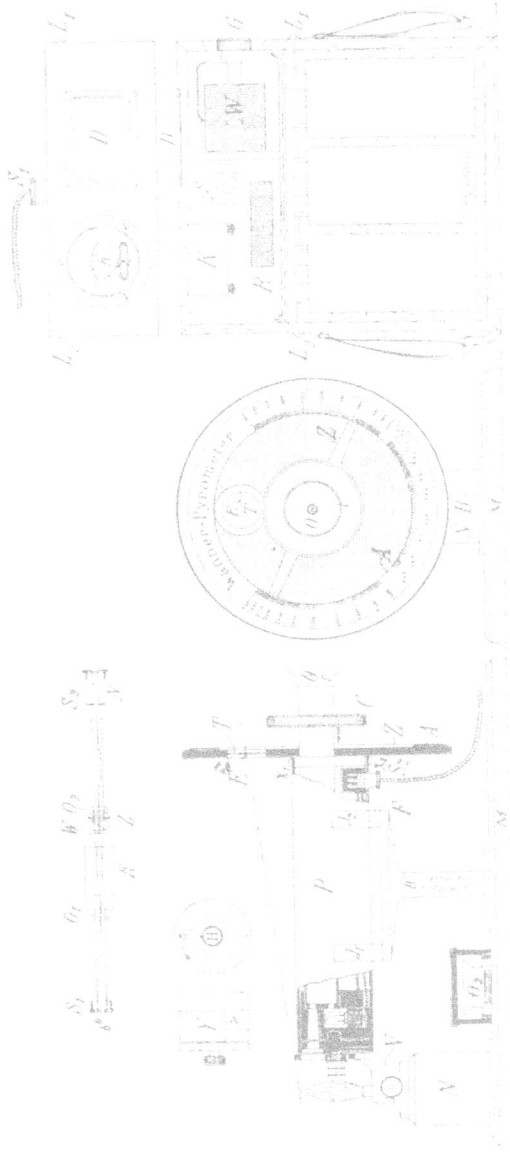

Abb. 428.
Aufbau des Wanner-Pyrometers.

bis das obere Rot (des Vergleichsfeldes) mit dem Rot des zu beobachtenden Gegenstandes gleiche Helligkeit hat. Dann ist die Temperatur richtig bestimmt und an der Temperaturskala am Apparat sofort ablesbar.

Die ganze Kunst des Messens besteht also nur darin, durch Drehen der Okularscheibe die beiden Gesichtsfeldhälften auf gleiche Helligkeit einzustellen. In den meisten Fällen werden zwei, höchstens drei Einstellungen einen genügend sicheren Mittelwert ergeben, vorausgesetzt, daß stets die Temperatur an derselben Stelle des Ofenraumes gemessen wurde.

Nach beendeter Messung soll man nie versäumen, die Revolverblende auf Null zu stellen und dadurch die Objektivöffnung zu verschließen, um das Innere des Instrumentes vor Verstauben zu schützen.

Um ein Urteil über die Genauigkeit zu haben, erinnere man sich, daß es bekanntlich möglich ist, unter Berücksichtigung aller Vorsichtsmaßregeln

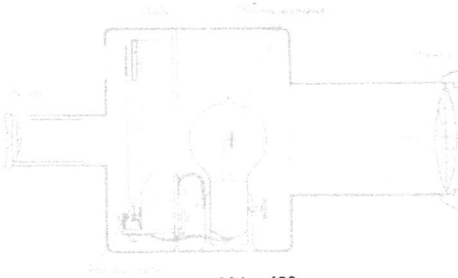

Abb. 430.
Schnitt durch das neue Strahlungs-Pyrometer von Dr. R. Hase.

zwei aneinandergrenzende Flächen auf gleiche Helligkeit mit einem Fehler von etwa 1% einzustellen. Hat man nun bei 1000° C des strahlenden Körpers das Gesichtsfeld mit $+1\%$ Fehler gleich hell gemacht, so ist der daraus entspringende Temperaturfehler $+0,75°$ bei etwa 1500° gleich 1,0° und bei 1800° nicht größer als 1,1°. Hieraus dürfen wir schließen, daß die durch diesen Mangel des Auges hervorgerufene Unsicherheit in der Temperatur zu vernachlässigen ist, ein Umstand, der bei dem rapiden Wachstum der Intensität mit der Temperatur nicht auffällig sein kann.

Die Abb. 429 veranschaulicht die Bedienung des Wanner-Pyrometers beim Guß aus der Pfanne in die Kokillen bei der Aktien-Gesellschaft Peiner Walzwerk, Peine.

Außer den genannten Instrumenten gibt es noch eine Reihe anderer, von denen an dieser Stelle nur noch auf eine wissenschaftlich sehr interessante Anwendungsmethode des Flieker-Photometers hingewiesen sei. Übrigens bringt das Werk von Burgeß und Le Chatelier: „Measurement of high temperatures" 1912, eine gute Zusammenstellung der wichtigsten Pyrometrierungsprinzipien.

Die Firma Dr. R. Hase, Hannover, hat neuerdings ein einfaches Strahlungspyrometer auf den Markt gebracht, das noch beschrieben werden soll. Dieses Pyrometer entspricht seinem Aufbau nach dem Meßinstrument von Siemens & Halske. Abb. 430 zeigt einen Schnitt durch das in Abb. 431 in Ansicht dargestellte neue Strahlungspyrometer. In dieser einfachsten und leichtesten Form ist es besonders für Wandermessungen zur Feuerungskontrolle sowie im Gießerei- und Schmelzbetrieb bestimmt und umfaßt in einem gemeinsamen Gehäuse gleichzeitig das nur zum Anvisieren dienende Fernrohr sowie das die Strahlung aufnehmende Thermoelement mit Anzeigegalvanometer und Temperaturskala.

Die von dem zu messenden Körper auf das Objekt fallende Wärmestrahlung wirft dieses in seinem Brennpunkt auf ein höchst empfindliches Thermoelement, welches wie eine Glühlampe in eine Glaskugel eingeschmolzen und

Abb. 431.
Ansicht des neuen Strahlungs-Pyrometers von Dr. R. Hase.

mit seiner scheibenförmigen Lötstelle in der optischen Achse des Fernrohres justiert ist. Das in der Ebene des Thermoelementes entstehende reelle Bild des die Strahlung aussendenden Körpers wird durch das in einem Rohrstutzen verschiebbar sitzende Okular betrachtet. Der optische Teil des Instrumentes stellt somit ein einfaches Fernrohr dar. Blickt man durch das Okular, so erscheint im Gesichtsfelde das Thermoelement als kleine schwarze Kreisscheibe und dank der großen Öffnung noch ein großer Teil der Umgebung desjenigen Körpers, den man avisiert und dessen Temperatur gemessen werden soll. In bekannter Weise entsteht entsprechend dem Hitzegrade in dem Thermoelement eine elektromotorische Kraft, welche ein Galvanometersystem ist Bewegung setzt, dessen Zeiger über dem Okular auf einer Skala spielend sichtbar ist.

Wie Abb. 430 zeigt, ist das Galvanometer so angeordnet, daß der Magnet die optische Achse des Fernrohres umschließt, wodurch es möglich war, alle Teile in einem Gehäuse auf engstem Raum zu vereinigen. Das Innere des

449

Instrumentes ist staubdicht abgeschlossen, um ein Öffnen desselben nach Möglichkeit zu vermeiden. Die nach außen hin völlig glatte Form vermeidet alle vorspringenden Schrauben und ermöglicht eine dem Feldstecher an Einfachheit gleiche Handhabung. Als weiterer Vorteil des Instrumentes ist die Kleinheit des erforderlichen Strahlungswinkels zu erwähnen. Hierunter ist derjenige Winkel zu verstehen, welcher durch die vom Rande des Thermoplättchens nach dem Mittelpunkt der Linse gezogenen Randstrahlen gebildet wird. Wie ersichtlich, bestimmt er die erforderliche Größe des Schauloches im Ofen für einen gegebenen Abstand des Pyrometers, damit das Bild der strahlenden Fläche das Thermoplättchen noch in seiner ganzen Fläche überdeckt. Ist dieser Winkel mit Strahlen voll ausgefüllt, so wird, wie eine einfache geometrische Überlegung lehrt, die auf das Plättchen fallende Strahlenmenge und damit die Anzeige des Pyrometers unabhängig von der Entfernung, denn einerseits nimmt die Intensität der Strahlung mit dem Quadrate des Abstandes ab, während aber gleichzeitig die von dem Strahlungswinkel umfaßte Fläche, z. B. die Größe des Schauloches, mit dem Quadrate zunimmt. Die Verhältnisse sind nun so gewählt, daß bei einem Abstand von 1 m eine Größe des zu messenden Objektes bzw. der Schauöffnung, von höchstens 5 cm erforderlich ist. Dies ist für die meisten Fälle ausreichend.

b) Die Wassermessungen.

Es ist schon verschiedentlich, zumal bei Besprechung der Elektrodenhalter, Elektrodenschutzvorrichtungen, Elektrodenkühlringen usw. vom Wasserverbrauch die Rede gewesen. Auch werden bewegliche Teile bei besonders großen Elektroöfen, wie Lager u. dgl. und gar häufig auch die Türrahmen der Beschickungs- und Abstichöffnungen vorteilhaft gekühlt. Ferner dient zur besseren Ausnützung der Ofentransformatoren eine ausreichende Wasserkühlung. Hieraus geht hervor, daß der Wasserverbrauch bei Elektroöfen belangreich sein kann und bei der Betriebskostenberechnung allenfalls berücksichtigt werden muß. So wird beispielsweise für einen Drehstrom-Lichtbogenofen von 2 t Inhalt mit einem Wasserverbrauch von etwa 1500 bis 2500 l und für einen 5 t-Ofen mit etwa 3000 bis 3500 l je Stunde gerechnet. Es ist daher empfehlenswert, in die Wasserleitung einen Wassermesser einzubauen, und zwar in der Weise, daß der Wasserstand vor und nach beendeter Schmelze leicht abgelesen werden kann.

Bei sehr großem Wasserbedarf oder in Fällen, wo das Wasser teuer ist und aus einem fremden Rohrnetz bezogen werden muß, lohnt es sich, eine Wasserpumpe einzubauen, die das verbrauchte, warme Wasser in einen Hochbehälter befördert, damit dasselbe nach Abkühlung wieder benutzt werden kann. Es ist notwendig, vor jeder Verbrauchsstelle, insbesondere vor dem zu kühlenden Transformator, vor den Kühlringen, Lagern, Türrahmen u. dgl. Regel- bzw. Absperrhähne einzubauen.

Es dürfte angebracht sein, über den Einbau und die Konstruktion der Wassermesser noch einiges zu sagen. Beim Einbau der Wassermesser ist be-

29

achtenswert, daß die Wasserfäden den Messer parallel zu seiner Achse durchfließen. Daher sollte vor dem Messer eine gerade Rohrstrecke von mindestens
1 m verfügbar sein. Ist der Einbau des Messers nur zwischen Krümmern
oder Schiebern möglich, so sind noch Strahlregler vorzusehen. Für die Formgebung derselben ist es notwendig, daß der Strahlregler die starken Wirbel-
bildungen aufhebt. Im übrigen kann der Einbau der Wassermesser sowohl in
horizontal als auch in vertikal verlegte Rohrleitungen erfolgen. Kleinere Messer
werden mittels Reduktionsstücke in die größere Leitung eingebaut.

Die Auswechselung der Messer zwecks Reinigung, Prüfung oder Reparatur,
soll durch vorgesehene Stopfbüchsen leicht möglich sein. Der eigentliche Meß-
apparat, bestehend aus der Trommel, die innen den Wasserflügel, oben das
Übertragungswerk trägt, kann nach Abheben des Deckels nach oben bequem
herausgehoben werden. Das Messergehäuse bleibt in der Leitung fest verschraubt.
Während der Reinigung oder Reparatur der ausgewechselten Meßtrommel
kann in Fällen, wo eine Unterbrechung der Wassermessung nicht angängig
ist, eine andere Meßtrommel gleicher Größe eingesetzt werden.

Die Firma Siemens & Halske, A.-G., stellt als Spezialität einen Wassermesser her, der sich für Wassermessungen an Elektroöfen besonders eignet.
Es handelt sich um den Woltmannmesser, gemäß Abb. 432, der ein Geschwin-
digkeitsmesser ist. In einem zylindrischen kurzen Rohrstück, dem Gehäuse,
ist der eigentliche Woltmannflügel so eingesetzt, daß die Umdrehungen der
Schaufeln der mittleren linearen Geschwindigkeit des durchströmenden Wassers
proportional sind. Die Flügel sind genau schraubenförmig ausgebildet, so daß
sich bei einer vollen Umdrehung das Wasser um die Ganghöhe des Schrauben-
flügels geradlinig vorwärts bewegt hat. Diesem Zustand würde ein idealer
hydrometrischer Flügel entsprechen und damit der Gleichung genügen:

$$v = a \cdot n,$$

worin v die mittlere Geschwindigkeit in der Rohrleitung, n die Umdrehungen
des Flügelrades in der Sekunde und a die Ganghöhe des Woltmannflügels bedeutet. In Wirklichkeit hat ein Flügel aber etwas Reibung in seinen Lagern
und im Zählerwerk, welche hemmend auf die Umdrehungen wirkt und bei geringerer Wassergeschwindigkeit die Ursache ist, daß der Flügel überhaupt nicht
angeht. Der Geltungsbereich dieser Formel ist daher nur auf die Durchflußmengen anzuwenden, welche größer sind als die unterste Grenze der noch erreichbaren Empfindlichkeit.

Die richtige Wahl der erforderlichen Größe wird nicht nach dem Rohrdurchmesser, sondern nach der gewünschten Leistung bestimmt. Gewöhnlich
ist es die normale mittlere Durchflußmenge, welche für die Größe ausschlaggebend ist. Je größer der Messer gewählt wird, desto geringer wird die Empfindlichkeit und der verursachte Druckverlust in der Leitung. Aber auch der An-
schaffungspreis des Messers wird mit der Messergröße steigen. Es ist daher
für den Betrieb eines Elektrostahlofens wesentlich, die richtige Größenwahl
zu treffen, damit nicht dauernd Wasser bei den kleinen Durchflußmengen un-

gemessen die Leitung passiert oder damit der erzeugte Druckverlust nicht unnötig zu groß wird.

Um eine ständige Kontrolle über den Wasserverbrauch an einem Elektrostahlofen zu erhalten, ist die Benutzung registrierender Wassermesser vorteilhaft. Die übersichtliche graphische Registrierung bietet eine nachträgliche

Abb. 432.
Woltmann-Wassermesser.

Betriebskontrolle, was für besondere Schmelzungen, über die sonst nur die Schmelzberichte vorliegen, wertvoll ist.

Nachstehend finden zwei Fernregistrierapparate Erwähnung, die ebenfalls von der Firma Siemens & Halske, A.-G., gebaut werden. So kommt in Verbindung mit dem bereits beschriebenen Woltmannmesser ein Fernregistrierapparat mit elektrischer Übertragung zur Anwendung, der den Zweck hat, die Tätigkeit eines Wassermessers von einem entfernt liegenden Orte aus zu beobachten und gleichzeitig den Wasserverbrauch auf einem Schmelzdiagramm fortlaufend mit aufzuzeichnen. Zugleich wird auch der Wasserverbrauch

29*

registriert, der notwendig ist für die Kühlung in den Pausen, also zwischen Ende der alten und Anfang der neuen Schmelze.

Das Zeigerwerk des Woltmannmessers wird in diesem Falle mit einer Kontakteinrichtung versehen und mit dem Registrierapparat unter Verwendung einer geeigneten Stromquelle verbunden. Der Fernregistrierapparat besteht in seinen Hauptteilen aus der Registriertrommel, dem Uhrwerk und der Schreib-

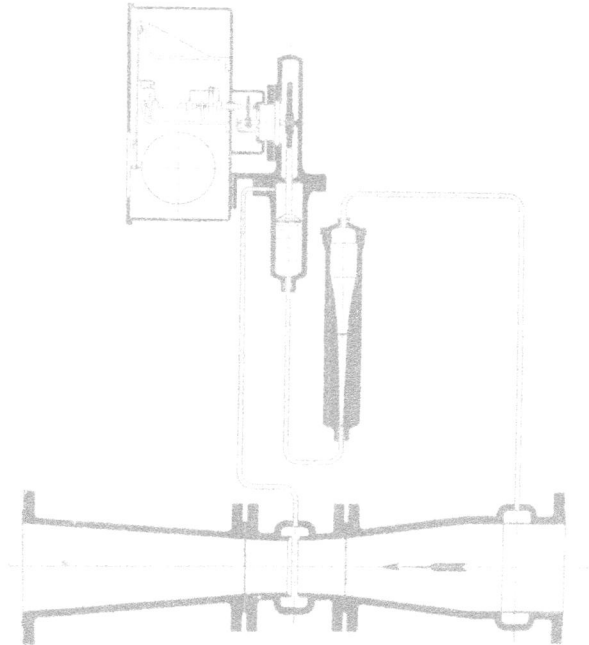

Abb. 433.
Venturi-Wassermesser.

vorrichtung. Die Trommel ist leicht abnehmbar, so daß die Registrierblätter bequem ausgewechselt werden können. Die Uhr erhält gewöhnlich ein 24 Stundenwerk.

Der andere Fernregistrierapparat ist ein Leistungsmesser und dient zur fortlaufenden Angabe der in der Zeiteinheit durch die Leitung fließenden Wassermengen. Dieselben werden auf einem Registrierblatt in Form einer Kurve niedergeschrieben, können aber auch gleichzeitig auf einer besonderen Skala abgelesen werden. Durch einfaches nachträgliches Planimetrieren der von der Kurve eingeschlossenen Fläche ist eine genaue Ermittlung der in einem beliebigen Zeitraum durchflossenen Gesamtwassermenge möglich. Der Apparat besteht im wesentlichen aus zwei gußeisernen Gefäßen von besonderer Konstruktion, die mit Quecksilber gefüllt und durch eine U-förmige Stahlröhre miteinander verbunden sind. Der auf einem der Quecksilberspiegel ruhende Schwimmer überträgt die Ausschläge der Quecksilbersäule durch eine entsprechende Vorrichtung auf ein Schreibwerk und einen besonders angeordneten Zeiger nebst Skala. · Die Quecksilbersäulen in den beiden gußeisernen Gefäßen und der U-förmigen Röhre stehen vermittels der Leitungsröhren mit den Druckkammern von Einlauf und Einschnürung einer Venturiröhre direkt in Verbindung (siehe Abb. 433). Da bekanntlich die Durchflußmenge der Quadratwurzel des Druckunterschiedes proportional ist, ist das Gefäß mit einem besonders geformten gußeisernen Einsatz versehen, damit die Ausschläge der Quecksilbersäule der Durchflußmenge im Bereiche der Messungen direkt proportional werden.

c) Die elektrischen Messungen.

Das Messen elektrischer Größen ist, insbesondere schon wegen der Annehmlichkeit, durch Meßinstrumente erforderlich. Mit den elektrischen Meßinstrumenten können eine ganze Anzahl elektrischer und mechanischer Größen bestimmt werden, die jedoch nur zum Teil für Elektrostahlöfen von Interesse sind. Es kommen für uns folgende elektrische Meßinstrumente in Betracht:

1. Der Spannungszeiger oder das Voltmeter.
2. Der Stromzeiger oder das Amperemeter.
3. Der Leistungsmesser oder das Wattmeter.
4. Der Elektrizitätszähler oder Stromverbrauchsmesser.
5. Der Frequenzmesser.
6. Der Leistungsfaktoranzeiger oder Phasenmesser.
7. Der Isolationsmesser.

Es gibt verschiedene Arten elektrischer Meßinstrumente, und zwar:

1. Weicheisen-Instrumente,
2. Hitzdraht-Instrumente,
3. Drehspul-Instrumente,
4. Ferraris-Instrumente.

Wir wollen dieselben nachstehend kurz beschreiben.

Weicheiseninstrumente.

Meßprinzip: Ein eigenartig gestalteter, drehbar gelagerter Kern aus besonders geeignetem und behandeltem Eisen wird in eine vom Meßstrom durchflossene Spule mit engem Spalt und infolgedessen hoher Felddichte hineingezogen.

Vorzüge: Weicheiseninstrumente sind robust, überlastungsfähig, billig und in den mannigfachen Formen und Größen lieferbar; sie sind in geringem Maße von der Stromart, also Gleich- oder Wechselstrom und ferner von der Frequenz unabhängig; die Stromzeiger können mit Luft- bzw. Öldämpfung ausgebildet werden, zur Erzielung einer kriechenden Zeigerbewegung.

Nachteile: Keine Präzisionsinstrumente, also ungenaue Meßergebnisse; die Stromzeiger können nicht mit Nebenschlüssen verwendet werden.

Hitzdrahtinstrumente.

Meßprinzip: Ein gerade ausgespannter, an seinen Enden fixierter, dünner Draht verlängert sich unter der Wärmewirkung des ihn durchfließenden Stromes und erfährt eine Durchbiegung, die in geeigneter Weise auf den Zeiger übertragen wird.

Vorzüge: Hitzdrahtinstrumente zeigen bei Gleich-, Wechsel- und Wellenstrommessungen vollkommene Übereinstimmung, sind von der Frequenz in weiten Grenzen unabhängig und können in Verbindung mit Nebenschlüssen verwendet werden.

Nachteile: Sie sind teuer, weniger robust und überlastungsfähig. Für Elektrostahlofenanlagen daher nicht geeignet.

Drehspulinstrumente.

Meßprinzip: Diese Instrumente enthalten einen Stahlmagneten mit kreiszylindrisch ausgebohrten Weicheisenpolschuhen und zwischen diesen konzentrisch gelagert einen Weicheisenkern. In dem engen Luftspalt zwischen den Polschuhen und dem Eisenkern bildet sich ein homogenes Magnetfeld von überall gleicher Kraftliniendichte aus. Eine in diesem Felde drehbar gelagerte Spule erfährt ein Drehmoment, wenn ihr Gleichstrom zugeführt wird. Dem wirken zwei zugleich als Stromzuleitung und -ableitung dienende Spiralfedern aus magnetischem Material entgegen. Der Zeigerausschlag ist der Stromstärke in der Drehspule proportional, die Skala infolgedessen gleichmäßig geteilt.

Vorzüge: Drehspulinstrumente eignen sich als Strom-, Spannungs- und Leistungszeiger. Sie sind in hohem Grade überlastungsfähig und haben proportional geteilte, die Spannungszeiger teilweise abgekürzte Skalen. Ihr Energieverbrauch ist sehr klein; in Verbindung mit Nebenschlüssen für beliebig hohe Stromstärken verwendbar.

Nachteile: Sie sind nur für Gleichstrommessungen verwendbar.

Ferrarisinstrumente.

Meßprinzip: Das Ferrarisinstrument besteht aus einem geblätterten Eisenring mit vier radialen, bewickelten Polansätzen, einem zentralen zylindrischen, ebenfalls geblätterten Eisenkern und einer in dem Luftspalt zwischen dem Eisenkern und den Polansätzen drehbar gelagerten, den Zeiger tragenden Aluminiumtrommel. Beschickt man die Wickelungen mit Wechselstrom derart, daß zwei gegenüberliegende Wicklungen den gleichen Strom führen, während die Ströme benachbarter Wicklungen gegeneinander in der Phase verschoben sind, so entsteht ein Drehfeld. Dieses induziert Wirbelströme in der Trommel und ist infolgedessen bestrebt, sie um ihre Achse zu drehen. Der Vorgang ist also ganz ähnlich wie beim Drehstrommotor mit Kurzschlußanker, jedoch wird bei dem Ferrarisinstrument dem so erzeugten Drehmoment durch die Torsionskraft von Federn das Gleichgewicht gehalten. Nach diesem Prinzip werden Strom-, Spannungs- und Leistungszeiger ausgeführt.

Vorzüge: Ferrarisinstrumente vertragen starke Überlastungen, besitzen besonders große, in weitem Bereich proportional geteilte, zum Teil abgekürzte Skalen, und sehr große Drehkräfte, so daß sie auch mit größten Zeiger- und Gehäuseabmessungen ausführbar sind.

Nachteile: Sie sind nur für Wechselstrom verwendbar und in gewissem, praktisch jedoch meist belanglosem Grade von der Fequenz abhängig; ihr Preis ist sehr hoch; für Elektrostahlofenanlagen sind die Instrumente gut geeignet.

Die beschriebenen Instrumentarten dienen zum Messen von Strömen, Spannungen und teilweise auch zum Messen von Leistungen.

Die Instrumente
für die verschiedenen elektrischen Messungen.

Spannungszeiger. Diese dienen dazu, um jederzeit eine Kontrolle dafür zu haben, ob in den Leitungen eine Spannung vorhanden und wie hoch diese Spannung ist. Wird beispielsweise die Spannung, die ein Elektrostahlofen für seinen Betrieb benötigt, nicht gehalten, so vermag der Ofen nicht mit der vollen Leistung zu arbeiten, die für ihn bestimmt ist. Die Spannung wird gemessen in Volt. Der Einbau von Spannungszeigern bzw. Voltmetern ist somit erforderlich.

Stromzeiger. Jeder Stromverbraucher (Ofen) benötigt eine gewisse Stärke, die als Stromstärke bezeichnet und in Ampere ausgedrückt wird. Je mehr Strom zu einem Elektrostahlofen fließt, um so größer ist die Stromstärke. Es ist somit wesentlich, einen Anhalt dafür zu haben, wie groß die Stromstärke in einem bestimmten Augenblick des Stromdurchganges durch eine Leitung ist. Also folgt auch hieraus, daß der Einbau von Stromzeigern bzw. Amperemetern notwendig ist.

Leistungsmesser. Der elektrische Strom dient in unserem Falle zur Erzeugung von Wärme. Es wird also eine Arbeit geleistet, die, wenn auch keine mechanische, so doch eine thermische Arbeit darstellt, die für die Leistungsbestimmung dasselbe ist. Die Größe der von der elektrischen Maschine in jeder Sekunde geleisteten Arbeit nennt man Effekt. Dieser ist gleich

Stromstärke × Spannung.

Um diese beiden Größen gleichzeitig zu messen, dient der Leistungsmesser. Die Leistung wird ausgedrückt in Watt bzw. Kilowatt. Um also in jedem Augenblick die Leistung, die ein Elektrostahlofen verrichtet, feststellen zu können, ist auch der Einbau von Leistungsmessern bzw. Wattmetern erforderlich.

Elektrizitätszähler. Schon zur Feststellung der Betriebsunkosten muß man wissen, wieviel elektrische Energie ein Elektrostahlofen z. B. stündlich oder für die Dauer eines Schmelzvorgangs gebraucht. Hierzu werden Elektrizitätszähler benötigt. Während das Wattmeter nur das Produkt aus Stromstärke und Spannung in jeder Sekunde angibt, zeigt der Elektrizitätszähler

die verbrauchte elektrische Energie in der ganzen Verbrauchszeit an. Es folgt
also aus

Stromstärke × Spannung × Zeit

die gesamte verbrauchte Energie. Gemessen wird dieselbe in Kilowattstunden.

Erfolgt der Strombezug nicht aus einer eigenen Stromerzeugeranlage,
sondern durch ein fremdes Elektrizitätswerk, so ist es nicht gleichgültig, ob
die Anbringung von Elektrizitätszählern beispielsweise vor oder hinter dem
Ofentransformator erfolgt, da in dem letzteren Falle die Transformatorenverluste nicht mitgezählt werden.

Die Stromverrechnung erfolgt, da es sich bei Elektrostahlöfen um große
Stromverbraucher handelt, fast ausschließlich nach besonderen Tarifen. Hierfür gibt es Spezialzähler, und zwar:

1. Doppeltarifzähler,
2. Zähler mit Maximumzeiger,
3. Spitzenzähler.

Doppeltarifzähler. Allgemein versteht man unter einem Doppeltarifzähler einen Apparat mit zwei Zählwerken, welche die Möglichkeit geben,
die verbrauchte Energie nach zwei Grundpreisen zu verrechnen. Der Zähler
enthält in dieser Ausführung noch eine getrennt angeordnete Umschaltuhr,
welche auf elektrischem Wege das dem jeweiligen Tarif entsprechende Zählwerk
mit der Ankerachse des Zählers kuppelt.

Elektrizitätszähler mit Maximumzeiger. Um außer dem gesamten
Verbrauch eines Elektrostahlofens auch erkennen zu lassen, welche Höchst-
belastung in derselben aufgetreten ist, erhalten die Zähler ein Zählwerk mit
Maximumzeiger. Man unterscheidet solche mit getrennter und mit eingebauter
Uhr. Durch das Uhrwerk wird nach einem bestimmten Zeitabschnitt, z. B.
nach je 15 Minuten, der den Maximumzeiger vorschiebende Mitnehmer vom
Zählwerk abgekuppelt. Dabei wird der Mitnehmer in seine Anfangslage geführt,
worauf eine neue Messung beginnt. Ist die Zeitdauer der Kupplung immer die
gleiche (in der Regel 15 Minuten), so ist der Ausschlag des Zeigers direkt abhängig von der Anzahl der Umdrehungen, die während der Kupplungsperiode
von der Ankerachse des Zählers erreicht wird. Der Ausschlag steht also im
Verhältnis zur mittleren Belastung des Zählers während der Kupplungsperiode.
Der Zeiger geht erst dann weiter vorwärts, wenn bei einer nachfolgenden Kupplungsperiode die Belastung des Zählers die vorige, vom Zeiger bereits angegebene,
übersteigt.

Das Diagramm, Abb. 434, gibt hierüber Aufschluß. Während der Kupplungsperiode bzw. Registrierperiode I, wird der Zeiger die mittlere Belastung
h_1 angeben. Während der Registrierperiode II wird der Zeiger nicht weiterbewegt, weil h_2 kleiner ist als h_1. Ist jedoch während der III. Periode die Belastung
über h_1 gestiegen, so wird der Zeiger von dem Ausschlag h_1 auf h_3 um den Diffe-
renzbetrag $h_3 - h_1$ weitergeschoben. Tritt nun während der Abrechnungs-

periode eine höhere Belastung, als der Ordinate 3 entspricht, nicht mehr auf, so würde der Zeigerstand h_3 abzulesen sein.

Spitzenzähler. Die vorbeschriebenen Maximumzähler lassen erkennen, mit welcher durchschnittlichen höchsten Belastung ein Elektrostahlofen die Stromerzeugeranlage während mindestens $\frac{1}{4}$ Stunde beansprucht hat. Die Spitzenzähler dagegen geben außer dem gesamten Verbrauch in Kilowattstunden diejenige Energiemenge an, welche über eine bestimmte vereinbarte Belastungsgrenze hinaus genommen wurde. Das Bedürfnis, diese Energiemenge festzustellen, tritt z. B. für den Fall auf, daß einem Elektrostahlofen

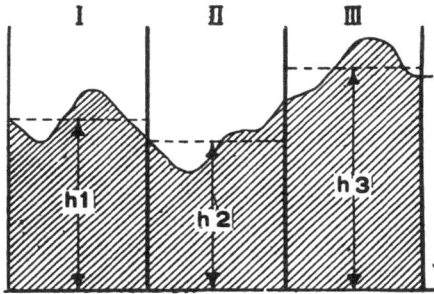

Abb. 434.

gegen Bezahlung einer bestimmten Summe gestattet wird, dem Leitungsnetz bis zu einer bestimmten Belastung Strom zu entnehmen, während bei Überschreitung dieser Belastung eine besondere Berechnung eintritt. Darf der Elektrostahlofen beispielsweise gegen Erstattung eines bestimmten Pauschalbetrages nur bis zu 750 kW gleichzeitig entnehmen, so müßte für denselben, wenn er zwei Stunden lang 1000 kW entnimmt, außerdem $(1000-750) \times 2 = 500$ kWh (Kilowattstunden) nach einem besonders vereinbarten Einheitspreis bezahlt werden.

Die Spitzenzähler werden ebenfalls mit getrennter oder eingebauter Uhr geliefert.

Frequenzmesser. Kommen nur für Wechsel- bzw. Drehstrom in Frage. Praktisch werden Wechselströme durch rotierende Maschinen geliefert. Die Periode hängt dann ab von der Umdrehungszahl der Maschine. Indes sind diese nicht konstant, so daß es erwünscht ist, eine unabhängige Messung der Periode eines Wechselstromes in jedem Moment vornehmen zu können. Einen solchen Apparat bezeichnet man als Frequenzmesser.

Meßprinzip: Erfährt ein elastischer Körper von außen her rhythmische Stöße, deren Anzahl in der Zeiteinheit seiner Eigenschwingungszahl gleichkommt, so gerät er in lebhafte Schwingungen. Auf diese Erscheinung, die als Resonanz bezeichnet wird, wurde eine Methode zur Ermittlung der Frequenz rhythmischer Bewegungen aufgebaut. Das Prinzip dieses Meßverfahrens besteht darin, daß man eine Reihe von elastischen Körpern, die auf bestimmte Eigenschwingungszahlen im voraus genau abgestimmt worden sind, den rhythmischen Erschütterungen aussetzt, deren Frequenz man zu ermitteln wünscht. Kann dann an einem dieser Körper ein lebhaftes Schwingen wahrgenommen werden, so stimmt die zu ermittelnde Frequenz mit der Eigenschwingungszahl des betreffenden Körpers überein.

Phasenmesser. Auch diese kommen nur für Wechsel- bzw. Drehstrom in Betracht. Die in einem Wechselstromkreise umgesetzte elektrische Leistung ist zahlenmäßig gleich dem Produkt von Volt × Ampere × Leistungsfaktor. Da nun der Aufwand an Leitungsmaterial in jedem Netze der Stromstärke proportional sein muß, unabhängig von der tatsächlich vorhandenen Leistung, so bedingt ein niedriger Leistungsfaktor größere Generatoren, Transformatoren, Netzleitungen usw., als sie bei einem hohen Leistungsfaktor vorhanden zu sein brauchen.

Unter der Annahme eines sinusförmigen Verlaufes von Strom und Spannung ist der Leistungsfaktor bei jeder Belastung eine Funktion des Verschiebungswinkels zwischen der Spannung und dem Strome. Er ist weiterhin für eine gegebene Phasenverschiebung derselbe, mag der Strom der primären Spannung nacheilen oder voreilen. Indessen ist ein nacheilender Strom für die Netzregulierung von weit schädlicherem Einfluß als ein voreilender, und da bei technischen Wechselströmen der Strom gewöhnlich der Spannung nacheilt, erhält die genaue Kenntnis des Leistungsfaktors für den Betrieb von Elektrostahlöfen eine wirtschaftliche Bedeutung.

Wo immer man die Phasenverschiebung zu regulieren beabsichtigt, wird ein Leistungsfaktoranzeiger notwendig, da eine Berechnung dieser Größe aus den Ablesungen von Wattmeter, Voltmeter und Amperemeter praktisch kaum in Frage kommt. Da nun eine Regulierung des Leistungsfaktors in der Hauptsache aus Sparsamkeitsrücksichten, sowie im Interesse einer guten Netzregulierung vorgenommen wird, so ist es von großem Wert, hierfür ein Meßinstrument zur Verfügung zu haben, das unter allen möglichen Bedingungen des praktischen Betriebes genaue und zuverlässige Angaben liefert.

Isolationsmesser. Diese dienen zum jeweiligen Nachprüfen der Leitungen usw. Der sichere Betrieb eines Elektrostahlofens hängt, unter der Voraussetzung, daß alle Apparate, Maschinen u. dgl. gut arbeiten, zum großen Teil von dem guten Zustand der Leitungen ab.

Der Isolationswiderstand einer Leitung ist jener Widerstand, welcher die Isolation dem durch die Leitung fließenden Strome, in ihrer ganzen Länge gegen das Abfließen zur Erde entgegensetzt. Die sich auf einzelne Punkte der Leitungen beschränkenden Fehler sind Erdschlüsse, Kurzschlüsse und Nebenschlüsse, die auf die verschiedenste Weise entstehen können. Es ist also notwendig, daß von Zeit zu Zeit die Leitungsanlage eines Elektrostahlofens auf seinen Isolationswert hin geprüft wird.

Wir wollen noch eine besondere Gruppe elektrischer Meßinstrumente streifen, die

Registrierapparate. Um sich über den Gang eines Elektrostahlofens eine bildliche Darstellung zu machen, empfiehlt es sich, in die Anlage je einen registrierenden Strom- und Spannungszeiger, besser aber noch einen registrierenden Leistungsmesser, einzubauen. Diese Instrumente dienen zur Aufzeichnung der Schwankungen elektrischer Größen (Strom, Spannung, Leistung usw.). Die Art der Registrierung erfolgt fortlaufend auf einem Papierstreifen, in der Weise, daß an dem Zeiger des Meßinstrumentes eine feine Schreibfeder angebracht ist, die die Schwankungen auf dem Papierstreifen aufzeichnet.

Die Aufzeichnungen erfolgen in einem rechtwinkligen Koordinatensystem auf dem Papier. Dieses ist in Linien eingeteilt, so daß man die Schwankungen ohne weiteres ablesen kann. Ferner vermag man an Hand der Geschwindigkeit des Papiertransportes sofort die Dauer einer Schmelze, einer Pause o. dgl. festzustellen. Schließlich kann man die von der Grenzlinie und der Kurve eingeschlossene Fläche planimetrieren und z. B. , auf die Angaben eines Elektrizitätszählers rückschließen.

7. Allgemeines.

a) Die Hochspannungs-Ölschalter.

Einer der wichtigsten Teile in einer modernen Elektrostahlofenanlage ist der Schalter. Die Betriebssicherheit der ganzen Anlage hängt von dem sicheren Arbeiten desselben ab. Wegen der großen Leistungen und meist hohen Spannungen kommen für den Elektrostahlofenbetrieb nur Ölschalter in Betracht. Die Ölschalter sind die zweckmäßigsten Schalter für Wechselströme, da sie diese in dem Moment unterbrechen, wo die Stromwelle durch Null geht, so daß infolge der Unterbrechung keine Überspannungen entstehen. Der beim Ausschalten entstehende Lichtbogen ist unter Öl sehr gering. Das durch den Schaltvorgang in Bewegung versetzte Öl hat die Wirkung, daß es zwischen die sich voneinander entfernenden Kontakte strömt und den Lichtbogen erstickt.

Ölschalter lassen sich sowohl für Hand- wie für elektrische Fernbetätigung, sowie für automatische Auslösung einrichten.

Während früher von Ölschalter bauenden Firmen die Schalter auf Grund der jeweiligen Erfahrungen ausgebildet waren, wurden später von dem Verband Deutscher Elektrotechniker Richtlinien für die Konstruktion und Prüfung aufgestellt, welche seit 1. Januar 1914 in Kraft getreten sind.

Für den Elektrostahlofenbetrieb müssen ganz besonders stark konstruierte Ölschalter verwendet werden, da dieselben zumal bei Lichtbogenöfen großen Beanspruchungen unterworfen sind.

Mit besonderer Sorgfalt ist ferner die Isolation der Ölschalter auszuführen, und zwar nach dem Grundsatz, daß die Durchschlagfestigkeit im Innern des Ölschalters am größten ist, d. h. die elektrische Festigkeit des Öles größer ist, als die Festigkeit der die Durchführungsisolatoren umgebenden Luft. Die Durchbildung der einzelnen Isolatoren muß derartig sein, daß sie den weitgehendsten Ansprüchen Rechnung trägt. Die Schalter müssen so bemessen sein, daß ein Durchschlagen in senkrechter Richtung zum Durchführungsbolzen ausgeschlossen ist.

Die Schalter müssen Haupt- und Abbrennkontakte haben. Die ersteren sind Bürstenkontakte, während die letzteren als kräftige Kupferklotzkontakte auszuführen sind. Auf die Ausbildung der Kontakte ist ganz besonderer Wert zu legen. Es ist darauf zu achten, daß beim Einschaltvorgang möglichst große Kupfermassen und große Flächen in Kontakt kommen, so daß beim Einschalten von Kurzschlüssen ein Festbrennen der Kontakte nicht eintreten kann. Die Kontakte müssen auf kräftigen Isolierplatten sitzen, um besonders große mechanische Festigkeit zu erreichen. Nach den Erfahrungen im Elektrostahlofenbetrieb kommt es vor, daß ein Ölschalter außerordentlich viel ein- bzw. ausgeschaltet werden muß. Zumal bei Lichtbogenöfen kommt es sehr häufig vor, daß infolge Elektrodenkurzschlüssen u. dgl. der Ölschalter häufig ausgelöst wird. Es ist demnach bei der Konstruktion hierauf Rücksicht zu nehmen.

Damit der Ölschalter bequem in seinen Innenteilen nachgesehen werden kann, wird der Ölkasten mit einer Senkvorrichtung ausgerüstet. Ferner ist jeder Schalter mit einer Anzeigevorrichtung zu versehen, welche die Höhe des Ölstandes erkennen läßt.

Ein wichtiger Teil für die Betriebssicherheit der Ölschalter ist auch das Öl. Es ist darauf zu achten, daß zur Füllung nur reines, hoch raffiniertes, ganz dünnflüssiges, wasser- und säurefreies Mineralöl verwendet wird.

Ein wirksamer Schutz der Hochspannungsanlage, bzw. der Elektrostahlofenanlagen und ihrer einzelnen Teile durch Stromüberlastung und Kurzschlüssen, wird durch die automatische Auslösung, welche an Ölschaltern angebracht wird, erreicht. Bei auftretenden Stromstößen und Kurzschlüssen erfolgt eine zuverlässige Unterbrechung, die für die Anlage vollständig gefahrlos ist. Die Unterbrechung erfolgt gleichzeitig in allen Phasen, so daß die Entstehung von Resonanzerscheinungen verhütet wird. Auch ist der Schalter sofort nach Unterbrechung wieder betriebsbereit.

Für den Elektrostahlofenbetrieb kommen automatische Ölschalter mit Auslösmagneten in Frage, die ein sofortiges Ausschalten bei Stromüberlastungen und Kurzschlüssen herbeiführen[1]). Die Anwendung von Zeitrelais bei Lichtbogen-Elektrostahlöfen ist wegen der bestehenden Gefahr für Kabel- bzw. Leitungsdurchschläge zu verwerfen. Bei Induktionsöfen dagegen können Zeitrelais ohne Bedenken Anwendung finden.

b) Die Potentialregulatoren.

Bei Elektrostahlöfen mit kombinierter Lichtbogen- und Widerstandsbeheizung verwendet man zur Erzielung einer starken veränderlichen Wider-

---

[1]) Empfehlenswert ist gegen das Auftreten von Überspannungen und dgl. das Einbauen von Vorstufen im Hochspannungs-Ölschalter. In die Vorstufen sind Schutzwiderstände eingeschaltet, die den Schalter alsdann schützen.

standsheizung sog. Starkstrom-Potentialregulatoren. Mit Hilfe dieser Regeleinrichtungen kann man in beliebigen, allerdings vor der Ausführung fest-
zulegenden Grenzen die Spannung der Widerstandsheizung stufenlos, d. h.
in unzähligen Graden, einstellen.

Die Potentialregler können bei allen Öfen mit kombinierten Heizungen,
z. B. Girod-, Nathusius-, Kelleröfen usw. angewendet werden. Bei dem Nathusiusofen dient beispielsweise der Potential-
regler zur Regelung des durch die Bodenelektroden in den Ofen eingeführten Heizstromes. Er ist ähnlich wie ein Asynchronmotor mit stehender Welle ausgeführt, dessen
Ständer und Läufer in einem glatten Trans-
formatorengehäuse mit einer stark durch
Wasser gekühlten Ölfüllung untergebracht
sind.

Die Ausführung eines solchen Potentialreglers ist in der folgenden Abb. 435 dargestellt,
welcher mit Fernsteuereinrichtung versehen
in der dargestellten Weise von den Bergmann
Elektrizitäts-Werken, A.-G .Berlin, ausgeführt
wird.

Die aus baulichen Gründen in den
Läufer verlegte Primärwicklung ist im Stern
geschaltet und an die sekundäre Seite des
Transformators angeschlossen, der zur Spei-
sung des Elektrostahlofens dient. Die Sekundärwicklung ist offen geschaltet und liegt in
dem Stromkreis der Widerstands- bzw. Boden-
beheizung. Die Verschiebung der Vektoren-
phasen wird durch Veränderung der Lage des
Ständers und des Ankers zueinander erreicht.
Zur Verstellung dient gewöhnlich unter Vermittlung einer selbstsperrenden Schnecke
ein kleiner Elektromotor, der zumeist unmittelbar auf dem Deckel des Potentialregula-

Abb. 435.
Potentialregler.

tors angeordnet ist und von der Schalttafel aus durch Druckknöpfe gesteuert
wird. Die Steuerung erfolgt nach dem bekannten Prinzip der Druckknopf-
steuerung unter Anwendung von Schützen. Der Motor zum Bewegen des
umlaufenden Teiles des Potentialreglers ist ein normaler, asynchroner Motor
mit Kurzschlußwicklung.

Bei auftretenden Stromstößen, die zumal bei Lichtbogenöfen sehr häufig
vorkommen, soll der Potentialregler dazu dienen, eine möglichst gleichbleibende
Spannung in dem Widerstands- bzw. Bodenstromkreis zu erzielen. Hierdurch
wird ein verhältnismäßig ruhiger Ofenbetrieb gewährleistet.

Unmittelbar abhängig von der Drehrichtung des Steuermotors ist das Steigen und Fallen der Spannung im Widerstands- bzw. Bodenstromkreise und damit auch der zugeführten Leistung, die sich quadratisch mit der Spannung ändert.

8. Die Ofenauskleidung.

Die Ofenauskleidung dient zur Begrenzung der in einem Elektroofen entwickelten hohen Schmelzwärme. Sie erfordert Baustoffe, die eine hinreichende Feuerbeständigkeit besitzt, die die Wärme schlecht leitet, dabei große Dichte und eine ausreichende mechanische Festigkeit hat und schließlich gegen chemische Einflüsse genügenden Widerstand bietet. In der Gießereipraxis dienen feuerbeständige Stoffe, die sowohl neutraler als saurer oder basischer Natur sind. Hinsichtlich ihrer Beschaffenheit teilt man die Ofenbaustoffe ein in reine Schamottesteine, sog. Halbschamottesteine oder halbsaure Steine, quarzreiche Steine, Magnesitsteine, Dolomitsteine und Kohlenstoffsteine. Kieselgurstein ist ein ausgezeichnetes Isolationsmittel, ebenfalls sind gewöhnliche rote Bauziegel dem Magnesitstein vorzuziehen. Als Bindemittel benutzt man vorteilhaft Teer. Zum Ausfüllen der Fugen zwischen den Steinen wird feuerfester Mörtel gewählt. Eine Lage Asbestplatten zwischen der schmiedeeisernen Ofenwanne und der feuerfesten Auskleidung ist wegen des besseren Wärmeschutzes zu empfehlen.

Über die Ofenbaustoffe und deren Anforderungen, soweit sie für Elektroöfen in Frage kommen, sollen noch kurz folgende Mitteilungen gemacht werden.

Die Schamottesteine werden aus gebranntem Ton hergestellt. Als Bindemittel dient Rohton. Reine Schamottesteine sind basisch mit hohem Tonerdegehalt. Halbschamottesteine setzen sich zusammen aus Schamotte und Quarz mit Ton als Bindemittel. Saure Schamottesteine werden aus Quarz allein mit Ton als Bindemittel hergestellt.

Schamottesteine eignen sich als Wärmeschutz für den Einbau in Induktionsöfen, allenfalls noch als Gewölbesteine für diese Ofenart. Für Elektroöfen, die mit hohen Temperaturen arbeiten, werden andere Baustoffe bevorzugt.

Die quarzreichen Steine haben bei Elektrostahlöfen eine größere Anwendung gefunden. Insbesondere die besseren Qualitäten der künstlich hergestellten feuerfesten Steine. Hierzu zählen die aus Quarzit mit Kalk als Bindemittel erzeugten hochsauren Dinassteine auch Silikasteine. Diese Steine sind besonders hitzebeständig, dagegen dürfen sie nur geringen Temperaturschwankungen ausgesetzt sein. Sie neigen zu starken Ausdehnungen und sind gegen Einflüsse von Schlacken besonders empfindlich.

Dinassteine benutzt man hauptsächlich für Gewölbe, insbesondere bei fast allen Lichtbogenöfen, da diese besonders hohe Gewölbetemperaturen haben.

Dolomit ist ein Kalk-Magnesiakarbonat. Der Rohdolomit wird in faustgroße Stücke gebrochen und durch Brennen in Schachtöfen von Feuchtigkeit und Kohlensäure befreit. Danach wird das Material auf eine Korngröße von etwa

10 mm gebracht. Als Bindemittel für die Herstellung von Steinen dient wasserfreier Teer, der von den leichter siedenden Bestandteilen befreit sein muß. Die Menge des heißen Teerzusatzes beträgt bei Steinen 7 bis 10%, während man für Stampfmassen, denen meist auch schon gebrauchter Dolomit zugesetzt wird, mehr Teer nimmt. Beim Ausstampfen bedient man sich heute mit Vorteil der Luftdruckwerkzeuge.

Zu beachten ist, daß gebrannter Dolomit an der Luft leicht verwittert. Dolomit muß demnach gut gelagert und möglichst rasch verarbeitet werden. Daher kommt es auch häufig, daß bei Elektroöfen mit Widerstandsheizung der Boden nicht leitfähig wird und selbst bei genügender Anwärmung des Herdes kein Stromdurchgang zu erreichen ist.

Magnesit wird ähnlich wie Dolomit zum Auskleiden von Elektrostahlöfen gebraucht, und kann in gleicher Weise wie Dolomit mit dem Schmelzgut direkt in Berührung gebracht werden. Den Rohstoff für diese Steine bildet der in der Hauptsache aus kohlensaurer Magnesia bestehende Magnesit. Vor Verarbeitung muß derselbe so stark gebrannt werden, daß er weder Wasser noch Kohlensäure wieder aufzunehmen vermag; er wird totgebrannt. Soll der gebrannte Magnesit zu Steinen verarbeitet werden, so mahlt man ihn zu feinem Pulver, setzt etwas Wasser zu, durchmischt ihn tüchtig und preßt die Steine unter sehr starkem Druck, um sie danach an der Luft auszutrocknen. Beim Auskleiden eines Elektroofenherdes mit Magnesit verfährt man in gleicher Weise wie bei Dolomit, indem man fein gemahlenen Magnesit mit Teer mischt und die Masse im Boden ausstampft.

Das Futter eines basischen Elektroofens, das ausschließlich aus Magnesitsteinen zugestellt wird, kann ununterbrochen und ohne Reparaturen, mit Ausnahme der gewöhnlichen, kleinen Ausbesserungen des Herdes und der Erneuerung des Gewölbes während etwa 200 Schmelzungen in Betrieb gehalten werden. Die unteren Teile des Futters haben sozusagen eine unbeschränkte Lebensdauer, wenn man von den gelegentlichen Ausbesserungen in der Schlackenlinie absieht.

Kohlenstoffsteine werden aus gemahlenem Zechenkoks und gekochtem Teer hergestellt. Die heiße Mischung wird entweder in geölten Holzformen geformt oder nach Art der Magnesitsteine in hydraulischen Pressen gepreßt. Danach brennt man sie in Muffeln oder Schamottekästen.

Kohle ist hochfeuerfest, jedoch sehr wärmedurchlässig. Man ist auf Kohlenstoff angewiesen, wenn das Ofenfutter ganz besonders hohen Temperaturen ausgesetzt ist. Für Elektrostahlöfen eignet es sich jedoch nicht, da von dem Stahl Kohlenstoff aufgenommen wird.

Seit einiger Zeit werden erfolgreich Versuche mit Gewölben aus Karborundumsteinen gemacht. Dieses Material läßt sich auch mit Vorteil zur Verstärkung derjenigen Teile der Seitenwände verwenden, die besonders hohen Wärmestrahlen ausgesetzt sind. So empfiehlt es sich, Karborundum rund um die Eintrittsöffnungen der Elektroden bei Lichtbogenöfen, die starken Temperaturschwankungen unterworfen sind, zu benutzen. Ein Karborundum-

464

gewölbe muß an der Außenseite durch Schamottesteine und Asbest isoliert werden, da sowohl die Leitfähigkeit, wie auch der Preis des Karborundums zu hoch ist, um ausschließlich dieses Material verwenden zu können. Besonders, bei unterbrochenem Schmelzbetrieb (bei nur Tagesbetrieb), führt eine Karborundumzustellung zu sehr günstigen Ergebnissen, bei richtiger Ausführung und Behandlung. Erfahrungen dieser Art haben gezeigt, daß an einem Karborundumgewölbe selbst nach monatelangem Betriebe und bei halbtägigem Gange und starker Überhitzung des Mauerwerks kaum irgend eine Abnutzung eintritt. Die hohen Anschaffungskosten einer solchen Auskleidung werden sowohl durch die längere Lebensdauer und weniger Reparaturstillstände, als auch durch die erhöhte Leistungsfähigkeit der Ofenanlage mehr als ausgeglichen.

Bezüglich weiterer Einzelheiten über die Beschaffenheit und die Verwendung der feuerfesten Ofenbaustoffe muß auf die einschlägige Literatur verwiesen werden[1]).

9. Herstellungsverfahren der Ofenfutter bei Induktionsöfen.

Die Herstellung des Ofenfutters, also der Schmelzrinne bei Induktionsöfen, ist erstens wegen der komplizierten Form schwierig, und zweitens wegen der hohen Beanspruchung des feuerfesten Mauerwerkes größeren Erfahrungen unterworfen. Es gehört nicht zu den Seltenheiten, daß ein Induktionsofen bereits nach ganz kurzer Betriebsdauer durch Rissigwerden der Schmelzrinne zerstört wird. Auch andere Ursachen, so z. B. daß der Boden der Rinne wegen der vorhandenen Reibung gegen seine Unterlage, an der Ausdehnung beim Erwärmen stark behindert ist, führen leicht zu einer Zerstörung. Ferner tief eingeschnittene Schmelzrinnen, oder die Wahl unrichtiger Rinnenquerschnitte, oder falsche Rinnenprofile u. dgl. sind häufig mit folgenschweren Mißerfolgen begleitet.

[1]) B i s c h o f f, C., Die feuerfesten Tone, deren Vorkommen, Zusammensetzung, Anwendung etc. 3. Aufl. Leipzig 1904. — L o e s e r, C., Kritische Betrachtungen über einige Untersuchungsmethoden der Kaoline und Tone. Halle a. S. 1905. — W e r n i c k e, Fr., Die Fabrikation der feuerfesten Steine, Berlin 1905. — K e l l e r. R., Über die Fabrikation und Anwendung feuerfester Ziegel. 2. Aufl. Berlin 1906. — R i e s, H., Clays, their occurence, properties and. uses. New York 1906. — S e g e r, H. Gesammelte Schriften. 2. Aufl. Berlin 1908. — H u m b o l d t S e x t o n, A., Fuel and Refractory Materials. 2. Aufl. London 1909. — H e c h t, H., Über verschiedene im Handel befindliche Schamottesteine. St. u. E. 1900, 640. — S t e g e r, Dr., Feuerfeste Massen. Z. f. B., H. u. S. 1901, 96. — J o c h u m, Dr. Die Anforderungen der Hüttenindustrie an die Fabrikation feuerfester Produkte und unsere Edeltone. Tonind.-Ztg. 1903, 764. — O s a n n, B., Einwirkung zerstörender Einflüsse auf feuerfestes Mauerwerk im Eisenhüttenbetriebe. Tonind.-Ztg. 1903 775. — L u d w i g, Über Beziehungen zwischen der Schmelzbarkeit und der chemischen Zusammensetzung der Tone. Tonind.-Ztg. 1904. 775. Feuerfeste Steine. Gieß.-Ztg. 1908, 493. — B. T. S., Das Kupolofenfutter. St. u. E. 1909. 280. — B l a s b e r g, Dr., Über die Wandlungen in der Zusammensetzung feuerfester Steine. St. u. E. 1910, 1055. — C l e m e n t, J. K., und W. L. E g g y, Die Wärmeleitfähigkeit von feuerfesten Steinen bei hohen Temperaturen. St. u. E. 1910, 1895.

Die Begleiterscheinungen dieser Mißerfolge machen sich zumeist durch Risse an der Innenwand der Schmelzrinne bemerkbar. Der flüssige Stahl dringt in das Innere des Ofens und richtet dort die unliebsamsten Verheerungen an. Die Folge davon ist, daß zumindest eine allzu frühzeitige Abstellung des Ofens behufs Neuzustellung notwendig wird.

Für die Herstellung des Ofenfutters dient in bekannter Weise eine Schablone, die, wenn das Futter bis zur Rinnenhöhe gestampft ist, herausgenommen wird. Hierauf deckt man die fertige Rinne mit Steinen oder Blechen zu. Vorher legt man zum Anheizen (Schließen des Sekundärstromkreises) schmiedeeiserne Ringe in die Schmelzrinne und die Zustellung ist fertig.

Infolge der im Laufe der Zeit gesammelten Erfahrungen sind eine Reihe Verfahren zur Herstellung von Ofenfutter geschützt worden, auf die wir im nachstehenden teilweise eingehen wollen.

So wird beispielsweise von Brüstlein vorgeschlagen, keine besonderen Schablonen zu verwenden, sondern Ringe zu benutzen, die später zum Anheizen dienen und aus dem gleichen Material bestehen, das später in dem Ofen verarbeitet werden soll[1]). Die Ringe haben einen derartigen Querschnitt, daß sie die Rinnen und eventuell den Herd bis auf wenige Millimeter ausfüllen.

Um ein Reißen des Ofenfutters durch die Ausdehnung der Ringe beim Anheizen zu vermeiden, können beim Stampfen zwischen Ring und Ofenfutter dünne Bleche oder Brettchen gelegt werden; die herausgezogen werden, wenn das Futter bis zur Rinnenhöhe fertig ist. Nachher wird das Futter über den Ringen fertiggestampft und es sind keine besonderen Vorrichtungen zum Abdecken der Rinnen erforderlich.

Ein anderes Verfahren[2]), die Haltbarkeit der Zustellungen zu erhöhen, soll darin bestehen, daß in der Art des Anheizens elektrischer Induktionsöfen die Möglichkeit gegeben ist, außerordentlich dichte und harte Zustellungen zu erhalten. Zu diesem Zweck wird beim Anheizen die Zustellung unter Verwendung eines die ganze Höhe des Futters bedeckenden, und sich unmittelbar an dieses anschließenden starren Einsatzes festgebrannt. Gegenüber der bisherigen Art des Anheizens wird hierdurch einmal ein vollkommener Luftabschluß erzielt, und außerdem ein Wachsen der Zustellung beim Anheizen verhindert. Der Abschluß der Luft hat den Vorteil, daß der als Bindemittel in die Zustellung gegebene Teer vollkommen verkokt und nicht oberflächlich ausbrennen kann. Durch die Verhinderung des Wachsens der Zustellung beim Anheizen wird ein dichteres Gefüge in der gesinterten Zustellungsmasse hervorgerufen.

Bei der Ausführung des Verfahrens wird ein der Herdform angepaßter Einsatz verwendet, der die ganze Höhe des Futters bedeckt und sich unmittelbar an dieses anschließt. Dieser Einsatz kann beispielsweise aus einem Metallkörper bestehen, der so gestaltet ist, daß sein als erste Schmelze dienender Inhalt nach dem Aufschmelzen das Volumen des Metallbades ergibt. Hierbei ist es gleichgültig, wie der Einsatz ausgebildet ist, ob er aus einem zusammenhängen-

---

[1]) D. R. P. Nr. 282710.
[2]) D. R. P. Nr. 291952.

den Hohlkörper oder aus einzelnen Abschnitten mit dazwischen angeordneten Absteifungen besteht. Wesentlich ist nur, daß der hier als Einsatz verwendete Metallkörper bis zur Oberkante des Futters reicht und sich an dies unmittelbar anlegt.

Das Verfahren kann jedoch auch in der Weise ausgeübt werden, daß ein Metallkörper benutzt wird, der sich nicht unmittelbar an die Zustellung anlegt, und daß dann der Zwischenraum zwischen dem Metallkörper und dem Futter mit Asbest o. dgl. ausgefüllt wird. In diesem Falle dient also beim Anheizen der Metallkörper mit dem ihn umgebenden Mantel oder der Zwischenlage als Einsatz, der in derselben Weise wie der dicht anschließende Metallkörper einen

Abb. 436.
Alte Zustellungsform.

Abb. 437.
Neue Zustellungsform.

Luftabschluß hervorbringt und ebenso das Wachsen der Zustellung verhindert. Das Verfahren kommt von der Gesellschaft für Elektrostahlanlagen m. b. H., Siemensstadt, zur Anwendung.

Ferner glaubt man in der Zustellungsform einen Nachteil darin zu erblicken, daß die Rinnen sowohl wie das Bad oben weiter waren als unten, siehe Abb. 436[1]). Hierdurch kommt der Rand des oberen mit Schlacke bedeckten Bades am nächsten an die Primärspulen zu liegen, und da der Stahl, welcher den Primärspulen am nächsten liegt, auch am heißesten wird, so ergibt sich, daß gerade der mit Schlacke bedeckte Rand des Bades die heißeste Zone im Ofen bildet.

Die Zustellung des Ofens ist durch die Einwirkung der Schlacke an diesem Rande am meisten gefährdet, und es trifft häufig ein, daß die heiße Schlacke sich an dieser Stelle in die Zustellung scharf einfrißt und diese deshalb oft repariert werden muß.

Die vorgeschlagene Zustellungsform besteht darin, daß die Form der Rinne und des Bades gemäß Abb. 437 so verändert wird, daß der obere, durch die Schlacke angegriffene Teil von der Primärspule etwas entfernt wird, und daß dadurch die heißeste Zone im Bade nach unten verlegt wird. Es wird dies in einfachster Weise dadurch erreicht, daß Rinne und Bad, umgekehrt wie bisher, unten breiter als oben gemacht werden.

Die Poldihütte in Wien[2]) schlägt eine Zustellung vor, wonach man den gestampften oder gepreßten, gegebenenfalls auch gemauerten Teil der Zustellung, der mit dem Metall in direkter Berührung ist, auf eine Schicht von trockenem, sand- oder mehlförmigen feuerfesten Material setzt. Der Reibungskoeffizient zwischen diesem Teile der Zustellung und seiner Unterlage

---

[1]) D. R. P. Nr. 293620.
[2]) D. R. P. Nr. 216622.

wird dadurch bedeutend herabgesetzt und der Boden kann sich besser ausdehnen.

Ganz besonders wird die Ausdehnung des Bodens erleichtert, wenn man
diese sand- oder mehlförmige Schicht nicht horizontal ausführt, sondern in
derjenigen Richtung abfallen läßt, in welcher sich der Boden bei der Erwärmung
ausdehnt.

Selbstverständlich ist es nicht bei allen Bauarten für Induktionsschmelz-
öfen nötig, den ganzen Boden der Zustellung auf eine solche Lage von sand-

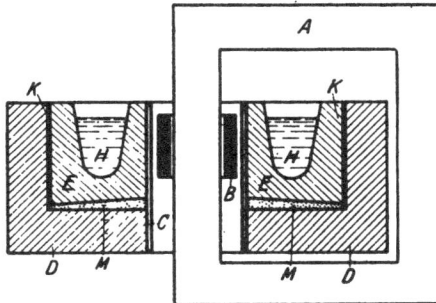

Abb. 438.
Zustellungsverfahren der Poldihütte, Wien.

oder mehlförmigem Material zu setzen. So kann man z. B. bei den Röchling-
Rodenhauseröfen den mittleren Teil der größeren Schmelzwanne direkt auf dem
Mauerwerke aufsitzen lassen.

In der Abb. 438 ist als Ausführungsbeispiel ein Kjellinofen dargestellt.
A ist das Magnetjoch, B die Primärspule, C ein Kühlmantel, D feuerfestes
Mauerwerk, E der Teil der Zustellung, der mit dem Stahl H in direkter Berührung steht, K ein nachgiebiger Puffer, wie er manchmal angewendet wird,
um eine Ausdehnung des Teiles E der Zustellung besser zu ermöglichen, und M
ist schließlich die gekennzeichnete Schicht aus sand- oder mehlförmigem feuerfesten Material, die in diesem Ausführungsbeispiel nach außen zu abfällt, weil
sich der Boden bei der Erwärmung nach außen hin erweitert.

Die Schicht M kann mit einer wesentlich geringeren Mächtigkeit ausgeführt werden als die der Zeichnung entsprechende. Man kann mit ihrer Höhen-
verringerung so weit gehen, daß der Zustellungteil E fast nur auf einzelnen
Körnern liegt, die dann bei der Ausdehnung dieses Teiles ähnlich wie Kugeln
oder Rollen bei Brückenlagern o. dgl. wirken.

Beim Betriebe von Induktionsöfen hat man die Beobachtung gemacht,
daß sich die Oberfläche des Schmelzbades infolge der zwischen Primärwicklung
und Schmelzbad auftretenden elektrodynamischen Wirkungen schräg stellt[1]).
Wenn beispielsweise die Primärwicklung oder ein Teil derselben konzentrisch
zur Schmelzrinne angeordnet ist, so findet zwischen der Primärwicklung und

---

[1]) Siehe auch S. 101.

dem Schmelzbade, da der in diesem induzierte Strom in entgegengesetzten Sinn verläuft wie der Primärstrom, Abstoßung statt. Infolgedessen stellt sich die Oberfläche des Schmelzbades so ein, daß der äußere — von der Primärwicklung entfernt liegende — Rand des Schmelzbades höher liegt als der innere. Diese Erscheinung hat neben dem Vorteil einer guten Durchmischung des Schmelzgutes nachteilige Folgen; diese bestehen einerseits darin, daß infolge der Ansammlung der elektrisch indifferenten Schlacke an den tieferen Stellen die höherliegenden Stellen des Schmelzbades leicht von Schlacke entblößt werden können, und alsdann der oxydierenden Einwirkung der Luft ausgesetzt sind. Andererseits findet, wie die Erfahrung gezeigt hat, an den tiefer liegenden Stellen infolge der Ansammlung der Schlacke eine schnelle Zerstörung des Ofenmauerwerkes statt. Man hat bereits versucht, diese Nachteile dadurch zu beseitigen, daß man über die Primärwicklung eine kurzgeschlossene Hilfswicklung legt, in der beim Betriebe des Ofens ein Strom induziert wird, der in entgegengesetztem Sinne wie der Primärstrom verläuft und daher der von der Primärwicklung auf das Schmelzbad ausgeübten Abstoßung entgegenwirkt. Diese Anordnung hat jedoch einen Verlust an Energie zur Folge, da die Hilfswicklung einen großen Widerstand besitzen muß, damit der in ihr induzierte Strom nicht zu stark wird.

Bei der Zustellung von Induktionsöfen ist also auf die Erscheinung des sich schräg einstellenden Schmelzbades besonders Rücksicht zu nehmen.

10. Die Anheizverfahren bei Induktionsöfen.

Bereits im vorhergehenden Abschnitt haben wir kurz das Anheizverfahren, wie es in normaler Weise bei Induktionsöfen zur Anwendung kommt, geschildert. Doch auch hier hat man im Laufe der Zeit viele Versuche angestellt, um geeignete Inbetriebsetzungsverfahren zu gewinnen.

Das Anheizen von Induktionsöfen geht allgemein entweder so vor sich, daß zuerst das Ofenfutter durch Heizringe vorgewärmt und dann mit dem in einem zweiten Ofen verflüssigten Material angefüllt wird. Oder aber es wird um den Heizring — allenfalls auch mehrere — ein leichtes schmelzbares Metall oder Metallgemisch in Form von Spänen, kleinen Stücken u. dgl. aufgeschichtet, und durch die im Heizring entstehende Wärme niedergeschmolzen. Der Heizring kann alsdann entweder entfernt werden, oder man läßt ihn mit steigender Temperatur auflösen.

Das erstgenannte Verfahren ist zwar leichter durchzuführen, bedingt aber die Beschaffung bzw. einen zweiten in Betrieb befindlichen Ofen. Der Gebrauch von Heizringen findet am meisten Anwendung, ist jedoch andererseits nicht immer zufriedenstellend, weil es schwierig ist, ein Material zu bekommen, welches aus der gleichen Zusammensetzung besteht, wie das bei dem Schmelzprozeß zu erzeugende besitzt.

---

[1]) D. R. P. Nr. 216665.

Ein Verfahren, wonach ein Induktionsofen mit festem Einsatz angeheizt werden kann, ist das nach der Patentschrift[1]) von den Röchlingschen Eisen- und Stahlwerken G. m. b. H., Völklingen a. d. Saar. In derselben heißt es u. a.:

„Das Verfahren besteht darin, daß die geschlossenen, auch bisher schon benutzten Heizringe aus geeignetem Material in ein feinkörniges bis stückiges Gut aus ähnlichem Material eingebettet werden, das höchstens den gleichen, mit Vorteil aber einen niedrigeren Schmelzpunkt aufweist als die Heizringe selbst. Wird dann der elektrische Strom eingeschaltet, so wird zunächst im wesentlichen nur in den geschlossenen Heizringen Wärme erzeugt, unter deren Einwirkung nun auch das als Füllmasse dienende Gut zusammenfrittet. Dadurch nimmt dieses eine höhere Leitfähigkeit an und schmilzt schließlich einerseits auf Grund des dem elektrischen · Strom entgegengesetzten Eigenwiderstandes, andererseits unter der wachsenden Hitze der Heizringe. Auf diese Weise bildet sich am Boden des Schmelzherdes zunächst ein breiig flüssiger Sumpf, in den das unter der Einwirkung der Heizringe sehr stark vorgewärmte Füllmaterial aus den höher liegenden Teilen des Herdes nun herabsinkt, bis schließlich auch die Heizringe selbst in dem mehr und mehr steigenden Sumpf aufgelöst werden. Tritt bei diesem Anheizen etwa ein Durchschmelzen der Heizringe ein, so wird die zur weiteren Heizung unbedingt erforderliche Leitung in dem Heizstromkreis durch das bereits flüssige, am Boden befindliche Material ohne weiteres wieder hergestellt, während ohne das Füllmaterial mit dem Durchschmelzen des Heizringes jede weitere Heizung ausgeschlossen wäre. Um das Verfahren genauer zu erklären, sei es an einem Beispiel näher beschrieben, und wegen der heute noch häufigsten Anwendung des Induktionsofens zur Erzeugung von Eisen und Stahl sei der Anheizvorgang nach dem neuen Verfahren für dieses Verwendungsgebiet als Beispiel gewählt. Soll der Ofen angeheizt werden, so werden gegossene, zusammengeschweißte oder verschraubte Eisenstäbe in Ringform derartig in den Schmelzraum eingelegt, daß sie die Transformatorenkerne umgeben und als kurzgeschlossene Sekundärstromkreise wirken. Diese Ringe werden nun vollkommen in das metallische Füllmaterial eingebettet, das in diesem Fall aus Gußeisenstücken, Gußeisenspänen, aus Eisenabfällen und ähnlichem bestehen kann. Ist dann der Ofen mit den Gewölbedeckeln versehen, so wird mit dem Anheizen begonnen, das bei gleicher Spannung ohne jeden Stromstoß unter allmählich wachsender Energieaufnahme erfolgt, bis der ganze Ofeninhalt vollkommen flüssig ist, so daß nun mit der normalen Arbeitsweise begonnen werden kann."

Ein ähnliches Verfahren ist der Gesellschaft für Elektrostahlanlagen, Siemensstadt bei Berlin, patentiert worden, wobei jedoch noch ein selbsttätiger Umschalter zur Änderung der Sekundärspannung eingebaut ist[2]). Die Patentschrift sagt u. a. hierüber:

„Die bekannten Nachteile bei Inbetriebsetzung von Induktionsöfen werden dadurch vermieden, daß man die Schmelzrinne in an sich bekannter Weise

---

[1]) D. R. P. Nr. 216665.
[2]) D. R. P. Nr. 232883.

mit einem schon in der Kälte, aber erheblich schlechter als das zu erhitzende Metall leitenden Material auskleidet bzw. aus einem solchen hergestellt und die Sekundärspannung beim Anlassen des Ofens so weit erhöht, daß durch die leitende Ofenwandung ein Strom fließt, der stark genug ist, um diese auf die Schmelztemperatur des zu schmelzenden Materials zu erhitzen. Die Anwendung von Heizringen wird dadurch vollkommen unnötig gemacht und der ganze Schmelzvorgang, zumal unter Verwendung eines Schalters, der die Herabsetzung der Spannung nach Flüssigwerden der Beschickung selbsttätig erfolgen läßt,

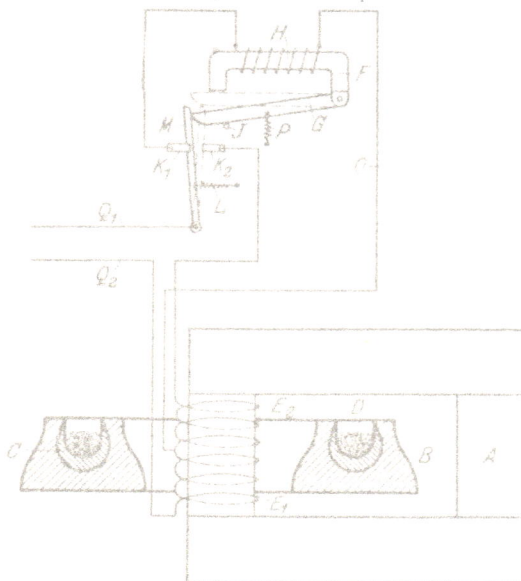

Abb. 439.
Schaltung des Anheizverfahrens der Gesellschaft für Elektrostahlanlagen m. b. H.

außerordentlich vereinfacht. Die Erhöhung der Sekundärspannung kann bei-spielsweise durch Erhöhung der Primärspannung oder zweckmäßiger durch Änderung des Umsetzungsverhältnisses des Transformators erreicht werden.

Ein Ausführungsbeispiel, bei dem dieser letztere Weg gewählt wurde, ist aus der Zeichnung ersichtlich. In der Abb. 439 bedeutet A das Magnet-gestell des Ofentransformators, N das Ofenmauerwerk, C die leitende Wan-dung und D das zu schmelzende Material. E_1 und E_2 bezeichnen die beispiels-weise aus zwei Teilen bestehende Primärspule. Der Teil E_2 kann mittels eines selbsttätigen Schalters angeschlossen bzw. abgetrennt werden, der im wesent-lichen aus einem Magnetkern F, einem drehbaren Anker G und einer Wicklung H besteht, die einen Teil des zur Primärwicklung führenden Trennleiters O bildet. Der Anker G lagert in seiner Ruhestellung, von der Feder P angezogen, auf dem Anschlag J auf, und hält den Schalthebel M in seiner einen Stellung auf dem Kontakt K_1. An den Hebel ist die eine von einer beliebigen Strom-quelle herstammende Leitung Q_1 geführt, während an K_1 der Mittelleiter O angeschlossen ist. Die andere Zuleitung Q_2 steht unmittelbar mit dem Teil E_1 der Primärwicklung in Verbindung, während der Teil E_2 mit dem Kontakt K_2 verbunden ist, an den der Schalthebel M in seiner anderen Stellung, durch die Feder L bewegt, sich legen kann.

Soll der Ofen nun in Betrieb gesetzt werden, so muß zunächst, da die im Ofen befindlichen einzelnen Metallstücke miteinander sehr schlechten Kontakt haben, und praktisch keinen Strom leiten, die Sekundärspannung erhöht werden, um einen genügenden Stromfluß durch die, wie bekannt, schwach leitende Wandung C zu erzielen. Zu diesem Zweck muß nach dem gewählten Beispiel ein Teil der Primärwicklung, also beispielsweise der Teil E_2, abgeschaltet werden. In der mit ausgezogenen Linien dargestellten Stellung der Teile fließt der Strom über den Schalthebel M, Kontakt K_1, Spule H, Trennleiter O zur Wicklung E_1 und dann zur Stromquelle zurück. Der Teil E_2 ist also abgeschaltet, der in der leitenden Wandung C induzierte Strom hoher Spannung erzeugt eine entsprechende Temperatur, die schließlich das Schmelzgut D verflüssigt. Sobald der Sekundärkreis durch das Material selbst gebildet wird, tritt im Primärkreis und damit auch in der Spule H eine Erhöhung der Stromstärke ein, der Anker G wird angezogen und der Schalthebel M freigegeben, der den Kontakt K_2 schließt, und damit den Teil E_2 der Primärspule zuschaltet, wodurch eine Spannungserniedrigung im Sekundärkreis erfolgt. Die Teile nehmen dann die gestrichelt gezeichnete Stellung an, die so lange andauert, bis der Schmelzvorgang beendet ist.

Der Schalthebel wird auf bekannte Art so eingerichtet, daß während des Umschaltens einerseits ein Kurzschluß des Spulenteiles E_2, andererseits eine völlige Unterbrechung des Stromes vermieden wird.

In den meisten Fällen dürfte eine Zweiteilung der Primärspule, wie sie eben beschrieben ist, genügen. Es ist natürlich auch ohne Schwierigkeit durchführbar, eine weitere Teilung vorzunehmen und dementsprechend mehrstufige selbsttätige Schalter zu verwenden.